清华大学水利工程系列教材

Hydraulic Structures

水工建筑物

麦家煊 编著

Mai Jiaxuan

清華大學出版社

北 京

内容简介

本书是水利水电工程水工结构专业的教科书。全书共分9章，第1章"绪论"，第2章至第8章分别为各类水工建筑物，第9章为水利枢纽设计与管理概述，属综合性内容。与同类教材相比，本书介绍了具有较大优越性的新坝型或新的水工建筑物、新的设计方法和筑坝技术以及新规范所肯定的一些主要新规定，并适当编入带有研究性质和设计理论思想方面的内容。

本书除了适合水工结构或河川枢纽专业的大学本科生学习以外，还适合从事水利水电工程设计、施工和管理工作的人员以及水工结构专业的研究生阅读参考。

图书在版编目(CIP)数据

水工建筑物/麦家煊编著. —北京：清华大学出版社，2005.6（2023.8重印）
ISBN 978-7-302-10468-1

Ⅰ.水… Ⅱ.麦… Ⅲ.水工建筑物—高等学校—教材 Ⅳ.TV6

中国版本图书馆CIP数据核字(2007)第011096号

责任编辑： 曹 旭 梁广平
责任印制： 杨 艳

出版发行： 清华大学出版社
网 址：http://www.tup.com.cn，http://www.wqbook.com
地 址：北京清华大学学研大厦A座 邮 编：100084
社 总 机：010-83470000 邮 购：010-62786544
投稿与读者服务：010-62776969，c-service@tup.tsinghua.edu.cn
质量反馈：010-62772015，zhiliang@tup.tsinghua.edu.cn
印 装 者： 北京建宏印刷有限公司
经 销： 全国新华书店
开 本： 203mm×253mm **印 张：** 26.5 **字 数：** 631千字
版 次： 2005年6月第1版 **印 次：** 2023年8月第15次印刷
定 价： 75.00元

产品编号：007209-06

前　言

水工建筑物这本专业教科书离不开前人对水利水电工程实践经验的总结，当然也离不开前人应用数学、力学和其他学科理论来解决水利水电工程实践问题所积累的知识和技能。所以，《水工建筑物》是既有理论性更具实践性内容的专业教科书。随着科学技术的快速发展和我国水利水电工程的大力建设，《水工建筑物》这本专业教科书需要不断更新和补充新的内容，才能适应并指导和促进我国今后许多大中型水利水电工程更好、更快地开发和建设。本书增加了经20多年建坝实践证明具有较大优越性的新坝型或新的水工建筑物、新的设计方法和筑坝技术等方面的内容，删去了经实践证明有误的或不切合实际的繁琐的理论和计算式，增加了新规范所肯定的一些主要新规定。为适应教学和研究工作的需要，本书还增加了较为接近于实际的、带有研究性质和设计理论思想方面的内容，其中有些是作者从事设计和研究工作的体会和成果。

为适应教学需要，减轻学生的负担，对于较小的建筑物或在将来实践中较容易学习的设计内容不再编入本书或只略加提及，仅保留一些主要和常用的水工建筑物的关键性设计内容；对于我国最近20多年来很少采用的支墩坝，本书将其内容压缩成一节，放在拱坝一章中；至于有限元方法中的具体内容和公式，在一般的有限元书籍中已做了详细的介绍，这里不再重复；至于近年来提出的可靠度设计和优化设计等理论以及水工建筑物荷载设计规范、水工建筑物抗震设计规范等内容，考虑到其理论性较强，内容繁多而且有些抽象，学生难以接受，宜分散到各章结合水工建筑物具体讲述，而不集中放在第1章或第2章中；关于地震荷载，因其偶然性、复杂性和不定性，只将水工建筑物抗震设计规范规定的拟静力荷载编入相应结构有关荷载的章节，而有关动力法的内容，因其带有很强的研究性，未来的震源及其传至建筑物地基的加速度记录都是很不确定的，加之本课程学时减少，故结构动力计算内容不再编入本书。

本书内容力求深入浅出。有些高等院校水工专业课内学时较少，书中许多内容可安排学生课外自学，或者由学生在毕业后边工作边学习。本书除了适合水工结构或河川枢纽专业的大学本科生学习以外，还适合从事水利水电工程设计、施工和管理工作的人员以及水工结构专业的研究生阅读参考。

本书在编写过程中得到清华大学河川枢纽研究所的领导和老师们的关心和支持，得到王光纶教授、金峰教授和李庆斌教授等老师宝贵的修改意见和建议，在此一并表示由衷的感谢。

由于笔者水平有限，本书难免会有错误或不妥之处，敬请广大读者批评指正。

编　者

2004年12月于清华园

目录

主要符号表

（注：括号内的数字表示所在的页码）

1. 英文字符

a_h—地面水平向地震加速度(138)；

a_k—结构几何参数的标准值(15)；

A_c—压力孔出口断面积(121)；

A_d—下游气温年变幅(136,137)；

A_i—压力孔各分段的断面积(121)；

A_u—上游水温年变幅(136,137)；

b_i—土条宽度(224)；

B—坝基截面处的顺河向坝厚(28,50)；溢流孔口总净宽(97)；

c'、c'_R—单位面积坝基面抗剪断凝聚力设计值(28～33,36～39,64)；

c'_k、c'_{Rk}—单位面积坝基面抗剪断凝聚力标准值(29,39,64)；

D—吹程(21)；水温变化比气温变化滞后的时间(136,137)；

e_i—土条水平地震惯性力至滑弧圆心的距离或力臂(225,249)；

E_i—土条间的法向力(225)；

F_i—第 i 质点的水平地震惯性力(24,138)；

Fr—佛汝德数(107,120,267～269,304)；

f—坝基面抗剪摩擦系数或纯摩系数(36,162)；闸室底板与地基摩擦系数(351)；

f'、f'_R—坝基面抗剪断摩擦系数设计值(28～33,36～39,64)；

f'_k、f'_{Rk}—坝基面抗剪断摩擦系数标准值(29,39,64)；

g—重力加速度(97)；

$g(\cdot)$—结构功能函数(14)；

G_{Ei}—集中在质点 i 的重力作用标准值(24,138)；

G_k—永久作用的标准值(14,15)；

h—水面以下至某点的水深(19)；掺气前水舌厚度(108～110)；动水压力作用点的水深(138)；防渗体下游坝壳浸润线起点高度(215～218)；

h_a—掺气后水舌厚度(108)；

h_c—坝顶或防浪墙顶的安全加高(33,34)；水跃前收缩断面的水深(112,113)；

h_d—计算断面处的时均动水压力水头(102)；

h_i—土条高度(224)；

h_l—波浪高(21,349);

h_p—波列累计频率为 p 的波高(349);

h_q—大气压力水头(102);

h_v—水的汽化压力水头(102);

h''—水跃后的共轭水深(112,113);

h_s、H_S—坝前泥沙淤积厚度或高度(23,31);

h_z—波浪中心线至静水位的高度(21,33,349);

H—上游总水深(21,31);坝高(30～33);库水位与压力孔出口断面中心的高差(122);闸室水平荷载(356);

H_0—堰上水头(97,110,111,330,331);库水总深(138);

H_1—上游总水深(19,20,214);

H_2—下游总水深(19,20,214);

H_c—上游坝坡折点至坝底高度(30～32);

H_d—下游总水深(30～32);溢流堰定型设计水头(97,106);

H_W—孔口中心水头(98);

K—抗滑稳定安全系数(161,162,249);坝壳渗透系数(213～219);

K_0—坝基渗透系数(217～218);

K_c—防渗体渗透系数(213～218);土石坝滑弧体抗滑稳定安全系数(223～226);闸室抗滑稳定安全系数(356);

K_H—水平向地震系数(24,138,350);

K_x、K_y—x 向和 y 向的渗透系数(213);

K'—按抗剪断强度计算的抗滑稳定安全系数(28～32,64);

l_i—土条底弧长(223);

L—波浪长(21);水股理论挑距(110);消力池长度(113);

L_0—溢流前缘总长(97);闸孔总净宽(330,331);

L_2—水股外线在下游岩基面上的射程(110);

L_i—各有压段长度(121);

L_m—平均波浪长(22,349);

m—下游坝坡系数(30～32,51,52);流量系数(97,330);

$\sum M$—单宽坝基面形心的合力矩(28～30,50);

n—上游坝坡系数(30～32,51,52);

N_i—土条底部的总法向力(225);

P—总静水压力的水平分力(19,28);溢流堰高(110,111);

P_l—单宽波浪压力(22,349);

P_s—泥沙压力(23)；

$\sum P$—坝基面上全部切向作用之和(28)；

q—单宽流量(97,109～111)；单宽渗流量(214～222,334～335)；

Q—泄水孔压力段孔口流量(121,330,331)；

Q_i—土条水平地震力(225,249)；

Q_k—可变作用的标准值 (15)；

$Q_{溢}$—溢流坝段总下泄流量(97)；

R—溢流坝反弧半径(107)；滑弧半径(225,249)；

R_i—各有压段水力半径(121)；

$R(\cdot)$—结构抗力函数(15,29)；

$S(\cdot)$—荷载作用效应函数(15,29)；

t_1—旬平均气温年变化(136)；

t_2—日平均气温旬变化(136)；

t_3—日气温变化(136)；

t_d—拱坝温度变化的等效线性温差(136,137)；

t_m—拱坝均匀温度变化(136,137)；

T—自水面算至坑底的冲坑深度(111)；拱坝坝厚(136,137)；

T_i—土条底部的总切向力(225,226)；

u_i—土条底部渗透压力(225,226)；

V_i—土条竖向地震力(225,226,249)；

v_x、v_y—x 向和 y 向的渗流流速(213)；

V_0—计算风速(21)；

W—重力或竖向力(28～31,50,249,350～352)；

W_i—土条自重(223～226,249)；集中在质点 i 的重量(350)；

$\sum W$—作用于单宽坝基面上的所有竖向分力(包括扬压力)的总和(28～31,50)；

X_i—土条间的切向力(225)；

z—挑坎与下游基岩面的高差(110)；

Δz—上游水面至溢流坝水舌中心的高差(109)；

Z—功能函数(13)；

2. 希腊文字符

α—渗透压力强度系数(20)；

α_1、α_2—主、副排水孔扬压力强度系数(20)；

α_i—质点 i 的动态分布系数(24,138,350)；第 i 土条底滑裂面的坡角(223～226)；

δ—拱圈平均温度滞后于气温变化的相位差(137)；
ε—闸墩侧收缩系数(97,330,331)；
ϕ—流速系数(106,109,110)；
ϕ_s—淤沙的内摩擦角(23)；
γ—水的容重(19,31)；
γ_0—结构重要性系数(14,28～31,41～43,64,69)；
γ_c—坝体混凝土的容重(30,31)；
γ_d—结构系数(14,28～31,41～43,64)；
γ_{d1}—承载能力极限状态基本组合的结构系数(14,30)；
γ_{d2}—承载能力极限状态偶然组合的结构系数(15,30)；
γ_{d3}—正常使用极限状态短期组合的结构系数(15,69)；
γ_{d4}—正常使用极限状态长期组合的结构系数(15)；
γ_G—永久作用的分项系数(14,15)；
γ_m—材料性能分项系数(14,15,29,38)；
γ_Q—可变作用的分项系数(14,15)；
γ_{sb}、γ_s—淤沙的浮容重(23,30～33)；
η—主排水孔至坝踵的距离与坝底总厚度 B 的比值(30～33)；
λ—上游坝坡水平投影与坝底总厚度 B 的比值(30～33)；
λ_i—各有压段沿程水头损失系数(121)；
μ—孔口流速系数(98,121,331)；
θ—挑坎的挑射角(110)；
θ_d—下游年平均气温(136,137)；
θ_u—上游年平均水温(136,137)；
σ—水流空化数(102)；淹没系数(330)；
σ'—淹没系数(331)；
σ_{yd}—下游坝面竖向应力(50)；
σ_{yu}—上游坝面竖向应力(28,50)；
τ_d—坝体水平截面下游边缘剪应力(51,52)；
τ_u—坝体水平截面上游边缘剪应力(51,52)；
ξ—地震作用的效应折减系数(24,138,350)；
ψ—设计状况系数(14,28～31,41～43,64)；
ζ_i—各有压段局部水头损失系数(121)；渗流段阻力系数(334,335)。

第1章 绪 论

1.1 水工建筑物和水利枢纽工程

1.1.1 水工建筑物的分类及其作用

水工建筑物按其功能可分为两大类：服务于多目标的通用性水工建筑物和服务于单一目标的专门性水工建筑物。在1992年国家技术监督局发布的学科分类中，前者称为一般水工建筑物，后者称为专门水工建筑物。

一般水工建筑物主要有以下五类：

(1) 挡水建筑物，用于拦截水流、抬高水位、调蓄水量等，如大坝、堤防、海塘、水闸(关下闸门也可当作挡水建筑物)、围堰等等。它们可以拦蓄洪水或暂时不用的河水以备后用，可以提高上游水位，既可加大发电出力或自流灌溉高地，又可淹没急流险滩大大改善航运条件。河堤、海塘还可用来抵挡洪水或海潮的袭击，保护人民的生命财产。

(2) 泄水建筑物，用于宣泄水库、湖泊、涝区、河道、渠道等的多余水量或排放冰凌，以免漫顶危及水工建筑物和下游的安全；也可在汛前放水降低上游水位，以便检修、排沙或起到增加防洪库容等作用。这种建筑物主要有：溢洪道、泄水孔、泄水隧洞、分洪闸、排水泵站等。

(3) 输水建筑物，是指为灌溉、发电和供水等用途需要从上游向下游输水的水工建筑物，如引水隧洞、引水涵管、坝内输水孔或输水管、渠道、渡槽、倒虹吸管等等。

(4) 取水建筑物，是输水建筑物的首部结构，如坝身输水孔或引水隧洞的进口段(包括进水口、进水塔)、灌溉渠首、进水闸、扬水站等等。

(5) 整治建筑物，是用来改善河道的水流条件，调整水流对河床及河岸的作用，改善或减少水流的冲刷和淘刷而做的结构，如丁坝、顺坝、导流堤、护坡、护岸等等。

专门水工建筑物主要有以下四类：

(1) 水电站建筑物，专门用于水力发电，主要有水电站厂房、压力前池、压力管道、调压室等。

(2) 通航建筑物，专门用于航运，如船闸、升船机、码头、防波堤等。

(3) 给排水建筑物，专用于城镇供水和排水，如沉淀池、污水处理厂等。

(4) 其他过坝建筑物,如用于运输木材的过木道、用于过鱼的鱼道等。

以上大部分建筑物是永久使用的,又称为永久性水工建筑物;有些是临时用的,属于临时性水工建筑物,如围堰、导流洞、导流明渠等。

以上有些水工建筑物是相互通用的,功能有多种,并非单一,难以严格区分其类型。例如:各种溢流坝既是挡水建筑物,又是泄水建筑物;水闸既能挡水,又能泄水,有时还可作为灌溉渠首或供水工程的取水建筑物;有些围堰还可设计成永久大坝的一部分;有些导流洞还可利用它的一部分或全部设计成永久用的泄水或输水隧洞;很多坝的底孔还可兼作导流底孔、排沙底孔;等等。

水工建筑物还可按不同的特点分类。例如挡水建筑物中的大坝,可从以下几方面来分类。

(1) 按筑坝材料可分为:土石坝、混凝土坝、浆砌石坝、钢筋混凝土坝、橡胶坝、木坝等等。

(2) 按结构受力特点可分为:重力坝、拱坝、支墩坝等。

(3) 按溢流与否可分为:溢流坝和非溢流坝等等。

1.1.2 水利枢纽

为了综合利用水利资源,达到防洪、蓄水、发电、灌溉、给水、航运等目的,需要建造几种不同类型的水工建筑物(例如挡水、泄水、输水以及电站等其他专门建筑物),它们的综合体称为水利枢纽。

例如:举世瞩目的三峡水利枢纽工程主要任务和效益是防洪、发电和航运,所以,泄水坝段、水电站厂房和船闸是三峡水利枢纽不可缺少的三项主要建筑物(其平面位置如图 1-1 所示),其中泄洪坝设置表孔、中孔和导流底孔等建筑物,厂房坝段设置坝后式厂房、发电引水管及其进口取水建筑物等。

水利枢纽的布置应考虑到建筑物运行的安全和管理方便、枢纽总造价低、工期短、便于施工等原则。这些原则大都与坝型的选择有关,而坝型的选择往往需要考虑水文、地形、地质和筑坝材料等条

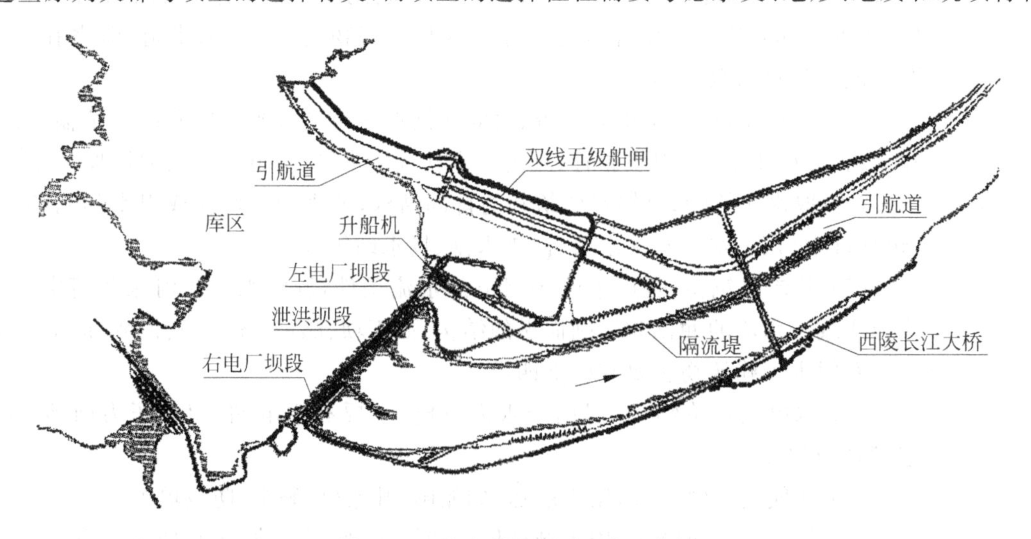

图 1-1 三峡水利枢纽平面布置简图

件。如果河流流量大，导流工程较难或导流风险较大，两岸较高，建造岸边溢洪道较困难，坝址覆盖层较薄，而且岩基较好，那么宜选用混凝土坝型，溢洪道一般布置在大坝的中部，使洪水下泄至下游河床的中间部位，流向与下游主河道方向一致，避免回流和岸边淘刷；但如果上述条件相反，而筑坝所需的当地土石材料充足，那么宜选用土石坝，溢洪道则布置在岸边，泄水段较长，使下泄洪水远离下游坝脚，并使其流向与下游主河道的夹角尽量减小，以避免下泄洪水回流对坝体的淘刷。上述这些都是水利枢纽布置一般需要考虑的一些原则。

有些坝址选择在河谷较窄、岩基较好、覆盖层较薄的位置，因为这样选择使建坝工程量较小，一般造价较低、工期较短。但有少数工程，因枢纽布置需要或地质条件所限，故意将大坝选择在河谷最宽之处。如葛洲坝和三峡大坝，尽量选在河谷很宽且地质条件较好的位置，以满足泄洪坝段、电站坝段和船闸的布置，而不是一般人们所想像的选在狭窄的河谷。因为长江水量充沛，通过这两坝址处的年径流量和洪峰流量都是国内最大的，需要足够大的泄洪坝段；如果将大坝选在河谷窄而陡的位置，泄洪坝段较短，可能满足不了泄洪的要求，也难以布置船闸和电站厂房，效益将会很差；如果在峡谷两岸的高山上开凿建造船闸，把每台70万kW的26台机组都布置在地下，这在技术上难度很大，工期也将延长很多，总造价反而贵很多，都不符合枢纽布置的原则。

二滩水电站枢纽则远在三峡上游的一条支流雅砻江上，其水量比三峡小得多，为了获得大的水能或电能，需要抬高上游水位，选择地质条件好的、河谷很窄的坝址来修建高拱坝。由于河谷很窄，又要泄洪，很难布置坝后式电站，只好在左岸岩基里布置地下厂房(见图1-2)。这是二滩水电站与三峡水电站从坝型到厂房都很不相同的一些特点。

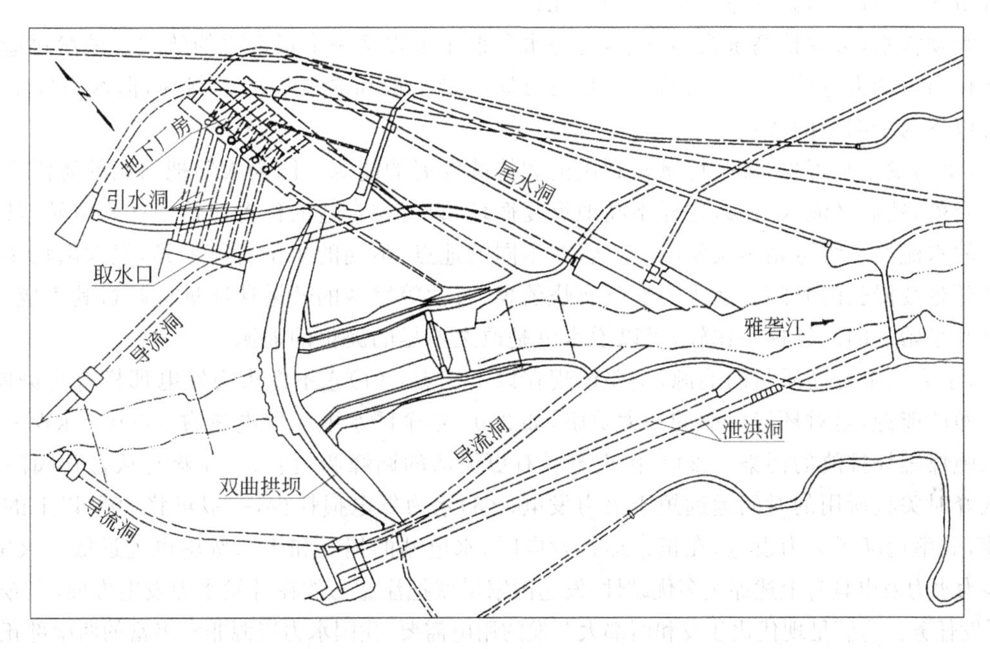

图1-2　二滩水电站枢纽平面布置图

黄河小浪底水利枢纽则由于地质条件和当地材料特点，挡水建筑物采用粘土斜心墙堆石坝。从安全运行考虑，土石坝本身不该布置泄洪建筑物和输水建筑物。对比两岸的地形地质条件，选择在左岸布置导流洞以及泄洪、输水和地下厂房等建筑物。

水利枢纽不同于房屋结构，它受水文、地形、地质等条件的制约，各建筑物的种类、数量、大小以及它们的布置等等，对于各项枢纽工程来说，都是千差万别的，需做大量的研究工作，需将枢纽布置的一般原则与每项枢纽工程的具体条件结合起来，作综合分析和研究，不能作生搬硬套的拷贝。

1.2 水利枢纽工程的重要作用、意义和对周围环境的影响

1.2.1 水利枢纽工程的重要作用和意义

水既是自然界一切生命赖以生存的不可缺少的物质，又是人类社会向前发展的非常重要的资源。但是大自然并非按照人类的愿望降雨，无论时间还是空间降雨量都很不均匀，甚至相差很大。人们希望某一地区在某一时间下雨，但却偏偏无雨，致使土地干裂、颗粒不收；而有些地区却雨水过多，甚至暴雨成灾，洪水泛滥，给人类带来很大的灾难和损失。目前人类的科学技术还未完全达到自动控制降雨的水平，大力兴建水利工程是解决这类问题、避免或尽量减小这些损失的主要途径之一。人们通过修筑大坝水库，拦蓄洪水，避免或减轻其下游地区的洪水灾害；然后在需要用水的时候，放水发电、灌溉或给城市和工业供水，做到除害兴利、一举几得。

建造大坝蓄水，可以抬高水头多发电，这是水利枢纽工程又一个很重要的效益。虽然建造水电站比建造同样出力的火电站工期长、投资大，且有时发电受水量和灌溉等因素制约，但水力发电比火力发电具有以下两个明显的优点。

第一，水力发电是可再生的、可重复利用的和持续发展的能源。因为太阳把浩瀚的海洋水蒸发飘流至大陆降落，然后又流入大海，这样不断地反复循环，只要在合适的位置建造一些水电站，甚至有可能将同样的水流经多级电站多次发电。尽管在不同的地点、不同的年份有所差异，但太阳将使地球的这种水循环延续漫长的时间。而火力发电所烧的煤、石油等燃料的开采速度远远超过其生成速度，总有一天会开采殆尽的。经这一比较，可以说水电是取之不尽的廉价的能源。

第二，水力发电是高质量的能源，主要体现在以下三点：(1)它不像火力发电那样有污染问题，水电属于干净的能源，是对环境保护的一大贡献，如2004年全国水电年发电量逾3 000亿kW·h，可减少1.5亿吨煤燃烧排放的污染；(2)它比火电具有更灵活的调峰调频能力，高峰时从打开阀门到并网供电或低峰时关机所用的时间远远短于火力发电；(3)水力发电损耗少，一般可将80%以上的水能转变为电能，效率远高于火力发电，在正常运行发电时，水电站的损耗和维修费用也远远低于火电站。

正因为水力发电具有上述那么多优越性，发达国家早就把注意力放在开发水力发电方面，至今基本上完成了开发任务。为满足现代化建设和西部大开发的用电需要，我国水力资源非常丰富的西南部正在和将要兴建更多高坝和大型水电站，可望将节省下来的煤和石油等燃料，去生产价值高得多的化工产品。

随着工业的发展以及城市人口的增加，工业和城市的用水量也增加。如果地下水开采太多，会造成地面下沉，危及城市本身的安全。故修建水库和引渠等水工建筑物为工业和城市供水有很重要的意义。

如果在有条件的河道上修建水库，可以使水库上、下游的一段河道保持一定的水位和较小的流速，可以大大地改善这段河道的航运条件。例如，三峡水利枢纽建成后，在正常蓄水位175m时，过去川江航道的陡坡急流和139处险滩将全部被淹没，航道增宽加深，大型客轮可昼夜安全舒适地航行；三峡发电放水通过葛洲坝调节，可控制三峡大坝至葛洲坝河道的水位和流速，还可使宜昌下游的长江航道即使在枯水季节也平均加深0.5～0.7m，再结合少量的疏浚整治，即可保持3.5m以上的水深，供万吨级船队由上海直达重庆，每年长江航运能力将从建坝前的1 000万吨增至5 000万吨，航运成本降低35%～37%。由此可见，水利枢纽对改善河道航运、发展交通也起着重要的作用。

利用水库这些人工湖泊发展养殖业，可以弥补水库占用耕地带来的损失。水库养鱼比平原池塘养鱼有很多优越性：集雨面积大，水量充沛；随径流带入溶氧和外源性营养物质多，不断补充天然饵料，养鱼成本低；随着水库的调度运用，水体经常作垂直的和水平方向运动，各层水温、溶氧和营养物质分布较为稳定，有利于鱼类增殖、提高鱼货质量，商品鱼可集中上市，一般情况下，每投放1kg鱼苗，3～4年后即可产成鱼5～7kg，养殖资金的投入产出比为1：(1.3～1.7)。我国已建水库约8.7万座，库水面积达3 000多万亩，水产养殖的潜力很大，如果得到充分利用，也将对我国水产养殖业和人民的身体健康发挥巨大的作用。

由于库水对空气的热量交换、对周围气温有调节作用，水库周围冬暖夏凉，再加上植树造林，造成优美的环境，可发展旅游业，建疗养院，等等。

总之，水利枢纽工程有防洪、灌溉、发电、向城市和工业供水、航运、养殖、建疗养院和旅游景点等作用和效益，一般是多种作用综合在一起的，很少单一作用。

1.2.2 水利枢纽工程对周围环境的影响

前面已叙述了水利枢纽工程对国民经济的发展及人类的生活和健康具有重要的作用和显著的效益，水力发电减少烧煤排放的污染，本身就是对环境的一大保护。一般说来，水库拦蓄洪水，可保护下游两岸人民的生命以及房屋、耕地、作物、树木和周围的动物，免受洪水灾害；在枯水季节从水库放水使下游山清水秀、生机勃勃，有利于生态发展；水库蓄水形成面积很大的水面有利于水上生物的活动和生长；我们可利用这些有利的影响大力开发水产养殖业，在水库周围建造疗养院和旅游景点。这些都是水利枢纽对保护环境的正面影响。当然，我们还要分析和重视它对周围环境的负面影响，充分地利用它有利的方面，研究和设法解决对周围环境不利的一些问题。

水利枢纽工程对周围环境的不利影响主要有以下一些方面：

(1) 淹没村庄、耕地和树木等，需要移民造地。若新的库水面周围树木很少，很多动物尤其是鸟类和两栖动物只好迁移或死去，这样就破坏了该地区及其周围地区的生态平衡。

(2) 建坝拦截河流，阻挡鱼类游向上游产卵繁殖后代。

(3) 由于大坝地基作了防渗处理，下游河道水流及其周围的地下水位受到水库放水的控制。在不放水时，下游河床及其附近地下水位降低很多，用水紧缺。

(4) 建坝蓄水后，提高了库区两岸的地下水位，容易使土地盐碱化，使浸泡的断层、破碎带的摩擦系数大为降低，使山坡向库外滑动，或向库内滑下引起巨大的水浪冲击力，库水可能漫坝，危及大坝和下游人民生命财产安全。

(5) 库水渗流到深处大断层，大大地降低断层的摩擦系数，再加上水的重力作用，尤其是高坝库水压力大，容易诱发地震造成破坏损失。

(6) 水流进入库区后，流速变缓，泥沙粗颗粒容易沉积在库区上游末端处。我国西北部地区水库的泥沙淤积问题尤为严重，需大力研究和解决。另外，水库平时下泄清水或在排洪排沙时只下泄悬移质混水，改变了下游河床原来的泥沙成分。

(7) 有些水库蓄水淹没古迹文物和峡谷奇观。

(8) 个别地区因库水面扩大，疟蚊、钉螺和血吸虫等对人类有害的生物容易滋长。

以上这些都是水利枢纽工程对周围环境带来不利影响的主要问题，还有其他一些小的问题，不在此一一列举。

一般说来，水利枢纽工程如果设计和运用得当，给国民经济的发展及人类生活和健康带来的好处远远超过它对周围环境不利的影响。当然，我们要认真地设法研究和解决这些问题，使它们带来的损失减到最小。例如：尽快地在正常蓄水位以上的山坡上植树造林，使原来河道两岸的动物尽快有栖息之地；在水库修建鱼道或在其下游修建养殖场，让鱼游到上游或养殖场产卵；增建输水管道或渠道给下游因地下水位降低而缺水的地区供水；对于滑坡体或容易诱发地震的断层要采取措施或加强观测和预报，让人们提前撤离到安全地带；对于泥沙淤积问题，可以采用多种办法，如在上游植树造林、修整梯田、水土保持，防止泥沙流入河流和水库，在洪水或含泥沙多的混水入库时，尽量降低库水位，使它们顺利地排放到下游，减少在库区的淤积，待入库河水变清时才下闸蓄水，一旦库区淤积了，可采用挖泥船、气力泵、虹吸管等装置清淤；把库区将要被淹没的文物古迹迁移到高处；对于疟蚊、钉螺和血吸虫较多的个别地区，可采取措施预防和阻止它们的生长。多年来，我国为解决这些问题做了很多工作，并在某些方面已积累了很多成功的经验。我们还需继续努力，认真对待、解决各种难题，使我国水利水电工程更好、更快地发展，为子孙后代造福消灾。

1.3 我国水利工程的发展概况以及面临的主要任务

1.3.1 我国水利工程的发展概况

中国和古埃及等文明古国一样，水利工程也起源较早。从春秋时期开始，在黄河下游沿岸修建堤防，经历代整修加固至今，已形成近 1 600km 的黄河大堤。最早有文字记载的水利工程是安徽寿县的安丰塘(古称芍陂)堤坝，建于公元前 598 至公元前 591 年。公元前 485 年开始兴建、公元 1293 年全线通航的京杭大运河，全长 1 794km，是世界上最长的人工运河，对便利我国南北交通，发挥了重要作用。公元前 256 至公元前 251 年在四川省灌县建成的都江堰工程，是世界上现存历史最长的无坝引水工程，至今仍发挥巨大的效益。我国第一座较高的土坝是河南的马仁陂坝，坝高 16m，坝长 820m，建于公元前 34 年，经历代维修，安全运行至今已有两千多年。后来直到 16—17 世纪，我国又建造了不少土石坝和砌石坝（包括过水的砌石坝），水利工程的建设仍处于世界前列。

自 17 世纪开始至 20 世纪中叶，西方国家由于工业和科学技术的快速发展，水利水电工程也发展很快，建造了一些高土石坝、混凝土重力坝、拱坝和支墩坝、钢筋混凝土水闸等等，并逐渐形成了一些建坝理论和计算方法。在这一时期，我国由于政治、经济和科学技术的落后和外强侵略、内战绵绵等原因，在水利工程建设方面远远落后于西方国家，直到 1950 年全世界 15m 以上高的坝有 5 196 座，我国只有 8 座，只占 0.154%，那时我国水电站也寥寥无几，就算当时最大的丰满水电站蓄水后大坝漏水严重，蓄水位受到限制，仅有 14.3 万 kW 的运行能力。

在 20 世纪 50 年代新中国成立初期，国家和人民都急需要兴修水利，兴建了官厅水库（粘土心墙坝，原坝高 46m，后又加高 7m）、佛子岭水库（连拱坝，高 74.4m）、梅山水库（连拱坝，高 88.24m，在当时是世界最高的连拱坝）、响洪甸水库（重力拱坝，高 87.5m），狮子滩水库（堆石坝，高 52m）、磨子潭水库（双支墩大头坝，高 82m）、新安江水库（宽缝重力坝，高 105m）。这些具有不同特色的坝型，很快地填补了旧中国筑坝技术的空白。尤其是在 1958 年毛主席、周总理等中央首长参加兴建十三陵水库的劳动以后，全国掀起了兴修水利的高潮。华北最大的密云水库（总库容 43.75 亿 m^3），土石方838 万 m^3，混凝土 52 万 m^3，仅用两年时间于 1960 年建成，这在古今中外的筑坝史上是罕见的。就在这样的一种精神带动下，各种水利工程在全国星罗棋布，很快地建造了起来。据 1980 年底的不完全统计：总库容小于 1 000 万 m^3 的小型水库在全国共有 84 228 座，跃居世界第一；我国已建成大型水库（每座总库容在 1 亿 m^3 以上）有 326 座，中型水库（库容 0.1 亿～1 亿 m^3）有 2 298 座。据 1982 年底的《世界大坝登记》，全世界高度 15m 以上的大坝总数为 34 798 座，中国有 18 595 座，占 53.4%，跃居世界第一。新中国在旧中国烂摊子的基础上，财力物力很紧缺，机械化程度很低，大坝建设的速度如此之快，这本身就是一次破世界纪录的奇迹，是其他国家根本无法比拟的，实为世人所惊叹。

到了 20 世纪 80 年代以后，随着改革开放、经济发展和现代化建设，用电非常紧缺。我国的大江大河蕴藏着丰富的水能资源，而在 1980 年底以前所建成的水电装机容量 2 040 万 kW，仅占总蕴藏量的 3%，占可开发水能资源的 3.76%，所以在大江大河上快速兴建和加快在建的大型水电站工程已成了中国在 80 年代以后能源开发和水利建设的主要目标之一。此后，一批在建和新建的高坝大型水电站或发电效益较大的大型水利枢纽工程抓紧设计和施工，如紧水滩、白山、大化、龙羊峡、葛洲坝、鲁布格、水口、漫湾、东江、东风、安康、隔河岩、宝珠寺、五强溪、李家峡、江垭、盐滩、大朝山、天生桥、小浪底、万家寨、二滩、三峡等工程。其中，二滩双曲拱坝，高 240m，是当时世界第三高拱坝，总装机容量 330 万 kW，是我国当时已建的最大水电站。三峡工程在 2003 年第 1 批机组发电，预计在 2009 年全部建成发电，总装机容量 1 820 万 kW（未包括扩建机组），将是世界上最大的水电站，并具有很大的防洪、航运和引水效益，双线五级船闸，总水头 113m，可通过万吨级船队，垂直升船机总重 11 800t，过船吨位 3 000t，提升高度 113m，均位居世界之首。总之，我国

1980 年以来兴建的这些水利水电工程的特点是：(1)大坝很高或工程量很大；(2)大兵团作战已不能适应快速施工的要求，机械化和现代化施工代替过去劳动力密集型的施工；(3)这一时期引进、研究、设计和建造了一大批工期短、投资省的碾压混凝土坝和混凝土面板堆石坝，其数量和高度已成世界第一；(4)河水流量和下泄单宽流量大，施工导流、高水头泄洪雾化和消能都存在很大的难题；(5)高水头蓄水容易诱发地震，高坝对坝体和地基的强度和稳定都要求很高，地下厂房周围岩体地应力很大，还有高边坡稳定问题，等等。我国正在建设中的龙滩碾压混凝土重力坝(第 1 期坝高 192m，第 2 期拟加高至 216.5m)、水布垭混凝土面板堆石坝(高 233m)和小湾混凝土拱坝(高 292m)都是世界上目前已建和在建的同类坝中最高者。我国已建和在建的水利水电工程中，有些设计和施工技术已达到或超过了世界先进水平，进一步丰富了水利水电工程的设计理论和筑坝技术，当然还有很多新问题，科研任务相当繁重。

除了大坝建设外，新中国建立以后从 1950 年 10 月治淮工程开始，广大群众每年投入了大量的低报酬劳动或义务劳动，进行大江大河整治工程建设，对黄河、淮河、长江、海河水系、珠江、松花江、辽河等等大大小小河流进行了疏浚、筑堤、加固、抢险，还为淮河、海河、太湖等水系开辟了新的排洪入海通道，修建了红旗渠引水工程、引滦入津工程等等。据不完全统计，仅在 1949 年至 1999 年的 50 年时间里，全国疏浚河道、填筑和加固堤防共约 26 万 km，相当于绕地球 6.5 圈，工程量之浩大，实为世界罕见，其发展速度之快也是世界上的一大创举。

新中国成立以来建造了很多水闸。据不完全统计，建国后的 50 年时间里，已建造水闸 3 万多座(未包括许多小闸)，其中大型水闸 320 座，如润河集、三河闸、荆江分洪闸、蚌埠闸、海河闸等等。葛洲坝中间泄水坝段实质上是我国最大最高的水闸，总长 498m，最大泄水流量 83 900m^3/s，在我国已建的水闸中居第一位，而且有些设计和施工技术已达世界领先水平。

我们还应看到差距，例如，我国水电能源开发的比例还远低于西方国家，我国有很多地区还经常受到干旱和洪涝等灾害。只有看到差距，才能明确今后的任务。

1.3.2 我国水利工程面临的主要任务

1. 南水北调，解决北方干旱地区的供水和灌溉问题

我国北方自古以来都是少雨干旱的地区，在最近的 50 多年来人口增长了近两倍，在最近的 20 年来由于工业发展和城市人口增长得很快，再加上对森林的砍伐，近 10 年来北方地区降雨量明显地减少，黄河多次断流，工业和城市用水、灌溉用水都很紧张，城市地下水位下降严重，引起地面下沉。北方降雨量少，即使在汛期也很少出现多余的洪水流到大海，再兴建一些水库仅仅增加梯级发电量，也根本不能解决缺水问题。最有把握、最有效的办法是从南方江河调水到北方，即兴建南水北调工程。

长江流域面积 180 万 km^2，多年平均年径流量 9 600 亿 m^3，仅次于亚马逊河与刚果河，居世界第三。长江之水相当丰富，即使在特枯年也有 7 600 多亿 m^3 流入大海。故从长江调水至北方各省市，水量是充足的，但难度很大。南水北调研究工作始于 20 世纪 50 年代初，近 50 年来，有关部

门进行了大量的勘测、规划、设计和科研工作，最后趋向于采用三条线路(即东线、中线和西线)方案。东线工程从江都扬水，基本上沿京杭运河逐级提水北送，向山东、河北和天津供水。中线远景方案规划自长江三峡枢纽引水经汉江丹江口枢纽，沿伏牛山南麓北上自流至北京，以供京、津、冀、豫、鄂五省市的城市生活和工业用水为主，兼顾唐白河平原和黄淮海平原的西中部地区农业及其他用水。西线工程规划从长江上游的几条支流引水入黄河，解决我国西北地区严重干旱缺水的问题，还可增加黄河各梯级水电站的发电量，特殊情况下还可供北京、天津应急用水。通过这三条线每年可向北方调水500亿～600亿m^3。

南水北调工程是实现我国水资源优化配置的战略举措，是中国跨流域调水工程中最大的、最艰巨的、最紧迫的工程，也是中国在21世纪规模最大的水利工程之一。因受地理位置、调出区水资源量、地形和地质等条件限制，三条调水线路各有其合理的供水范围，相互不能替代，但也不太可能一下全部同时兴建。东线工程量、难度和投资都比其他两线小，但耗电量大；中线水质好，自流，但工程量、难度和投资都比东线大；西线工程量、难度和投资最大。国家根据工程的难易程度和国家的经济技术条件，依次分期兴建东线、中线和西线工程，先易后难，逐步实施。

2. 建造大中型水电站，拦蓄洪水，开发水能资源，实现西电东送

根据最新可靠的勘测资料，我国大陆水电的理论蕴藏装机容量为6.94亿kW，技术可开发的装机容量为5.42亿kW，年发电量24 740亿kW·h，都居世界第一位。至2004年9月底，我国大陆水电装机容量已达1亿kW，即使按最近25年的水电开发速度，也起码再用130多年才能完成全部水电技术可开发任务。这些水能资源主要集中在西南部地区，那里水量丰富，河流落差大，河谷窄，可建造许多大中型水电站。但是，目前大部分还未开发，不仅白白地扔掉了很多水和电能，而且在汛期还对长江中下游构成很大的威胁。如果我们全部水电开发，将多余成灾的洪水拦蓄起来，既可起到防洪、灌溉、供水、航运和养殖等综合作用，还可多级发电、向东部送电，每年可减少12.5亿吨煤耗(相当于目前的年产量)和污染。

要多发电就要多建高坝，因为落差越大，同样的水量发出的电就越多。只要水量充沛、地质条件和淹没损失允许，一般建高坝比建低坝合算，其防洪、发电、灌溉、供水和航运等连锁效益就更大。但高坝的静、动应力很大，对坝体和地基的强度和稳定都要求很高，地下厂房周围岩体地应力一般也很大，还有高边坡稳定、渗透稳定、施工导流、施工速度和工期、高水头蓄水诱发地震、高水头泄洪雾化、消能和高速水流的防蚀等问题，难度很大，世界高坝建设的理论和经验也很少。这些难题有待我们研究和解决，再经工程实践的考验和证明，在完成上述主要任务的同时，不断补充我们的知识宝库。

《水工建筑物》这本书离不开前人对水利水电工程的实践和理论的总结。我国水利水电工程实践是水工结构学科理论的源泉，是最大、最复杂而又最真实的“模型实验”，也是本学科毕业生的用武之地。希望更多的有志者在这广阔的天地中施展才干，增长知识，不断补充和完善水工结构学科理论和水工建筑物的内容。

1.4 水利枢纽分等和水工建筑物分级

水利枢纽工程及其各项建筑物应根据它们的作用和重要性，合理地定出它们的安全系数，使设计得更合理和经济。这就需要将水利枢纽分等和建筑物分级。水利部2000年发布的水利水电工程分等指标和永久建筑物级别分别如表1-1和表1-2所示[1]。

表1-1 水利水电工程分等指标

工程等别	工程规模	水库总库容（亿 m^3）	防洪		排涝	灌溉	供水	水力发电
			保护城镇及工矿企业的重要性	保护农田面积（万亩）	排涝面积（万亩）	灌溉面积（万亩）	供水对象重要性	装机容量（万 kW）
Ⅰ	大(1)型	≥10	特别重要	≥500	≥200	≥150	特别重要	≥120
Ⅱ	大(2)型	10～1.0	重要	500～100	200～60	150～50	重要	120～30
Ⅲ	中型	1.0～0.1	中等	100～30	60～15	50～5	中等	30～5
Ⅳ	小(1)型	0.1～0.01	一般	30～5	15～3	5～0.5	一般	5～1
Ⅴ	小(2)型	0.01～0.001		<5	<3	<0.5		<1

注：1. 总库容系指水库最高水位以下的静库容。
2. 灌溉面积及排涝面积系指设计面积。
3. 挡潮工程的等别可参照防洪工程的规定，在潮灾特别严重地区，其工程等别可适当提高。
4. 供水工程的重要性，应根据城市及工矿区和生活区供水规模、经济效益和社会效益分析决定。
5. 对综合利用的水利水电工程，其工程等别应按其中最高等别确定。

表1-2 永久性水工建筑物的级别

工程等别	Ⅰ	Ⅱ	Ⅲ	Ⅳ	Ⅴ
主要建筑物	1	2	3	4	5
次要建筑物	3	3	4	5	5

注：永久性建筑物系指工程运行期间使用的建筑物，根据其重要性分为：
主要建筑物　系指失事后将造成下游灾害或严重影响工程效益的建筑物，如堤坝、水闸、溢洪道、电站厂房及泵站等。
次要建筑物　系指失事后不致造成下游灾害或对工程效益影响不大，并易于修复的建筑物，如挡土墙、导流墙及护岸等。

对于Ⅱ～Ⅴ等的工程，如遇下述情况，经论证可提高或降低其建筑物的级别：

(1) 工程位置特别重要，失事后将造成重大灾害或影响十分严重的2～5级主要永久性水工建筑物，经论证并报主管部门批准，可提高一级。

(2) 当水工建筑物的工程地质条件特别复杂或者采用实践经验较少的新型结构时，对2～5级建筑物可提高一级，但洪水标准不予提高。

(3) 对于2～3级永久性水工建筑物，若坝高超过下述高度可提高一级：2级土石坝90m，2级混凝土坝或浆砌石坝130m；3级土石坝70m，3级混凝土坝或浆砌石坝100m。但洪水标准可不提高。

(4) 对失事后影响不大的1～4级主要永久性水工建筑物,经论证并报主管部门批准,可降低一级。

为了使建筑物的安全性、可靠性与其在社会经济中的重要性相称,在水工设计中,对不同级别的建筑物在下列方面应有不同的要求。

(1) 设计基准期。它是研究工程对策的参照年限。水工建筑物在设计基准期内应满足如下要求：①能承受在正常施工和正常使用时可能出现的各种荷载的作用；②在正常使用时,应具有设计预定的功能；③在正常维护下,应具有设计预定的耐久性；④在出现预定的偶然荷载作用时,其主体结构仍能保持必需的稳定性。

1级挡水建筑物的设计基准期应采用100年,其他永久性建筑物采用50年。临时建筑物的设计基准期按预定的使用年限及可能滞后的时间确定。特大工程挡水建筑物的设计基准期应经专门研究决定。

(2) 抗御灾害能力。如：防洪标准,抗震标准,坝顶超高等。

(3) 安全性。如：建筑物的强度和稳定安全指标,限制变形的要求等。

水工建筑物的结构安全级别,应根据建筑物的重要性及破坏可能产生后果的严重性而定,与水工建筑物的级别相应而分为三级,如表1-3所示。

表1-3　水工建筑物的结构安全级别

水工建筑物的级别	1	2、3	4、5
水工建筑物的结构安全级别	Ⅰ	Ⅱ	Ⅲ

注：1. 对有特殊安全要求的水工建筑物,其结构的安全级别应经专门研究决定。
2. 结构及其构件的安全级别,可依其在水工建筑物中的部位,本身破坏对水工建筑物安全影响的大小,取与水工建筑物的结构安全级别相同或降低一级。
3. 地基基础的安全级别应与建筑物的结构安全级别相同。

(4) 运行可靠性。如：建筑物的供水、供电、通航的保证率,闸门等设备的可用性等。

(5) 建筑材料。如：使用材料的品种、标号、质量及耐久性等。

水利水电工程建设一般经过规划、勘测、设计、施工、管理、技术总结等六个阶段,近年来一些重大工程在规划之后、设计之前增加了可行性研究报告阶段。每一个阶段都有不同的工作内容,每一种建筑物之间又有不同的许多细则要求。水工建筑物这本书的篇幅很有限,不可能编入这全部的内容和细则,而主要编写水工建筑物的构造、设计理论和计算方法,在其他各个阶段中与此有关的个别内容也将在书中简略提到。各类水工建筑物的具体构造、计算方法和计算公式都很不相同,将分别在后面各章节中详细叙述。

1.5　水工建筑物的安全性与设计安全判别准则

对设计方案的基本要求是安全、经济和实用。其中,后两个问题主要是面对工程的直接有关方面(如：使用者、受益者、投资者等),可由设计人员与有关方面商定。而安全是最重要的事关全社会的问题，不仅由上述人员讨论协商确定，而且还需要面对有关的社会公众取得社会认可。社会的要求应由法律及工程界制定的有关规范、标准来保证。制定标准的指导思想应是从全局上做到设计工作与社会的要求相协调，使水工建筑物设计符合安全可靠、经济合理、适用耐久、技术先进的要求，并在总结经验、尤其是总结工程失事或出现事故教训的基础上，加强科学研究，使所制定的标准日趋完善。

1.5.1 水工建筑物的失事情况统计

水工建筑物，尤其是坝，由于其作用重要，应当精心设计、精心施工，做到安全第一。但是由于各种原因，仍有可能失事。第14届国际大坝会议总报告中指出，在历年已建成的14 000个高于15m的坝中，破坏率近1%(不完全统计)。近代，由于科技进步，坝的可靠性逐步提高，破坏率已降至0.2%。

Г. И. 乔戈瓦泽对近9 000座大坝中失事及出现事故的700例的统计结果，按失事原因所占份额，可以百分比计为：(1)地基渗漏或沿连接边墩渗漏占16%；(2)地基丧失稳定性占15%；(3)洪水漫顶及泄洪能力不足占12%；(4)坝体集中渗漏占11%；(5)侵蚀性水或穴居动物通道占9%；(6)地震(包括水库蓄水诱发地震)占6%；(7)温度裂缝及收缩裂缝占6%；(8)水库蓄水或放空控制不当占5%；(9)冰融作用占4%；(10)运用不当占4%；(11)波浪作用占2%；(12)原因不明的有10%。

A. F. 德赛尔维拉的统计结果表明，大坝事故多在前5年内发生，见表1-4。由表中所列数据可以看到，大坝失事有一半以上集中在施工期及使用初期，反映出设计及施工中的缺陷大部分是在使用初期暴露出来的。

表1-4 坝在不同时刻发生事故和失事所占百分比(%)

事故或失事	坝 型	事故或失事发生时刻				
		施工中	第一次蓄水	建成5年内	建成5年后	不清楚
事故(2013件)	混凝土坝及砌石坝	2.6	4.6	4.2	11.7	10.8
	土石坝	6.9	10.5	11.9	20.0	16.8
失事(108座)	混凝土坝及砌石坝	2.8	11.1	3.7	3.7	0.9
	土石坝	13.9	15.7	13.0	30.5	4.7

1.5.2 安全储备

为了保证建筑物安全，必须在规划、设计阶段详加分析，保证其在蓄水、泄水能力、结构及其地基的强度和稳定性等方面均有一定的安全储备。

在建筑物的设计标准中，明确地规定出安全储备的要求。其表达形式有：单一安全系数法和分项系数极限状态设计法。后者是近年来在可靠度理论基础上发展起来的。

1.5.3　极限状态

当整个结构（包括地基）或结构的一部分超过某一特定状态，结构就不能满足设计规定的某种功能要求时，称此特定状态为该功能的极限状态。

《水利水电工程结构可靠度设计统一标准》规定，按下列两类极限状态设计：

（1）承载能力极限状态。当结构或结构构件出现下列状态之一时，即认为超过了承载能力极限状态：①失去刚体平衡；②超过材料强度而破坏，或因过度的塑性变形而不适于继续承载；③结构或构件丧失弹性稳定；④结构转变为机动体系；⑤土石结构或地基、围岩产生渗透失稳等。在这些状态下，结构是不安全的。

（2）正常使用极限状态。当结构或结构构件影响正常使用或到达耐久性的极限值时，即认为达到了正常使用极限状态，如：①影响结构正常使用或外观变形；②对运行人员或设备、仪表等有不良影响的振动；③对结构外形、耐久性以及防渗结构抗渗能力有不良影响的局部损坏等。在这些状态下，结构是不适于使用的。

结构的功能状态一般可用功能函数来表示

$$Z = g(X_1, X_2, \cdots, X_n, c) \tag{1-1}$$

式中：$X_i(i=1,2,\cdots,n)$——基本变量，包括影响结构的各种荷载、结构本身的抗力和材料性能等；

c——功能限值，如梁的挠度，许可裂缝宽度等。

对最简单的情况，上式可以写为

$$Z = R - S \qquad (1\text{-}1)'$$

此处 R 为结构抗力，S 为荷载对结构产生的作用效应。

当功能函数等于 0 时，结构处于极限状态。因此，称 $Z=g(X_1, X_2, \cdots, X_n, c)=0$ 为极限状态方程。在简单情况时，即 $R-S=0$。

设计中要求结构能达到或超过承载能力极限状态方程，即 $R-S\geqslant 0$，结构是安全的。

1.5.4　设计安全判别准则

根据经验，导致水工建筑物出现事故或失事的主要因素为：①荷载的不利性变异（偏大）；②抗力的不良性变异（偏小）；③状态方程表达不正确。因此，设计时一定要保持有安全储备，即令 $R-S>0$，从而使结构能应付偶然出现的不利局面，以保持原定功能。我国水工设计规范规定的具体处理方式有以下两种：

（1）单一安全系数法

单一安全系数法要求 $S\leqslant R/K$，此处，K 为安全系数，R 为结构抗力的取用值，S 为作用效应的取用值。设计的结构经过验算，如果 R/S 大于或等于规范给定的安全系数 K，即认为结构符合安全要求。此法形式简便，现有水工设计规范大多沿用此法。

规范给出的安全系数目标值是工程界根据经验制定的，它考虑了：①结构的安全等级；②工作状况及荷载效应组合(基本组合取值高)；③结构和地基的受力特点和计算所用的方程(分析模型准确性差的取值高)。与此同时，还应配合材料抗力试验方法及取值规则(一般取低于均值的某一概率分位值)，以及作用(荷载)值的勘测试验方法及取值规则(一般取高于均值的某一概率分位值)等有关标准。这些规定必须配套使用，才能满足安全控制要求。

(2) 分项系数极限状态设计法

此法的基点是概率原理的结构可靠度分析理论，是一个将结构的安全性和适用性定量化的理论。将结构不能完成预定功能的概率称为失效概率 p_f，即

$$p_f = P[g(\cdot) < 0] \tag{1-2}$$

式中：$g(\cdot)$——结构功能函数的简写，$g(\cdot)<0$ 即结构功能失效，$[g(\cdot)<0]$是失效事件的集合。

结构的可靠度，即结构能完成预定功能的概率，记为 p_s，因此

$$p_s = 1 - p_f \tag{1-3}$$

根据可靠度理论制定的分项系数法设计规范，是经过对大量工程结构的可靠度分析、在定量工作的基础上制定的。它明确规定按极限状态设计，并给出能反映变异性来源的分项系数，将每种因素的影响在不同的工程结构上统一考虑，取划一的分项系数。我国《水工建筑物荷载设计规范》(DL 5077—1997)[2]设置了下列几个分项系数：

(1) 结构重要性系数 γ_0，对应于结构安全级别Ⅰ、Ⅱ、Ⅲ级分别取1.1、1.0、0.9。

(2) 作用(荷载)分项系数 γ_F，考虑作用(荷载)对其标准值的不利变异。

$$\gamma_F = F_d / F_k \tag{1-4}$$

式中：F_d——作用(荷载)的设计值；

F_k——作用(荷载)的标准值，一般取该荷载概率分布的高分位值(如永久荷载可取0.95)，某些荷载对结构功能有利时，取低分位值。

作用分永久作用、可变作用和偶然作用，其标准值或代表值分别为 G_k、Q_k 和 A_k，代替式(1-4)中的分母 F_k；其设计值分别为：$\gamma_G G_k$、$\gamma_Q Q_k$ 和 A_k(偶然作用分项系数为1.0)。

(3) 材料性能分项系数 γ_m，考虑材料性能对其标准值的不利变异。

$$\gamma_m = f_k / f_d \tag{1-5}$$

式中：f_d——材料性能的设计值；

f_k——材料性能的标准值，一般取该材料强度概率分布的低分位值(如0.05)，影响不明显的，如材料及岩土的弹性模量及泊松比等，可取0.5分位值。

(4) 设计状况系数 ψ。对应持久状况取1.0，短暂状况取0.95，偶然状况取0.85。

(5) 结构系数 γ_d。反映极限状态方程与结构实有性能的贴近程度、荷载效应和抗力计算模型的不定性以及其他影响不定性的因素。

承载能力极限状态的基本组合设计表达式为

$$\gamma_0 \psi S(\gamma_G G_k, \gamma_Q Q_k, a_k) \leqslant \frac{1}{\gamma_{d1}} R\left(\frac{f_k}{\gamma_m}, a_k\right) \tag{1-6}$$

承载能力极限状态的偶然组合设计表达式为

$$\gamma_0 \psi S(\gamma_G G_k, \gamma_Q Q_k, A_k, a_k) \leqslant \frac{1}{\gamma_{d2}} R\left(\frac{f_k}{\gamma_m}, a_k\right) \tag{1-7}$$

式中：$S(\cdot)$——作用效应函数；

$R(\cdot)$——结构抗力函数；

$\gamma_G G_k$、G_k、γ_G——永久作用的设计值、标准值及其分项系数；

$\gamma_Q Q_k$、Q_k、γ_Q——可变作用的设计值、标准值及其分项系数；

A_k——地震作用的代表值(其分项系数取1.0)；

a_k——结构的几何参数的标准值(一般为随机变量或取常量)；

γ_{d1}、γ_{d2}——分别为承载能力极限状态基本组合和偶然组合的结构系数；

γ_0、ψ、f_k、γ_m 等其他参数的含义见前面所述。

当结构按正常使用极限状态设计时，应根据结构设计要求分别采用作用的短期效应组合和长期效应组合。

短期效应组合的设计表达式为

$$\gamma_0 S(G_k, Q_k, f_k, a_k) \leqslant c_1/\gamma_{d3} \tag{1-8}$$

长期效应组合的设计表达式为

$$\gamma_0 S(G_k, \rho Q_k, f_k, a_k) \leqslant c_2/\gamma_{d4} \tag{1-9}$$

式中：c_1、c_2——结构的功能限值；

ρ——可变作用长期组合系数，按各类水工结构设计规范的规定采用。

γ_{d3}、γ_{d4}——正常使用极限状态短期组合、长期组合的结构系数。

目前我国水工混凝土、钢筋混凝土结构及重力坝设计规范提出分项系数的建议。

思 考 题

1. 水利枢纽工程有哪些重要作用和意义？对周围环境有什么不利的影响？如何克服或减少这些影响？
2. 为什么对水利枢纽工程分等和对水工建筑物分级？它们是如何划分的？
3. 当前我国水工建筑物设计安全判别准则有哪些？

第2章 重力坝

2.1 概　　述

> **学习要点**
>
> 重力坝的工作原理和优缺点。

2.1.1 重力坝的工作原理及特点

重力坝在水压力及其他荷载作用下，主要依靠坝体自重产生的抗滑力来满足稳定要求；同时依靠坝体自重产生的压应力来减小库水压力所引起的上游坝面拉应力以满足强度要求。重力坝的基本剖面呈三角形，上游坝面陡、下游坝面较缓。筑坝材料为混凝土或浆砌石。为了适应地基变形、温度变化和混凝土的浇筑能力，用横缝将坝体分隔成若干个独立工作的坝段(见图2-1)。为枢纽布置需要，有的坝轴线布置在较宽的河床上。坝轴线通常呈直线，有时为适应地形、地质条件，或为枢纽需要也可布置成折线或拱向上游的拱形；若岸边岩基较陡，再将横缝灌浆连成整体，以防侧向滑动破坏。

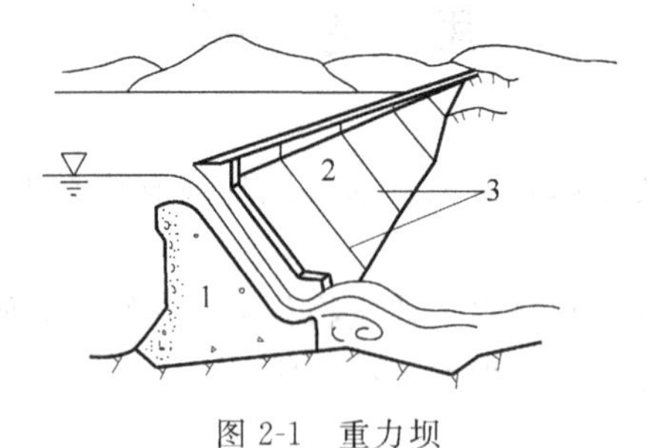

图2-1　重力坝

1—溢流坝段；2—非溢流坝段；3—横缝

我国绝大部分重力坝建在岩基上，可承受较大的压应力，还可利用坝体混凝土与岩基表面之间的凝聚力，提高坝体的抗滑稳定安全度。只有少数较低的重力坝建在覆盖层很厚、两岸岩体陡峻、洪峰流量很大的河床上。对于这种地形，如果建造土石坝，则需两岸削坡并需另开岸边溢洪道，很不经济，在这种情况下才不得已在砂砾石覆盖层上建造溢流重力坝。但为了增加其抗滑稳定性，一般需要建造较长的向上下游延伸的底板，并做较深的齿墙，下游还要做很长的消力池和护坦等等。故在砂砾石地基上建造溢流重力坝也是很不经济的，这种坝型很少，将归到其他类型的重力坝一节中叙述。

重力坝之所以得到广泛采用，是因其具有以下几方面的优点：

(1) 对地形、地质条件适应性强。由于重力坝的拉压应力一般低于相同坝高的拱坝，所以重力坝对地形和地质条件的要求也较拱坝低，一般可修建在弱风化岩基上。

(2) 枢纽泄洪问题容易解决。重力坝可以做成溢流的，也可以在坝内不同高程设置泄水孔，一般不需另设溢洪道或泄水隧洞，枢纽布置紧凑。

(3) 便于施工导流。在施工期可以利用坝体导流，一般不需要另设导流隧洞。

(4) 安全可靠。重力坝剖面尺寸大，因而抵抗洪水漫顶、渗漏、地震和战争破坏的能力都比土石坝强。据统计，在各种坝型中，重力坝的失事概率是较低的。

(5) 施工方便。大体积混凝土，可以采用机械化施工，在放样、立模和混凝土浇筑方面都比较简单，并且补强、修复、维护或扩建也比较方便。尤其是采用碾压混凝土筑坝，大大减少水泥用量，可取消纵缝、取消或减少横缝数量、取消或减少冷却水管，明显地加快施工进度和降低投资造价。

(6) 结构作用明确。重力坝沿坝轴线用横缝分成若干坝段，各坝段独立工作，结构作用明确，稳定和应力计算都比其他坝型简单。

(7) 可利用块石筑坝。若块石来源很丰富，可做中小型的浆砌石重力坝，也可在混凝土坝里埋置适量的块石，以减少水泥用量和水化热温升、降低造价。

但是，重力坝还存在以下一些缺点：

(1) 因抗滑稳定要求，重力坝相比其他混凝土坝来说，剖面尺寸大，材料用量多。

(2) 坝体与地基接触面积大，比其他混凝土坝的坝底扬压力大，对稳定不利。

(3) 由于坝体体积大，施工期混凝土的水化热温升较高，造成后来的温降和收缩量都很大，将产生不利的温度应力，因此，在浇筑混凝土时，需要有较严格的温度控制措施。

2.1.2 重力坝的设计内容

重力坝设计包括以下主要内容：

(1) 选定坝轴线(一般以坝顶中心线或上游边线作为坝轴线)，需考虑地形、地质、枢纽布置、工程量、工期、投资和施工等条件，经综合分析，从多个方案中对比挑选而定；

(2) 剖面设计，可用粗略的优化设计方法或参照已建类似工程，初步拟定剖面尺寸；

(3) 稳定分析，验算坝体沿地基面和地基中软弱结构面抗滑稳定的安全度；

(4) 应力分析，使应力满足设计要求，保证坝体和坝基有足够的强度；

(5) 构造设计，根据施工和运用要求确定坝体的细部构造，如廊道系统、排水系统、坝体分缝等；

(6) 地基处理，根据地质条件和受力情况，进行固结灌浆、防渗、排水、断层软弱带的处理等；

(7) 溢流重力坝和泄水孔的设计以及它们的消能设计和防冲设计等；

(8) 监测设计,包括坝体的观测设计,制定大坝的运行、维护和监测条例。

2.1.3 重力坝的建设情况

根据史料记载,最早的重力坝是公元前2900年在古埃及尼罗河上建造的一座高15m、顶长240m的挡水坝。人类历史上修建的第一批堰、坝,都是利用结构自重来维持稳定的,一直到19世纪以前建造的重力坝,基本上都采用浆砌毛石,19世纪后期才逐渐采用混凝土。坝工设计理论是在筑坝实践中不断发展起来的,从1853年到1890年,法国工程师先后发表了一些有关重力坝设计的论文,提出了坝体应力分析的材料力学方法和弹性理论方法,对坝工建设作出了重要贡献。19世纪末期,通过对几座失事重力坝的分析研究,认为作用于坝体的扬压力对坝体有不利影响,此后便在靠近上游面的坝体内设置排水管幕,以消减扬压力。进入20世纪后,随着混凝土施工工艺水平的提高和施工机械的迅速发展,筑坝材料由浆砌毛石、块石发展到混凝土,为了控制温度裂缝,在坝内设置横缝和纵缝,并采取接缝灌浆和坝体温控措施,在地基内设置阻水的灌浆帷幕和排水系统等,逐步形成了现代的混凝土坝。随着筑坝技术的提高,高坝在不断增多,地质勘探、试验研究和坝基处理得到了重视和加强。1962年瑞士建成了世界上最高的大狄克桑斯重力坝,坝高达285m。从20世纪60年代开始,由于土石坝建设的迅速发展,使重力坝在坝工建设中所占的比重有所下降。进入20世纪80年代,碾压混凝土技术开始运用于重力坝建设,使重力坝所占比重又有所回升。

我国在20世纪50年代首先建成了高71m的古田一级和高105m的新安江两座宽缝重力坝;60年代建成了高97m的丹江口宽缝重力坝、高106m的三门峡实体重力坝;70年代建成了黄龙滩、龚嘴和高147m的刘家峡重力坝;80年代建成了高165m的乌江渡拱形重力坝、高107.5m的潘家口宽缝重力坝和我国第一座碾压混凝土重力坝——坑口重力坝等;90年代建成了高132m的漫湾重力坝、高90m的万家寨重力坝、高111m的岩滩和高128m的江垭碾压混凝土重力坝。我国正在兴建世界上最大的三峡水电站,重力坝最大坝高181m。我国正在建造龙滩碾压混凝土重力坝,初期最大坝高192m,拟定第2期加高至216.5m,将是世界上最高和体积最大的碾压混凝土重力坝。

2.2 重力坝的荷载及荷载组合

> **学习要点**
>
> 应掌握自重、静水压力、扬压力、泥沙压力等主要荷载的计算。

2.2.1 荷载

作用于重力坝上的荷载主要有:①自重(包括固定设备重);②静水压力;③扬压力;④泥沙压力;⑤浪压力;⑥冰压力;⑦土压力;⑧动水压力;⑨温度荷载;⑩地震荷载等。

1. 坝体及其上永久设备的自重

坝体自重由坝体材料的容重与体积相乘求得。在初步设计阶段，混凝土的容重可近似取23.5～24.0kN/m^3；在技术设计阶段，材料容重通过实地或实验室量测。自重作用分项系数[2]：坝体混凝土取1.0；其他自重(如金属结构、永久设备等)对结构不利(如计算局部压应力)时取1.05，对结构有利(如计算坝踵应力和大坝抗滑稳定)时取0.95。

2. 水压力

1) 静水压力

水的容重$\gamma=9.81\text{kN/m}^3$，在水面以下深度为h(m)处的静水压强p为

$$p=\gamma h \quad (\text{kPa}) \tag{2-1}$$

若上、下游水深分别为H_1和H_2，则单宽坝面承受总静水压力的水平分力P为

$$P=\gamma(H_1^2-H_2^2)/2 \quad (\text{kN}) \tag{2-2}$$

对于斜面或曲面部位，除了水平分力之外，还应计入竖向分力(即水重或浮力，见图2-2)。

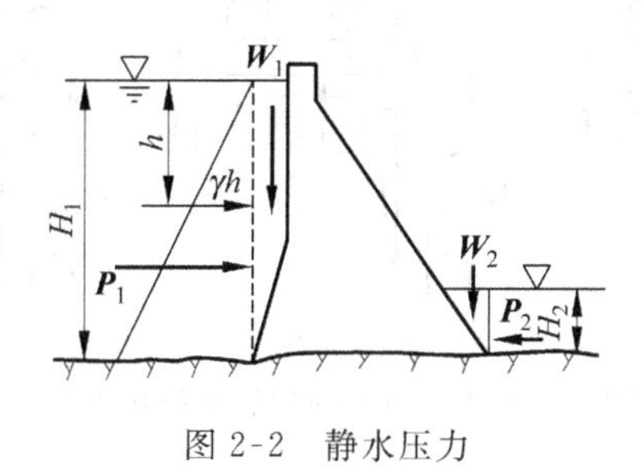

图2-2 静水压力

按我国规范[2]，静水压力的作用分项系数为1.0。

2) 动水压力

动水压力是指水流总压力减去静水压力之后所余下的附加水压力，如脉动压力、地震水激荡力、水流流经曲面(如溢流坝面或泄水隧洞的反弧段)产生的动水离心压力等等。前两种动水压力很难用数学方法准确计算，多通过实验或现场量测，或者由规范提供的简化公式做近似的计算。第三种作用在反弧段上的动水离心压力的合成水平分力指向上游，合成竖向分力向下，对溢流坝段稳定和受力有利，而下闸正常蓄水是对溢流坝段的稳定和坝踵受力较为不利的基本荷载，此时无下泄水流的作用。

3. 渗透水扬压力

在水压力作用下，水渗入坝体或地基中并对周围介质骨架产生扬压力。如果扬压力很大，将可能使介质骨架被拉开，使结构物滑移破坏。对渗透水扬压力应给予足够的重视，但它的作用面积和作用力的大小至今都很难精确计算。我国《水工建筑物荷载设计规范》DL 5077—1997[2]规定按全部作用

面积计算，其大小分别按以下三种情况考虑。

(1) 坝基有防渗帷幕和排水孔，扬压力作用水头为：坝底面上游处（坝踵）H_1，排水孔中心处 $H_2+\alpha(H_1-H_2)$，坝底面下游处（坝趾）H_2，其间各段直线分布，参见图 2-3(a)。H_1、H_2 分别为上下游水深（下同）；α 为渗透压力强度系数，在河床坝段取 0.25，在岸坡坝段取 0.35。

(2) 坝基有防渗帷幕、上游主排水孔和下游副排水孔，并设置抽排系统，扬压力作用水头为：坝底面上游处 H_1，坝底面下游处 H_2，主排水孔中心处 $\alpha_1 H_1$，副排水孔中心处 $\alpha_2 H_2$，其间各段直线分布，参见图 2-3(b)。α_1 和 α_2 分别为主、副排水孔扬压力强度系数，$\alpha_1=0.20$，$\alpha_2=0.50$。

(3) 坝基无防渗帷幕和排水孔，扬压力作用水头为：坝底面上游处 H_1，坝底面下游处 H_2，其间直线分布，参见图 2-3(c)。

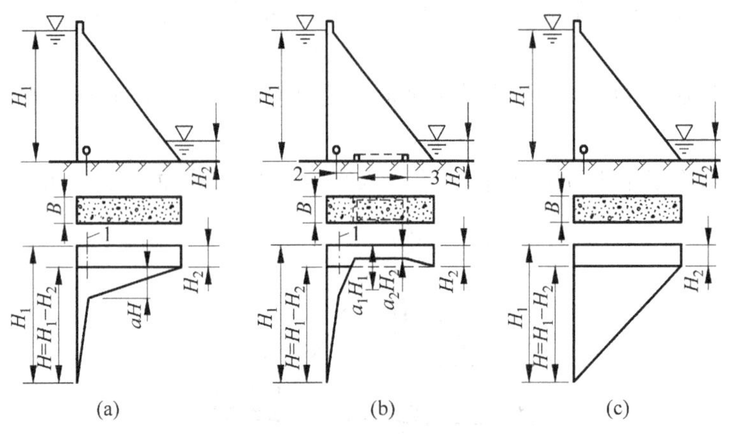

图 2-3　实体重力坝的坝底面扬压力分布

实体重力坝坝体内各水平截面上的扬压力作用水头为：(1)下游水位以下的水平截面，在下游坝面处为下游水深 h_2，在上游坝面处为上游水深 h_1，在排水管幕处为 $h_2+0.2(h_1-h_2)$，其间各段直线分布；(2)下游水位以上的水平截面，在下游坝面处为零，在上游坝面处为上游水深 h_1，在排水管幕处为 $0.2h_1$，其间各段直线分布；(3)若坝内无排水管，则坝体内扬压力的分布无折点，从上游至下游呈直线分布。

根据水工建筑物荷载设计规范[2]，实体重力坝扬压力的作用分项系数按以下情况计算：

(1) 在无抽排情况下，下游水深引起的浮托力作用分项系数取 1.0，上下游水位差引起的渗透压力作用分项系数取 1.2；

(2) 在有抽排情况下，上游主排水孔之前的扬压力作用分项系数取 1.1，主排水孔之后的残余扬压力作用分项系数取 1.2。

4. 波浪荷载

波浪的几何要素见图 2-4(a)，波高为 h_l，波长为 L，当波浪推进到坝前，由于铅直坝面的反射作用而产生驻波，波高为 $2h_l$，浪顶至波浪中心线高差为 h_l，波长仍保持 L 不变。

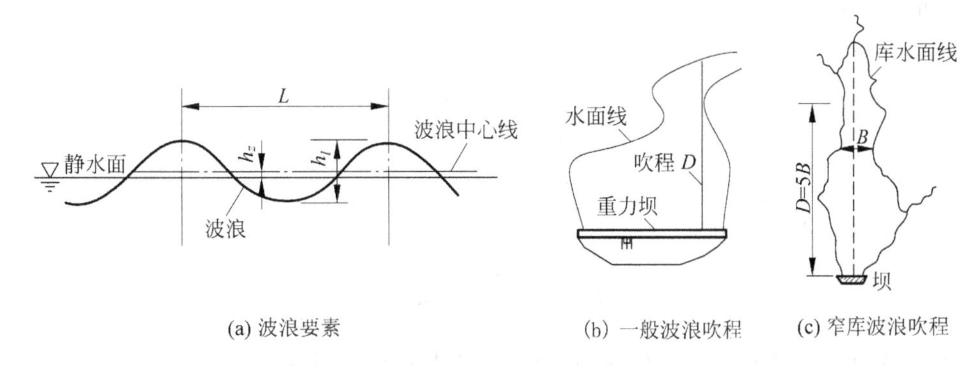

图 2-4　波浪几何要素及吹程

以往计算波浪要素的式子很多。这里建议分别按以下三种情况计算[2]：

(1) 内陆峡谷水库(风速 $V_0<20\text{m/s}$,吹程 $D<20\ 000\text{m}$),宜按官厅水库公式计算

$$h_l = 0.001\ 66 V_0^{5/4} D^{1/3} \quad (\text{m}) \tag{2-3}$$

$$L = 10.4(h_l)^{0.8} \quad (\text{m}) \tag{2-4}$$

式中,计算风速 V_0(m/s)是指水面以上 10m 处 10min 的风速平均值,水库为正常蓄水位和设计洪水位时,宜采用相应季节 50 年重现期的最大风速,校核洪水位时,宜采用相应洪水期最大风速的多年平均值;吹程 D 以 m 计。由于风向千变万化,坝面每一点到对岸所有各点的连线也有无数条。上述浪高的计算式只是经验式子,并非精确解,故可不必过细地计算吹程。如果风向与坝轴线倾斜,则在坝面处不会发生驻波,浪高变小,单宽坝面所受到的法向浪压力也变小。建议自坝面沿法线方向到对岸的最大距离作为吹程[如图 2-4(b)所示]。若在吹程内水面局部缩窄处的宽度 B 小于 12 倍波长,建议近似取吹程 $D=5B$,但也不应小于自坝前到缩窄处的距离。

上述官厅公式在 $gD/V_0^2=20\sim250$ 的情况所得 h_l 为累计概率 5%的波高,记作 $h_{5\%}$;在 $gD/V_0^2=250\sim1\ 000$ 的情况所得 h_l 为累计概率 10%的波高,记作 $h_{10\%}$。

波浪中心线高出静水面高度为

$$h_z = \frac{\pi h_l^2}{L}\coth\frac{2\pi H}{L} \quad (\text{m}) \tag{2-5}$$

式中:H——坝前水深,m。一般峡谷水库因 $H\geqslant L/2$,故 $h_z\approx\pi h_l^2/L$。

(2) 平原、滨海地区水库,宜按莆田试验站公式计算平均波高 h_m 和平均波周期 T_m

$$h_m = 0.13\tanh[0.7(gH_m/V_0^2)^{0.7}]\tanh\left[\frac{0.001\ 8(gD/V_0^2)^{0.45}}{0.13\tanh[0.7(gH_m/V_0^2)^{0.7}]}\right]\frac{V_0^2}{g} \quad (\text{m}) \tag{2-6}$$

$$T_m = 13.9\sqrt{h_m/g} \quad (\text{s}) \tag{2-7}$$

式中:V_0——计算风速,m/s;

D——吹程,m;

H_m——水域平均水深,m;

g——重力加速度，$g=9.81\mathrm{m/s^2}$。

平均波长 L_m 用下式求得

$$L_m = \frac{gT_m^2}{2\pi}\tanh\frac{2\pi H_m}{L_m} \quad (\mathrm{m}) \tag{2-8}$$

若 H_m 较小，可采用试算法求 L_m；

若 $H_m \geqslant 0.5L_m$，上式可简化为

$$L_m = \frac{gT_m^2}{2\pi} \quad (\mathrm{m}) \tag{2-9}$$

莆田试验站公式一般多用于水深较浅、水面宽阔的平原水库、湖堤或水闸等。

(3) 丘陵地区水库(库水较深、$V_0<26.5\mathrm{m/s}$ 及 $D<7\,500\mathrm{m}$)，宜按鹤地水库公式计算

$$h_{2\%} = 1.364\times10^{-3}V_0^{1.458\,3}D^{1/3} \quad (\mathrm{m}) \tag{2-10}$$

$$L_m = 0.012\,3V_0D^{1/2} \quad (\mathrm{m}) \tag{2-11}$$

绝大多数重力坝的坝前水深大于半波长，即 $H>L_m/2$，波浪运动不受库底的约束，浪压力应按深水波计算(参见图 2-5)，单宽坝段浪压力标准值为[2]

$$P_l = \gamma L_m(h_{1\%}+h_z)/4 \quad (\mathrm{kN/m}) \tag{2-12}$$

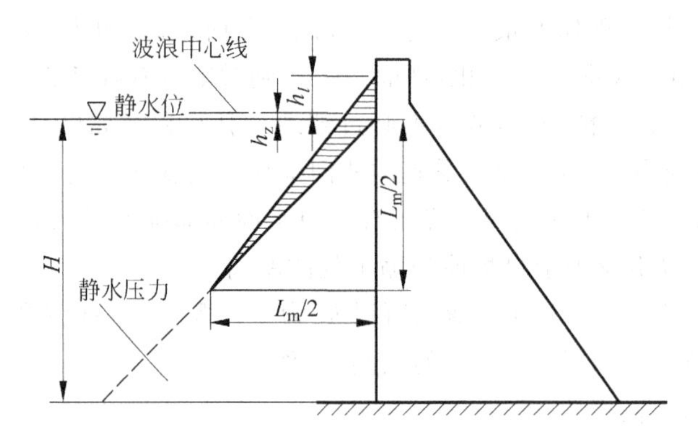

图 2-5　深水波的波浪压力分布

因浪压力远小于静水压力，而且波长和浪高是按经验公式计算的，故一般按深水波计算浪压力足够。至于两岸坝头附近的坝段，应力很小，抗滑稳定性很大，更可不必计算浅水波和破碎波的浪压力，这里不再罗列。

根据《水工建筑物荷载设计规范》[2]，浪压力的作用分项系数为 1.2。

5. 泥沙压力

统计表明，当水库库容与年入沙量体积的比值小于 30 时，工程淤沙问题比较突出，可按水库达到新的冲淤平衡状态的条件推定坝前淤积高程。

经过较长时间的运行后，在排沙孔、泄水孔或电站进水口附近，淤沙高程接近于这些孔口的进水

口高程；随着远离这些孔口，淤沙高程逐渐增高至远处形成漏斗状，可取各进水口底高程作为漏斗底，按漏斗稳定坡度确定坝前沿各坝段的淤积高程。淤沙的容重及内摩擦角与淤积物的颗粒组成及沉积过程有关。淤沙逐渐固结，容重与内摩擦角也逐年变化，而且各层不同，使得泥沙压力不易准确算出，单宽坝段泥沙总压力一般按下式计算：

$$P_s = \frac{1}{2}\gamma_{sb}h_s^2\tan^2\left(45° - \frac{\phi_s}{2}\right) \tag{2-13}$$

式中：P_s——坝面每米宽度上的水平泥沙压力，kN/m，合力在1/3淤沙高度处；

γ_{sb}——淤沙的浮容重，kN/m^3；

h_s——坝前泥沙淤积厚度（或高度），m；

ϕ_s——淤沙的内摩擦角。

黄河流域几座水库泥沙取样试验结果，浮容量为7.8～10.8kN/m^3。淤沙以粉沙和沙粒为主时，ϕ_s在26°～30°之间；淤积的细颗粒土的孔隙率大于0.7时，内摩擦角接近于零。按照水工建筑物荷载设计规范[2]，淤沙压力的作用分项系数为1.2。

6. 冰压力

1）静冰压力

在寒冷地区的冬季，水库表面结冰。当气温升高时，冰层膨胀，对建筑物产生的压力称为静冰压力。静冰压力的大小与冰层厚度、开始升温时的气温及温升率有关，也可参照表2-1确定[2]。静冰压力的作用分项系数为1.1。

表2-1 单宽(1m)静冰压力

冰厚(m)	0.4	0.6	0.8	1.0	1.2
静冰压力(kN/m)	85	180	215	245	280

注：1. 冰层厚度取多年平均年最大值，静冰压力合力作用点近似取在冰面以下1/3冰厚处；
2. 对小型水库冰压力值应乘以0.87，对大型平原水库乘以1.25；
3. 本表标准值适用于结冰期内库水位基本不变的情况，若库水位变动应作专门研究。

2）动冰压力

冰块破裂后，受风及流水的作用而漂流，冰块撞击到坝面时，将产生动冰压力。当冰块的运动方向垂直于或接近垂直于坝面时，动冰压力可按下式计算[2]：

$$F_{bk} = 0.07V_i d_i \sqrt{Af_{ic}} \tag{2-14}$$

式中：F_{bk}——冰块撞击时产生的动冰压力，MN；

V_i——冰块流速，m/s，应按实测资料确定，无实测资料时，对于水库可取历年冰块运动期内最大风速的3%，一般不超过0.6m/s；

d_i——计算冰厚，m，取当地最大冰厚的0.7～0.8倍；

A——冰块面积，m^2，根据当地或邻近地点实测或调查；

f_{ic}——冰的抗压强度，对水库，可采用0.3MPa；对河流，在流冰初期可采用0.45MPa；后期高水位时，可采用0.3MPa。

根据规范[2]，动冰压力的作用分项系数为1.1。

7. 温度作用

结构由于温度变化产生的变形、位移和应力等，称为温度作用效应。在水利水电工程中，以混凝土结构及钢结构的温度作用效应最为明显。

混凝土重力坝在浇筑初期产生水化热温升，随着外界气温的变化以及坝体和岩基的热传导，坝体和岩基不断地发生温度变化和变形，由于坝体的变形受到岩基的约束以及坝体各部分混凝土之间的相互约束，就产生了温度应力。尤其是大坝表面，温度的变化及其产生的温度应力是自始至终长期和经常作用的，就这一定义来讲，温度荷载属于基本荷载。

温度应力与施工期和运行期的温度变化过程密切相关，是由混凝土材料的水化热和热传导性能、施工期和运行期周围的环境等因素决定的，它具有历史延续性和外界影响的复杂性，所以在设计阶段难以准确计算。好在它对重力坝稳定的影响很小，加之起控制作用的坝踵和坝趾的应力分析目前的计算方法也很难得到准确的结果，故在重力坝断面设计时基本上先按材料力学方法作应力分析，按刚体极限平衡理论作稳定分析，并按相应的标准来控制，都未计入温度荷载的作用，在设计方案批准后，再对温度应力进一步做复杂的计算工作，并研究有效合理的温控措施加以解决。这些内容将安排在后面专门一节里学习和讨论。

8. 地震作用

1）地震惯性力

地震荷载是非常复杂的荷载，在设计阶段很难预测未来坝基的地震加速度的分布。为便于在设计阶段计算地震荷载，我国《水工建筑物抗震设计规范》DJ 5073—1997和SL 203—97[3]规定，对于工程抗震设防类别为乙、丙类的设计烈度低于8度且坝高小于或等于70m的重力坝，可采用拟静力法；一般情况下可只考虑顺河流方向的水平地震作用；对设计烈度为8、9度的1、2级坝应同时计入水平向和竖向地震惯性力。

按照拟静力法，混凝土重力坝各高程质点i的水平地震惯性力用下式计算：

$$F_i = K_H \xi \alpha_i G_{Ei} \quad (\mathrm{kN}) \tag{2-15}$$

式中：K_H——水平向地震系数，为地面水平加速度峰值的统计平均值与重力加速度的比值，当设计烈度为7、8、9度时，K_H分别取0.1、0.2、0.4，见表2-2；

ξ——地震作用的效应折减系数，除另有规定外，一般取0.25；

G_{Ei}——集中在质点i的重力作用标准值，kN；

α_i——质点i的动态分布系数，对于重力坝可按下式计算[3]：

$$\alpha_i = 1.4 \frac{1+4(h_i/H)^4}{1+4\sum_{j=1}^{n}\frac{G_{Ej}}{G_E}(h_j/H)^4} \tag{2-16}$$

式中：n——坝体计算质点总数；

H——坝高，m，对于溢流坝应算至闸墩顶；

h_i、h_j——质点 i 和 j 的高度，m；

G_{Ej}——集中在质点 j 的重力作用标准值，kN；

G_E——产生地震惯性力的建筑物（这里指重力坝）总重力作用的标准值，kN。

当需要计算竖向地震惯性力时，仍可用式(2-15)，但应以竖向地震系数 K_V 代替 K_H；据统计，竖向地震加速度的最大值约为水平地震加速度最大值的 2/3，即 $K_V \approx 2/3K_H$；当同时计入水平和竖向地震惯性力时，竖向地震惯性力还应乘以耦合系数 0.5。

表 2-2　水平向设计地震系数代表值 K_H

地震烈度	7	8	9
K_H	0.1	0.2	0.4

2）地震动水压力

地震时，坝前、坝后的水也随着震动，形成作用在坝面上的激荡力。在水平地震作用下，重力坝铅直面上水深 y 处的地震动水压力强度为

$$\bar{p}_y = K_H \xi \psi(y) \gamma H_1 \quad (\text{kPa}) \tag{2-17}$$

式中：$\psi(y)$——水深 y 处的地震动水压力分布系数，见表 2-3；

γ——水的容重，kN/m^3；

H_1——坝前总水深，m；

K_H、ξ——同式(2-15)的说明。

单位宽度(m)上的总地震动水压力为

$$\bar{P}_0 = 0.65 K_H \xi \gamma H_1^2 \quad (\text{kN/m}) \tag{2-18}$$

作用点位于水面以下 $0.54H_1$ 处。水深为 y 的截面以上单宽地震动水压力的合力 $\bar{P}_y$ 及其合力作用点的水下深度 h_y，见图 2-6。

表 2-3　水深 y 处的地震动水压力分布系数 $\psi(y)$

y/H_1	0	0.1	0.2	0.3	0.4	0.5	0.6	0.7	0.8	0.9	1.0
$\psi(y)$	0	0.43	0.58	0.68	0.74	0.76	0.76	0.75	0.71	0.68	0.67

对于倾斜的迎水面，按式(2-17)和式(2-18)计算地震动水压力时，应乘以折减系数 $\theta/90$，此处，θ 为建筑物迎水面与水平面的夹角。当迎水面有折坡时，若水面以下直立部分的高度等于或大于水深的一半，可近似取作铅直。否则可取水面与坝面的交点和坡脚点的连线作为代替坡度。作用在坝体

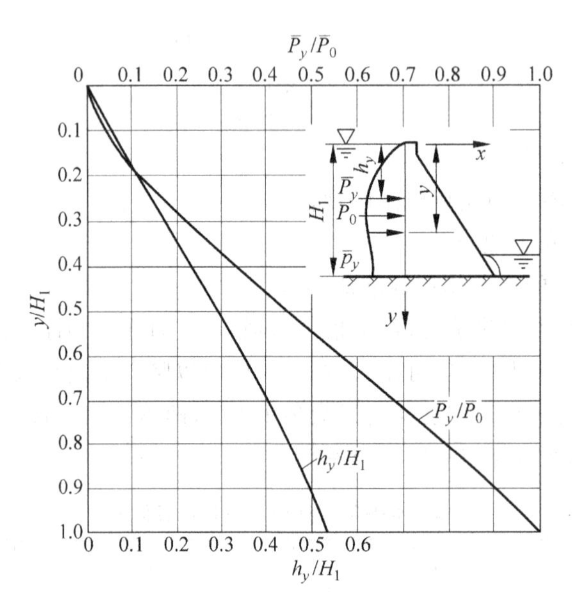

图 2-6 地震动水压力分布图

上、下游面的地震动水压力均垂直于坝面，两者的作用方向一致，例如：当地震加速度指向上游时，上、下游坝面的地震动水压力均指向下游。

因拟静力法是很近似的，为安全和简便起见，可忽略河谷宽高比对地震动水压力的影响。

在采用拟静力法验算重力坝坝体的抗压强度、抗拉强度和沿坝基面的抗滑稳定时，结构系数依次取为 4.1、2.40 和 2.70。

2.2.2 荷载组合

作用于重力坝的各种荷载有：

1—坝体及其上固定设备(如永久机械设备、闸门、启闭机等)的自重；

2—正常工作时上、下游坝面的静水压力，坝基和坝体的扬压力；

3—大坝上游淤沙压力；

4—作用于上、下游坝面的土压力；

5—以防洪为主、正常蓄水位很低者，按 50～100 年一遇洪水位时的水荷载计算；

6—浪压力：(a)按 50 年一遇风速计算；(b)按多年平均最大风速计算；

7—冰压力；

8—其他出现概率较多的荷载(如温度荷载等)；

9—建筑物泄放校核洪水时的水荷载，防渗和排水设施正常工作；

10—地震荷载；

11—其他出现机会很少的荷载。

其中，前 8 种属于基本荷载，后 3 种属于特殊荷载。

荷载组合可分为基本组合与偶然组合两类。基本组合属设计情况或正常情况，由同时出现的基本荷载组成。偶然组合属校核情况或非常情况，由同时出现的基本荷载和一种或几种特殊荷载组成。设计时，应从这两类组合中选择几种最不利的、起控制作用的组合情况进行计算，使之满足规范要求。

表 2-4 为《混凝土重力坝设计规范》DL 5108—1999 中所规定的几种组合情况。

表 2-4　荷载组合

设计状况	荷载组合	主要考虑情况	荷载									附注
			自重	静水压力	扬压力	淤沙压力	浪压力	冰压力	动水压力	土压力	地震荷载	
持久状况	基本组合	(1) 正常蓄水位情况	1	2	2	3	6(a)	—	—	4	—	土压力根据坝外是否填土而定(下同)
		(2) 防洪情况	1	5	5	3	6(a)	—	5	4	—	以防洪为主，正常蓄水位较低，按 50～100 年一遇洪水位计算
		(3) 冰冻情况	1	2	2	3	—	7	—	4	—	静水压力及扬压力按相应冬季库水位计算
短暂状况	基本组合	施工期临时挡水	1	2	2		—			4	—	
偶然状况	偶然组合	(1) 校核洪水	1	9	9	3	6(b)	—	9	4	—	按校核洪水位计算
		(2) 地震情况	1	2	2	3	6(a)	—	—	4	10	按正常蓄水位计算，有论证时可另作规定

2.3　重力坝的断面设计

学习要点

1. 重力坝的断面设计是重力坝设计的核心内容，它一般需满足两个前提：(1)抗滑稳定满足要求；(2)按材料力学方法计算，坝踵不出现竖向拉应力。上游坝坡对这两者的影响往往是相反的。

2. 求解上游坝坡，使重力坝基本断面满足上述这两个前提，是重力坝断面设计的关键。

2.3.1　重力坝断面设计的基本要求

重力坝的设计、应力分析和稳定分析都需要首先拟定或做好重力坝的断面设计，否则就无从下手做深入的应力和稳定分析，这就是我们通常所说的“先设后计”。

重力坝的断面需要满足以下一些基本的要求：(1)稳定和强度要求，保证大坝安全；(2)工程量小；(3)便于施工；(4)运用方便。其中第(1)点是必须满足的。

在设计方案比较阶段，采用材料力学方法计算坝体应力，用刚体极限平衡法计算坝体和坝基的抗滑稳定安全系数，在总方案初选后再用有限元法作校核。

在用材料力学方法计算坝体应力时：一般中低坝的坝趾或下游坝面的压应力小于允许值是很容易满足的，即使高坝可加大混凝土标号；至于下游坝面的竖向拉应力控制问题，由于上游坝面绝大多数是正坡或竖向，下游坝面不会有竖向拉应力，极少数上游坝面有少量倒坡的重力坝在空库时，下游坝面的竖向拉应力也不难计算和控制；而在正常蓄水条件下，按规范用材料力学方法计算坝踵不出现竖向拉应力，需要较陡的上游坝坡，但为了利用水重保证抗滑稳定而又节省坝体混凝土，则需要较缓的上游坝坡，这两者是矛盾的，往往需要反复计算多次才能同时得到满足。对于较完整的坝基，如果不存在构成双滑裂面的断层或破碎带，一般较难发生深层滑动；如果存在这样的软弱构造面，一般采取对岩基加固的措施，而不修改坝体断面。所以，在重力坝断面设计时，首先需考虑两点：(1)用材料力学方法计算在正常蓄水条件下坝踵不出现竖向拉应力；(2)合理地设计上游坝坡，充分利用水重，按规范核算沿坝基面的抗滑稳定要求。这是决定大坝断面的、两个相互矛盾的关键因素和前提。

按重力坝设计规范[4,5]，在正常蓄水和扬压力等作用下的坝踵竖向应力(以压为正)应为

$$\sigma_{yu} = \frac{\sum W}{B} + \frac{6\sum M}{B^2} \geqslant 0 \tag{2-19}$$

式中：$\sum W$ ——作用于单宽坝基面上的所有竖向分力(包括扬压力)的总和(向下为正)；

$\sum M$ ——单宽坝基面形心的合力矩(以弯向上游使坝踵产生压应力为正)；

B——坝基截面处的顺河向坝厚。

我国《混凝土重力坝设计规范》SDJ 21—78[5]及其补充规定[(84)水电水规字第131号][6]，按抗剪断强度计算的抗滑稳定安全系数为：

$$K' = \frac{f'\sum W + c'A}{\sum P} \tag{2-20}$$

式中：$\sum P$ ——坝基面上全部切向作用之和，kN；

f'——坝基面抗剪断摩擦系数；

c'——单位面积坝基面抗剪断凝聚力，kPa。

按此规范要求：在基本荷载组合作用下，$K'=3.0$；在校核洪水位时，$K'=2.5$；在正常蓄水位和地震荷载共同作用下，$K'=2.3$。

按我国《混凝土重力坝设计规范》DL 5108—1999[4]关于抗滑稳定的要求，有

$$\gamma_0\psi S(\cdot) = \gamma_0\psi\sum P \leqslant R(\cdot)/\gamma_d = (f'\sum W + c'B)/\gamma_d \tag{2-21}$$

整理得

$$\frac{f'\sum W + c'B}{\sum P} \geqslant \gamma_0 \gamma_d \psi \tag{2-22}$$

式中：f'——坝基面抗剪断摩擦系数设计值，$f' = f'_k/\gamma_m = f'_k/1.3$，$f'_k$ 为标准值；

c'——单位面积坝基面抗剪断凝聚力设计值，kPa，$c' = c'_k/3.0$，c'_k 为标准值；

γ_0——结构重要性系数，按结构的重要性级别Ⅰ、Ⅱ、Ⅲ级分别取 1.1、1.0、0.9；

γ_d——结构系数，基本组合为 γ_{d1}，偶然组合为 γ_{d2}，见表 2-7；

ψ——设计状况系数，持久状况取 1.0，短暂状况取 0.95，偶然状况取 0.85。

$S(\cdot)$、$R(\cdot)$ 和 γ_m 分别为荷载对结构的作用效应函数、结构抗力函数和材料性能分项系数。

从形式上看，式(2-22)中的 $\gamma_0\gamma_d\psi$ 类似于式(2-20)中的 K'，即老规范中的安全系数，但数值不同，因为各种物理量还需乘以或除以各种分项系数。在式(2-21)或式(2-22)中的 $\sum W$、$\sum M$、$\sum P$ 采用荷载的设计值(即标准值乘以分项系数)算得的结果。我国《混凝土重力坝设计规范》DL 5108—1999[4] 中各种作用分项系数、材料性能分项系数和结构系数分别列于表 2-5、表 2-6 和表 2-7。f'_k 和 c'_k 参见表 2-9 和表 2-10，按不同情况选用。

表 2-5　作用分项系数

作用类别	自重	水压力					扬压力					淤沙压力	浪压力
		静水压力	动水压力				渗透压力		浮托力	有抽排扬压力			
			时均压力	离心力	冲击力	脉动压力	实体	宽缝空腹		主排水孔前	主排水孔后		
分项系数	1.0	1.0	1.05	1.1	1.1	1.3	1.2	1.1	1.0	1.1	1.2	1.2	1.2

表 2-6　材料性能分项系数

材料性能	抗剪断强度								混凝土抗压强度 f_c
	混凝土与基岩之间		混凝土与混凝土之间（包括碾压和常规混凝土）		基岩与基岩之间		软弱结构面		
	摩擦系数 f'_R	凝聚力 c'_R	摩擦系数 f'_c	凝聚力 c'_c	摩擦系数 f'_d	凝聚力 c'_d	摩擦系数 f'_d	凝聚力 c'_d	
分项系数	1.3	3.0	1.3	3.0	1.4	3.2	1.5	3.4	1.5

表 2-7 结构系数

项目	抗滑稳定极限状态(包括建基面、层面深层滑动面)		混凝土抗压极限状态	
组合类型	基本组合 γ_{d1}	偶然组合 γ_{d2}	基本组合 γ_{d1}	偶然组合 γ_{d2}
结构系数	1.2	1.2	1.8	1.8

2.3.2 基本断面

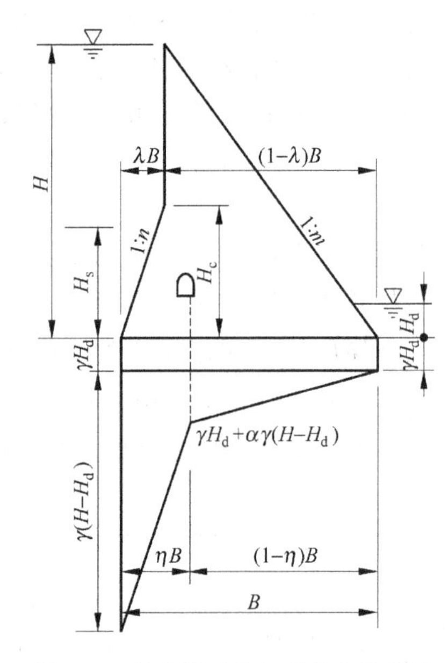

图 2-7 基本断面及主要荷载示意图

以往许多设计实践表明,人工计算(手算)设计重力坝断面,使式(2-19)和式(2-20)或式(2-22)两边都刚好相等是很困难的。为了加快断面设计,可先按持久作用的主要基本荷载组合进行基本断面的设计(如图 2-7 所示),其断面形状简单,待定参数较少,便于求解;然后按规范和使用的需要,将基本断面的顶部加高和加宽作为坝顶,便构成实用断面的轮廓。经计算分析表明,如果基本断面解决了,后面加高和加宽坝顶、坝内布置廊道和孔口等设计对整个结果影响是很小的,仍能得出符合上述条件或略好于上述条件的设计方案。下面介绍一种新方法,可减少许多繁琐反复的试算工作。

设图 2-7 所示的基本断面的高度与上游正常蓄水水深都为 H,坝底厚度为 B,第一主排水孔幕处的渗压系数为 α,它与坝踵距离为 ηB,上游坝面处的淤沙高度为 H_s,下游水深为 H_d,坝基面处的摩擦系数为 f',单位面积的凝聚力为 c',各种材料的容重等等是给定的已知条件。若上游坝面下部斜坡的水平长度为 λB,斜坡高为 H_c,坝坡为 1∶n,下游坝坡为 1∶m,则

$$n = \lambda B / H_c \tag{2-23}$$

$$m = (1-\lambda)B / H \tag{2-24}$$

为便于求解,尽量减少未知数,可先给定或设定 η(约为 0.15~0.2)和 H_c,只有 B 和 λ 两个未知数,应代入式(2-19)和式(2-20)或式(2-22)求解,再代入式(2-23)、式(2-24)求得 n 和 m。

沿坝轴线取单位宽度(1m)分析,按自重、静水压力、扬压力、淤沙压力等荷载设计值(即标准值乘以分项系数)计算作用于坝基面上的竖向合力 $\sum W$(包括扬压力,以向下压力为正)、水平向合力 $\sum P$(以向下游为正)、对坝基面形心的合力矩 $\sum M$(以弯向上游使坝踵产生压应力为正)。这里暂不考虑很小的浪压力或冰压力。因为在后面实用断面的设计时还对坝顶略作加高和加宽,能增加坝体的抗滑稳定性和坝踵的压应力,基本上可抵消浪压力或冰压力的负面作用,或略有余地。

设坝体混凝土的容重为 γ_c,水的容重为 γ,泥沙的浮容重为 γ_s,泥沙的内摩擦角为 ϕ_s;为计算方便,减少手算或电算程序中的重复运算,可设置如下一些中间变量和计算式

$$
\left.\begin{aligned}
& g_c = \gamma_c/\gamma \\
& g_s = \gamma_s \tan^2(45° - \phi_s/2)/\gamma \\
& \xi_c = H_c/H \\
& \xi_d = H_d/H \\
& \xi_s = H_s/H \\
& A = (g_c - 1)\cdot(1-\xi_c) \\
& D_s = \begin{cases} (\xi_s - \xi_c)^2 & (\text{当 } H_s > H_c \text{ 时}) \\ 0 & (\text{当 } H_s \leqslant H_c \text{ 时}) \end{cases} \\
& \beta = g_s \cdot (\xi_s^2 - D_s)/\xi_c
\end{aligned}\right\} \tag{2-25}
$$

$$
\left.\begin{aligned}
& E = g_c - \xi_d - (1-\xi_d)\cdot[\xi_d^2 + \alpha(1-\eta) + \eta(2-\eta)] \\
& F = g_c + \xi_d^2 - 2\xi_d - (1-\xi_d)\cdot(\alpha+\eta) \\
& G = g_c - 2 - \xi_d^2\cdot(1-2\xi_d) + 2(A-\beta) \\
& Q = 1 - 2A - \xi_d^3 + g_s[\xi_s^3 - D_s\cdot(\xi_s + 2\xi_c)]/\xi_c^2 \\
& V = 1 - \xi_d^2 - A + \beta \\
& Y = 1 - \xi_d^3 + g_s\cdot\xi_s^3 \\
& Z = 1 - \xi_d^2 + g_s\cdot\xi_s^2
\end{aligned}\right\} \tag{2-26}
$$

将这些式子代入式(2-19),经整理得

$$
\sigma_{yu} = \gamma H(E - G\lambda - Q\lambda^2 - YH^2/B^2) \geqslant 0 \tag{2-27}
$$

$$
\frac{B}{H} \geqslant \frac{\sqrt{Y}}{\sqrt{E - G\lambda - Q\lambda^2}} \tag{2-28}
$$

由式(2-20)或式(2-22),并利用式(2-25)~式(2-26),经整理得

$$
\frac{f'(F+V\lambda)\gamma HB/2 + c'B}{\gamma H^2 Z/2} \geqslant K' = \gamma_0\gamma_d\psi \tag{2-29}
$$

由此式得 B/H 的取值范围是

$$
\frac{B}{H} \geqslant \frac{K'Z}{f'(F+V\lambda) + 2c'/(\gamma H)} \tag{2-30}
$$

上述各式均适用于重力坝设计新规范和旧规范。若按重力坝设计新规范 DL 5108—1999[4],需将自重、静水压力、扬压力和泥沙压力中有关容重的标准值乘以各自的作用分项系数,取 $K'=\gamma_0\gamma_d\psi$,f'、c' 用设计值(分别为标准值除以材料性能分项系数 1.3 和 3.0),c' 的单位与力和长度的单位一致;若按老规范,则直接取 K',各种参数均取标准值而不乘以或除以分项系数。

式(2-28)表示的 B/H 取值范围如图 2-8 所示在曲线(1)及其上方,曲线(1)随 λ 变化的趋势按 $Q>0$ 和 $Q<0$ 分别如图 2-8(a)、(b)所示。式(2-30)所表示的 B/H 取值范围如图 2-8 所示的曲线(2)及其上部,曲线(2)随 λ 增加而减小。

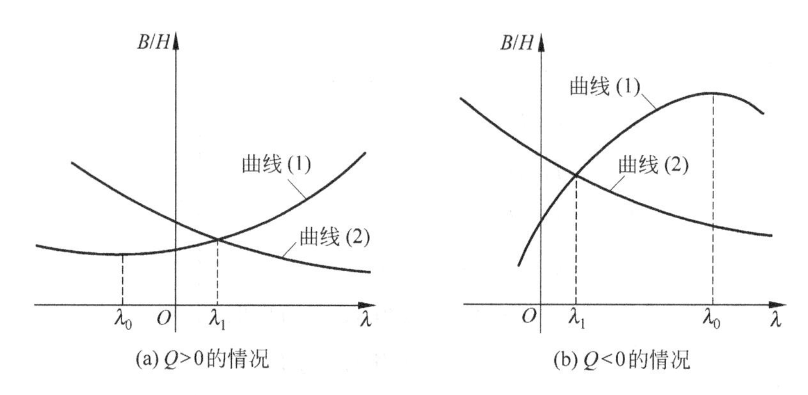

图 2-8 B/H 的最小值与 λ 的关系曲线

如果曲线(1)与曲线(2)相交，则其交点对应的 λ 与 B/H 即为满足式(2-28)与式(2-30)的最小值之解。令这两式的右边相等，得出关于 λ 的二次方程

$$a\lambda^2 + b\lambda + c = 0 \tag{2-31}$$

式中

$$a = Y(f'V)^2 + Q(K'Z)^2 \tag{2-32}$$

$$b = 2f'V[f'F + 2c'/(\gamma H)]Y + G(K'Z)^2 \tag{2-33}$$

$$c = Y[f'F + 2c'/(\gamma H)]^2 - E(K'Z)^2 \tag{2-34}$$

二次方程(2-31)的解为

$$\lambda = (-b \pm \sqrt{b^2 - 4ac})/(2a) \tag{2-35}$$

下面分几种情况讨论其解：

(1) 若 λ 其中一解在 0～0.2 范围内，曲线(1)与曲线(2)的另一交点远离此值，是不可取的，应舍去。将合理的 λ 回代式(2-28)或式(2-30)求得 B/H，再由式(2-23)、式(2-24)计算 n 和 m。

(2) 若 $\lambda>0.2$，说明曲线(2)太靠上[如图 2-9 的曲线(2-1)]，这是因为式(2-30)右边的 f'、c' 太小。若 H_c 较小、λB 较大而使坝踵坡度太缓，则有以下几点不利：①廊道和主排水孔离坝踵较远，可能不是最优方案；②对于有施工纵缝的高坝，混凝土浇筑至坝顶而纵缝尚未灌浆之前，在偏心自重作用下可能使坝踵产生很大的拉应力；③在蓄水时，坝踵容易产生拉应力，上游坝面沿斜坡方向的主拉应力也较大，需对此核算而选用合适的 λ 值，使式(2-23)的 n 值小于某一数值(一般取 $n\leqslant0.2$)。这些说明，若 f'、c' 太小，只靠放缓上游坝坡实现优化是不够的，还应加上其他一些措施，如做成齿槽或倾向上游的坝基面，或采取一些措施加大 f'、c'；如果这些措施造价很大，只好按所要求的 n 值($n\leqslant0.2$)由式(2-23)反算 λ，它小于式(2-35)所示的正根(即在两曲线交点的左侧)，应在曲线 2 上取值，需代入式(2-30)算出 B/H，再由式(2-24)算得 m 值；也可加大 H_c，重新计算。

(3) 若 $\lambda<0$，说明 f'、c' 较大。如果上游坝面倒悬太大，则对施工不利，若设置临时纵缝，则上游坝块浇筑至坝顶时可能向上游倾倒，或该坝块底面两侧可能有很大的拉压应力超过允许值；若不设纵缝而整体浇筑，则在空库时坝趾可能有很大的拉应力，它不像拱坝和腹拱坝那样有较好的整体作

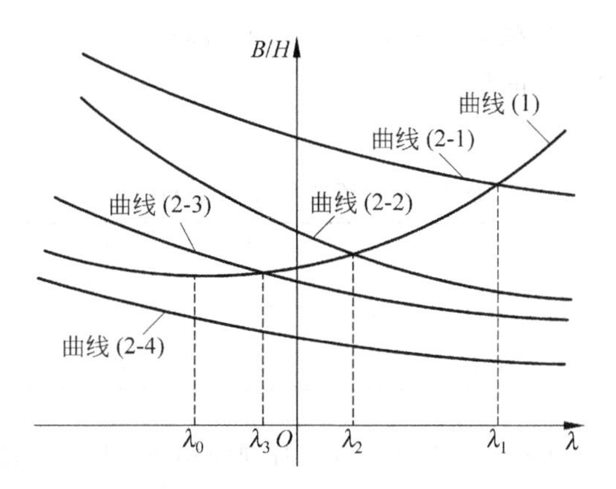

图 2-9　B/H 的各种最小值曲线与 λ 值的关系

用，应按规范规定坝趾拉应力不超过 100kPa 的要求，控制上游坝面的倒坡。但这样需要花很多时间，所设计的上游坝面受到向上的水压分力作用，可能需要增加坝体体积，从式(2-24)看出，负的 λ 使 m 加大，不见得最省。为便于施工，为避免上述一些不利的情况出现，也为便于设计计算，重力坝几乎都不做成上游坝面倒悬的，它不必像双曲薄拱坝那样需要设计上游坝面倒悬、利用自重来抵消或部分抵消由于水压产生的坝踵梁向拉应力，反而常常利用上游水重增加抗滑稳定、减少坝体混凝土量。故在算出 $\lambda<0$ 时，宜取 $\lambda=(0\sim0.2)H_c/B$，比方程(2-31)的原解大一些，即在两曲线交点的右侧。因曲线(1)在曲线(2-3)的上方，B/H 的最小值应在曲线(1)上截取，即把新选的 λ 代入式(2-28)求得 B/H。

(4) 若方程(2-31)没有实数根，说明两条曲线无交点或切点，这是因为 f'、c' 太大，式(2-30)所示的 B/H 最小值的曲线太靠下。处理办法同情况(3)，按 $\lambda=(0\sim0.2)H_c/B$ 设计。

2.3.3　实用断面

根据新规范(DL 5108—1999)[4]，坝顶应高出校核洪水位，最小宽度为 3m(常规混凝土)～5m(碾压混凝土)，具体还应根据交通和运行管理的需要，当在坝顶布置移动式启闭机时，坝顶宽度要满足安装门机轨道的要求。

为防波浪漫过坝顶，防浪墙顶在各种水位以上还应有相应的超高

$$\Delta h = h_l + h_z + h_c \quad (\mathrm{m}) \tag{2-36}$$

式中：h_l——波浪高度，按式(2-3)、式(2-6)或式(2-10)计算，坝顶部上游面多为竖直方向，垂直方向传来的波浪在此坝面产生驻波，浪顶高出波浪中心线的高度是其余波浪的两倍；

h_z——波浪中心线至静水位的高度，按式(2-5)计算；

h_c——安全加高，按表 2-8 选用。

防浪墙顶高程取以下两者的最大值，即

$$\text{防浪墙顶高程} = \max(\text{正常蓄水位} + \Delta h_{\text{设}}, \text{校核洪水位} + \Delta h_{\text{校}})$$

式中：$\Delta h_{设}$——正常蓄水位基本荷载组合作用下需要的超高；

$\Delta h_{校}$——校核洪水位时需要的超高。

$\Delta h_{设}$ 和 $\Delta h_{校}$ 都按式(2-36)计算。

表 2-8 坝顶安全加高 h_c(m)

相应水位	坝的安全级别		
	Ⅰ	Ⅱ	Ⅲ
正常蓄水位	0.7	0.5	0.4
校核洪水位	0.5	0.4	0.3

常用的实用断面如图 2-10 所示：图 2-10(a)上游坝面铅直，适用于混凝土与基岩接触面的 f'、c' 值较大或坝体底部设置泄水孔或引水管道，有进口控制设备的情况；图 2-10(b)上游坝面上部铅直，下部倾斜，既便于布置进口控制设备，又可利用一部分水重帮助坝体维持稳定，这是实际工程中经常采用的一种形式；图 2-10(c)上游坝面略向上游倾斜，适用于混凝土与基岩面的 f'、c'值较低的情况。

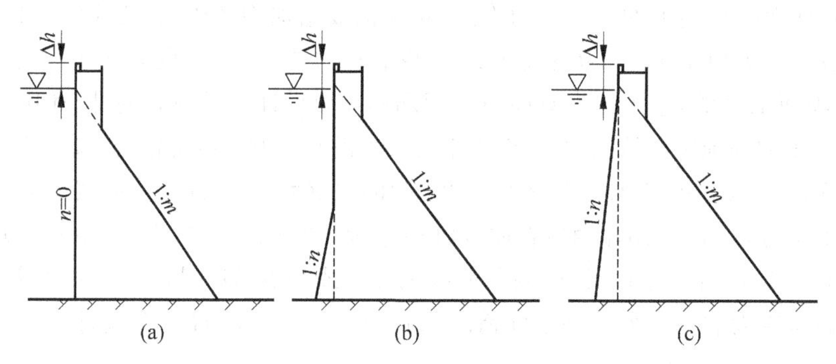

图 2-10 非溢流坝段实用断面形式

2.4 重力坝的抗滑稳定分析

学习要点

1. 重力坝的抗滑稳定是重力坝设计的必要条件和前提，也是本章的重要内容之一。
2. 重力坝的抗滑稳定计算常常是重力坝设计的主要内容之一。

重力坝的滑动是重力坝常见的破坏方式之一，故抗滑稳定分析是重力坝设计中的一项重要内容，其目的是核算坝体沿坝基面或沿地基深层软弱结构面抗滑稳定的安全度。由于重力坝一般设置横缝(垂直于坝轴线)，各坝段独立，所以稳定分析可以按平面问题进行。但对于地基中存在多条互相切割交错的软弱面构成空间滑动体或位于地形陡峻的岸坡段，则应按空间问题进行分析。

目前，常用的分析方法有计算和实验两大类，其中，计算方法有刚体极限平衡法和有限元法。

2.4.1　刚体极限平衡法

刚体极限平衡法就是将滑裂体(指坝体、岩体或大坝与岩体组成的滑裂体等)看成刚体，不考虑滑裂体本身和滑裂体之间变形的影响，也不考虑滑裂面上的应力分布情况，仅考虑滑裂面上的合力(包括正压力和剪力)，而忽略滑裂面上所承受的各种分力对滑裂面形心的力矩。

若大坝与岩基的胶结面是水平方向的，则此胶结面上受到的水平剪力最大；假若此胶结面构成滑裂面，则此滑裂面的面积比任何沿岩体内部滑裂所构成的滑裂面的总面积都小；往往由于胶结面结合力较差或岩基表面容易风化破碎以及节理裂隙发育等原因造成抗滑力不够，所以人们把建基面作为危险的滑裂面之一。另外，如果在坝基内有容易滑动的结构面(如断层、破碎带、夹层、层理、节理和裂隙等)，那么重力坝有可能沿这些结构面作深层滑动。

1. 沿坝基面的抗滑稳定分析

重力坝的失稳破坏过程是比较复杂的，理论分析、试验及原型观测结果表明，位于均匀坝基上的混凝土重力坝沿坝基面的失稳机理是，首先在坝踵处基岩和胶结面出现微裂松弛区，随后在坝趾处基岩和胶结面出现局部区域的剪切屈服，进而屈服范围逐渐增大并向上游延伸，最后，形成滑动通道，导致大坝的整体失稳。

但人们的认识与实际总有些差距，对坝基面抗滑稳定分析大致有如下三个阶段：

1）纯摩擦理论分析

静摩擦理论将坝体与基岩间看成是一个接触面，而不是胶结面。该理论早在 17 世纪由库仑建立，人们对此认识较多，也较成熟。在 1853 年，法国工程师赛扎莱较早提出的重力坝抗滑稳定准则，是以摩擦理论为基础的，其要点是：大坝任何水平截面以上的坝体所承受的总水平推力 $\sum P$，应小于此水平截面上的摩擦力 $f\sum W$($\sum W$ 为水平截面所承受的正压力，f 为该面上的摩擦系数)。

1895 年后人们发现扬压力不可忽视，当坝基接触面呈水平时，其抗滑稳定安全系数 K_s 为

$$K_s = f\left(\sum W - U\right)/\sum P \tag{2-37}$$

式中：U——作用在接触面上的扬压力。

式(2-37)有的叫做抗剪强度公式，因它仅考虑摩擦力，故长期以来人们习惯直观地称为“纯摩公式”。因为实际上坝基岩石表面并非是光滑的，而是非常粗糙的，而且混凝土与岩基面一般胶结得相当好，只有剪断这些起伏不平的岩石或混凝土，大坝才有可能沿坝基面滑动。克里格等人认为：考虑现场开挖后粗糙不平岩基面的胶结和抗剪断作用，实际抗滑稳定安全系数至少再大两倍。按我国早期规范 SDJ 21—78 要求，用式(2-37)计算各种荷载组合情况下的安全系数 K_s 应大于或等于 1.0～1.1。但这里的 K_s 值并不反映坝体真实的安全程度。如果真实的安全系数只有这么一点，恐怕谁也不敢建造大坝了。

2）抗剪断理论分析及其计算公式

为了比较真实地反映抗滑稳定安全系数，并为了较为合理地设计大坝，不应只考虑摩擦力，还应考虑胶结面上的凝聚力，采用抗剪断强度的公式计算。后来人们也习惯称之为“剪摩公式”，与纯摩公式相对。美国垦务局在1967年从规范中删除了纯摩公式，采用了剪摩公式计算。剪摩公式随后被日本、印度、加拿大、澳大利亚等国家采用作为主要抗滑稳定设计依据，并且据此建成了许多高坝，如日本的佐久间坝（高150m）、印度巴克拉坝（高226m）、美国德沃夏克坝（高219m）等。

当坝体混凝土与基岩胶结良好（实践证明是可以做到这一点的），可采用胶结面上的抗剪断摩擦系数f'、抗剪断凝聚力c'计算水平胶结面上的抗滑稳定安全系数（计算简图见图2-11）

$$K'_s=\frac{f'\left(\sum W-U\right)+c'A}{\sum P} \tag{2-38}$$

若坝基岩表面与水平面夹角为β（以倾向上游为正），则沿基岩表面的抗滑稳定安全系数为

$$K'_s=\frac{f'\left(\sum W\cos\beta-U+\sum P\sin\beta\right)+c'A}{\sum P\cos\beta-\sum W\sin\beta} \qquad (2\text{-}38)'$$

式中：A——胶结面的面积，m^2；

U——胶结面上的法向扬压力。

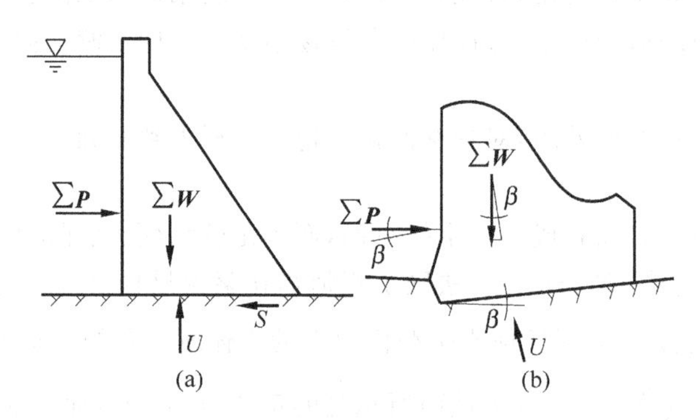

图2-11 坝体抗滑稳定计算简图

f'和c'值应选用岩石和混凝土中的较小值。由于实际上在大多数情况下，重力坝的基岩强度都比混凝土高，只有少数例外。美国垦务局在采用这个公式设计许多坝时，f'和c'几乎都是采用混凝土试件的试验值（如$f'=0.65$，$c'=2.8$MPa）。美国垦务局《坝论》第9章中编录的12个坝中全部都用上述f'值，有50%的坝都用上述c'值。这样，就使得f'和c'值的选用在大多数情况下都很简单。只有在少数岩石强度较混凝土低或坝基内有软弱夹层的情况下，才需要作专门试验。在美国，20世纪70年代以后，f'值已提高到1.0，c'值则仍取0.1倍混凝土的抗压强度。我国1984年底颁布的重力坝设计规范SDJ 21—78补充规定做了类似的修改。

对于大、中型工程，在设计阶段，强度参数f'和c'应有野外及室内试验成果，在规划和可行性研究报告阶段可参照规范给定的数值选用。由于各国对f'、c'的取值标准不同，要求的安全系数K'_s也

不同。我国重力坝设计规范 SDJ 21—78 规定：基本荷载组合，$K'_s=3.0$；特殊荷载组合(1)，即校核洪水位，$K'_s=2.5$；特殊荷载组合(2)，即正常蓄水位＋地震，$K'_s=2.3$。此规范的补充规定[6]给出了不同级别岩石的抗剪断参数。

岸坡坝段，既有向下游滑动的可能，又有向河床滑动的可能，在最高蓄水位的三向荷载作用下，沿岸坡向下游和向河床的合成滑动的抗滑稳定安全系数最小。设岸坡的坡角为θ(如图 2-12 所示)，其余符号同前，坝段及其上部的总重$\sum W$在岸坡面上的法向分力为$N=\sum W\cos\theta$，沿岸坡倾向的下滑分力为$T=\sum W\sin\theta$，它与指向下游的水平力$\sum P$的合力设为S，则沿S方向滑动的抗滑稳定安全系数为

$$K'_s=\frac{f'\left(\sum W\cos\theta-U\right)+c'A}{\sqrt{\left(\sum P\right)^2+\left(\sum W\sin\theta\right)^2}} \tag{2-39}$$

在岸坡坡角较陡(即θ较大)的情况下，若按纯摩公式计算，K_s往往小于1，甚至出现负值，但实际上已有很多陡坡坝段蓄水运行多年仍未滑动，说明实际上c'是起很大作用的。所以，考虑c'作用的剪摩公式比纯摩公式更为合理、更为接近于实际。

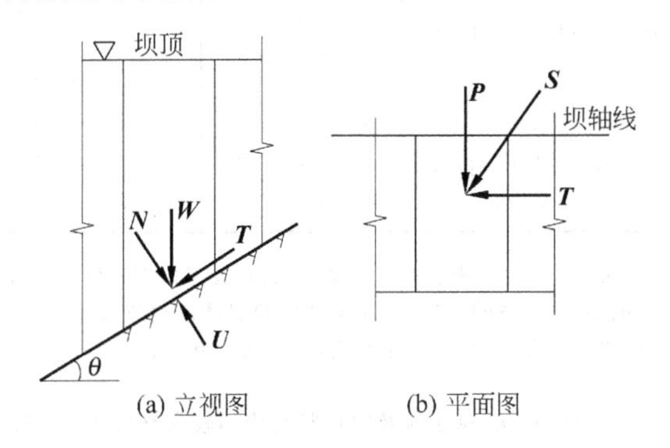

图 2-12　岸坡坝段抗滑稳定计算简图

3) 极限状态分项系数方法及其计算公式

随着结构可靠度在水工建设中应用研究的不断深入，重力坝抗滑稳定计算方法也出现了很大的变革。前苏联在 1977 年颁布的水工建筑物地基的建筑法规(СНИП Ⅱ—16—76)，引入了极限状态设计法，改变了原来使用的抗剪断公式的形式。有的国家，如西班牙，主张使用分项安全系数，在1967 年颁布重力坝设计规范规定：使用抗剪断公式，但考虑到f'和c'的置信度不同，对f'和c'分别采用不同的分项系数。我国已在这方面进行研究，并在《混凝土重力坝设计规范》DL 5108—1999[4]中规定采用极限状态设计法，利用分项系数表达式来进行重力坝的抗滑稳定分析。

若坝基面与水平面夹角为β(以倾向上游为正)，则沿此面的抗滑稳定要求为

$$\gamma_0\psi\left(\sum P\cos\beta-\sum W\sin\beta\right)\leqslant\left[f'\left(\sum W\cos\beta-U+\sum P\sin\beta\right)+c'A\right]/\gamma_d$$

或

$$\frac{f'\left(\sum W\cos\beta-U+\sum P\sin\beta\right)+c'A}{\sum P\cos\beta-\sum W\sin\beta}\geqslant\gamma_0\psi\gamma_d \tag{2-40}$$

式中：$\sum P$ ——坝基面以上全部水平作用力之和，kN；

$\sum W$ ——坝基面以上除扬压力外的竖向作用力之和，kN；

U——坝基面法向扬压力，kN。

$\sum W$、$\sum P$和U采用设计值（即标准值乘以分项系数）算得的结果。前面表2-5、表2-6和表2-7已分别列出各种作用的分项系数、材料性能分项系数和结构系数。

f'、c'、γ_0、γ_d、ψ同式(2-22)的说明。对于坝基面，抗剪断参数$f'=f'_R=f'_{Rk}/\gamma_m=f'_{Rk}/1.3$；$c'=c'_R=c'_{Rk}/3.0$；$f'_{Rk}$、$c'_{Rk}$为标准值，参见表2-9[4]。坝体抗剪断抗滑稳定计算仍可采用式(2-40)，$f'=f'_C=f'_{Ck}/\gamma_m=f'_{Ck}/1.3$；$c'=c'_C=c'_{Ck}/3.0$；$f'_{Ck}$、$c'_{Ck}$为标准值，参见表2-10[4]。若剪断面为水平面，则取$\beta=0$计算。

表2-9　坝基岩体抗剪断参数标准值

岩体工程分类	岩体基本参数变化范围类比值			接触面抗剪断参数标准值		岩体抗剪断参数标准值	
	饱和抗压强度 R_b(MPa)	声波法纵波速 v_p(m/s)	变形模量 E_R(10^4MPa)	f'_{Rk}	c'_{Rk}(MPa)	f'_{dk}	c'_{dk}(MPa)
Ⅰ	＞100	＞5 000	＞2.0	1.25～1.08	1.05～0.91	1.35～1.16	1.75～1.40
Ⅱ	100～60	5 000～4 000	2.0～1.0	1.08～0.92	0.91～0.77	1.16～1.00	1.40～1.05
Ⅲ	60～30	4 000～3 000	1.0～0.5	0.90～0.73	0.74～0.47	0.98～0.65	1.00～0.47
Ⅳ	30～15	3 000～2 000	0.5～0.2	0.71～0.55	0.45～0.32	0.63～0.43	0.45～0.19

注：岩体工程分类主要由岩体基本参数决定；在未有基本参数之前，可参考以下岩体特性分类：

Ⅰ　致密坚硬的、裂隙不发育的、新鲜完整的、厚及巨厚层结构的岩体。裂隙间距大于100cm，无贯穿性的软弱结构面、稳定性好。如岩性较单一的岩浆岩及火山岩类，深变质岩（块状片麻岩、混合岩等）、巨厚层沉积岩。这类岩体具有各向同性的力学特性。

Ⅱ　坚硬的、裂隙较发育的、微风化的块状、厚层状及次块状结构的较完整岩体。裂隙间距为100～50cm。厚层砂岩、砾岩、未溶蚀的石灰岩、白云岩、石英岩、火山碎屑岩等。除局部地段外，整体稳定性较好（包括裂隙发育，经过灌浆处理的岩体），具有各向同性的力学特性。

Ⅲ　中等坚硬的、完整性较差的、裂隙发育的弱风化次块状、镶嵌状岩体，力学特性不均一，差异较大；中厚层状结构岩体，裂隙间距为50～30cm。岩体稳定性受结构面控制。如风化的Ⅰ类岩；石灰岩、砂岩、砾岩及均一性较差的熔结凝灰岩、集块岩等（作为坝基，必须进行专门性地基处理）。

Ⅳ　完整性较差、裂隙发育、强度较低、强风化的碎裂及互层状岩体，常见于砂岩、泥灰岩、粉砂岩、凝灰岩、云母片岩、千枚岩等；中厚层状至薄层状结构岩体，裂隙间距小于30cm。这类岩体整体强度和稳定性较低，力学特性显著不均一。

表2-10　混凝土层面抗剪断参数均值和标准值

类别名称	特　征	摩擦系数 f'_C		凝聚力 c'_C(MPa)	
		均值	标准值 f'_{Ck}	均值	标准值 c'_{Ck}
碾压混凝土（层面粘结）	胶凝材料含量＜130kg/m³，龄期180d	1.0～1.1	0.82～1.00	1.27～1.50	0.89～1.05
	胶凝材料含量＞160kg/m³，龄期180d	1.1～1.3	0.91～1.07	1.73～1.96	1.21～1.37
常态混凝土层面	90d龄期C10～C20	1.3～1.5	1.08～1.25	1.60～2.00	1.16～1.45

2. 深层抗滑稳定分析

当坝基内存在不利的缓倾角软弱结构面时，在水荷载作用下，坝体有可能连同部分基岩沿软弱结构面产生滑移，即所谓的深层滑动。

地基深层滑动情况十分复杂，失稳机理和计算方法还在探索之中。设计时，要查明地基中的主要缺陷，经取样和试验确定滑动面及其抗剪断参数。在初步设计阶段若没有条件做试验，可参考表2-11所列的数值[4]酌情选用。

表2-11 岩基深层结构面抗剪断参数均值和标准值

分类名称		成因类型及特征	定量分辨指标	摩擦系数 f'_d		粘聚力 c'_d(MPa)	
			a—粘粒(<0.005mm)含量 b—砂砾(>2.0mm)含量	均值	标准值 f'_{dk}	均值	标准值 c'_{dk}
软弱结构面	A_1 粘泥型	压扭性断层，层间错动带泥化结构面，风化或次生充填物，连续的粘泥层或全部为粘泥充填	$a>30\%$，b 少量或无， $a>b$； 粘土类	0.18～0.24	0.14～0.18	0.06～0.08	0.03～0.04
	A_2 泥含粉碎屑型	同上，但粘泥中含粉粒较多	$a=10\%\sim30\%$， $b=10\%\sim20\%$， $a>b$；壤土类	0.24～0.32	0.19～0.25	0.08～0.12	0.043～0.064
	B碎屑夹泥型	压扭-张扭性断层构造岩成混杂状。层间错动泥化不完全者，夹泥断续分布或混杂	$a<10\%$， $b=20\%\sim30\%$， $a<b$；砾质壤土	0.32～0.40	0.26～0.32	0.12～0.18	0.068～0.102
	C碎屑碎块型	层间剪切带，断层破碎带构造分带不完全由软弱构造层透镜体，碎屑、局部夹泥风化物充填	a 少或无，$b>30\%$， $a<b$； 砾质土或碎屑土	0.40～0.52	0.33～0.43	0.18～0.30	0.11～0.18
硬性结构面	D_1 无充填物的	层面、节理、裂隙		0.52～0.60	0.41～0.47	0.30～0.38	0.19～0.24
	D_2 胶结的	层面、节理、裂隙		0.60～0.68	0.47～0.53	0.38～0.52	0.24～0.33

可能的深层破坏大体上有以下三类[8]。

第一类深层破坏是，坝体带动一块基岩沿缓倾角和露头的连续软弱面滑动。最简单的情况如图2-13(a)所示，有一缓倾角倾向下游的软弱滑动面 ab，其下游出露点 b 很可能是天然河道长时间冲刷(建坝前未勘测到其出露)或由于建坝后泄洪使下游形成冲刷坑而出现的。另一种情况如图2-13(b)所示，有一倾向上游的缓倾角软弱滑动面 ab，其下游出露点 b 位于坝趾下游不远处。由于蓄水后在坝踵附近上游的地基内有一受拉区域，又如果此处存在大致平行于坝轴线的裂隙，很可能沿着这些裂隙面拉开，如图2-13(a)和(b)中的 aa'，构成脱开的边界。$a'a$ 线通常在帷幕之前，该区常位于拉裂区，为稳妥计，可将水压力按静水头延伸到 a 点。如果确有论证，当然也可取其他分布。例如上游有可靠的天然或人工铺盖，基岩内存在较大的水平初始压应力等，此时可进行渗流分析以确定 $a'a$ 线上的水压力分布。作用在 ab 线上的扬压力常垂直于该面。

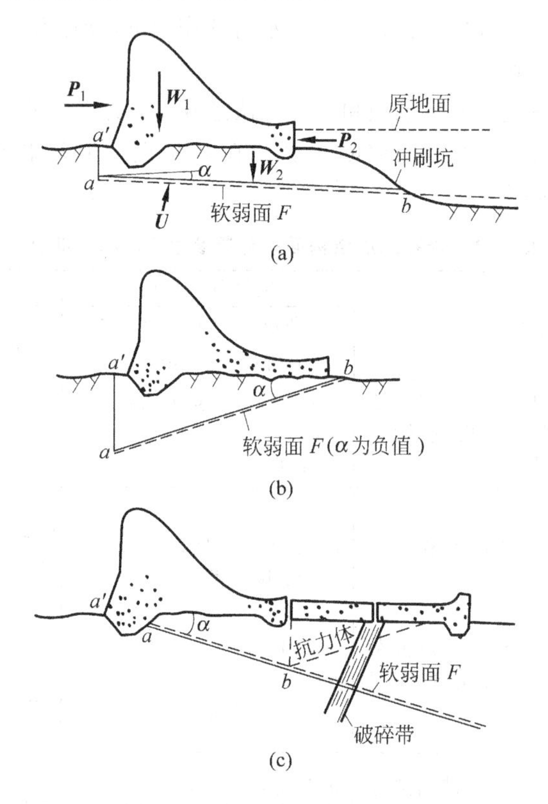

图 2-13　坝基单滑动面示意图

第二类深层滑动情况是，构造面虽不在下游地表出露，但与压缩性很大的陡倾角断层或破碎带等相交[如图 2-13(c)所示]。如不能对后者进行有效处理以提高其承载力和压缩模量，宜按 ab 面滑动考虑；但可视具体条件，在下游断层或破碎带的边界上作用一定的反力。尽管下游的陡倾角断层或破碎带的压缩量有时可能不大，但如果个别坝段向下游位移，那么，即使位移很小，也可能破坏帷幕，或使与邻近坝段相连的止水撕裂，严重地影响大坝正常蓄水，应慎重对待。

以上两类深层滑动，都属单滑裂面情况，可用式(2-40)计算，所不同的是，式(2-40)中的 $\sum W$ 应包括坝体和滑裂面以上岩体的重量，$\sum P$ 应包括作用于大坝和 $a'a$ 面上的水平推力，U、f' 和 c' 应为滑裂面上的扬压力、摩擦系数和凝聚力。

第三类滑动情况是，坝基软弱面虽不在下游出露，但由于下游岩体可能很单薄、被剪断而滑出，或在下游岩体还有另一容易滑动的结构面(成组的裂隙、层理或断层破碎带)，使整个坝体和部分坝基沿此面滑出。这种情况实质上是“双斜滑裂面”情况，属于复合滑动面问题。这种情况下的稳定核算问题与上述的单一滑裂面情况有很大的区别。

经常考虑的最简单的情况如图2-14所示，过AB与BC的交点B作一线BD与岩基表面垂直并相交于D点，将ABC分为两块ABD及BCD，各作刚体滑动（为便于分析，这里分开画成两块）。BC是下游成组结构面中的一条或新的滑裂面，这取决于一系列计算结果的比较，最后取安全系数最小的一条作为最终结果。BD可以是实际存在的第3个构造面，也可以是为了便于分析而人为地设置的分界面。为便于求解，BD常取为垂直面。在很多情况下，AB为主要的滑裂面，而“BCD”常称为“抗力体”。不少工程以此法的分析成果为准，但分析的公式很多，出发点不同，形式和结果各异。这里仅对其中几种主要的处理方法简单地做些讨论。

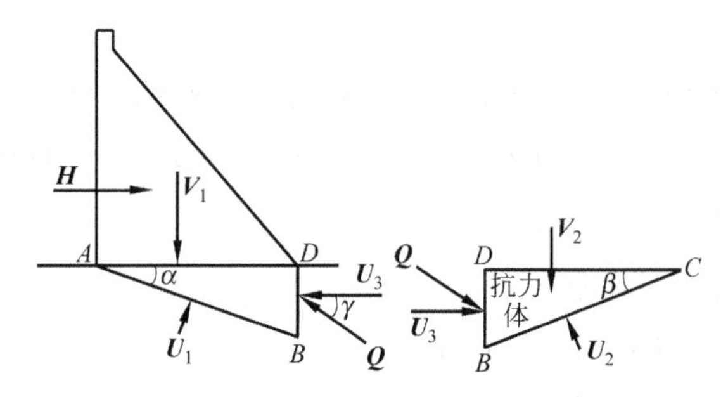

图2-14　分块受力滑动示意图

第一种方法：以AB为主滑面，校核其上的安全系数，但在核算中加入BCD块体提供的“被动抗力”Q，此方法也称为“被动抗力法”。Q值可考虑BCD块的极限平衡而求得，设Q的倾角为γ，如图2-14所示。U_3为BD面上渗透压力。应用本法计算，概念较清楚，也不需试算，故以往采用者甚多，有的书又称之为“常规法”。但用本法计算ABD块和BCD块的安全系数是不相同的，即ABD块的安全系数为K，BCD块为1.0。

第二种方法：假定ABD块达到极限平衡，求出必须作用在BD面上的抗力。然后将这个抗力作为BCD块上的荷载，核算BCD的安全系数K。这种方法也不需试算，故有的书又称之为第二种“常规法”。这个方法实际上是令ABD块的$K=1$，而推求BCD块的K。如果AB面上的f_1（或c_1）值稍大，Q值会等于0（或负数），K就会变成无限大（或负数），就得出不合理结果。故此法与第一种方法已逐渐不采用。

第三种方法：令ABD块和BCD块的抗滑稳定安全系数相等，又称“等K法”。以往有两种等K法，结果略有不同，争论至今。如今我国《混凝土重力坝设计规范》DL 5108—1999[4]采用分项系数极限状态设计法代替单一安全系数设计法，似乎很难与等K法有联系。笔者按新规范的原则，采用等K法的思路，导出以下既含有新规范的分项系数，又符合等K法2的计算式。

对于ABD块（以下各式中符号的含义见图2-14，设ABD块与坝体的总重为V_1）：

$$\gamma_0\psi S(\cdot)=\gamma_0\psi(V_1\sin\alpha+H\cos\alpha-Q\cos(\gamma-\alpha)-U_3\cos\alpha) \tag{a}$$

$$R(\cdot)/\gamma_d=\{f'_{d1}[V_1\cos\alpha-H\sin\alpha-Q\sin(\gamma-\alpha)+U_3\sin\alpha-U_1]+c'_{d1}A_1\}/\gamma_d \tag{b}$$

式中，A_1 为滑动面 AB 的面积。根据 $\gamma_0 \psi S(\cdot) \leqslant R(\cdot)/\gamma_d$ 整理得

$$\frac{f'_{d1}[V_1\cos\alpha - H\sin\alpha - Q\sin(\gamma-\alpha) + U_3\sin\alpha - U_1] + c'_{d1}A_1}{V_1\sin\alpha + H\cos\alpha - Q\cos(\gamma-\alpha) - U_3\cos\alpha} \geqslant \gamma_0\psi\gamma_d \tag{2-41}$$

对于 BCD 块，设其重量为 V_2，滑动面 BC 的面积为 A_2，根据 $\gamma_0 \psi S(\cdot) \leqslant R(\cdot)/\gamma_d$ 整理得

$$\frac{f'_{d2}[V_2\cos\beta + Q\sin(\gamma+\beta) + U_3\sin\beta - U_2] + c'_{d2}A_2}{Q\cos(\gamma+\beta) - V_2\sin\beta + U_3\cos\beta} \geqslant \gamma_0\psi\gamma_d \tag{2-42}$$

若两大块都有相同的 $\gamma_0\psi\gamma_d$，则上面两式的左边应相等，可以得到求解 Q 的二次方程

$$aQ^2 + bQ + c = 0 \tag{2-43}$$

$$a = f'_{d1}\sin(\gamma-\alpha)\cos(\gamma+\beta) - f'_{d2}\cos(\gamma-\alpha)\sin(\gamma+\beta) \tag{2-44a}$$

$$b = Df'_{d1}\sin(\gamma-\alpha) + Ef'_{d2}\sin(\gamma+\beta) - F\cos(\gamma-\alpha) - G\cos(\gamma+\beta) \tag{2-44b}$$

$$c = EF - DG \tag{2-44c}$$

$$D = U_3\cos\beta - V_2\sin\beta \tag{2-44d}$$

$$E = V_1\sin\alpha + H\cos\alpha - U_3\cos\alpha \tag{2-44e}$$

$$F = f'_{d2}(V_2\cos\beta + U_3\sin\beta - U_2) + c'_{d2}A_2 \tag{2-44f}$$

$$G = f'_{d1}(V_1\cos\alpha - H\sin\alpha + U_3\sin\alpha - U_1) + c'_{d1}A_1 \tag{2-44g}$$

式中：f'_{d1} 和 c'_{d1}，f'_{d2} 和 c'_{d2}——AB 和 BC 滑动面上的摩擦系数和凝聚力的设计值[即标准值除以相应的分项系数(见表 2-5～表 2-7)]；

γ——BD 面上的摩擦角($\gamma = \arctan f'_{d3}$，f'_{d3} 为 BD 面摩擦系数的设计值)。

以上各式中有关荷载的计算应乘以相应的分项系数。

从方程(2-43)解得 Q，分别代入式(2-41)和式(2-42)的分子和分母可求得各块的滑动抗力函数 $R(\cdot)$ 和滑动作用函数 $S(\cdot)$，这一方法比以往试算法更快而准，适用于新旧规范。对于旧规范，各量取标准值，从方程(2-43)解得 Q，代入式(2-41)或式(2-42)的左侧计算式即可求得双滑面等 K 法 2 的抗滑稳定安全系数。

如果坝趾附近裂隙发育且倾角较陡，宜考虑 BD 面上的渗透压力 U_3，γ 应取较小的角度，甚至有些工程取 $\gamma=0$。如果 BD 面附近的岩体比较完整，裂隙很少，渗透压力很小，则以上各式可近似置 $U_3=0$，γ 可取较大的角度(许多计算结果表明，γ 越大对稳定越有利)。

若坝趾附近不存在像 BD 这样明显的第 3 组结构面，可将坝体和 ABC 岩体看成一个刚性固体作整体的运动(如图 2-15 所示)，其最终失稳状态为以下两种情况之一。

(1) ABC 岩块最终沿 BC 面滑动失稳，此时 AB 面将脱开，坝体及岩块 ABC 上所受的荷载 P 均由 BC 面上的抗力平衡。

(2) 失稳体绕某一点作微小转动，假定已求出 AB 及 BC 面上的反力分布，且以其静力等效合力 R_1、R_2 代表。R_1、R_2 与滑裂面的交点各为 O_1、O_2。过 O_1、O_2 各作滑裂面的法线，其交点即瞬时转动中心 O(参见图 2-15)。将 R_1、R_2 分别分解为 N_1、Q_1 及 N_2、Q_2 等，并令所有外载对 O 点的力矩为作

用效应函数 $S(\cdot)=P\cdot d=Q_1r_1+Q_2r_2$，抵抗力矩作为稳定抗力函数 $R(\cdot)$，根据新规范[4]要求，$\gamma_0\psi S(\cdot)\leqslant R(\cdot)/\gamma_d$，得

$$\gamma_0\psi(Q_1r_1+Q_2r_2)\leqslant[(f'_{d1}N_1+c'_{d1}L_1)r_1+(f'_{d2}N_2+c'_{d2}L_2)r_2]/\gamma_d \tag{2-45}$$

式中各参数的说明见式(2-40)和表2-5至表2-7、表2-9至表2-11。

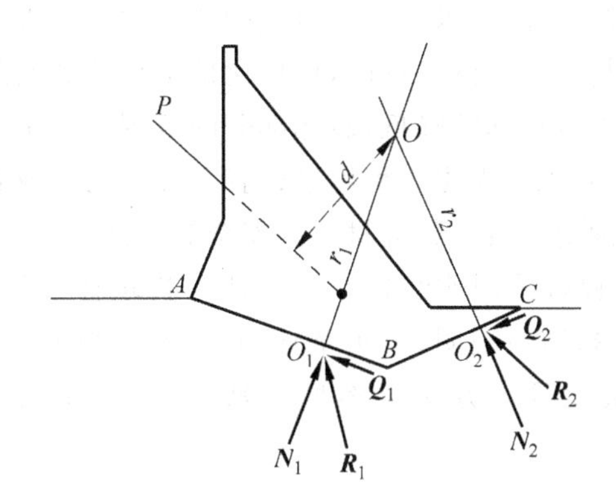

图2-15　整体失稳示意图

O 点是个瞬心，随着滑动过程的发展，瞬心会不断调整。如果做有限元分析，求得滑裂面 AB、BC 上的应力分布，就容易确定合力 R_1、R_2 的作用点位置 O_1、O_2，从而确定瞬心 O。如果没有进行有限元分析，我们采用一些近似方法确定 R_1、R_2，如可将 O_1、O_2 点置于 AB 及 BC 的中点(假定 AB、BC 面上的反力呈均匀分布)，或置于三分点处(假定反力呈三角线分布)，以作近似估算用。如果 BC 不是结构面，或者结构面的 f'_d 和 c'_d 值很大，则 BC 面需要设置很多个，经计算比较才求得深层滑动的最小抗力函数。

上面所用的分析方法是刚体极限平衡法，力学概念清楚，计算简单方便，可得出明确的安全系数值或稳定抗力函数和作用效应函数，这种方法目前在国内外工程使用最多，是分析重力坝抗滑稳定问题最基本的可行方法。但这一方法的主要缺点是：未能反映应力、应变的分布和发展过程，也未能反映整个大坝破坏和滑动失稳的具体过程。要克服这一缺点，需要采用后面所述的方法。另外，对于一些重要的工程，特别是深层抗滑稳定问题较严重的情况，除了用刚体极限平衡法进行分析之外，我们常常还进行有限单元分析或模型试验，作为校核、验证或深入研究的手段。

2.4.2　有限单元法

有限单元分析提供了坝体及地基内各点的应力及变位值，可以了解破坏区的分布、范围，以便找出最危险的部位，并分析严重程度，进而可以分析各种加固措施的作用。

以平面有限单元法为例，设某点坐标(x,y)的正应力为 σ、剪应力为 τ、渗压为 u，则该点的局部安全系数(或点安全度)为

$$K(x,y)=\frac{f'(\sigma-u)+c'}{\tau} \tag{2-46}$$

可将各点最小的点安全度(或点安全系数)绘成等值线,得到点安全度分布的曲线。

如果个别点的点安全度小于1,不见得整体破坏,需要进行非线性分析。具体分析时,常采用增量法,即将荷载分为若干级,逐级施加,可求得应力应变的变化过程和破坏过程。

如果要确定超载能力或材料的安全储备性能,可按比例增加荷载或降低材料的强度指标,并进行上述分析。随着荷载的增加或强度指标的降低,破坏部分的范围会愈来愈广,破碎带上的应力状态愈来愈恶化,变位也愈来愈大。直到无法求出平衡解答(刚度矩阵奇异)或者应力、变位达到不可容许的程度,就达到极限状态,从而可确定超载系数或材料的安全储备能力。

近年来我国有一些重要工程曾采用非线性有限元法分析坝体的抗滑稳定问题,相应地发展了一些非线性计算程序。许多计算结果表明,若坝基均匀、只有陡倾角结构面,则抗力函数最小的是坝与岩基的接触面。关于有限元具体方法可参见文献[7]或其他有限元方法的书籍,本书不再详述。

2.4.3 模型试验方法

模型试验是研究坝体及地基的应力、变位和失稳问题的一种重要手段。模型必须反映地基内的各种情况和性质,否则就和原型无相似之处,失去试验的意义。模型试验常用相对或对比的办法来说明问题。按照模型反映实际情况的程度来分,试验可以分为三类级别:第一类是不反映地质条件的弹性模型(将坝体及地基都视为弹性材料,但弹性常数可以不同),亦即常规的静力试验;第二类能反映地基中的一些重大断裂;第三类能进一步反映地基的自重和地基内部结构面等更多因素和条件,要求满足材料本构关系的相似要求。后者常称为"地质力学模型"。我国过去在制作地质力学模型方面的经验较少,近年来许多高等院校和科研设计单位作出很多努力,取得不少成果。

在模型试验中,模型的几何尺寸,材料容重、强度、弹模、应力、应变等等各种参数,与原型的相应参数之间,应满足一定的比例关系,遵循一定的定律,通常称为模型律。在静力试验中,我们可以选择任意两个参数的模型比值,作为设计模型的基准,其他参数间的比值可以由这两个基本比值导出,一般常以下列两个值为准。

(1) 几何比尺1∶λ,即模型几何尺寸与原型之比。选择合适的比尺是个重要问题,一般常用的比值为1∶80至1∶150(甚至可小到1∶300)。坝较高、地基范围较广时,限于条件往往只能选用较小的比尺。但比例尺如过小,而应变片本身的尺寸代表的面积太大,测出的应力代表的是一个相当大范围的平均值。

(2) 应力比尺$\zeta(=\sigma/\sigma')$,这个比值也就是其他以应力因次表达的各种参数的比尺,例如原型和模型弹模之比等等。在地质力学模型中,原型和模型材料的屈服强度、破坏强度之比,都与此一致。

静力试验中一般不牵涉时间因素，但如有关时间因素时(如徐变性能)，则可取 $t/t'=\lambda^{1/2}$。

如果模型材料能完全满足上述要求，则在理论上讲，可以通过试验获得精确数据，但实际上很难选择或配制出一种模型材料能完全满足要求的。除了岩基的复杂性很难模拟外，就坝体本身来说也存在施工缝、分期浇筑、自重、扬压力等许多问题，即使是国际上著名科研单位做得很细致的试验，也难说十全十美。我们只能抓住一些主要的关系，以便取得大体上反映实际情况的成果，并对这些成果的代表性也要有恰如其分的评价。

2.4.4 提高抗滑稳定性的途径

重力坝的抗滑稳定性与很多因素有关，应对这些因素加以分析，并针对不同的情况，采取比较合适的措施或办法，使抗滑稳定安全系数得到明显的提高，而花的代价最低或较低。在设计施工中常常通过以下一些途径来实现：

(1) 选择有利于稳定的坝基。坝基的好坏对重力坝的稳定至关重要，坝基岩体除了要求坚硬、完整和强度高以外，还要尽量避开缓倾角倾向下游的层理夹层、裂隙、断层和破碎带以及容易发生深层滑动的结构面等，若有条件可利用自然形成的倾向上游的岩基表面，稍加开挖就可当坝基面。但实际上，有时很难找到这么理想的坝址，还要考虑枢纽布置、坝长、总工程量、施工条件和总造价等因素，对这些因素进行综合分析和评价。坝址往往避不开易滑动的结构面，需采用固结灌浆、帷幕灌浆、锚筋、锚索和混凝土塞等常用措施以及其他途径来提高其抗滑稳定性。

(2) 利用水重。当坝底面与基岩间的抗剪强度参数较小时，常常将上游部分坝面做成向上游倾斜的形状(指倾向上游的正坡，不是倒坡，如图 2-7 所示)，利用坝面上的水重来提高坝的抗滑稳定性，这也是最经济的途径。但应注意，上游坝坡不宜过缓，其原因见前面重力坝基本断面一节的分析。

另一种利用上游水重的做法就是在坝前设置阻滑板，并将帷幕及排水移至阻滑板的上游部位，就可利用阻滑板上的水重增加抗滑力。阻滑板和坝体必须连接牢固可靠，并做好止水和防渗。我国葛洲坝水利枢纽和大化水电站等都采用这种措施提高抗滑稳定安全系数。

(3) 将坝基面开挖成倾向上游的形状[如图 2-16(a)所示]。由式(2-38)′的许多计算表明，这种做法可明显地提高重力坝的抗滑稳定安全系数。但这一做法增加开挖量和大坝混凝土回填量。在天然的地形或岩基面比较合适(如下游高、上游低)的情况下，将坝基面开挖成向上游倾斜的形状，而不必按水平面开挖，这是容易接受的，但这种情况不多见。在通常的地形、地质条件下，将坝基面开挖成下面(4)、(5)所述的形状。

(4) 将坝基面开挖成锯齿形状。当基岩比较坚固时，可以开挖成锯齿形状，形成多个倾向上游的斜面，斜面的方向主要取决于基岩节理裂隙的产状。如果岩基面节理裂隙发育、f 值和 c 值很小，虽倾向上游但缓于开挖形成锯齿的斜面倾角，甚至缓倾角倾向下游，那么在蓄水受到水平水压力作用下，这种锯齿几乎不起作用，或起作用很小。所以，锯齿斜面的产状应尽量与基岩节理裂隙的产状一致，并且有大部分的斜面是倾向上游的[如图 2-16(b)所示]，即使岩基表面的凸角有微裂隙易被剪断，也仍有足够的倾向上游的岩基面起增加抗滑的作用。

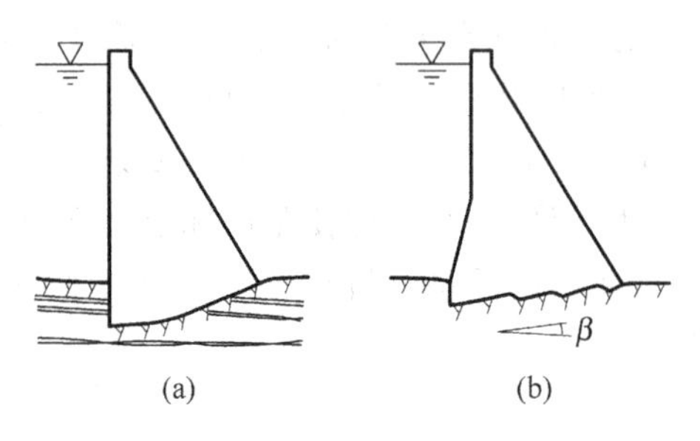

图 2-16 倾向上游的坝基面开挖情况

(5) 将坝踵附近的坝基面做成梯形齿槽的形式。若坝基表面裂隙发育或坝址避不开倾向下游的缓倾角层理夹层、裂隙、断层和破碎带，可在坝踵附近做一个上宽下窄的梯形齿槽，以中断这些结构面。齿槽混凝土应有足够的强度、宽度和深度，提供足够的抗剪断力，来阻挡沿这些结构面的滑动。当基岩内有倾向下游的结构面时，可在坝踵位置做齿槽[如图 2-17(a)所示]，使可能滑动面由 abc 变为 $a'b'c'$，可加大抗滑体的抗力。如果有缓倾角倾向上游的泥化夹层在下游坝趾位置出露，在坝踵位置做齿槽则起作用很小，除非做很深的齿槽切断夹层。这种情况应把齿槽做在坝趾位置[如图 2-17(b)所示]，利用齿槽及其下游的抗力体阻挡坝体沿夹层滑动。

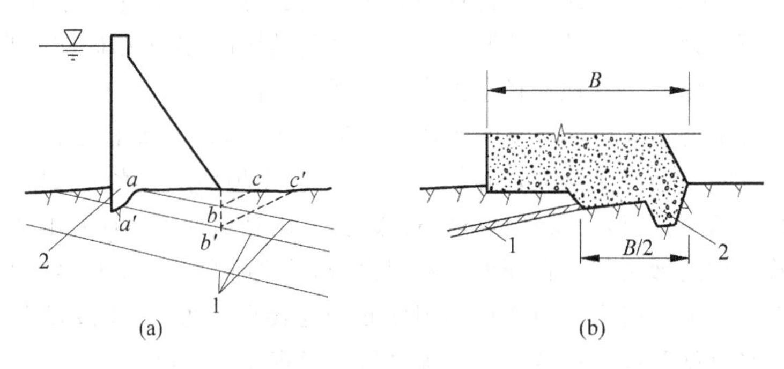

图 2-17 齿槽的设置

1—泥化夹层；2—齿槽

(6) 在坝趾下游做锚索或钢筋混凝土锚桩，加强抗力体的作用。对于双滑裂面的情况，可在坝趾下游做锚索或钢筋混凝土锚桩，锚索或锚桩要穿过下游抗体可能的滑裂面，并达到一定的深度，对增加下游抗体的抗剪断力是很起作用的。

(7) 增加建筑物重量。增加坝体重量可直接增加抗滑阻力，也是常用的措施。但如软弱面上的 f 值很小，或夹层倾向下游，则其效果就不显著。设倾角为 θ，从理论上讲，如果 $f=\tan\theta$，则由于增加坝重而增加的抗滑力正好被所增加的下滑力抵消。另外，这样做要增加混凝土量，代价较大。若坝后有厂房等建筑物，则可考虑将两者联为整体，以增加抗滑阻力，如伊泰普工程就是这样做的。但如果大坝向下游滑移，将可能对厂房产生较大的破坏力，应慎重分析。

(8) 减小扬压力。这是一个很有效的措施，而且对各种产状的软弱带都是适用的。在坝基下设置有效的和完善的帷幕及排水系统,不仅可以降低破坏面上的扬压力,而且还可防止或减轻渗透水流对软弱破碎带材料的不利作用。在采用本措施时,要设置可靠的帷幕防渗系统和完善有效的排水系统,排水孔穿过软弱层时要有防止管涌的措施,另外还应有监测和维修的条件。如不能满足上述要求,则宜采用类似于阻滑板的方法,延长渗径,降低坝基扬压力强度。

如果下游长时间处于高水位状态,则采用封闭式抽排,尚可进一步有效地降低扬压力。不论从理论分析、试验和实践经验,都证明采用封闭式排水可以显著地降低渗透压力。

(9) 预加应力措施。在靠近坝体上游面,采用深孔锚固,将高强度钢索穿过坝体(部分或全部)直到基岩深部,并施加预应力[如图 2-18(a)所示],既可增加坝体的抗滑稳定,又可消除坝踵处的拉应力。国外有些支墩坝,在坝趾处采用施加预应力的措施,改变合力 R 的方向[如图 2-18(b)所示],从而提高了坝体的抗滑稳定性。采用预应力锚索穿过软弱夹层,可增加软弱夹层上的法向压力,从而增加抗剪阻力。如果夹层倾向上游或锚索方向倾向上游,则预应力合力有一个和滑动方向相反的分力,更为有利。每束锚索的预应力值可从数十吨至数百吨。外国已有达到每束 1 500 吨以上者。

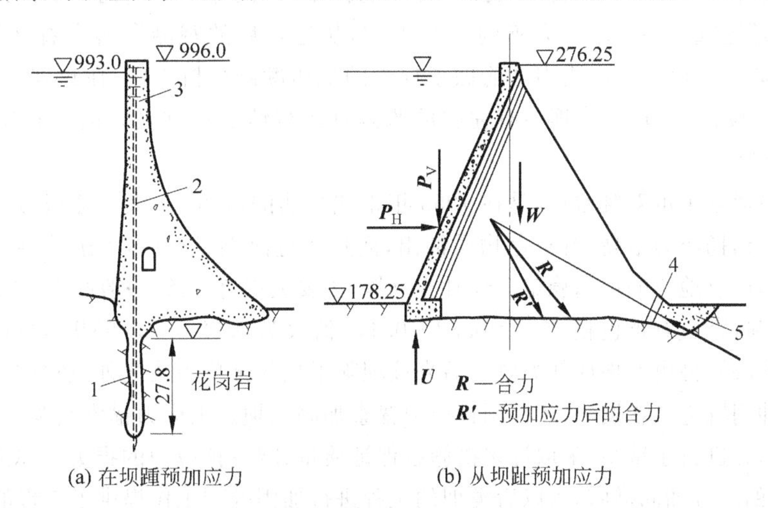

图 2-18 预加应力方法

1—锚索竖井; 2—预应力锚索; 3—顶部锚定钢筋; 4—千斤顶活动接缝; 5—抗力墩

(10) 高压固结灌浆或辅以化学灌浆。对于重要的工程若有条件可对软弱结构面进行高压固结灌浆或辅以化学灌浆处理,可以显著地提高其压缩模量,也可适当提高其抗剪参数,提高夹层的抗剪强度和大坝的抗滑稳定安全系数。这是一个很有发展前途的措施,有待进一步研究总结。

(11) 横缝灌浆。对于岸坡很陡的重力坝,为了岸坡坝段的稳定,将部分坝段或整个坝体的横缝进行局部或全部灌浆,以增强坝的整体性。若河谷较窄,河床坝段不足以支撑陡岸坝段的稳定,需做成整体式重力坝。由于两岸岩体的钳制,整体式重力坝顺河向的抗滑稳定安全系数大于单独的河床坝段。这是因为两岸相对高度较低的坝段由于凝聚力的作用具有较大的抗滑安全储备。但是,这种做法需要在横缝处埋设很多灌浆管、灌浆盒,并要保证灌浆质量,需要等到坝体温度降至稳定温度场或较低温度时才能进行灌浆，这就需要等很长时间才能蓄水，拖延了工期，增加了造价，推迟效益；或者需要埋设很多冷却水管，需要增加很多投资，也多少影响一些进度。对于本来不设纵缝、不打算埋设冷却水管的中低坝来说，如果两岸坡不陡，仅个别河床坝段的抗滑稳定安全系数较小，采用前面所述的一些方法只对个别坝段进行处理，可使抗滑效果很好且代价很低，而不必做成整体式重力坝。

以上关于提高重力坝抗滑稳定性能所采用的途径，常常根据具体条件选用某几种，并非千篇一律。在实际工程中，尤其在一些很重要而地质条件又很差的工程中常常采用多种综合的措施。例如，葛洲坝工程二江泄水闸的闸基为粘土质粉砂岩、砂岩与粘土岩互层，倾角仅 5°～8°，倾向下游左岸，顺流向视倾角仅 1°～2°，基岩软弱，内有 12 条软弱夹层，有的已泥化，f 值仅 0.2～0.35，$c\approx0.005$～0.05MPa，构成深层抗滑稳定的控制条件，坝址难以躲开这一位置。从枢纽布置的要求来看，选择这一坝址的位置是无可非议的。为了提高它的抗滑稳定性，采用了多种综合的措施和途径，在上游处做齿槽和防渗板、在闸下护坦采用完善可靠的封闭式防渗排水系统，在岩基表面浇筑混凝土压面，并打了大小钻孔，做锚索和钢筋混凝土锚桩，增强抗力体的作用，从设计研究到施工工作都做得十分细致，各种数据的采用都很慎重可靠，还有完善的监测工作，从运行后的观测资料来看，情况是正常、良好的，收到很好的效果。这是一个在建坝之前做了仔细的地质勘测分析工作、在建坝中综合各种加固方案认真地进行研究、设计和施工、建坝后有完善的监测且运行情况正常良好的工程实例，为以后的工程提供了重要的经验。

又如，在湖南省潇水上的双牌水库，是在 1958 年正式兴建的，1961 年大坝建成，运行后在坝基内新发现有多层破碎夹层，扬压力增高，有黄色物质涌出，而且通过泄洪运行后，下游冲刷坑急速深切，使倾向下游的夹层显露，严重地影响坝基稳定。经补充勘探，主要夹层有 5 条，一般厚 1～3cm，夹层物质主要为板岩碎片夹有岩粉，充填有黄色粘土，$f=0.33$～0.4，c 值仅为 0.027～0.05MPa，且已产生机械管涌，有继续恶化趋势，上游帷幕也发现局部失效。后来该坝除了加强帷幕灌浆之外，还延长挑流鼻坎和延长挑流消能段，防止冲刷坑进一步发展，还采用预应力锚索加固大坝。预应力锚索是参考梅山水库的实践经验设计和施工的，并进行了试验，采取许多措施以保证质量、减少预应力的损失。总之，该工程采用了以预应力锚索为主的综合加固措施，为以后类似的工程进行加固处理工作提供了宝贵的经验。

2.5 重力坝的应力分析

学习要点

1. 坝踵的应力分析是难点和重点，也是重力坝设计和计算的主要内容之一。
2. 弄清楚材料力学方法与有限元应力分析方法的主要区别、优缺点和适用条件。

重力坝应力分析是为了核定大坝在施工期和运行期是否满足强度要求，同时也为研究解决设计和施工中的某些问题(如：大坝断面的设计、混凝土标号分区和某些部位的配筋等)提供依据。

重力坝的应力状态与很多因素有关，如：坝体轮廓尺寸、静力荷载、地基性质、施工过程、温度变化以及地震特性等。由于在初步设计的应力分析中，还未能确切考虑各种因素，所以，在初设阶段一般先计算经常作用而又较易确定的基本荷载所产生的应力；对于其他难以确定或不经常作用的荷载（如地震荷载等），则采用简化近似的方法求解；对于一时很难计算的、但对坝体断面设计影响很小、而又可通过施工等措施减小这种影响的荷载和应力（如施工期的温度荷载和温度应力等），在设计坝体断面时可暂不考虑，只需参考已建工程的经验，将这些施工措施的费用算进总概算里即可，待大方案批准后再做深入的研究和计算。上述这些复杂的应力分析内容很多，安排在其他有关章节中叙述和讨论，这一节只叙述和讨论对坝体断面有影响的、常见易做的应力分析。

2.5.1 应力分析方法综述

重力坝的应力分析方法可以归结为模型试验和理论计算两大类，这两类方法是彼此补充、互相验证的，其结果都要受到原型观测的检验。

1. 模型试验法

模型试验方法有光测方法和脆性材料电测方法。光测方法有偏光弹性试验和激光全息试验，主要解决弹性应力分析问题。脆性材料电测方法除能进行弹性应力分析外，还能进行破坏试验。近年来发展起来的地质力学模型试验方法，可以进行复杂地基的试验。此外，利用模型试验还可进行坝体温度场和动力分析等方面的研究。模型试验方法在模拟材料特性、施加自重荷载和地基渗流体积力等方面，目前仍存在一些问题有待进一步研究和改进。若模型太小，则精度很差；要想达到好的精度，模型试验一般比较费时费钱。所以，对于中小型工程，一般可只进行理论计算。近代，由于电子计算机的出现，理论计算中的数值解法发展很快，对于一般的弹性静力问题，常常可以不作试验，主要依靠理论计算解决问题。

2. 理论计算方法

理论计算方法按其发展和应用过程大致分为材料力学法、弹性力学解析法、弹性力学差分法、有限单元法。

材料力学法是应用最广、最简便，也是重力坝设计规范中规定采用的计算方法。材料力学法不考虑地基变形等因素的影响，假定水平截面上的正应力按直线分布，计算结果在地基附近约1/3坝高范围内，与实际情况的差别较大。但在此以上坝体的应力和位移与实际是很接近的；这个方法有长期的实践经验，多年的工程实践证明，对于中等高度的坝，应用这一方法，并按规定的指标进行设计，是可以保证工程安全的。对于较高的坝，特别是在地基条件比较复杂的情况下，应该同时采用其他方法进行应力分析。

弹性理论解析法在力学模型和数学解法上都是严格的，但目前只有少数边界条件简单的典型结构才有解答，所以在工程设计中很少采用。但它可通过对典型构件的计算，检验其他方法的精确性，故弹性理论解析法仍是一种很有价值的分析方法。

弹性力学差分法在力学模型上是严格的，在数学解法上采用差分格式，是近似的。在有限元法出现之前，差分法曾用来计算一些边界条件略较复杂的结构（如带有直角角缘的坝踵）应力问题，但计算也很繁琐，在工程设计中也较少采用。由于差分法要求方形网格，对复杂边界的适应性差，后来在有限元法出现之后，差分法已很少采用，远不如有限元法普遍。

有限元法是随着电子计算机的发展而在20世纪60年代中期产生的一种计算方法。经数学工作者的研究，发现有限元法源出于变分法中的里兹法，从而使有限元法的应用从求解应力场扩大到求解磁场、温度场和渗流场等。它可以处理复杂的边界条件，包括：几何形状、材料特性和静力条件。它不仅能解决弹性问题，还能解决弹塑性问题；不仅能解决静力问题，也能解决动力问题；不仅能计算单一结构，还能计算复杂的组合结构，有限元法已成为一种综合能力很强的计算方法。

为适应重力坝设计的需要，这里主要对广为采用的材料力学方法和有限元法作进一步的讨论。

2.5.2 材料力学方法

1. 基本假定

应用材料力学方法分析重力坝的应力，基于以下三点基本假定：

(1) 坝体混凝土为均质、连续、各向同性的弹性材料；

(2) 视坝段为固接于地基上的悬臂梁，不考虑地基变形对坝体应力的影响，并认为各坝段独立工作，永久横缝不传力；

(3) 假定坝体水平截面上的正应力按直线分布，不考虑廊道等对坝体应力的影响。

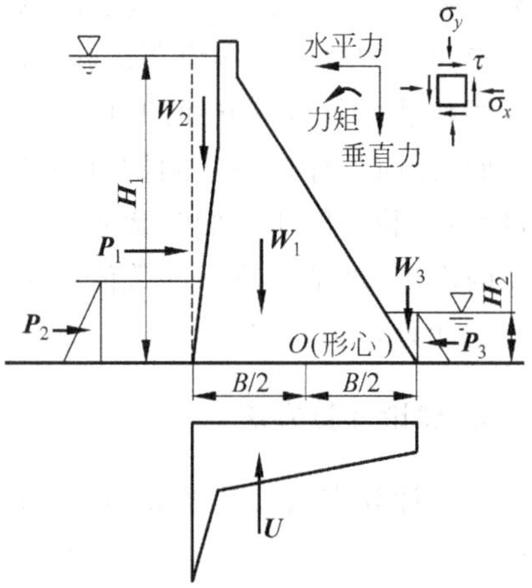

2. 上下游坝面应力的计算

在一般情况下，坝体的最大、最小正应力和主应力都出现在上下游坝面，所以，重力坝设计规范规定，应核算上下游坝面的应力是否满足强度要求。

荷载与应力的正方向如图2-19所示。用材料力学方法计算重力坝上下游坝面应力的公式如下。

图2-19 坝体应力计算图

(1) 水平截面上的正应力。因为假定 σ_y 按直线分布，所以可按偏心受压公式(2-47)、式(2-48)计算上、下游边缘竖向应力 σ_{yu} 和 σ_{yd}（以压应力为正，下同）。

$$\sigma_{yu}=\frac{\sum W}{B}+\frac{6\sum M}{B^2}\quad(\mathrm{kPa}) \tag{2-47}$$

$$\sigma_{yd}=\frac{\sum W}{B}-\frac{6\sum M}{B^2}\quad(\mathrm{kPa}) \tag{2-48}$$

式中：$\sum W$ ——作用于计算截面的全部荷载（包括扬压力）的铅直分力的总和，kN，向下为正；

$\sum M$ ——作用于计算截面的全部荷载（包括扬压力）对截面形心轴的力矩总和，kN·m，向上游弯曲为正；

B——计算截面的长度，m。

（2）剪应力。为求解方便，先分析无扬压力的情况，按上两式算得无扬压力作用的 σ_{yu} 和 σ_{yd}，再根据边缘微分体的平衡条件解出上、下游边缘剪应力 τ_u 和 τ_d，见图 2-20(a)。

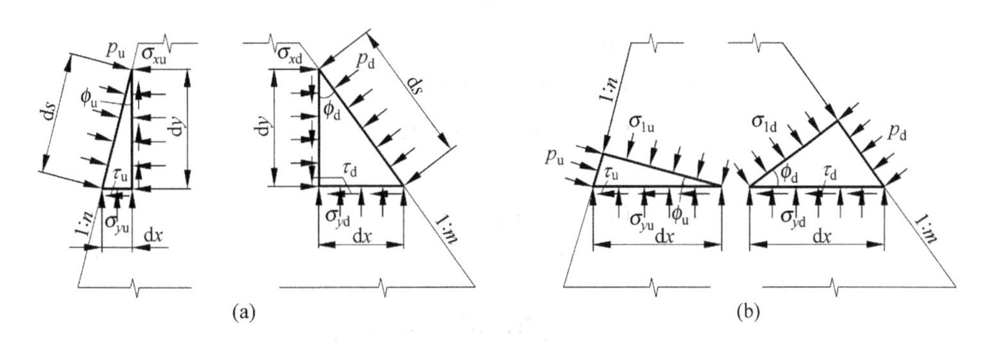

图 2-20　上、下游边缘应力计算图

由上游坝面的微分体，根据平衡条件 $\sum F_y = 0$ 可以解出

$$\tau_u = (p_u - \sigma_{yu})n \tag{2-49}$$

式中：p_u——上游面水压力强度；

n——上游坝坡坡率，$n=\tan\phi_u$，ϕ_u 为上游坝面与竖直面的夹角。

同样，由下游坝面的微分体，根据平衡条件 $\sum F_y = 0$，可解出

$$\tau_d = (\sigma_{yd} - p_d)m \tag{2-50}$$

式中：p_d——下游面水压力强度；

m——下游坝坡坡率，$m=\tan\phi_d$，ϕ_d 为下游坝面与竖直面的夹角。

（3）水平正应力。在求得无扬压力情况下的 τ_u 和 τ_d 以后，再分别由上、下游坝面微分体的平衡条件 $\sum F_x = 0$ 可以解出上、下游边缘的水平正应力 σ_{xu} 和 σ_{xd}。

$$\sigma_{xu} = p_u - \tau_u n \tag{2-51}$$

$$\sigma_{xd} = p_d + \tau_d m \tag{2-52}$$

（4）主应力。如图 2-20(b) 所示，由上下游坝面微分体的平衡条件 $\sum F_y = 0$，可解出

$$\sigma_{1u} = \sigma_{yu} - n\tau_u = (1+n^2)\sigma_{yu} - n^2 p_u \tag{2-53}$$

$$\sigma_{1d} = \sigma_{yd} + m\tau_d = (1+m^2)\sigma_{yd} - m^2 p_d \tag{2-54}$$

上、下游坝面的第 2 主应力为坝面水压力

$$\sigma_{2u} = p_u \tag{2-55}$$

$$\sigma_{2d}=p_d \tag{2-56}$$

由公式(2-53)可以看出,当上游坝面倾向上游(坡率 $n>0$)时,即使 $\sigma_{yu}\geqslant 0$,只要 $\sigma_{yu}<p_u n^2/(1+n^2)$,则 $\sigma_{1u}<0$,即 σ_{1u}为主拉应力。n 越大,σ_{1u}主拉应力的绝对值也越大。故重力坝上游坝面不宜太缓。

上列应力计算公式未计入扬压力。若需考虑扬压力,则令 p_{uu}和 p_{ud}分别为上、下游边缘的扬压力强度,按有扬压力情况计算 σ_{yu}和 σ_{yd},再由此计算以下有效应力:

$$\tau_u=(p_u-p_{uu}-\sigma_{yu})n \tag{2-57}$$

$$\tau_d=(\sigma_{yd}+p_{ud}-p_d)m \tag{2-58}$$

$$\sigma_{xu}=(p_u-p_{uu})-\tau_u n \tag{2-59}$$

$$\sigma_{xd}=(p_d-p_{ud})+\tau_d m \tag{2-60}$$

$$\sigma_{1u}=(1+n^2)\sigma_{yu}-n^2(p_u-p_{uu}) \tag{2-61}$$

$$\sigma_{2u}=p_u-p_{uu} \tag{2-62}$$

$$\sigma_{1d}=(1+m^2)\sigma_{yd}-m^2(p_d-p_{ud}) \tag{2-63}$$

$$\sigma_{2d}=p_d-p_{ud} \tag{2-64}$$

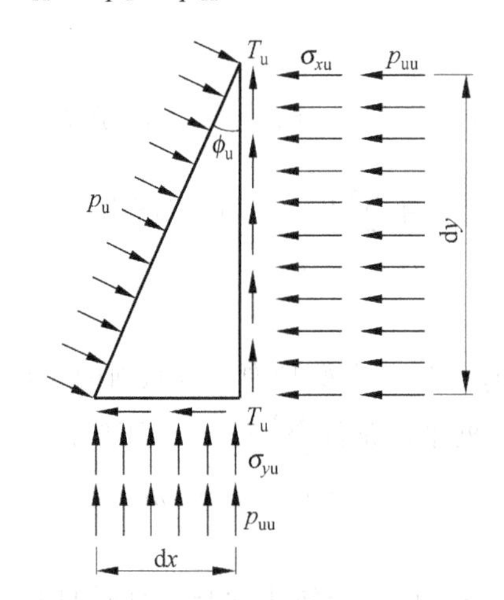

图 2-21 扬压力与边缘应力

3. 强度指标

用材料力学方法计算重力坝应力需满足的强度指标,按不同规范分述如下:

我国《混凝土重力坝设计规范》SDJ 21—78 规定:混凝土的抗压安全系数在基本组合情况下不小于 4.0,在特殊组合情况下(地震情况除外)不小于 3.5。当坝体个别部位有抗拉强度要求时,可提高混凝土的抗拉标号,抗拉安全系数不小于 4.0。

我国最近发布的《混凝土重力坝设计规范》DL 5108—1999 采用分项系数极限状态设计方法代替以往的单一安全系数方法。考虑扬压力后,重力坝的上游坝面不允许出现垂直拉应力,按式(2-47)算得的 σ_{yu}应大于或等于零。上游坝面法向压应力和下游坝面压应力需满足抗压强度要求,将各种荷载乘以各自的作用分项系数，再代入式(2-57)至式(2-64)算得各应力作为作用效应函数$S(\cdot)$，材料的强度指标采用标准强度除以混凝土材料性能分项系数1.5(参见表2-6)，作为结构的抗力函数$R(\cdot)$，应满足式(1-6)和式(1-7)。大坝常态混凝土抗压强度的标准值可采用90d龄期强度，保证率80%；大坝碾压混凝土抗压强度的标准值可采用180d龄期强度，保证率80%；如果混凝土承受荷载时间早于上述时间，应进行核算，必要时应调整强度等级。新规范规定的大坝混凝土轴心抗压强度标准值如表2-12所示。

表2-12 大坝混凝土轴心抗压强度标准值 f_{ck}(MPa)

强度等级	C5	C7.5	C10	C15	C20	C25	C30
常规混凝土 90d		7.6	9.8	14.3	18.5	22.4	26.2
碾压混凝土 180d	7.2	10.4	13.5	19.6	25.4	31.0	

关于上游坝面(含坝踵)竖向拉应力，新规范取消原规范不计扬压力要有$0.25\gamma_W H$压应力的规定，因为它不起控制作用，国内外有关工程的实际情况也表明了这一点。关于施工期(属短暂状态)下游坝面(含坝趾)竖向拉应力，新老规范都规定不超过100kPa。

重力坝按其受力特点来看，它是一个竖直悬臂梁的静定结构，没有超静定结构那样大的安全潜力。由于材料力学方法不考虑地基变形，计算坝踵和坝趾的应力与实际有很大的误差。经弹性力学方法计算表明，在自重、水压力和扬压力等荷载作用下，坝踵拉应力较大，如果坝踵附近岩体裂隙或混凝土由于施工质量或其他原因抗拉强度较低而被拉开，一旦库水进入缝隙后，由于水力劈裂作用使缝端附近的拉应力加大，可能使裂缝扩展，坝体有效断面减小，而水平水压力荷载并没有减小，扬压力还有些增加，使缝端拉应力更大，如此反复恶性循环，坝踵水平裂缝可能扩展很深，可能超过排水孔幕的位置而影响大坝正常使用。考虑到上述这些原因，规范规定在用材料力学方法计算重力坝的应力时，上游坝面不允许出现垂直拉应力，即按式(2-47)计扬压力算得的σ_{yu}应大于或等于零。

2.5.3 有限单元法

由于材料力学方法不考虑地基变形，计算坝踵和坝趾的应力与实际有很大的误差。经弹性力学方法计算表明，在自重、水压力和扬压力等常见的基本荷载作用下，坝踵存在较大的拉应力。此外，孔口角缘点和深梁的端部的应力集中问题，用材料力学方法是不能得到正确结果的。但用弹性力学方法求解上述部位的应力是很困难或是很麻烦的。用有限元方法可以很方便地求得这些部位的应力，还可考虑各种材料的特性和组合，后来又发展到可进行温度场和温度应力的计算、非线性分析和动力分析等等。它出色地完成了材料力学方法和弹性力学方法所不能计算的课题，对重力坝的应力计算发挥了很重要的作用。因篇幅所限，这里不再编写有限单元法的基本原理和具体方法，读者可查阅有关参考书。这里仅讨论有限元方法在重力坝应力计算中的一些问题。

重力坝坝踵附近的拉应力分布是人们较为关心的内容，因为它关系到防渗帷幕是否被拉开、防渗帷幕应布置在距离坝踵多远等重要问题。为了尽量求得坝踵的真实应力，在坝踵部位的单元网格不宜划分得太大。因为与水接触的单元边长太大会使面力荷载转化为距离太远的结点荷载，坝面所承受的水压面力荷载失真；另外，高斯点离角缘点较远，高斯点的拉应力及其所推算的角缘点的拉应力都偏小。所以，在坝踵、坝趾等人们所关心的应力较大的角缘部位，单元网格应尽量划分得细一些。为控制单元总数，避免占用太多的存储量和机时，在远离坝底的其他部位的单元网格划分得大一些。如图 2-22 所示。

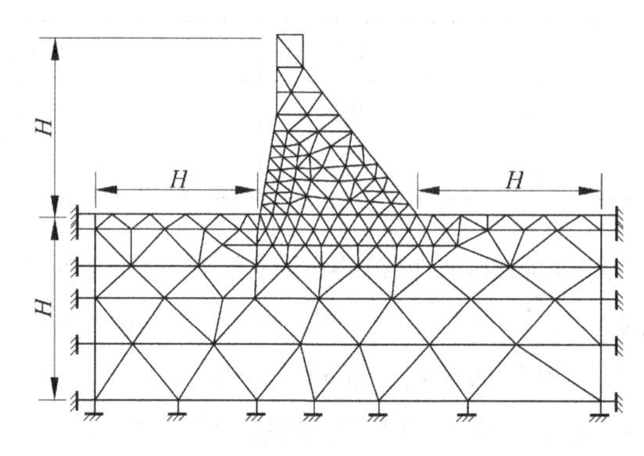

图 2-22 重力坝平面单元划分示意图

在坝基的远处，需要有固定的边界，令结点的位移为零。此固定边界如果离坝太远，则单元太多，需要大容量的计算机或根本算不了；如果离坝太近，则不能反映真实的位移和应力。据笔者计算经验：如果侧重于计算坝体应力、不与位移观测值作比较，则坝基固定边界以距离大坝一倍坝高为宜；若只计算温度应力，对于百米以上高度的重力坝，则坝基固定边界距离大坝一半坝高即可，对于百米以下高度的重力坝，则坝基固定边界距离大坝 50m 即可；若还要将计算位移与实测值作比较，则坝基固定边界距离大坝宜大于 1.5 倍坝高。

在计算时需注意，在大坝浇筑之前，坝基岩体已起码经历了漫长时间的自重变形，这一荷载引起的变形早已基本完成，在大坝浇筑后到蓄水运行，坝基自重不应再起变形作用。在计算坝体的变形和位移时，坝基岩体的容重应为零，但弹性模量或变形模量仍应输入实际数值。如果要整理坝基应力，需计算并叠加岩基在建坝前的初始应力。

在重力坝非线性分析中，常假定断层、裂隙等结构面不具备抗拉能力，采用无拉分析法，将弹性解求出的坝踵部位的拉应力视为超余应力转移给附近单元承担，反复迭代计算，直到收敛为止。无拉分析法可给出拉应力松弛区的范围及开裂后应力重分布的情况。以材料不承受拉应力为原则求出的解，符合平衡条件和材料强度要求，在工程设计中具有实用意义，在地下工程中的应用更为广泛。

有限元法计算的坝踵应力是基于坝体和坝基都是连续介质而算得的结果，在高坝的坝踵部位，往往会产生较大的拉应力。但实际上任何岩体最起码都有节理裂隙，尽管有些部位做了灌浆处理，节理裂隙处毕竟是薄弱的，其抗拉强度很低，远不如岩石本身。当拉应力超过裂隙的抗拉强度时，便张开。

图 2-23 是用有限元法计算得出的成果。可以看出，断裂后坝踵拉应力得到了释放。坝踵断裂可能破坏防渗帷幕，增大坝底扬压力，应加以重视。

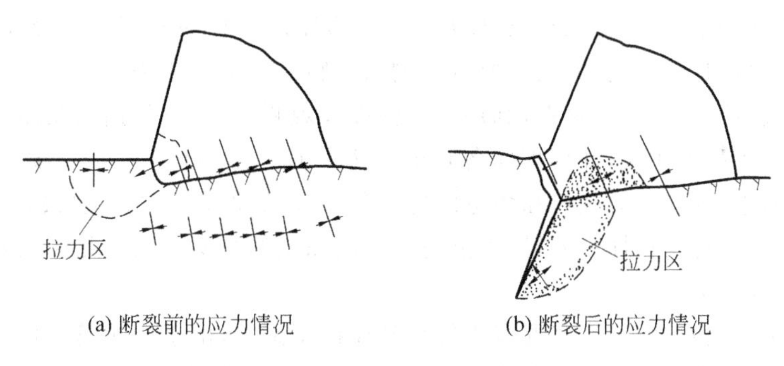

图 2-23 坝踵断裂前后的应力情况

关于有限单元法的应力控制标准问题。由于单元大小划分不同，高斯点到角缘点的距离就不同。单元划分得大一些，高斯点离角缘点就远一些，高斯点的应力就小一些；如果单元划分得小一些，高斯点离角缘点就近一些，高斯点的应力就大一些。到底选多大的单元网格来计算？对于以上这些问题，至今未有统一合理的说法。我国《混凝土重力坝设计规范》DL 5108—1999[4] 对有限元方法计算重力坝的控制标准仅作这样的规定：(1)坝基上游面，计扬压力时，拉应力区宽度宜小于坝底宽度的 0.07 倍或坝踵至帷幕中心线的距离；(2)坝体上游面，计扬压力时，拉应力区宽度宜小于计算截面宽度的 0.07 倍或计算截面上游面至排水孔(管)中心线的距离。

材料力学方法虽然没有考虑地基变形的影响，算得坝基面附近的应力与实际不符，但毕竟算出坝踵和坝趾确切数字的应力，并通过修改坝体断面等其他设计将这些部位的应力控制在确切数字的应力控制标准范围之内。这个方法经过一百多年长期的实践考验证明，对于中、低高度的重力坝，应用这一方法计算应力，并按规定的指标进行设计，再加上抗滑稳定安全系数的标准要求和控制，是可以保证大坝安全的。直至目前，世界上各国的重力坝设计规范没有一个是否定或取消材料力学方法的。相反，工程师们在重力坝设计和应力计算时无一例外地都采用材料力学方法(包括坝踵和坝趾的应力计算)。我国历来的重力坝设计规范正是基于这些理由而制定的。即使在目前设计 200m 以上高度的重力坝，也不是先靠有限元应力分析来决定大坝的断面尺寸大小，而是先根据稳定要求和材料力学方法计算的应力结果来选择大坝断面、作坝体布置、计算工程量和投资，以此作为方案比较的依据，然后对所选定的方案，再用比较精确而且实用的方法(如结构模型试验或有限单元法等)来研究和校核坝体的应力分布。

2.5.4 结构模型试验分析方法

在重力坝的应力分析中，对于理论计算比较困难、没有把握或者把握性不大的问题常通过结构模型试验的方法来加以解决。例如上面提到的坝踵、坝趾等角缘点附近的应力分布，用材料力学、弹性力学理论解和有限元方法都很难算得精确解或者把握性不大，故对于重要的高坝不仅通过力学计算手段，而且还补充采用结构模型试验的手段帮助分析，互相加以验证，各有其优缺点，是不可缺少的。特别是模型试验可以更好地模拟材料性能、结构特点、地基情况和边界条件等，往往得到比较符合实际的结果。

用于测试应力的结构模型试验方法主要有光测法和脆性材料电测法两类。

光测法常用环氧树脂作为模型材料，利用偏光弹性仪观测模型受荷前后、在偏振光作用下的双折射效应所形成的等色线和等倾线，计算坝体各点的应力。其突出的优点是：只要观测等色线就可以很容易求得结构物的边缘应力，对孔口和角缘的应力集中反映比较灵敏。主要缺点是环氧树脂为弹性材料，与坝体混凝土的材料特性有差异，不能完全反映原型的真实情况。此法主要解决弹性应力问题，故也称光测弹性试验法。

脆性材料电测法使用石膏、轻石浆混凝土等材料作模型试验，由于这些模型材料与大坝混凝土和地基岩石的性质相似，而模型材料的变形模量低，变形量大容易量测，所以被广泛采用。模型量测常采用电阻应变仪，测量贴在模型上的电阻丝片在受荷前后的应变，以计算应力；也可以用杠杆应变仪量测应变，用千分表测量位移。脆性材料试验因受量测条件的限制，模型需做得较大，常用 1∶100 的模型比尺，所以材料用得多，荷载加得大，需要较大的设备，试验工作量大。

结构模型试验方法能适应复杂的边界形状和地基变形条件，便于量测和研究重力坝孔口、坝踵和坝趾等角缘应力分布状态，还可用来作模型破坏试验以便研究结构的安全度，的确解决了材料力学方法所不能解决而弹性力学方法又难以解决的课题。

2.5.5 各种因素对重力坝静应力的影响

重力坝的静应力仍受很多因素影响，实际分布情况是比较复杂的，这些因素如下所述。

1. 纵缝对坝体应力的影响

对于较高的常规混凝土重力坝，若坝体底部厚度在 40～45m 以上，一般需设置纵缝，以适应混凝土浇筑能力和温度控制的要求。一般在纵缝灌浆形成整体后才能正常蓄水。

纵缝灌浆前各坝块独立工作，自重应力的分布与坝体为整体浇筑时的自重应力是有差别的（如图 2-24 自重应力中的虚线、实线所示）。纵缝灌浆后坝成为整体，上游水压力产生的应力与之叠加的合成应力也不同。如图 2-24(a)所示，上游面铅直（$n=0$）时，纵缝对应力分布没有影响。对于图 2-24(b)上游面为正坡（$n>0$）的情况，坝踵合成铅直压应力减小，但图 2-24 未包括纵缝灌浆压力使坝踵和坝趾所增加的竖向压应力。对于图 2-24(c)上游面为倒坡（$n<0$）的情况，坝踵自重压应力增大。我国石泉重力坝和瑞士大狄克桑斯坝上游面采用倒坡以改善坝体应力。但这在全世界重力坝的设计中是少见的，倒坡也不宜太大，其原因是：(1)上述应力是用材料力学方法计算的结果，仅仅比规范规定的“在正常蓄水条件下坝踵不出现竖向拉应力”略有余地而已，而实际合成应力至今仍难以弄清；(2)在重力坝的设计中，人们更为关心的是重力坝的抗滑稳定性、节省大坝混凝土体积和施工方便这三个问题，若上游坝面是倒坡，则水压力有向上的分力，对抗滑稳定是不利，也不便于施工，故

多数设计者愿意将上游坝面设计成正坡，尽量利用水重增加抗滑稳定性，减小坝体混凝土体积；(3)即使对于地质条件较好的个别重力坝，上游坝面若做成倒坡，也不宜过于倒悬，因为过于倒悬除了难以施工之外，还会使空库时坝踵压应力或坝趾拉应力过大，如果有施工纵缝，则在纵缝灌浆时，甚至在灌浆之前，上游坝块可能向上游倾倒，或者坝踵压应力超过允许值，需严格控制灌浆压力和灌浆进度，延误了工期和蓄水；(4)重力坝不像薄拱坝那样要求坝踵有很大的自重压应力来减小由于水压荷载产生的拉应力，设置永久横缝的重力坝也没有拱坝那样的整体性，故重力坝上游坝面的倒悬度不宜过大，避免在空库时出现上述不利的情况。

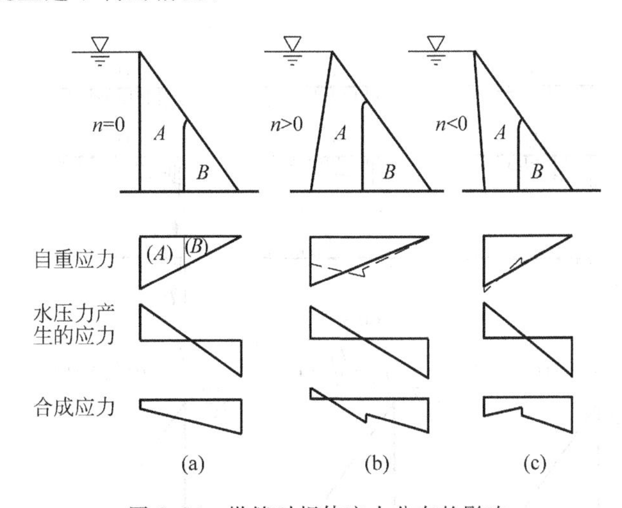

图 2-24　纵缝对坝体应力分布的影响

2. 地基变形模量对坝体应力的影响

坝体的应力分布情况，与外荷载及约束条件等因素有关。地基和坝体相互约束，互相牵制，在接触面上，两者的变形协调一致。地基对坝体的约束作用，与其本身的刚度特性有关，所以，坝底附近的应力情况要受到地基刚度特性的影响。图 2-25 给出基本三角形的重力坝，在空库和满库情况下，坝基面应力分布随坝体弹性模量 E_c 与地基变形模量 E_R 比值的变化规律。图中应力的正负号同弹性力学的规定，即正应力以拉为正、压为负，剪应力以作用面的外法向和剪应力方向都与坐标轴正向同向(或都反向)为正、其中一同一反则为负。由图 2-25 可见，在空库情况下，在坝踵出现 σ_y 竖向压应力集中现象，且随 E_c/E_R 增大而加大，并出现指向坝底中心的剪应力，同时也出现有利于裂缝闭合的水平压应力 σ_x；在满库情况下，当 E_c/E_R 比值较高时，坝踵和坝趾处均出现压应力集中现象，若 E_c/E_R 很小，则边缘 σ_y 压应力很小，甚至变为拉应力，而截面中部压应力却很大。由此可见，地基刚度与坝体刚度不宜相差太大。

如果坝基岩体的变形模量沿上下游方向不同，坝基面附近的应力分布也将受到一定的影响。计算和试验结果都表明，当坝踵附近地基的变形模量较高时，在正常蓄水和自重等基本荷载作用下，可能在坝踵产生较大的拉应力。所以在坝轴线选择及地基处理时，应当考虑这种影响。

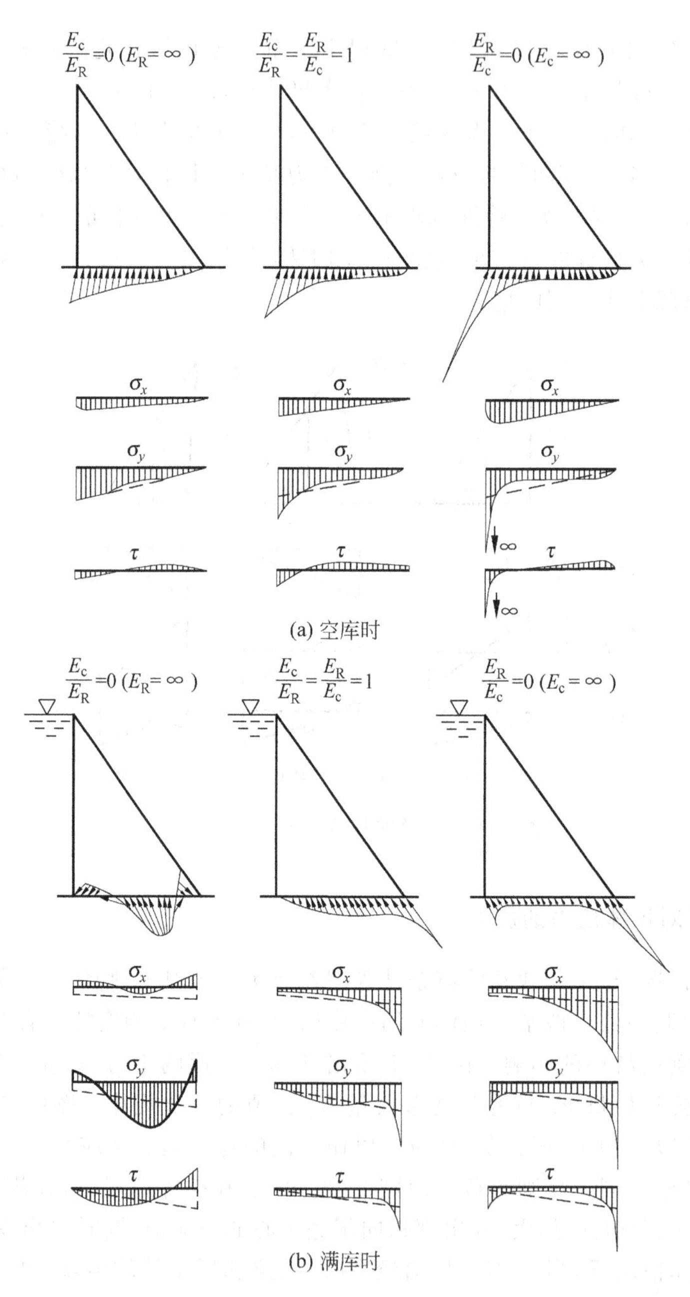

图 2-25 坝底应力随坝体与地基变形模量比(E_c/E_R)的变化

3. 坝体混凝土分区对坝体应力的影响

由于坝体内部应力较低，对防渗、抗冻的要求也低，另外坝体内部要求低水化热，所以坝体内部常采用标号较低的混凝土。坝体内外弹性模量不同，对坝体应力分布也有一定影响。坝体外部弹性模量愈高，上游坝面尤其是坝踵愈容易产生拉应力，下游坝面也增加了压应力，如图2-26所示。

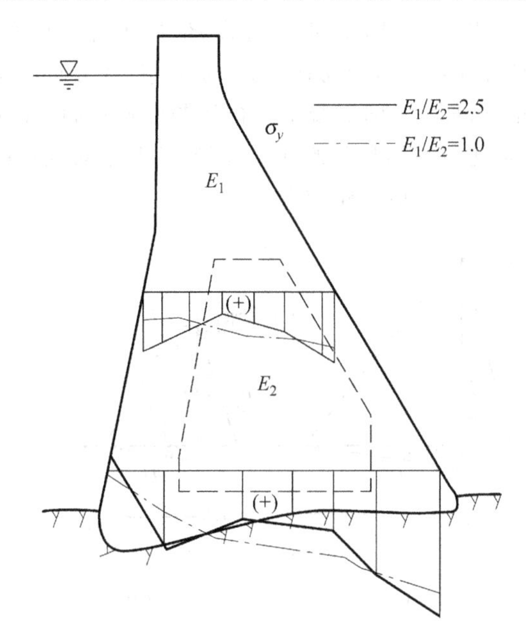

图2-26 混凝土分区对坝体应力的影响

4. 施工过程温度变化对应力的影响

温度变化对重力坝的位移和应力均有较大影响。混凝土重力坝的温度场与应力场仿真计算的研究表明，大坝浇筑顺序、混凝土浇筑块大小、间歇时间、浇筑日期、浇筑温度、混凝土材料的热学及力学特性、施工期的温控措施等对混凝土坝的温度场和应力场均有较大影响，坝体裂缝多是由温度应力引起的。但目前在重力坝初步设计决定坝体断面时一般都不考虑温度荷载，理由是：在施工期将采取温控措施(包括高坝设置纵缝、水管冷却、纵缝灌浆等)；在运行期温度变化的影响仅限于坝体表面附近，坝体内部温度变化很小。虽然混凝土徐变问题至今仍未得到很好的解决，但考虑徐变作用后，在施工过程中混凝土的温度应力到后来运行期已不同程度地变小。这些温度应力对坝体的抗滑稳定几乎没有什么影响，它也几乎不影响坝体基本断面选取，而且在初设阶段很难一下计算清楚，故在设计坝体断面时可暂不考虑，只需参考已建工程的经验，将这些施工措施的费用算进总投资里即可，待大方案批准后再做深入的研究和计算。这部分内容将在后面有关章节中再作进一步的叙述和讨论。

5. 分期施工对坝体应力的影响

在高坝建设中，有时由于淹没区太大，或一次投资过多，或为提前发电而采用分期施工的方式，第一期先建一个较低的坝，随之蓄水运行，以后再将坝体加宽加高，成为最终剖面。考虑和不考虑分期施工的应力分布情况将有较大差别，如图 2-27 所示。其中，图 2-27(a)是不考虑分期施工，按整体用材料力学方法算出的坝基面总竖向正应力 σ_y；图 2-27(b)是第一期蓄水时的应力 σ'_y；图 2-27(c)是单独计算由于新增加的二期坝体混凝土重力 W_2、新增加的水压荷载 P_2 和新增加的扬压力荷载 U_2 所产生的应力 σ''_y；图 2-27(d)是按分期施工计算并叠加的合成应力 $\sigma'_y+\sigma''_y$，呈折线分布，在坝踵处出现竖向拉应力。

分期施工还会带来许多难题，如：新旧混凝土结合问题以及它们不同的变形所产生的约束应力，溢流堰的重新设计和施工，大坝孔口的加长和改建，新坝基的开挖对老坝的不利影响，等等。所以，只在万不得已的情况下才分期施工，一般应尽量避免。

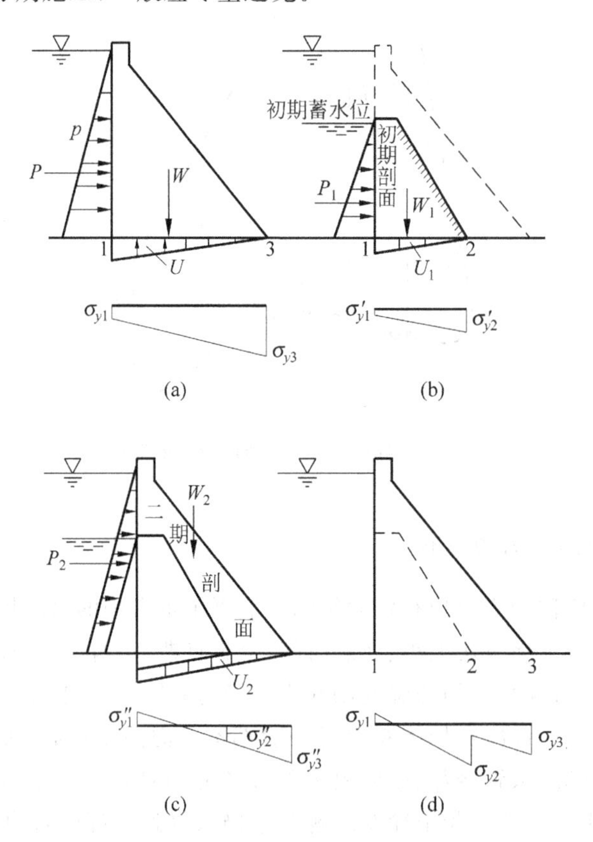

图 2-27　分期施工对坝体应力分布的影响

6. 整体式重力坝对坝体应力的影响

绝大部分的重力坝设置永久横缝，以适应坝体的自由变形和坝基的不均匀沉陷。但有个别重力坝因岸坡很陡，为保证陡岸坡坝段的稳定而取消永久横缝，做成整体式重力坝。

整体式重力坝的应力计算有两种方法：结构力学方法和有限单元法。

结构力学方法的原理是将整体式重力坝看成由竖直悬臂梁、水平梁和扭转结构三部分组成的体系，在各自所承担的荷载作用下，并考虑坝基变形的影响，在它们的交点处的各种位移(包括点位移和角位移)是一致的，以此建立方程组，求解各结构承受的荷载，进一步计算各结构在各自荷载作用下的内力和应力。由于方程组很庞大，在电子计算机未出现时或出现初期，要解几十个方程的联立方程组是很困难的，只好借助于手摇计算机或手提式计算器，采用试载的方法，直至各结构在所有交点处的各种位移基本一致为止。为区别这两种不同的解法，人们把早期的解法称为“试载法”，而把近来用电子计算机直接解方程组的做法称为“内力平衡分载法”(具体详见后面拱坝的有关章节)。

因整体式重力坝一般只建造在两岸很陡的河谷，在岸坡较缓的宽河谷不必建造这种坝型(因为实在没有必要浪费坝体冷却和横缝灌浆所用的财力、人力和时间)，所以在对整体式重力坝作有限元分析时，一般不按平面应变问题考虑，而应按三维空间计算，因而总的计算量比平面有限元大得多。

由于重力坝的整体作用，水平梁承担了部分水压荷载，竖直悬臂梁承担的水压荷载减小，再加上自重的作用，坝踵的竖向压应力理应增加。但有些人用三维有限元法计算同样的整体式重力坝却得不出这样的结论，只有很微小的改善或者反而增加了拉应力。其原因是把自重与水压等荷载一起作一次计算，等于把自重荷载也参加分配，水平梁分担了一些自重荷载，竖直悬臂梁所承受的自重荷载减小，坝踵压应力减小或拉应力增加。实际上因温降横缝在灌浆前应已张开，自重基本上由竖直悬臂梁承担，只有在横缝灌浆之后所出现的水压和其他荷载才参与分配。以往的试载法和后来的内力平衡分载法都考虑到这一情况，算得整体式重力坝的坝踵应力比设置永久横缝的重力坝有明显的改善。

整体式重力坝由于水平梁分担了一部分水压荷载，水平梁的两端上游面和中间部位的下游面存在水平向拉应力，这也是整体式重力坝与分缝式重力坝应力分布的第二点不同之处。

第三点不同之处是温度变化对整体式重力坝沿坝轴线方向的应力影响很大。坝体实际温度的变化各处不一，在距离坝面超过15m的坝体内部，年温变幅小于0.4℃；而在坝面附近4m的范围内，混凝土年温度变幅超过4℃。横缝灌浆后由于水泥浆凝固干缩，相当于温降2℃～4℃。如果灌浆不充满，水泥浆抗拉强度较低，再加上水泥浆干缩，坝体内部一大片很可能又脱开，能否按整体式重力坝计算或者按多大程度的整体式计算，至今仍是众说不一的复杂问题。

2.6　重力坝的优化设计

学习要点

1. 树立和培养优化设计的观念和思想。
2. 学习和掌握优化设计的简易方法。

重力坝的断面设计必须遵循两项基本原则：(1)坝体和地基的应力不超过允许值；(2)抗滑稳定满足规范要求。本来还有第三项原则，就是不许发生倾覆破坏，但如果遵循第(1)项原则，按材料力学方法计算上游坝面不允许出现拉应力，即合力作用点在坝底三分点的中间段之内，则抗倾覆稳定也能自动满足。

所谓设计要求，主要指任何一个水平截面上的抗滑稳定安全系数不小于规定值以及任何一点上的应力不超过容许值。但如果满足这些要求，大坝可能设计得很胖，也仅能满足安全方面的要求，还未满足经济上最省的要求。

我们在做工程设计时，除了必须满足安全要求之外，往往还要考虑如何使设计得最省，便于施工和运行管理，等等，即为优化设计（optimization design）。重力坝是所有混凝土坝中断面和体积最大的，所需的混凝土数量很多，混凝土重力坝的设计如何选择一个既满足设计要求又使工程量最少的断面，多年来一直是国内外一些专家研究的重要课题。

传统的办法是采用重复设计法，即反复计算、修改，直到得出满意的设计方案为止。对于重力坝来说，上游坝坡对抗滑稳定和应力的影响很敏感，当上游坝坡较缓时，可多利用些水重增加稳定性，但上游坝面容易产生拉应力。在20世纪80年代以前在绝大部分重力坝的设计中，靠人工手算，上下游坝坡往往要反复试算多次，直到应力和稳定都满足规范的要求为止，重力坝断面的一个方案就初步定下，再与其他方案作比较，取较优者。由于荷载很多，上述过程及试算的工作量很大。

这种重复设计方法有两方面缺陷，一方面设计繁复冗长，效率很低；另一方面，一般设计单位不大可能花费大量的人力和时间去进行很多方案的比较，其经济合理性多受初始方案的影响，并且在很大程度上取决于设计者的经验，最终方案往往并非最优方案。

2.6.1 重力坝基本断面的优化设计

在2.3节中求重力坝基本断面和实用断面时，将坝体断面简化为基本断面，其顶点与正常蓄水位同高，即基本断面的高等于正常水深 H，以此作为已知量，以坝底顺河向厚度 B 作为主要未知量之一，设上游坝面折点高度为 H_C（暂作已知量），上游坝坡线的水平投影为 λB，以 λ 为第二个主要未知量，按重力坝设计最主要的两个控制标准，导出必须满足的两个不等式(2-28)和式(2-30)。可以证明，当这两式都相等时，B/H 获得最小值，由此再导出关于 λ 的二次方程(2-31)，解得 λ 代入式(2-28)或式(2-30)算得 B，再代入式(2-23)和式(2-24)计算 n 和 m。当然，此断面面积不见得最小，对所算得的结果还要视上游斜坡坝面的主拉应力、空库时坝踵压应力及坝趾拉应力等是否超过规范的规定，施工是否可行等条件而定，具体已在2.3节中讨论过，这里不再叙述。

为便于计算，在上述各式中未考虑浪压力或冰压力等很小的荷载，因为在后面求实用断面时，坝顶加高和加宽基本上抵消浪压力或冰压力的负面作用，或略有余地。据笔者过去所做的设计计算体会，经这样处理所得最后的实用断面，满足规范关于坝体稳定和应力的要求或略有1%～2%的富余，其误差远远小于计算扬压力，或选取摩擦系数和凝聚力等误差。

至于第一主排水孔至坝踵拐角点的距离 ηB，可按预估的 B 值预估 η 值。经上述方法算得的 ηB 一般能满足防渗设计要求，若有小量的差别（如相差小于 $0.02B$），对整个计算结果影响很小，可不必重新设计大坝断面，只需按设计要求重新设计排水孔位置即可；若差别较大，可修改防渗体抗渗标号，或重新选取 η 值计算 λ 和 B，一般经1～2次计算即可。

至于上游坝面折坡点高度 H_C，可按泄水孔进口和闸门等结构布置的要求而定。如果没有这些条件限制，那么 H_C 有多种选择。据以往计算经验，宜采用小型计算机将 2.3 节中的计算式编一个小程序计算，以 $0.05H$ 或 5～10m 作为步长，可很快地算出不同的 H_C 对应的 λ、B、n、m 和断面积 S，从中可找到优化的或者比较合理的断面尺寸。

从理论上讲，沿坝轴线选取若干个典型断面，按上述方法优化，能使大坝总体积最小。但这样设计各断面的坝坡不统一，坝面可能是扭曲难看的。也可只对河床最高的非溢流坝段按上述方法作优化计算，其他坝段的坝坡与此一致，虽然大坝总体积不见得最小，但这样优化的效果也是可观的。

至于溢流坝段的断面优化，牵涉到溢流堰曲线和下游反弧曲线的形状，还有闸墩、导墙、挑流鼻坎、消力护坦等，情况比非溢流坝段复杂，参数很多，设计变量也很多。如果有先进的计算工具，应以整个坝体的工程量作为目标函数，对整个重力坝作整体优化设计。

2.6.2 重力坝的整体优化设计

在大坝优化设计中，目标函数可以是坝的造价、重量或体积。对于重力坝来说，其造价主要取决于坝体体积，因此重力坝优化通常取坝体体积作为目标函数。约束条件除几何约束外，还根据坝型特点，取应力、稳定作为性态约束条件。下面将介绍重力坝优化设计中的数学描述与求解方法。

在一般重力坝的水利枢纽中，常于河床部分布置溢流坝段，而在其两侧布置非溢流坝段。为避免坝段承受不均衡侧向水压力，而将诸坝段上游面按相同坝坡和起坡点设计。为使枢纽大坝下游面整齐美观，通常均以隔墩为界，将溢流坝与两岸非溢流坝段分为三个区段，各区段宜分别采用同一下游坝坡。如有坝下厂房段，也可作为一区。每一区的地基条件应大致相近。如两侧非溢流坝段较长，地质参数有显著变化时也可将它划分为几个区。

溢流坝的实用断面是在大坝基本断面的顶部及底部下游侧，分别用一段幂函数曲线和圆弧线与下游坝面中部的斜坡直线段相切。而堰面曲线、挑流鼻坎的顶部高程和挑射角及反弧半径等，应按最佳水流条件确定，或按设计规范[4]取用，在坝体断面选择时上述参数均为不变量。坝顶闸墩、交通桥等重量作为外荷载。

1. 设计变量

当坝顶高程和布置确定后，最大坝高 H_0、坝顶宽度 B_0（一般按坝顶交通和坝顶设备摆放要求而定）均为常量。非溢流坝段和溢流坝段的断面形状可用 n 个设计变量 $x_1, x_2, \cdots, x_n$ 来表示。

2. 目标函数

如前所述，取坝体的体积为目标函数，即

$$V(\boldsymbol{x}) = \sum_{i=1}^{N_1} 0.5[A(\boldsymbol{x})_i + A(\boldsymbol{x})_{i+1}]\Delta L_i \tag{2-65}$$

式中：$A(\boldsymbol{x})_i$、$A(\boldsymbol{x})_{i+1}$——第 i 坝段两侧断面积，m^2，均为设计变量 $\boldsymbol{x}=[x_1, x_2, \cdots, x_n]^T$ 的函数；

N_1——按坝体横缝分段的段数；

ΔL——坝段长度，m。

3. 约束条件

对各坝段的稳定、应力以及对决定坝体几何形状的设计变量施加限制，称为约束条件。

1) 抗滑稳定约束

主要验算沿坝基截面的坝体滑动条件，可按工程情况任取抗剪强度或抗剪断强度公式进行计算，以往按规范[5]的规定，即

$$g'_1(\boldsymbol{x}) = \frac{f'\sum W + c'A_0}{\sum P} - K' \geqslant 0 \tag{2-66}$$

式中各符号的含义同式(2-20)。

新规范(DL 5108—1999)[4]实施后，将按分项系数极限状态设计法要求，约束函数将为

$$g_1(\boldsymbol{x}) = \gamma_0\psi\sum P_R - (f'_R\sum W_R + c'_R A_R)/\gamma_d \leqslant 0 \tag{2-67}$$

式中：γ_0——结构重要性系数(Ⅰ、Ⅱ、Ⅲ级分别为1.1、1.0和0.9)；

ψ——设计状况系数(对应于持久、短暂、偶然状况分别为1.0、0.95和0.85)；

$f'_R = f'_{Rk}/1.3$，$c'_R = c'_{Rk}/3.0$，$\gamma_d = 1.2$。

2) 应力约束

按新规范[4]计入扬压力，应力约束函数如下。

(1) 坝趾抗压强度承载能力限制

$$g_2(\boldsymbol{x}) = \gamma_0\psi\left(\frac{\sum W_R}{A_R} - \frac{T_R\sum M_R}{J_R}\right)(1+m^2) - \frac{f_R}{\gamma_d} \leqslant 0 \tag{2-68}$$

式中：$\sum W_R$—— 坝基面上全部法向作用力之和，kN，取设计值(下同)，向下为正；

$\sum M_R$—— 全部作用对坝基面形心的力矩之和，kN·m，使上游坝面受压的方向为正；

A_R、J_R—— 分别为坝基面的面积(m^2)、坝基面对形心轴的惯性矩(m^4)；

T_R、m—— 分别为坝基面形心轴到下游面的距离(m)、下游坝坡参数；

f_R—— 基岩或混凝土抗压强度，kPa，取标准值除以材料性能分项系数 γ_m；

γ_0、ψ 和 γ_d 的概念同上，混凝土结构取 $\gamma_d = 1.8$。

(2) 下游坝面混凝土抗压强度承载能力限制

$$g_3(\boldsymbol{x}) = \gamma_0\psi\left(\frac{\sum W_C}{A_C} - \frac{T_C\sum M_C}{J_C}\right)(1+m^2) - \frac{f_C}{\gamma_d} \leqslant 0 \tag{2-69}$$

式中带C下标是对坝体混凝土截面而言(下同)，各符号意义与上述符号类似。

(3) 坝踵垂直应力不出现拉应力的限制(计入扬压力)

$$g_4(\boldsymbol{x}) = \frac{\sum W_R}{A_R} + \frac{T_R \sum M_R}{J_R} \geqslant 0 \tag{2-70}$$

(4) 坝体上游面垂直应力不出现拉应力的限制(计入扬压力)

$$g_5(\boldsymbol{x}) = \frac{\sum W_C}{A_C} + \frac{T_C \sum M_C}{J_C} \geqslant 0 \tag{2-71}$$

(5) 短期组合下游坝面垂直拉应力的限制

$$g_6(\boldsymbol{x}) = \frac{\sum W_C}{A_C} - \frac{T_C \sum M_C}{J_C} \geqslant -100 \quad (\text{kPa}) \tag{2-72}$$

式中,负值表示拉应力。

计算时可取若干代表性截面进行计算。考虑地震荷载时,允许出现瞬时拉应力,需核算仅由地震荷载引起的拉应力是否小于允许值。

以上计算中所有的荷载作用应取设计值,即标准值乘以各分项系数。

3) 几何约束

考虑结构布置和施工要求,可预先指定设计变量的上、下限对坝体断面形状给予限制,

$$L_j \leqslant x_j \leqslant U_j \quad (j = 1,2,3,\cdots,n) \tag{2-73}$$

式中:L_j、U_j——第 j 个设计变量的下限和上限;

n——设计变量的个数。

在工程设计中,坝体基本三角形的顶点应在坝顶附近,考虑坝体施工纵缝对坝踵应力的影响以及蓄水后上游坝面不至出现大的主拉应力,上游坝坡不宜太缓,但也不宜小于零(倒坡)。

4. 求解方法

上述目标函数及约束条件(除几何约束外),均为非线性函数,因此重力坝的优化设计为一非线性规划问题,即求解在各种荷载组合情况下,满足约束条件的设计变量,使目标函数 $V(\boldsymbol{x})$ 最小。

对于这一非线性规划问题,如果设计变量不多(如 $n<10$),采用复合形法或罚函数法求解较为简便。对于多变量复杂问题可采用 SLP 法或 SQP 法(序列二次规划法),各种方法具体详见有关参考文献[10,11]。

如果坝基岩体有易发生深层滑动的软弱结构面,还应再考虑深层抗滑稳定约束条件。

如何选定这些约束条件和计算方法,会对优化设计的计算时间和计算结果影响很大。如果按照有限元方法来计算坝体应力和抗滑稳定安全系数,则计算时间很长,或者只控制受拉区范围,优化的结果也可能相差很大。目前可行的方法就是规范所定的材料力学方法和刚体极限平衡法。在优化设计求得断面形状之后,若有条件还可再用其他更精确的方法核算坝体的应力和各种抗滑稳定性能。

2.7 重力坝的温度应力与温控设计

学习要点

1. 温度荷载是混凝土坝始终存在的基本荷载。
2. 温度应力随温度、弹模和徐变等因素的变化而变化。
3. 学习和掌握温度和温度应力的变化规律,制定减小温度应力的温控措施。

当重力坝和地基温度变化时,坝体和地基发生变形,由于坝体的变形受到地基的约束以及坝体各部分混凝土之间的相互约束,就产生了温度应力。这些温度的变化及其产生的温度应力,是自混凝土浇筑一直至运行期末了都始终长时间存在、经常作用的,所以温度荷载属于基本荷载。但它随着温度变化而不断地变化,并非恒定,所以温度应力与其他应力叠加后的总应力也是不断变化的。

温度应力与施工期和运行期的温度变化过程密切相关,是由混凝土材料的水化热和热传导性能、施工期和运行期周围的环境等因素决定的,它具有历史延续性和外界影响的复杂性,所以在设计阶段难以准确计算。好在它对重力坝稳定的影响很小,加之对起控制作用的坝踵和坝趾的应力分析而言,目前的计算方法很难得到准确的结果,基本上按材料力学方法计算并按相应的标准来控制,故我国重力坝设计的各种规范在大坝断面设计中都未计入温度荷载的作用,而是在设计方案批准后,再对温度应力进一步做复杂的计算工作,对其中出现的问题进行研究,并采取有效合理的温控措施加以解决。

2.7.1 坝体温度变化

坝体内各点的温度随时间变化大致分为以下三个阶段。

第一阶段为温度上升期。混凝土的浇筑温度为 T_p,浇筑后,在混凝土凝固和硬化过程中产生水化热,使混凝土温度从 T_p 上升至最高值 T_{max}(如图 2-28 所示)。温差 $T_r = T_{max} - T_p$ 称为水化热温升,其值一般为 15℃~25℃,个别最高可达 36℃。这一阶段称为混凝土温度上升阶段,又叫温度上升期,一般发生在浇筑后的 3~7 天内。此后,虽然还有水化热,但如果表面散热速度大于水化热生成速度,混凝土温度就回落。最高温升的时间以及温升的数值与水泥品种、水泥发热速度、单位重水泥的发热量、水泥的用量、浇筑层厚度、表面散热条件和外界温度等因素有关。

第二阶段为降温期。坝体混凝土温度达到 T_{max} 后,温度下降。靠近坝体表面由于水化热散逸较快,该部位的温降也较快,如图中的 T_1 曲线。坝体内部由于水化热不易散发,温度下降缓慢,需要较长时间才能到达稳定温度场,如图 2-28 的 T_2 曲线所示。

第三阶段为稳定期。靠近坝体表面的温度随外界温度变化波动,坝体内部一般接近于由同一高程上游坝面处的年平均水温 θ_u 和下游的年平均气温 θ_d 所构成的斜线分布(如图 2-29 所示)。

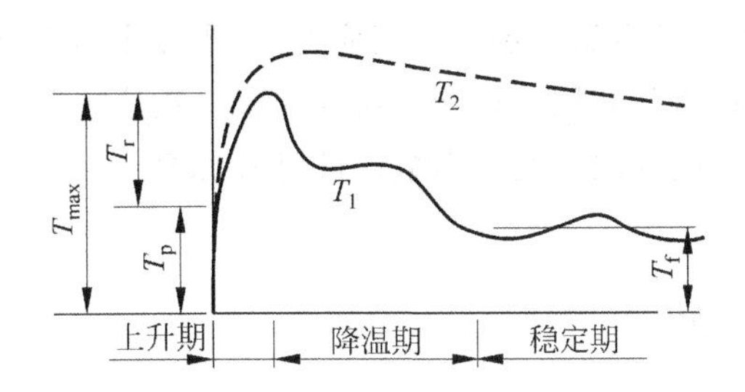

图 2-28 坝体混凝土温度的变化过程

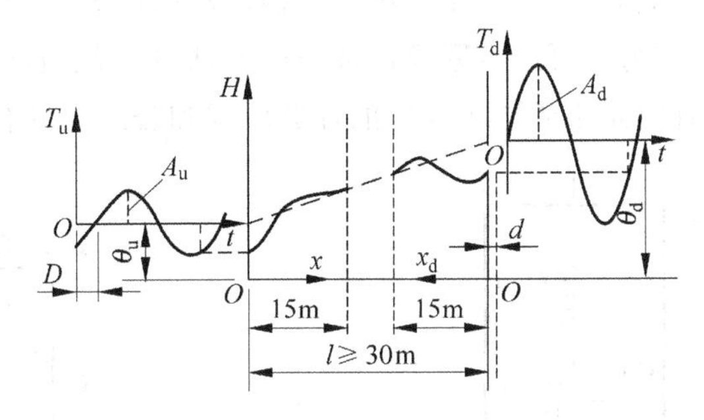

图 2-29 坝体某一高程稳定温度场示意图

混凝土从 T_{max} 降到最低温度所需的时间，与坝体厚度和散热条件等因素有关，自几个月至几十年不等。而温度回降值 ΔT 则是重力坝温度应力和温控的一个重要指标。

2.7.2 混凝土坝浇筑块的温度应力

绝大多数重力坝设置横缝以消除整体温度应力，只有河谷很窄、岸坡很陡等个别情况才建造整体式重力坝，其整体温度应力的计算原理和方法可参考拱坝有关的章节，不再专门介绍。这里只叙述混凝土坝浇筑块的温度应力。它是由于浇筑块温度变化引起的变形受到基岩(或老混凝土)的约束以及内部混凝土约束而产生的温度应力。

1. 基岩(或老混凝土)约束引起的应力

设靠近基岩的混凝土浇筑温度为 T_p，最大温升为 T_r，在温升过程中，浇筑块底部受基岩约束不能自由膨胀，将承受水平压应力。由于混凝土浇筑初期弹性模量较低，因而压应力不高。混凝土达最高温度 T_m 后，开始下降，直到稳定温度 T_f，总温降为 $\Delta T = T_p + T_r - T_f$。在降温过程中，如不受基岩约束，浇筑块自由收缩如图 2-30(a)中 $a'b'$ 和 $c'd'$ 所示，实际上受到基岩约束后的变形为 $a'b$ 和 $c'd$，相当于浇筑块底部 $b'd'$ 被基岩剪拉至 bd，故产生水平拉应力。ΔT 越大，水平拉应力就越大。

温度应力的计算可按情况的需要和条件的可能，选用有限元法、影响线法和约束系数法。有限元法由电子计算机按电算程序直接计算温度场和温度应力，只要程序和参数是正确的，其计算精度是很高的，对于有条件的重要工程应首先采用。影响线法和约束系数法需单独计算温度场及其变化，再查表手算应力。有关有限元法、影响线法和约束系数法的计算原理和公式因占很多篇幅，不在此列举，可参考有关文献[4,7,12]。

2. 内外温差引起的温度应力

混凝土块由于表面散热，内部温升远远超过表面，内部混凝土膨胀受到外部混凝土约束而受压，由于相互作用使外部受到张拉应力。图 2-31 画出内部截面温度应力的分布，此应力是由于内外温差所引起的，图中的负值表示拉应力。可用有限元法或影响线法计算浇筑块水平剖面或垂直剖面自表面向内部不同深度的应力。有限元法或影响线法的计算原理和公式详见有关参考文献[4,7,12]。

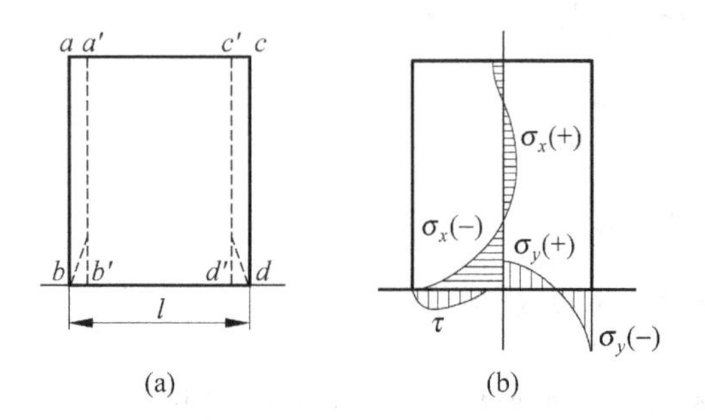

图 2-30 浇筑块的温度变形和应力示意图(负为拉应力)

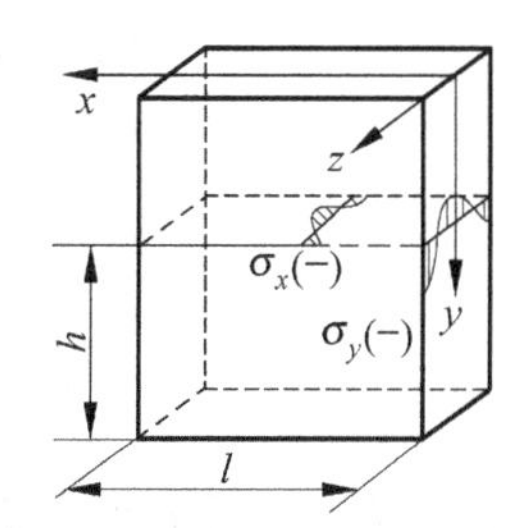

图 2-31 内外温差应力简图(负为拉应力)

2.7.3 重力坝的温度裂缝和温控设计

1. 裂缝的分类

当坝体某部位的拉应力超过混凝土的抗拉强度时，就会出现裂缝。重力坝的裂缝多是由于温度应力而引起的。裂缝有三类：表面裂缝(如图 2-32 所示的裂缝 4 和 5)、深层裂缝(图 2-32 的裂缝 3)和贯穿性裂缝(图 2-32 的裂缝 1 和 2)。

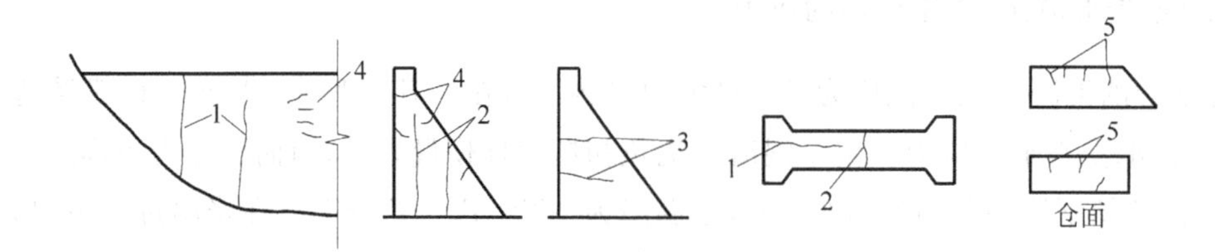

图 2-32 重力坝裂缝类型

1—横向竖直贯穿性裂缝；2—纵向竖直贯穿性裂缝；3—水平深层裂缝；4—坝表面裂缝；5—仓面裂缝

表面裂缝是由于表面混凝土温降收缩变形受到内部混凝土约束所产生的拉应力超过混凝土抗拉强度而引起的；也有由于混凝土表面干缩而引起表面裂缝；还有这两者共同引起的表面裂缝。混凝土表面干缩速度很慢，在刚开始时一般引起很浅的微裂纹；但如果外界温度骤降，使混凝土表面附近几厘米到几十厘米范围温降收缩受内部混凝土约束产生拉应力，将使干缩引起的微裂纹很快地向内部扩展，形成明显的表面裂缝。可以说，干缩引起的微裂纹也是后来明显的表面裂缝的诱因之一。所以需要加强洒水养护，使混凝土表面经常保持湿润状态，避免干缩微裂纹的出现。

深层裂缝是由于表面裂缝继续向深处扩展的结果，一般是由于坝体后来继续温降受拉，或者在蓄水后受到水压荷载作用上游坝面产生竖向拉应力、再加上水力劈裂作用，使表面裂缝扩展为深层裂缝。如图2-32所示的水平深层裂缝，它降低大坝的水平抗剪强度，减小坝体有效抗剪断面积，是很危险的，必须防止出现。

贯穿性裂缝多发生在降温过程因混凝土收缩受到基岩约束的情况下。横向贯穿性裂缝会导致漏水和渗透侵蚀性破坏；纵向贯穿性裂缝损坏坝的整体性，不利于大坝整体断面共同承受水压荷载。

为防止大坝裂缝，除适当分缝、分块和提高混凝土质量外，还应对混凝土进行温度控制。

2. 温控设计的目的

通过温控设计达到两个目的：(1)防止由于混凝土前期温升过高、内外温差过大及气温骤降产生各种表面裂缝，防止后期温降过大产生的深层裂缝和贯穿性裂缝；(2)为做好接缝灌浆、满足结构受力要求、简化施工程序、提高施工工效，提供设计依据。

3. 温控设计标准

根据我国《混凝土重力坝设计规范》DL 5108—1999，混凝土浇筑块的温度应力按极限拉伸值控制，应满足

$$\gamma_0 \sigma \leqslant \varepsilon_p E_C / \gamma_{d3} \tag{2-74}$$

式中：σ——各种温差产生的温度应力之和，MPa；

γ_0——结构重要性系数；

ε_p——混凝土极限拉伸值的标准值；

E_C——混凝土弹性模量的标准值；

γ_{d3}——混凝土应力控制正常使用极限状态短期组合结构系数，取1.5。

在缺乏条件计算温度应力的情况下，可由地基容许温差及其他规定来控制。

基础容许温差是指基岩约束范围内的混凝土在浇筑初期的允许最高温度与后来运行期的稳定温度之差。我国《混凝土重力坝设计规范》DL 5108—1999 规定：常态混凝土28d龄期的极限拉伸值不低于0.85×10^{-4}、基岩变形模量与混凝土弹性模量相近、短间歇均匀上升时，其地基温差不超过表2-13中的数值。

对以下各种情况的基础混凝土容许温差应进行分析论证：(1)结构尺寸高长比小于0.5；(2)在地基约束区范围内长期间歇或过水的浇筑块；(3)基岩变形模量与混凝土弹性模量相差较大者；(4)地基填塘混凝土、混凝土塞及陡坡坝段；(5)采用含氧化镁较高的水泥和混凝土；(6)混凝土所用

的骨料线膨胀系数与 10^{-5}/℃相差较大者。此外，对深孔、宽缝坝段等部位在施工或运行期温度低于稳定温度的情况也应进行分析论证。

表 2-13 常态混凝土基础容许温差 ΔT(℃)

离坝基面高度 h	浇筑块长边长度 l				
	17m 以下	17～21m	21～30m	30～40m	40m～通仓
$(0\sim0.2)l$	26～24	24～22	22～19	19～16	16～14
$(0.2\sim0.4)l$	28～26	26～25	25～22	22～19	19～17

新规范还规定：当碾压混凝土 28d 龄期的极限拉伸值不低于 0.7×10^{-4}时，其基础温差不超过表 2-14 中的数值。

表 2-14 碾压混凝土基础容许温差 ΔT(℃)

离坝基面高度 h	浇筑块长边长度 l		
	30m 以下	30～70m	70m～通仓
$(0\sim0.2)l$	18～15.5	14.5～12	12～10
$(0.2\sim0.4)l$	19～17	16.5～14.5	14.5～12

若下层老混凝土龄期超过 28d 才浇筑上层新浇混凝土，应参考地基容许温差的办法来要求，视老混凝土龄期的长短等因素，可比上述标准适当放宽一些。

在施工过程中，各坝块应均匀上升，相邻坝块的高差不宜超过 10～12m；浇筑时间不宜间隔太长；未满 28d 龄期的混凝土暴露表面，应采取保温措施；必要时，28d 后的混凝土暴露面也需考虑保温措施；侧向暴露面应保温过冬。

坝体纵缝灌浆温度，宜采取稳定温度。提高灌浆温度或超冷灌浆应有专门论证。

4. 温度控制措施

为防止坝体产生温度裂缝，应采取必要的温控措施减小温降值 ΔT。从图 2-28 坝体温度过程线来看，稳定温度受自然条件制约，难以控制，即使在低温时采取保温措施，也仅仅防止表面温降过快过大引起的裂缝，对于提高坝体平均温度 T_f 的作用是很小的，因而温控措施主要靠降低混凝土浇筑温度 T_p 和混凝土水化热温升 T_r，靠减小约束，等等。具体温控措施有：

(1) 降低混凝土的浇筑温度 T_p。对骨料堆积场地搭凉棚、用预冷骨料和加冰屑拌和等措施来降低混凝土的入仓温度；在运输中注意隔热保温；尽量选在阴天、夜间或低温天气浇筑；在浇筑仓面搭凉棚防晒或喷雾养护等，防止仓面混凝土吸收太阳光热量而温度升高。

(2) 减少混凝土水化热温升 T_r。在不影响混凝土强度和耐久性的前提下，采用水化热较低的水泥，浇筑低流态或干硬性混凝土，掺用适宜的外加剂和掺合料(如粉煤灰)等尽量减少水泥用量；采用合理的混凝土分区，在坝体中间大部分区域采用低热水泥；加大骨料粒径、改善级配和埋设块石等，以减小水泥用量和水化温升；采用冷却水管进行初期冷却，合理减薄浇筑层厚度，在浇筑层顶面浇水、积水或层面喷雾，利用仓面加速散热，可以有效地减小水化热温升。

(3) 合理分缝浇筑，减小约束、加快散热。常态混凝土的横缝间距可为 15～20m，超过 24m 的应有论证；纵缝间距宜为 15～30m，超过 30m 应严格温度控制，条件允许时，宜采用通仓浇筑，但应注意防止蓄水后上游面产生深层裂缝。碾压混凝土重力坝因水泥用量和水化热温升都明显低于常规混凝土，其横缝间距可比常规混凝土重力坝适当加大，一般中低坝不设纵缝，对于高坝可在严格控制浇筑温度等条件下取消纵缝。常规混凝土在地基部位的临时水平缝间距宜取 1.5～2.0m，在远离地基的部位水平工作缝的间距可适当加大；碾压混凝土宜采用连续均匀上升，每小层厚度以 0.30m 为宜。

(4) 加强对混凝土表面的养护和保护。在混凝土浇筑后初期需要经常浇水养护，防止干缩裂缝出现；在夏季浇筑混凝土若气温较高，需对坝面、层面和侧面加覆盖，防止外界热量回灌进入混凝土；在寒冷季节应对孔口、廊道等通风部位加强封堵，在寒潮来临之前，应及时覆盖好混凝土表面，防止混凝土表面温降梯度过大、产生较大拉应力而开裂。

(5) 提高强度等级。根据抗裂要求，高坝地基附近混凝土强度等级不宜低于 C15(相应极限拉伸值为 0.85×10^{-4})。迎水面还应根据抗渗、抗裂、抗冻要求和施工条件等综合确定强度等级、抗渗标号和抗冻标号。

以上这些措施，要综合考虑工程的具体条件和设计原则研究确定，并同时做好施工组织设计，安排好施工季节，施工进度，坝块浇筑顺序等。

2.8 混凝土重力坝的材料、分区、分缝及构造

学习要点

根据重力坝应力分析对重力坝断面作材料合理分区和分缝及构造设计。

根据重力坝应力分析的结果，将坝断面分成若干个区域，分别采用不同要求、不同标号的材料。重力坝大部分区域的应力为压应力，故重力坝的建筑材料主要是抗压强度较高的混凝土，有的中、小型工程全部或部分采用浆砌石。对水工混凝土，除强度外，还应按其所处部位和工作条件，在抗渗、抗冻、抗冲刷、抗侵蚀、低热、抗裂等性能方面提出不同的要求。

2.8.1 坝体混凝土性能的要求

1. 混凝土的强度等级

测定混凝土强度等级所用的试件尺寸是边长为 15cm 的标准立方体。大坝常态混凝土抗压强度的标准值可采用 90d 龄期强度，保证率 80%；大坝碾压混凝土抗压强度的标准值可采用 180d 龄期强

度，保证率 80%；如果混凝土承受荷载时间早于上述时间，应进行核算，必要时应调整强度等级。

2. 抗渗性

我国《混凝土重力坝设计规范》DL 5108—1999 规定，坝体混凝土应根据它所在的部位和水力坡降采用表 2-15 所示的抗渗等级。

表 2-15　大坝混凝土抗渗等级的最小容许值

部　位	坝体内部	坝体其他部位按水力坡降考虑时			
水力坡降		$i<10$	$10\leqslant i<30$	$30\leqslant i<50$	$i\geqslant 50$
抗渗等级	W2	W4	W6	W8	W10

注：1. 承受侵蚀水作用的建筑物，其抗渗等级应进行专门的试验研究，但不得低于 W4；
2. 抗渗等级应按 SD 105—82 规定的试验方法确定，根据坝体承受水压力作用的时间也可采用 90d 龄期的试件测定抗渗等级。

3. 抗冻性

抗冻性系指混凝土在饱和状态下，经多次冻融循环而不破坏，也不严重降低强度的性能。新规范 DL 5108—1999 规定，大坝混凝土应根据气候分区、冻融循环次数、表面局部小气候条件、水分饱和程度、结构重要性和检修的难易程度等因素按表 2-16 选用抗冻等级。

表 2-16　大坝混凝土抗冻等级

气　候　分　区	严寒		寒冷		温和
年冻融循环次数(次)	≥100	<100	≥100	<100	
1. 受冻严重且难于检修部位：流速大于 25m/s，过冰、多沙或多推移质过坝的溢流坝、深孔或其他输水部位的过水面及二期混凝土	F300	F300	F300	F200	F100
2. 受冻严重但有检修条件部位：混凝土重力坝上游面冬季水位变化区；流速小于 25m/s 的溢流坝、泄水孔的过水面	F300	F200	F200	F150	F50
3. 受冻较重部位：混凝土重力坝外露阴面部位	F200	F200	F150	F150	F50
4. 受冻较轻部位：混凝土重力坝外露阳面部位	F200	F150	F100	F100	F50
5. 混凝土重力坝水下部位或内部混凝土	F50	F50	F50	F50	F50

注：1. 混凝土的抗冻等级应按 SD 105—82 规定的快冻试验方法确定，也可采用 90d 龄期的试件测定；
2. 气候分区按最冷月份平均气温 T_a^m 作如下划分：严寒——$T_a^m<-10℃$；寒冷——$-10℃\leqslant T_a^m\leqslant -3℃$；温和——$T_a^m>-3℃$；
3. 年冻融循环次数分别按一年内气温从+3℃以上降至−3℃以下，然后回升至+3℃以上的交替次数，或一年中日平均气温低于−3℃期间设计预定水位的涨落次数统计，并取其中的大值；
4. 冬季水位变化区指运行期内可能遇到的冬季最低水位以下 0.5～1.0m，冬季最高水位以上 1.0m(阳面)、2.0m(阴面)、4.0m(水电站尾水区)；
5. 阳面指冬季大多为晴天，平均每天有 4h 以上阳光照射，不受山体或建筑物遮挡的表面，否则均按阴面考虑；
6. 最冷月份平均气温低于−25℃地区的混凝土抗冻等级宜根据具体情况研究确定；
7. 抗冻混凝土必须掺加引气剂，其水泥、掺合料、外加剂的品种和数量，水灰比、配合比及含气量应通过试验确定。

4. 抗冲刷性

抗冲刷性是指抗高速水流或挟沙水流冲刷、磨损的性能。抗冲刷混凝土的抗压强度应高于C20；若对抗冲刷要求较高，则混凝土的抗压强度应高于C30。根据经验，使用高标号硅酸盐水泥或硅酸盐大坝水泥和由质地坚硬的骨料拌制成的高等级低流态混凝土或高强硅粉混凝土，其抗冲刷能力都较强。也可采用耐磨材料衬护，但应与混凝土结合牢固可靠。

5. 抗侵蚀性

抗侵蚀性是指混凝土抵抗环境水侵蚀的性能。当环境水具有侵蚀性时，应选用适宜的水泥及骨料，其水灰比宜较原定值减小0.05，并应有较好的抗渗性能。

6. 抗裂性

为防止混凝土结构产生温度裂缝，除合理分缝、分块和采取必要的温控措施外，还应选用发热量较低的水泥、减少水泥用量并提高混凝土的强度和抗裂性能。在施工时应加强保湿养护措施，必要时掺用复合膨胀剂，以解决早期干缩开裂问题。

对高坝，靠近坝基部位的混凝土强度等级不宜低于C15(相应极限拉伸值为0.85×10^{-4})。坝体内部常规混凝土的强度等级不应低于C7.5，碾压混凝土强度等级不应低于C5。

2.8.2 坝体混凝土材料的要求

由于水泥的品种不同，其在混凝土凝固和硬化过程中所产生的热量也不同。我国常用中热水泥也称大坝水泥，如矿渣水泥等。

水泥的标号愈高，混凝土的强度也愈高，一般水泥标号约为混凝土标号的2.5～3.0倍，在混凝土中加入掺合料，可减少水泥用量，改善混凝土的抗渗性与和易性，降低工程造价。常用的掺合料为带有一定活性的粉煤灰，常规混凝土的粉煤灰掺合量一般为水泥用量的15%～25%。

在混凝土中掺用外加剂，同样可以节约水泥用量，改善混凝土的和易性，有利于抗渗和抗冻。外加剂的种类很多，常用的有加气剂、塑化剂、减水剂等。我国广西大化工程采用粉煤灰和外加剂，使混凝土中的水泥用量从267kg/m^{3}减少到162kg/m^3，收到了较好的效果。

混凝土中的粗骨料是指粒径0.5～15cm的天然砾石、卵石或人工碎石。对粗骨料的要求是：质地坚硬，强度高，扁平状的颗粒含量符合规范的规定；对其中所含泥土及石粉等杂物必须清洗干净；不能有碱性反应，否则与水泥起化学作用后，会使混凝土膨胀而断裂；对含有少量碱性反应的骨料，可配合采用抗碱化反应的水泥。

混凝土中的细骨料是指粒径在5mm以下的天然河砂或人工砂，其中，呈扁平状的颗粒含量以及粘土、石粉等杂质的含量均应符合规范规定的要求。

一般不含酸、碱等有害物质的水均可用作拌和水。

2.8.3 坝体混凝土分区

坝体各部位的工作条件不同，对混凝土强度、抗渗、抗冻、抗冲刷、抗裂和低热等性能的要求也不同。为了节约与合理使用水泥，通常将坝体按不同部位和不同工作条件分区，采用不同标号的混凝土，如图 2-33 所示。

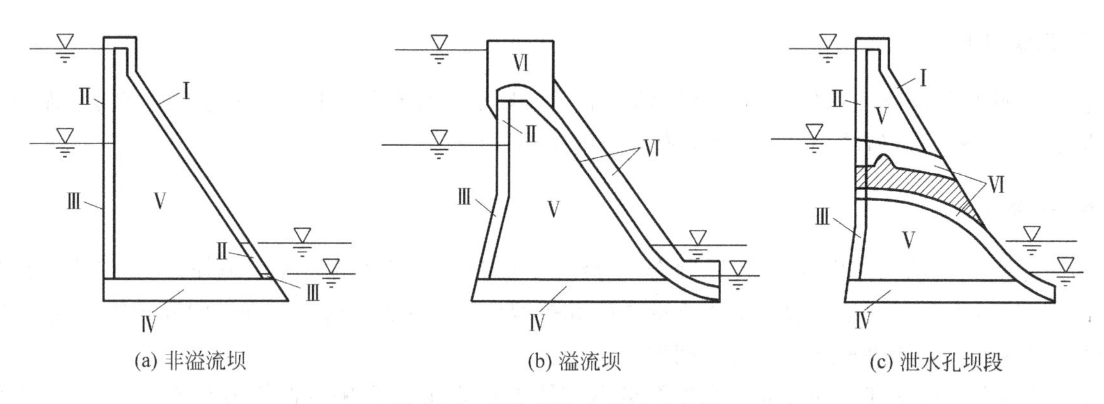

(a) 非溢流坝 (b) 溢流坝 (c) 泄水孔坝段

图 2-33 坝体混凝土分区示意图

Ⅰ区—水位以上的坝体表层混凝土；Ⅱ区—水位变化区的坝体表层混凝土；Ⅲ区—上、下游最低水位以下坝体表层混凝土；Ⅳ区—靠近地基的混凝土；Ⅴ区—坝体内部混凝土；Ⅵ区—有抗冲刷要求的混凝土，如溢流面、泄水孔、导墙和闸墩等

各区对混凝土性能的要求见表 2-17。为了便于施工，坝体混凝土采用的等级种类应尽量减少，并与枢纽中其他建筑物的混凝土相一致。同一浇筑块中混凝土的等级不得超过两种，相邻区的混凝土等级不得超过两级，以免引起应力集中或产生温度裂缝。

表 2-17 坝体各区对混凝土性能的要求

分区	强度	抗渗	抗冻	抗冲刷	抗侵蚀	低热	最大水灰比		选择各区宽度的主要因素
							严寒和寒冷地区	温和地区	
Ⅰ	+	−	++	−	−	+	0.55	0.60	施工和冰冻深度
Ⅱ	+	+	++	−	+	+	0.45	0.50	冰冻深度、抗渗和施工
Ⅲ	++	++	+	−	+	+	0.50	0.55	抗渗、抗裂和施工
Ⅳ	++	++	+	−	+	++	0.50	0.55	高强、抗裂、低热
Ⅴ	++	−	−	−	−	++	0.65	0.65	低热
Ⅵ	++	+	++	++	++	+	0.45	0.45	抗冲耐磨、高强、抗侵蚀、抗冻

注："++"为选择各区混凝土的主要控制因素，"+"表示需要提出要求，"−"表示不需要提出要求。

2.8.4　重力坝的分缝、分块

1. 横缝

横缝垂直坝轴线，其作用是：减小沿坝轴向的温度应力，适应地基不均匀变形，适应施工浇筑能力等。横缝间距一般为15～20m，也有用到24～28m左右的，主要取决于地基特性、河谷地形、温度变化、结构布置和浇筑能力等。横缝有永久性的和临时性的两种。

1）永久性横缝

永久性横缝常做成竖直平面，不设键槽，缝面不凿毛，缝内不灌浆，以使各坝段独立工作。根据地基及温度变化情况，一般在坝段间预留1～2cm的缝。

横缝需设止水。《混凝土重力坝设计规范》DL 5108—1999规定：对高坝，应采用两道金属止水片，中间设沥青井或经论证的其他措施，对中、低坝可适当简化。金属止水片一般采用1.0～1.6mm厚的紫铜片，做成可伸缩的“}”形，每侧深入混凝土一般为20～25cm。第一道止水至上游坝面的距离应有利于改善该部位的应力，高坝一般为1～2m，低坝大约为0.4～0.5m(一般只用一道止水)。中坝的第一道止水应为紫铜片，其第二道或低坝的止水采用橡胶或氯丁橡胶、遇水膨胀型橡胶。止水片的接长和安装要注意保证质量。沥青井呈方形或圆形，其一侧可用混凝土预制块，预制块长1～1.5m，厚5～10cm。方形沥青井的尺寸常用20cm×20cm至30cm×30cm。井内灌注的填料由Ⅱ号或Ⅲ号石油沥青、水泥和石棉粉组成。井内设加热设备(常用电加热，将钢筋埋入井内，并以绝缘体固定)，在井底设沥青排出管，以便排出老化的沥青，重填新料。图2-34(a)、(b)、(c)是几种不同布置形式的横缝止水。

止水片及沥青井应伸入基岩约30～50cm。对于非溢流坝段和横缝设在闸墩中间的溢流坝段，止水片必须延伸到最高水位以上，沥青井则需直到坝顶。

对于高坝，在横缝止水之后，宜设排水井，必要时还可设检查井，井的断面尺寸一般为1.2m×0.8m，井内设爬梯和休息平台，并与检查廊道相连通。

对设在溢流孔中间的横缝、非溢流坝段下游最高水位以下的缝间和穿越横缝的廊道及孔洞周边均需设止水片，如图2-34(d)、(e)所示。

2）临时性横缝

临时性横缝是因施工和温控所需而临时设置的横缝，待各坝段充分降温收缩后对横缝作灌浆使大坝连成整体，其主要用于下述几种情况：(1)河谷狭窄，做成整体式重力坝，可在一定程度上发挥两岸山体的支撑作用，有利于坝体的强度和稳定；(2)岸坡较陡，将各坝段连成整体，可以改善岸坡坝段的侧向稳定性；(3)坐落在软弱破碎带上的各坝段连成整体后，可增加坝体刚度；(4)在强地震区，将各坝段连成整体，可提高坝体的抗震性能。

临时性横缝的缝面应设置键槽和灌浆系统(如图2-35所示)。键槽一般做成竖直方向的，以便坝段之间传递剪力。因为需要将各坝段连成整体，故除了灌浆材料外不应填充其他任何物质。横缝灌浆应

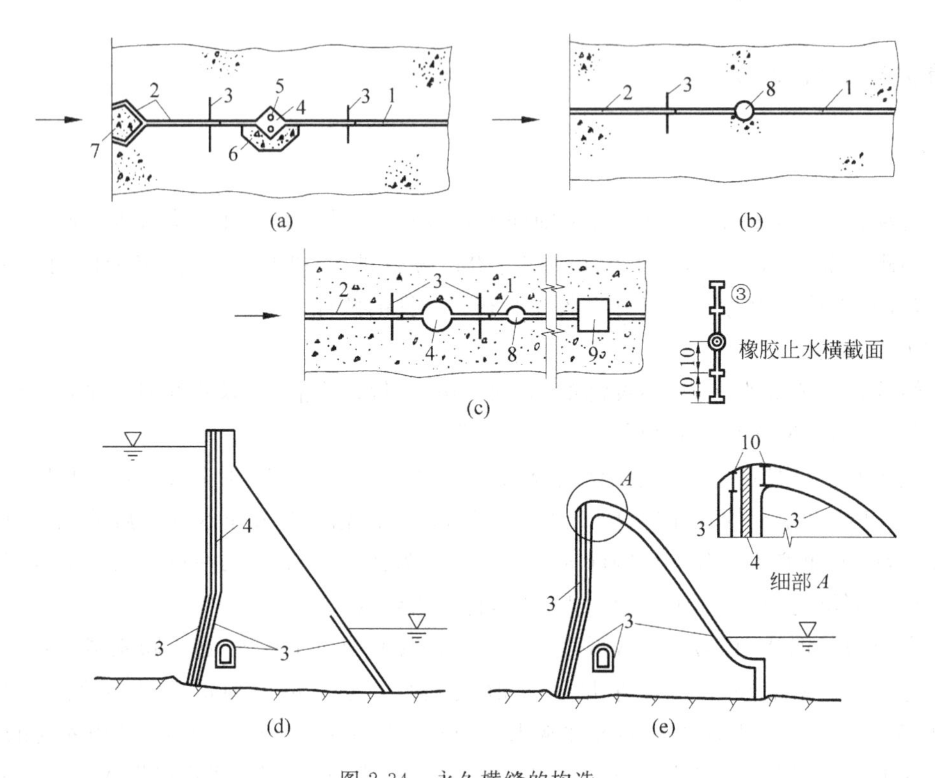

图 2-34 永久横缝的构造

1—横缝；2—横缝充填物；3—止水片；4—沥青井；5—加热电极；
6—预制块；7—钢筋混凝土塞；8—排水井；9—检查井；10—闸门底槛预埋件

在坝体冷却到或接近稳定温度才进行，横缝间灌浆进度宜相同，灌浆高度视坝高和传力的需要而定。大狄克桑斯坝的横缝全部灌浆，我国乌江渡拱形重力坝，最大坝高 165m，横缝灌浆只从基岩灌至坝顶以下 65m 处，形成大半个下部拱形整体结构，新安江坝也只在底部 10～18m 范围内进行了局部灌浆。

2. 纵缝

若混凝土坝的厚度超过 40m，为了减小施工期顺河向的温度应力，并适应混凝土的浇筑能力，常在平行坝轴线方向设纵缝，将一个坝段分成几个坝块，待温度降到稳定温度或较低温度后再进行接缝灌浆。纵缝在坝面处应与坝面正交，避免出现尖角。

纵缝按其布置形式可分为，铅直纵缝、斜缝和错缝三种，见图 2-36。

1）铅直纵缝

这是最常采用的一种纵缝形式。缝的间距根据混凝土浇筑能力和温度控制要求确定，一般为 15～30m。纵缝过多，不仅增加缝面处理的工作量，还会削弱坝的整体性。

为了更好地传递压力和剪力，纵缝缝面应设水平向键槽。键槽一般呈斜三角形，槽面大致沿主应力方向，在缝面上布设灌浆系统，如图 2-37 所示。待坝体冷却到接近稳定温度，坝块收缩至纵缝张开

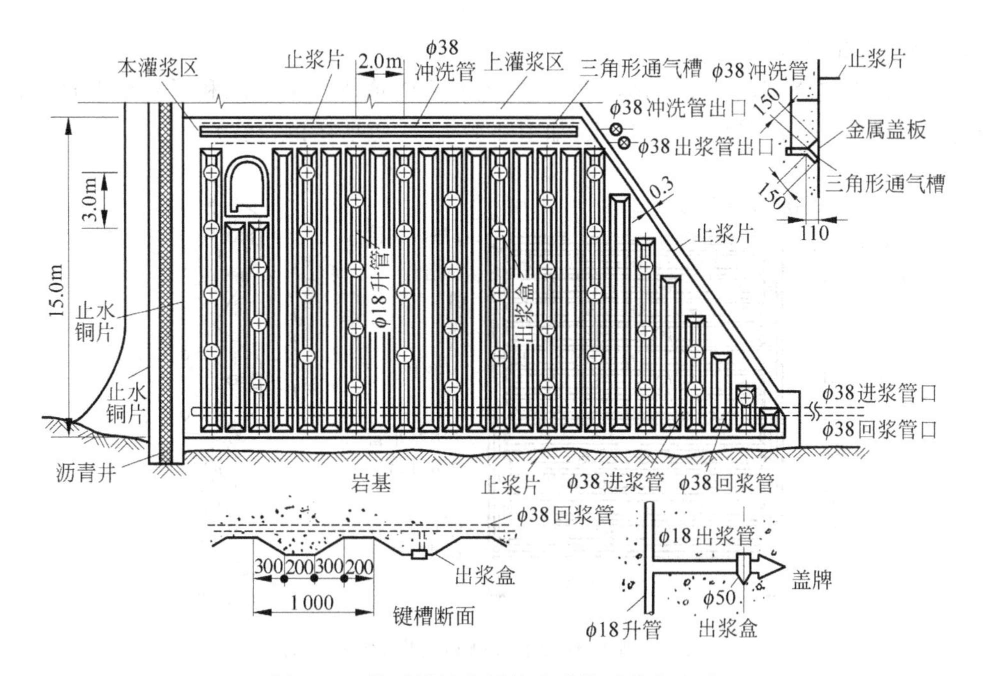

图 2-35　临时横缝的键槽和灌浆系统的布置

键槽尺寸及管径单位为 mm，其余尺寸单位为 m

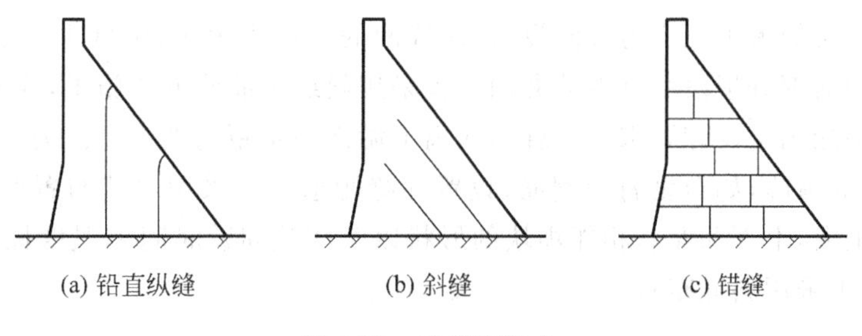

图 2-36　纵缝的形式

较大时再进行灌浆。灌浆沿高度分区进行，分区高度 10～15m，每一灌浆区的面积约为 300～450m^2。灌浆压力应根据应力及变形条件确定，太高可能使坝块底部产生过大的拉应力而破坏，太低则不能保证灌浆质量。层顶灌浆压力可取 0.1～0.3MPa，层底进浆压力取 0.35～0.45MPa，回浆管压力控制在 0.2～0.25MPa。当同一坝段有数条纵缝时，各纵缝灌浆进度宜相同，或先灌下游纵缝。为了灌浆时不使浆液从缝内流出，必须在缝的四周设置止浆片。

纵缝两侧的坝块可以单独浇筑上升，但高差不宜太大。若相邻坝块的高差超过某个限度，常因后浇混凝土的温度和干缩变形造成缝面的挤压和剪切，这样不但影响纵缝灌浆效果，而且可能使刚浇不久、强度仍然较低的后浇块的键槽出现剪切裂缝。为此，常根据键槽面不产生挤压的要求，对纵缝两侧浇筑块的高差作适当限制，如：三门峡工程，控制高差不超过 6～9m；丹江口工程，控制正高差不超过 10m，反高差不超过 5m。

灌浆盒应埋设在先浇筑块三角形键槽上边，以免因后浇筑块自重下沉和干缩变形挤压而出浆受阻。为避免埋设错误，最好埋设在竖直边缘（如图 2-37 中 A 点所示的位置）。

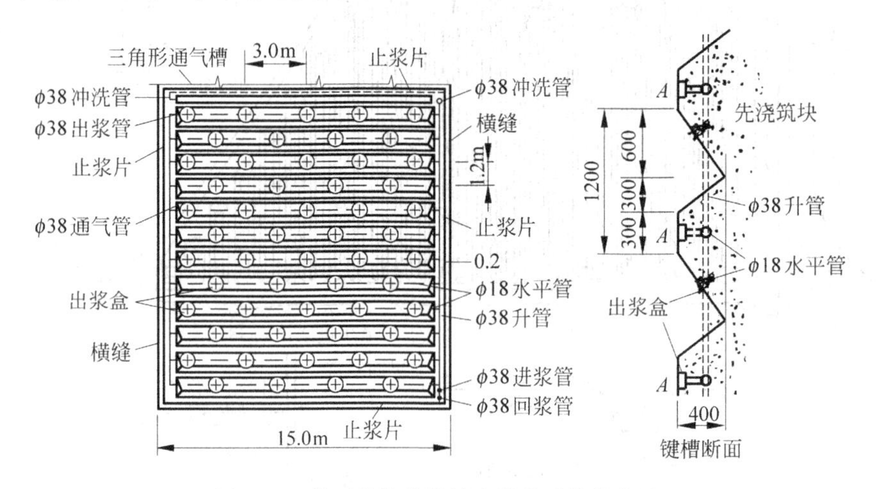

图 2-37 临时纵缝的键槽和灌浆系统的布置

键槽尺寸及管径单位为 mm，其余尺寸单位为 m

2）斜缝

斜缝大致沿满库时的大主压应力方向设置，因缝面的剪应力很小，中低坝可不灌浆，高坝应经论证。我国安砂重力坝的部分坝段和日本的丸山坝曾采用斜缝不灌浆方法施工，经分析研究认为，坝的整体性和缝面应力均能满足设计要求。斜缝需在离上游面一定距离处终止。为了防止斜缝沿缝顶向上贯穿，必须采用并缝措施，如布设骑缝钢筋、设置并缝廊道等。采用斜缝布置的最大缺点是：各浇筑块间的施工干扰很大，上下和左右相邻坝块的形状以及浇筑间歇时间和温度控制均有较严格的限制。所以，目前已很少采用斜缝布置。

3）错缝

错缝式浇筑块的厚度一般为 3～4m，在靠近基岩面附近为 1.5～2m。错缝间距为 10～15m，缝的错距为 1/3～1/2 浇筑块的厚度。前苏联曾在德聂泊水电站等中、小型重力坝中采用错缝浇筑。采用错缝布置时，缝面间可不作灌浆处理，但整体性差，各块收缩变形容易带动上、下块张拉而开裂，我国采用得极少。

近年来，由于温度控制和施工技术水平的不断提高，我国碾压混凝土坝和国外有些常规混凝土高坝采用通仓浇筑，不设纵缝，施工简便，可加快施工进度，坝的整体性较好。但高坝采用通仓浇筑，必须有专门论证，并应进行严格的温度控制。

3. 水平施工缝

水平施工缝是上、下层浇筑块之间的接合面。层面必须凿毛，或用风水枪压水冲洗施工缝面上的浮渣、灰尘和水泥乳膜，使表面成为干净的麻面，在浇筑上层混凝土之前，铺一层厚约 2～3cm 的水泥砂浆使上下层结合牢固，或将新浇筑块的下层混凝土改为富浆混凝土，可免去铺设砂浆工序，加快施工进度。水平施工缝的处理质量关系到大坝的强度、整体性和防渗性，处理不好将成为薄弱面，必须予以高度重视。

浇筑块高度一般为1.5～4.0m；在靠近基岩面附近用1.0～1.5m的薄层浇筑，以利散热，减少温升，防止以后温降过大而开裂，但在冬季不能间歇过长。纵缝两侧相邻坝块的水平施工缝应错开；当水平施工缝与廊道顶拱相交时，可以1∶1.0～1∶1.5的坡度与拱座连接；当水平施工缝在廊道上方时，与廊道顶部的距离不应小于1.5m。

2.8.5 坝体排水

为减小渗透水对坝体的不利影响，在靠近坝体上游部位、混凝土防渗体下游一侧需要设置排水管幕。排水管幕至上游坝面的距离，一般要求不小于坝前水深的0.07～0.1，且不小于2m(坝顶)～3m(坝底)，以便将渗透坡降控制在许可范围以内。排水管常用钻孔或预制豆石无沙多孔混凝土管，间距2～3m，内径15～25cm。渗水由排水管进入廊道，然后汇入集水井，经由横向排水管自流或用水泵抽水排向下游。排水管与廊道连接采用直通式(如图2-38的右上图所示)不易堵塞，侧通式难以清理。

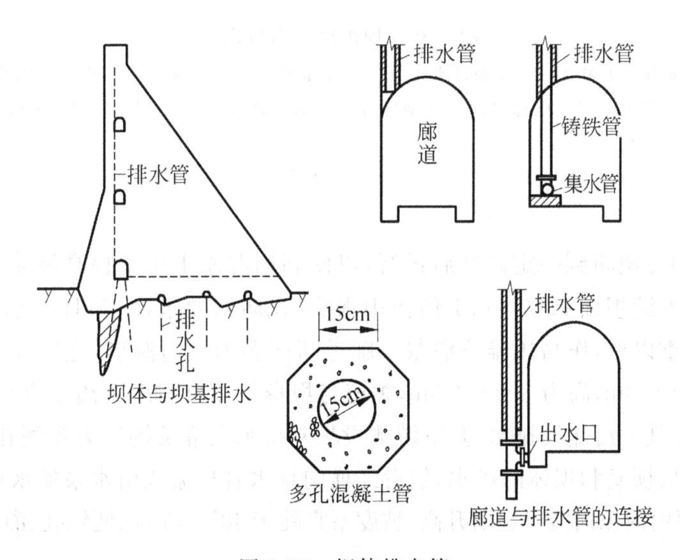

图2-38 坝体排水管

2.8.6 廊道系统

为了满足灌浆、排水、观测、检查和交通等的要求，需要在坝体内设置各种不同用途的廊道，这些廊道互相连通，构成廊道系统，如图2-39所示。

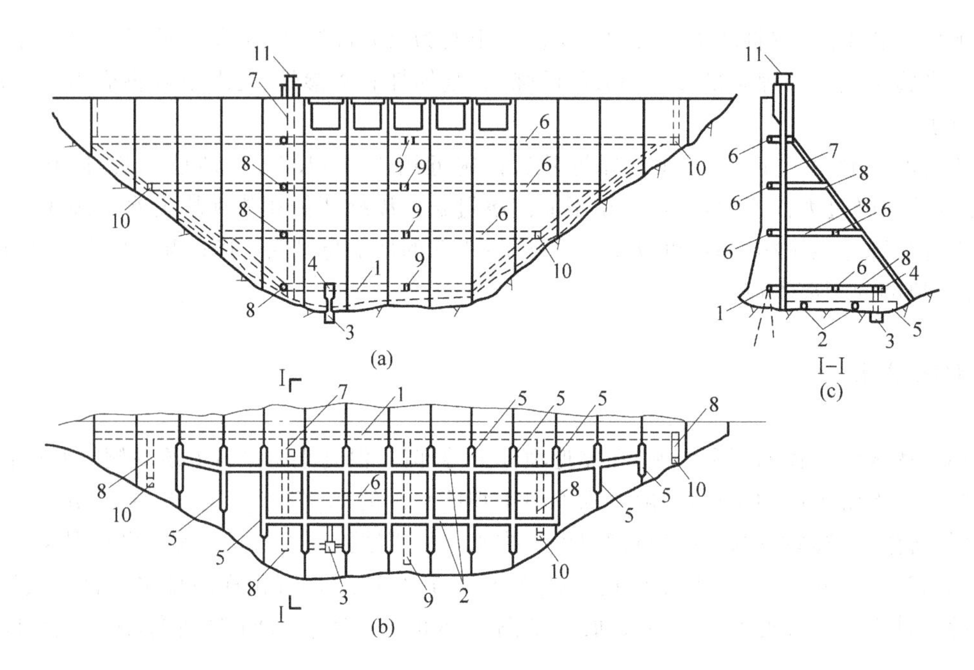

图 2-39 坝内廊道布置图

1—灌浆排水廊道；2—基面排水廊道；3—集水井；4—水泵室；5—横向排水廊道；6—检查廊道；7—电梯井；8—交通廊道；9—观测廊道；10—进出口；11—电梯塔

1. 坝基灌浆廊道

帷幕灌浆需要在坝体浇筑到一定高度后进行，以便利用混凝土压重提高灌浆压力，保证灌浆质量。为此，需在坝踵附近距上游坝面 0.07～0.1 倍作用水头(视防渗要求而定)且不小于 3m 处设置灌浆廊道，待有坝体足够的压重以后，作高压帷幕灌浆。廊道断面多为城门洞形，宽度和高度应能满足灌浆作业的要求，一般宽为 2.5～3m，高为 3.0～3.5m，廊道与坝身各孔口的净距离不宜小于 3～5m，应通过应力确定。灌浆廊道可在其上游侧设排水沟、下游侧设坝基排水孔幕及扬压力观测孔，并在靠近廊道的最低处设置集水井，汇集从坝基和坝体的渗水，然后经横向排水管自流或由水泵抽水排至下游坝外。

灌浆廊道随坝基面由河床向两岸逐渐升高，坡度不宜陡于 40°～45°，以便钻孔、灌浆及其设备的搬运。

2. 坝体排水廊道和检查观测廊道

为排除高、中坝坝体渗水并加强检查观测工作，应在靠近坝体上游面沿高度每隔 30m 设置检查和排水廊道，断面多采用城门洞形，最小宽度 1.2m，最小高度 2.2m，至上游面的距离应按防渗要求不小于 0.05～0.08 倍水头，且不小于 3m，上游侧设排水沟。各层廊道在两岸应各有一个出口。

对于高坝，除上述靠近上游坝面的检查和排水廊道外，有时尚需布置其他纵向和横向廊道，以供检查、观测和交通之用。为观测坝体在不同高程处的位移，还要在坝体内设悬垂直井、便梯或 1～2 座电梯(指高坝),并与各层廊道相通。此外,还可根据需要设置专门性廊道,如操作闸门用的操作廊道、进入钢管的交通廊道等。我国坝高低于50m的混凝土坝和碾压混凝土坝,一般只设一排地基灌浆排水廊道,以利于加快施工进度和降低造价。

3. 廊道的应力计算和配筋

对于距离坝体边界较远的圆形、椭圆形和矩形孔道,可应用弹性理论方法,作为平面问题按无限域中的小孔口计算应力;对于靠近边界的城门洞形廊道,则主要依靠试验或有限元法求解。

过去对廊道周边都进行配筋,假定混凝土不承担拉应力。近来,西欧和美国对位于坝内受压区的孔洞,一般都不配筋,仅对位于受拉区、外形复杂及可能引起较高拉应力集中的孔洞才配置钢筋。美国内务部垦务局规定,按有限元法分析,如孔洞周边的拉应力小于混凝土抗压强度的5%,一般不需配置钢筋。

工程实践表明,温度应力特别是施工期的温度应力,是坝内廊道和孔洞周边产生裂缝的主要原因。为此,应采取适当的温控措施,合理安排施工,防止在混凝土表面附近形成过大的温度变化梯度。

对于产生裂缝后有可能贯穿到上游坝面或影响大坝整体性的孔洞,仍应配置钢筋,以限制裂缝的发展。

2.8.7　坝顶

典型的坝顶结构如图2-40所示。由于布置上的要求,有时需在坝顶上、下游侧做悬臂结构,当要求的坝顶较宽时,也可将下游侧做成桥梁结构形式。坝顶防浪墙的高度一般为1.2m,墙身应有足够的强度以抵御波浪与漂浮物的冲击。下游侧设防护栏杆。在坝体伸缩缝处,防浪墙也应设伸缩缝,并设止水。坝顶面应有倾向上游的横坡,并有排水管通向上游。

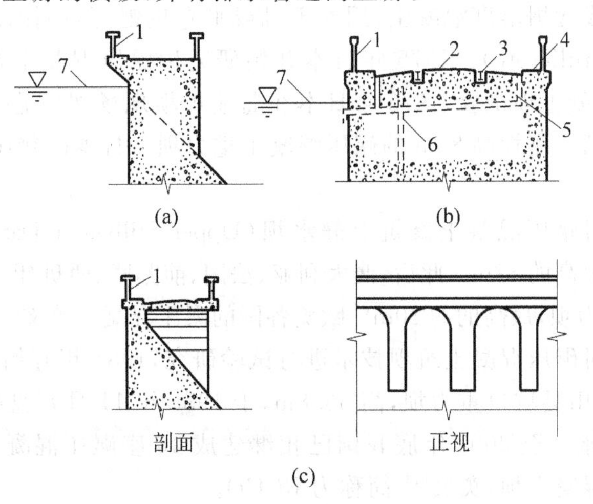

图2-40　坝顶结构布置

1—防浪墙；2—坝顶公路；3—起重机轨道；4—人行道；
5—坝顶排水管；6—坝体排水管；7—最高水位

2.9 碾压混凝土筑坝技术和碾压混凝土重力坝

学习要点

重点了解碾压混凝土的特点、优越性和注意事项。

2.9.1 概述

碾压混凝土坝(roller compacted concrete dam)是最近几十年发展起来的,它不用振捣器而用振动碾通过振动碾压密实。碾压混凝土很干硬,用水量少、用水泥也少(约为同标号常规混凝土水泥用量的1/3～1/2),水化温升较低,不设纵缝,不设或少设横缝,节省分缝模板和支模时间,施工简便安全、速度快、工期短(约为常规混凝土的1/3～2/3)、收效快、造价低(大约节省20%～35%),在技术和经济上都是十分有利的,所以深受欢迎,发展很快。三峡三期围堰采用碾压混凝土重力坝在5个月内完成110万m^3浇筑任务,创造世界上最快的混凝土筑坝记录,为提前发电和加快施工提供了保障,更显出碾压混凝土巨大的优越性。

世界上使用碾压混凝土最早的结构是1961年我国台湾石门土坝的围堰混凝土心墙,密实手段从振荡器改用滚筒碾压,当时称为“滚压混凝土”[9],译为“rollcrete”。20世纪70年代初期,一些工程师如J. M. Raphael,R. W. Cannon和A. I. B. Moffat等先后提出改革混凝土材料工艺的建议,即减少混凝土中水和水泥用量,做成无坍落度混凝土,用推土机或平仓机铺开,用振动碾压实,并进行了试验,称为碾压混凝土(RCC或rollcrete)。1975年日本开始研究用碾压混凝土筑坝,1976年日本在大川坝上游横向围堰做碾压混凝土坝试验,1978年日本在岛地川坝现场碾压施工试验,1980年4月浇筑完,同年底建成了世界上第一座坝高88m的碾压混凝土重力坝。日本的碾压混凝土坝英文[13]简称为RCD。

1982年美国第一次用碾压混凝土修筑上静水坝(Upper Stillwater Dam)、柳溪坝(Willow Creek Dam)和其他几座重力坝,最高的87m。此后,澳大利亚、法国、前苏联、西班牙、巴西、摩洛哥、南非等国也修筑了许多碾压混凝土重力坝,最高的约80m。欧美各国的碾压混凝土英文[13]简称为RCC。

我国于1979年开始对碾压混凝土筑坝技术进行试验研究,1981年开始全面探索研究,我国第一座碾压混凝土坝是福建大田县坑口重力坝,高56.8m,于1985年11月开盘碾压,1986年6月基本建成,7月30日开始初期蓄水。至2003年底我国已相继建成46座碾压混凝土坝(其中重力坝38座,拱坝8座)。我国的碾压混凝土坝,英文[13]简称为RCCD。

中国的碾压混凝土坝(RCCD)虽然起步略晚于日本和欧美等国家,但由于作了很多充分的研究工作,并学习其他国家碾压混凝土筑坝成功的经验和吸取它们不足的教训,互相总结交流,逐渐形成了中国特色的碾压混凝土筑坝技术。我国正在建设中的碾压混凝土坝有17座,其中龙滩碾压混凝土重力坝第一期工程的最大坝高将达192m，成为目前世界上同类坝中最高者。中国的碾压混凝土坝建设无论在坝的种类、数量、高度，还是筑坝技术和研究工作，都已走在世界前列。

2.9.2 碾压混凝土重力坝的设计

碾压混凝土重力坝的剖面设计、水力设计、应力和稳定分析与常态混凝土重力坝相同，但在材料与构造等方面需要适应碾压混凝土的特点。这些特点在世界各国也不同，中国在学习其他国家成功经验的基础上，设计和建造了几十座碾压混凝土坝，并不断地改进，逐渐形成了适合中国国情的碾压混凝土坝设计理论。

中国RCCD设计考虑的因素有：(1)尽量少用水泥，以节省费用，减少水化发热量，利于温控，减少温度收缩缝；(2)有足量的胶结料砂浆，以便层间粘结紧密，有较高的抗剪强度和不透水性，为此要多掺粉煤灰；(3)混凝土要有足够的强度，为此应减少用水量，控制水灰比，用有活性的粉煤灰；(4)为使干硬性的碾压混凝土获得较好的压实性能，要适当降低VC值(vibrating compaction，现场取样置于小振动台上振动到翻浆所用的时间，s)；(5)要避免浇筑时的混凝土分离，最大骨料应较小，并适当增加胶结料砂浆；(6)混凝土初凝时间应足够长，使上层碾压时下层尚未初凝，以便连续浇筑，使层间粘结良好。

1. 材料组成特性

基于上述这些考虑，我国一些设计、研究和施工单位做了大量室内和现场试验，并经实际工程的检验，得到合适的混凝土配比：胶结料总用量约为150～165kg/m^3，其中纯硅酸盐水泥$C\approx 55\sim 70$kg/m^3，粉煤灰$F\approx 90\sim 100$kg/m^3，灰胶比$F/(C+F)\approx 0.55\sim 0.65$，活性粉煤灰质量高于Ⅱ级(GB 1596)，有防渗、抗冻要求或应力较大的外部混凝土的灰胶比宜大于0.55；用水量$W\approx 75\sim 100$kg/m^3，水胶比$W/(C+F)\approx 0.45\sim 0.65$；最大骨料粒径80mm，粗骨料一般用三级配，砂率0.30左右，砂的细度模数为2.6～3.0，细颗粒(粒径小于0.15mm)含量约为7%～10%，砂一般为一级配，必要时也可二级配，均匀掺和；缓凝剂用量为胶结料的0.25%～0.5%，初凝时间为6～8h，VC值为5～15s。

国内外几座碾压混凝土重力坝胶凝材料的用量见表2-18。

表2-18 国内外几座碾压混凝土重力坝胶凝材料用量表

工程名称	胶凝材料(kg/m^3)	水泥(kg/m^3)	粉煤灰(kg/m^3)
坑口重力坝	150	60	90
岩滩重力坝	150	55	95
水口重力坝	160	65	95
观音阁重力坝	130	72	58
上静水重力坝(美)	245	76	169
柳溪重力坝(美)	66	47	19
岛地川重力坝(日)	120	84	36

根据实验室试验和原型观测的结果，我国RCCD的特性如下：

(1) 强度增长缓慢，后期继续增长，在龄期28d～90d后，粉煤灰中的SiO_2与水泥水硬化产生的硅质水氧化物反应，生成大量水硬化钙硅胶体，充满孔隙，使混凝土更为紧密，其后期强度的增长远高于不加粉煤灰的混凝土，其90d和180d龄期的抗压强度相应为28d龄期抗压强度的1.4～2.0和1.7～2.3倍，这是有利的，不足之处是早期强度较低，施工期要加强养护；

(2) 水泥用量少，用较多的粉煤灰来代替，水化发热量少，且发热缓慢，发生在龄期40d～80d，坝内最大温升约8℃～15℃，不必像RCD或RCC那样每上升1～3小层(总高不足1m)需要间歇散热，而是连续上升约5～10m，个别还达15m，这样可以节省了间歇时间，减少层面工作缝的处理，加快了进度，且改善了层间结合质量；

(3) 抗裂性能较好，这种混凝土的后期抗拉强度增长比例较抗压强度增长比例大，其90d和180d龄期的抗拉强度分别为28d龄期抗拉强度的1.9～2.5和2.30～2.8倍；抗拉强度与抗压强度的比率较高，为0.12～0.14，而混凝土的后期弹模为28d龄期弹模的1.3～1.5，增长相对较小，抗拉强度增长大而弹模增长小，有利于混凝土抗裂，另外，用水量少，干缩系数也小，也有利于抗裂；

(4) 水泥水硬化效率较高，混凝土中粉煤灰用量多，在不超过60%时，每公斤水泥能获得的混凝土抗压强度效率较高，90d龄期的抗压强度可达到0.3～0.4MPa/kg；

(5) 由于RCCD有足够多的胶结料砂浆，而且不像日本的RCD那样摊铺三四层才碾压(最底层动力压强小，还可能因时间长发生初凝)，而是随铺随碾，混凝土未初凝，而且由于很薄(一般约30～35cm厚)，层底面动力压强大，层间粘结性能、抗剪强度和不透水性等都优于早期国外的RCD或RCC。

2. 混凝土分区

坝内的混凝土分区，目前还没有一个统一的模式。日本的做法是，仅将碾压混凝土用于坝体内部，而在坝体上、下游面和靠近基岩面浇筑2～3m厚的常态混凝土作为防渗层、保护层和垫层，即所谓"金包银"方式，铺筑层厚0.5～0.75m，分2～3次铺筑。图2-41(a)为日本玉川坝非溢流坝段的典型断面。美国的柳溪坝采用钢筋混凝土预制模板，全剖面均为碾压混凝土，铺筑层厚为0.3m；美国上静水坝则是采用滑动模板，在模板内侧浇筑平均厚度为0.3～0.6m的常态混凝土，坝体内部全用碾压混凝土，铺筑层厚为0.3m。

我国修建的碾压混凝土重力坝，形式多样，有的与日本的类似，采用外包常态混凝土，如辽宁省82m高的观音阁坝；也有的采用其他形式，如福建的坑口坝，坝高56.8m，坝顶长122.5m，坝内采用单一的100号(原标号，下同)三级配高掺量粉煤灰碾压混凝土，铺筑层厚为0.5m，近坝基用层厚2m的150号常态混凝土找平，不设纵横缝，上游面用钢筋混凝土预制模板浇灌6cm厚的沥青砂浆防渗层，下游面用混凝土预制块代替模板，作为坝体的一部分，溢流面用常态钢筋混凝土，见图2-41(b)；又如潘家口下池坝，采用大型组装式钢模板，全断面均为碾压混凝土。

3. 坝体防渗

碾压混凝土坝的防渗材料有下面几种：

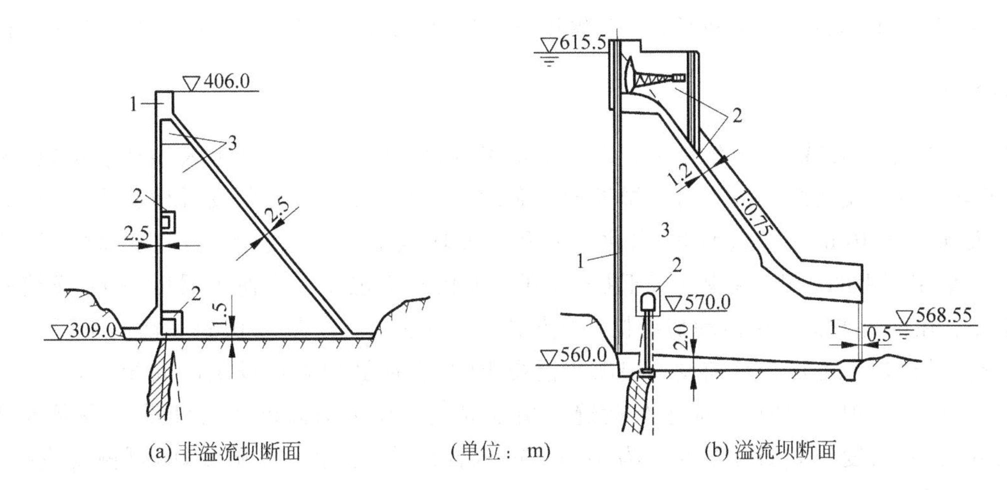

(a) 非溢流坝断面　　(单位：m)　　(b) 溢流坝断面

图 2-41　碾压混凝土重力坝典型断面

1—常态混凝土或沥青砂浆等防渗材料；2—钢筋混凝土；3—碾压混凝土

(1) 坝体上游面的常态混凝土可用作防渗体，属于"金包银"方式。如坝体有横缝，则相应在常态混凝土内也要有横缝，并埋设止水。当采用富胶凝材料碾压混凝土作防渗层时，其厚度和抗渗标号均应满足坝体的防渗要求，一般布置在上游面约 3m 范围内。

(2) 喷涂合成防渗薄膜、橡胶薄膜、土工薄膜、防渗塑料等防渗层。其优点是可与坝体浇筑分开施工，其缺点是耐久性差。

(3) 沥青砂浆层，填筑在锚系于坝面的预制混凝土板与坝面之间的窄槽内。我国坑口坝上游面用 6cm 厚的沥青砂浆作防渗层，沥青砂浆外表侧为钢筋混凝土预制模板。预制模板与坝体之间用钢筋连接，这种布置对坝体的碾压施工干扰较少。

(4) 胶结料用量较多的碾压混凝土(又称为富胶碾压混凝土)浇筑于坝的上游部位作为防渗层。其骨料不宜太大，最大骨料粒径 40mm，水泥、粉煤灰和水的用量适当增加一些，VC 值较小。

(5) 在上游坝面采用"变态混凝土"(又叫"改性混凝土")。先全断面铺设碾压混凝土，然后在靠近上游模板 0.5～1.0m 的范围内浇灌适量的水泥浆，用振捣棒振捣密实代替振动碾碾压，类似于常态混凝土，但它可以避免两种混凝土上坝带来的干扰和麻烦。在其他部位碾压时，与其结合的部位约 25～30cm 宽度的范围也需碾压几遍。

前面 3 种防渗方式在早期用得较多，经过 20 多年的碾压混凝土筑坝实践，逐渐出现第(4)和第(5)两种防渗方式，它施工方便，对总进度影响很小，实践表明，只要认真施工，防渗效果是很好的。这是首先在我国发明、使用和推广的，以后有替代前 3 种防渗方式的趋势。

4. 坝体排水

碾压混凝土重力坝一般均需设置坝体排水。排水管可设在上游面的常态混凝土内，也可置于碾压混凝土区。若为后者，为便于碾压，可在铺筑层面排水孔的位置上用瓦楞纸做成与铺筑层厚相同的砂柱(直径约 150mm),待混凝土铺好后一起碾压,孔内砂料可在一天后清除,或采用拔管法造孔。

5. 坝体分缝

由于水泥用量大大减少,水化热温升也减小很多,碾压混凝土重力坝可采用通仓浇筑,而不设纵缝,也可减少或不设横缝。但为适应温度伸缩和地基不均匀沉降,仍以设置横缝为宜,横缝间距一般可加大到 30～40m,视浇筑温度、水化温升和外界环境温度等因素而定,一般需作温控计算。我国趋向于采用更大的间距,减少施工干扰,有利于加快施工进度。为便于碾压施工,横缝的设置方法一般是:在铺料平仓后用振动切缝机切成横缝,然后插入一块块与切缝等高的钢板作为隔缝板,再进行振动碾压。也可在每铺设一层碾压混凝土时,在横缝两侧铺设预制混凝土模板,与碾压混凝土一起碾压,并埋在坝内,形成永久横缝。预制混凝土模板的高度约为铺设一层碾压混凝土经压实后的层厚,长度约 50cm,宽度约为 10～20cm,若吊装、搬运等设施较好,可做得宽些,以利于预制块模板的铺设、稳定和碾压。

6. 层间结合要求

层间结合主要是指水平施工缝结合的问题。碾压混凝土坝要求层间结合紧密,这不仅出于防渗的考虑,而且还为了增加层间的抗拉强度和抗剪强度,提高层间的 f' 值和 c' 值,从而提高层间的抗滑稳定安全系数。早期日本的 RCD 在摊铺 3～4 层混凝土料以后才用 7t 的 BW200 振动碾碾压,一则最先摊铺的下层可能由于摊铺时间太长而初凝粘结不上,抗拉强度几乎为零;二则因摊铺太厚由振动碾传至下层的压强太小,粗骨料未能被压进老混凝土里,新老混凝土之间是一个光滑的平面,既容易漏水又对抗滑稳定不利。虽说自筑坝至今未发生滑动破坏,但其潜在的安全余地太小,并非人们所要求的安全系数。后来中国的 RCCD 采用每摊铺一层立即碾压一层的做法,趁下层老混凝土未初凝之前就碾压,而且用的是 100kN 的 BW200 对约 30～35cm 厚的薄层碾压,层面压强远大于日本的 RCD,粗骨料能被压进下层的老混凝土中,不是光滑的层面,有利于加大 f' 值和 c' 值,提高抗渗和抗滑性能。

层间结合问题不仅与施工有关,而且还与设计有关。如级配中的胶结料和砂浆占多少、用水量多少、控制初凝时间的外加剂用量多少等等,这些都是设计与施工单位经过试验研究共同决定的问题。这些用量在实际施工过程中不应该一成不变,而应该按不同的气候条件、不同的浇筑部位,抓住主要矛盾,灵活变动。例如在南方建坝,在冬天混凝土中的用水量可以少一些,VC≈10～15s,初凝时间可以短一些;而在气温较高的 4～5 月份,如果这些用量不变,由于混凝土太干和初凝时间太短,层间结合就很差,在这种情况下,主要矛盾不再是早期强度的问题了,而已转化为层间结合问题了,用水量应比冬天略多一些,以 VC≈5～10s 为宜,重新调配缓凝剂的用量,初凝时间比冬天长一些,保证层间结合好。

7. 坝内廊道、泄水孔和输水管

为减少施工干扰,增大施工作业面,碾压混凝土重力坝的内部构造应尽可能简化[14]。廊道层数可适当减少，中等高度以下的坝可只设一层坝基灌浆、排水廊道；100m以内的高坝，可设两层，以满足灌浆、排水和交通的需要。坝体排水、检查、观测及交通廊道等，尽可能合并。廊道用混凝土预制件拼装而成，可设在常态混凝土内，与上游常态混凝土防渗层相连，在预制件下游侧用常规混凝土或薄层砂浆与碾压混凝土相接。

坝内泄水孔、输水管和电站引水管等不宜太多和分散，应尽量减少、并尽量集中布置在岸边或河床常规混凝土垫层里，减少与碾压施工的干扰，以充分发挥碾压混凝土施工进度快的优势。

8. 温度控制

碾压混凝土筑坝从总体上讲，有利于温度控制，但其水化热增温过程缓慢且高温持续时间长，加之坝体快速升高，不设纵缝，不设冷却水管等，对温控又将产生不利的影响。温控防裂问题要充分重视，采取必要措施，又要便于施工。RCCD坝温控标准应根据温度应力计算确定。特别对大型工程，应采用有限元法进行温度和徐变应力分析，并由此确定温度收缩横缝的间距。地基容许温差可按常态混凝土坝的规定。但由于RCCD浇筑块很长很宽、而且徐变度小于常规混凝土，对于地基约束区内长期间歇的浇筑层，以及基岩与混凝土弹模相差较大的情况，基础容许温差限制应更严，要通过深入的温度应力分析来确定。坝基垫层常态混凝土水化热较高，又受地基约束，必须在低温季节浇筑，降低浇筑温度，严禁长期间歇，应在一周内覆盖上层碾压混凝土。对于不作水管冷却的碾压混凝土坝，由于坝体散热很慢，在上下游坝面和孔口周围如果水或空气的温度很低，就会造成很大的内外温差，容易产生表面裂缝或劈头裂缝。从上述的分析来看，不作水管冷却的碾压混凝土坝应该比有水管冷却、分缝柱状浇筑的常规混凝土坝采取更严格的温控措施。

为防止坝体产生温度裂缝，应采取以下措施：(1)选用低热水泥，合理确定胶凝材料和外加剂的掺量；(2)通过对骨料场搭凉棚、对原材料进行预冷却、用冰屑代替部分拌和水、根据季节、气温和工程量等合理安排施工时间、仓面搭凉棚、喷雾等措施，降低浇筑温度；(3)在浇筑初期外界温度很低时，因混凝土强度较低、内部处于温升阶段，更应加强表面保温措施。

2.10　重力坝的地基处理

学习要点

帷幕灌浆、排水、断层和软弱夹层的处理，是提高重力坝的抗滑稳定性的重要措施。

重力坝的地基处理对坝基面和岩体结构面的摩擦系数和凝聚力的取值、对扬压力的取值都有重要的影响。据统计，世界上重力坝的失事有40%是因为地基问题造成的。我国在这方面也有很多经验教训。因此，在设计中，必须十分重视对地基的勘探研究。这是一项关系坝体安全、经济和建设速度极为重要的工作。

天然地基，由于长期经受地质作用和自然界作用，一般都有风化、节理、裂隙等缺陷，有时还有断层、破碎带和软弱夹层，所有这些都需要采取适当的处理措施。地基处理的主要任务是：(1)防渗和排水，降低扬压力、减少渗漏量；(2)提高基岩的强度和整体性，满足强度和抗滑稳定的要求。

2.10.1 地基的开挖与清理

地基开挖与清理的目的是使坝体坐落在稳定、坚固的岩基上。开挖深度应根据坝基应力、岩体强度以及坝基整体性、均匀性、抗渗性和耐久性等，结合上部结构对地基的要求和地基加固处理的效果、工期和费用等研究确定。按照我国《混凝土重力坝设计规范》DL 5108—1999[4]，100m以上的混凝土重力坝需建在新鲜、微风化或弱风化下部基岩上；坝高100～50m时，可建在微风化至弱风化中部基岩上；坝高小于50m时，可建在弱风化的中部至上部基岩上；两岸地形较高部位的坝段，可适当放宽。为保护坝基面完整，宜采用梯段爆破、预裂爆破，最后0.5～1.0m用小药量爆破。

在坝体混凝土浇筑之前需用风镐或撬棍清除坝基面起伏度很大的和松动的岩块，用混凝土回填封堵勘探钻孔、竖井和探硐等，对坝基面进行彻底的清理和冲洗，保证混凝土与岩基面粘结牢固。

对岸坡较陡的坝段，在平行坝轴线方向宜开挖成有足够宽度的台阶状，并使水平台阶位于坝段的下部，斜坡位于坝段的上部[如图2-42(a)所示]，避免在同一坝段内的岩基面出现较大的凸角[如图2-42(b)所示]。若岸坡特别陡，可采取其他结构措施，如锚筋、横缝灌浆等，以确保坝段的侧向稳定。横缝灌浆需埋设灌浆盒、灌浆管，等到坝体温度降到很低才能灌浆。对于中小型重力坝，如果坝厚在40m以下，一般不设置纵缝。对于岸坡特别陡的中低坝情况，如果岸边岩体没有倾向河床的结构面，可将岸坡开挖成较大的台阶，使每一坝段基本建在各自的平台上，将横缝设置在台阶的凸角处[如图2-42(c)所示]，不需也不应作横缝灌浆处理，这样总的造价和工期也可能比横缝灌浆的办法节省。

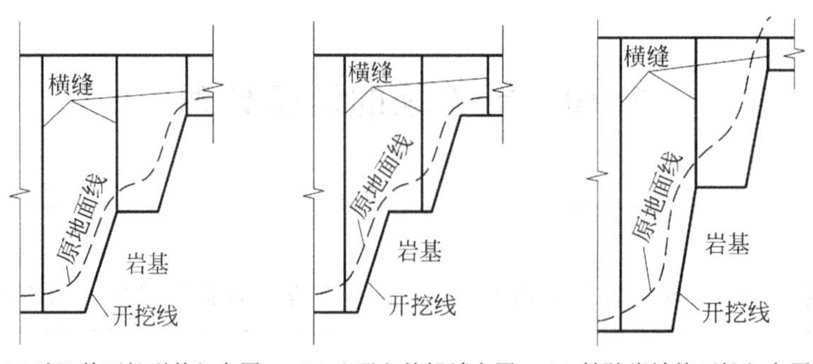

(a) 建议的开挖形状与布置　(b) 应避免的横缝布置　(c) 特陡岸坡的开挖与布置

图2-42　陡岸坡坝段坝基开挖和坝段布置示意图

2.10.2 固结灌浆

固结灌浆的目的是：提高基岩的整体性和强度，降低地基的透水性。现场试验表明，在节理裂隙较发育的基岩内进行固结灌浆后，基岩的弹性模量可提高2倍甚至更多，在帷幕范围内先进行固结灌浆可提高帷幕灌浆的压力和灌浆效果。

固结灌浆孔一般布置在应力较大的坝踵和坝趾附近，以及节理裂隙发育和破碎带范围内。灌浆孔呈梅花状或方格状布置(见图2-43)，孔距、排距和孔深取决于坝高和基岩的构造情况。孔距和排距一般从8～12m开始作为一序孔，采用内插逐步加密的多序孔方法，最终约为2～4m。孔深5～8m，必要时还可适当加深，帷幕上游区的孔深一般为8～15m。钻孔方向垂直于基岩面。当存在裂隙时，为了提高灌浆效果，钻孔方向尽可能正交于主要裂隙面，但不宜太缓。灌浆时先用稀浆，而后逐步加大浆液的稠度，灌浆压力一般为0.2～0.4MPa，以不掀动岩石为限。必要时，应先浇筑部分坝体混凝土，加大盖重，灌浆压力可达0.4～0.7MPa。

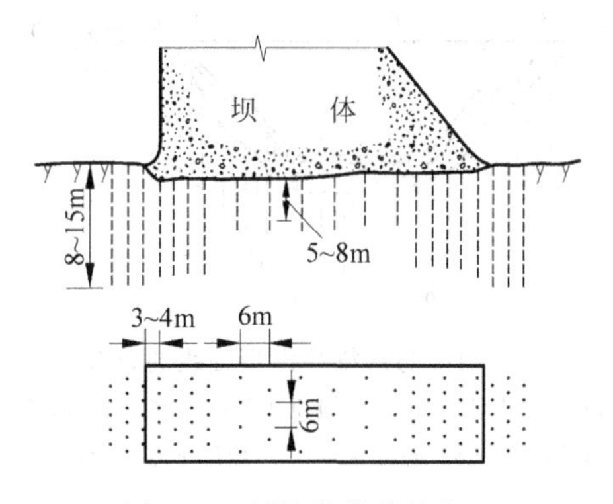

图2-43 固结灌浆孔的布置

地基下如有溶洞、溶槽，除必要的部位进行回填混凝土或浆砌石之外，还应对其顶部和周围岩体加强回填灌浆、接触灌浆和固结灌浆。

2.10.3 帷幕灌浆

帷幕灌浆的目的是：降低坝底渗透压力，防止坝基内产生机械或化学管涌，减少坝基渗流量。灌浆材料最常用的是水泥浆，有时也采用化学灌浆。化学灌浆的优点是可灌性好、抗渗性强，但较昂贵，且污染地下水质，使用时需慎重，在国外，已较少采用。

防渗帷幕一般布置在靠近上游坝踵附近或在坝踵与坝内灌浆廊道之间，自河床向两岸延伸。靠近岸坡处也可在坝顶、岸坡或平洞内进行。平洞还可以起排水作用，有利于岸坡的稳定。钻头若为铁砂钻头，则钻孔方向一般为铅直，或略为倾斜，与竖向夹角一般小于10°，防止钻孔弯曲；若为金刚石钻头，必要时也可有一定斜度，或与主裂隙面垂直，以便穿过主节理裂隙，提高灌浆效果。

防渗帷幕的深度根据作用水头和基岩的工程地质、水文地质情况确定。当地基内的透水层厚度不大时，帷幕可穿过透水层深入相对隔水层 3～5m。我国《混凝土重力坝设计规范》DL 5108—1999[4]规定，相对隔水层的透水率 q 采用如下标准：

坝高 100m 以上，q=1～3Lu；

坝高 50～100m，q=3～5Lu；

坝高 50m 以下，q=5Lu。

抽水蓄能电站或水源短缺的水库宜取以上相应较小的 q 值。

如相对隔水层埋藏较深，则帷幕深度可根据防渗要求确定，通常采用坝高的 0.3～0.7 倍。

帷幕深入两岸的部分，原则上也应达到上述标准，并与河床部位的帷幕保持连续。当相对隔水层距地面不远时，帷幕应伸入岸坡与该层相衔接。当相对隔水层埋藏很深时，可伸到如图 2-44 所示的原地下水位线与最高库水位的交点 B 处，在 BC 以上设置排水，以降低蓄水后库岸的地下水位。

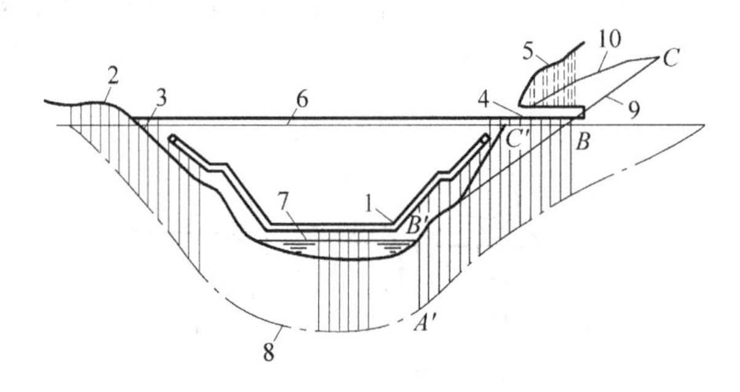

图 2-44　防渗帷幕沿坝轴线的布置

1—灌浆廊道；2—山坡钻孔；3—坝顶钻孔；4—灌浆平洞；5—排水孔；
6—最高蓄水位；7—原河水位；8—防渗帷幕；9—原地下水位线；10—蓄水后地下水位线

防渗帷幕的厚度应当满足抗渗稳定的要求，帷幕应有一定的厚度，帷幕内的渗透坡降不应超过以下数值：若帷幕区的透水率 $q<5$Lu、渗透系数 $k<10^{-4}$ cm/s，容许渗透坡降$[J]=10$；若 $q<3$Lu、$k<6\times10^{-5}$ cm/s，$[J]=15$；若$q<1$Lu、$k<2\times10^{-5}$ cm/s，$[J]=20$。

灌浆所能得到的帷幕厚度 l 与灌浆孔排数有关，见式(2-75)和图 2-45，若有 n 排灌浆孔，则

$$l=(n-1)c_1+c' \tag{2-75}$$

式中：c_1——灌浆孔排距，一般 $c_1=(0.6\sim0.7)c$，c 为孔距；

c'——单排灌浆孔时的帷幕厚度，$c'=(0.7\sim0.8)c$。

帷幕灌浆孔的排数，若帷幕上游有固结灌浆，坝高 100m 以下的可用一排，地质条件较差的坝高 50m 以上的可用两排。对于两排帷幕孔的，一般仅其中一排孔钻灌至设计深度，另一排的孔深约取设计深度的 1/2，使帷幕厚度满足渗透坡降的要求。孔距一般为 1.5～3.0m，排距宜比孔距略小。钻孔方向可以是铅直的，也可有一定的倾斜度，依工程地质情况及钻头类型而定，见图 2-46。

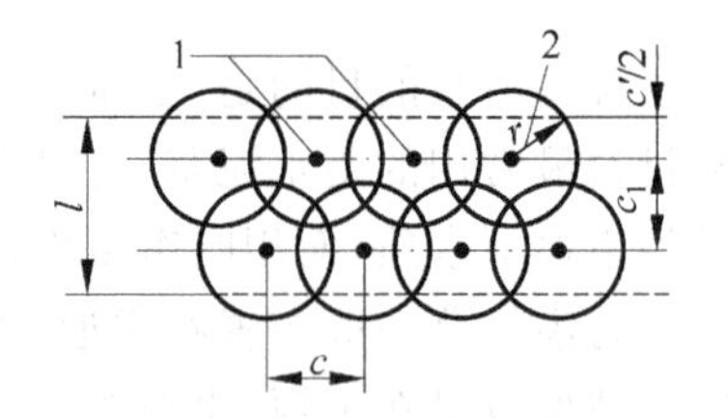

图 2-45　防渗帷幕厚度

1—钻孔；2—浆液扩散半径

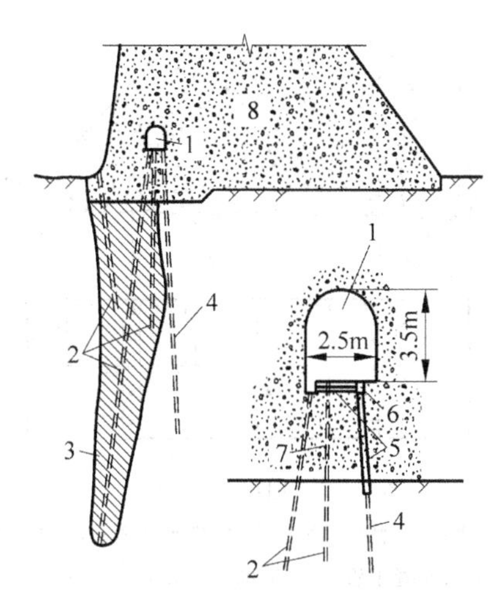

图 2-46 防渗帷幕和排水孔幕布置

1—坝基灌浆排水廊道；2—灌浆孔；3—灌浆帷幕；4—排水孔幕；
5—排水钢管；6—三通；7—预埋钢管；8 —坝体

帷幕灌浆必须在浇筑一定厚度的坝体混凝土后进行。灌浆压力一般应通过试验确定，通常在帷幕表层段不宜小于 1～1.5 倍坝前静水头，但不得抬动岩体；在孔底段不宜小于 2～3 倍坝前静水头，因为深处地下水压力很大，需用较大的灌浆压力才使水泥浆挤进岩基缝隙，加之有较厚岩体的作用，可用较大的灌浆压力，保证仅用一排主帷幕孔使每两孔中间最单薄处的帷幕厚度也满足要求。

2.10.4 坝基排水

为进一步降低坝底面的扬压力，应在防渗帷幕下游侧设置排水孔幕。排水孔幕与防渗帷幕孔的距离宜大于 2m。一般设主排水孔幕一排，孔距 2～3m；高坝设置辅助排水孔 2～3 排，中坝 1～2 排，孔距都为 3～5m。孔径约为 150～200mm，不宜过小，以防堵塞。主排水孔深一般为帷幕深度的 0.4～0.6 倍，坝高 50m 以上的主排水孔深不宜小于 10m。副排水孔深可为 6～12m。所有排水孔都应在固结灌浆和帷幕灌浆后钻孔。若坝基内存在裂隙承压水层或深层透水区，排水孔宜穿过此部位。在廊道下面的混凝土内需预埋水平横向钢管，渗水通过排水钢管进入排水沟，自流或由水泵抽水排向下游。

对较高的坝，若正常运行下游尾水较深，可设置纵、横向廊道组成的排水孔系统，采用抽排降压措施。纵向廊道用作排水孔幕施工和检查维修。必要时还可沿横向排水廊道或在宽缝内设置排水孔。纵向廊道与坝基面的横向廊道或宽缝(有时还有基面排水管)相连通，构成坝基排水系统，见图 2-47。渗水汇入集水井内，用水泵抽水排向下游。如尾水较深，且历时较久，尚宜在坝趾增设一道防渗帷幕。为防止堵塞排水，应先做帷幕灌浆，后钻排水孔，但应保证帷幕厚度。

我国新安江、丹江口、刘家峡等重力坝均采用坝基抽排措施，实测结果表明，坝底面压力较常规扬

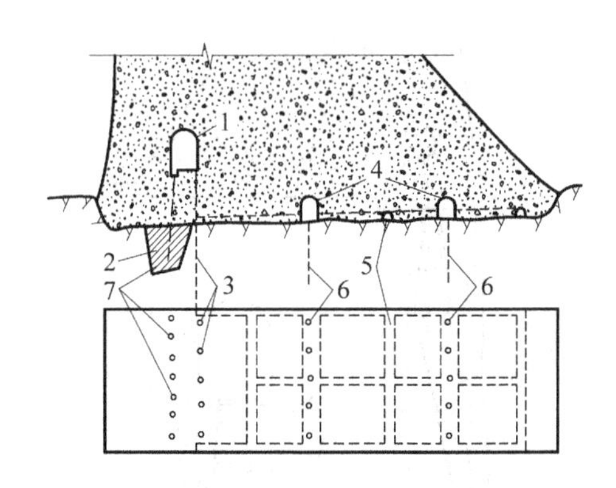

图 2-47 坝基排水系统

1—灌浆排水廊道；2—灌浆帷幕；3—主排水孔幕；4—纵向排水廊道；
5—半圆混凝土管；6—辅助排水孔幕；7—灌浆孔

压力设计图形可减小 30%以上,减压效果明显。浙江峡口重力坝、湖南镇梯形重力坝在设计中考虑了抽水减压作用,收到了良好的经济效果。

2.10.5 断层破碎带、软弱夹层和溶洞的处理

1. 断层破碎带的处理

断层破碎带的强度低,压缩变形大,易于使坝基产生不均匀沉降,引起不利的应力分布,导致坝体开裂。如果破碎带与水库连通,还会使坝底的渗透压力加大,甚至产生机械或化学管涌,危及大坝安全。

对倾角较陡的走向近于顺河流流向的破碎带,可采用开挖回填混凝土的措施,做成混凝土塞。混凝土塞的工作状态受其底宽、边坡、外荷载及混凝土与基岩、破碎带变形模量的比值等各种因素的影响,应该用结构模型试验或有限元法计算进行研究。例如我国丹江口混凝土坝第 9～11 坝段,地基有 30m 以上宽度的破碎带(如图 2-48 所示)。进行混凝土塞的结构模型试验研究发现,考虑破碎带软弱岩层所能承担的强度时,可以找到一个深度,使混凝土塞的全断面处于受压状态。当此深度增加到某一数值以后,混凝土塞及其周围岩体的应力已变化很小,可避免坝基的不均匀沉降及其对各坝段变形的不利影响。经蓄水后的原型观测资料表明,大坝运行正常,连接可靠。

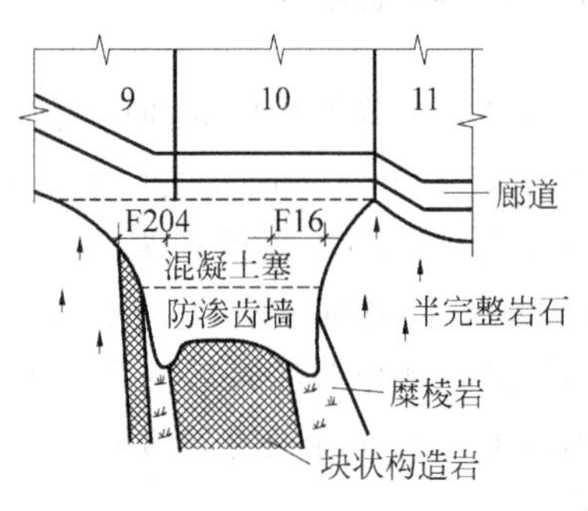

图 2-48 丹江口坝基混凝土塞

对于宽度不大的断层破碎带,混凝土塞的高度可取破碎带宽度的 1～1.5 倍,或根据计算研究确定。如破碎带延伸至坝体上、下游边界线以外,则混凝土塞也应向外延伸,延伸长度取为 1.5～2 倍混凝土塞的高度。

在选择坝址时，应尽量避开走向近于垂直河流流向的断层破碎带，因为它将导致坝基渗透压力或坝体位移增大。如难以避开，也应使坝踵和坝趾远离断层破碎带，即使在坝底中部有断层破碎带通过，也应采用混凝土塞，其开挖深度适当加大。

对走向近于顺河流流向的缓倾角断层破碎带，埋藏较浅的应予挖除，埋藏较深的除应在顶面作混凝土塞外，还要考虑其深埋部分对坝体稳定的影响。必要时可在破碎带内开挖若干个斜井和平洞，回填混凝土，形成由混凝土斜塞和水平塞组成的刚性骨架，封闭该范围内的破碎物，以阻止其产生挤压变形和减少地下水产生的有害作用。

2. 软弱夹层的处理

软弱夹层的厚度较薄，遇水易软化或泥化，使抗剪强度降低，不利于坝体的抗滑稳定，特别是连续、倾角小于30°的软弱夹层，更为不利。

对浅埋的软弱夹层，多用明挖将夹层挖除。对埋藏较深的，应根据夹层的埋深、产状、厚度、充填物的性质，结合工程的具体情况采用不同的处理措施：

(1) 在坝踵部位做混凝土深齿墙，切断软弱夹层直达完整基岩[参见图2-49(a)]，当夹层埋藏较浅时，此法施工方便，工程量不大，且有利于坝基防渗，使用得较多；

(2) 对埋藏较深、较厚、倾角平缓的软弱夹层，可在夹层内设置混凝土塞，见图2-49(a)；

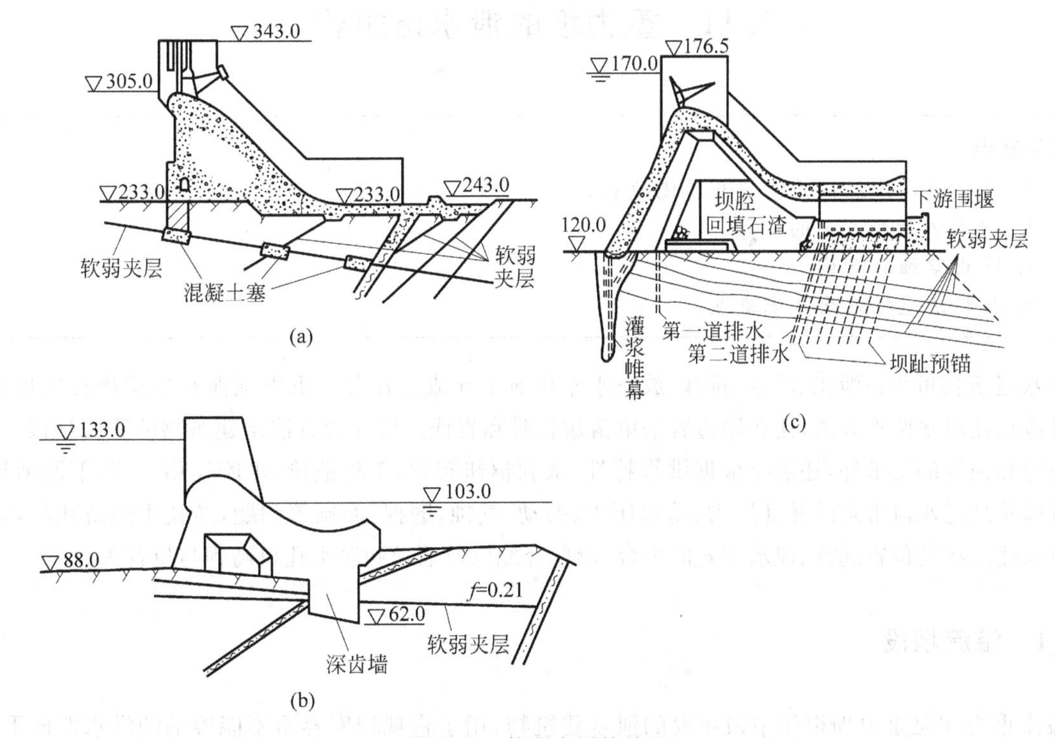

图2-49　软弱夹层的处理

(3) 在坝趾处开挖建造混凝土深齿墙，切断软弱夹层直达完整基岩，以加大尾岩抗力，见图2-49(b)，这种方法适用于在建坝过程中发现未预见到的软弱夹层或已建工程抗滑稳定的加固处理；

(4) 在坝趾下游侧岩体内设钢筋混凝土抗滑桩，切断软弱夹层直达完整基岩，抗滑桩的作用不十分明确，目前尚无成熟的计算方法；

(5) 在坝趾下游岩体内采用预应力锚索以加大岩体的抗力，见图2-49(c)，由于锚固区固结灌浆影响坝基渗流，故应做好坝基排水。

在同一工程中，常常根据实际情况联合采用几种不同的处理方法。

3. 溶洞处理

在岩溶地区建坝，可能遇到溶洞、漏斗、溶槽和暗河等地质缺陷，它们不仅是漏水的通道，而且还降低了基岩的承载能力。因此，在选择坝址时，应尽可能避开岩溶发育地区。必要时则须查明情况进行处理。

处理措施主要是开挖、回填和接触灌浆等办法联合使用。对浅层溶洞，直接开挖清除充填物，冲洗干净后，回填混凝土。对深层溶洞，如规模不大，可进行帷幕灌浆，深度需达溶洞以下较不透水的岩层；如漏水流速大，可在浆液中掺入速凝剂、加投砾石或灌注热沥青等以便加快堵塞。对于深层较大的溶洞，可采用洞挖回填的方法进行加固处理。

2.11 重力坝的泄水建筑物

学习要点

1. 坝上泄水建筑物的类型及其优缺点。
2. 泄水流量和流速的计算。
3. 防止空蚀的措施。
4. 各种消能措施及其优缺点。

泄水建筑物可承担泄洪、输水、排沙、放空水库和施工导流等任务。重力坝泄水建筑物有坝顶溢流和坝身泄水孔泄水两种方式，比在岸边岩基里凿建省时和省钱。设计含有泄水建筑物的重力坝段，除应满足稳定和强度的要求外，还需要根据洪水特性、水利枢纽布置、工程造价、水库运用方式、下游河道安全泄量以及高速水流带来的脉动压力、动水压力、振动、气蚀、磨损、冲刷等问题，经技术经济比较，研究确定泄水建筑物的位置选择、泄水方式的组合、泄量分配以及堰顶和泄水孔口高程与位置等。

2.11.1 溢流坝段

溢流重力坝是重力坝枢纽中最重要的泄水建筑物，用于将规划库容所不能容纳的洪水泄向下游，以保证大坝安全。溢流重力坝应满足的泄洪要求，包括：

(1) 有足够的孔口尺寸、良好的孔口体形和泄水时具有较高的流量系数；

(2) 使水流平顺地流过坝体，不产生不利的负压和振动，避免发生空蚀现象；

(3) 保证下游河床不产生危及坝体安全的局部冲刷；

(4) 溢流坝段在枢纽中的位置应使下游流态平顺，不产生折冲水流，不影响枢纽中其他建筑物的正常运行；

(5) 有灵活控制水流下泄的设备，如闸门、启闭机等。

溢流重力坝的设计，既有结构问题，也有水力学问题，如：空蚀、脉动、掺气、消能等。近年来虽然在试验和计算方面对这些问题的研究都取得了很大进展，但在很多方面仍有待深入研究。

1. 孔口设计

溢流坝的孔口设计涉及很多因素，如洪水设计标准、下游防洪要求、库水位壅高有无限制、是否利用洪水预报、泄水方式以及枢纽所在地段的地形、地质条件等。设计时，先选定泄水方式，拟定若干个泄水布置方案(除表面溢流孔口外，还可配合坝身泄水孔或泄洪隧洞)，初步确定孔口尺寸，按规定的洪水设计标准进行调洪演算，求出各方案的防洪库容、设计和校核洪水位及相应的下泄流量，然后估算淹没损失和枢纽造价，进行综合比较，选出最优方案。

1) 洪水标准

根据《水利水电工程等级划分及洪水标准》SL 252—2000[1]的规定，当水工建筑物的挡水高度高于15m，且上下游最大水头差大于10m时，其洪水标准宜按山区、丘陵区标准确定。符合这一条件的混凝土坝和浆砌石坝的洪水标准如表2-19所示。

表2-19 混凝土坝和浆砌石坝的洪水标准[重现期(年)]

建筑物级别	1	2	3	4	5
正常运用(设计)	1 000～500	500～100	100～50	50～30	30～20
非常运用(校核)	5 000～2 000	2 000～1 000	1 000～500	500～200	200～100

失事后对下游将造成较大灾害的大型水库、重要的中型水库以及特别重要的小型水库，如1级建筑物的土石坝，应以可能最大洪水(PMF)作为非常运用洪水标准，其他级别土石坝的校核洪水重现期高于同级别的混凝土坝；当采用混凝土坝、浆砌石坝时，根据工程情况、地质条件等，其非常运用洪水标准可较土石坝适当降低。

2) 孔口形式

(1) 开敞溢流式(图2-50)

这种形式的溢流孔除宣泄洪水外，还能用于排除冰凌和其他漂浮物；堰顶可以设闸门，也可不设。不设闸门的溢流孔，其堰顶高程与正常蓄水位齐平，泄洪时，库水位壅高，淹没损失加大，非溢流坝顶高程也相应提高，但结构简单、管理方便。适用于洪水量较小、淹没损失不大的中、小型工程。设置闸门的溢流孔，其闸门顶略高于正常蓄水位，堰顶高程较低，可以调节水库水位和下泄流量，减少上游淹没损失和非溢流坝的工程量。通常大、中型工程的溢流坝均装有闸门。

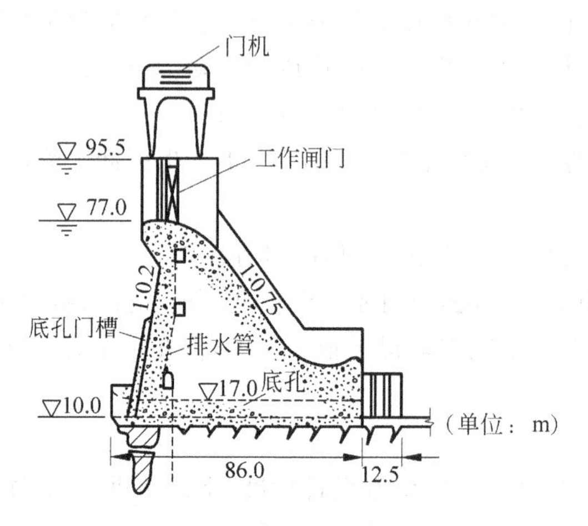

图 2-50　开敞溢流式重力坝

由于闸门承受的水头较小，所以孔口尺寸可以较大。当闸门全开时，下泄流量与堰顶水头 H_0 的3/2次方成比例，随着库水位的升高，下泄流量可以迅速增大，当遭遇意外洪水时可有较大的超泄能力。又因闸门在顶部，操作方便，易于检修，工作安全可靠，所以，开敞溢流式得到了广泛采用。

(2) 有胸墙溢流式(图 2-51)

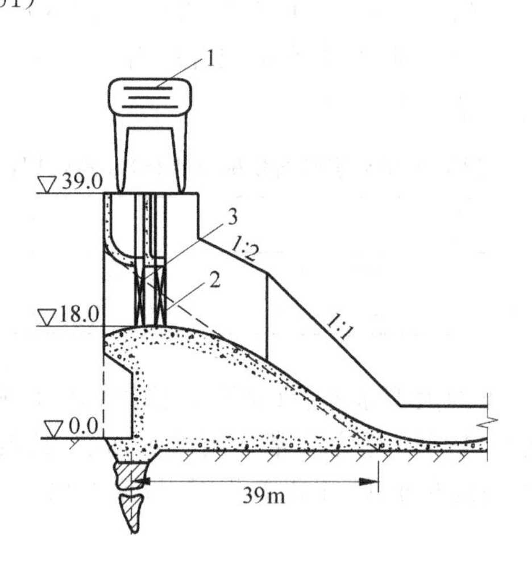

图 2-51　有胸墙溢流式重力坝

1—门机；2—工作闸门；3—检修闸门

上部设置胸墙，堰顶高程较低。这种形式的溢流孔可根据洪水预报提前放水，加大蓄洪库容，从而提高了调洪能力。当库水位低于胸墙时，下泄水流和开敞溢流式相同；库水位高出孔口一定高度后为大孔口泄流，超泄能力不如开敞溢流式。胸墙为钢筋混凝土结构，一般与闸墩固接，也有做成活动的，遇特大洪水时可将胸墙吊起，以提高超泄能力。

3）孔口尺寸

（1）单宽流量的确定

通过调洪演算，可得枢纽的总下泄流量 $Q_{总}$（坝顶溢流、泄水孔及其他建筑物下泄流量的总和），通过溢流孔口的下泄流量应为

$$Q_{溢} = Q_{总} - \alpha Q_0 \quad (m^3/s) \tag{2-76}$$

式中：Q_0——经过电站和泄水孔等下泄的流量；

α——系数，取决于汛期发电方案。

设 L 为溢流段净宽（不包括闸墩的厚度），则通过溢流孔口的单宽流量为

$$q = Q_{溢}/L \quad [m^3/(s \cdot m)] \tag{2-77}$$

单宽流量的大小是溢流重力坝设计中一个很重要的控制性指标。单宽流量一经选定，就可以大体确定溢流坝段的净宽和堰顶高程。单宽流量愈大，下泄水流所含的动能也愈大，消能问题就愈突出，下游局部冲刷可能愈严重，但溢流前缘短，对枢纽布置有利。因此，一个经济而又安全的单宽流量，必须综合地质条件、下游河道水深、枢纽布置和消能工设计，通过技术经济比较后选定。对一般软弱岩石常取 $q=20\sim50m^3/(s \cdot m)$左右；对于较好的岩石取 $q=50\sim80m^3/(s \cdot m)$；对于较坚硬、完整的岩石取 $q=100\sim130m^3/(s \cdot m)$；对地质条件好、下游尾水较深和采用消能效果好的消能工，可以选取较大的单宽流量。近年来，随着消能技术的进步，选用的单宽流量也在不断增大。在我国已建成的大坝中，龚嘴的单宽流量达 $254.2m^3/(s \cdot m)$，安康水电站表孔单宽流量达 $282.7m^3/(s \cdot m)$。而委内瑞拉的古里坝泄流末端单宽流量达 $344m^3/(s \cdot m)$的界限。

（2）孔口尺寸

设各孔口净宽和各中墩厚度分别为 b_i 和 d_i（一般为等宽等厚），总和分别为 B 与 D，则溢流前缘总长 L_0 为

$$L_0 = B + D \tag{2-78}$$

由洪水位减去堰顶高程得堰上水头 H_0(m)，开敞溢流式的下泄流量 $Q_{溢}$ 为

$$Q_{溢} = \varepsilon m B \sqrt{2g} H_0^{3/2} \quad (m^3/s) \tag{2-79}$$

式中：ε——闸墩侧收缩系数，与墩头形式有关，在初设阶段一般取 0.9～0.95；

g——重力加速度，$g=9.81m/s^2$；

m——流量系数，按 WES 溢流曲线、查表 2-20 取值。

表 2-20　流量系数 m

H_w/H_d	0.4	0.5	0.6	0.7	0.8	0.9	1.0	1.1	1.2	1.3
$P/H_d=0.6$	0.431	0.445	0.458	0.468	0.477	0.485	0.491	0.496	0.499	0.500
$P/H_d=1.0$	0.433	0.448	0.460	0.472	0.482	0.491	0.496	0.502	0.506	0.508
$P/H_d\geqslant1.33$	0.436	0.451	0.464	0.476	0.486	0.494	0.501	0.507	0.510	0.513

注：P 为堰高；H_d 为定型设计水头(m)，即按此水头设计溢流堰曲线，取最大作用水头 H_{max}的 0.75～0.95，一般用式(2-79)反算校核洪水时的 H_{max}和设计洪水时的 H_d，直到满足 $H_d=(0.75\sim0.95)\ H_{max}$为止。

当采用有胸墙的大孔口泄流时，设孔口高度为 D，孔口中心的水头为 H_w，则下泄流量为

$$Q_{溢} = \mu A_k \sqrt{2gH_w} \quad (m^3/s) \tag{2-80}$$

式中：A_k——孔口面积，m^2；

μ——孔口流速系数，在初设阶段，若 $H_w=(2.0\sim2.4)D$，因流态紊乱，阻力和水头损失较大，取 $\mu=0.74\sim0.82$，对深孔取 $\mu=0.83\sim0.93$；对重要工程应由试验求 μ 值。

确定孔口尺寸时应考虑以下一些因素：

① 泄洪要求。对于大型工程，应通过水工模型试验检验泄流能力。

② 闸门和启闭机械。孔口宽度愈大，启门力也愈大，工作桥的跨度也相应加大。为便于闸门的设计和制造，应尽量采用规范推荐的孔口尺寸，常采用宽高比 $b/H=1.2\sim1.5$。

③ 枢纽布置及下游水流条件。若河谷窄而岩基坚固，则溢流段较短，单宽流量较大，孔口较高；若河谷宽、岩基破碎，则孔口高度宜小，减小单宽流量和冲刷，但总长度加大。

当校核洪水与设计洪水相差较大时，应考虑非常泄洪措施，如适当加长溢流坝段；当地形、地质条件适宜时，还可以像土坝枢纽一样在远离大坝的垭口或较低处设置非常溢洪道。

4）闸门和启闭机

开敞式溢流坝一般设置工作闸门和检修闸门。工作闸门用来调节下泄流量，需在动水中启闭，要求有较大的启门力；检修闸门用于短期挡水，以便对工作闸门、建筑物及机械设备进行检修，在静水中启闭，启门力较小。工作闸门一般设在溢流堰顶，有时因为溢流面较陡，可将闸门设在靠近堰顶不远的下游处。检修闸门在工作闸门的上游侧，和工作闸门之间应留有 1～3m 的净距，以便进行检修。全部溢流孔备有若干个可移动的检修闸门，交替使用。

常用的工作闸门有平面闸门和弧形闸门。平面闸门的主要优点是：结构简单，闸墩受力条件较好，各孔口可共用一个活动式启门机；缺点是：需留门槽，水流条件不好，启门力较大，闸墩较厚。弧形闸门的主要优点是：启门力较小，闸墩较薄，无门槽、水流平顺；缺点是：闸墩较长，闸墩受力条件较差。

检修闸门可以采用平面闸门、浮箱闸门，也可采用比较简单的叠梁门。

事故闸门是在建筑物或设备出现事故时紧急应用，要求能在动水中关闭孔口，但在开敞式溢流坝或溢洪道中很少采用。因为孔口很大，事故闸门很重，需很大的启闭机；如果在汛期末尾要下闸蓄水，只需弧形工作门关闭的速度就可以；如果在泄大洪水时溢流坝某部位出问题，为了保大坝也不能使用事故闸门，故我国的开敞式溢流坝几乎没有设置事故闸门的。

启闭机有活动式的和固定式的。活动式启闭机多用于平板检修闸门，也可以兼用于启吊工作闸门和检修闸门。固定式启闭机固定在工作桥上，多用于弧形工作闸门。

关于闸门与启闭机的形式和详细的构造可参见第 8 章。

5）闸墩和工作桥

闸墩承受闸门传来的水压力，也是坝顶桥梁的支承。

闸墩的平面形状，在上游端应使水流平顺，减小孔口水流的侧收缩，下游端应减小墩后水流的水冠和冲击波。上游端常采用半圆形或椭圆形；下游端一般用流线型或圆弧曲线，也有用半圆形的。

常见的闸墩形状如图 2-52 所示。近年来，溢流坝闸墩的下端也常采用方形，使墩后形成一定范围的空腔，有利于过坝水流底部掺气，防止溢流坝面发生空蚀。

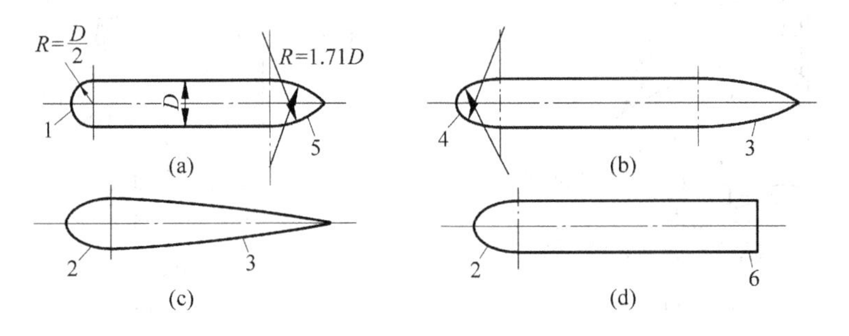

图 2-52 常见的闸墩形状

1—半圆曲线；2—椭圆曲线；3—抛物曲线；4—三圆弧曲线；5—圆弧曲线；6—方形

闸墩厚度与闸门形式有关。采用平面闸门时需设闸门槽，工作闸门槽深一般约为闸门水平跨径的 1/12～1/8，槽宽约为槽深的 2 倍，门槽处的闸墩厚度不得小于槽深的 2 倍，且不小于 1～1.5m，以保证有足够的强度。门槽应设置角钢或钢板，以防碰撞掉块变形。弧形闸门当门宽超过 15m 时，闸墩厚度应起码大于 1.5～2.0m；当门宽为 10～15m 时，闸墩厚度不小于门宽的 1/8～1/10。如果是缝墩(即坝体横缝在闸墩中间)，上述墩厚起码还要增加 0.5～1.0m。由于闸墩较薄，需要配置受力钢筋和温度钢筋。

闸墩当两侧的平板门关闭时，门槽受到水压力最大，此时门槽缩窄处的受力最不利，是控制情况之一；但当一侧开启、另一侧关闭时，两侧的水压力不平衡，应考虑两侧最大的水压力差来计算闸墩的竖向钢筋，这是控制情况之二；对于弧形门，当两门关闭时，水压推力传至中墩两侧牛腿，使中墩承受拉力最大，这是控制情况之三；如果一孔全闭、相邻一孔全开，同一闸墩两侧牛腿受力相差最大，产生不平衡的弯矩，使闸墩在关门的一侧面拉应力加大，这是闸墩配筋设计的控制情况之四。

由于牛腿受到弧形门支臂传来的水压推力很大，因此支承牛腿的锚系构造是闸墩设计的关键问题之一。锚系的任务是将牛腿传来的集中力分散传播到闸墩，根据荷载大小不同，可采用图 2-53 所示的各种锚系。对于小型弧形门，可在闸墩混凝土内埋设支座钢管，对于水压力为 5～10MN 的弧形门，支座支承在钢筋混凝土牛腿上，在牛腿附近的闸墩埋设扇形钢筋，将支座反力传播到闸墩拉应力小于允许拉应力的部位。对于水压力大于 10MN 的大型弧形门，需要用钢牛腿并用预应力型钢拉锚，使闸墩混凝土受到预压应力，当受到水压推力作用时，混凝土内不产生拉应力。近代大型弧形门的水压力可达 40MN，采用高强钢丝束作预应力拉锚，并应增加闸墩的构造钢筋用量，以防止因拉锚时局部受力不均而开裂。

闸墩的长度和高度，应满足布置闸门、工作桥、交通桥和启闭机械的要求，见图 2-54。平面闸门多用活动式启闭机，轨距一般在 10m 左右。当交通要求不高时，工作桥可兼做交通桥使用，否则需另设交通桥。门机高度应能将闸门吊出门槽。在正常运用中，闸门提起后可用锁定装置挂在闸墩上。弧形闸门一般采用固定式启门机，为将闸门吊至溢流水面以上，需将工作桥提高。交通桥则要求与非

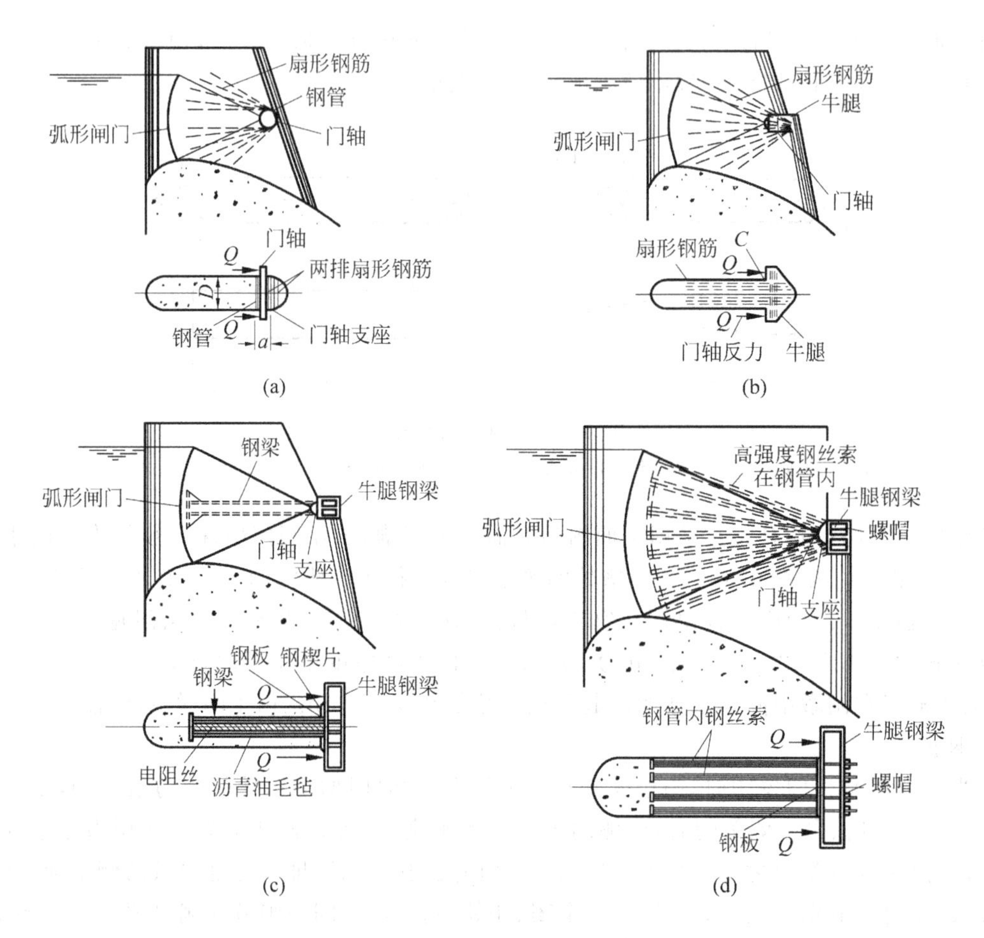

图 2-53 弧形闸门的闸墩锚系构造

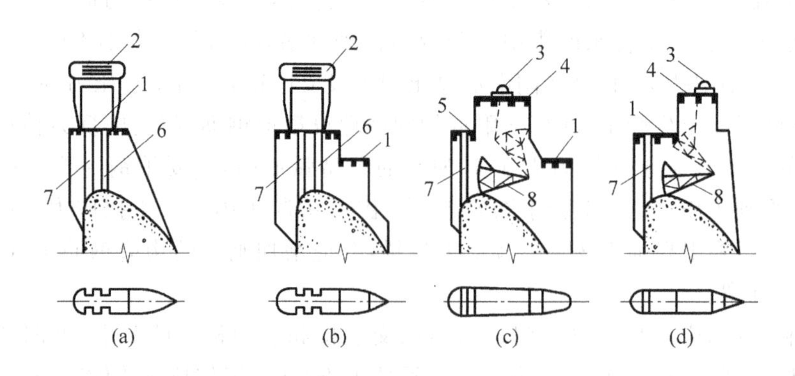

图 2-54 溢流坝顶布置图

1—公路桥；2—门机；3—启闭机；4—工作桥；5—便桥；6—工作门槽；7—检修门槽；8—弧形闸门

溢流坝坝顶齐平。为了改善水流条件，闸墩需向上游伸出一定长度，并将这部分做到溢流堰顶以下约一半堰顶水深处。

溢流坝两侧设边墩也称边墙，一方面起闸墩的作用，同时也起分隔溢流段和非溢流段的作用，见图 2-55。边墩从坝顶延伸到坝趾，边墩高度由溢流水深决定，并应考虑溢流面上由水流冲击波和掺气所引起的水深增高，一般高出水面 1～1.5m。当采用底流式消能工时，边墩还需延长到消力池末端形成导墙。当溢流坝与水电站并列时，导墙长度要延伸到厂房后一定的范围，以减小溢流时尾水波动对电站运行的影响。为了防止温度裂缝，在导墙上每隔 15m 左右做一道伸缩缝，缝内做简单的止水，以防溢流时漏水，导墙的顶部厚度为 0.5～2.0m，下部厚度根据结构计算确定。

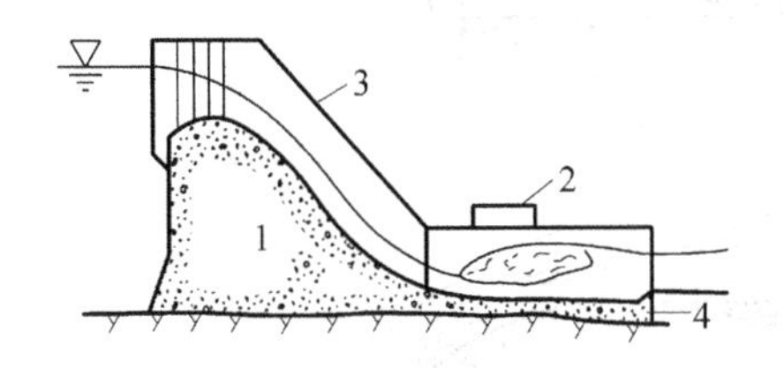

图 2-55　边墩和导墙

1—溢流坝；2—水电站；3—边墩；4—护坦

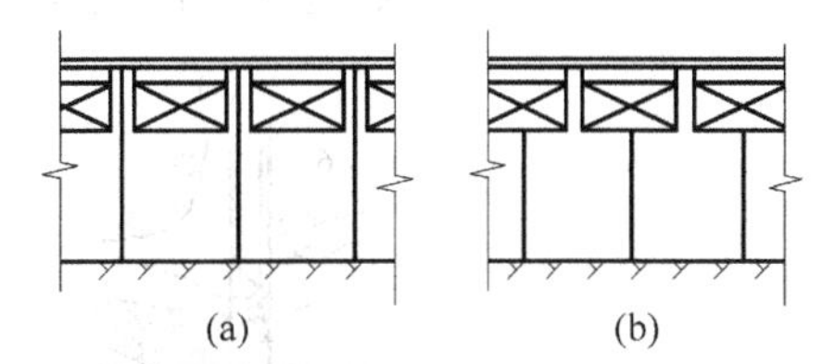

图 2-56　溢流坝段横缝的布置

6）横缝的布置

溢流坝段的横缝，有以下两种布置方式(图 2-56)：

(1) 缝设在闸墩中间，当各坝段间产生不均匀沉降时，不致影响闸门启闭，工作可靠，缺点是闸墩厚度较大；

(2) 缝设在溢流孔跨中，闸墩可以较薄，但地基不均匀沉降影响闸门启闭，易造成局部水流不顺。

2. 有关高速水流的几个问题

高水头泄水重力坝泄水时，由于流速很高(可达 30～40m/s)，因而产生了高速水流特有的一些物理现象，如空化、掺气、压力脉动和冲击波等，设计时必须予以考虑。

1) 空化和空蚀

在自然条件下，水体中含有许多很小的气核，过坝水流中某点的压力降至饱和蒸汽压强，气核迅速膨胀为小空泡，这种现象称为空化。当低压区的空化水流流经下游高压区时，空泡遭受压缩而溃灭，由于溃灭时间极为短暂(一般只有千分之几秒)，会产生一个很高的局部冲击力。若空泡溃灭发生在靠近过水坝面，局部冲击力大于材料的内聚力时，可使坝面遭到破坏，这种现象称为空蚀。

国内外的工程运行经验和试验表明，当水流流速超过 15m/s 时，就有可能发生空蚀破坏，且空蚀强度与水流流速的 5～7 次方成正比。溢流面不平整，往往是引起空蚀破坏的主要原因。施工期放样不准、模板走样、混凝土质量不佳和运行期泥沙对结构迎水面不均匀磨损等，都会造成不平整。常见的空蚀部位见图 2-57。

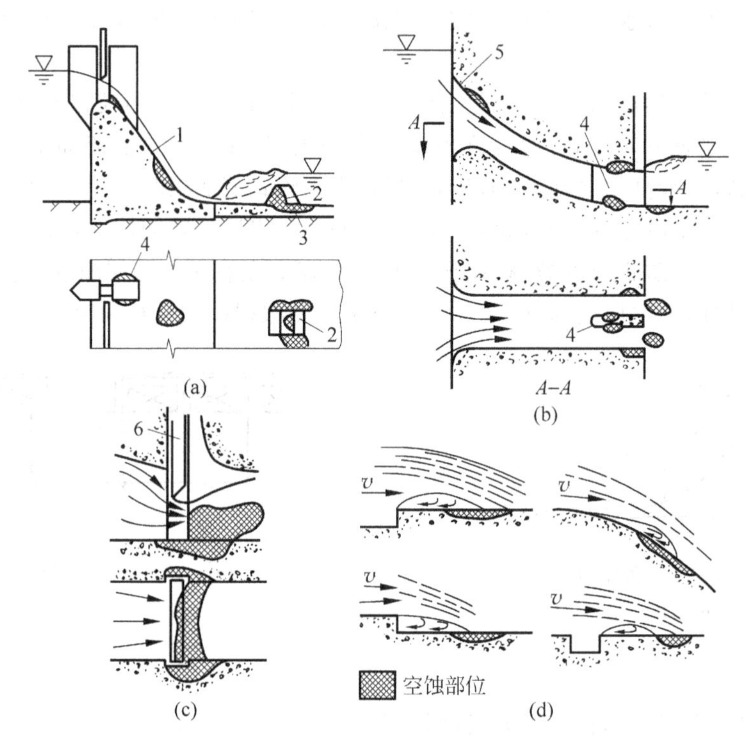

图 2-57 泄水建筑物常见的空蚀部位

1—溢流面；2—辅助消能工；3—护坦板；4—闸墩；5—孔口的进口；6—底孔或隧洞的深水闸门

水流空化数 σ 是衡量实际水流发生空化可能性大小的指标，其表达式为

$$\sigma=\frac{h_d+h_q-h_v}{v^2/2g} \tag{2-81}$$

式中：$v^2/2g$——计算断面处的平均流速水头，m；

h_d——计算断面处的时均动水压力水头(水柱高)，m；

h_q——大气压力水头，m，相对于海平面每增加高度 900m，h_q 降低 1m 水柱；

h_v——水的汽化压力水头，m，对于不同的水温可参照表 2-21 采用。

表 2-21 h_v 随水温的变化

水温(℃)	0	5	10	15	20	25	30	40
h_v(水柱高，m)	0.06	0.09	0.13	0.17	0.24	0.32	0.43	0.75

当过流边壁几何形状一定，水流空化数小到某一临界值时，边壁某处出现空化，这时的水流空化数称为该体形的初生空化数 σ_i。初生空化数 σ_i，只与几何体形有关，可由减压试验求出。在一般情况下：当 $\sigma>\sigma_i$，不会发生空化水流，当然就不会发生空蚀；当 $\sigma\leqslant\sigma_i$，产生空化水流，就可能发生空蚀；设

计时应使 $\sigma > \sigma_i$。

不平整度愈大，产生初生空化的流速愈小，且不平整形状对空化初生的流速也有影响。为了防止空蚀，对过水表面不平整度提出适当的限制是完全必要的。为此，一方面要严格控制过水表面的施工质量；另一方面要对存在的表面不平整进行磨削处理，以减小不平整的尺寸或改变其形状。使其不致引起破坏。我国水利水电科学研究院水力学所建议按不同水流空化数 σ 来确定突体磨削坡度，见表 2-22。

表 2-22　水流空化数 σ 与突体磨削坡度的关系

水流空化数 σ	0.5～0.3	0.3～0.1	<0.1
垂直水流流向的凸坎磨平坡度	1/30	1/50	1/100
顺水流流向的凸坎磨平坡度	1/10	1/30	1/50

由表 2-22 可以看出，水流空化数 σ 越小，要求过水表面突体的坡面越缓。相同的水流空化数要求垂直水流流向的突体坡度比顺水流流向的突体坡度要更缓些。

美国对不平整度提出了相当严格的要求，如：垂直水流流向的升坎坎高不允许大于 3.2mm；顺水流流向的升坎坎高不允许大于 6.3mm；当超出此限度时，要按流速与磨削坡度的关系磨平，见表 2-23。

表 2-23　流速与磨削坡度的关系

流速(m/s)	12.2～27.4	27.4～36.6	>36.6
磨削坡度	1/20	1/50	1/100

我国《混凝土重力坝设计规范》DL 5108—1999[4] 附录 C 的表 C5 根据不同的溢流落差和凸坎高度列出无空蚀坡度的控制标准。

对于高速水流作用下的过水表面，应按不平整度要求精心施工，尤其在易发生空蚀的闸门槽底槛及其下游侧、闸墩下游端附近坝面、变坡段、反弧起点、紧邻反弧终点的下游水平段和其他边界条件变化地段，更应注意，若不平整度超过规定，则应进行磨削处理。

由于溢流坝过水表面积大，混凝土强度又高，要把所有突体处理到要求的平顺光滑度，不但工作量大，费用昂贵，工艺上也存在困难。特别是在水流空化数小于 0.2 时，不平整度很难达到要求，必须采取其他防空蚀措施，例如，设计合理的溢流坝面体形、设置掺气减蚀装置、采用抗空蚀性能好的材料以及合理的运行方式等。这些措施将在后续的有关章节叙述。

2) 掺气

溢流重力坝下泄的水流，当流速超过 8m/s 时，空气从自由表面进入水体，产生掺气现象。掺气水流主要分为“自掺气”和“强迫掺气”两大类。

高速水流掺气，对工程来讲有利有弊。溢流面水流底部掺气可以减免空蚀，射流在空中扩散掺气和射流在水垫中掺气，可消耗大部分多余能量，有利于消能防冲。水流掺气后水体膨胀，水深增加，要求溢流坝边墙加高，对明流隧洞要求加大洞顶净空；水流掺气后，水滴飞溅，会形成雾化区，对工程、设备及工作与生活都有不利的影响。

当流速超过 30～35m/s 时，即使采取表面平整措施，仍可能发生空蚀破坏，应采取掺气措施。试验表明：流速为 46m/s 时，如不掺气，即使混凝土强度达 44MPa，也会发生空蚀破坏；但当掺入相当于水流量 5%的空气后，强度为 12MPa 的混凝土也不发生空蚀。向水流掺气能改变水层与边壁间的压力状况，使空泡溃灭时作用在边壁上的冲击力大为减弱。我国丰满、乌江渡等溢流坝采取掺气措施都获得良好效果。具体做法是在容易发生空蚀的地方，沿流程每隔一定距离设一掺气槽，如图 2-58 所示，其尺寸应根据需气量大小通过试验选择。槽上游一侧的挑坎是为使槽后水层底部形成一定长度的空腔，通过通气孔将外界空气自动吸入与水流掺混。选型良好的掺气槽有效保护长度反弧段约为 70～100m，直线段约为 100～150m。

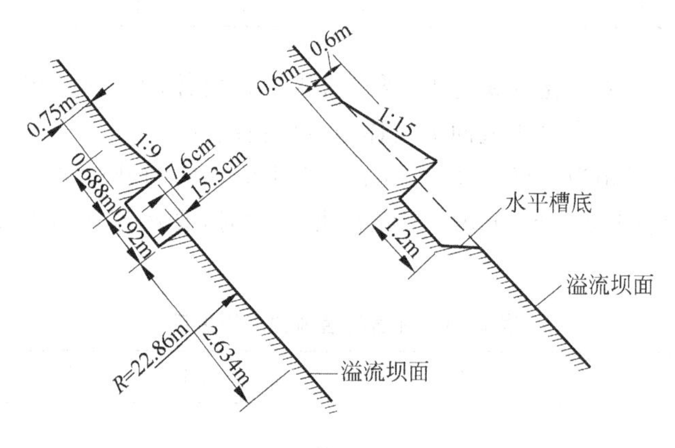

图 2-58 掺气槽的布置

为慎重起见，对于重要的工程和流速大于 35m/s 的泄水建筑物，应通过减压箱模型试验确定防蚀措施。在多泥沙的河流上，泄水建筑物应考虑挟沙的高速水流磨损和空蚀的相互作用。

在实际工程中还在过流表面采用防蚀抗磨性能好的材料，如：高标号混凝土，钢丝纤维混凝土，钢板，辉绿岩铸石板，环氧砂浆，混凝土表面注入单分子化合物聚合成浸渍混凝土等，都可大大提高抗蚀、抗磨和抗冲刷能力。但环氧砂浆造价高，固化过程有毒性，不能大面积使用；浸渍混凝土费工时，造价也高。关于这些材料，目前仍继续研究，使其符合环保要求、更为经济和耐用。

3）水流脉动

泄水建筑物中的水流运动，属于高度紊动的水流，其基本特征是流速和压力随时间在不断变化，即所谓脉动。水流对泄水建筑物的作用力主要是动水压力，作用在溢流坝面某点上的瞬时总压强 p 可视为时均压强 $\overline{p}$ 和脉动压强 p' 之和，即 $p=\overline{p}+p'$，见图 2-59。

在设计中，表征脉动压力的主要参数是频率和振幅(指波峰顶点或波谷底点到平均压强线的垂直距离)。水流脉动对水工建筑物的影响主要有以下几个方面：

(1) 增大作用在建筑物上的瞬时荷载。在许多情况下，确定动水荷载时只考虑时均水压强是不

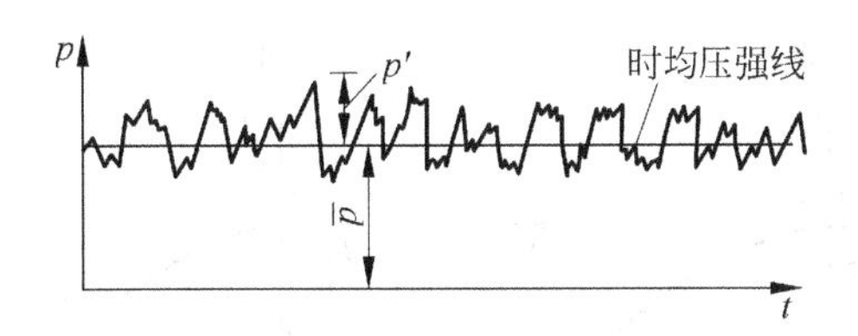

图 2-59　压强时均值与脉动值示意图

够的，还应考虑脉动压力引起的荷载增加。溢流坝面的脉动压力，根据国内外室内及原型观测资料表明，$p'=(0.01\sim0.05)v^2/(2g)$。

(2) 脉动压力变化有一定的周期性。如果脉动频率与其作用的建筑物固有频率相接近，可能引起建筑物振动，甚至共振。根据溢流坝的原型观测和模型试验资料得知，脉动压力的平均频率为30～35Hz，主频率为 20～30Hz，脉动压力频率远比建筑物的固有频率高，不会引起危及建筑物的振动。但对护坦、溢流厂房顶板、闸门等轻型结构，设计时应考虑有无因脉动引起振动破坏的可能性。

(3) 增加空蚀破坏的可能性。由于水流强烈紊动，瞬时总压强因脉动压强有时比时均压强小，因而瞬时水流空化数有时要比时均水流空化数小。在此情况下，即使时均水流空化数较初生空化数大，也有可能出现瞬时水流空化数小于初生空化数的情况，而使水流发生空化，导致过流壁面的空蚀破坏。

4) 冲击波

在高速水流边界条件发生变化处，如断面扩大、收缩、转弯处，将产生冲击波，影响溢流面上的流态。溢流坝闸门槽、墩尾等处均是引起冲击波的部位。

3. 溢流面体形设计

溢流面由顶部曲线段、中间直线段和下部反弧段三部分组成。设计要求是：(1)有较高的流量系数，泄流能力大；(2)水流平顺，不产生不利的负压和空蚀破坏；(3)体形简单，造价低，便于施工等。

1) 顶部曲线段

溢流坝顶部曲线是控制流量的关键部位，其形状多与锐缘堰泄流水舌下缘曲线相吻合，否则会导致泄流量减小或堰面产生负压。顶部曲线的形式很多，早期多用克-奥(Кригель-Офицеров)曲线。近年来，由于 WES(Waterway Experiment Station)溢流曲线的流量系数较大且剖面较瘦，工程量较省，坝面曲线用方程控制，容易找到切点位置，较之克-奥曲线用给定坐标值的方法来说，设计施工都较方便，所以多采用 WES 曲线来设计溢流坝面。

WES 型溢流堰顶部曲线以堰顶为界分上游段和下游段两部分，上游段曲线曾用过双圆弧、椭圆等形式。椭圆曲线可获得较大的流量系数，但泄流时容易产生负压，施工放线略有不便。双圆弧曲线如图 2-60(a)所示，其尺寸参数见表 2-24。

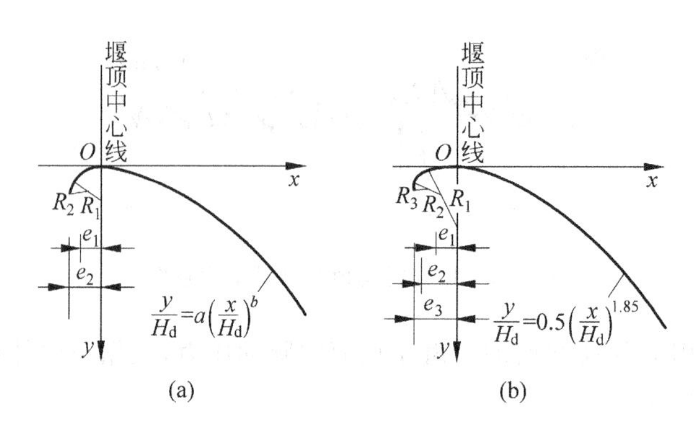

图 2-60　WES 曲线

表 2-24　WES 曲线参数

上游坡(垂直∶水平)	R_1/H_d	R_2/H_d	e_1/H_d	e_2/H_d	a	b
3∶0	0.50	0.20	0.175	0.282	0.500 0	1.850
3∶1	0.68	0.21	0.139	0.237	0.516 5	1.836
3∶2	0.48	0.22	0.115	0.214	0.515 7	1.810
3∶3	0.45	0	0	0.199	0.534 0	1.776

注：H_d 为定型设计水头(m)。

西班牙学者提出把原来的二圆弧组合曲线改为三圆弧组合曲线，如图 2-60(b)所示，其中 $R_1=0.5H_d$，$R_2=0.2H_d$，$R_3=0.04H_d$，$e_1=0.175H_d$，$e_2=0.276H_d$，$e_3=0.2818H_d$，这种曲线使压力分布和泄流能力都得到改善。

堰顶下游段的曲线方程为

$$\frac{y}{H_d}=a\left(\frac{x}{H_d}\right)^b \tag{2-82}$$

式中：H_d——定型设计水头；

a、b——系数，与堰的上游面倾斜坡度有关，详见表 2-24；

x、y——以堰顶最高点为原点坐标，其正方向如图 2-60 所示。

因重力坝堰高 P 一般远大于 H_d，且上游坝面较陡，当堰上水头 $H=H_d$ 时，$m=0.503$；当 $H=1.4H_d$ 时，$m=0.516$，由式(2-79)计算溢流堰下泄流量。

如果闸门在部分开启条件下工作或设置胸墙，当堰顶水头 H 与孔口高度 D 的比值 $H/D>1.5$ 时(如图 2-61 所示)，应按孔口射流曲线设计，其曲线方程为

$$y=\frac{x^2}{4\phi^2 H_d} \tag{2-83}$$

式中：H_d——定型设计水头，孔口中心至校核水位的 75%～95%；

ϕ——流速系数，一般取 0.96，有检修门槽时取 0.95。

坐标原点设在堰顶最高点，见图2-61。原点左侧的上游段采用复合圆弧或椭圆曲线与上游坝面连接，胸墙下缘也采用圆弧或椭圆曲线。泄流量计算用式(2-80)。当 $H_d/D=1.2\sim1.5$ 时，堰面曲线和泄流量应通过模型试验确定。

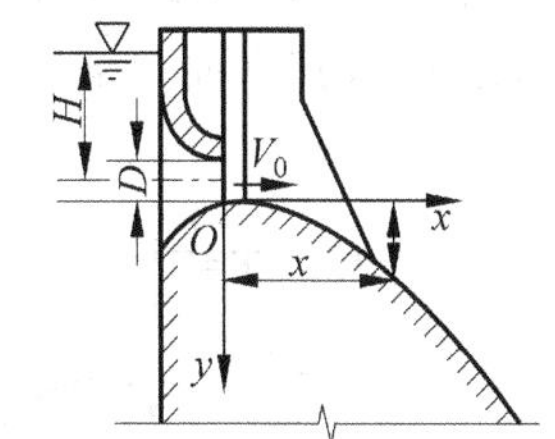

图2-61　孔口射流曲线

按定型设计水头确定的溢流面顶部曲线，当通过校核洪水时流量系数或流速系数增大，对增加泄洪能力有利，但将出现负压，一般要求负压值不超过3～6m水柱高。

2）反弧段

溢流坝面反弧段是使沿溢流面下泄水流平顺转向的工程设施，通常采用圆弧曲线。《混凝土重力坝设计规范》DL 5108—1999[4]建议反弧半径 R 选用：

$$R=(4\sim10)h \tag{2-84}$$

h 为校核洪水位闸门全开时反弧最低处的水深。此式一般多用于单宽流量很大的中低坝或薄拱坝表孔溢流面的反弧段。按理，反弧处流速愈大，要求反弧半径愈大，宜采用较大值。当流速大于16m/s时，式(2-84)宜采用上限值。但若校核洪水位与反弧最低点的高差 z 较大，反弧最低处水深 h 很小，按式(2-84)计算取 $10h$ 可能反而变得很小，此式有些不合理。建议此情况的 R 按下式计算取值：

$$R=(0.3\sim0.7)z \tag{2-85}$$

合理选取反弧半径 R 值，是一个尚待妥善解决的问题。实际许多高坝反弧半径 R 的取值范围，远远超过 $R=(4\sim10)h$ 的限度。有人根据国内外60个工程资料，针对影响反弧半径的主要因素进行优化，提出反弧半径的经验公式为

$$R=2Fr^{3/2}h/3 \tag{2-86}$$

式中：Fr——反弧最低点处的佛汝德数，$Fr=v/(gh)^{1/2}$。

此式可作为工程设计参考，大、中、小工程均能运用。

圆弧曲线结构简单，施工方便，但工程实践表明容易发生空蚀破坏，水流沿溢流面下泄，沿程流速递增，而水深递减，亦即水流的空化数沿程是递减的。水流进入反弧段受凹曲率的影响，该处的压力为动水压力与离心力之和。在反弧段最低点附近的压力最大，最低点之前存在逆压力梯度，最低点之后存在顺压力梯度。所以，在反弧段起点附近的空化数比其他部位低，是可能产生水流空化的部位；反弧段末端因离心力消失、压力突然降低，流速脉动强烈，该处最易发生空蚀破坏。为此，许多人开展了探求合理新型反弧曲线的研究，如：曲率连续变化、等空化数反弧曲线和等安全压力反弧曲线等。

3）中间直线段

中间直线段与坝顶曲线和下部反弧段相切，坡度一般与非溢流坝段的下游坡相同。

4）剖面设计

溢流重力坝剖面要与非溢流重力坝的基本剖面相适应。上游坝面一般设计成铅直的，或上部铅直、下部倾向上游，并尽量与非溢流重力坝的上游面相一致。溢流重力坝顶部是堰顶曲线，下游面中间直线段与堰顶曲线相切。当溢流重力坝剖面小于基本三角形剖面时，可适当调整堰顶曲线，使其与三角形的斜边相切；对有鼻坎的溢流坝，鼻坎超出基本三角形以外，当 $l/h>0.5$，经核算 B-B' 截面的

拉应力较大时，可设缝将鼻坎与坝体分开，见图 2-62(a)。我国寝窝、石泉等工程就是采用的这种形式。当溢流重力坝剖面大于基本三角形剖面时，为节约坝体工程量，但又不影响泄流能力，可将堰顶突向上游，如图 2-62(b)所示，其突出部分的高度 h_1 应大于 $0.5H_{max}$（H_{max}为堰顶最大水头）。如溢流重力坝较低，其坝面顶部曲线段可直接与反弧段连接，而无中间直线段，见图 2-62(c)。

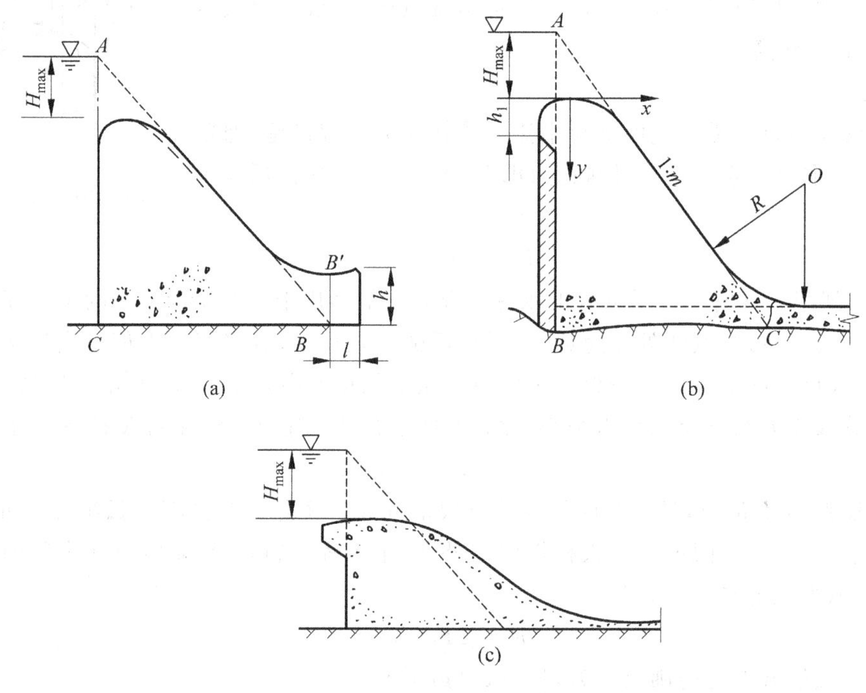

图 2-62 溢流重力坝剖面

5）导墙上边缘高程的确定

溢流坝段两侧导墙在平面位置上是两侧边墩的延续，它一般是在溢流面混凝土浇筑之后才施工的。导墙高度主要取决于最大泄流量时计入波动和掺气后的水深 h_a，其计算尚无理论公式，我国《混凝土重力坝设计规范》SDJ 21—78 与 DL 5108—1999、《溢洪道设计规范》SL 253—2000[34]都规定：

$$h_a = \left(1 + \frac{\zeta v}{100}\right)h \tag{2-87}$$

式中：h——未计入波动及掺气的水深，m；

h_a——计入波动及掺气的水深，m；

v——未计入波动及掺气计算断面上的平均流速，m/s；

ζ——修正系数，一般取 1.0～1.4s/m，视流速和断面收缩情况而定，当流速大于 20m/s 时，宜采用较大值。

沿混凝土溢流面的法向至导墙上边缘的距离 D 宜比 h_a 大 1.0～1.5m 的安全余量。至于未计入

波动及掺气的水深 h，可通过模型试验确定。在没有条件做试验的情况下，可采用如下各步骤试算求得 h：

(1) 先假设水舌厚度 t_1，由此求得水舌截面中点至上游水面的高差 Δz，并计算此截面的平均流速 $v_1=\phi(2g\Delta z)^{1/2}$，$\phi$ 为流速系数，其取值见后面式(2-88)、式(2-89)；

(2) 用 v 和单宽流量 q 计算水舌的厚度 $t_2=q/v$；

(3) 用新算得的 t_2 回代到(1)、(2)两步，直到前后两次算得的结果相差很小为止，一般经过 2～3 次试算可得到满足精度要求的水舌厚度 $h(=t_2)$，再代入式(2-87)计算 h_a。

至于流速系数 ϕ，由以往的模型试验和原型观测结果总结得如下的计算式。

先计算 $k=q^{2/3}/\Delta z$，q 为单宽流量(m^2/s)，Δz 为水舌中点至上游水面的高差(m)。

当 $k\leqslant 0.8188$ 时，取

$$\phi = k^{0.2} \tag{2-88}$$

当 $k>0.8188$ 时，取

$$\phi = \left(1-\frac{0.0973(\Delta z)^{0.75}}{q^{0.5}}\right)^{1/3} \tag{2-89}$$

4. 消能防冲设计

由溢流坝下泄的水流具有很大的动能，常高达几百万甚至几千万 kW，如：潘家口和丹江口坝的最大泄洪功率均接近 3 000 万 kW。如此巨大的能量，若不妥善进行处理，势必导致下游河床被严重冲刷，甚至造成岸坡坍塌和大坝失事。所以，消能措施的合理选择和设计，对枢纽布置、大坝安全及节省工程量都有重要意义。

消能形式的选择，要根据枢纽布置、地形、地质，水文、施工和运用等条件确定，消能工的设计原则是：(1)尽量使下泄水流的大部分动能消耗在水流内部的紊动、掺混、剪切及漩滚，水流与消能工边界的摩擦和撞击、水流与空气的摩擦和掺混等方面；(2)不产生危及坝体安全的河床或岸坡的冲刷；(3)下泄水流平稳，不影响枢纽的正常运行；(4)结构简单，工作可靠；(5)尽量减小泄洪产生的雾化及其影响；(6)工程量小。

常用的消能工形式有：挑流消能、底流消能、面流消能和消力戽消能等。其中，挑流消能方式应用最广，底流消能方式次之，而戽流和面流消能方式一般应用较少。随着坝工建设的迅速发展，泄洪消能技术已有不少新的进展，主要表现在：(1)常见的底流和挑流消能方式有了很大的改进与发展，增强了适应性和消能效果；(2)出现了一些新型高效的消能工；(3)因地制宜采用多种消能工的联合消能形式。

1) 挑流消能

(1) 挑流消能的特点与设计

挑流消能利用泄水建筑物出口处的挑流鼻坎，将下泄的急流抛向空中，然后落入离建筑物较远的河床。能量耗散大体分三部分：急流沿固体边界的摩擦消能；射流在空中与空气摩擦、掺气、扩散消能；射流落入下游尾水中淹没紊动扩散消能并与河床固体边界摩擦消能，要求坝趾附近的基岩比较

坚固。挑流消能通过鼻坎可以有效地控制射流落入下游河床的位置、范围和流量分布，对尾水变幅适应性强，结构简单，施工、维修方便，耗资省，所以大部分重力坝采用这种消能方式。但下游冲刷较严重，堆积物较多，尾水波动与雾化都较大，应引起注意，采取一些措施解决这些问题。

模型试验表明，冲刷坑起点大体上与水股内线的射程 L_1 一致，冲刷坑最深处大体与水股外线的射程 L_2 一致，如图 2-63 所示，水股外线在下游岩基面上的射程为

$$L_2=\frac{v_2^2\sin\theta\cos\theta}{g}\left[1+\sqrt{1+\frac{2g(z+h\cos\theta)}{v_2^2\sin^2\theta}}\right]\quad(\mathrm{m})\tag{2-90}$$

式中：z——挑坎与下游基岩面的高差，m；

θ——挑坎的挑射角(即挑射方向与水平面的夹角)；

g——重力加速度，$g=9.81\mathrm{m/s^2}$；

h——在挑坎处水舌的厚度，m；

v_2——在挑坎处水股外侧的流速，m/s，一般约为水股平均流速 v 的 1.1 倍。

v 与 h 用上述试算法求得。从理论讲，算至冲坑底的挑距还应加上 $t\tan\beta$，t 为冲坑深，β 为水股外缘在原基岩面处的入射角(见图 2-63)。但实际上，由于空气阻力，水股外缘流速逐渐减小，水股外缘向内掺混，进入下游水面后，受到很大的阻力，水流掺混，流态很复杂，不再保持原来内外缘的位置关系了。所以实际挑距比用式(2-90)计算的挑距还短，约为理论挑距的 70%～80%，故不必试算求 v 与 h，可先用下式求 L：

$$L=2\phi^2(H_0+P-z)\sin\theta\cos\theta\left[1+\sqrt{1+\frac{z}{\phi^2(H_0+P-z)\sin^2\theta}}\right]\quad(\mathrm{m})\tag{2-91}$$

式中 ϕ 为挑坎处的流速系数，按式(2-88)计算，其他符号的物理意义如图 2-63 所示。为偏于安全和计算简便，在求得 L 后，再乘以 0.7～0.8 作为实际挑距。一般当挑射角 θ 和水深 h_t 较大时，取小值，如 0.7～0.75 左右。

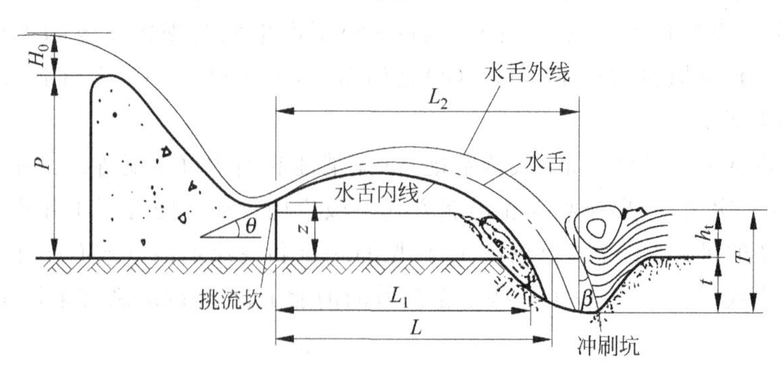

图 2-63 挑距和冲刷坑深度计算图形

从理论上讲，鼻坎挑射角度愈接近 45°，挑距愈远。但实际上有空气阻力，挑坎比下游河床水位高，鼻坎挑射角 θ 超过 35°后，挑距增加很小，而工程量增加很多、挑坎结构复杂，故挑射角很少超过 35°。另外，如果挑射角较大，水舌落入下游水垫的入射角 β 较小，冲刷坑较深，所以一般采用 $\theta=$

20°～30°为宜。

关于冲刷坑深度,目前还没有比较精确的计算公式。据统计,在比较接近的几个公式中,计算结果相差可达30%～50%,工程上常按式(2-92)进行估算[18]。

$$T = kq^{0.5}(H_0 + P - h_t)^{0.25} \quad (\mathrm{m}) \tag{2-92}$$

式中:T——冲坑深度,自水面算至坑底,m;

q——单宽流量,$\mathrm{m^3/(s \cdot m)}$;

H_0+P-h_t——上、下游水位差,m;

k——冲坑系数,基岩坚硬完整、裂隙不发育(间距>150cm),$k=0.6\sim0.9$;裂隙较发育(间距50～150cm),$k=0.9\sim1.2$;裂隙发育(三组以上、间距20～50cm),$k=1.2\sim1.6$;裂隙很发育(三组以上、间距<20cm)切割呈碎石状、胶结很差,$k=1.6\sim2.0$。

在下游河床水深较大、岩基较好时,冲坑的上游坡约为1∶(2.5～3.0),岩基较差则为1∶(3.5～4.0);当下游水深较浅时,则相应为1∶(3.0～3.5)和1∶(4.0～5.0)。在设计时,应校核冲刷坑是否延至坝趾、危及坝的安全;不仅校核最大洪水下泄的情况,而且还应计算不同下泄流量的情况,因为在单宽流量较小时,流速和挑距都大大减小,也有可能危及坝脚的安全。有的工程在坝趾后设置护坦,以避免小泄量时的冲刷破坏。国外还有采用水跃与挑流相结合的消能方式,小流量时可在挑流坎的上游形成水跃消能,大流量时则由挑坎把水流挑射到下游远处。

对于大泄量或大流速情况,有时需要下游有很深的水垫。如果施工需要做下游混凝土围堰,最好能结合起来,建在离冲坑较远的下游某一位置,竣工后不拆除,作为永久的可过水的二道坝,以增加水垫的厚度。为减小其上游大坝平时所受到的浮托力,可在二道坝适当高程的位置设置小的排水涵管,可降低二道坝在平时的水深,而对泄洪时的水垫厚度影响很小。

(2) 挑坎体形

在重力坝中常用的挑坎体形有连续坎和差动坎两大类型,见图2-64。

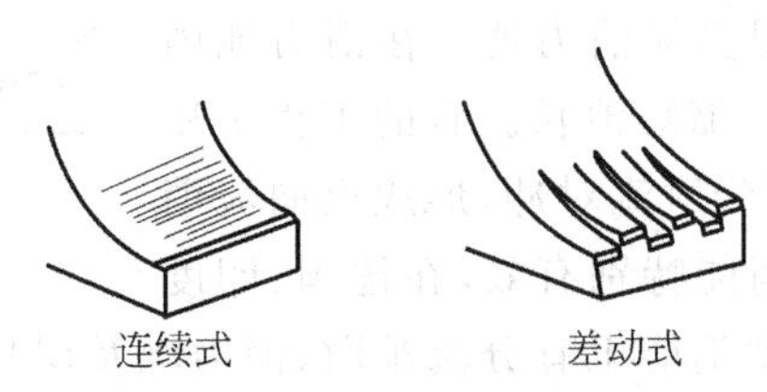

图2-64 重力坝常用的挑坎类型简图

连续坎,又称实体坎,结构简单,施工方便,不易发生空蚀破坏,水流雾化也轻。适用于尾水较深、基岩较坚硬、单宽流量不大的泄水建筑物。

差动坎,是齿、槽相间的挑坎,射流挑离鼻坎时上下分散,在空中的扩散作用充分,可以使下游的局部冲刷减轻,但齿的棱线和侧面易遭受高速绕流的空蚀破坏。差动坎的齿可以是矩形、梯形或余弦形。齿的挑角常用20°～30°,齿、槽挑角差为5°～10°。齿的高度d约为反弧底处急流水深的0.75～1.0倍,齿宽约为d的1～2倍,以满足齿的结构要求,齿、槽宽度比约为1.5～2.0。为防止齿的空蚀破坏，齿坎应设置通气孔。

2）底流消能

底流消能是通过水跃，将泄水建筑物泄出的急流转变为缓流，以消除多余动能的消能方式。消能主要靠水跃产生的表面漩滚与底部主流间的强烈紊动、剪切和掺混作用。底流消能具有流态稳定、消能效果较好、对地质条件和尾水变幅适应性强以及水流雾化小等优点，可适应高、中、低水头。但护坦较长，土石方开挖量和混凝土方量较大，工程造价较高，一般用于地质条件较差的坝基。

水力学的研究表明，水跃前收缩断面的水深 h_c 与跃后水深 h'' 的共轭关系满足

$$h''=\frac{h_c}{2}\left(\sqrt{1+8\frac{v_1^2}{gh_c}}-1\right) \tag{2-93}$$

式中：v_1——跃前流速，m/s；

g——重力加速度，$g=9.81\mathrm{m/s^2}$。

根据尾水深度小于、等于或大于水跃跃后水深，下泄水流将出现远驱、临界和淹没水跃三种衔接流态。在工程上，要设计成能产生具有一定淹没度 σ（$\sigma=1.05\sim1.10$）的水跃，此时水跃消能的可靠性大，流态稳定；但淹没度不能过大，否则将使消能效率降低，护坦长度加长。临界水跃消能效果最好，但流态不稳定，当下游水深小于 $0.95h''$ 时会产生远驱水跃，河床需要保护的范围反而加长，应设法避免。在实际工程中，常采用以下三种措施：(1)在护坦末端设置消力坎，在坎前形成消力池；(2)降低护坦高程形成消力池；(3)既降低护坦高程，又建造消力坎形成综合消力池。

消力池是水跃消能工的主体，消能工断面除少数为梯形外，绝大多数呈矩形。在平面上多数是等宽的，也有做成扩散式或收缩式的。为了适应较大的尾水位变化及缩短平底段护坦长度，护坦前段常做成 1∶12～1∶10 倾向下游的斜坡，当下游水深较大时，水跃发生在斜坡的上游部位，当下游水深较浅时，水跃发生在斜坡的下游部位。为了控制下游河床与消力池底的高差，以期获得较好的出池水流流态，可采用多级消力池。在消力池内设置辅助消能工，可增强消能效果，缩短池长。有的工程引用一部分射流水股，反向朝着另一部分射流对冲，形成反向流消力池，此种消力池对低弗劳德数消能特别有效，在德国、印度等国家均有工程实例。常见的辅助消能工有分流趾墩、消力墩及尾坎等，见图 2-65。当跃前流速大于 15m/s 时，辅助消能工易遭空蚀破坏，不宜采用。值得提出的一种在平面上呈“T”形的墩，头部为矩形，其后以一直墙支撑与尾坎相连，见图 2-66，经大量试验表明，在各种水流条件下，水流平稳，消能效果和抗空蚀性能好，结构稳定，可缩短池长，节省工程量，是一种很有发展前途的消力墩，它首先用于印度的布哈伐尼坝，我国澧水三江口水电站的溢流坝消力池也采用了这种形式。底流消能多用于坝基比较软弱破碎的、下游水位变化很小的中、小型工程，很少用于高坝泄洪消能。坝高超过 200m、采用底流消能的有三座：俄罗斯的萨扬舒申斯克重力拱坝、印度的巴克拉和美国的德沃歇克重力坝。我国安康水电站重力坝，最大坝高 120m，也采用了底流消能。

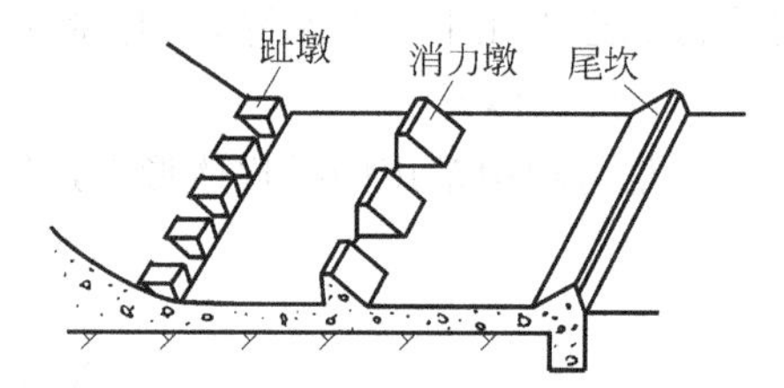

图 2-65　辅助消能工

设收缩断面水深为 h_c，平均流速为 v_1，$Fr=v_1/(gh_c)^{1/2}$，跃后水深 $h''=[(1+8Fr^2)^{1/2}-1]h_c/2$。

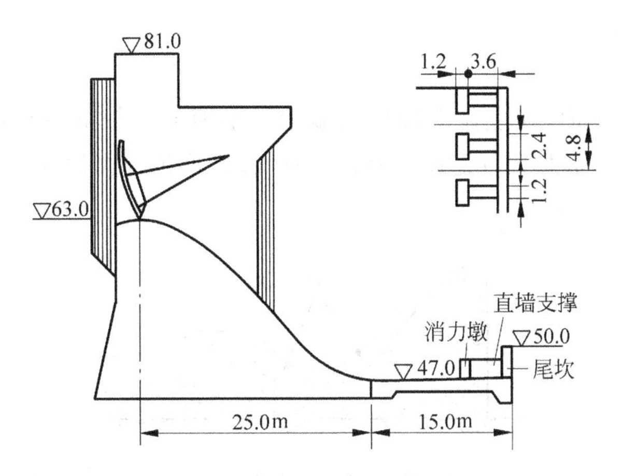

图 2-66 三江口水电站溢流坝消力池(单位：m)

若 $Fr>4.5$，$v_1<16\text{m/s}$，可设置梳流坎、消力墩和尾坎，则消力池的长度为

$$L=(2.3\sim2.8)h'' \tag{2-94}$$

美国垦务局建议根据不同情况计算跃长：若弗劳德数 $Fr>4.5$，跃前流速 $v_1<15\text{m/s}$，可在消力池内设置消力墩或消力坎，池长 $L=(2.4\sim2.8)h''$；若 $v_1>15\text{m/s}$，易发生空蚀，不宜设置消力墩，护坦较长，取 $L=(3.9\sim4.3)h''$。我国重力坝设计规范 DL 5108—1999[4] 附录 C 规定，若 $Fr>4.5$，$v_1>16\text{m/s}$，可设梳流坎及尾坎，但不设消力墩，取 $L=(3.2\sim4.3)h''$。

若 $Fr\geqslant4.5$，$v_1>16\text{m/s}$，易发生空蚀，不设置辅助消能设施，则护坦长度近似为

$$L=6(h''-h_c) \tag{2-95}$$

在设计、施工和运行管理中应做好护坦底板的接缝及其与基岩的锚固和排水；为了获得较好的出池水流流态，应避免消力池低于下游河床过多，尾坎高度一般控制在尾水水深的1/4以内；在消力池出口一定范围内要做好清渣，防止回流、漩涡将石砾卷进池内，使护坦遭受磨损；应规定闸门操作程序，避免消力池内产生不对称水流。

护坦用来保护河床免受高速水流冲刷。底流消能的护坦长度应延伸至水跃跃尾，厚度应满足稳定要求。如果在扬压力、脉动压力和护坦自重等荷载作用下，护坦会浮起，则需设锚筋，一般采用25～36mm 直径的螺纹钢筋，间距 1.5～2.0m，插入基岩深度 2～3m，锚筋应连接在护坦的钢筋网上。

为防止护坦混凝土受基岩约束产生温度裂缝，在护坦内应设置温度伸缩缝，顺河流流向的缝一般与闸墩中心线对应，横向缝间距为 10～15m。为降低护坦底部的扬压力，应设置排水系统，排水沟尺寸约为 20cm×20cm。护坦末端可做齿坎或齿墙以防水流淘刷。护坦一般因受高速水流冲刷和水流中含有泥沙颗粒的磨损，应采用高强度的混凝土，其强度等级不低于 C20；当护坦上的水流流速很高时，应采用抗蚀耐磨混凝土，以防止空蚀及磨损破坏。

3）面流消能与消力戽

（1）面流消能

利用鼻坎将主流挑至水面，在主流下面形成漩滚。漩滚流速较低，而且系沿河床流向坝趾（见图 2-67）。河床一般不需加固，但需注意防止水滚裹挟石块，磨蚀坝脚地基。

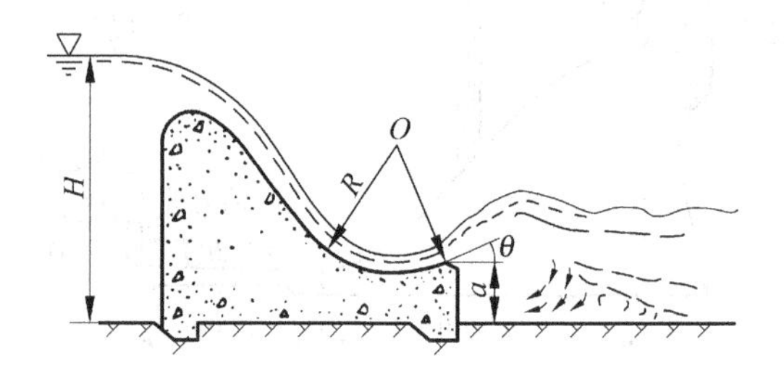

图 2-67　面流消能

面流消能适用于下游尾水较深，流量变化范围较小，水位变幅不大，或有排冰、漂木要求的情况。我国富春江、西津、龚嘴等工程都采用这种消能形式。面流消能虽不需要作护坦，但因高速水流在表面伴随着强烈的波动，使下游在很长的距离内（有的可绵延 1～2km）水流不够平稳，可能影响电站的运行和下游航运，且易冲刷两岸，因此也须采取一定的防护措施。

面流流态的水力学计算和理论上的研究还不充分，设计时可参考有关水力学手册或文献，必要时可通过水工模型试验验证。

（2）消力戽

消力戽的挑流鼻坎潜没在水下，形不成自由水舌，水流在戽内产生漩滚，经鼻坎将高速的主流挑至表面，其流态如图 2-68 所示。戽内的漩滚可以消耗大量能量，因高速水股在表面，也减轻了对河床的冲刷。

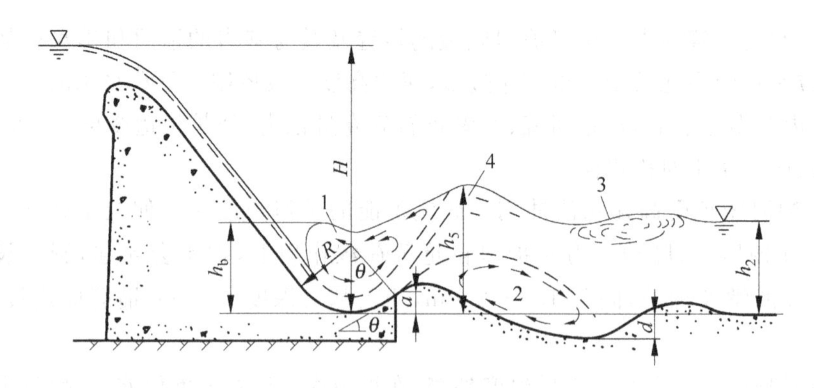

图 2-68　消力戽消能

1—戽内漩滚；2—戽后底部漩滚；3—下游表面漩滚；4—戽后涌浪

消力戽适用于尾水较深（大于跃后水深）且变幅较小，无航运要求且下游河床和两岸抗冲能力较强的情况。高速水流在表面，不需做护坦，但水面波动较大，其缺点与面流消能工相同。

消力戽设计的主要内容是：确定反弧半径、戽坎高度和挑射角度。要求做到：既要防止在下游水位过低时出现自由挑流，造成严重冲刷，也要避免下游水位过高、淹没度太大而使急流潜入河底淘刷坝脚。后一种情况可能更为不利。

关于消力戽的水力计算和理论研究都还不成熟，计算时可参考有关文献。一般认为，当下游尾水所造成的淹没度 $\sigma>1.1$ 时，就可能产生消力戽流态。初步拟定尺寸时可参考下述经验数据：

① 挑射角 θ，绝大部分工程采用 45°，有的采用 40°，甚至 37°。大挑角一般容易形成戽流，但戽后涌浪高，冲坑深，下游水面波动大；挑角过小，戽内漩滚容易超出戽外。

② 反弧半径 R，R 愈大，出流条件愈好，戽内漩滚水体增大，对消能有利。但半径大到某一程度后，消能效果便不能显著增加，而且使戽体工程量加大，一般以 $R=(1/6\sim1/3)H$ 为宜，H 为上游水面至戽底高差；有的采用 $R=1.75h_k=1.75(q^2/g)^{1/3}$，其中 $g=9.81\text{m/s}^2$，q 为单宽流量。

③ 戽坎高度 a，为防止泥沙或石块卷入戽内，a 宜大于 $h_2/6$，式中 h_2 为尾水深度。

④ 戽底高程，一般取与下游河床同高。原则上要保证在各级流量和下游水位条件下均能发生稳定戽流。戽底高程定得太高，易形成挑流流态；太低时，将增加挖方量。

当下泄水流的单宽流量较大时，为了加大戽内漩滚体积，提高消能效率和确保戽流流态，可在戽底插入一水平段，这种结构形式称为戽式消力池。我国岩滩溢流坝就采用了这种形式。

4) 多种消能工联合消能

随着高坝建设的增多，国内外在处理大流量泄洪时、一般都采用分散洪水联合消能的方式，充分发挥单项泄水建筑物或不同形式消能工的优点，以取得最佳的消能组合。

联合消能方式：①多种泄水建筑物联合，包括坝体的表孔、中孔、底孔，岸边溢洪道及泄洪隧洞等，而以溢流坝和岸边溢洪道为主；②不同形式消能工联合，如挑流消能与面流消能相结合等。

我国针对江河洪水峰高量大的特点，在分散泄洪联合消能方面积累了丰富的经验。例如，乌江渡大坝为拱形重力坝，最大坝高 165m，坝址处两岸山坡陡峻，河床狭窄，校核洪水流量为24 400m^3/s，坝址下游有九级滩页岩破碎带，抗冲能力极弱。经深入研究，选定在坝顶中部设 4 个溢流表孔，左右侧各设 1 个滑雪道式溢洪道，并有两个中孔和两条泄洪洞进行联合泄洪。中部 4 孔是挑越式厂、坝联合泄洪，两侧滑雪道式溢洪道是溢流式厂、坝联合泄洪。这样的联合消能体系，因地制宜成功地解决了泄洪建筑物与厂房争位的矛盾。各泄水建筑物出口顺河向拉开、高低错开，使挑流水舌纵向扩散并避开九级滩页岩，有效地减小了河床的冲刷深度。又如，潘家口水电站的宽尾墩与挑流联合消能，安康水电站和五强溪水电站的宽尾墩与消力池联合消能，以及岩滩水电站的宽尾墩与消力戽联合消能等，都是通过宽尾墩束窄闸孔水流，使出口水流形成窄而高竖向得到充分扩散的三元收缩射流。

在宽尾墩后设挑流坎，从宽尾墩射出的水舌将在反弧附近冲碰并激起强烈的水冠，增强了空中扩散与掺气(如图 2-69 所示)，从而提高了消能效果。宽尾墩与消力池(或消力戽)相结合，水舌在宽尾墩后形成窄而高的射流，在空中竖向充分扩散，空中射流那部分流量以挑流方式跌入水跃漩滚区，且有侧向漩滚向跃首部分扩散掺混，综合形成了挑流与底流(或戽流)的三元新型消能方式，大大提高了消能效果。

安康水电站一级消力池与宽尾墩消能工联合消能后，消力池比原设计缩短了 1/3。宽尾墩的另一个突出优点是：墩后的坝面形成大片无水区，这个无水区随宽尾墩末端孔口宽度的减小而增大，当

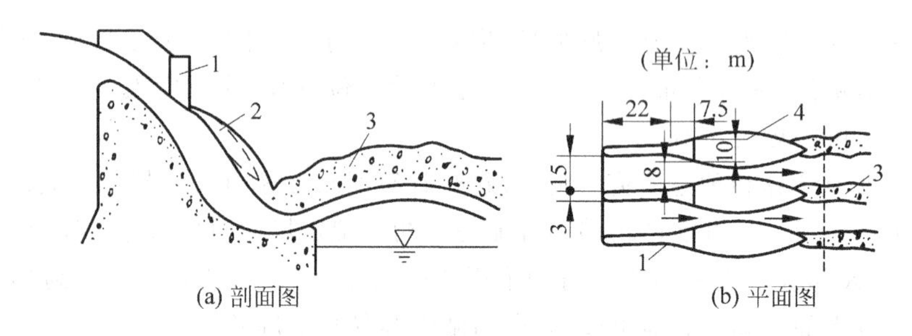

图 2-69 宽尾墩和挑坎的布置和流态

1—墩尾；2—气袋；3—水冠；4—无水区

宽尾墩末端孔口宽度收缩到 0.4 倍溢流孔宽度或更小时，墩后的无水区范围能够增大到与溢流孔宽度相接近。这一无水区可用来布置其他泄水建筑物。五强溪水电站采用宽尾墩、底孔、消力池新型联合消能工，较原设计的消力池长度缩短了 50m，并利用宽尾墩形成的无水区，在坝内沿闸墩轴线设置 7 个泄洪底孔，取代 1 个溢流表孔，获得了很好的经济效果[19]。当然，孔口若收缩太多可能会影响泄洪能力，建议最窄处的宽度与孔宽的收缩比以 1/3～2/3 为宜。

5. 下游折冲水流及防止措施

溢流坝段往往只占河床的一部分，泄水时，特别是当只开启部分孔口泄水时，在主流两侧容易形成回流(如图 2-70 所示)，主流受到压缩，使护坦后面的单宽流量增加，流速在长距离内不能降低，引起河床冲刷。若两侧的回流强度和水位不同，还可能将主流压向一侧，形成折冲水流冲刷河岸(如图 2-71 所示)，也影响航运和发电。

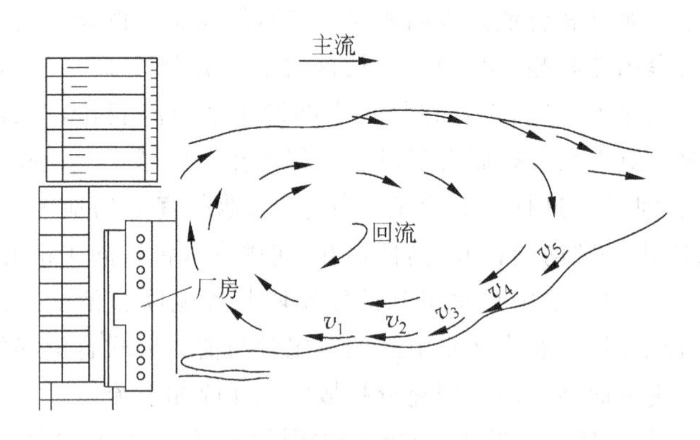

图 2-70 河床部分泄流时的回流流态

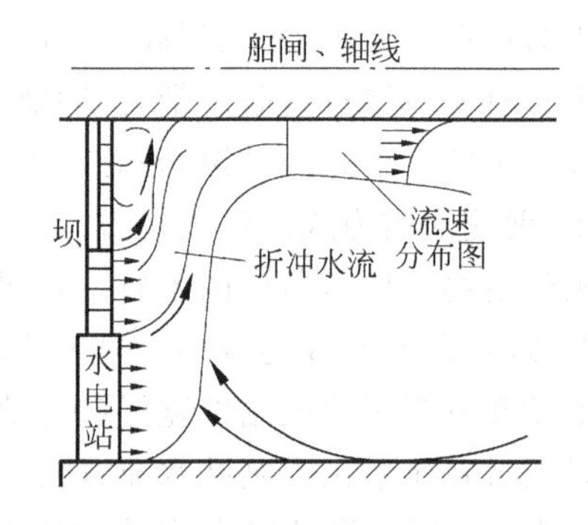

图 2-71 坝下游折冲水流

为了改善下游流态，可采取以下措施：

(1) 在枢纽布置上，尽量使溢流坝下泄水流与原河床主流的位置和方向一致；

(2) 规定闸门操作程序，使各孔闸门同时均匀开启，或对称开启；

(3) 布置导流墙；

（4）进行水工模型试验，研究多种方案的流态并进行比较和选取。

2.11.2　坝身泄水孔

1. 坝身泄水孔的作用及工作条件

混凝土重力坝便于在不同部位和高程建造坝身泄水孔，以满足供水、调洪预泄、放空水库、泄洪、导流和排砂等需要。其作用有：

（1）预泄库水，增大水库的调蓄能力；

（2）放空水库以便检修或应付某些特殊情况；

（3）排放泥沙，减少水库淤积；

（4）随时向下游放水，满足发电、航运和灌溉等要求；

（5）施工导流。

坝身泄水孔内水流流速较高，容易产生负压、空蚀和振动；闸门在水下，检修较困难；闸门承受的水压力大，有的可达20 000～40 000kN，启门力也相应加大；门体结构、止水和启闭设备都较复杂，造价也相应增高。水头愈高或孔口面积愈大，技术问题也就愈加复杂。所以，一般都不用坝身泄水孔作为主要的泄洪建筑物。泄水孔的过水能力主要根据调洪预泄、放空、排沙或下游用水等要求来确定，在洪水期可作辅助泄洪之用。

2. 坝身泄水孔的形式及布置

按水流条件，坝身泄水孔可分为有压的和无压的，按泄水孔所处的高程可分为中孔和底孔；按布置的层数又可分为单层的和多层的。

（1）有压泄水孔（如图2-72所示）

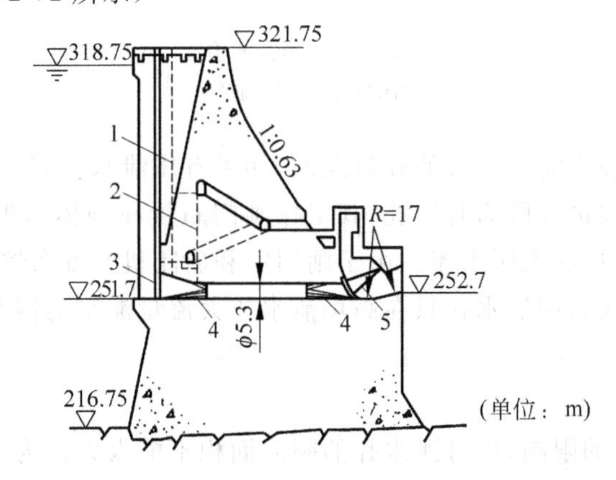

图2-72　有压泄水孔

1—通气孔；2—平压管；3—检修门槽；4—渐变段；5—工作闸门

有压泄水孔的特点是：将工作闸门布置在出口，孔内始终保持满流有压状态；其安装与大坝施工干扰较少；便于运行管理和维修。缺点是，闸门关闭时孔内承受较大的内水压力，对坝体应力状态和防渗都不利，故一般多用于水头不大或孔口断面尺寸较小的情况。但由于它具有施工干扰少、便于运行、维修这两条最突出的优点，故在中小型重力坝中用得最多。若水头较大或孔口较大，需用高强度混凝土并配置很多钢筋，还需钢板衬砌，在进口处设置事故检修闸门，平时兼用来挡水，避免满管长期受到很高的内水压力作用。我国安砂等工程即采用了这种形式的有压泄水孔。

(2) 无压泄水孔(如图 2-73 所示)

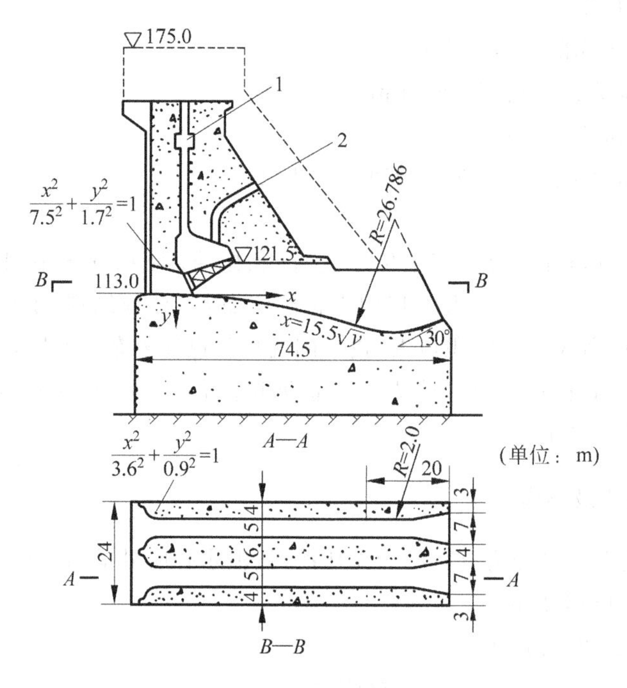

图 2-73 无压泄水孔

1—启闭机廊道；2—通气孔

若水头较高，或泄流量较大需要较大的孔口断面，如果有压泄水孔需要较多的配筋或钢板衬砌而显得不经济，在这种情况下仅进口段为有压孔，其工作闸门布置在坝体靠近上游的部位，在闸门下游大部分管道断面顶部升高以形成无压水流。由于闸门室和启闭机室都布置在坝内，施工干扰很大，运行管理和维修也很不方便，故无压泄水孔只在高坝泄水或大流量泄水的情况下才用得较多，在中小型重力坝中很少采用。

(3) 双层泄水孔

因受闸门结构及启闭机的限制，坝身泄水孔的断面面积不能太大。为了增大经过坝体的泄流量，可将泄水孔做成双层的，或将泄水孔布置在溢流坝段。采用这种布置时需要注意两个问题：①上层泄流对下层泄水孔泄流能力的影响；②在尾部上、下层水流交汇处容易发生空蚀。模型试验和原型观测都表明，双层泄水孔在技术上是可行的，但应经过模型试验，对可能出现的问题妥善处理。

坝身泄水孔的水流流速高，边界条件复杂，应十分重视进口、闸门槽、渐变段，竖向连接等部位的体形设计，并应注意施工质量，提高表面的平整度。否则容易引起空蚀破坏，这类事故在国内外的泄水孔中是常常发生的。

3. 进口曲线

进口曲线应满足下列要求：(1)减小局部水头损失，提高泄水能力；(2)控制负压，防止空蚀。理想的进水口体型应与薄壁锐缘孔口出流的外缘形状一致[如图2-74(a)所示]，这时阻力最小，沿程压力分布均匀，无负压，磨损小，不出现有害的水流形态。

对于设置高压闸门或阀门的压力泄水孔，宜采用图2-74(b)所示的钟形进水口，其横断面为圆形(因圆孔受力条件较好，孔周应力分布较均匀)，其纵剖面可采用美国垦务局推荐的1/4椭圆曲线：

$$\left(\frac{x}{0.5D}\right)^2+\left(\frac{y}{0.15D}\right)^2=1 \tag{2-96}$$

式中，D为图2-74(b)所示的孔身直径。

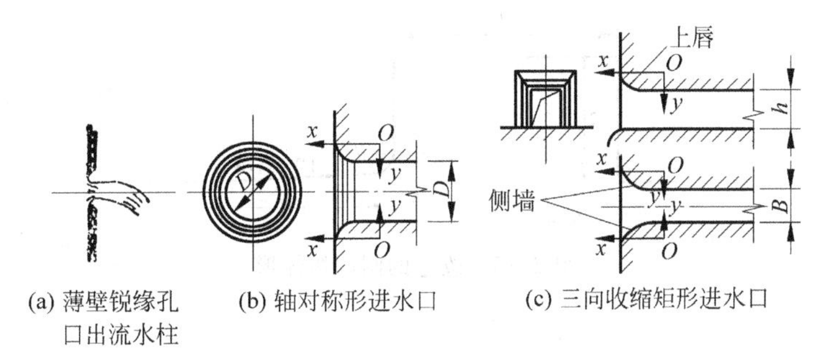

图2-74　进水口的基本形式

其他闸门多数为矩形，进水口亦多用矩形，其纵剖面一般采用1/4椭圆曲线。对于三面收缩的矩形进水口，其上唇和侧墙的椭圆曲线方程依次为

$$\left(\frac{x}{kh}\right)^2+\left(\frac{y}{kh/3}\right)^2=1 \tag{2-97}$$

$$\left(\frac{x}{kB}\right)^2+\left(\frac{y}{kB/3}\right)^2=1 \tag{2-98}$$

在以上两式中，h和B分别为孔身高度和宽度；椭圆长轴(x轴)与孔轴平行；k常取1.0，但有时为使长、短半轴取整，k可稍大于1.0。有些试验资料表明：上唇曲线的长轴稍向上倾斜一些(上游端在上，倾角约12°)，不但具有良好的压力分布，且有较大的泄水能力；进水口的压力分布随椭圆长短轴的比值不同而有较大的差异，对于上唇曲线，椭圆半轴比$b/a<0.25$时，压力分布极不平顺，负压值较大，不宜采用，而以$b/a=0.3\sim0.33$为宜；对于侧墙的b/a不得小于0.2。

4. 闸门和闸门槽

在坝身泄水孔中最常采用的闸门也是平面闸门和弧形闸门。弧形闸门不设门槽，水流平顺，这对于坝身泄水孔是一个很大的优点，因为泄水孔中的空蚀常常发生在门槽附近；其次，启门力较平面闸门小，运用方便。缺点是，闸门结构复杂，整体刚度差，门座受力集中，闸门启闭室所占的空间较大。而平面闸门则具有结构简单、布置紧凑，启闭机可布设在坝顶等优点。缺点是，启门力较大，门槽处边界突变，易产生负压引起空蚀。对于尺寸较小的泄水孔，可以采用阀门，目前常用的是平面滑动阀门，闸门和启闭机连在一起，操作方便，抗震性能好，启闭室所占的空间也小。

平面闸门的门槽在早期采用简单的矩形断面，是最易产生负压和空蚀的部位。据调查，在无压自由泄流时，通过矩形门槽的流速还不到 10m/s 时即有空蚀发生。

改进后的门槽体形如图 2-75 所示：在门槽的下游做成斜坡形，最优的槽宽与槽深之比 $W/D=1.6\sim1.8$，合宜的错矩 $f=(0.05\sim0.08)W+R$，下游边墙坡率为 1∶12～1∶8，圆角半径 $R=0.1D$，或采用 $R=3\sim5$cm 的小圆角。使用这种门槽，在无压自由泄流时，断面平均流速可加大到 20m/s 而不发生空蚀。当然，门槽的尺寸还应满足闸门行走支承部分的结构要求。

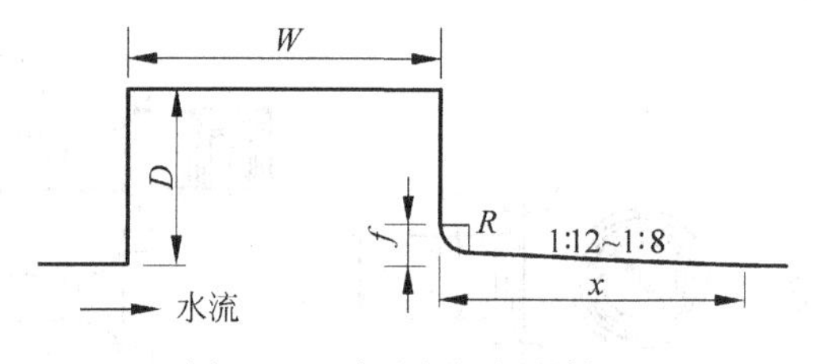

图 2-75 改进的闸门槽体形

5. 孔身

有压泄水孔由于防渗和应力条件的要求，孔身周边需要布设较多的钢筋，有时还需要采用钢板衬砌。为施工方便，对于内水压力不大的泄水孔一般做成矩形断面，对于内水压力很大的泄水孔宜采用圆形断面。

无压泄水孔通常采用矩形断面。为了保证形成稳定的无压流，孔顶应留有足够的空间，以满足掺气和通气的要求。孔顶距水面的高度可取通过最大流量不掺气水深的 30%～50%。门后泄槽的底坡可按自由射流水舌曲线设计以获得较高的流速系数。为保证射流段为正压，可按最大水头计算。为了减小出口的单宽流量，有利于下游消能，在转入明流段后，两侧可以适当扩散。但为防止高速水流脱离侧壁，平面扩散角 α 应控制在

$$\alpha \leqslant \arctan\left(\frac{1}{3Fr}\right) \tag{2-99}$$

式中：Fr——扩散段前的佛汝德数，$Fr=v/(gh)^{1/2}$。

6. 渐变段

泄水孔进口一般都做成矩形，以便布置矩形闸门。当有压泄水孔断面为圆形时，在进口闸门后需

设渐变段，以便水流平顺过渡，防止负压和空蚀的产生。渐变段可采用在矩形四个角加圆弧的办法逐渐过渡，见图2-76(a)；当工作闸门布置在出口时，出口断面也需做成矩形，因此在出口段同样需要设置渐变段，见图2-76(b)。

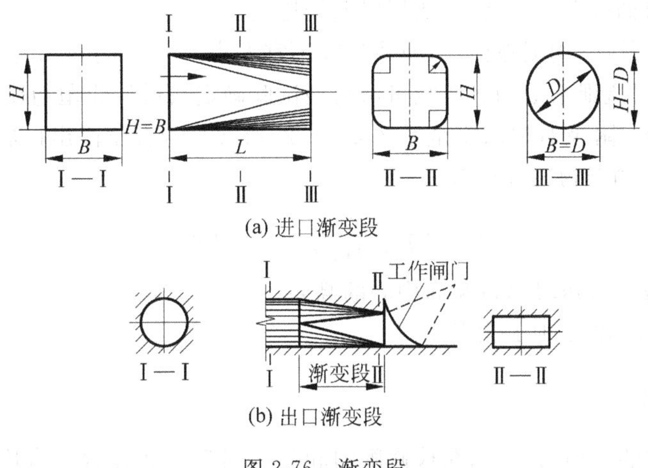

图2-76 渐变段

渐变段施工复杂，所以不宜太长。但为使水流平顺，也不宜太短，一般采用洞身直径的1.5～2.0倍。边壁的收缩率控制在1∶8～1∶5之间。

在坝身有压泄水孔末端，水流从压力流突然变成无压流，引起出口附近压力降低，容易在该部位的顶部产生负压，所以，在泄水孔末端常插入一小段斜坡将孔顶压低，面积收缩比可取0.85左右，孔顶压坡取1∶10～1∶5。

7. 泄水孔泄流能力的计算

有压或无压泄水孔的泄流能力按其压力段孔口出流计算，其流量为

$$Q = A_c \mu \sqrt{2gH} \tag{2-100}$$

$$\mu = \frac{1}{\sqrt{1 + \sum_{i=1}^{j}\left[\lambda_i \frac{L_i}{4R_i}\left(\frac{A_c}{A_i}\right)^2\right] + \sum_{i=1}^{k}\left[\zeta_i\left(\frac{A_c}{A_i}\right)^2\right]}} \tag{2-101}$$

上二式中：A_c——压力孔出口断面积，m^2；

A_i——压力孔各分段的断面积，m^2；

H——库水位与压力孔出口断面中心的高差，m；

L_i——压力孔各分段的长度，m；

R_i——压力孔各分段的水力半径，m；

λ_i——压力孔各分段的沿程水头损失系数，$\lambda_i = 8g/C_i^2$，$C_i = R_i^{1/6}/n$，混凝土糙率$n=0.014$；

ζ_i——压力孔各部分的局部水头损失系数，可由水力学书上查得。

无压泄水孔的上游有压段很短，沿程水头损失很小，故泄流能力较大。

8. 竖向连接

坝身泄水孔沿孔的轴线在变坡处，需要用竖曲线连接。

对于有压泄水孔，可以采用圆弧曲线，曲线半径不宜太小，一般不小于5倍孔径。

对于无压泄水孔，明流泄水道的底曲线可由模型试验确定或设计成抛物线。为防止底面负压，我国规范DL 5108—1999[4]附录B要求安全系数$k=1.2\sim1.6$。若有压段出口底面切向与水平面夹角为θ，则以出口底为原点的抛物线方程为

$$y=\frac{x^2}{4k^2\mu^2 H_d\cos^2\theta}+x\tan\theta \tag{2-102}$$

式中：H_d——设计水位与有压段出口断面中心的高差；

μ——流速系数，按式(2-101)计算。

9. 平压管和通气孔

为了减小检修闸门的启门力，应当在检修闸门和工作闸门之间设置与水库连通的平压管。开启检修闸门前先在两道闸门中间充水，这样就可以在静水中启吊检修闸门。平压管直径根据规定的充水时间决定，控制阀门可布置在廊道内(见图2-72)。当充水量不大时，也可将平压管设在闸门上，充水时先提起门上的充水阀，待充满后再提升闸门。

当工作闸门布置在进口，提闸泄水时，门后的空气被水流带走，形成负压，因此在工作闸门后需要设置通气孔。通气孔直径d可按式(2-103)估算。

$$d=\sqrt{\frac{0.36V_wA}{\pi[V_a]}}\quad(\mathrm{m}) \tag{2-103}$$

式中：A——闸门后泄水孔断面面积，m^2；

V_w——闸门全开时断面水流平均流速，m/s；

$[V_a]$——通气孔允许风速，一般不超过40m/s。

在向两道闸门之间充水时，需将空气排出，为此，有时在检修闸门后也需设通气孔。

2.12 其他类型重力坝

学习要点

了解其他类型重力坝构造及其优缺点。

重力坝还可用浆砌石作为筑坝的主要材料，也可用混凝土材料而坝体断面并非实心的形式，然而它们都基于坝体自重作为维持稳定的主要因素这一共同的力学原理，同属于重力坝的范畴，表现为其

他方式：浆砌石重力坝，宽缝重力坝，空腹重力坝和软基重力坝等等。

2.12.1 浆砌石重力坝

浆砌石重力坝在我国已有悠久的历史，早在公元前833年就在浙江省大溪河上砌筑了长140m、高约27m的条石溢流坝——它山堰。1949年以来，我国修建了很多浆砌石重力坝，其中，最高的是河北省朱庄水库重力坝，坝高95m。目前，世界上最高的浆砌石重力坝是印度的纳加琼纳萨格坝，坝高125m。

坝体用块石或经人工加工的料石和胶结材料砌筑。胶结材料在古代用糯米浆或石灰砂浆，近代和现代多用水泥砂浆。经加工的料石，强度较高，形状较规则，可节省水泥砂浆的用量，因而有利于降低水化热温升，简化温控措施，可加大横缝的间距，不设纵缝。有些很整齐的料石只需用很少的砂浆勾缝，防渗效果很好，可不需另加专门的防渗结构。但料石本身的加工和大坝砌筑是很费人工的。如果块石形状不规则，则空隙率很大，往往费很多水泥砂浆，而且容易漏水，需另加防渗设计。

通常采用的坝体防渗设施有以下三种：

(1) 混凝土防渗面板或防渗墙。在坝体迎水面浇筑一道防渗面板或防渗墙是浆砌石重力坝广泛采用的一种防渗设施。面板的底部厚度宜取坝体承受的最大水头的1/60～1/30，面板内需要布置温度钢筋以防裂缝。为了将面板与砌体牢固地连在一起，可在砌体内预埋锚筋，并把锚筋与面板内的钢筋网连接起来。中、小型工程常用浆砌石或预制混凝土板代替模板浇筑混凝土防渗墙，与砌石浇筑在一起。防渗墙或面板需嵌入基岩1～2m，沿坝轴线方向设伸缩缝，间距一般为15～20m，缝宽约1.0～2.0cm，镶有沥青软木板或泡沫塑料，并设止水。

(2) 浆砌石、水泥砂浆勾缝。在坝体迎水面用水泥砂浆将质地良好的粗料石或形状较规则的块石砌筑成防渗层，砌缝厚2～3cm，并用高标号水泥砂浆勾缝。这种防渗层的厚度约为承受水头的1/15～1/20。这种防渗体比较经济，施工也较简便，但防渗效果主要取决于精心施工的程度。以往多数做得较差，故多用于中、低水头的浆砌石坝。

(3) 钢丝网水泥喷浆护面。在坝的迎水面用锚筋挂一层或两层钢丝网，喷上水泥砂浆作为防渗层，可收到较好的防渗效果。防渗层厚度根据水头大小而定，一般为5～10cm。

若泄水流速较大，泄水建筑物表面需用钢筋混凝土衬护，厚约0.6～1.5m，并用插筋将混凝土衬护与砌体锚固在一起。沿坝轴线方向一般每隔20～30m做一条伸缩缝。如过坝流速不大，可以只在堰顶和鼻坎部位用混凝土衬护，直线段采用细琢的粗料石。对一些单宽流量较小的溢流坝，可以全部用质地良好、抗冲力强、经过细琢的粗料石作为溢流面的衬护。

为使砌体与基岩紧密结合，在砌石前需先浇筑一层0.3～1.0m厚的混凝土垫层。

坝体排水，廊道布置，地基处理，以及坝体抗滑稳定及应力计算等，与混凝土实体重力坝相同。

浆砌石重力坝具有以下一些优点：(1)就地取材；(2)如果精心施工，可节省水泥，降低水化热温升、不设纵缝，增大坝段宽度；(3)节省模板，减少脚手架，因而木材用量较少，减少了施工干扰；(4)施工技术易于掌握，施工安排比较灵活，可以分期施工，分期受益，在缺少施工机械的情况下，可用人工砌筑。

浆砌石重力坝的缺点主要有：(1)人工砌筑，砌体质量不易均匀；(2)石料的修整和砌筑难以实现机械化生产，需要大量劳动力；(3)如果施工质量得不到保证，砌体防渗性能差，需另加防渗体。

过去因人工费用较低，采用浆砌石坝有较大的优越性；但当今在机械化程度较高、人工工资也很高的情况下，已逐渐很少采用浆砌石坝型，尤其是在150m以上的高坝比较方案中，不可能有浆砌石坝型。

2.12.2 宽缝重力坝

将重力坝横缝的中下部扩宽成为具有空腔的重力坝，称为宽缝重力坝，如图2-77所示。宽缝重力坝因排水条件较好，还可显著地减小扬压力和坝体混凝土量。

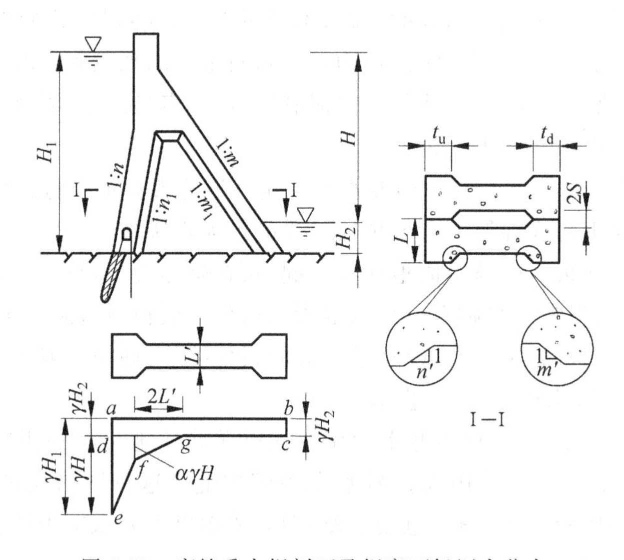

图2-77 宽缝重力坝剖面及坝底面扬压力分布

1. 工作特点

设置宽缝后，坝基渗透水自宽缝排出，作用面积相应减小，渗透压力显著降低，在g点处渗压为零，该点距宽缝起点的距离约为宽缝处坝段厚度L'的2倍。

宽缝重力坝由于扬压力较小，坝体混凝土方量较实体重力坝节省10%～20%，甚至更多；宽缝增加了坝块的侧向散热面，加快了坝体混凝土的散热进程，便于观测、检查和维修。从结构角度看，坝体内部应力较低，在该处将厚度减薄也是合理的。宽缝重力坝的缺点是：增加了模板用量；立模也较复杂，施工较难；分期导流不便；在严寒地区，对宽缝需要采取保温措施。

2. 坝体尺寸

(1) 坝段宽度L可根据坝高、施工条件、泄水孔布置、坝后厂房机组间距选定，一般采用$L=$

16～24m。

(2) 缝宽比 $2S/L$ 愈大，愈省混凝土，但当比值大于 0.4 时，在宽缝部分将会产生较大的主拉应力。一般采用 $2S/L=0.2\sim0.35$。

(3) 上、下游坝面坡率 n 和 m。上游坝面一段都做成变坡的，上部铅直，下部 $n=0.15\sim0.35$；下游坡率 $m=0.6\sim0.8$。

(4) 上游头部和下游尾部厚度 t_u 和 t_d。上游头部厚度应当满足强度、防渗、人防和布置灌浆廊道等的需要，通常取 $t_u\geqslant(0.08\sim0.12)h$（$h$ 为截面以上的水深），且不小于 3m。下游尾部厚度通常采用 3～5m，考虑强度和施工要求，不宜小于 2m，在寒冷地区还应适当加厚。为了减小变厚突变引起的应力集中，在变厚处的坡率 n' 和 m' 一般在 1～2 之间。宽缝的上、下游坡率 n_1 和 m_1，一般与坝面坡率 n 和 m 一致。宽缝不宜贯穿坝顶。

3. 应力计算和稳定分析

宽缝重力坝的坝体应力计算应属三维问题，但目前在工程设计中仍简化成平面问题。取一个坝段作为计算单元，将实际的水平截面化引为工字形截面，仍假定铅直正应力沿水平截面按直线分布，利用材料力学偏心受压公式，可求得上、下游边缘处的应力

$$\left.\begin{aligned}\sigma_{yu}&=\frac{\sum W}{A}+\frac{T_u\sum M}{J}\quad(\text{kPa})\\\sigma_{yd}&=\frac{\sum W}{A}-\frac{T_d\sum M}{J}\quad(\text{kPa})\end{aligned}\right\}\tag{2-104}$$

式中：$\sum W$、$\sum M$——作用于计算截面以上全部荷载（包括扬压力）的铅直分力总和及其对截面垂直水流流向形心轴的力矩总和，kN、kN·m；

T_u、T_d——截面形心至上、下游面的距离，m；

A、J——计算截面的面积及其对垂直水流流向形心轴的惯性矩，m^2、m^4。

算出后，可按上、下游坝面微分体的平衡条件，求得边缘应力 σ_x 和 τ 以及主应力。

坝体内部应力可根据上、下游头部及中间宽缝三段的平衡条件推算。

宽缝重力坝坝段中部容易出现主拉应力，设计要求最大值不得超过混凝土的容许拉应力。

按平面问题分析宽缝重力坝的坝体应力，是在假定应力沿坝段宽度均匀分布的条件下进行的。由于坝体水平截面中间缩窄，实际上的应力状态是比较复杂的。为研究在上游水压力等荷载作用下的头部应力，可垂直上游面截取单位高度的坝段（图 2-78），利用平面有限元法或结构模型试验进行计算分析。设计要求该部位的应力为压应力或仅有较小的拉应力。

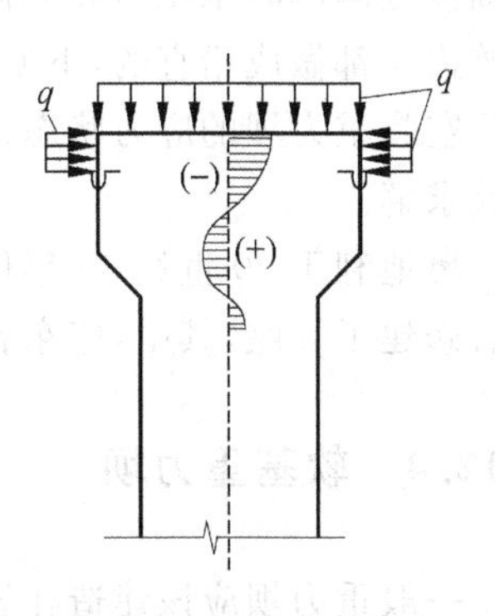

图 2-78　上游头部应力

宽缝重力坝的抗滑稳定分析与实体重力坝相同，但需以一个坝段作为计算单元，坝基扬压力的分布与计算参见图 2-77 及其说明。

目前世界上已建成的较高的宽缝重力坝是俄罗斯的布拉茨克坝，坝高125m，坝段宽22m，缝宽3～7m。我国也建成了若干座宽缝重力坝，其中，新安江坝，坝高105m，坝段宽20m，缝宽8m。

2.12.3 空腹重力坝

有的重力坝为了将电站厂房布置在坝内而沿坝轴线方向开设较大的空腔，这种重力坝称为空腹重力坝。图2-79是陕西省石泉空腹重力坝剖面图。

1. 工作特点

空腹重力坝与实体重力坝相比，具有以下一些优点：(1)由于空腔下部不设底板，减小了坝底面上的扬压力，可节省坝体混凝土方量约为20%；(2)减少了坝基开挖量；(3)坝体前后腿嵌固于岩体内，有利于坝体的抗滑稳定；(4)坝踵压应力较大；(5)便于混凝土散热；(6)坝体施工可不设纵缝；(7)便于监测和维修；(8)空腔内可以布置水电站厂房。缺点有：(1)施工复杂；(2)钢筋用量大；(3)如在空腔内布置水电站厂房，施工干扰大。

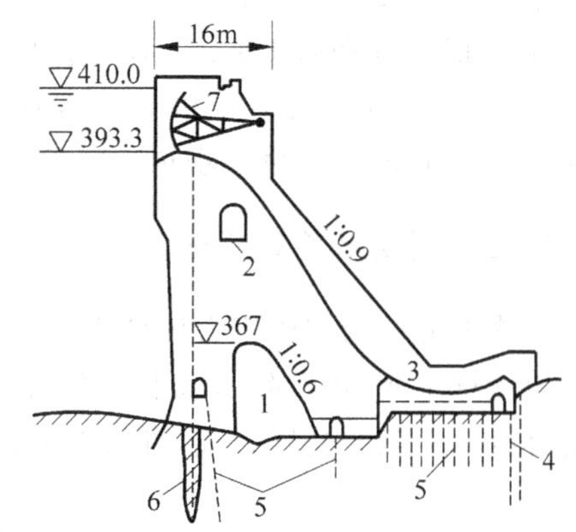

图2-79 石泉空腹重力坝剖面

1—下腹孔；2—上腹孔；3—消力戽；4—灌浆孔；5—排水孔；6—灌浆帷幕；7—弧形闸门

值得提出的是，如在空腔内布置水电站厂房，就要在空腔下部设置底板。此时，需要妥善研究解决底板下的排水设施和由于尾水管削弱坝体所产生的不利影响。

2. 坝体尺寸

空腹重力坝的坝体尺寸需经试验和计算确定。根据已有的经验，下列数据可供参考：开孔率，即空腹面积与坝体剖面面积之比，一般在10%～20%左右；空腹高约为坝高的1/3，净跨约占坝底全宽的1/3，前后腿的宽度大致相等；顶拱常采用椭圆形或复合圆弧形曲线，椭圆长短轴之比约为3∶2，长轴接近满库时水压力和坝体自重的合力方向，这样可以减小空腹周边的拉应力。为便于施工，空腔上游边大都做成铅直的，下游边的坡率大致为0.6～0.8。

空腹重力坝的应力状态是比较复杂的，材料力学方法已不再适用，需要利用有限元法或结构模型试验求解。

奥地利于20世纪30年代修建了第一座空腹重力坝，坝高79m。我国从20世纪70年代开始，也先后修建了6座，其中，广东省枫树坝，坝高95.3m，坝内布置了水电站厂房，装机2台共15万kW。

2.12.4 软基重力坝

一般重力坝应该建造在岩基上，可承受较大的压应力，可利用坝体混凝土与岩基表面之间的凝聚力，增加坝体的抗滑稳定安全度。但如果覆盖层很深，坝高不大而河道洪水较大、两岸岩体陡峻，难以建造大型岸边溢洪道，可考虑在砂砾石覆盖层上修建重力坝。这种重力坝称为“软基重力坝”。这里所谓的软基是相对于“岩基”而言的，并不是土力学中的软弱土层。软基重力坝的设计原则和岩基上的高坝有些差异。

软基承载力远小于基岩，所以坝基应力应严格控制。首先应通过试验、勘探并参考类似工程经验，确定软基的容许承载力，要使坝基面无拉应力，最大压应力小于地基的容许承载力。

在核算抗滑稳定时，先应确定覆盖层的抗剪参数 f 和 c。c 值通常较小，留作裕度，只按摩擦力考虑。失稳破坏有两种方式：一种是沿坝基面水平剪切；另一种是坝体带动一部分覆盖层作曲线形的挤动失稳。如果坝底垂直压力不高，覆盖层 f 值较高，则多发生前一种方式的破坏，否则要按两种可能性核算。核算深层挤出破坏时，常采用条分法或“块分法”。如果地基内存在软弱夹层、软弱带或软弱区时，更要沿这些软弱面核算，或研究确定最不利的破坏面。

软基重力坝的外形和岩基上的重力坝有很大区别，底板一般需向上下游延伸，充分利用水重以满足稳定要求。我国在 20 世纪 50 年代在北京西部永定河上修建的下马岭水电站珠窝混凝土重力坝的河床坝段就是修建在砂砾石基础上的，冲积层最深为 38m，最大坝高 32.2m，坝底顺河向宽度达 43m，在坝基下设置齿槽以增加抗滑能力和保证帷幕作用，如图 2-80 所示。它是我国最早修建在砂砾石覆盖层上较高的重力坝，设计和施工都较成功，运行情况良好。

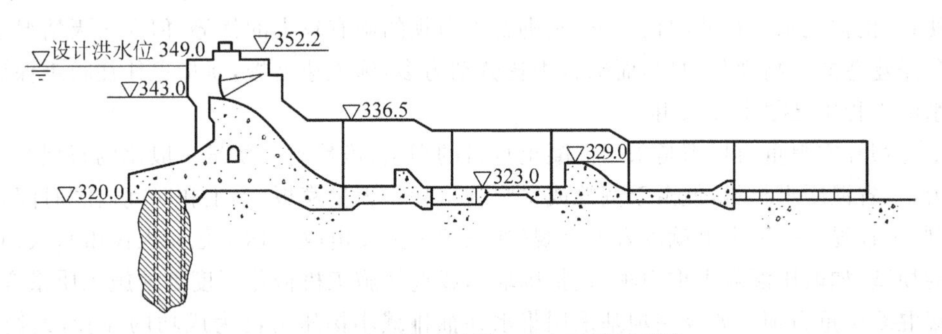

图 2-80　珠窝软基混凝土重力坝横断面图

由于坝体很长，上下游延伸段的刚度较低，故不宜将整个坝体当作刚体按线性假定分析。最合适的办法是将坝体及地基用有限单元法进行联合计算分析[8]。

地基处理设计是软基重力坝设计中的一项主要内容，借以解决渗流和管涌失稳问题。通常处理手段以混凝土垂直防渗墙为主，它比较可靠和有效。当覆盖层中有大量孤石以及岸坡较陡时，会给造孔带来困难。近年来，我国发展了不少新的工艺，如反循环钻进、孔下爆破、清水固壁等以加快施工进度。另外一种方式是进行水泥帷幕灌浆，但常需先进行灌浆试验以确定设计和施工中的一些参数和要求。帷幕应有足够厚度，使穿过幕体的坡降约为 2～3。如珠窝重力坝的防渗体用水泥灌浆组成，共计三排帷幕，孔距 3.0m，分三序插密。覆盖层的渗透系数 k 在灌前为 10^{-2}cm/s 量级，灌后达 10^{-4}～10^{-5}cm/s 量级。坝体运行后，幕后扬压力减小系数低达 0.08～0.15，比较成功。

帷幕灌浆不免要维修、加固，所以坝内宜留设廊道，或可在坝外进行补灌加固。当地基内有细沙层、淤泥层等，不仅影响地基强度和稳定，对设置防渗体也带来许多困难。在有地震活动的区域，还要注意检查是否有液化失稳的可能。必要时需采取专门措施加以隔断、封闭或置换、加固。近年来还发展了高压旋喷和定喷建造地下防渗体的技术。

泄洪消能又是软基重力坝设计中的一个难点，必须妥善解决。除了减小单宽流量之外，还要修建混凝土护坦，利用底流水跃消能，水跃应发生在护坦保护段内，护坦上可视需要设置齿坎、消力坎或二道坎以充分消能，改善流态，出口流速要降到许可值以下。护坦后可能还要设置海漫保护，以防止或控制对下游的冲刷，保证安全。所有泄流、消能建筑物，宜通过模型试验验证、修改。护坦的高程、长度要适当，并需有足够厚度以满足抗浮、抗滑要求。如有泥沙过坝，溢流面及护坦表面要采取措施，增加抗磨损能力。关于护坦设计，可参阅水闸一章或水闸设计资料。

2.12.5 重力坝坝型的选择

以上介绍的其他类型重力坝，其中软基重力坝在我国建造得很少，只是在砂砾石覆盖层很深、泄洪流量大、两岸山体陡峻、不宜建造土石坝等情况下，才不得已兴建的；其余的，如浆砌石重力坝，宽缝重力坝和空腹重力坝等如果不属上述特殊情况，一般都建在岩基上。

浆砌石重力坝在20世纪50—70年代我国建设得较多，大部分是农村建造的中低坝。这在当时劳动力很便宜、机械化水平很低的情况下，浆砌石重力坝的确有较大的优势，但在今天情况正好相反，而且当前急需建造的是高坝和中坝，而砌石坝花劳动力多，施工速度慢，质量也往往很难保证，这种坝型在大型水电工程中已很少被采用。

宽缝重力坝和空腹重力坝都是采用混凝土材料的坝型，虽然施工质量一般比砌石坝好一些，还可减小扬压力，节省混凝土材料，但由于宽缝或空腹施工耗费大量模板、人工和时间，在“时间就是金钱”的当今，有些工程提前一天发电就收入很可观(如三峡一天发电收入达1亿元人民币)，人们优先采用快速施工的坝型，如碾压混凝土重力坝(包括围堰)，或选择施工机械化程度高的施工质量有保证的队伍建造常规混凝土重力坝。如今在坝基采用集水井抽排减小扬压力已为成功的经验，人们也不必为减小扬压力而选择施工速度很慢的宽缝重力坝或空腹重力坝。

本节所介绍的是当今已很少采用的一些重力坝，故只作简单的回顾或叙述，使读者对过去已建重力坝的类型有大致的了解，也许在今后某些特殊情况下，还可能有所考虑和比较。

思考题

1. 重力坝的工作原理是什么？分析重力坝的适用条件及其优缺点。
2. 作用于重力坝的基本组合的荷载有哪些？特殊组合的荷载有哪些？
3. 采取哪些措施可降低扬压力？
4. 重力坝的断面设计应满足哪些条件？对断面影响较大的荷载有哪些？通过什么方法可以加快断面设计？

5. 重力坝的抗滑稳定分析方法有哪些？所得结果应满足哪些要求？各种方法有哪些主要特点和适用性？

6. 重力坝可能滑动的方式有哪些？采取哪些措施可提高重力坝的抗滑稳定性？

7. 重力坝的应力分析方法有哪些？所得结果应满足什么要求？各种方法有哪些主要特点和适用性？

8. 采取哪些措施可以减小混凝土重力坝的温度应力？

9. 对重力坝应如何分缝及材料分区？为什么？

10. 碾压混凝土重力坝有哪些特点？与常规混凝土重力坝相比有哪些优越性？

11. 对重力坝地基应作哪些处理？为什么？

12. 重力坝坝身泄水建筑物有哪些类型？如何防止高速水流产生的气蚀问题？如何解决泄洪消能问题？

13. 比较坝身各种泄水建筑物的适用条件，各有哪些优缺点？

14. 比较各种消能设施的适用条件，各有哪些优缺点？

15. 简述其他各种类型重力坝的结构和受力特点，适用条件，各有哪些优缺点？为什么现在很少采用？

第
3
章

拱　　坝

3.1 概　　述

学习要点

拱坝的受力特点及其对地形地质的要求。

3.1.1 拱坝的特点

拱坝是固接于基岩的空间壳体结构，在平面上呈凸向上游的拱形，其拱冠剖面呈竖直的或向上游凸出的曲线形，坝体结构既有拱作用又有竖直悬臂梁的作用，所承受的水平荷载一部分通过拱的作用压向两岸，另一部分通过竖直梁的作用传到梁基，如图 3-1 所示。坝体的稳定主要依靠两岸岩基的作用，并不全靠坝体自重来维持。由于拱圈主要承受轴向压力，有利于发挥材料的强度，从而坝体厚度可以减薄，节省工程量。拱坝的体积比同一高度的重力坝大约可节省 20%～70%，这是它的主要优点之一。

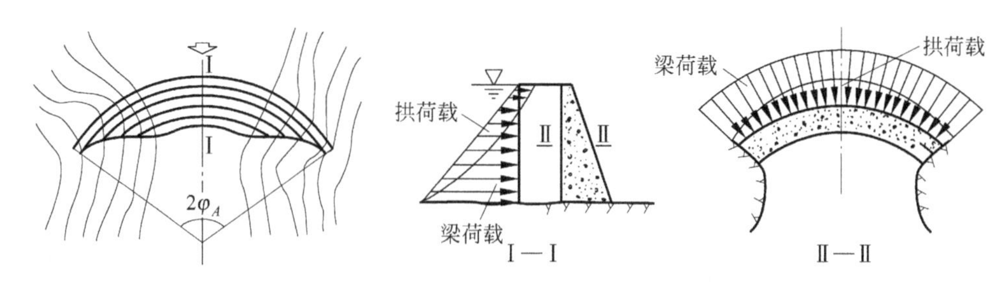

图 3-1　拱坝平面、剖面及荷载示意图

拱坝需要水平拱圈起整体作用，故坝身不设永久伸缩缝，拱坝属于高次超静定整体结构。当外荷增大或坝的某一部位发生局部开裂时，变形量较大的拱或梁将把荷载部分转移至变形量较小的拱或梁，拱和梁作用将会自行调整。国内外拱坝结构模型试验成果表明：只要坝基牢固，拱坝的超载能力可以达到设计荷载的 5～11 倍，远高于重力坝。拱坝坝体轻韧，地震惯性力比重力坝小，工程实践表明，其抗震能力也是很强的。迄今为止，拱坝失事比例远小于其他坝型，而且几乎没有因坝身问题而失事的，拱坝的失事基本上是由于坝肩抗滑失稳所致的。所以，应十分重视坝肩岩体的抗滑稳定分析。

正因为拱坝是高次超静定整体结构，所以温度变化和基岩变形对坝体应力的影响比较显著，在设计计算时，必须考虑基岩变形，并将温度作用列为主要荷载。

实践证明，拱坝可以安全溢流，也可在坝身设置单层或多层大孔口泄水。目前有的拱坝坝顶溢流或孔口泄流的单宽泄量已在 $200m^3/(s \cdot m)$ 以上。

由于拱坝剖面较薄，坝体几何形状复杂，因此，对于筑坝材料强度、抗渗性和施工质量等要求都比重力坝严格。

3.1.2　拱坝坝址的地形和地质条件

1. 对地形的要求

地形条件是决定拱坝结构形式、工程布置以及经济性的主要因素。理想的地形应是河谷较窄、左右岸大致对称，岸坡平顺无突变，在平面上向下游收缩，坝端下游侧要有足够的岩体支承，以保证坝体的稳定，如图3-1所示。

河谷的形状特征常用坝顶高程处的河谷宽度 L 与最大坝高 H 的比值，即"宽高比(L/H)"来表示。拱坝的厚薄程度，常以坝底最大厚度 T 和最大坝高 H 的比值，即"厚高比(T/H)"来区分。图3-2给出已建部分拱坝厚高比 T/H 与河谷宽高比 L/H 的关系曲线。从图中可见，一般情况下，在 $L/H<1.5$ 的深切河谷可以修建薄拱坝，$T/H<0.2$；在 $L/H=1.5\sim3.0$ 的稍宽河谷可以修建中厚拱坝，$T/H=0.2\sim0.35$；在 $L/H=3.0\sim5.5$ 的宽河谷多修建重力拱坝，$T/H>0.35$；而在 $L/H>5.5$ 的宽浅河谷，由于拱的作用已经很小，梁的作用将成为主要的传力方式，以修建重力坝或拱形重力坝较为适合。随着近代拱坝建设技术的发展，已有一些成功的实例突破了这些界限，如：奥地利的希勒格尔斯双曲拱坝，高130m，$L/H=5.5$，$T/H=0.25$；美国的奥本三圆心拱坝，高210m，$L/H=6.0$，$T/H=0.29$。其实，T/H 不仅与 L/H 有关，还与施工工艺、坝体强度和坝基稳定等条件有关。

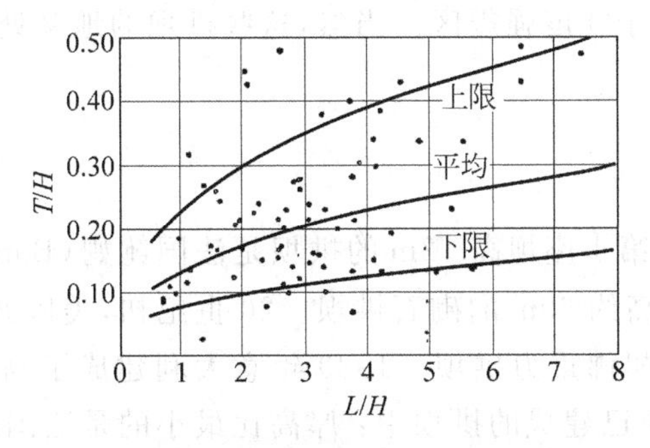

图3-2　已建部分拱坝厚高比 T/H 与宽高比 L/H

河谷即使具有同一宽高比，其断面形状可能相差很大。图 3-3 代表两种不同类型的河谷形状，在水压荷载作用下拱梁系统的荷载分配以及对坝体剖面的影响。V 形河谷靠近底部拱跨短，虽然水压大但拱厚度仍可较薄；U 形河谷底部拱跨仍很大，大部分荷载由梁来承担，故坝厚较大；梯形河谷的情况则介于这两者之间。

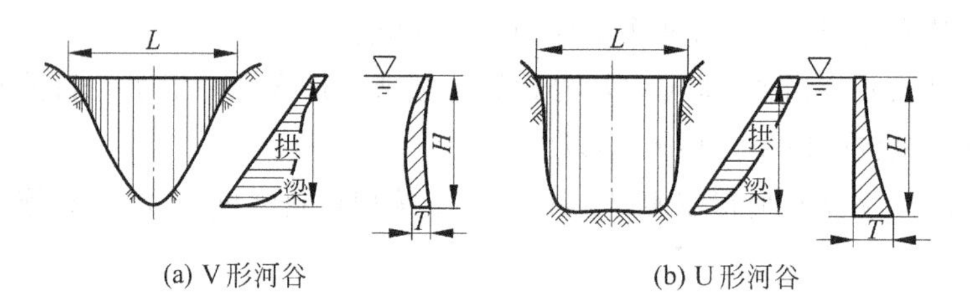

图 3-3 河谷形状对荷载分配和坝剖面的影响

拱坝最好修建在对称的河谷，在不对称河谷中也可修建，但坝体承受较大的扭矩，产生较大的平行于坝面的剪应力和主拉应力。可采用重力墩或将两岸开挖成对称的形状，以减小这种扭矩和应力。

2. 对地质的要求

地质条件也是拱坝建设中的一个重要问题。河谷两岸的基岩必须能承受由拱端传来的推力，要在任何情况下都能保持稳定，不致危害坝体的安全。理想的地质条件是，基岩比较均匀、坚固完整、有足够的强度、透水性小、能抵抗水的侵蚀、耐风化、岸坡稳定、没有大断裂等。实际上很难找到没有节理、裂隙、软弱夹层或局部断裂破碎带的天然坝址，但必须查明工程的地质条件，必要时，应采取妥善的地基处理措施。当地质条件复杂到难于处理，或处理工作量太大、费用过高时，则应另选其他坝型。

随着经验积累和地基处理技术水平的不断提高，在地质条件较差的地基上也建成了不少高拱坝，如：意大利的圣杰斯汀那拱坝，高 153m，基岩变形模量只有坝体混凝土的 1/5～1/10；葡萄牙的阿尔托·拉巴哥拱坝，高 94m，两岸岩体变形模量之比达 1∶20；瑞士的康脱拉拱坝，高 220m，有顺河向陡倾角断层，宽 3～4m，断层本身挤压破碎严重；我国的龙羊峡拱坝，高 178m，基岩被众多的断层和裂隙所切割，且位于 9 度强震区。当然，这些拱坝的地基处理工程是十分艰巨的。

3.1.3 拱坝的发展概况

根据现有的资料，世界上第 1 座坝高 12m 的拱坝是法国鲍姆(Borm)砌石拱坝，建于公元 3 世纪。13 世纪伊朗建造了一座高约 60m 的砌石拱坝。20 世纪初，美国开始修建较高的混凝土拱坝，在 1936 年建成了高 221m 的胡佛重力拱坝。1939 年意大利建成了高 75m、设置垫座及周边缝的奥西列塔薄拱坝。目前世界上已建成的拱坝中：厚高比最小的是法国的托拉拱坝，坝高 $H=88m$，坝底厚 $T=2m$，$T/H=0.0227$；最高的拱坝是前苏联于 1982 年建成的英古里双曲拱坝，最大坝高 272m。

1949 年以来，我国在拱坝建设上取得了很大的进展。截止到 1988 年底的不完全统计，已建坝高 15m 以上的各种拱坝总数已达 800 座以上，约占全世界已建拱坝总数的 1/4 强。在已建和在建坝高 30m 以上的 335 座拱坝中（未计入中国台湾省），混凝土拱坝共 54 座，占 16.1%（其中 100m 以上的 10 座），砌石拱坝共 281 座，占 83.9%。目前我国已建最高的拱坝是二滩双曲拱坝，高 240m，最高的重力拱坝是青海省的龙羊峡拱坝，高 178m；厚高比最小的拱坝是广东省泉水双曲拱坝，高 80m，$T/H=0.112$。在砌石拱坝中，最高的是河南省群英重力拱坝，高 100.5m；厚高比最小的为浙江省方坑双曲拱坝，高 76m，$T/H=0.147$。湖南省凤滩空腹拱坝（图 3-4）为满足泄洪需要而将电站厂房布置在坝体空腹内；贵州省的窄巷口水电站，将拱坝修建在拱形支座（桥）上，以跨过河床的深厚砂砾层而不开挖（图 3-5），在其上游设置混凝土防渗墙和粘土铺盖，以达到防渗目的。我国正在建设中的小湾双曲拱坝，高 292m，建成后将是世界最高的拱坝。

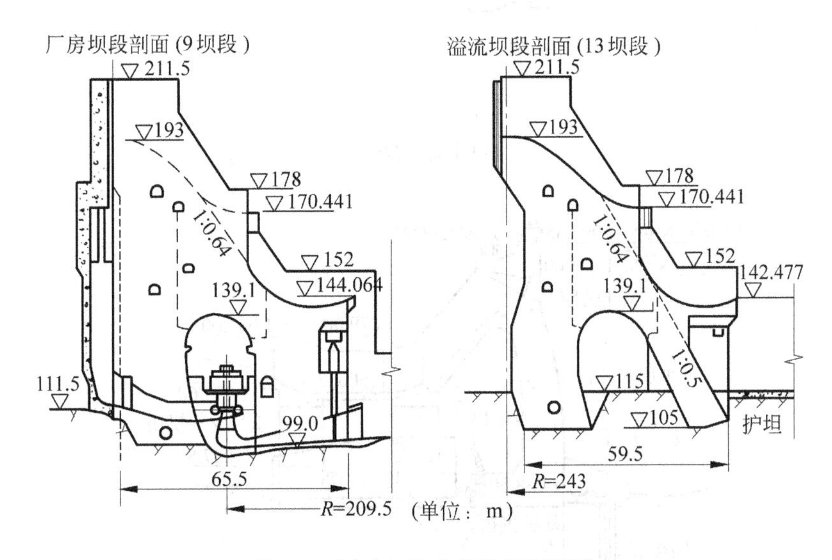

图 3-4　凤滩空腹重力拱坝剖面图

工程规模的扩大促进了拱坝设计理论、计算和施工技术的改进。电子计算机的快速发展，缩短了计算周期，提高了计算精度。优化设计技术、CAD 技术和人工智能系统在拱坝设计中逐步得到了应用和发展。拱坝的破坏机理和极限承载能力的研究以及高拱坝抗震的研究得到了进一步加强。在施工方面，采用新工艺，由计算机进行系统分析，选择最优施工方案。碾压混凝土技术已开始应用于拱坝工程实践中。水工水力学模型、结构模型和地质力学模型等试验技术的不断提高，拱坝监控和反馈分析的研究，都在不同程度上发展和改进了拱坝的设计和工程技术水平。

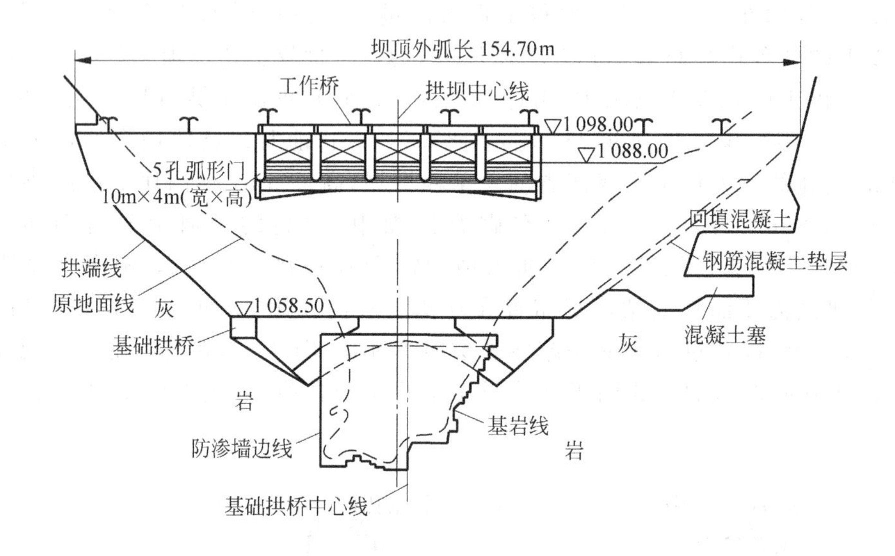

(a) 上游展视图

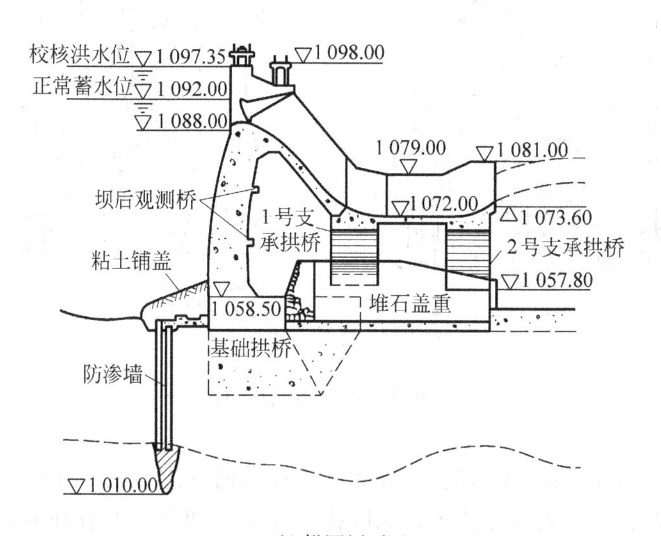

(b) 拱冠剖面图

图 3-5　窄巷口拱坝

3.2　拱坝的荷载及其组合

学习要点

自重、水压力和温度荷载是拱坝承受的主要基本荷载。

3.2.1　拱坝的设计荷载

拱坝的设计荷载包括：静水压力、动水压力、自重、扬压力、泥沙压力、冰压力、浪压力、温度荷载以及地震荷载等，基本上与重力坝相同。但由于拱坝本身的结构特点，有些荷载的计算及其对坝体应力的影响与重力坝不尽相同。本节只介绍这些荷载的不同特点。

1. 一般静力荷载的特点

(1) 径向荷载。径向荷载包括：静水压力、泥沙压力、浪压力或冰压力。其中，静水压力是最主要的荷载。这些荷载由拱、梁系统共同承担，可通过拱梁分载法来计算拱系和梁系的荷载分配。

(2) 自重。常规混凝土拱坝采用横缝分段浇筑，最后进行横缝灌浆封拱，形成整体。这样，由自重产生的变位在横缝灌浆之前已经完成，全部自重应由悬臂梁承担，悬臂梁的最终应力是由拱梁分载法算出的应力加上由于自重而产生的应力。但有些情况(如：①需要提前蓄水或为了度汛，要求某一高程范围的坝体提前冷却封拱；②对具有显著竖向曲率的双曲拱坝，为保持坝块稳定，需要将其冷却和灌浆封拱，然后再浇筑其上部混凝土坝体)，在灌浆前的自重作用应由该部分梁系单独承担，灌浆后浇筑的上部混凝土自重参加下部坝体拱梁分载法的变位调整。

(3) 扬压力。从近年美国对一座中等高度拱坝坝内渗透压力所作的分析表明，由扬压力引起的应力在拱坝总应力中约占 5%，所占比重很小，设计中对于薄拱坝可以忽略不计；对于重力拱坝和中厚拱坝拟予以考虑；在对坝肩岩体进行抗滑稳定分析时，必须计入渗透水压力的不利影响。

2. 温度荷载

温度荷载是拱坝承受的一项主要的基本荷载。拱坝在横缝灌浆前，温度变化引起坝块的变形受到岩基约束，新老材料变形相互约束，表面与内部变形相互约束等，便形成施工期温度应力。它在浇筑初期很显著，与很多复杂的施工因素有关，但对拱坝总体设计影响很小，故在拱坝设计方案比较阶段暂不考虑，有待施工温控解决(同重力坝)。本节所述的温度荷载是指拱坝在封拱后的总体温度变形受到两岸岩体约束引起的，它对拱坝总体应力和总体设计的影响与自重和水压荷载的影响属同一量级。实测资料分析表明，在由水压力和温度变化共同引起的径向总变位中，后者约占 1/3～1/2，在靠近坝顶部分，温度变化的影响就更为显著。

设坝内任一水平截面在运行后某一时刻的温度分布与该截面封拱时的温度分布之差如图 3-6 所示。为便于计算，可将它分为三部分单独作用再叠加。

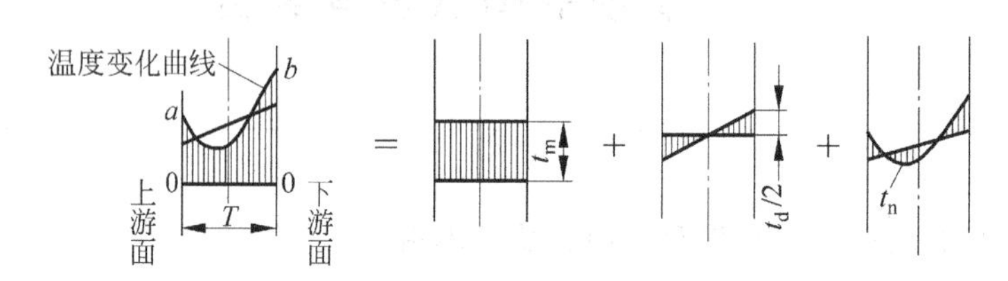

图 3-6 坝体温差分布及温差分解示意图

(1) 均匀温度变化 t_m。即温差的均值，这是温度荷载的主要部分。它对拱坝的变位、拱圈轴向力、力矩、悬臂梁力矩等都有很大影响。

(2) 等效线性温差 t_d。它是将温度变化曲线等效线性化后，在上、下游坝面所得的温度之差 t_d，它是由于蓄水后上下游水温和气温年平均值之差、水温变幅小于下游气温变幅以及水温变化滞后于下游气温所造成的，它还与温度荷载所处的日期有关。为便于求解这种变化引起的弯曲变形，而将这种变化用等效线性温差 t_d 来表示。它对拱坝弯曲变形和弯矩的影响较大，而对轴向力的影响很小。

(3) 非线性温度变化 t_n。它是从坝体温度变化曲线 $\Delta t(x)$ 减去以上两部分后剩余的部分，它只产生局部变形和局部应力，不影响整体变形，因而也不参与荷载分配。

下游面的气温变化可近似地用三种温度变化的正弦曲线之和来表示：

① 旬平均气温年变化 $t_1=\theta_d+A_{1d}\sin(\omega_1\tau)$，$\omega_1=2\pi/p_1$，($p_1$ 为周期，一年有 36 个旬，$p_1=36$，τ 以每年 4 月中旬为计算零点)，θ_d 为年平均气温，A_{1d}为旬平均气温年变化的变幅；

② 日平均气温旬变化 $t_2=A_{2d}\sin(\omega_2\tau)$，$\omega_2=2\pi/p_2$，$p_2=10\text{d}$，$A_{2d}$为中间气温变化的变幅；

③ 日温变化 $t_3=A_{3d}\sin(\omega_3\tau)$，$\omega_3=2\pi/p_3$，$p_3=1\text{d}$，$A_{3d}$为日温变化的变幅。

其中第②、③种气温变化因周期短，只影响坝面附近的小范围，对大坝整体变形影响很小，故在梁拱荷载分配的计算中只考虑第①种气温变化。本书推荐用旬平均气温年变化，比以往所用的月平均气温合理一些，因为中间气温变化的周期一般为 5～10d，很少超过 15d，若用一个月作为中间气温变化的周期，则夸大其作用，而减小年温变幅，对于整体温度荷载的计算是偏小和不安全的。当然，在缺乏旬平均气温资料的情况下，也可采用月平均气温来计算，但应加上月温变化的影响。

上游库水温度所采用的周期与气温一致，但时间滞后，年平均水温 θ_u 随水深而变化，水温年变幅 A_u 一般变小。对于未建工程，可参考附近库水温度变化的资料，或按规范给的经验公式计算。为简便起见，下游气温年变化和上游水温年变化分别用以下两式表示

$$t_{da}=\theta_d+A_d\sin(\omega\tau) \tag{3-1}$$

$$t_{uw}=\theta_u+A_u\sin\omega(\tau-D) \tag{3-2}$$

D 为水温变化比气温变化滞后的时间，与 τ 的单位相同。

沿坝厚方向的坐标设为 x，以上游坝面为坐标原点，在下游坝面 $x=T$，即坝厚为 T，若封拱时坝体已达蓄水多年后的稳定温度，封拱后坝体温度变化为 $\Delta t(x)$，通过解热传导方程求得温度场及其变

化。按上述前两种温度荷载的含义，可推导得

$$t_m = \frac{1}{T}\int_0^T \Delta t(x)\mathrm{d}x = \frac{A_u + A_d}{2}\frac{\sqrt{2}}{\mu T}\sqrt{\frac{\cosh\mu T - \cos\mu T}{\cosh\mu T + \cos\mu T}}\sqrt{1 - \frac{2(1-\cos\omega D)}{\eta + 1/\eta + 2}}\sin(\omega\tau - \delta) \quad (3\text{-}3)$$

$$t_d = \frac{6}{T^2}\int_0^T x\Delta t(x)\mathrm{d}x - 3t_m = \frac{3}{2\mu T}\left\{\frac{\sinh\mu T - \sin\mu T}{\cosh\mu T - \cos\mu T}[A_d\sin\omega\tau - A_u\sin\omega(\tau - D)]\right.$$
$$\left. + [A_d\cos\omega\tau - A_u\cos\omega(\tau - D)]\left(\frac{2}{\mu T} - \frac{\sinh\mu T + \sin\mu T}{\cosh\mu T - \cos\mu T}\right)\right\} \quad (3\text{-}4)$$

式中：$\eta = A_u/A_d$；$\mu = \sqrt{\frac{\omega}{2a}} = \sqrt{\frac{\pi}{ap}}$；$\delta = \arctan\frac{A_d + A_u(\cos\omega D + \sin\omega D)}{A_d + A_u(\cos\omega D - \sin\omega D)}$　　$(T \geqslant 10\mathrm{m})$

a——混凝土的导温系数，若单位取 $\mathrm{m^2/d}$，则 τ 的单位为 d，年变化周期 $p=365\mathrm{d}$，结果不受影响；

t_m——正值表示平均温升，负值表示平均温降；

t_d——正值表示向下游递增的温度变化，负值表示向下游递减的温度变化。

δ 是水平拱圈的平均温度滞后于气温变化的相位差，上式所给的 δ 是 $T \geqslant 10\mathrm{m}$ 情况经过简化的计算式。由式(3-3)可知，当 $\omega\tau = \delta \pm \pi/2$ 时，t_m 为最大均匀温升(＋)或均匀温降(－)。但各高程最大的 t_m 不在同一时刻发生，一般比气温滞后 20～60d。为安全和简便，宜选拱坝总应力最大的部位所对应的参数 A_d、A_u 和 D 代入上式计算 δ，这些部位的坝厚一般超过 10m，按此式计算 δ 与理论解的误差远小于各参数的误差。若各参数来源的误差很大，可取 3 月初(温降)和 9 月初(温升)对应的 τ，代入式(3-3)和式(3-4)计算相应的 t_m 和 t_d。

t_m 和 t_d 很重要，需正确掌握，许多电算程序需输入这两值计算拱坝封拱后的温度应力。

对于靠天然冷却的中小型拱坝，或大型拱坝中较薄的、不埋冷却水管的上部坝体，封拱灌浆时坝体的平均温度设为 t_c(可模仿施工过程、作温度场计算求得)，上下游面均为大气，坝体温度近似于对称分布，很难达到蓄水后的稳定温度场，故温度荷载应在上述两式计算结果的基础上再叠加附加值，即

$$t'_m = t_m + (\theta_u + \theta_d)/2 - t_c \quad (3\text{-}3)'$$

$$t'_d = t_d + (\theta_d - \theta_u)/2 \quad (3\text{-}4)'$$

过去曾用过美国垦务局的经验公式 $t_m = 57.57/(T+2.44)$，或经修订的 $t_m = 47/(T+3.39)$，都忽略了许多重要因素，如当地的气温条件、水温沿水深的变化、上下游温变之差等，不宜套用。尤其是靠天然冷却的中低拱坝，大多数因下部坝体较厚未充分散热、上部坝体拖延到 5 月份封拱，在封拱时这些部位的平均温度 t_c 高于 $(\theta_u + \theta_d)/2$，封拱后附加较大的均匀温降。对于这些部位，应降低浇筑温度和水化热温升，选在 2～3 月份封拱，以降低 t_c，减小温降荷载 t'_m 和拉应力。

3. 地震荷载

地震荷载包括：地震惯性力、地震动水压力和动土压力。浪压力、扬压力和泥沙压力受地震的影响很小，仍按静荷载不变。我国水利部最近发布的《混凝土拱坝设计规范》SL 282—2003[22] 规定，坝体地震惯性力和地震动水压力的计算可参照 SL 203—97《水工建筑物抗震设计规范》[3] 的规定执行。

按照这一抗震设计规范，对拱坝应考虑顺河流方向和垂直河流方向的水平地震作用；当同时计算互相正交方向地震的作用效应时，总的地震作用效应可取各方向地震作用效应平方总和的方根值；对设计烈度为8、9度的1、2级拱坝，应同时计入水平向和竖向地震作用，竖向地震作用效应乘以0.5的耦合系数后与水平向地震作用效应相加，如果是双曲拱坝，宜对其竖向地震作用效应作专门研究；对于工程抗震设防类别为乙、丙类的设计烈度小于8度且坝高小于或等于70m的拱坝，可采用拟静力法计算地震荷载。

(1) 水平地震惯性力。采用拟静力法计算拱坝地震作用效应时，各层拱圈各质点水平地震总惯性力沿径向作用[3]，其代表值的计算公式为

$$F_i = K_H \xi \alpha_i G_{Ei} \quad (\text{kN}) \tag{3-5}$$

式中：α_i——质点 i 的动态分布系数，坝顶取3.0，坝基取1.0，沿高程按线性内插，沿拱圈均匀分布[3]；

K_H、ξ 和 G_{Ei} 的含义和取值同式(2-15)的说明。

(2) 地震动水压力。当采用拟静力法计算拱坝地震作用效应时，水平向地震作用的动水压强代表值为

$$p_w(h) = \frac{7}{8}\xi \alpha_i a_h \rho_w \sqrt{H_0 h} \quad (\text{N/m}^2) \tag{3-6}$$

式中：ξ 和 α_i 同式(3-5)的说明和取值；

a_h——地面水平向设计地震加速度代表值，m/s^2；

ρ_w——水体质量密度标准值，kg/m^3；

H_0——库水总深，m；

h——动水压力作用点的水深，m。

抗震强度和稳定分析应满足式(1-7)所示的极限状态设计式，当采用拟静力法验算时，抗压和抗拉强度的结构系数应分别取4.10和2.40，抗滑稳定的结构系数为2.70。

对坝高超过70m或烈度在8度以上时，应采用动力法分析，可将水平向单位地震加速度作用下的地震动水压力折算为相应的坝面径向附加质量考虑。

3.2.2 荷载组合

荷载组合分为基本组合和特殊组合。为便于列举，对各项荷载做如下编号：

1. 水压力（包括相应水位下的扬压力）

1a. 正常蓄水位时的上、下游静水压力

1b. 以防洪为主且正常蓄水位较低情况在设计洪水位时的上、下游静水压力

1c. 水库死水位或运行最低水位时的上、下游静水压力

1d. 施工期遭遇洪水时的静水压力

1e. 校核洪水位时的上、下游静水压力和动水压力

2. 自重

3. 泥沙压力

4. 温度荷载

4a. 正常蓄水位时的设计正常温降

4b. 正常蓄水位时的设计正常温升

4c. 设计洪水位时的设计正常温升

4d. 校核洪水位时的设计正常温升

4e. 水库死水位或运行最低水位时的设计正常温升

4f. 接缝灌浆部分坝体未蓄水或在某一限制水位时的设计正常温降

4g. 接缝灌浆部分坝体未蓄水或在某一限制水位时的设计正常温升

5. 浪压力

6. 冰压力

7. 地震力(包括坝体地震惯性力和地震动水压力)

拱坝的荷载组合应根据各种荷载同时作用的实际可能性,选择可能出现的不利情况,作为分析坝体应力和坝基岩体抗滑稳定的依据。这些可能出现的荷载组合如表3-1所示。

表3-1　拱坝计算荷载组合表

荷载组合	组合情况		水压力	自重	泥沙压力	温度荷载	浪压力或冰压力	地震力
基本组合	① 冬天正常蓄水位		1a	2	3	4a	5或6	
	② 夏天正常蓄水位		1a	2	3	4b	5	
	③ 夏天设计洪水位		1b	2	3	4c	5	
	④ 死水位或运行最低水位		1c	2	3	4e	5	
	⑤ 其他常遇的不利荷载组合							
特殊组合	1. 校核洪水位		1e	2	3	4d	5	
	2. 地震情况	(1) 基本组合①+地震荷载	1a	2	3	4a	5或6	7
		(2) 基本组合②+地震荷载	1a	2	3	4b	5	7
		(3) 常遇低水位+地震荷载	1c	2	3	4e	5	7
	3. 施工期分期灌浆	(1) 未灌浆		2				
		(2) 未灌浆遭遇施工洪水	1d	2				
		(3) 灌浆		2		4f或4g		
		(4) 灌浆遭遇施工洪水	1d	2		4g		
	4. 其他稀遇的不利组合							

注:1. 在上述荷载组合中,可根据工程的实际情况选择控制性的荷载组合进行计算;

2. 在地震较频繁的地区,当施工期较长时,应采取措施及时封拱,必要时对施工期的荷载组合尚应增加一项"上述情况加地震荷载",其地震烈度可按设计烈度降低1度考虑。

3.3 拱坝的体形和布置

学习要点

1. 拱坝的布置和体形设计应有利于拱坝应力分布和稳定。
2. 根据地形地质条件，掌握拱坝体形设计和合理布置的方法。

拱坝的体形和布置是相互关联的。合理的体形应该是：在满足枢纽布置，运用和施工等要求的前提下，通过调整其外形和尺寸，使坝体材料强度得以充分发挥，不出现不利的应力状态，并保证坝肩岩体的稳定，而工程量最省，造价最低。

3.3.1 拱坝坝体尺寸的初步拟定

坝体尺寸主要是指：拱圈的平面形式及各层拱圈轴线的半径和中心角；拱冠梁（中央铅直剖面）上、下游面的形式及其沿高程的厚度。当坝高已定，首先要拟定的就是顶拱轴线，然后是拱冠梁和拱圈的形式及尺寸。有关顶拱轴线的选定，见后面的拱坝布置。

1. 拱冠梁的形式和尺寸

在拱坝的轴线和顶拱确定以后，即可拟定拱冠梁的尺寸。

为改善拱坝受力条件和便于体形设计与布置，在U形河谷中，宜采用单曲拱坝，上游坝面直立或略倾向上游；在V形或接近V形的河谷中，宜采用双曲拱坝（如图3-3所示）。

拱冠梁的厚度可按我国《水工设计手册》[23]建议的公式，经新老单位换算整理如下：

$$T_C = 2\varphi_C R_{轴}\left(\frac{3R_f}{2E}\right)^{1/2}/\pi \quad (m) \tag{3-7}$$

$$T_B = 0.007\bar{L}H/[\sigma] \quad (m) \tag{3-8}$$

$$T_{0.45H} = 0.003\,85HL_{0.45H}/[\sigma] \quad (m) \tag{3-9}$$

式中：T_C、T_B、$T_{0.45H}$——拱冠梁顶厚、底厚和0.45H高度处的厚度，m，此处H为坝高；

φ_C——顶拱的半中心角，rad；

$R_{轴}$——顶拱中心线的半径，m；

R_f——混凝土的极限抗压强度，MPa；

E——混凝土的弹性模量，MPa；

$\bar{L}$——两岸可利用基岩面间河谷宽度沿坝高的平均值，m；

H——拱冠梁的高度，也即坝高，m；

$[\sigma]$——坝体混凝土的容许压应力，MPa；

$L_{0.45H}$——拱冠梁 0.45H 高度处两岸可利用基岩面间的河谷宽度，m。

美国垦务局建议的公式经单位换算变为

$$T_C = 0.01(H + 1.2L_1) \quad (\text{m}) \tag{3-10}$$

$$T_B = [0.0012HL_1L_2(H/122)^{H/122}]^{1/3} \quad (\text{m}) \tag{3-11}$$

$$T_{0.45H} = 0.95T_B \quad (\text{m}) \tag{3-12}$$

式中：L_1——坝顶高程处拱端可利用基岩面间的河谷宽度，m；

L_2——坝底以上 0.15H 处拱端可利用基岩面间的河谷宽度，m。

前一组公式是根据混凝土强度确定的，后一组则是根据拱坝设计资料总结出来的，可以互为参考。这是设计一开始初步拟出的尺寸，以便布置和应力稳定计算，经分析是否有余地，决定是否修改和重新计算。这些尺寸并非固定不变，在选择坝顶厚度时，还应考虑工程规模和运用要求，如无交通规定，一般为 3～5m，不小于 3m。坝顶厚度体现了顶部拱圈的刚度，在坝顶不开口(即无表孔)的情况下，适当加大坝顶厚度将有利于降低梁的水平荷载，从而减小梁底上游面的拉应力。

对于双曲拱坝，拱冠梁的上游面曲线可用凸点与坝顶的高差 $Z_0=\beta_1 H$，凸度 $\beta_2=D_A/H$ 和最大倒悬度 S(A、B 两点之间的水平距离与其高差之比)来描述，见图 3-7。拟定这些参数的原则是：控制悬臂梁的自重拉应力不超过 0.3～0.5MPa，对高坝还可适当加大，并使坝体在正常荷载组合情况下具有良好的应力状态。坝的下部向上游倒悬，由于自重在坝踵产生的竖向压应力，可抵消一部分由水压力产生的竖向拉应力，但倒悬度不宜太大，一般不超过 0.3。根据我国对东风、拉西瓦等 11 座拱坝的 β_1、β_2 和 S 值的敏感性计算分析，其适合范围是：$\beta_1=0.6\sim0.7$，$\beta_2=0.15\sim0.2$，$S=0.15\sim0.3$。对基岩变形模量较高或宽高比较大的河谷，β_1、β_2 取小值、S 取大值。定出 A、B、C 三点位置后，由圆弧线或几段不同圆心和半径的圆弧组成的曲线、二次抛物线，通过三点定出上游面曲线。对于下游面，可根据拟定的 T_A、T_B、T_C 定出相应的三个点 A'、B'、C'，然后采用与上游面相同的方法定出下游面曲线。对于单曲拱坝，拱冠梁上游面多做成铅直线，下游面是倾斜直线或几段折线。

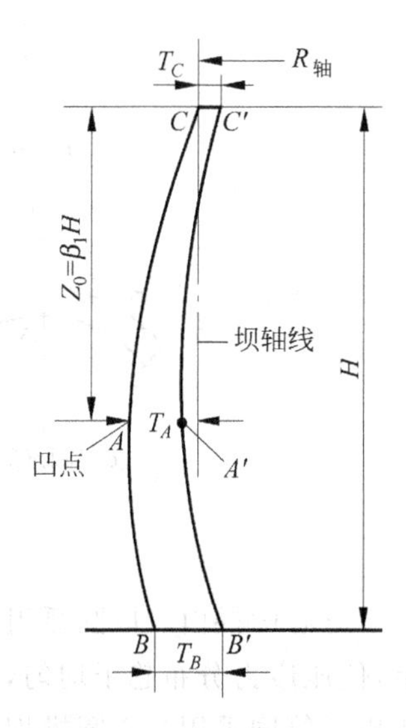

图 3-7 拱冠梁剖面

2. 水平拱圈的选择

在早期水平拱圈常用圆弧拱。加大中心角，可改善坝体应力，减小拱圈厚度。但从稳定条件考虑，过大的中心角将使拱轴线与河岸基岩等高线的交角过小，以致拱端推力过于趋向下游，不利于坝肩岩体的稳定。现代拱坝，顶拱中心角多为 90°～105°；对向下游缩窄的河谷，可采用 110°～120°；当坝基岩体容易滑动时，则应适当减小拱的中心角，以加强坝肩稳定，如：日本的矢作拱坝最大中心角为 76°，菊花拱坝为 74°。

由于拱坝的最大应力常在坝高 1/3～1/2 处，所以，有的工程在坝的中下部采用较大的中心角，由此向上向下中心角都减小，如：我国的泉水拱坝，最大中心角为 101°24′，约在 2/5 坝高处；伊朗的卡雷迪拱坝，最大中心角为 117°，位于坝的中下部。

合理的拱圈形式应当是压力线接近拱轴线，使拱截面内的压应力分布趋于均匀。在河谷狭窄而对称的坝址，水压荷载的大部分靠拱的作用传到两岸，采用圆弧拱圈，在设计和施工上都比较方便。但从水压荷载在拱梁系统的分配情况看，拱所分担的水荷载并不是沿拱圈均匀分布，而是从拱冠向拱端逐渐减小，见图 3-1。近年来，对建在较宽河谷中的拱坝，为使拱圈中间部分接近于均匀受压，并改善坝肩岩体的抗滑稳定条件，拱圈形式已由早期的单心圆拱向三心圆拱、椭圆拱、抛物线拱和对数螺旋线拱等多种形式（图 3-8）发展，改变参数可使拱圈变曲率、变厚度和改变拱端推力方向。

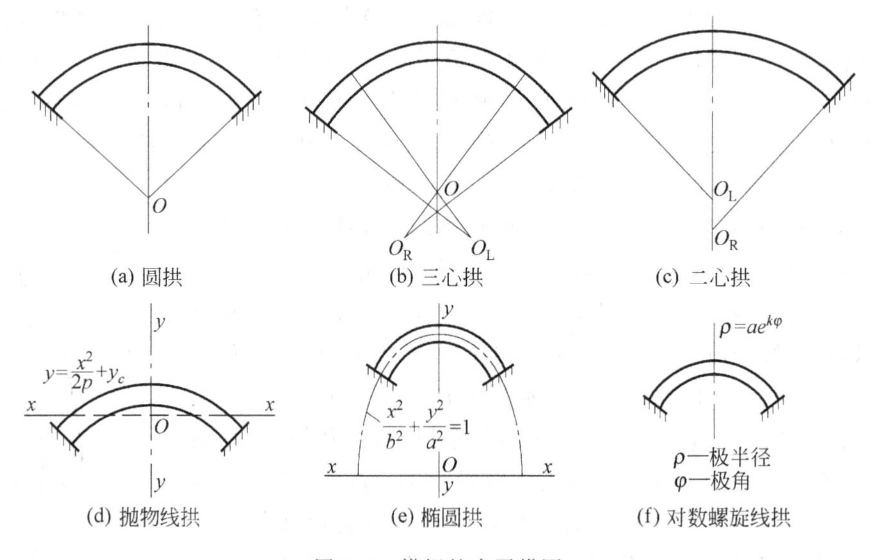

图 3-8 拱坝的水平拱圈

三心圆拱由三段圆弧组成，两侧弧段的半径通常比中间的大（见图 3-9），可减小中间弧段的弯矩，使压应力分布趋于均匀，改善拱端与两岸的连接条件，更有利于坝肩的岩体稳定。美国、葡萄牙、西班牙等国采用三心圆拱坝较多，我国的白山拱坝、紧水滩拱坝和李家峡拱坝采用三圆心拱坝或五圆心拱坝（上下游坝面两侧圆拱四个圆心加中圆拱圆心），调整侧圆拱的圆心位置和半径可改变拱端推力方向和改变拱端的厚度，改善拱端应力和稳定条件。

椭圆拱、抛物线拱和对数螺旋线拱均为变曲率拱，拱圈中段的曲率较大，向两侧逐渐减小，使拱圈中的压力线接近中心线。如，瑞士 1965 年建成的康脱拉双曲拱坝是当前最高的椭圆拱坝，高 220m。日本、意大利等国采用抛物线形拱坝较多，我国二滩、东风水电站也采用抛物线形拱坝，拱端推力方向与岸坡线的夹角增大，有利于坝肩岩体的抗滑稳定。

当河谷地形不对称时，可采用人工措施使坝体尽可能接近对称，如：（1）在较陡的一岸向深处开

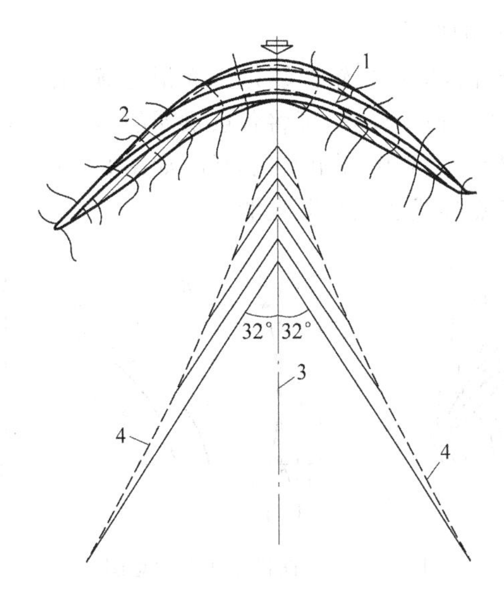

图 3-9　三心圆双曲拱坝平面图

1—坝轴线；2—坝顶；3—内侧圆心轨迹；4—外侧圆心轨迹

挖；(2)在较缓的一岸建造重力墩；(3)设置垫座及周边缝等。在有的情况下也可采用不对称的双心圆拱布置。

3.3.2　拱坝布置

1. 步骤

由于拱坝体形比较复杂，剖面形状又随地形、地质情况而变化，因此，拱坝的布置并无一成不变的固定程序，而是一个从粗到细反复调整和修改的过程。为简便起见，以单心圆拱坝为例，大致归纳为以下几个步骤：

(1) 根据坝址地形图、地质图和地质查勘资料，定出开挖深度，画出可利用基岩面等高线地形图。对于较熟练的设计者，也可不必画出基岩等高线，预先确定各处的开挖深度 d_i，各高程拱圈的两拱端下游边交于该高程以上 d_i 的等高线上，再从这一交点沿径向向上游量取拱端厚度，即为拱端上游边的位置(如图 3-10 所示)。

(2) 在可利用基岩面等高线地形图上，试定顶拱轴线的位置。在实际工程中常以顶拱外弧作为拱坝的轴线。将顶拱轴线绘在透明纸上，以便在地形图上移动、调整位置，尽量使拱轴线与基岩等高线在拱端处的夹角不小于 30°，并使两端夹角大致相近。按选定的半径、中心角及顶拱厚度画出顶拱内外缘弧线。

(3) 初拟最大坝高的拱冠梁剖面尺寸，自坝顶往下，一般选取 5～10 道拱圈，绘制各层拱圈平面图，布置原则与顶拱相同。各层拱圈的圆心连线在平面上最好能对称于河谷可利用岩面的等高线，在竖直面上圆心连线应能形成光滑的曲线。

(4) 沿拱圈切取若干铅直剖面，检查其轮廓线是否光滑连续，有无上层突出下层严重倒悬，确定倒悬程度是否满足施工要求。为了便于检查，可将各层拱圈的半径、圆心位置以及中心角 $2\varphi_A$ 分别按高程点绘，连成上、下游面圆心轨迹线和中心角变化曲线(如图 3-10 所示)。必要时，可修改不连续或变化急剧的部位，以求沿高程各点连线达到平顺光滑。

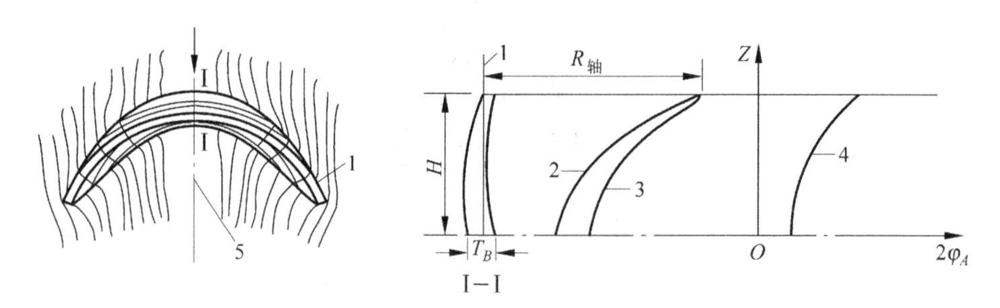

图 3-10　双曲拱坝布置示意图

1—坝轴线；2—下游面圆心轨迹；3—上游面圆心轨迹；4—拱圈中心角变化曲线；5—基准面

(5) 进行应力计算和坝肩岩体抗滑稳定校核。如不符合要求或倒悬度过大，应修改坝体布置和梁拱截面尺寸，重复以上的工作程序，直至满足要求为止。

(6) 将坝体沿拱轴线展开，绘成坝的立视图，显示基岩面的起伏变化，对突变处应采取削平或填塞措施。

(7) 计算坝体工程量，作为不同方案比较的依据。

归纳起来，拱坝布置的基本原则是：基岩面、坝面变化平顺，无突变或反复弯曲，倒悬度、应力和坝肩稳定满足要求，工程量或造价尽量最省。

2. 拱端的布置原则

拱坝两端与基岩的连接也是拱坝布置的一个重要方面。拱端应嵌入开挖后的坚实基岩内。拱端与基岩的接触面原则上应做成全径向的，以使拱端推力接近垂直于拱座面。但在坝体下部，当按全径向开挖将使上游面可利用岩体开挖过多时，允许自坝顶往下由全径向拱座渐变为 1/2 径向拱座，如图 3-11(a)所示。此时，靠上游边的 1/2 拱座面与基准面的交角应大于 10°。如果用全半径向拱座将使下游面基岩开挖太多时，也可改用中心角大于半径向中心角的非径向拱座，如图 3-11(b)所示，此时，拱座面与基准面的夹角，根据经验应不大于 80°。

3. 坝面倒悬的处理

由于上、下层拱圈半径及中心角的变化，坝体上游面不能保持直立。如上层坝面突出于下层坝面，就形成了坝面的倒悬，这种上、下层的错动距离与其间高差之比称之为倒悬度。在双曲拱坝中，很容易出现坝面倒悬现象。这种倒悬不仅增加了施工上的困难，而且未封拱前，由于自重作用很可能在

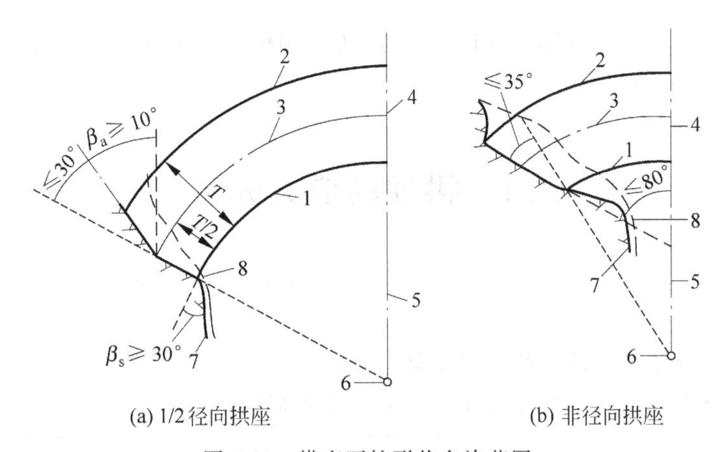

(a) 1/2径向拱座　　(b) 非径向拱座

图 3-11　拱座开挖形状允许范围

1～3—内弧面、外弧面和拱轴线；4—拱冠；5—基准面；6—外弧圆心；7—可利用岩面；8—原地面

与其倒悬相对的另一侧坝面产生拉应力甚至开裂。对于倒悬的问题和处理，如图 3-12 所示，大致可归纳为以下几种情况：

(1) 如果靠近岸边的坝体上游面维持直立，拱冠梁附近上游坝面底部将向上游突出较多，但下游坝面倒悬过大[如图 3-12(a)所示]，拱冠梁的梁底上游面可能出现较大的拉应力；

(2) 如果拱冠梁上游面维持直立，而岸边坝体向上游倒悬过大[如图 3-12(b)所示]，也可能不便于施工或使岸边梁底下游面出现较大的竖向拉应力；

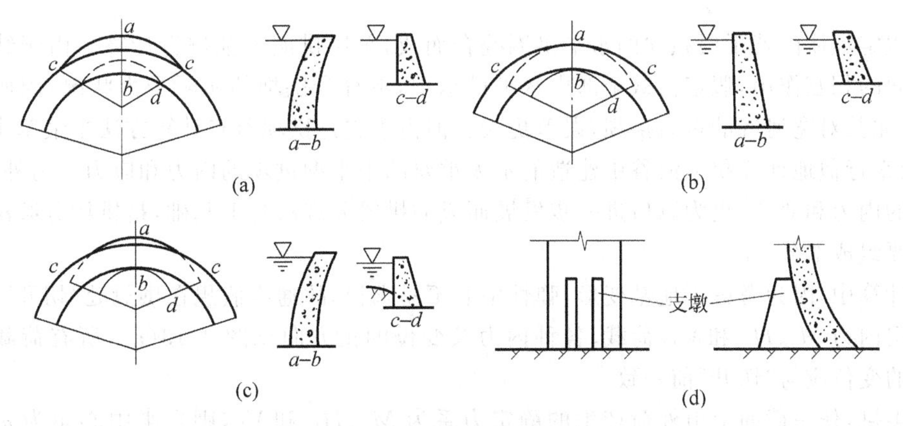

(a)　(b)　(c)　(d)

图 3-12　拱坝各种倒悬情况的处理

(3) 协调前两种方案，减小拱冠梁底部向上游的突出量和岸坡坝段向上游的倒悬量，见图 3-12(c)。

设计时宜采用第(3)种折中处理方式，以减小坝面的倒悬度。按一般施工经验，浆砌石拱坝倒悬度可控制在 0.1～0.167，局部可为 0.2～0.25 左右；混凝土拱坝可达 0.3 左右。对向上游倒悬的岸边段坝体，在其下游面可能产生过大的拉应力，必要时需在上游坝脚加设支墩[见图 3-12(d)]，或在开挖基岩时留下部分基坑岩壁作为支撑。现代的双曲拱坝，一般在拱冠梁下部 1/3 左右坝高范围内向上游倒悬，再向上就逐渐俯向下游。这样，不仅改善了坝体应力情况，而且有助于解决其余各种悬臂梁倒悬问题和坝基稳定问题。

3.4 拱坝的应力分析

学习要点

1. 拱坝应力分析是拱坝设计的重要依据。
2. 掌握拱坝应力分析的各种方法及相应的应力控制标准。

3.4.1 应力分析方法

拱坝是一个变厚度、变曲率而边界条件又很复杂的空间壳体结构，拱圈的轴力很大，对拱圈本身的变形和基岩变形影响显著；坝基岩体实际上很复杂，对拱坝和坝基进行严格的理论应力分析是很困难的，在不同时期的实际设计计算中，通常根据当时的理论水平和计算条件做一些必要的假定和简化，因而就有不同的应力分析方法。以下按其历史发展顺序，由浅入深地逐一介绍。

1. 纯拱法

纯拱法假定坝体由若干层独立的水平拱圈叠合而成，每层拱圈单独进行计算。由于纯拱法没有反映拱圈之间的相互作用，假定荷载全部由水平拱承担，不符合拱坝的实际受力状况，因而求出的应力一般偏大，尤其对宽河谷的重力拱坝，误差更大。但由于它是拱坝所有计算方法中最基本最简单的方法，常常用来近似地计算狭窄河谷中建造的不太重要的中小型拱坝的内力和应力。另外，纯拱法计算水平拱圈的内力和变位，也为以后进一步发展而成的拱梁分载法打下基础，是拱梁分载法计算中不可缺少的重要组成部分。

在拱圈计算中，因为考虑了地基变形，弹性中心不易求得，故通常假想在拱冠处“切开”，在截面中心加上超静定内力 M_0、H_0 和 V_0，荷载、各种内力及变位的正方向见图 3-13(a)，所有荷载和内力引起“切口”处的变位应与“切开”前一致。

对于左半拱，任一截面上由外荷产生的静定力系为 M_L、H_L 和 V_L，则在半中心角为 φ 的任一截面 C，其内力 M、H 及 V 分别为

$$\left.\begin{aligned} M &= M_0 + H_0 y + V_0 x - M_L \\ H &= H_0\cos\varphi - V_0\sin\varphi + H_L \\ V &= H_0\sin\varphi + V_0\cos\varphi - V_L \end{aligned}\right\} \tag{3-13}$$

式中：x、y 和 φ 见图 3-13(b)；脚标“L”代表左半拱圈；对于右半拱圈，脚标改用“R”表示，x 和 φ 取代数值(右半拱圈用负值)，上式仍可适用。

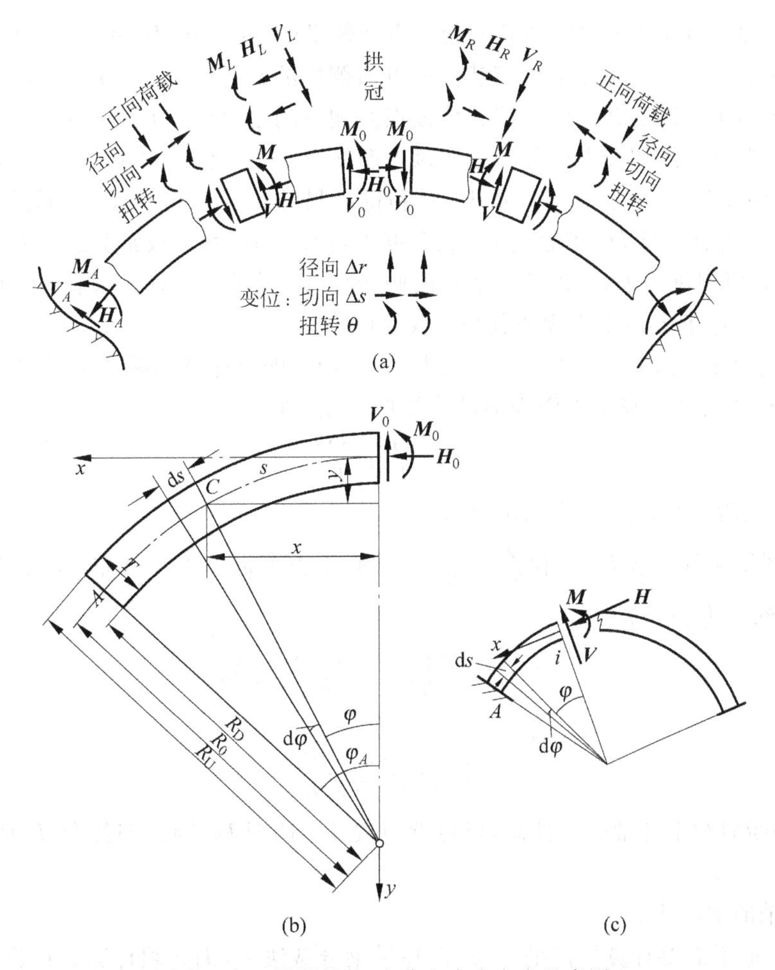

图 3-13　拱圈荷载、变位和应力方向示意图

为了计算 M、H 及 V，需先求出 M_0、H_0 及 V_0。为此，可利用切口处两侧的变形连续条件，经过演算得出联立方程组

$$\left.\begin{aligned} A_1M_0 + C_1V_0 + B_1H_0 - D_1 &= 0 \quad \text{(转角变位连续条件)} \\ C_1M_0 + C_2V_0 + B_2H_0 - D_2 &= 0 \quad \text{(径向变位连续条件)} \\ B_1M_0 + B_2V_0 + B_3H_0 - D_3 &= 0 \quad \text{(切向变位连续条件)} \end{aligned}\right\} \tag{3-14}$$

式中：A_1——单位力矩作用于拱圈切开点使该点两侧拱的角变位 θ 之和，$A_1 = {}_LA_1 + {}_RA_1$；

B_1——单位轴向力(或力矩)作用于拱圈切开点使该点两侧拱的 θ(或 Δs)之和，$B_1 = {}_LB_1 + {}_RB_1$；

C_1——单位剪力(或力矩)作用于拱圈切开点使该点两侧拱的 θ(或 Δr)之和，$C_1 = {}_LC_1 - {}_RC_1$；

B_2——单位轴向力(或剪力)作用于拱圈切开点使该点两侧拱的 Δr(或 Δs)之和，$B_2 = {}_LB_2 - {}_RB_2$；

C_2——单位剪力作用于拱圈切开点使该点两侧拱的 Δr 之和，$C_2 = {}_LC_2 + {}_RC_2$；

B_3——单位轴向力作用于拱圈切开点使该点两侧拱的 Δs 之和，$B_3={}_{\mathrm{L}}B_3+{}_{\mathrm{R}}B_3$；

D_1——由拱端至拱圈切开点的外荷载使该点两侧拱的 θ 之和，$D_1={}_{\mathrm{L}}D_1+{}_{\mathrm{R}}D_1$；

D_2——由拱端至拱圈切开点的外荷载使该点两侧拱的 Δr 之和，$D_2={}_{\mathrm{L}}D_2-{}_{\mathrm{R}}D_2$；

D_3——由拱端至拱圈切开点的外荷载使该点两侧拱的 Δs 之和，$D_3={}_{\mathrm{L}}D_3+{}_{\mathrm{R}}D_3$。

以上 9 个常数中，A_1、B_1、C_1、B_2、C_2 及 B_3 只和拱圈尺寸、拱圈和基岩的变形模量及基岩变形有关，称为形常数；而 D_1、D_2 及 D_3，则还与水压、温度等荷载有关，称为载常数。这些常数因涉及的参数很多，而且需左右两侧拱圈求和，以满足切口两侧变位连续条件，计算式很长，不在此占篇幅，可查阅《水工设计手册》[23]第五卷混凝土坝或其他有关文献。

求解式(3-14)，可得出 M_0、H_0 及 V_0，再代入式(3-13)，即可计算拱圈任一径向截面的内力 M、H 及 V，然后用偏心受压公式计算上下游坝面的边缘应力 σ_x，即

$$\sigma_x=\frac{H}{T}\pm\frac{6M}{T^2} \tag{3-15}$$

式中："+"号用于上游边缘，$\sigma_x>0$ 表示压应力。

当拱厚 T 与拱圈中线半径 R_0 之比 $\frac{T}{R_0}>\frac{1}{3}$ 时，截面应力不再呈直线分布，应按厚拱考虑，计入拱圈曲率的影响，边缘应力公式为

$$\sigma_x=\frac{H}{T}\pm\frac{M}{I_n}\left(\frac{T}{2}\pm\varepsilon\right)\frac{R_0-\varepsilon}{R_0\pm0.5T} \tag{3-16}$$

$$\varepsilon=R_0-\frac{T}{\ln\dfrac{1+0.5T/R_0}{1-0.5T/R_0}}$$

式中：I_n——拱圈断面对中性轴的惯性矩，仍可近似按 $T^3/12$ 计算，因为即使令 $T/R_0=1$，误差也不超过 2%；

ε——中性轴的偏心距。

对于纯拱法一般不需要计算拱圈的变位，但在拱梁分载法中，则必须计算。计算方法仍然是设想拱圈在拱梁相交处的计算截面切开，如图 3-13(c)所示，坐标原点取在切开的截面中心，式(3-13)至式(3-16)仍可适用。利用虚功原理，经演算后，可以求得左边拱圈的变位公式如下：

$$\left.\begin{aligned}{}_{\mathrm{L}}\theta_i&={}_{\mathrm{L}}A_1M_0+{}_{\mathrm{L}}B_1H_0+{}_{\mathrm{L}}C_1V_0-{}_{\mathrm{L}}D_1\\{}_{\mathrm{L}}\Delta r_i&={}_{\mathrm{L}}C_1M_0+{}_{\mathrm{L}}B_2H_0+{}_{\mathrm{L}}C_2V_0-{}_{\mathrm{L}}D_2\\{}_{\mathrm{L}}\Delta s_i&=-{}_{\mathrm{L}}B_1M_0-{}_{\mathrm{L}}B_3H_0-{}_{\mathrm{L}}B_2V_0+{}_{\mathrm{L}}D_3\end{aligned}\right\} \tag{3-17}$$

形常数和载常数的计算工作量很繁重，对非圆形拱或变厚拱只能用分段累计或高斯数值积分法计算；对于等截面圆拱，由基本公式直接积分已有现成解答。标准荷载下的载常数都有计算数表可查用[23~25]，详细算式本书不再列出。

2. 拱梁分载法

拱梁分载法是将拱坝视为由若干水平拱圈和竖直悬臂梁组成的空间结构，坝体承受的荷载一部分由拱系承担，一部分由梁系承担，拱和梁的荷载分配由拱系和梁系在各交点处变位一致的条件来确

定。荷载分配以后，梁是静定结构，应力不难计算；拱的应力可按纯拱法计算。拱梁分载法把复杂的弹性壳体问题简化为结构力学的杆件计算，概念清晰，易于掌握。

拱梁分载的概念按其发展过程先后出现几种不同的计算方法，具体分述如下。

(1) 拱冠梁法

在20世纪初，美国惠勒和瑞士斯托克等提出了拱梁分载的概念。由于当时的计算工具所限，很难求解几十个交点变位平衡的方程组。拱冠梁法就是在这种条件下提出的，它作为拱梁分载法的近似简化方法。其基本原理就是按中央悬臂梁(拱冠梁)与若干个水平拱在相交之处变形相容的原则计算水平荷载的分配。过去一般将拱坝划分为5～8层水平拱圈，仅考虑拱坝所承受的主要荷载——径向水压荷载和温度荷载。在与水平拱圈相应高程的梁上所承受的水平荷载强度设为 x_i，并假定每层水平拱圈所承受的径向荷载均匀分布，其大小为相应高程的径向总荷载强度 p_i 减去 x_i 之差(如图3-14所示)。可用结构力学方法求得第 i 层水平拱圈在单位均布径向荷载作用下在拱冠处的径向变位 δ_i，用图乘法求得拱冠梁在第 j 高程的单位三角形荷载作用下、第 i 点的径向变位 a_{ij}；在计算这些变位系数时，还采用伏格特(Vogt)参数计算坝基岩体变形及其对拱圈变形和悬臂梁变形的影响(尽管伏格特方法及其参数是近似的，但由于岩层和结构面的分布等因素太复杂，很难作精确的计算)。

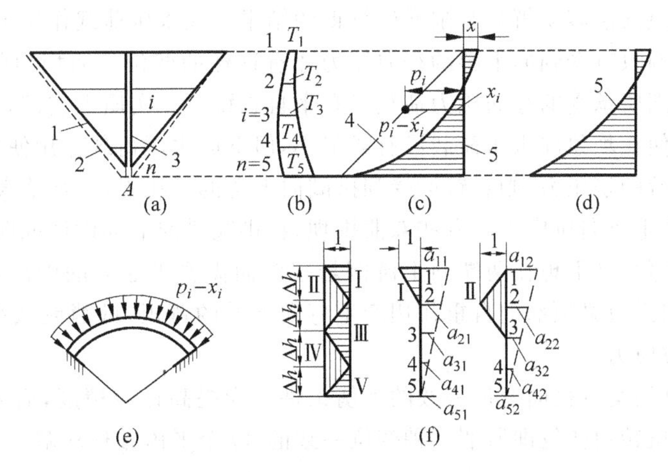

图3-14 拱冠梁法荷载分配示意图

1—地基表面；2—可利用基岩面；3—拱冠梁；4—拱荷载；5—梁荷载

如图3-14所示，从坝顶到坝底选取 n 层拱圈，令各划分点的序号为自坝顶 $i=1$ 至坝底 $i=n$，为便于计算梁的变位系数，各层拱圈之间取相等的距离 Δh，拱圈高为1m。

在均布径向荷载 (p_i-x_i) 作用下，第 i 层水平拱圈在拱冠处的径向变位应为 $\delta_i(p_i-x_i)$；拱冠梁在所分配的梁荷载强度 $x_j(j=1\sim n)$ 作用下，第 i 点的径向变位应为 $\sum a_{ij}x_j$；

在上下游等效线性温变梯度作用下，梁在第 i 点的径向变位设为 Δ_{CTi}，在均匀温变和等效线性温变梯度作用下，第 i 个拱圈在拱冠处的径向变位设为 Δ_{ATi}。对于中低坝一般在接缝灌浆连成整体后才蓄水，在灌浆前需冷却坝体使横缝张开，自重荷载已由悬臂梁承担、不参与分配。根据拱和梁在同一交点的变位一致的原理，对拱冠梁上每一个交点（如第 i 点）都可建立如下形式的平衡方程：

$$\sum_{j=1}^{n} a_{ij}x_j + \delta_i^w + \Delta_{CTi} = \delta_i(p_i - x_i) + \Delta_{ATi} \tag{3-18}$$

式中：δ_i^w——拱冠梁在铅直水压荷载作用下引起第 i 点的水平径向变位。

令

$$\Delta_i = p_i\delta_i + \Delta_{ATi} - \Delta_{CTi} - \delta_i^w \quad (i = 1,2,\cdots,n) \tag{3-19}$$

在拱冠梁上 n 个交点都应满足变位平衡方程(3-18)，故可以列出下列联立方程组

$$\left.\begin{aligned} (a_{11}+\delta_1)x_1 + a_{12}x_2 + \cdots + a_{1n}x_n &= \Delta_1 \\ a_{21}x_1 + (a_{22}+\delta_2)x_2 + \cdots + a_{2n}x_n &= \Delta_2 \\ &\vdots \\ a_{n1}x_1 + a_{n2}x_2 + \cdots + (a_{nn}+\delta_n)x_n &= \Delta_n \end{aligned}\right\} \tag{3-20}$$

由上列方程组求得拱冠梁在各交点处的水平荷载 x_i，连同拱冠梁自重引起的内力，即可计算拱冠梁的应力。第 i 层拱圈的应力则由它承担的水平径向荷载($p_i - x_i$)算得。

经过很多计算表明，在坝顶附近，拱冠梁所承受的径向荷载强度是负的，即指向上游，在梁的下游面有竖向拉应力，许多初学者不太理解，用有限元法算得上部拱坝在下游坝面有梁向拉应力，更觉得不可思议。其实，用拱冠梁法容易解释有限元法算得的结果。在水压荷载作用下，坝顶拱冠是肯定要向下游变位的，水平拱圈只有受到向下游的径向压力才有这样的变位。而坝顶附近的水压力是没有或很少的，所以水平拱圈所承受的径向压力荷载只有来自悬臂梁。实质上它们是相互作用的内力，大小相等、方向相反。即使在坝顶部水压荷载没有或很小，但下面水压荷载作用使悬臂梁顶部仍要向下游变形，拱圈受到向下游的挤压力，则悬臂梁受到拱圈向上游的顶托力，其数值大大超过水压力，所以在梁顶附近的下游面产生梁向拉应力。有些双曲拱坝，在拱冠梁的上部设计成向下游倒悬，一方面是由于中部拱圈加大中心角、又不想在两端向上游倒悬很多而需要拱冠梁的中部向上游突出所致；另一方面这种做法可利用拱冠梁顶部的自重作用产生弯向下游的弯矩，抵消或减小由于水压荷载引起此处下游坝面的梁向拉应力。

上述计算只考虑拱梁交点径向变位一致的平衡条件。为提高计算精度，后来又发展到同时考虑径向变位、切向变位和扭转角变位即所谓三种变位一致的 $3n$ 个平衡方程求解。

(2) 试载法

实际上拱圈承担的荷载沿水平方向并非均匀分布，其余各处悬臂梁的荷载分配并非一样，仅用拱冠梁与若干水平拱的交点变位平衡条件求荷载的分配与实际情况有明显的差别，尤其是在两岸地形地质条件相差较大的情况下，用拱冠梁方法计算的拱梁荷载分配和拱坝应力与实际差别更大，还需要补充其他梁与拱圈一些交点的变位平衡条件。但由于早期计算工具所限，求解几十至上百个方程的方程组很困难，故美国垦务局的工程师们在 20 世纪 30 年代提出用试载法分析拱坝。这有点类似于在方程难解时所采用的试算解法。

试载法的调试顺序一般是：先调试各梁拱在交点处的径向荷载强度，直到梁和拱在各交点的径向变位基本一致；然后按照各梁拱所分配的径向荷载强度计算它们在各交点处的切向变位，并调整各交点处的切向荷载强度，直到拱和梁在各交点的切向变位基本一致；然后按照各梁拱所分配的径

向荷载强度和切向荷载强度计算它们在各交点处的水平转角变位，并调整各交点处的水平扭转荷载强度，直到各交点的水平向转角变位基本一致；再利用已算得的各种荷载强度计算各梁拱交点的竖向转角变位，并调整各交点处的竖向扭转荷载强度，直到各交点的竖向转角变位基本一致；经过上述一轮调整后，各梁拱在交点处的径向变位可能又产生新的差异，再重复上述各步调试，直到各梁拱在各交点处的各种变位相差很小或达到满意的结果为止。最后，分别计算各梁拱在各自分配的荷载强度作用下的内力和应力。

试载法由于考虑了很多悬臂梁与水平拱交点的径、切、扭变位平衡，所以计算成果远比纯拱法和拱冠梁法精确合理，但所需的计算工作量非常庞大，而且还容易算错，确实令人望尘莫及。直到1946年美国制造出世界上第一台电子计算机，才开始按试载法编程序由计算机来代替人工计算。随着电子计算机的发展，1958年意大利冬尼尼提出可用求解方程组的方法代替试算，以免去反复试算之繁。为区别起见，人们曾把后来求解联立方程组的方法称为多拱梁法，今天较多的人把它称为多拱梁分载法，更切合此方法的含义。

(3) 多拱梁分载法

若从坝体中任意切取一个微元体，如图3-15所示，可以看出在垂直截面和水平截面上各有6种内力。

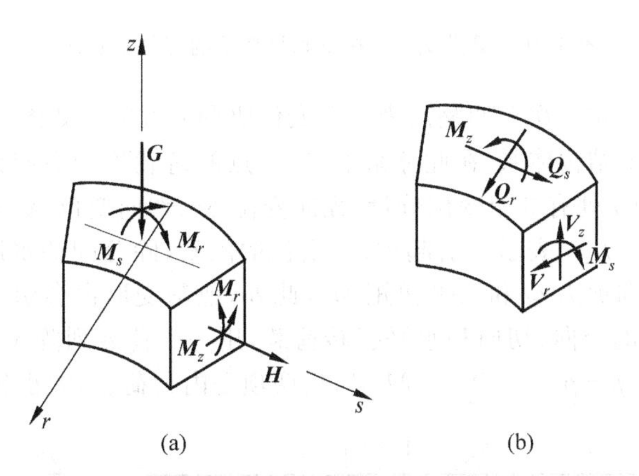

图3-15 拱坝微元体受力示意图

在垂直截面上，作用力有：①轴向力 H；②水平力矩 M_z；③垂直力矩 M_r；④扭矩 M_s；⑤径向剪力 V_r；⑥铅直剪力 V_z。在水平截面上有：①法向力 G；②垂直力矩 M_s；③垂直力矩 M_r；④扭矩 M_z；⑤径向剪力 Q_r；⑥切向剪力 Q_s。

应用拱梁分载法的关键是拱梁系统的荷载分配。拱系和梁系承担的荷载要根据拱梁各交点变位一致的条件来确定。如图3-16所示，空间结构任一点的变位分量共有6个，即3个线变位和3个角变位，如某交点 c 的6个变位分量为：径向变位 Δr、切向变位 Δs、铅直变位 Δz、水平面上转角变位 θ_z、径向截面上转角变位 θ_s 和沿坝壳中面的转角变位 θ_r，从理论上讲，应该要求坝体各交点的这6个变位分量都一致，即6向全调整。但这样将增加求解问题的复杂性和计算工作量。作为壳体，θ_r 一般不出现或数值很小。铅直变位 Δz 除双曲拱坝外数值很小，可以忽略不计。再考虑壳体理论中两个相互垂直面上扭矩近似相等的条件，角变位 θ_z 和 θ_s 不是独立而是相互关联的，只要 θ_z 变位一致，θ_s 也就自动满足相等的要求。因此，对于拱梁交点的变位，只根据 Δr、Δs 及 θ_z 三个变位分量一致的条件，就可以求得荷载的分配，称为三向调整。

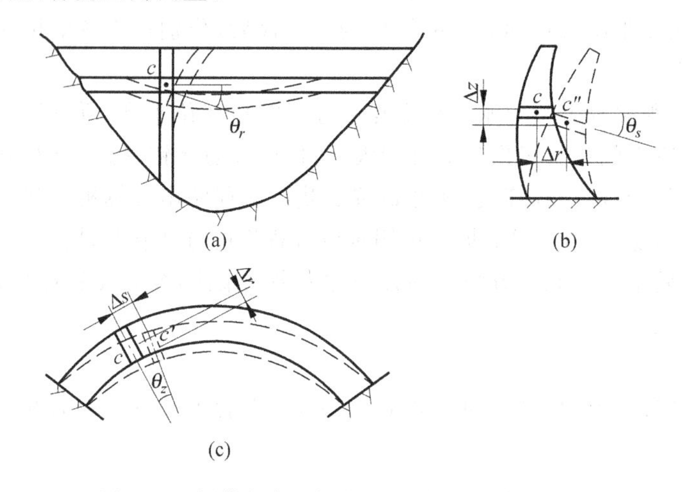

图 3-16　梁拱交点 c 在拱和梁系统的变位示意图

多拱梁分载法是根据变位一次全调整法来建立变位协调方程的。如图 3-17 所示，一个拱圈及其两端悬臂梁组成一个"凵"形结构体系，在此体系上，任一点的荷载均会引起该体系其他各点的变位。若按三向调整，每一个结点 i 处有 3 个变位分量，径向变位 Δr、切向变位 Δs 和水平扭转角变位 θ_z，可用变位列阵 $\boldsymbol{\delta}_i=[\Delta r \quad \Delta s \quad \theta_z]^{\mathrm{T}}$ 表示。引起拱、梁变位的因素，除分配的水压力和温度等荷载外，还有拱梁之间相互作用的切向剪力 Q 和水平扭矩 M_z，此外，地基变形也会引起拱、梁变位。若待求的未知量是梁上各结点承担的径向、切向和水平扭转荷载，用一个荷载列阵 $\boldsymbol{x}_i=[p_c \quad Q \quad M_z]^{\mathrm{T}}$ 表示；拱上同结点的荷载列阵为 $[p-p_c \quad -Q \quad -M_z]^{\mathrm{T}}$，后两项是内力荷载，大小相等，方向相反。

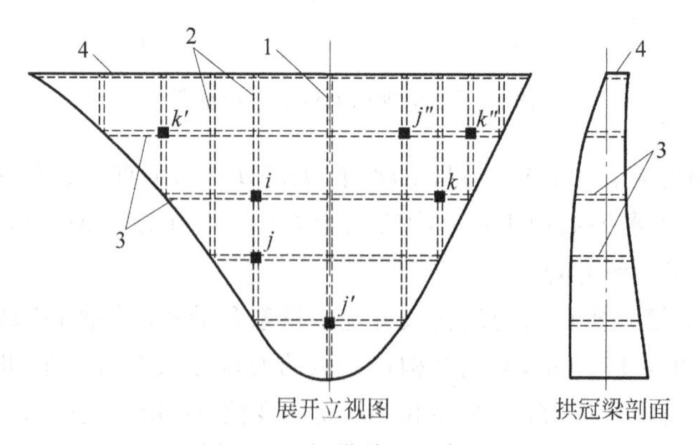

图 3-17　梁拱单元示意图

1—拱冠梁；2—其他悬臂梁；3—拱单元；4—坝顶

按“⊔形计算体系”，梁上某点 i 的变位可写成

$$\boldsymbol{\delta}_i^b = \sum_j \boldsymbol{C}_{ij}^{bb} \boldsymbol{x}_j + \sum_{j'} \boldsymbol{C}_{ij'}^{ba} \boldsymbol{x}_{j'} + \sum_{j''} \boldsymbol{C}_{ij''}^{bb'} \boldsymbol{x}_{j''} + \sum \boldsymbol{\delta}_{0i}^{bb} + \sum \boldsymbol{\delta}_{0i}^{ba} + \sum \boldsymbol{\delta}_{0i}^{bb'} \tag{3-21}$$

式中：角标 a、b 分别代表拱和梁，j 是左侧梁上的结点；

$\boldsymbol{C}_{ij}^{bb}$——作用于 j 结点上的梁向单位三角形荷载在 i 点产生的变位矩阵；

j'——与该梁交于坝基上同一点的拱上结点；

$\boldsymbol{C}_{ij'}^{ba}$——拱向单位三角形荷载作用于 j' 点，在 i 点产生的变位矩阵；

j''——该拱另一端右侧梁上的结点；

$\boldsymbol{C}_{ij''}^{bb'}$——梁向单位三角形荷载作用于 j'' 点，在 i 点产生的变位矩阵；

$\boldsymbol{\delta}_{0i}^{bb}$、$\boldsymbol{\delta}_{0i}^{ba}$、$\boldsymbol{\delta}_{0i}^{bb'}$——左侧梁、拱、右侧梁上有初始荷载作用时，在 i 点产生的变位矩阵。

所谓初始荷载是指在分析前全部由梁或拱承担的某些荷载，如：自重、均匀温度变化等。$\boldsymbol{C}_{ij'}^{ba}$、$\boldsymbol{C}_{ij''}^{bb'}$、$\boldsymbol{\delta}_{0i}^{ba}$、$\boldsymbol{\delta}_{0i}^{bb'}$ 均指通过地基变位传过来的梁变位矩阵。

同理，拱上第 i 点的变位可写成

$$\boldsymbol{\delta}_i^a = \sum_k \boldsymbol{A}_{ik}^{aa} \bar{\boldsymbol{x}}_k + \sum_{k'} \boldsymbol{A}_{ik'}^{ab} \boldsymbol{x}_{k'} + \sum_{k''} \boldsymbol{A}_{ik''}^{ab'} \boldsymbol{x}_{k''} + \sum \boldsymbol{\delta}_{0i}^{aa} + \sum \boldsymbol{\delta}_{0i}^{ab} + \sum \boldsymbol{\delta}_{0i}^{ab'} \tag{3-22}$$

式中：k 是拱上的结点，k' 及 k'' 分别是左、右拱端悬臂梁上的结点，其余各项意义同上。将拱荷载 $\bar{x}$ 以 $p-x$ 代入，令 $\boldsymbol{\delta}_i^b = \boldsymbol{\delta}_i^a$，即可得到变位协调方程。其中，矩阵 $\boldsymbol{C}$ 和 $\boldsymbol{A}$ 中各元素 c_{ij} 和 a_{ik} 可用前面纯拱法或试载法中所述的结构力学方法求得。故纯拱法和拱梁分载法同属结构力学范畴。

在三向变位调整中，还应考虑垂直扭转荷载 M_s，因为它在悬臂梁中会引起径向力矩，对梁的径向变位的影响不容忽略，可用 $2M$ 法或迭代法求解。

求出作用于拱和梁上的径向、切向和扭转荷载后，即可分别计算拱与梁的内力和应力。

目前拱坝应力分析的多梁拱分载法电算程序较多，大多数计算拱坝的位移与实测结果比较接近。但由于每个程序均有其适用范围和对一些具体问题不同的处理方法，因而计算成果也有差异。例如，在梁底和拱端交汇处的位移是两者的叠加，无法建立位移平衡方程，荷载未知量总数多于方程总数，方程组的解是不确定的。为求得确定的解，需对梁底和拱端交汇处的荷载作些假定，如在坝顶和靠近坝顶的两端宜按拱端邻近几点所分配的拱荷载外延求拱端处的拱荷载；在河床及靠近河床部位的梁底宜按悬臂梁邻近几点所分配的梁荷载外延求梁底的梁荷载，如此等等，不同的处理办法就有不同的结果。这是梁拱分载法较大的缺点之一。但它的主要优点是，力学概念清楚，电算速度很快，输入数据很少，成果整理很方便，尤其适用于很多方案的计算和比较阶段。

近年来我国学者围绕提高计算精度、扩展程序功能，对拱梁分载法的计算模型、计算方法等方面进行了开拓与改进，如：①完成了多种拱坝几何模型的分载法计算程序；②研制了具有四向、五向和六向全调整的拱梁分载法程序；③改进了拱梁分载法的力学模型，如：内力平衡分载法，反力参数法，杆元分载法，分载位移法，分载混合法等；④开拓了能考虑坝体开裂计算功能的弹塑性拱梁分载法；⑤完成了拱梁分载法的动力分析程序等，使拱梁分载法更趋完善与合理。

计算机条件较好的设计部门在拱坝应力分析中应首先尽量使用多梁拱分载法，可以较快、较准确地计算许多方案供比较和挑选，有助于很快地得出较好的设计方案。

3. 壳体理论计算方法

早在20世纪30年代，F. 托尔克就提出了用薄壳理论计算拱坝应力的近似方法。近年来由于电子计算机的发展，壳体理论计算方法也取得了新的进展，网格法就是应用有限差分解算壳体方程的一种计算方法，适用于薄拱坝。我国泉水双曲薄拱坝采用网格法进行计算，收到了较好的效果。但由于拱坝体形和边界条件十分复杂，使这种计算方法在工程中应用受到了很大的限制。在20世纪70年代以后，由于电子计算机和有限元方法的发展和应用，有限元法越来越成熟地应用于复杂的地形地质边界条件下的拱坝应力分析，相比之下人们对有限元法的研究、开发、应用和完善投入更多的力量，而逐渐不用壳体理论计算方法。

4. 有限元法

将拱坝视为空间壳体三维连续体，根据坝体体形，选用不同的单元模型。薄拱坝可选用薄壳单元，中厚拱坝可选用厚壳单元，对厚度较大，外形复杂的坝体和坝基多用三维等参单元。有限单元法适用性强，可用于解算体形复杂、坝内有较大的中孔或底孔、设有垫座或重力墩以及坝基内有断层、裂隙、软弱夹层的拱坝在各种荷载作用下的应力和变形，可作弹塑性有限元或非线性有限元分析，还可以求解地震对坝体—坝基—库水相互作用的动力反应，在拱坝应力分析中是一种适用性很强的重要方法。有关弹性有限元法、弹塑性有限元法、非线性有限元法、动力有限元法和非线性动力有限元法等方面的书籍很多，不在此详述。这里讨论拱坝有限元计算一些常见的问题。

(1) 关于自重荷载作用问题

在横缝灌浆之前水平拱圈起的作用很小。即使在浇筑初期，有些横缝是紧闭的，但在灌浆之前，需要坝体降温使各坝段收缩、横缝张开，这样坝体自重基本上或几乎全部由悬臂梁承担。拱梁分载法就是基于这样的原因，较为合理地处理一期或分期封拱运行的拱坝自重问题。有些初学者在拱坝有限元应力分析中把自重和水压等荷载合并在一起计算，自重由整体拱坝来承受，结果算得坝顶水平拱圈在拱端处的轴向拉应力、拱冠梁上游面梁底竖向拉应力、拱冠梁下游面中上部的竖向拉应力都比正确结果大很多。其原因就是水平拱圈承担了坝体部分自重、悬臂梁受自重荷载减小所致。有限元法也应合理地处理一期或分期封拱运行的拱坝自重问题。

对于不预留灌浆横缝的碾压混凝土拱坝或浆砌石拱坝来说，也应按实际情况计算自重应力。

坝基岩体自重变形在很久以前就完成了。如果把这种变形放在筑坝以后完成，则对拱坝的变形和应力影响很大。这也是初学者容易犯的错误。正确的做法是：先计算岩体的自重应力作为初始应力，与后面计算的应力叠加，在后面所有的应力计算中，岩体容重都应填零(但变形模量仍取实际值)。

(2) 关于单元划分问题

为了较好地计算坝体自重应力，坝体单元的划分宜与分缝一致，以便在计算中更好地体现实际接缝灌浆过程对自重应力的影响。

对于较薄的双曲拱坝，宜采用壳体元，如薄板(壳)单元或厚壳单元；对于较厚的拱坝或重力拱坝多采用三维单元。

坝基变形对坝体应力有显著影响，在用有限元法计算拱坝时，应取一定的坝基范围。例如在与坝体距离为1倍坝高的位置，地基此处的位移已很小，通常可近似地以此作为地基远处位移为零的固定边界。对于坝基单元的划分，应考虑岩体的性质(如变形模量、泊松比，还有断层破碎带等)，对软弱夹层或断层用非线性夹层单元。这样划分使计算结果更接近于实际一些，这也是有限元法的优点之一。

为了提高计算精度，坝基单元应尽量采用规则的形状，尤其在大坝与岩基交接的附近，坝基单元的大小与邻近的坝体单元相匹配，其形状尽量采用正方体或长细比不大的长方体单元。为节省存储量和机时，在大坝远处的地基单元可以取得大一些，也可不要求那么规则，对于较复杂的地形，也可采用四面体单元。

(3) 关于应力控制标准问题

有限元应力分析与拱梁分载法应力分析之间还有应力标准的问题。例如拱端和梁底的上下游角缘点的应力，用拱梁分载法(属于结构力学中以荷载为未知量的力法)和材料力学方法算得这些角缘点的应力是一些有限的确定的数值；而在弹性力学中，角缘点是奇异点，在有限元方法中，这些角缘点的应力是通过周围单元高斯点的应力换算过来的，其应力的大小与单元的形函数有关，还与这些部位的单元划分有关，单元划分得越小，就越能算出角缘点的应力集中。当然，这是假定坝基岩体为连续介质材料所计算的结果，实际上由于存在着裂隙和缺陷，坝踵、坝趾等角缘部位应力集中大为缓和。这些说明了有限单元法也很难算出拱坝坝踵和坝趾处的真实应力，当然用拱梁分载法和材料力学方法算得这些部位的应力也并非真实应力，这对应力的评价以及确定控制应力的标准带来很大的困难。

我国有些专家学者近年来提出将有限元方法算得的拱端和梁底面上的应力分布转换成等效线性应力分布，进而求得角缘点的应力。虽然这也并非真实的应力分布，但这样做也可类似于结构力学和材料力学方法那样，便于用算得的某些有限的确定的应力数值来评价拱坝设计的安全性。此后，人们开始讨论有限元方法计算拱坝的应力控制标准，并已明确地写入我国最新制定的《混凝土拱坝设计规范》SL 282—2003[22](详见3.4.2节的内容)。

5. 结构模型试验

结构模型试验也是研究拱坝应力问题的有效方法。它不仅能研究坝体、坝基在正常运行情况下的应力和变形，而且还可进行破坏试验。在有的国家如葡萄牙、意大利，甚至以模型试验成果作为拱坝设计的主要依据，认为试验是最可靠的手段。当前在模型试验中需要研究解决的主要问题有：寻求新的模型材料，施加自重、渗透压力及温度荷载的实验技术等。

3.4.2 拱坝设计的应力控制指标

应力控制指标涉及到筑坝材料强度的极限值和有关安全系数的取值。容许应力为坝体材料强度的极限值与安全系数的比值,是控制坝体尺寸、保证工程安全和经济性的一项重要指标。材料强度的极限值需由试验确定,混凝土一般用90d龄期的极限抗压强度。应力指标以及安全系数的取值与计算方法有关。我国《混凝土拱坝设计规范》SL 282—2003[22]规定:**"拱坝应力分析应以拱梁分载法或有限元法计算成果作为衡量强度安全的主要标准;1、2级拱坝和高拱坝或情况比较复杂的拱坝(如拱坝内设有较大的孔洞、基础条件复杂等),除用拱梁分载法计算外,还应采用有限元法计算,必要时,应进行结构模型试验加以验证。"**

拱坝主要以其抗压强度承担外力,当坝体压应力超过材料的极限抗压强度时,拱坝将急剧破坏,因此,对压应力需要有较大的安全系数。我国《混凝土拱坝设计规范》SL 282—2003规定:**用拱梁分载法或有限元等效应力法计算拱坝应力时,对于基本荷载组合,1、2级拱坝的抗压安全系数采用4.0,3级拱坝的抗压安全系数采用3.5;对于非地震情况的特殊荷载组合,1、2级拱坝的抗压安全系数采用3.5,3级拱坝的抗压安全系数采用3.0**。

我国《混凝土拱坝设计规范》SL 282—2003还分别规定了拱梁分载法和有限元等效应力法所得的主拉应力控制指标:对于基本荷载组合,用拱梁分载法算得主拉应力不得大于1.2MPa,用有限元等效应力法算得主拉应力不得大于1.5MPa;对于非地震情况的特殊荷载组合,用拱梁分载法算得主拉应力不得大于1.5MPa,用有限元等效应力法算得主拉应力不得大于2.0MPa;在施工期坝体横缝灌浆之前,按单独坝段验算时,其最大拉应力不得大于0.5MPa,并要求在坝体自重单独作用下,合力作用点应落在坝体厚度中间的2/3范围内;坝体横缝灌浆前遭遇施工洪水时,坝体抗倾覆稳定安全系数不得小于1.2;地震区的拱坝应力分析及其控制指标,可参照我国《水工建筑物抗震设计规范》DL 5073—1997的规定执行。

基本荷载组合作用下的应力包括封拱灌浆连成整体以后拱坝整体温度变形的温度应力。对于封拱前的温度应力,由于施工期间影响的因素很多很复杂,在设计阶段难以准确计算,加之混凝土的徐变作用,不能把施工期的温度应力与封拱后的温度应力直接简单地叠加,一般要求在施工期间加强温控措施,减小施工期的温度应力,避免裂缝的出现,在拱坝体形设计、方案比较阶段,暂不考虑施工期的温度应力,这样有利于快速计算许多方案作比较和挑选。

以往有些拱坝在设计荷载作用下算得拱端或梁底上游面的拉应力超出极限值很多,但已经受设计荷载几十年仍未出现裂缝。这是因为在坝踵混凝土实际拉应力未达到极限值之前,在其附近的基岩裂隙可能被拉开,不再是原假定的连续体,也不再保持原假定下算得的应力;另外,坝体混凝土在高应力状态下,不再保持线弹性应力应变关系,应变比应力增长得快。由于这两个主要原因,此处对应的梁和拱的变位系数加大,所分担的荷载变小,荷载转移到其他拱和梁上。只要坝基稳定,拱坝就具有很大的超载能力。之所以要作拱坝应力分析,一方面为判断是否满足应力控制指标,选定拱坝体形；另一方面可从应力分析中得到拱端和梁底内力，以作坝基稳定分析。

3.5 坝肩岩体稳定分析

学习要点

1. 坝肩岩体稳定分析是拱坝设计的重要依据，是拱坝应力分析结果是否正确和拱坝方案能否成立的必要条件和前提。

2. 掌握坝肩岩体稳定分析的各种方法及相应的稳定控制标准。

坝肩岩体稳定是拱坝安全的根本保证。若坝肩或局部关键部位发生滑动，则上述应力计算结果都是假象。坝肩岩体失稳的最常见形式是坝肩岩体受荷载后发生的滑动破坏。这种情况一般发生在岩体中存在着明显的滑裂面，如：断层、节理、裂隙、软弱夹层等，拱坝失事主要也是由于坝肩岩体沿这些结构面滑动使坝体应力过大恶化而引起的。另一种情况是当坝的下游岩体中存在着较大的软弱带或断层时，即使坝肩岩体抗滑稳定能够满足要求，但过大的变形仍会在坝体内产生不利的应力，同样会给工程带来危害，应当尽量避免，必要时，需采取适当的加固措施。

3.5.1 稳定分析方法

目前国内外评价坝肩岩体稳定的方法，归纳起来有下述三种。

1. 刚体极限平衡法

在实际工程设计中，用作判断坝肩岩体稳定性的常用方法是刚体极限平衡法，其基本假定是：①将滑移体视为刚体，不考虑其中各部分间的相对位移；②只考虑滑移体上力的平衡，不考虑力矩的平衡；③忽略拱坝的内力重分布作用，认为作用在岩体上的力系为定值；④达到极限平衡状态时，滑裂面上的剪力方向将与滑移的方向平行，指向相反，数值达到极限值。

刚体极限平衡法已有长期的工程实践经验，采用的抗剪强度指标和安全系数是配套的，与目前勘探试验所得到的原始数据的精度相匹配，方法简便易行。所以，目前国内外仍沿用它作为判断坝肩岩体稳定的主要手段。对于大型工程或当地基情况复杂时，可辅以结构模型试验和有限元分析。

1) 可能滑动面的形式和位置

坝肩岩体滑动的主要原因，一是岩体内存在着软弱结构面；二是荷载作用(拱端推力、渗透压力等)。为此，在进行抗滑稳定计算时，首先必须查明拱端附近基岩的节理、裂隙等各种软弱结构面的产状，研究失稳时最可能的滑动面和滑动方向，选取滑动面上的抗剪强度指标，然后进行抗滑稳定计算，找出最危险的滑裂面组合和相应的最小安全系数。

坝肩岩体滑动是三维空间问题，常见的滑移体由两个或三个滑裂面组成：其中一个较缓，构成底滑裂面；一个较陡，构成侧滑裂面；另一个是拱座上游边的开裂面或假定坝体受力后，由于坝肩上游侧岩体内存在着一个水平拉应力区，原有的裂隙或断层等结构面受拉张开。侧滑裂面可以是平面(如河流转弯或河岸有深冲沟，在可能滑动岩体下游不远处将成为临空面)，也可以是折面或曲面。滑移体可沿两个滑裂面的交线滑移，也可能沿单一滑裂面滑动。由于滑裂面的产状，规模和性质不同，可能出现下列几种组合形式：

(1) 单独的陡倾角结构面 F_1 和缓倾角结构面 F_2 组合。这些软弱结构面大都属于比较明显的连续的断层破碎带、大裂隙、软弱夹层等，如图 3-18 所示。图中 δ_1、δ_2 分别是 F_1 和 F_2 的倾角，H 是从拱端传来的水平推力，V 是从拱端及其对应的梁底传来的水平剪力之和，W 是由 F_1 和 F_2 所组成的滑裂体的重力，R_1 和 R_2 分别是 F_1 和 F_2 的两个结构面上的抗力，S_1 和 S_2 分别是 R_1 和 R_2 在 F_1 和 F_2 两个面上的分力，称为阻滑力。在上述各力中，H、V、W 属于主动力，R_1 和 R_2 属于被动力。图中 B-B 截面是过 F_1 和 F_2 两个面相交的棱线所作的竖直面。

(2) 成组的陡倾角和成组的缓倾角结构面组合。这些软弱结构面大都属于成组的裂隙密集带与节理等，相互切割，构成很多可能的滑移体，其中一组抗力最小的组合，可通过试算求得。如果各软弱结构面上的抗剪强度指标 f、c 大致相近，显然，紧靠坝基开挖面的那些滑裂面，应该是抗力最小的滑裂面，因为沿这些面滑裂时抗滑岩体(如图 3-19 中所示的阴影部分)重力最小。

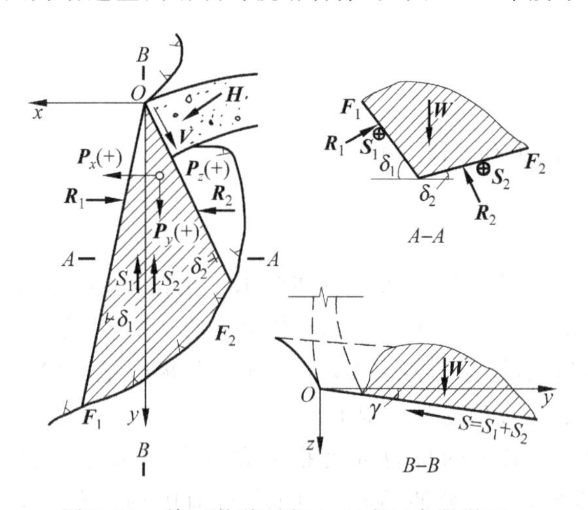

图 3-18 单一滑裂面或二、三个组合滑裂面

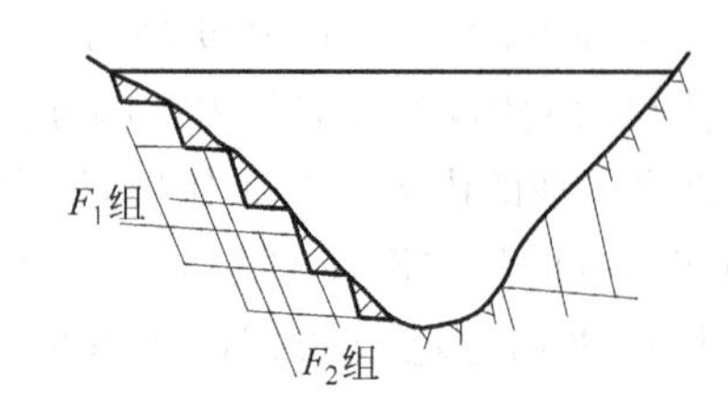

图 3-19 成组的滑裂面

(3) 混合组合。具有单独的陡倾角结构面与成组的缓倾角结构面组合；或者是成组的陡倾角结构面与单独的缓倾角结构面组合。在这些情况下需对各种组合面进行试算，从而求出抗滑稳定安全系数最小的组合面和方向。

(4) 多刚体组合。在实际工程中，常会遇到较上述几种组合更为复杂的情况，如：在可能的滑移体内，由于其他结构面(裂隙、断层等)的存在，将滑移体分割为多块刚体。滑动时各块刚体之间的接触面可能相互错动，构成多刚体组合空间滑动的滑移体。图3-20表示在坝肩岩体中存在两个连续、呈折线形的铅直软弱面 F_1、F_2 和一个水平或缓倾角的软弱面 F_3，被另一软弱面 F_0 切割成①、②两块，计算时，按极限平衡理论，假定各分块岩体都达到极限平衡状态，即两块岩体的 K 值相等，据此确定安全系数，一般用试算法或联立方程组求解。

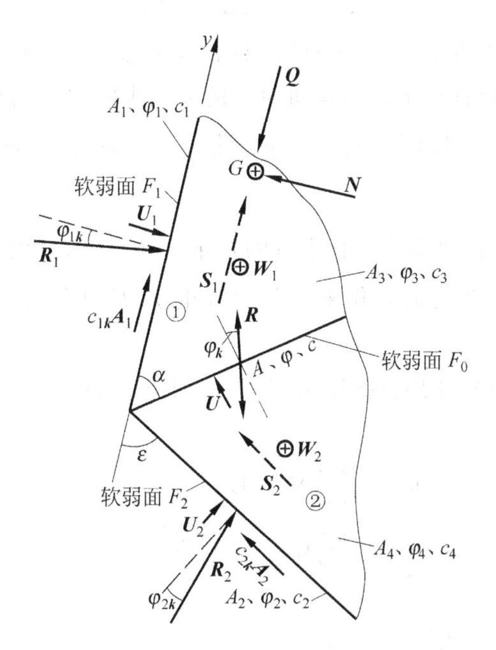

图3-20　多刚体组合滑移体

为便于说明坝肩稳定计算方法，选取第(1)种组合形式中最简单的情况。在图3-21所示的坝肩岩体中有一个竖直结构面 F_1，它与河床附近的水平结构面 F_2、上游破裂面 F_3，以及临空面一起把坝肩岩体切割成一个滑移体(一般均假定 F_3 被拉裂，不计其影响)。岩体失稳时，一般是沿 F_1 和 F_2 的交线①—①滑动。因此，F_1 与 F_2 的剪力也将是水平的且平行于①—①线。设第 i 个单高(1m)的水平拱圈对岸坡岩体作用轴向推力 H_i 和径向剪力 V_{ai}，单宽(1m)悬臂梁对岩体作用径向剪力 V_{bi} 和竖向压力 G_i(包括坝体自重)，又设该处拱座面与竖直面的夹角为 ψ_i，则此水平拱圈对应的悬臂梁中心处的宽度为 $1\text{m}\times\tan\psi_i$，其竖向力只有 $G_i\tan\psi_i$，径向剪力只有 $V_{bi}\tan\psi_i$，若第 i 个拱圈的拱端径向与 F_1 走向的夹角为 α_i，则此单高拱圈及其对应的悬臂梁作用于 F_1 面上的正压力和剪力分别为

$$N_i = H_i\cos\alpha_i - (V_{ai} + V_{bi}\tan\psi_i)\sin\alpha_i \tag{3-23}$$

$$Q_i = H_i\sin\alpha_i + (V_{ai} + V_{bi}\tan\psi_i)\cos\alpha_i \tag{3-24}$$

若坝肩滑裂岩体对应有 n 层单高拱圈，则作用于 F_1 面上总的正压力和剪力分别为

$$\sum N_i = \sum_1^n [H_i\cos\alpha_i - (V_{ai} + V_{bi}\tan\psi_i)\sin\alpha_i] \tag{3-25}$$

$$\sum Q_i = \sum_1^n [H_i \sin\alpha_i + (V_{ai} + V_{bi} \tan\psi_i) \cos\alpha_i] \tag{3-26}$$

作用于 F_2 面上的竖向压力之和应为

$$\sum W_{di} = \sum_1^n G_i \tan\psi_i \tag{3-27}$$

在拱梁分载法计算中，一般取 7 拱 13 梁计算，只有少数高拱坝才用到 9 拱 17 梁计算，可从算得的这 7～9 个拱端处的内力插值计算滑裂岩体所对应的 n 层拱圈的拱端和梁底的内力，或从中选取有关的几个代表性拱圈，计算出它们的 N_i、Q_i、W_{di} 值，然后连成曲线，计算曲线内的面积，即得 $\sum N_i$、$\sum Q_i$、$\sum W_{di}$。

作用在滑移体上的另一个重要荷载是其本身的自重。计算时，可以求出几个高程处滑移体的面积 ω_i，并沿高程连成曲线，将曲线内的面积乘以基岩容重 γ_R 后即得 $\sum W_R$。库水压力和渗透压力等，要根据具体情况来确定。

若在滑裂面 F_1 和 F_2 上分别作用有扬压力 U_1、U_2，如图 3-21(b)所示，则这两个面上实际的正压力分别为

$$R_1 = \sum N_i - U_1 \tag{3-28}$$

$$R_2 = \sum W_{di} + \sum W_R - U_2 \tag{3-29}$$

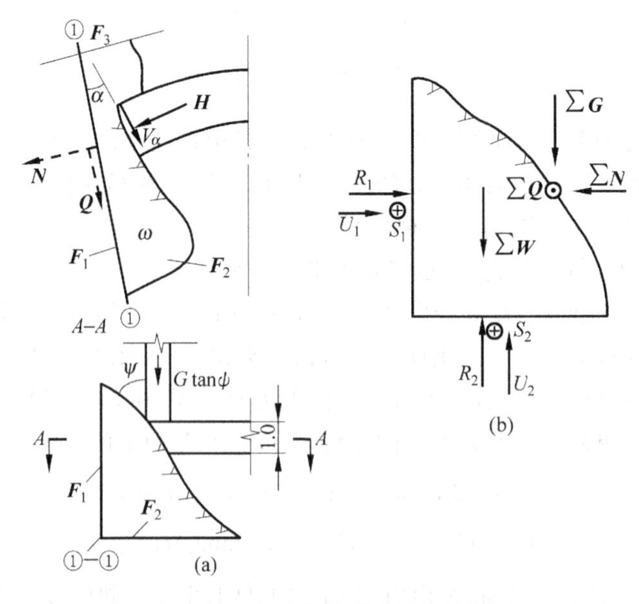

图 3-21 坝肩抗滑稳定计算简图

设 f_1、c_1 和 f_2、c_2 分别为 F_1 和 F_2 面上的抗剪断强度指标，A_1 和 A_2 分别为 F_1 和 F_2 面的面积，则此滑裂体的抗滑稳定安全系数为

$$K=\frac{f_1\left(\sum N_i-U_1\right)+c_1A_1+f_2\left(\sum W_{di}+\sum W_{\mathrm{R}}-U_2\right)+c_2A_2}{\sum Q_i} \tag{3-30}$$

若 F_2 是成组相互平行的水平结构面，需自上而下累计求和，分别计算 F_2 中每一结构面以上岩体的抗滑稳定安全系数，才能找出其中最小的，判断它是否满足规范要求。在累计求和计算中应注意，每一 F_2 面上的扬压力 U_2 和凝聚力 c_2A_2 只计算一次，而不能累计，因为在其上的同组其他 F_2 面上的 U_2 和 c_2A_2 是相互作用的内力。除此之外，其余的力（包括 U_1 和 c_1A_1）都需要自上而下累计求和。

2）成层岩体的稳定分析

在早期的拱坝设计中常采用所谓“平面分析法”，即切取某高程的单位高度拱圈和岩体作平面核算。这样的分析没有考虑坝肩岩体上下的整体作用和三维空间的地形地质条件，显然不符合实际情况，因为单位高度的拱圈及其对应的岩体并非孤立的一层，它与上下相连或相关，即使结构面是水平的，单位高度岩体的滑动起码受到上下水平面的摩擦阻力，或者带动其上的岩体一起滑动而受到下水平面的摩擦阻力；实际上，岩体的层理和裂隙很少是水平产状的，沿水平面剪断岩体滑动是很困难的，而沿缓倾角倾向下游的结构面滑动的可能性较之大很多。若每层单独计算，所得结果说明不了与实际接近的安全程度到底是多少，心中无数。所以，这种平面分析法在我国除了在拱坝可行性分析阶段或小型拱坝抗滑稳定分析中有所采用，在一般拱坝分析中已逐渐少用，而代之以整体分析法。

鉴于坝肩稳定是拱坝方案能否成立的先决条件，故多花些时间对拱坝稳定作认真的核算，是完全必要的。另外，上述很多公式是专门针对某种特殊情况而言的，不能乱套，还应注意如下几点：

(1) 有些公式是假定侧滑动面是竖直、底滑动面是水平的，这是为了便于叙述而先假设的，但实际上很少见，这些滑动面的倾角多为其他角度，其面积和受力（如正压力、扬压力、摩擦力或抗剪断力等）还应作角度换算。例如，在坝肩自上而下各高程段的岩体中，如果侧滑裂面 F_1 在第 i 高程段的倾角为 β_{1i}，底滑裂面 F_2 在第 i 高程段的倾角为 β_{2i}，F_1 和 F_2 的交线在第 i 高程段与水平面的夹角为 β_{3i}，那么第 n 高程段以上岩体的抗滑稳定安全系数计算式宜改为：

$$K=\frac{f_1\left\{\sum_{i=1}^{n}\left[H_i\cos\alpha_i-(V_{ai}+V_{bi})\tan\psi_i)\sin\alpha_i\right]\sin\beta_{1i}-U_1\right\}+c_1A_1+f_2\left[\left(\sum_{i=1}^{n}W_{di}+\sum_{i=1}^{n}W_{Ri}\right)\cos\beta_{2n}-U_2\right]+c_2A_2}{\sum_{i=1}^{n}\left[H_i\sin\alpha_i+(V_{ai}+V_{bi}\tan\psi_i)\cos\alpha_i\right]+\left(\sum_{i=1}^{n}W_{di}+\sum_{i=1}^{n}W_{Ri}\right)\sin\beta_{3n}} \tag{3-31}$$

式中各量含义同前，其中扬压力 U_1 和 U_2 应按倾斜的面积计算。

(2) 以上公式是基于侧滑动面和底滑动面上的法向力都为压力的情况下推导出来的，在这种情

况下，滑移体沿这两个滑动面相交的棱线滑移，抗滑力和滑动力都应沿这一方向投影再相比才能求得安全系数。一般认为岩体结构面不能受拉，若其中之一的法向力小于零(拉力)，可假定此滑动面被拉开，这种情况多出现在侧滑裂面，此时滑移体将沿底滑动面滑移，不仅不能考虑侧滑裂面的抗滑力，而且其滑移方向可能发生变化。若侧裂面是由连通率小的裂隙组成，裂隙间为完整岩体，还可近似认为仍沿交线滑移；若侧裂面为较疏松的贯通性断层或破碎带，而且底滑动面是倾向河床的，则滑移体沿总合力的走向滑移(不一定沿底滑动面"真倾角"的倾向滑移)，应求出在底滑动面上沿这一滑移方向的"假倾角"以及总合力沿这一"假倾角"斜坡的"真分力"(如图3-22所示)，才能准确地求得抗滑稳定安全系数。

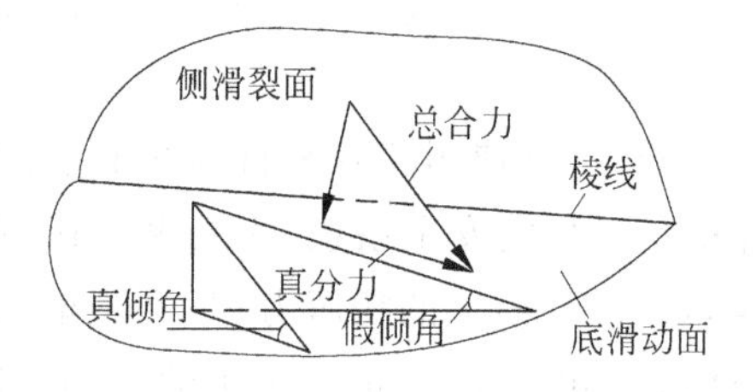

图 3-22　假倾角与真分力

上述坝肩岩体抗滑稳定安全系数是在选定的可能滑裂面、抗剪强度指标和渗透压力的情况下得出的。由于岩体的地质构造比较复杂，上述滑裂面及有关参数等又难以准确确定，所以计算出的坝肩岩体抗滑稳定安全系数，往往会漏掉有关因素的某些最不利组合，且不能反映各种因素的相对权重，使求得的安全系数带有一定的假象。为了在分析中能够估计各种可能的抗剪强度参数、渗透压力等因素对抗滑稳定的相对影响，可采用可靠度分析法，即在考虑某些因素不确定时，用敏度分析研究其变化对抗滑稳定的影响，从中选取最危险的滑裂面及有关参数。具体做法可参阅有关文献。

2. 有限元法

实际上，岩体并非刚体，其应力应变关系有着显著的非线性特性。岩体的破坏过程十分复杂，一般要经过硬化、软化、剪胀阶段，并伴随有裂隙的扩展过程。刚体极限平衡法不能真实反映这样复杂的本构关系、应力分布和坝肩岩体的失稳机理，只能给出临界状态的安全评价。有限元法，特别是三维非线性有限元分析，可以复核和论证坝肩岩体的破坏过程、路径和超载系数等。

有限元法可用于平面或空间坝肩岩体稳定分析。对单元的物理力学特性，可采用线弹性模型，也可采用非线性模型。对于平面问题，可取单高拱圈或单宽悬臂梁剖面划分单元；对于空间问题，则按整体划分单元。计算模型的边界范围应根据地质和荷载条件选定，一般为1.0～1.5倍坝高。

在正常荷载作用下若用平面分析求得各单元的应力 σ^e 后，可用点安全度检验岩体的稳定性。

$$K=\frac{c+f\left[\frac{1}{2}(\sigma_1+\sigma_2)+\frac{1}{2}(\sigma_1-\sigma_2)\cos 2\alpha\right]}{\frac{1}{2}(\sigma_1-\sigma_2)\sin 2\alpha} \tag{3-32}$$

$$\alpha=\frac{1}{2}\arccos\left[\frac{-f\left(\frac{\sigma_1-\sigma_2}{2}\right)}{c+\frac{1}{2}(\sigma_1+\sigma_2)f}\right] \tag{3-33}$$

上二式中：c、f——分别为岩体的凝聚力和摩擦系数；

σ_1、σ_2——计算单元应力点的第一、第二主应力，以压应力为正；

α——σ_1 与法向应力 σ_n 的夹角；

K——安全系数，一般要求 $K>2$。

平面线弹性分析，计算简便，但力学模型比较粗略，适用于初步分析。

对于非线性问题，弹性矩阵 **D** 不再是常量，而是一个随位移函数变化的矩阵。非线性分析的数值解法很多，如：初应力法、变刚度法、增量综合法等，在迭代计算时，应考虑收敛性、精度、效率等方面的要求，详细论述可参阅有关文献。

3. 地质力学模型试验

20 世纪 70 年代发展起来的地质力学模型试验是研究坝肩岩体稳定的有效途径。这种方法能模拟不连续岩体的自然条件：岩体结构（软弱结构面、断层破碎带等）及其物理力学特性（岩体自重、变形模量、抗剪强度指标等）。国内多采用石膏加重晶石粉、甘油、淀粉等作为模型材料，其特性是容重高，强度和变形模量低。采用小块体叠砌或用大模块拼装成型。量测系统主要是位移量测和应变量测。通过试验可以了解复杂地基上拱坝和坝肩岩体相互作用下的变形特性、超载能力、破坏过程和破坏机理、拱推力在坝肩岩体内的影响范围、裂缝的分布规律、各部位的相对位移和需要加固的薄弱部位以及地基处理后的效果等，是一种很有发展前途的研究方法。但由于地质构造复杂，模型不易做到与实际一致，一些参数难以准确测定，温度作用和渗透压力难以模拟，因而试验成果也带有一定的近似性；另外，试验工作量大，费用高。就试验本身讲，还需要进一步研究模型材料，改进测试手段和加载方法等，以提高试验精度。

3.5.2　拱坝设计的抗滑稳定指标

我国《混凝土拱坝设计规范》SL 282—2003[22] 规定：拱座抗滑稳定的数值计算方法以刚体极限平衡法为主；1、2 级拱坝或地质情况复杂的拱坝还应辅以有限元法或其他方法进行分析，在初步设计以后的阶段，必要时尚应辅以地质力学模型试验。

按此规范规定，当采用刚体极限平衡法进行抗滑稳定分析时，1、2 级拱坝及高拱坝应按以下抗剪断公式计算抗滑稳定安全系数

$$K_1 = \frac{\sum (f_1 N + c_1 A)}{\sum Q} \tag{3-34}$$

其他则可采用上式或下面抗剪强度公式计算抗滑稳定安全系数

$$K_2 = \frac{\sum f_2 N}{\sum Q} \tag{3-35}$$

上二式中：N——滑动面上的法向力；

Q——滑动面上的滑动力；

A——计算滑裂面的面积；

f_1、f_2、c_1——滑裂面的摩擦系数和凝聚力，其中带下标1的是抗剪断指标。

按此规范，当采用式(3-34)和式(3-35)计算时，相应安全系数应满足表3-2规定的要求。

表3-2 坝肩岩体抗滑稳定安全系数

荷载组合		拱坝级别		
		1	2	3
按式(3-34)	基本	3.50	3.25	3.00
	特殊(非地震)	3.00	2.75	2.50
按式(3-35)	基本			1.30
	特殊(非地震)			1.10

地震作用情况下的抗滑稳定按式(1-7)计算，结构系数取$\gamma_{d2}=2.70$。

在拱坝坝基抗滑稳定安全系数的各计算公式中，最有影响的、最关键的是各种可能滑裂面上的f值和c值。它们受渗透水压力、地应力等因素影响很敏感，因而对坝基岩体稳定的影响也就很敏感，一旦发生滑动，原先计算的拱坝应力和拱端、梁底的各种内力都是假象，应力将会迅速恶化而破坏。例如法国马尔巴塞拱坝(最大坝高66m)1954年建成，初次蓄水不久在1959年12月2日即全坝溃决。据大多数专家分析认为，其原因主要是：左岸坝肩内有容易滑动的断层(在建坝前并未发现)和绢云母等材料充填的薄层软弱面，蓄水后由于渗透水慢慢浸入断层和绢云母软弱层，使摩擦系数大为减小，在水压推力作用下，左岸坝肩岩体沿着这些摩擦力很小的软弱层滑动，沿轴向滑移约2m、径向位移约0.7m，使右岸拱端应力恶化而破坏。尽管原设计时计算的应力都不很大，失事后从坝体残留混凝土取样试验测得抗压强度都超过设计计算最大压应力的4倍，但这种应力只是坝基不发生滑动所算得的结果，都是假象而已。相反，意大利的瓦依昂(Vajont)拱坝最大坝高265m，由于库区山体大滑坡，库水掀起巨浪，形成一道高约125m的水浪冲越过坝顶，但由于两坝肩岩体坚固，没有容易滑动的结构面，大坝未遭破坏。这两个相反的例子正好说明：如果坝肩岩体容易滑动，即使不高的拱坝也因坝肩滑动而垮坝；如果坝肩岩体很坚固，即使265m高的拱坝，在数倍水压冲击荷载作用下，坝体依然无损。许多拱坝的模型试验和计算结果表明，如果坝基没有容易滑动的软弱结构面，拱坝的超载系数一般可达6～10倍，个别甚至达10～12倍。可见，坝肩稳定是拱坝有多倍超载系数的前提。

鉴于这一原因，对于3级拱坝，如果坝肩岩体有容易引起滑动的结构面(如断层、夹层或连通率很高的裂隙面)，建议对这些结构面的抗剪强度指标f和c做详细的试验，并采用抗剪断强度公式(3-34)计算坝肩抗滑稳定安全系数，如果达不到相应的要求，则应采取加固措施。不能因为没有条件做试验，就决定采用式(3-35)计算；更不能因为按式(3-34)计算通不过而采用式(3-35)计算。对于3级拱坝，如果按式(3-35)计算安全系数 K_2 可能略大于 1.1～1.3，但不要以为它“满足”要求就可“高枕无忧”了，其安全储备实际上是很小的。

坝肩岩体稳定是拱坝方案成立的关键和根本保证。当坝肩岩体存在容易滑动的结构面或坝肩可利用岩体的等高线与拱轴线夹角很小时，宁可将拱坝中心角布置得小一些，亦即曲率半径大一些，致使坝体的应力大一些(对局部应力较大的部位可通过加大混凝土强度标号来解决)，也要保证坝肩稳定安全系数满足要求。千万不要反过来为减小应力而牺牲稳定条件，因为在坝基不稳定条件下算得的应力都是假象。同样道理，如果拱端推力增大对坝肩稳定不利(如中心角很大或拱端推力与断层走向的夹角很小)，宜将拱坝封拱灌浆温度适当提高一些，宁可增加将来温降拉应力来减小温升压应力；如果拱端推力增大对坝肩稳定有利(如中心角很小而且山体雄厚或拱端推力与断层垂直而且压缩变形很小)，宜将拱坝封拱灌浆温度适当降低一些，以增加将来温升压应力并减小温降拉应力。

3.6 拱坝体形的优化设计

学习要点

了解拱坝优化设计的大致内容和趋势。

拱坝合理的体形和布置应该是：在满足枢纽布置、运用和施工等要求的前提下，尽量使坝体材料的强度在规范允许的范围内得到充分的发挥，并保证规范要求的坝基岩体稳定安全系数，而且使坝体工程量最小、造价最低。

由于拱坝的体形和边界条件都很复杂，而影响体形设计的因素又很多，如：坝址的地形、地质条件、枢纽布置要求、施工工艺水平及设计准则等。所以，拱坝体形优化设计具有设计变量多、约束条件复杂和数学模型具有高度非线性等特点。

3.6.1 几何模型的建立

几何模型是拱坝体形优化设计的重要组成部分。通常可用拱冠梁剖面和水平拱圈两部分来分别描述，描述方法以函数型描述较为实用。

拱冠梁剖面的上游面可以是铅直的，也可以是曲线形的；拱坝的水平截面可以是单心拱、多心拱、抛物线拱、椭圆拱、二次曲线拱、对数螺旋线拱。坝轴线可以在一定范围内移动和转动。坝的体形可由一组变量 $x_1, x_2, \cdots, x_n$ 来确定，$x_i(i=1,2,\cdots,n)$称为设计变量。

1. 河谷形状

河谷形状是任意的。在优化中，将河谷沿高程分为数层，各层可有不同的弹性模量或变形模量，两岸可利用基岩轮廓线用几段折线表示，以结点坐标和岩性参数作为原始数据输入。

2. 坝轴线位置

在图 3-23(a)中，C 点是拱冠梁剖面上游面顶点，坝轴线位置可由 x、y 及水平面上的转角 α_{xy} 来确定，在优化过程中分别用 x_1、x_2、x_3 表示。通过改变上述三个设计变量，可寻求最有利的坝轴线位置。

3. 拱冠梁剖面的几何模型

拱冠梁的剖面形状可由上游坝面曲线和沿高度变化的厚度来确定。图 3-23(b)为双曲拱坝拱冠梁的典型剖面，上游坝面曲线和厚度沿坝高的变化规律一般为三次多项式

$$y_u = a_0 + a_1\xi + a_2\xi^2 + a_3\xi^3 \tag{3-36}$$

$$T_c = b_0 + b_1\xi + b_2\xi^2 + b_3\xi^3 \tag{3-37}$$

式中：$\xi = z/H$，H 为坝高，z 为竖向坐标值。

根据各控制高程所对应的几何参数，由式(3-36)和式(3-37)可求解多项式的待定系数 a_i、b_i，从而定出拱冠梁剖面的尺寸。对单曲拱坝，上游坝面通常是铅直线，因此仅需要一个三次多项式来确定沿坝高变化的厚度。

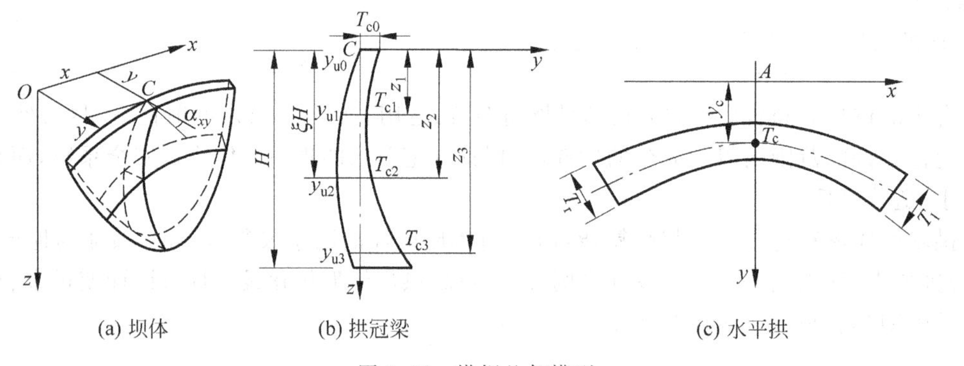

图 3-23　拱坝几何模型

4. 水平拱的几何模型

图 3-23(c)为任一水平拱圈。图中，y_c 为拱冠中心点的 y 轴坐标；T_c 为拱冠厚度；T_l、T_r 分别为左、右拱端的厚度。水平拱的形状同样可以由拱轴线的形状及其厚度的变化规律来确定。

拱厚沿拱轴线的变化规律可表示为

$$\left.\begin{aligned} \text{左半拱}\quad T_i &= T_c + (T_l - T_c)S_i^2/S_l^2 \\ \text{右半拱}\quad T_i &= T_c + (T_r - T_c)S_i^2/S_r^2 \end{aligned}\right\} \tag{3-38}$$

式中：T_i、S_i——分别为拱轴线上计算点 i 处的拱厚、拱冠至 i 点的弧长；

S_l、S_r——分别为左、右半拱的总弧长。

拱轴线的形状取决于各类不同水平拱的形式，如：抛物线型拱的右半轴线为 $y=y_c+\frac{x^2}{2R_{cr}}$，其轴线参数为 R_{cr}；对左半拱，公式相同，只需将 r 代以 l。若拱是对称的，左、右拱轴的参数相同。若令 ϕ 代表各类拱轴的几何参数，通常假定 ϕ 沿坝高的变化规律为三次多项式，其通式为

$$\phi(\xi)=c_0+c_1\xi+c_2\xi^2+c_3\xi^3 \tag{3-39}$$

式中：c_i——待定系数，可由各控制高程对应的几何参数代入式(3-39)求得。

在拱坝体形优化计算中，一般将各控制高程对应的几何参数定义为设计变量。

3.6.2 约束条件

约束条件包括：几何约束、应力约束和稳定约束。

1. 几何约束条件(施工约束条件)

(1) 根据坝址区的地形、地质条件，给定坝轴线的移动范围，即确定 x_1、x_2 和 x_3 的变化范围；
(2) 根据构造、交通等要求，坝顶厚度不小于允许值；
(3) 坝体的倒悬度不得超过允许值；
(4) 为避免坝体设置纵缝，以简化施工，有时限定坝体最大厚度小于设计规定值；
(5) 如坝址有规模较大的断层，宜限制拱座和该断层的最小距离不小于设计规定值；
(6) 对于坝顶溢流的拱坝，有时还要求水舌落点与坝趾保持一定的距离等。

2. 应力约束条件

在拱坝优化设计中，一般采用拱梁分载法计算应力。坝体主应力必须满足下列要求

$$\left.\begin{array}{l}\sigma_1/[\sigma_1]\leqslant 1\\ \sigma_2/[\sigma_2]\leqslant 1\\ \sigma_t/[\sigma_t]\leqslant 1\end{array}\right\} \tag{3-40}$$

式中：σ_1、σ_2——大坝运行情况时坝面的最大主压应力和主拉应力；
$[\sigma_1]$、$[\sigma_2]$——主压应力、主拉应力的容许值；
σ_t、$[\sigma_t]$——施工期由自重产生的主拉应力和主拉应力容许值。

3. 稳定约束条件

以抗滑稳定安全系数作为约束条件，要求

$$[K_i]/K_i\leqslant 1 \tag{3-41}$$

式中：K_i——实际抗滑稳定安全系数；
$[K_i]$——规范要求的抗滑稳定安全系数。

全部约束条件可规格化为如下形式

$$G_i(x) \leqslant 1, \quad (i = 1,2,\cdots,p) \tag{3-42}$$

式中：p——全部约束条件的个数。

3.6.3 目标函数、数学模型与求解方法

一般可以用坝的体积 $V(x)$作为目标函数，优化过程中要求体积达到极小值，拱坝体形优化问题的数学模型可以归纳为

$$\left.\begin{array}{ll} \text{极小化} & V(x) \rightarrow \min \\ \text{约束条件} & G_i(x) \leqslant 1 \quad (i = 1,2,\cdots,p) \end{array}\right\} \tag{3-43}$$

这是一个高度非线性的数学规划问题，求解方法很多。采用序列线性规划法(SLP)求解，一般要迭代12～20次。其他方法主要有罚函数法，序列二次规划法(SQP)，罚函数法和准则法相结合的方法等，这些方法可减少迭代次数，提高计算精度。

在求解拱坝优化问题时，先从初始点开始，逐渐逼近最优点。初始方案愈靠近最优点，计算工作量愈小。

在拱坝体形优化的结构分析中，重复计算应力的工作量很大。为提高计算效率，可以采用内力展开法，其原理是利用内力与荷载平衡，当结构尺寸变化而荷载基本保持不变时，内力变化敏感性较小，将控制点的内力 $F(x)$(包括轴力、剪力、力矩和扭矩)展开成一阶台劳级数表达式。这样，在优化计算过程中。对任何一个新的设计方案，不必重复进行坝体的应力分析，而是先进行内力敏度($\partial F/\partial x_i$)分析，再按台劳级数表达式计算控制点的内力，最后由材料力学公式计算各控制点的应力。计算结果表明，采用内力展开法，只需迭代两次就收敛，比国外的应力展开法(一般迭代12～15次)可以大大地节省机时，并且可取得满意的很高的计算精度[10]。

另外，还可分两阶段优化：第一阶段用考虑扭转的拱冠梁法；第二阶段以第一阶段的结果作为初始点，采用多梁拱分载法。

关于优化设计的目标函数，在不同的条件下有不同的取法。上述以坝的体积最小作为目标函数，是一般原材料条件和施工设备条件下通常采用较多的优化设计模式。但在某些情况下，以总投资最小、工期最短或两者兼有作为多目标优化可能更合理一些。例如，对于坝高低于100m的拱坝，在砂砾料较少而块石来源较丰富、施工机械设备较缺乏而人工来源较多的情况下，采用体积大一些的浆砌石拱坝，总投资可能更省一些。又如，对于坝高低于150m的拱坝，在施工机械设备(主要是振动碾、搅拌系统和运输系统)具备和气候条件适宜(主要指冬季施工)的条件下，采用体积稍大一些的碾压混凝土拱坝，可缩短工期、减小投资。关于这两种材料的拱坝将在3.7节叙述。

3.7　拱坝的材料和构造

学习要点

根据拱坝应力分析结果和其他要求，选择合理的材料分区和构造设计。

3.7.1　拱坝对材料的要求

用于修建拱坝的材料主要是混凝土(包括常规混凝土和碾压混凝土)，中、小型工程常就地取材，使用浆砌块石。对混凝土和浆砌石材料性能指标的要求和重力坝相同，在此不再列举。混凝土应严格保证设计规范对强度、抗渗、抗冻、低热、抗冲刷和抗侵蚀等方面的要求。

坝体混凝土的极限抗压强度一般以90d或180d龄期强度为准，极限抗拉强度一般取极限抗压强度的1/10～1/15。此外，还应注意混凝土的早期强度，对于高坝，应根据坝体应力、按水利水电工程结构可靠度设计统一标准的要求提高材料的强度指标。

除强度外，还应保证抗渗性、抗冻性和低热等方面的要求。为此，对坝体混凝土的水灰比必须严格控制，对较高的拱坝，坝体外部混凝土的水灰比应限制在0.45～0.5的范围内，内部可为0.6～0.65。在承受高速水流和挟沙水流冲刷的部位，混凝土应具有很好的抗磨性。用水灰比低的、振捣密实并表面抹光的混凝土，抗磨性能较高。实践证明，水灰比大于0.55的混凝土，抗磨性能常不能满足要求。对于高拱坝或较厚的重力拱坝，由于应力有较大的差异，可在坝体内部、外部和拱端分别采用不同的强度指标。坝面和拱端应力较大，应提高强度指标；坝体内部应力较低，可用较低指标；对于溢流面及孔管内壁需设有专门的面层。常规混凝土的其他性能已在重力坝一章叙述，这里不再重复。

1. 浆砌石拱坝

浆砌石拱坝在我国拱坝建设中占有很大的比重，全国已建和在建的拱坝中，约有90%是砌石拱坝。这是因为：①山区石多，便于就地取材，节省钢材、木材，砌石质量好的还可节省水泥；②工程量比同样高度的重力坝约小40%；③施工导流和度汛较易解决；④施工技术便于群众掌握。

但砌石拱坝有着不同于混凝土拱坝的一些特点：

(1) 在受力状态方面。砌石拱坝由砌石和混凝土防渗体两部分组成，砌石本身又有砌缝砂浆存在，对坝体的变形和应力有着不可忽视的影响，坝体实际上具有非均一和各向异性的力学性质。目前采用拱梁分载法，假定坝体为各向同性均质体；或对砌体和混凝土防渗体采用不同的弹性模量，采用有限元方法。

(2) 对于应力控制指标。根据我国《浆砌石坝设计规范》SL 25—91规定：抗压强度安全系数，对基本荷载组合取3.5；特殊荷载组合取3.0，均比混凝土拱坝设计规范规定的相应值小0.5。容许拉应力取决于所用石料和胶结材料的标号，其值接近砂浆的极限抗拉强度，如：胶结材料强度等级为

M10 的粗料石、块石砌体,拱冠梁底的容许拉应力为 1.2MPa。总之,安全系数相应小于混凝土拱坝。

(3) 倒悬方面。因砌石强度低于混凝土,砌石拱坝的倒悬度一般不大于 1/10～1/5。

坝体材料和防渗设备基本上同于砌石重力坝,但砌石拱坝对砌体强度的要求较高,整个坝体都用同一砂浆强度等级,一般为 M7.5～M12.5,绝大多数用 M10。砌筑质量较好的拱坝水泥用量一般为 100～150kg/m³,但相应多花些人工。

工程实践表明,在坝体上、下游面、坝端接头及靠近地基等部位,适当用一部分混凝土,对保证工程质量是有利的。浆砌石拱坝的截面和构造如图 3-24 所示。

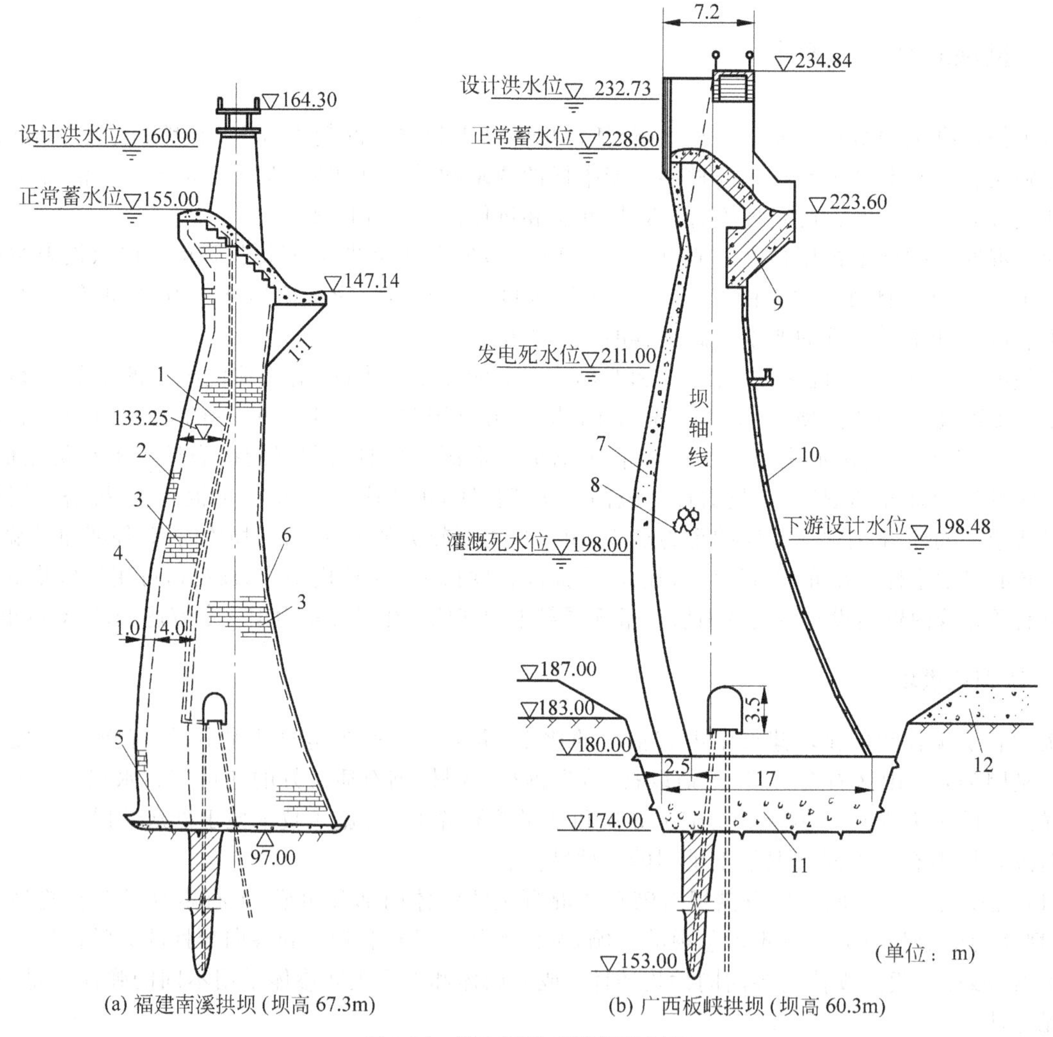

(a) 福建南溪拱坝(坝高 67.3m)　　(b) 广西板峡拱坝(坝高 60.3m)

图 3-24　浆砌石拱坝拱冠梁剖面

1—ϕ15cm 排水管,间距 5m；2—M10 水泥砂浆砌粗料石；3—C10 细骨料混凝土砌粗料石；4—M15 水泥砂浆勾缝深 6cm；5—C15 混凝土垫层厚 50cm；6—M10 水泥砂浆砌粗料石并勾缝；7—C20 混凝土防渗墙；8—C15 细骨料混凝土砌块石；9—C20 混凝土；10—C15 混凝土护面；11—C15 埋石混凝土；12—砂卵石

砌石拱坝大多采用坝顶溢流。当单宽流量较大时，溢流面全部采用钢筋混凝土，厚度一般不小于0.6～1.0m，并用锚筋加强溢流面混凝土与坝内砌石的连接；为节约水泥与钢材，有些砌石拱坝只在溢流面曲线段及挑流鼻坎处用钢筋混凝土浇筑，而在直线段则用粗料石砌筑，但要求胶结材料的强度等级较高；若单宽流量较小，溢流面可全用粗料石丁砌，但要求石料质地坚硬，表面加工平整。

早期建造的砌石拱坝大都不设收缩缝，但有些坝产生了不同程度的裂缝。为防止坝体开裂，应分段砌筑，分段长度约为20m左右；在2～3月份封拱(灌浆或回填宽缝块石混凝土)。

2. 碾压混凝土拱坝

正如前面2.9节中已叙述过的那样，碾压混凝土改变了常规混凝土用振捣器插入振捣密实的方法，代之以在层面振动碾压的施工方法，混凝土可以很干硬，用水量少，用水泥也少，水化温升较低；不设纵缝，不设或少设横缝，节省施工缝的模板和支模时间；施工较简便，用土石坝施工机械，设备用量也较少；施工较安全，速度快；所以它一般比常规混凝土筑坝方式工期短、收益快、造价低，在技术和经济上都是十分有利的。

由于碾压混凝土筑坝技术有这么多优越性，所以深受欢迎，不仅在重力坝中发展很快，而且还逐渐引入到拱坝。我国在1992—1995年先后建成普定(高75m、坝顶长196m、坝底厚28.2m)、温泉堡(高49m、坝顶长188m、坝底厚13.8m)、溪柄(高63.5m、坝顶长95m、底厚12m)三座具有不同特色的碾压混凝土拱坝。普定是我国建造的第一座碾压混凝土拱坝(位于贵州省)，上游防渗体采用富胶凝材料二级配碾压混凝土，下游部位采用三级配碾压混凝土；大坝只设两道诱导缝(大约在拱圈弯矩较小的三分点部位)，待其张开后作灌浆处理，不再设其他灌浆横缝，主体工程只用1年5个月(1992年1月至1993年6月)，实际纯碾压时间为9.5个月。温泉堡碾压混凝土拱坝位于河北省秦皇岛市，是世界上第一座在寒冷地区建成的碾压混凝土拱坝，由于年温变幅很大、坝建在开阔的U型河谷这两大不利条件，坝体采用5道诱导横缝，大坝自1992年秋后至1994年汛前在各个秋春季节进行碾压施工，5道诱导

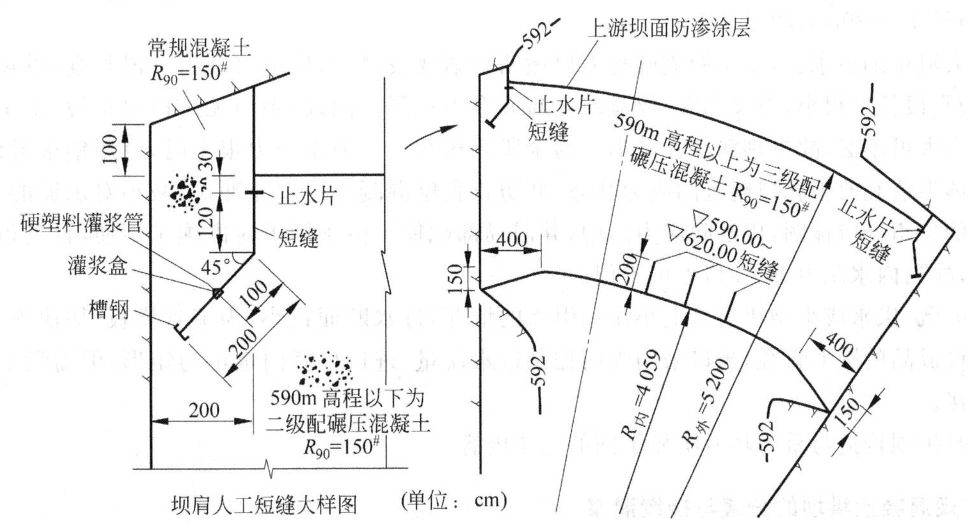

图3-25 溪柄碾压混凝土拱坝人工短缝布置图

横缝按预想的宽度张开并分两批灌浆，保护了其他部位不开裂。溪柄碾压混凝土拱坝在两侧拱端上游面设置带有止水片的人工短缝(参见图3-25)，释放此部位的拉应力，保护了上游坝面其他部位不开裂，原设计全坝无灌浆横缝，后因碾压混凝土施工延误至5、6月份，才不得不将此期间施工的620～634m高程坝体在拱冠处设置一道灌浆横缝。此坝厚高比为0.189，是世界上第一座厚高比最小的碾压混凝土薄拱坝，大坝混凝土2.8万m^3，其中碾压混凝土2.3万m^3，碾压施工半年(1994年12月30日至1995年6月30日)，大坝主体工程在1995年底完工，比常规混凝土拱坝节省约一半时间。

至2003年底，我国已总共建成8座碾压混凝土拱坝，其中沙牌拱坝(高132m)是目前世界已建最高的碾压混凝土拱坝。十几年来的工程实践表明：在一定坝高范围内，在施工机械和原材料充足以及气候适宜等条件下，碾压混凝土拱坝也具有缩短工期、节省投资的优越性。

关于碾压混凝土的性能和施工要求，可参见2.9节的有关内容，这里不再重述。

3.7.2 拱坝的构造

拱坝的坝顶、廊道、排水和孔口等尺寸、形状与重力坝的基本相同或类似，这些内容不再重述。下面只叙述它们在拱坝中所特有的不同之处。

在严寒地区，有的薄拱坝可在顶部配筋以防渗水冻胀而开裂。建在强震区的拱坝由于坝顶易开裂，可穿过横缝布置钢筋，以增强坝的整体性。其他如遇特殊地基，对薄拱坝也可考虑局部配筋。

对于高度不大、厚度较薄的拱坝，在坝体内可只设置一层灌浆廊道，而将其他检查、观测、交通和坝缝灌浆等工作移到坝后桥上进行，桥宽一般为1.2～1.5m，上下层间隔20～40m，在与坝体横缝对应处留有伸缩缝，缝宽约1～3cm。

建在无冰冻地区的薄拱坝，坝身可不设排水管。对较厚的或建在寒冷地区的薄拱坝，则要求布置排水管，内径15～20cm，间距2.5～3.5m。

对于大泄量的泄水孔，如果做成圆孔需要做两个渐变段，喇叭形进口又占一段长度，拱坝因比重力坝薄，圆孔段长度很小，意义不大，故泄水孔断面多为矩形。同理，坝内无压段也很短，把工作门布置在坝内也大可不必，故拱坝泄水孔基本上为全段有压孔。当内水压力很大时，宜用钢板衬砌，避免内水向坝体渗透和改善孔口附近的应力状态，并防止孔壁混凝土受水流冲刷、减小对水流的摩阻力。矩形孔口的尖角处应抹圆，以消除应力集中，并需局部配筋。由于钢板衬砌施工不便，且钢板外壁易产生空隙，故当内水压力不大时，也可不用。

对于灌溉、供水或小型机组发电小流量引水的情况，过水断面很小，为节省模板、加快施工进度，坝内常埋设成品的圆形管孔，出口采用阀门控制过水流量，进口检修门也可为矩形，但需设渐变段与圆管相连接。

下面是拱坝构造与重力坝所明显不同的三个内容。

1. 常规混凝土拱坝的分缝与接缝灌浆

拱坝是三维空间整体结构，为便于施工期间混凝土散热和降低收缩应力，防止混凝土产生裂缝，需要分段浇筑，各段之间设有收缩缝，一般在坝体混凝土冷却到蓄水后正常运行情况下的坝体年平均温度左右，再用水泥浆封填，以保证坝的整体性。

收缩缝有横缝和纵缝两类，如图 3-26 所示。横缝是径向的，间距一般取 15～20m。在变半径的拱坝中，若使横缝与径向一致，必然会形成一个扭曲面。有时为了简化施工，对不太高的拱坝也可以中间高程拱圈的径向为准，仍用铅直平面来分缝，横缝底部缝面与地基面的夹角不得小于 60°，并应尽可能接近正交。缝内设锅底形或铅直向的梯形键槽，以提高横缝的传剪能力。拱坝厚度较薄，一般可不设纵缝，对厚度大于 40m 的拱坝，宜设置纵缝。相邻坝块间的纵缝应错开，纵缝的间距约为 20～40m。一般采用带有三角形键槽的铅直纵缝，缝顶附近应缓转与下游坝面正交，避免浇筑块出现尖角。

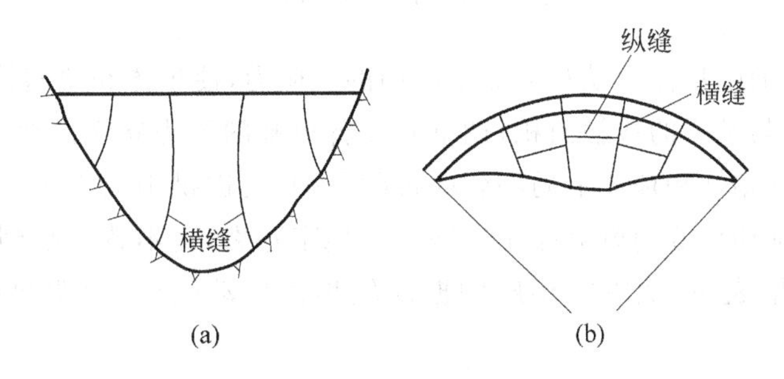

图 3-26 拱坝的横缝和纵缝

收缩缝是两个相邻坝段收缩后自然形成的接缝，缝的表面作成键槽，预埋灌浆管与出浆盒，在坝体冷却后进行压力灌浆。横缝上游侧应设置止水片。止水片可与上游止浆片结合。止水的材料和做法以及接缝灌浆的工艺和重力坝相同。

根据对已建成的拱坝实地检查，接缝灌浆的效果也不尽如人意，它仍然是坝体的薄弱面。因此，现代拱坝建设的趋向是，尽可能减少收缩缝。在施工上加强冷却措施，实践证明效果良好。对于较薄的拱坝，须注意第一期冷却不宜过快，否则可能导致拉裂。

应该指出，在一定的条件下，也可将横缝的一部分保持为永久性的明缝。如近拱端有一岸或两岸自坝顶到某一高程范围内的地质条件很差，不足以承担拱端的巨大推力时，可将这一范围内的横缝保持为永久缝，或自拱冠顶部起向两侧往下逐渐加深明缝，使拱端推力向下斜传入两岸较好的基岩，如日本黑部第四拱坝以及我国的隔河岩拱坝(又称“上重下拱式”拱坝)。

2. 垫座与周边缝

对于地形不规则或局部有深槽的河谷，为了节省开挖量并改善坝体应力，可在坝体与坝基交接处做成垫座与周边缝的形式，使坝体基本上呈对称或有规则的体型，如图 3-27 所示。周边缝沿上下游方向可做成弧形面或平直的。弧形面的半径取该处坝体厚度的一倍以上，缝面略向上游倾斜，与坝体传至垫座的压力线正交。

拱坝设置周边缝后，梁的刚度明显减弱，改变了拱梁分载的比例。周边缝还可减小坝体传至垫座

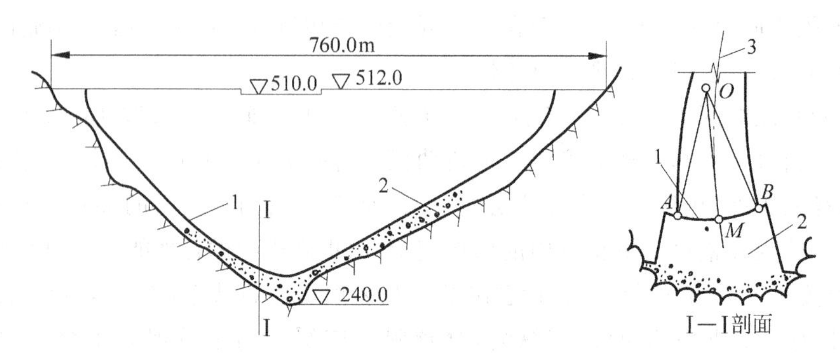

图 3-27 英古里拱坝垫座与周边缝的布置

1—周边缝；2—垫座；3—坝体中线

的弯矩，从而可减小甚至消除坝体拱端和梁底上游面的拉应力，使坝体和垫座接触面的应力分布趋于均匀，并可利用垫座增大与基岩的接触面积，调整和改善地基的受力状态。垫座作为一种人工基础，可以减少河谷地形的不规则性和地质上局部软弱带的影响，改进拱坝的支承条件。由于周边缝的存在，坝体即使开裂，只能延伸到缝边就会停止发展。若垫座开裂，也不致影响到坝体。根据意大利安卑斯塔拱坝模型试验成果表明，地震时垫座的振动较坝体振动强烈，说明垫座对坝体振动起缓冲作用。

图 3-28 是意大利鲁姆涅拱坝采用的垫座周边缝构造示意图。垫座浇筑后，表面不冲毛，直接在其上浇筑坝体混凝土。缝的上游端布置钢筋混凝土防渗塞，周围填以沥青防渗材料，防渗塞的下游侧埋设止水铜片，并设置排水孔道，以排除渗水，缝面用钢筋网加强。这种缝施工复杂，如质量控制不严，容易漏水。我国有些宽浅河谷中的小型拱坝，为了使梁的作用减弱，以加强拱的作用，采用了沥青底滑缝垫座，如：浙江省的光明、东溪等混凝土双曲薄拱坝。这里应注意两点：(1)由于周边缝的作用，垂直悬臂梁的荷载减小，水平拱圈的荷载加大，要求两岸坝肩稳定牢固作为前提，不能乱用；(2)两岸坡不能太缓，因为在水平拱圈很大推力的作用下，坝体很容易沿周边缝向上滑移，拱端切向位移变大，使拱冠应力剧增而破坏乃至垮坝，如我国 1981 年 5 月在福建罗源县梅花村海边建成的梅花周边缝试验拱坝，水平底缝位于坝顶以下 15.7m，两岸周边缝面与水平面夹角为 43°25′，缝内设置聚氯乙烯胶泥止水(断面为 10cm×10cm)，缝面涂有沥青。同年 9 月 18 日坝体突然溃决(此时库水位在坝顶以下 0.7m)，其原因是在岸边垫座坡度太缓，缝面沥青摩擦系数太小，拱坝上滑、使拱冠拉压应力太大而破坏。

从图 3-27 和图 3-28 来看，垫座和周边缝的施工是很复杂的，虽然坝体可以减薄一些，但要求较高的施工工艺水平，才能保证垫座和周边缝的质量、保证薄薄的坝体达到防渗的要求。这些在欧洲一些国家能做到，我国大多数施工队伍的工艺水平难以做到，坝体混凝土需要一定的厚度才能满足防渗的要求。既然如此，花很多时间进行垫座和周边缝的施工，延误了施工工期，而坝体并不减薄或减薄不多，即使可减薄很多，但造价不省，反而延误工期，就失去了垫座和周边缝的优越性。所以我国做这种类型的拱坝很少，再加上十多年来建造一些碾压混凝土拱坝缩短工期和节省

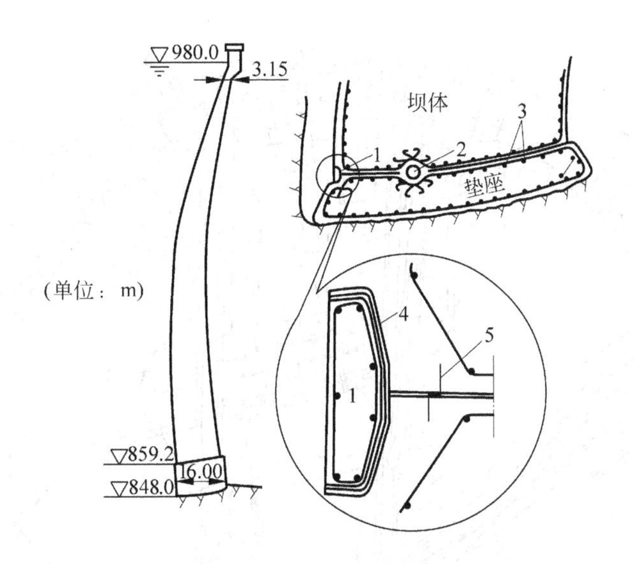

图 3-28　意大利鲁姆涅拱坝周边缝构造示意图

1—钢筋混凝土防渗塞；2—排水；3—钢筋；4—沥青防渗材料；5—止水铜片

投资的成功经验，以及对拱坝破坏机理的分析，拱端轴向应力的合力应为压力，不可能裂透，最后以压应力过大才破坏的观点已成为越来越多的共识，只有很不规则的河谷才有必要做周边缝，一般拱坝不设置周边缝也没有什么坏处，反而对加快施工、缩短工期有利，估计今后我国建造周边缝的拱坝更少。

3. 重力墩

重力墩是拱坝坝端的人工支座，可用于河谷形状不规则、为减小宽高比、避免岸坡的大量开挖，河谷有一岸较平缓、用重力墩与其他坝段(如重力坝或土坝)或岸边溢洪道相连接等情况。图 3-29 是我国龙羊峡水电站的枢纽布置图，在其左、右坝肩设置重力墩后，坝体可基本上保持对称，通过重力墩可将坝体传来的作用力传到基岩，反过来，基岩的支承反力通过重力墩反作用于坝体，支持坝体的稳定。

坝体与重力墩之间的传力作用和重力墩本身的刚度有关。与坝高相比，如重力墩高度不大，可假设重力墩的刚度与基岩相同，按拱端支承于基岩的条件求得拱端作用力，然后将此作用力施加到重力墩上来校核重力墩的稳定和应力，计算方法及其控制标准见第 2 章重力坝的有关内容。所不同的是：重力墩的受力来自多方向，应将其合成一个方向，用合力来计算重力墩的稳定性和最大拉压应力。重力墩底面的拉压应力可分别按两个方向用材料力学公式计算，然后叠加求得。

根据经验，重力墩的最大推力通常出现在“校核洪水位时的水压力＋温升”的情况；重力墩的最大弯矩，一般出现在“冬季最高水位的水压力＋温降”的情况。

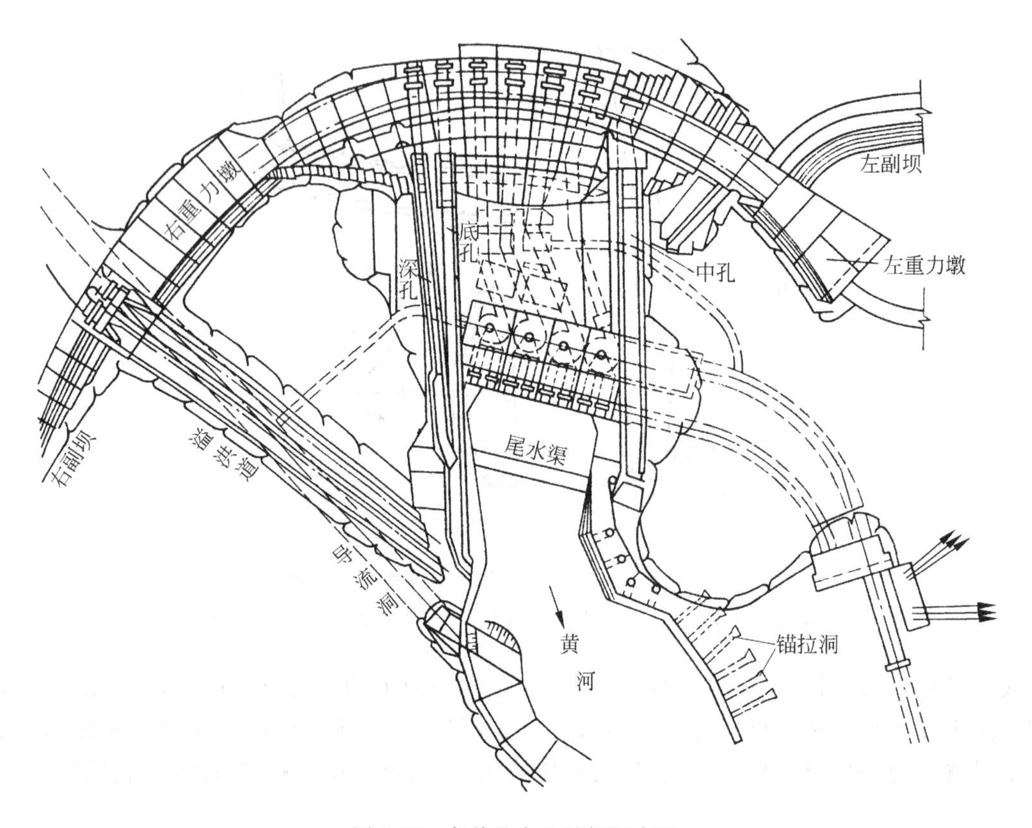

图 3-29 龙羊峡水电站枢纽布置

3.8 拱坝的地基处理

学习要点

掌握拱座开挖、固结灌浆、帷幕灌浆、排水、断层和软弱夹层的处理，以提高坝肩的抗滑稳定性。

3.8.1 拱坝地基处理的总体要求

我国《混凝土拱坝设计规范》SL 282—2003 规定，拱坝的地基处理应符合下列要求：

(1) 具有整体性和抗滑稳定性；

(2) 具有足够的强度和刚度；

(3) 具有抗渗性、渗透稳定性和有利的渗流场;

(4) 具有在水长期作用下的耐久性;

(5) 控制地基接触面形状对坝体应力分布的不利影响。

拱坝的地基处理应根据地质条件和基岩的物理力学性质,综合分析坝体与岩基之间的相互关系(包括坝轴线的位置、坝体体形和构造等)、枢纽布置(尤其是泄洪建筑物的布置)、施工技术等因素,选择安全、有效和经济的地基处理方案。例如,目前国内外已不过分强调建基面的风化程度,而要求在筑坝过程中对坝基岩体进行加固处理(如锚喷加固、灌浆处理等),在强度、变形、稳定、防渗和耐久性等方面均满足要求,在保证大坝安全运行的前提下,尽可能减少石方开挖和坝体混凝土回填方量,缩短工期、节约投资。

3.8.2 拱坝地基处理的具体内容和要求

拱坝的地基处理内容和岩基上的重力坝基本相同或相似,但要求更为严格,特别是对两岸坝肩的处理尤为重要。

1. 地基开挖

在开挖过程中应注意以下几点:

(1) 拱端应嵌入岸坡内,最好开挖成全径向,如图3-30(a)所示,当按全径向开挖工程量过大时,可采用阶梯形开挖,如图3-30(b)所示,各阶梯仍保持径向,也可采用非全径向开挖,如图3-30(c)所示,具体详细的规定可参见图3-11;

(2) 同一坝体采用两种开挖形式时,自上而下应平缓过渡;

(3) 河床段基岩面的上、下游高差不宜过大,且尽可能略向上游倾斜;

(4) 整个坝基可利用岩面在横河向应平顺,避免突变,拱坝需连成整体(不同于有永久横缝的重力坝),即使岸坡很陡也不宜开挖成台阶状,基岩面的起伏差应小于0.3m～0.5m;

(5) 拱座基岩面的等高线与拱端内弧切线的夹角宜大于30°;

(6) 对最后成形不再爆破开挖的坝基面宜采用小药量预裂爆破方式,松动岩块应采用撬棍或风

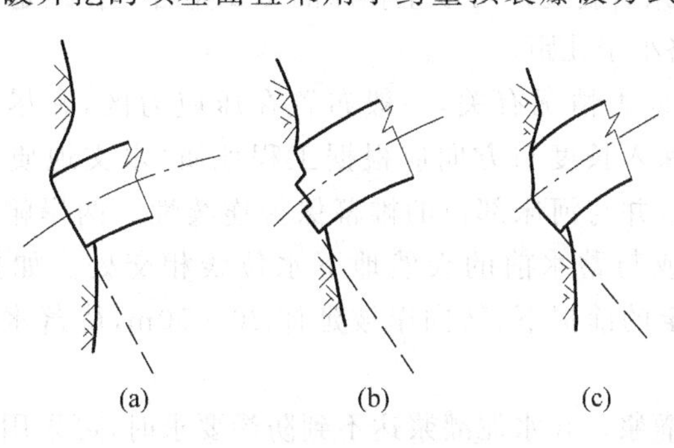

图3-30 拱座基岩开挖形状

镐清除干净；对坝基内局部的地质缺陷，如夹泥裂隙、节理密集带、风化岩脉、断层破碎带等，应全部（埋藏不深的）或部分（埋藏很深的）予以挖除或采用撬棍、风镐清除，再回填混凝土塞，使坝基表面平顺；

(7) 对于河床中的覆盖层，原则上要全部挖除，如覆盖层太深，挖除有困难，则应在结构上采取措施，如：在挖除表层覆盖层后，浇筑混凝土支承拱，坝体即建在支承拱上，并对覆盖层应采取防渗措施，如图 3-5 所示。

2. 固结灌浆和接触灌浆

拱坝坝基的固结灌浆孔一般按全坝段布置。对于比较坚硬完整的基岩，也可以只在坝基的上游侧和下游侧设置数排固结灌浆孔。对节理、裂隙发育的基岩，为了减小地基变形，增加岩体的抗滑稳定性，还需在坝基外的上、下游侧扩大固结灌浆的范围。孔距与孔向应根据地质条件、裂隙分布情况确定，对于高坝还应进行固结灌浆试验。孔距一般为 3～6m，在岩石破碎地区还应适当加密，孔深一般为 5～15m。固结灌浆压力，在保证不掀动岩石的情况下，宜采用较大值，一般为 0.2～0.4MPa，有混凝土盖重时，可取 0.3～0.7MPa。

对于坝体与陡于 50°～60°的岸坡间和上游侧的坝基接触面以及基岩中所有槽、井、洞等回填混凝土的顶部，均需进行接触灌浆，以提高接触面的强度，减少渗漏。接触灌浆应在坝体混凝土浇筑到一定高度、混凝土充分收缩、横缝灌浆后、钻排水孔之前进行。有条件时，可利用帷幕灌浆孔与部分固结灌浆孔进行接触灌浆。

3. 防渗帷幕

防渗帷幕的设计和施工应依据地质、水文地质等资料和现场灌浆试验来进行。拱坝的帷幕灌浆孔原则上应伸入相对隔水层以下 3～5m。根据我国《混凝土拱坝设计规范》SL 282—2003，非岩溶地区岩体相对隔水层的透水率 q 依坝高 H 而定：$H>100$m，$q=1\sim3$Lu；$H=50\sim100$m，$q=3\sim5$Lu；$H<50$m，$q\leqslant5$Lu。若相对隔水层埋藏较深，孔深可采用(0.3～0.7)倍坝高；对地质条件特别复杂的地段，经论证孔深可达 1 倍坝高以上。帷幕灌浆孔一般用 1 排到 3 排，视坝高和地基情况而定，其中 1 排孔应钻灌至设计深度，其余各排孔深可取主孔深的 1/2 左右。孔距是逐步加密的，开始约为 6m，最终为 1.5～3.0m，排距宜略小于孔距。

帷幕位置与拱座及坝基应力情况有关，一般布置在压应力区，并尽可能靠近上游坝面。防渗帷幕还应深入两岸山坡内，深入长度与方向应根据工程地质、水文地质、地形条件、坝肩岩体的稳定情况和防渗要求等来确定，并与河床部位的帷幕保持连续性。两岸帷幕原则上应延伸至正常蓄水位与相对隔水层相交处，或与蓄水前的天然地下水位线相交处。如按此原则帷幕需延伸很远时，可在不影响坝肩岩体稳定的前提下，暂向岸坡延伸 20～50m，待蓄水后根据坝基的渗漏情况决定是否再行延伸。

防渗帷幕一般采用水泥灌浆。在水泥灌浆达不到防渗要求时，可采用化学材料灌浆，但应注意防止污染环境。帷幕灌浆一般在廊道中进行，两岸山坡内的帷幕灌浆，可在岩体平硐中进行，如图 3-31

所示。灌浆压力应通过灌浆试验确定，在保证不破坏岩体的条件下取较大值，通常在孔顶段不宜小于1.5倍坝前静水头，在孔底段虽然渗透梯度小于孔顶段，但有岩体压重条件，为使水泥浆液挤进含有高压水的缝隙，保证灌浆质量，灌浆压力宜取(2～3)倍坝前静水头。

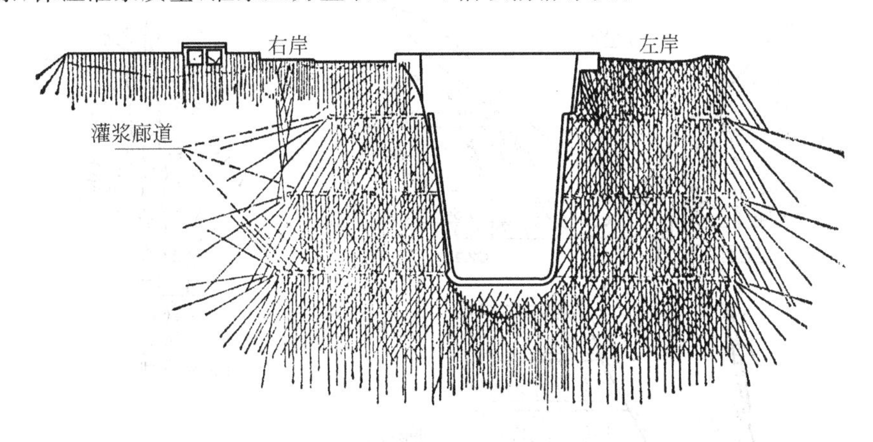

图3-31　意大利圣杰斯汀纳拱坝灌浆帷幕布置下游立视图

4. 坝基排水

在裂隙较大的岩层中，防渗帷幕有效地减小渗透压力，减少渗水量。但在弱透水性的微裂隙岩体中，防渗帷幕降低渗压的效果就不甚明显，而排水孔则显著地降低渗压。

排水孔幕设在防渗帷幕下游侧，其距离应不小于帷幕孔中心距的1～2倍，且不得小于2～4m。一般只设1道主排水孔，必要时增设1～2排辅助排水孔。主排水孔间距宜采用2～3m，辅助排水孔间距宜采用3～5m，孔径不宜小于15cm。

主排水孔深度宜采用帷幕孔深的(0.4～0.6)倍，坝高50m以上的坝基主排水孔深不应小于10m，但不超过帷幕孔深，副排水孔深宜为6～12m。对高坝和两岸地形较陡、地质条件较复杂的中坝，宜在两岸设置多层排水平洞，加钻排水孔，组成空间排水孔洞系统。若坝基内有裂隙承压水层或较大的成层透水区除加强防渗措施外，排水孔应穿过此部位。

5. 断层破碎带或软弱夹层的处理

对于坝基范围内的断层破碎带或软弱夹层，应根据其产状、宽度、充填物性质、所在部位和有关的试验资料，分析研究其对坝体和地基的应力、变形、稳定与渗漏的影响，并结合施工条件，采用适当的方法进行处理。

一般情况下，位于坝肩部位的断层破碎带比位于河床部位对拱坝的安全影响大；缓倾角比陡倾角断层的危害性严重，坝趾附近比坝踵附近的断层破碎带对坝体应力和稳定更为不利，断层破碎带宽度愈大，对应力和稳定的影响也愈严重。要针对断层破碎带对拱坝的危害程度，采取不同的处理方法，如抗滑键、传力墩、高压固结灌浆和高喷冲洗灌浆等，原则上可参考重力坝的地基处理方法。1、2

级拱坝或高拱坝和特殊地基的处理方案,应通过有限元分析或模型试验论证。图 3-32 为日本奈川渡拱坝坝肩陡倾角顺河流方向断层处理示意图。

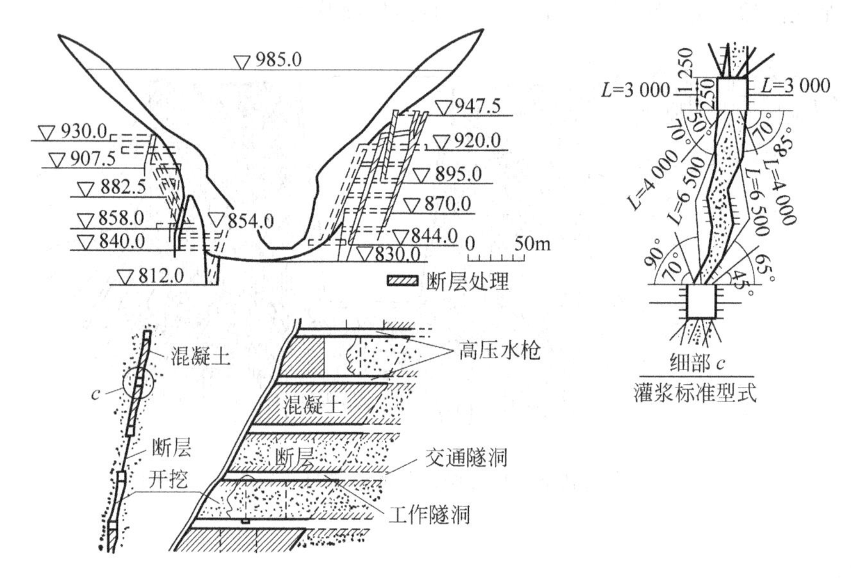

图 3-32 日本奈川渡拱坝断层处理示意图(高程单位 m,其余尺寸单位 mm)

3.9 拱坝的坝身泄水建筑物

学习要点

1. 坝上泄水方式及其优缺点。
2. 拱坝下游的消能及防冲措施。

拱坝枢纽中的泄水建筑物一般先选择布置在坝身,因为它比布置在坝外造价省,便于管理。也有些工程利用导流洞在导流任务完成后改为泄水洞。只有在坝身泄水建筑物和由导流洞改建的泄水洞都不能满足泄洪要求的情况下,如果地形和地质条件允许,才考虑在坝体外的岩体里凿建泄水洞或溢洪道。关于岸边溢洪道和泄水洞的内容将在第 5 章和第 6 章里叙述。

坝身泄水建筑物按其所在的位置可分为表孔、浅孔、中孔、深孔和底孔等形式。它们的泄水能力的水力学计算公式可归结为两类:(1)表孔溢流类型的下泄流量可按第 2 章重力坝中的式(2-79)计算;(2)淹没进口类型的下泄流量可按式(2-80)或式(2-100)计算。前者适用于表孔下泄流量的计算;后者适用于浅孔、中孔、深孔和底孔下泄流量的计算,仅流量系数 μ 及其有关的水头损失等参数略有不同而已,但计算原理和公式是一样的。

拱坝由于河谷一般很窄，坝体比重力坝薄，泄水方式和消能防冲与重力坝有较大的不同。

3.9.1 拱坝坝身泄水方式

拱坝坝身的泄水方式可以归纳为：自由跌流式、鼻坎挑流式、滑雪道式及坝身泄水孔式等。

1. 自由跌流式

对于比较薄的双曲拱坝或小型拱坝，常采用自由跌流方式。溢流头部通常采用非真空的标准堰型，堰顶是否设闸门，视水库淹没损失和运用条件而定。自由跌流适用于基岩良好，单宽泄洪量较小的情况。由于下落水舌距坝脚较近，坝下游侧应有防护设施。

2. 鼻坎挑流式

为了使泄水跌落点远离坝脚，常在溢流堰顶曲线末端以反弧段连接成为挑流鼻坎，如图3-33所示。挑流鼻坎多采用连续式结构，挑坎末端与堰顶之间的高差一般不大于6～8m，约为堰顶设计水头H_d的1.5倍；坎的挑角$10°\leqslant\alpha\leqslant25°$；反弧半径$R$与$H_d$大致接近，最后应由水工模型试验确定。差动式齿坎可促使水流在空中扩散，增加与空气的摩擦，减小单位面积的入水量；但在构造与施工上都较复杂，又易受空蚀破坏。溢流段的布置，有的工程是沿全坝顶，有的只布置在坝顶中部。溢流顶高程，有的同高，有的中间低，两侧稍高，小流量时由中间过水，大流量时，中部流量大于两岸，以利于消能。堰顶可设闸门或者不设。

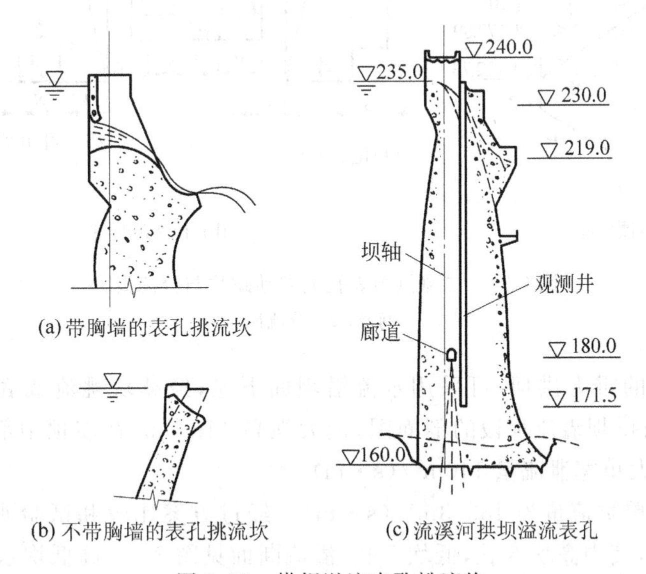

图3-33 拱坝溢流表孔挑流坎

目前世界上最高的英古里拱坝，坝高 272m，采用坝顶鼻坎挑流泄洪方式，有 6 个每孔宽 9m 的溢流孔和 7 个直径 5m 的深孔，其中 5 个深孔作为将来修建抽水蓄能电站的取水孔，2 孔作为坝的泄水孔，最大泄流量 2 500m^3/s。南非 1971 年建成的亨德列·维尔沃特双曲拱坝，坝高 90m，在坝顶中间表孔利用鼻坎挑流，泄洪量 19 000m^3/s。1978 年我国建成的湖南风滩空腹拱坝，坝高 112.5m，也是当时世界上已建成的最高的空腹拱坝，坝面校核洪水泄流量为 32 600m^3/s，也是当时坝顶泄洪流量最大的拱坝；我国的东风、流溪河双曲拱坝也采用了这种形式，运用情况良好，坝体振动很小。

我国二滩双曲拱坝，坝高 240m，溢流表孔的设计与校核流量分别为 6 300m^3/s 和 9 600m^3/s，相应泄洪功率为 11 000MW 与 15 650MW，堰顶水头为 12m 与 15m，就泄洪功率和堰顶水头而论，居目前世界上已建和在建双曲拱坝的首位。为解决高拱坝、大泄量表孔溢洪问题，采用了大差动跌坎加分流齿(图 3-34)，共 7 孔，每孔宽 11m，单、双号孔溢流面的俯角分别为 30°与 20°，中间 5 个孔的分流齿布置在坝面出口靠两侧闸墩，双号孔齿高 3.7m，单号孔齿高 4.5m。分流齿的顶面挑角为 20°，齿与槽的宽度比为 1.0，两边孔(1 号与 7 号)只设一个靠边墩的分流齿，齿宽 6m。水工模型试验表明各种工况下泄流时，水垫塘底板的最大冲击动压强为 115kPa，小于 150kPa 的控制允许值。它为高拱坝、大泄量表孔溢洪提供了一种综合式的新型消能方式。

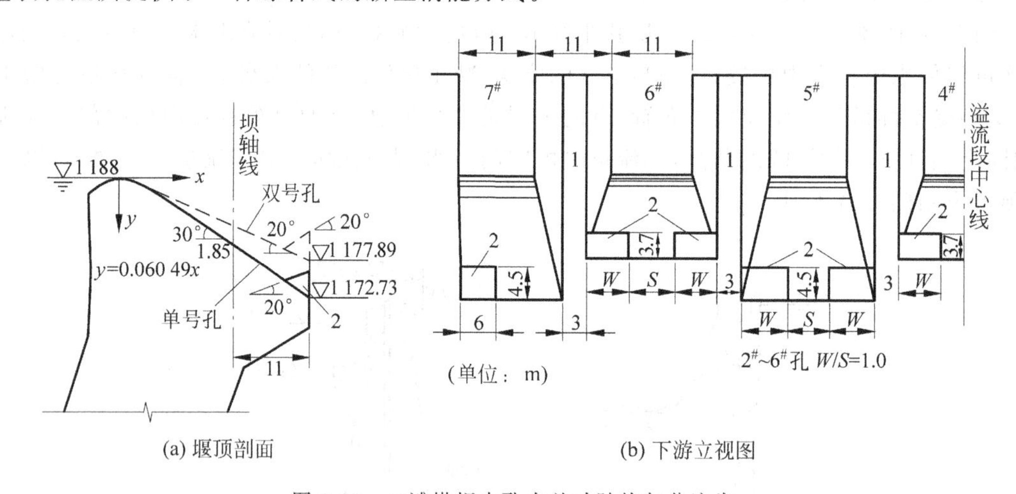

图 3-34　二滩拱坝表孔大差动跌坎与分流齿

1—闸墩；2—分流齿

对于单宽流量较大的重力拱坝，可采用水流沿坝面下泄，经鼻坎挑流或底流水跃的消能方式。图 3-35 为我国白山重力拱坝溢流坝段的剖面图，最大坝高 149.5m，在坝顶中部设 4 个表孔，每孔宽 12m，采用挑流消能，最大单宽泄流量 140$m^3/(s·m)$。

我国风滩空腹拱坝单宽流量为 183.3$m^3/(s·m)$。经过方案比较和试验研究，采用高低鼻坎挑流互冲消能，共有 13 孔，其中高坎 6 孔，低坎 7 孔，溢流断面见图 3-4。高低坎水流以 50°～55°交角互冲，充分掺气，效果良好。

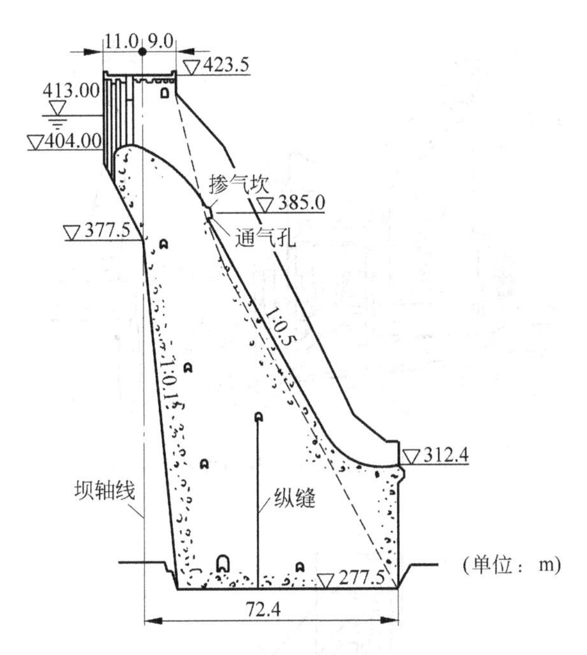

图 3-35 白山重力拱坝溢流坝段剖面

3. 滑雪道式

滑雪道式泄洪是拱坝特有的一种泄洪方式，其溢流面由溢流坝顶和与之相连接的泄槽组成，而泄槽为坝体轮廓以外的结构部分。水流过坝以后，流经泄槽，由槽尾端的挑流鼻坎挑出，使水流在空中扩散，下落到距坝较远的地点。挑流坎一般都比堰顶低很多，落差较大，因而挑距较远，是其优点。但滑雪道各部分的形状、尺寸必须适应水流条件，否则容易产生空蚀破坏。所以，滑雪道溢流面的曲线形状，反弧半径和鼻坎尺寸等都需经过试验研究来确定。滑雪道的底板可设置于水电站厂房的顶部或专门的支承结构上，前者的溢流段和水电站厂房等主要建筑物集中布置，对于溢洪量大而河谷狭窄的枢纽是比较有利的。滑雪道也可设在岸边，一般多采用两岸对称布置，也有只布置在一岸的。滑雪道式适用于泄洪量大、较薄的拱坝。

我国猫跳河三级修文水电站拱坝，坝高49m，采用厂房顶滑雪道式泄洪(如图3-36所示)。溢流段用闸墩和导墙分成5个泄槽，末端采用挑流鼻坎。设计最大泄洪流量 $950m^3/s$，单宽流量 $35.8m^3/(s\cdot m)$。1963年一次大洪水，实际泄洪流量 $1\ 600m^3/s$，单宽流量 $61.8m^3/(s\cdot m)$，通过实地观测未发现有明显的振动。猫跳河四级窄巷口拱坝(参见图3-5)，坝高54.77m，过坝单宽流量从 $62m^3/(s\cdot m)$ 到出口挑坎处的 $97m^3/(s\cdot m)$，挑坎处最大落差为16m。由于河床覆盖层很厚，为了不使溢流冲刷危及坝身安全，采用了拱桥支承的滑雪道，经过多年运用，证明设计和施工是成功的。我国泉水双曲薄拱坝采用岸坡滑雪道(图3-37)，左右岸对称布置，对冲消能。左右各两孔，每孔宽9m，高6.5m，鼻坎挑流，泄洪流量约 $1\ 500m^3/s$，落水点距坝脚约110m。

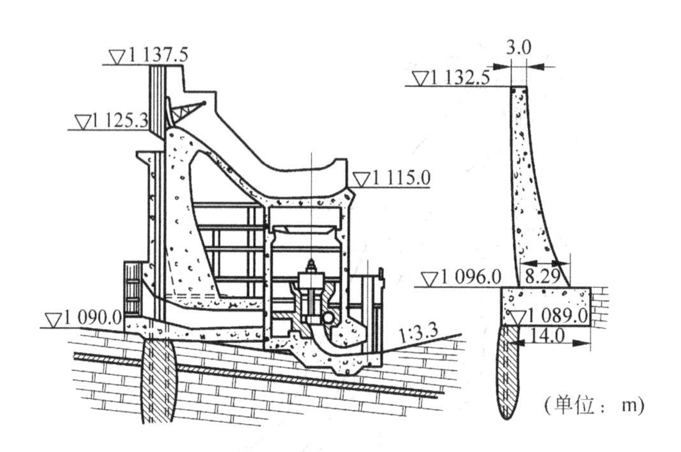

图 3-36 修文水电站拱坝溢流坝段剖面

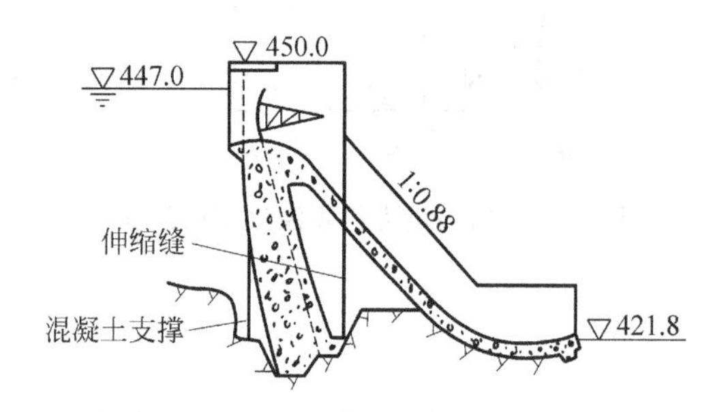

图 3-37 泉水拱坝岸边表孔滑雪道

4. 坝身泄水孔式

坝身泄水孔是指位于水面以下一定深度的中孔或底孔，一般以靠近坝体半高或更高处的为中孔，多用于泄洪；位于坝体下部的为底孔，多用于放空水库，辅助泄洪和排沙以及施工导流。坝身泄水孔一般都是压力流。比坝顶溢流流速大，挑射距离远。泄水中孔一般设置在河床中部的坝段，以便于消能与防冲；也有的工程将泄水中孔分设在两岸坝段，在河床中部布置电站厂房。泄水中孔孔身一般可做成水平或近乎水平、上翘和下弯三种形式。对于设置在河床中部的泄水中孔，通常多布置成水平型的，如：白山拱坝共有 3 个出口断面为宽 6m、高 7m 的泄水中孔，分别布置在 4 个表孔之间，出口孔底以上的最大工作水头为 69.6m，每孔的泄洪流量为 1 340m^3/s，挑流坎设置在出口坝面的悬臂上。我国的石门、红岩、欧阳海等双曲拱坝也采用了这种形式。但也有采用上翘型的，如：莫桑比克的卡博拉巴萨双曲拱坝，高 164m，坝身设有 8 个出口断面为宽 6m、高 7.8m 的上翘型中孔，出口孔底以上的最大工作水头为 85m，总泄流量为 13 100m^3/s，单宽流量为 268m^3/(s·m)。我国二滩双曲拱坝，高 240m，坝身设有 6 个出口断面为宽 6m、高 5m 的上翘型中孔(参见图 3-38)，出口孔底以上的最大工作水头为 80m，总泄流量为 6 600m^3/s，单宽流量为 183.3m^3/(s·m)。

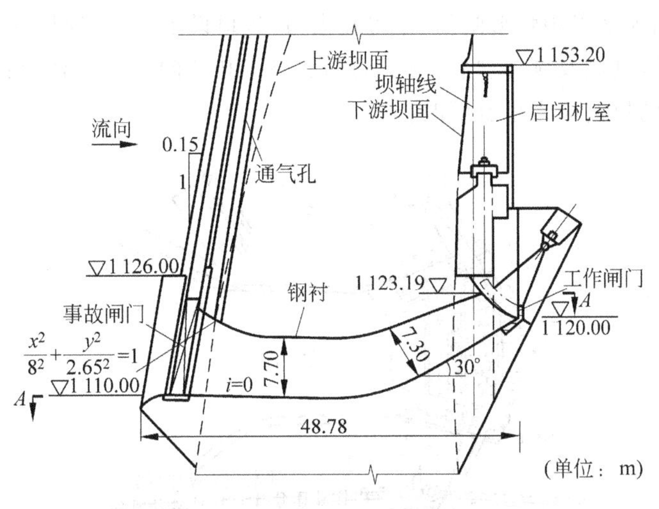

图 3-38 二滩拱坝 3 号和 4 号中孔剖面

对重力拱坝，一般采用下弯形式，如：俄罗斯的萨扬舒申斯克重力拱坝，高 242m，坝身设有 11 个出口断面为宽 5m、高 6m 的下弯式中孔及两层导流孔（最后用混凝土封堵，参见图 3-39），最大工作水头为 110m，总泄流量为 13 600m^3/s。

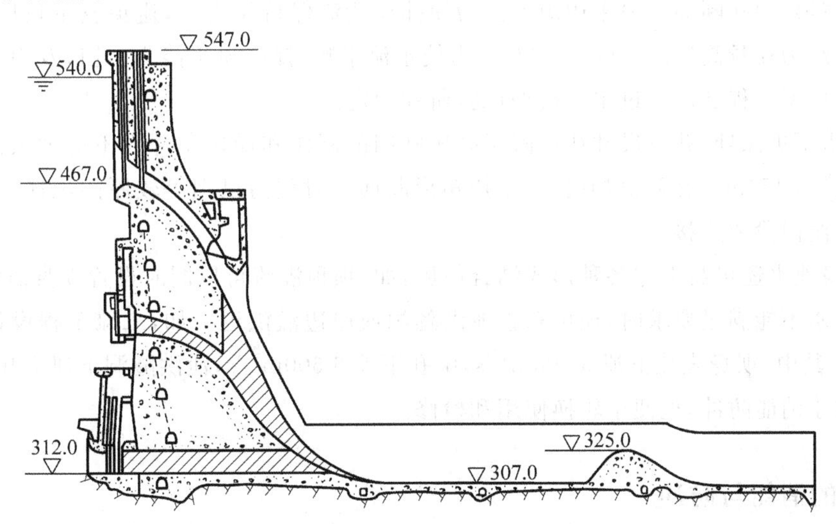

图 3-39 萨扬舒申斯克重力拱坝泄洪中孔

对于设置在两岸坝段的泄水中孔，通常也采用下弯形式，并与滑雪道的泄槽相衔接。我国紧水滩双曲拱坝，高 102m，左、右岸对称设置了中、浅孔各 1 个，见图 3-40。中孔出口断面宽 7.5m，高 7m，浅孔宽 8.6m，高 8m。中、浅孔最大泄流量分别为 3 189m^3/s 和 2 788m^3/s。东江、泉水双曲拱坝也采用了这种形式。

泄水孔的工作闸门大多采用弧形闸门，布置在出口，进口设事故检修闸门。结构模型试验成果表明，在泄水孔口末端设置闸墩及挑流坎后，由于局部加厚了孔口附近的坝体，可显著地改善孔口周边的应力状态，对于孔底的拱向应力也有所改善。

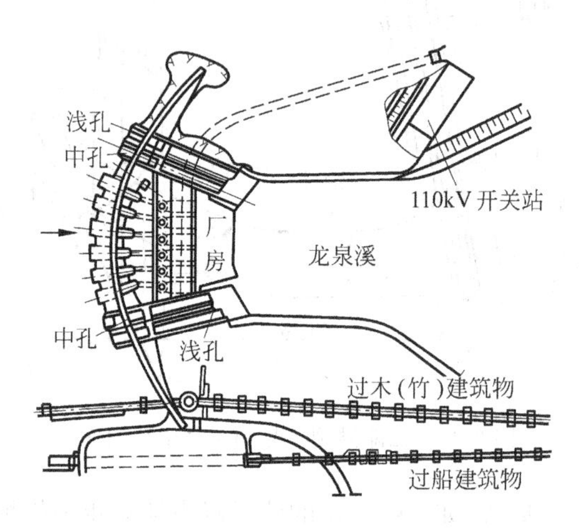

图 3-40 紧水滩拱坝枢纽布置

由于拱坝较薄，中孔断面一般采用矩形。为使孔口泄流保持压力流，避免发生负压，应将出口断面缩小，出口高约为孔身高度的 70%～80%。为使水流平顺，提高泄水能力，进口及沿程体形宜做成曲线型。对大、中型工程还应通过水工模型试验研究确定。

底孔处于水下更深处，孔口尺寸往往限于高压闸门的制作和操作条件而不能太大。目前深孔闸门的作用水头已达 154m。在薄拱坝内，多采用矩形断面。对重力拱坝等较厚的坝体，可采用圆形断面，用渐变段与闸门段相连接。

拱坝的坝身泄水还可将上述各种形式结合使用，如，坝顶溢流可以同时设置坝身泄水孔。当泄洪流量大，坝身泄水不能满足要求时，还可布置泄洪隧洞或岸边溢洪道。如，二滩工程设计泄水总流量为 20 600m^3/s，其中，坝身表孔下泄 6 600m^3/s，中孔下泄 6 600m^3/s，泄洪隧洞下泄 7 400m^3/s。这种分散布置，有利于消能防冲，也便于轮换使用和检修。

3.9.2 拱坝的消能与防冲

拱坝的消能方式主要有以下几种：

(1) 跌流消能。水流从坝顶表孔直接跌落到下游河床，利用下游水垫消能。跌流消能最为简单，但由于水舌入水点距坝趾较近，需要采取相应的防冲措施，如：法国的乌格朗拱坝，利用下游施工围堰做成二道坝，抬高下游水位(如图 3-41 所示)；美国的卡尔德伍德拱坝，在跌流的落水处建戽斗，并在其下游设置了二道坝，运用情况良好，参见图 3-42。

(2) 挑流消能。鼻坎挑流式、滑雪道式和坝身泄水孔式大都采用各种不同形式的鼻坎，使水流扩散、冲撞或改变方向，在空中消减部分能量后再跌入水中，以减轻对下游河床的冲刷。

图 3-41 乌格朗拱坝消力池

图 3-42 卡尔德伍德拱坝消力池

泄流过坝后向心集中是拱坝泄水的一个特点。对于中、高拱坝，可利用这个特点，在拱冠两侧各布置一组溢流表孔或泄水孔，使两侧挑射水流在空中对撞，并沿河槽纵向扩散，从而消耗大量的能量，减轻冲刷。但应注意必须使两侧闸门同步开启，否则射流将直冲对岸，危害更甚。我国泉水双曲拱坝是岸坡滑雪道式对冲消能的一例(参见图 3-43)。

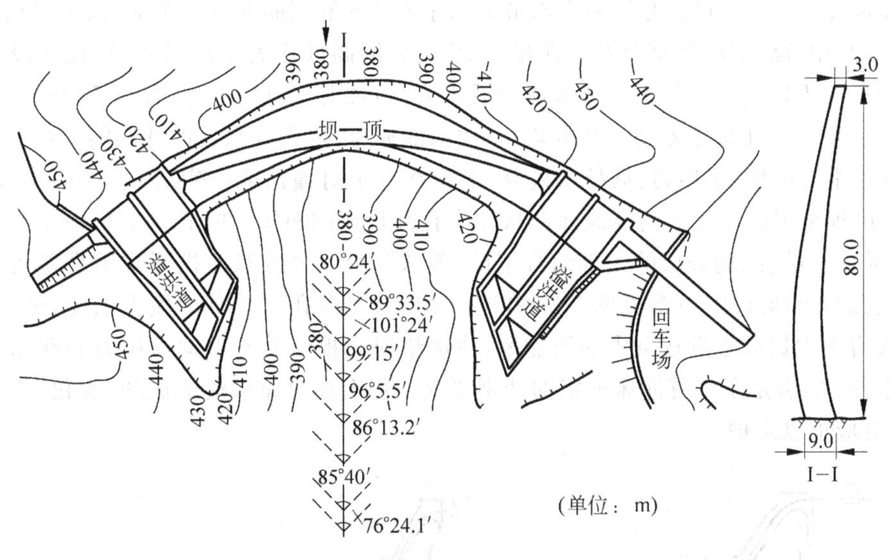

图 3-43 泉水双曲拱坝岸坡滑雪道式对冲消能

上述跌流和挑流两种方式的冲坑深度及冲刷安全度可参考第 3 章的有关公式进行估算，但需考虑拱坝泄流时径向集中的影响。在估算冲坑深度时，单宽流量 q 宜采用挑流跌入下游水面处的数值。此单宽流量值往往比在溢流堰顶或坝轴线处所算得的数值大很多，不能忽视。

赞比亚和津巴布韦的卡里巴拱坝于 1959 年建成后，水垫深度为 20～40m，经过从 1961—1972 年泄洪运行，河床片麻岩已刷深约 60m，冲坑边缘距坝脚仅约 40m，其保坝措施是在已有的冲刷坑基础上改建消力戽，如图 3-44 所示。

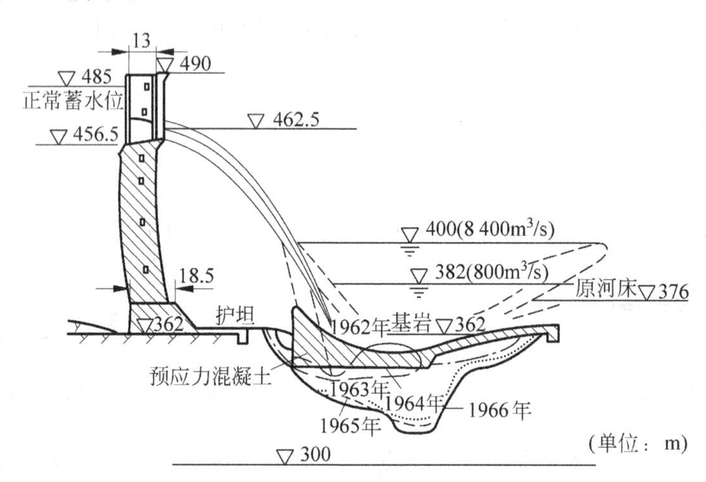

图 3-44　卡里巴拱坝孔口泄洪及冲坑示意图

我国欧阳海拱坝，坝基为花岗岩，于 1971 年建成，经多年运行，坝下河床及岸坡冲刷严重，后在下游修建了一座高 17m 的二道坝，并沿两岸岸坡砌筑了厚 1m 的钢筋混凝土护坡，取得了良好效果。

近年来，不少中、高拱坝，特别是在大泄量情况下，采用高低坎大差动形式，形成水股上下对撞消能。这种消能形式不仅把集中的水流分散成多股水流，而且由于通气充分，有利于减免空蚀破坏，如：我国流溪河拱坝坝顶表孔采用差动式高低坎，空中消能充分，水舌入水后的冲刷能力小于河道的抗冲能力；凤滩空腹重力拱坝，采用高、低鼻坎挑流，水流在空中对撞消能[参见图 3-45(a)]，消能效果良好；白山重力拱坝采用高差较大的溢流面低坎和中孔高坎相间布置[如图 3-45(b)所示]，形成挑流水舌相互穿射、横向扩散、纵向分层的三维综合消能，效果很好；二滩双曲拱坝采用高差较大的差动跌坎加分流齿表孔与上翘式中孔(参见图 3-34 和图 3-38)双层多孔水舌空中撞击消能，试验成果表明，这种消能方式将大大提高水舌在空中的消能率，使水垫塘底板上的冲击动水压力和动床冲深均比不撞击方案减小 60%，满足了下游河床限定的冲刷要求。但上述对撞水流造成的“雾化”程度甚于其他的挑流方式，更应加以防护。

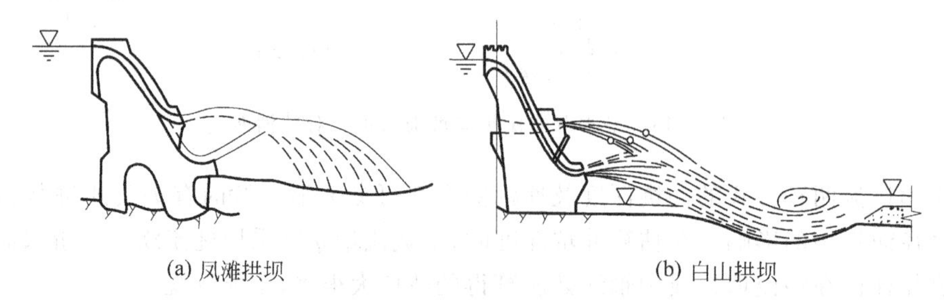

(a) 凤滩拱坝　　(b) 白山拱坝

图 3-45　拱坝大差动高低坎消能

(3) 底流消能。对重力拱坝，有的也可采用底流消能，如前所述的萨扬舒申斯克重力拱坝采用下弯型中孔(参见图3-39)，泄流沿下游坝面流入设有二道坝的收缩式消力池，池的上游端宽123m，下游端宽97m，长约130m，二道坝下游护坦长235m，末端设有齿墙，单宽流量为139m^3/(s·m)，运用情况良好。

(4) 宽尾墩或窄缝式挑坎消能。其原理已在重力坝一章中作了叙述，这里不再重复。从宽尾墩或窄缝坎后面射出窄而高的水墙，在空中竖向充分扩散、掺气和消能，形成高而长的水冠(参见图2-69)，明显地削减了水流在下游水面单位面积上的入射能量。这种消能方式不仅适合于重力坝，而且更适合于拱坝，因为拱坝河谷一般比较狭窄，以往常采用的跌流或挑流方式入水较集中，不仅单位面积水面的入射能量较大，而且容易形成强力回流、淘刷两侧岸坡，采用宽尾墩或窄缝坎后，这些问题都大为减轻。我国隔河岩重力拱坝采用宽尾墩与挑流相结合的消能方式，消能效果很好。

其他如反向防冲堰消能工等曾在有些工程中采用，也取得了良好效果。

泄水拱坝的下游一般都需采取防冲加固措施，如护坦、护坡、二道坝等。护坦、护坡的长度、范围以及二道坝的位置和高度等，应由水工模型试验确定。

拱坝除了坝身泄洪(包括表孔、中孔、深孔以及坝身与坝后厂房顶重叠式)之外，还有坝外泄洪(包括岸边溢洪道、泄洪隧洞、岸边滑雪道)和联合泄洪(包括表孔+岸边泄洪道、表孔+中孔+泄洪隧洞、中孔+滑雪式泄洪道+泄洪隧洞等)三类。应根据地形、地质、泄洪量大小，坝高等条件，因地制宜地选择安全、经济的泄洪方式。拱坝坝身泄洪是一种经济的常用泄洪方式，近年来成为主要泄洪方式的一种发展趋势。在合适的地形、地质条件时，岸边滑雪道也是一种较好的泄洪方式，其最大优点是能把泄洪水流送到距坝较远的地方，避免水流冲刷对坝体和坝基安全的威胁，坝外泄洪隧洞亦有远送水流的优点，但往往造价较高，如果能利用导流隧洞改建作为泄洪洞的一部分，也可能成为较经济的泄洪方式。对于大泄洪量的高混凝土拱坝水力枢纽，往往采用坝身、坝外的多种泄洪设施联合泄洪为佳。

3.10　连拱坝及其他形式支墩坝

学习要点

了解各种支墩坝的结构特点、受力特点、优缺点和适用条件。

3.10.1　连拱坝

在较宽的河谷上建造的拱坝往往应力很大，坝肩稳定条件难以得到满足，或者做成重力拱坝，竖直悬臂梁承受较大的水压荷载，以减小拱向荷载，但这种拱坝体积较大。为了减小坝体厚度，需建造许多支墩，做成连拱的形式，人们称之为“连拱坝”。连拱坝的挡水结构是一系列斜靠在支墩上的拱筒，与支墩组成整体结构[如图 3-46(b)和图 3-47 所示]。

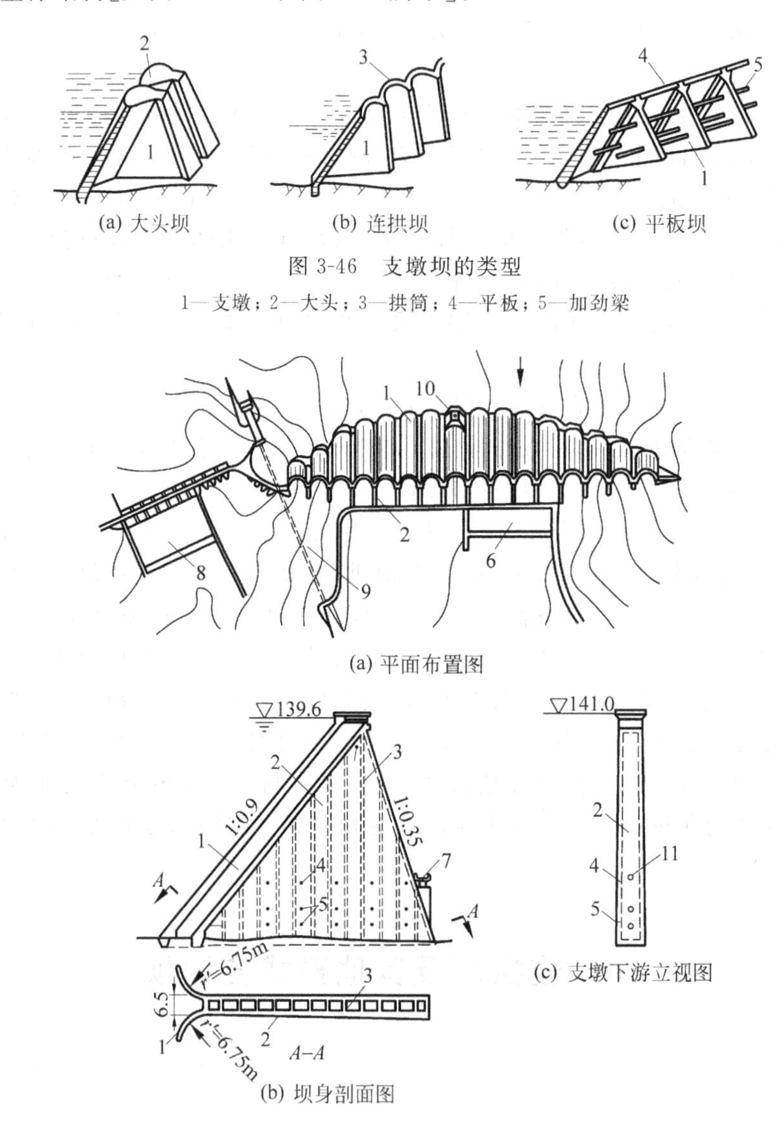

(a) 大头坝　(b) 连拱坝　(c) 平板坝

图 3-46　支墩坝的类型

1—支墩；2—大头；3—拱筒；4—平板；5—加劲梁

(a) 平面布置图

(b) 坝身剖面图　(c) 支墩下游立视图

图 3-47　梅山水库枢纽布置及连拱坝剖面示意图

1—拱筒；2—支墩；3—隔墙；4—通气孔；5—排水孔；6—水电站；7—交通桥；8—溢洪道；9—泄洪隧洞；10—泄水孔；11—进人孔

世界上最早的连拱坝是在 16 世纪末西班牙建造的埃尔切(Elche)砌石连拱坝，坝高 23m，拱筒坝面直立。到 19 世纪末才开始建造坝面倾斜(利用水重增加稳定)的连拱坝。自 1917 年至第二次世界大战前，美国、意大利、挪威、加拿大等国相继建造高度超过 40m 的、坝面倾斜的钢筋混凝土连拱坝。

我国在1954年和1956年先后建成佛子岭连拱坝(高74.4m)和梅山连拱坝(高88.24m,也是当时世界最高的连拱坝,如图3-47所示)。1968年加拿大建成的丹尼尔·约翰逊(Daniel Johnson)连拱坝,高214m,至今仍是世界最高的连拱坝。

3.10.2 大头坝

大头坝属于大体积支墩坝,混凝土钢筋含量约2～3kg/m³,约为连拱坝或平板坝的1/20,比连拱坝施工方便。在支墩坝中,我国建造较多的是大头坝,如柘溪水电站、磨子潭水库、新丰江水电站等工程,其中,柘溪大头坝,高达104m,其剖面图如图3-48(a)所示。

大头坝设计包括以下几项主要内容:(1)选定支墩和头部形式;(2)确定坝段基本尺寸(大头跨度、支墩平均厚度、上下游坝面坡率等);(3)验算坝体抗滑稳定和强度;(4)进行地基处理和细部设计等。

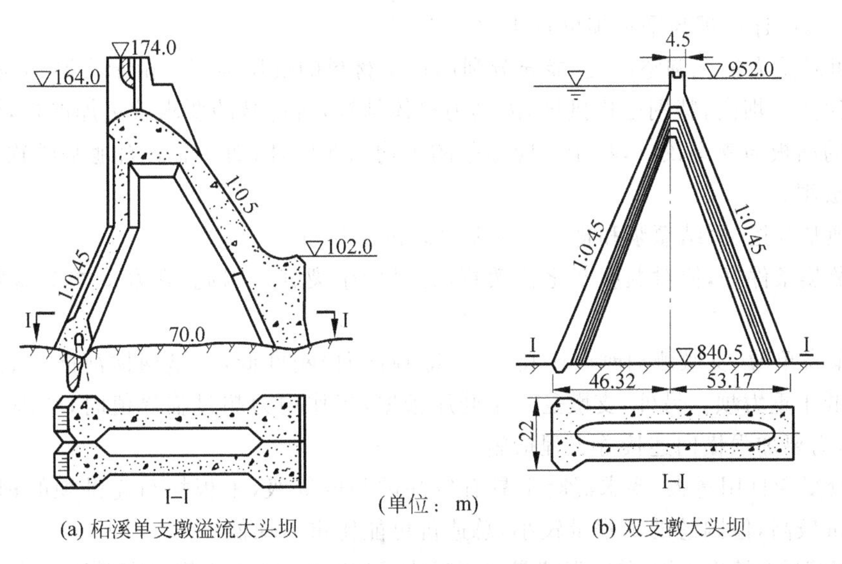

(a) 柘溪单支墩溢流大头坝 (b) 双支墩大头坝

图3-48 大头坝剖面图

3.10.3 平板坝

平板坝的挡水结构是钢筋混凝土平面板,一般简支在支墩上。坝顶平板厚度一般为0.3～0.5m左右。支墩形式有单支墩和双支墩两种,一般多用单支墩。平板的承载能力远不如圆拱,跨度也远不如圆拱大,常用的支墩间距为3～9m。支墩顶厚0.3～0.6m,向下逐渐加厚。上、下游坝面坡度取决于地基条件,上游坡角常为40°～60°,下游坡角60°～85°。为加强单支墩的侧向稳定性,常增设加劲梁,如图3-46(c)所示。

简支式平板通常取单位宽度的板条,按两端简支于支墩的墩肩上的梁来计算。

3.10.4 支墩坝与拱坝和重力坝的比较

上述连拱坝、大头坝和平板坝都是由一系列支墩和挡水结构所组成,故这些坝统称为支墩坝(buttress dam)。水压等荷载通过拱筒、大头或平板传给支墩,再由支墩传递到地基。支墩坝依靠重力(包括自重和水重)维持稳定,按整体核算其稳定性;挡水结构与支墩的应力可分开计算。

支墩坝一般为混凝土或钢筋混凝土结构。在小型工程中,除平板坝的面板和加劲梁采用钢筋混凝土外,其余的结构还可采用浆砌石。支墩坝尽管其材料与重力坝和拱坝相同或相近,但其结构形状和性质却差别很大,它具有如下一些特点:

(1) 支墩坝上游坝面倾斜度明显地大于重力坝,可增加很多的水重来维持坝体的抗滑稳定;另外支墩坝承受的扬压力明显地小于实体重力坝,故支墩坝本身的自重较轻,坝体工程量小,其中,大头坝可省15%~25%,连拱坝与平板坝可省40%~60%。

(2) 支墩可随受力情况调整厚度,能充分利用圬工材料的抗压强度。由于支墩的应力较大,所以对地基的要求比重力坝高,特别是连拱坝,因其为整体结构,对地基的要求就更加严格,但不如拱坝要求高。平板坝的面板与支墩铰支,易于适应地基的不均匀变形,因而在非岩石地基或软弱岩基上也可修建较低的平板坝。

(3) 节省坝基开挖、固结灌浆和排水等地基处理的工作量。

(4) 施工散热条件好,但对温度变化较敏感,容易产生裂缝。因此,在寒冷季节需要采取适当的保温措施。

(5) 支墩本身单薄,支墩侧向刚度比其纵向(即顺河向)刚度低,在遭遇横河向地震作用时,其抗震能力明显地低于重力坝。另外,支墩是一个受压板壁,当作用力超过临界值时,会因丧失弯曲稳定而破坏。为此,需要加强横向连接等工程措施。

(6) 模板较复杂且用量大,要求混凝土具有较高的强度等级,平板坝与连拱坝的钢筋用量多,致使混凝土的单价较高,但因总的工程量较小,总造价可能比重力坝低。

(7) 大头坝接近宽缝重力坝、单宽泄流量可以较大,已建的溢流大头坝单宽泄流量达100$m^3/(s \cdot m)$以上;平板坝可以溢流,但因结构单薄,单宽泄流量稍大,容易引起坝体振动;连拱坝一般不溢流,必要时可利用支墩布置溢流面陡槽。

综上所述,大头坝与宽缝重力坝接近,但可进一步节省坝体工程量;连拱坝虽钢筋用量大,模板复杂,对地基条件和施工工艺要求较高,但在宽阔的河谷、相适宜的地基条件以及坝较高的情况下,比大头坝和宽缝重力坝节省较多的工程量;至于平板坝、由于钢筋用量大,且面板容易产生裂缝,一般只用于较低的坝,但当河谷宽阔、地基条件较差,而又缺少适宜的土料和混凝土骨料时,仍不失为一种可以选用的低坝坝型。

在16世纪砌石支墩坝已问世,到20世纪才向高度发展,墨西哥于1927年建成马丁大头坝,高105m,至今全世界已建成支墩坝500余座。目前最高的连拱坝是加拿大在1968年建成的丹尼尔·约翰逊坝,高 215m;最高的平板坝是阿根廷于 1949 年建成的艾思卡巴坝,高 88m;巴西与巴拉圭于 1982 年合建的当时装机容量最大的伊泰普水电站采用大头坝,坝高 196m,也是目前世界上最高的大头坝。

我国从 20 世纪 50 年代开始先后建成了佛子岭、梅山连拱坝,磨子潭、新丰江、柘溪、桓仁大头坝以及金江平板坝等不同形式的支墩坝。其中,多数运行正常,有的由于混凝土施工质量不良和温控不得力等原因,导致施工期发生裂缝,如柘溪、桓仁大头坝;也有的由于水库诱发地震导致坝顶附近产生水平裂缝,如新丰江大头坝,但经补强加固后都在正常运行。我国自 20 世纪 80 年代以来,由于高坝的强度和技术要求以及缩短工期等要求,又由于一大批可以快速施工、节省投资的碾压混凝土坝和混凝土面板堆石坝的推广和发展,故我国今后大型高坝一般不再考虑或很少考虑兴建支墩坝,只有在骨料、块石、粘土和其他土石材料以及施工机械很紧缺的中、小型工程里,可能考虑建造支墩坝,但数量估计很少。所以本书不将支墩坝作为重点内容来详细叙述,当然亦应有所介绍,以便本专业的师生和工程技术人员全面了解各种水工建筑物的构造、优缺点和发展过程,有助于指导今后的工作(包括国外工程的工作)。

思 考 题

1. 结合拱坝的工作条件和特点,分析拱坝对地形和地质条件有哪些要求?

2. 作用于拱坝的基本组合的荷载有哪些?特殊组合的荷载有哪些?

3. 拱坝的温度荷载有哪两大类?在基本组合中的温度荷载是指什么?采取哪些措施可减小温度荷载?

4. 拱坝的设计应满足哪些条件?对拱坝设计影响较大的荷载有哪些?通过什么方法可以加快断面设计?

5. 拱坝的抗滑稳定分析方法有哪些?所得结果应满足哪些要求?各种方法有哪些主要特点和适用性?

6. 为什么说拱坝的坝肩稳定对于拱坝来说是至关重要的?采取哪些措施可提高拱坝的抗滑稳定性?

7. 拱坝的应力分析方法有哪些?所得结果应满足哪些要求?各种方法有哪些主要特点和适用性?

8. 采取哪些措施可以减小混凝土拱坝的温度应力?

9. 对拱坝应如何分缝及材料分区?为什么?

10. 碾压混凝土拱坝有哪些特点?与常规混凝土拱坝相比有哪些优越性?

11. 对拱坝地基应作哪些处理?为什么?

12. 拱坝坝身泄水建筑物有哪些类型?如何解决拱坝的泄洪消能防冲问题?

13. 比较连拱坝、大头坝和平板坝的结构特点和受力特点,各有哪些优缺点?各应用于什么条件?

第4章 土石坝

4.1 概述

学习要点

土石坝的类型、最新发展的特点及设计的基本要求。

土石坝是由土、砂石料等当地材料建成的坝。早在公元前3000多年就已兴建许多较低的土石坝,但后来均被洪水冲毁没有保留下来。埃及人于公元前2600年在开罗以南修建了卡法拉(Kafara)拦洪堆石坝,采用砂壤土夹卵石心墙、堆石坝壳,高14m,因无导流设施,施工中被冲垮。希腊在公元前1300年修建了一座大型防洪土坝工程至今完好。公元前6世纪在墨西哥城东南260km的普龙(Purron)和北也门著名的马利布(Marib)灌区各兴建了一座均质土坝,高度分别为19m和20m。中国在公元前598至公元前591年,兴建了芍陂土坝(今安丰塘水库),经历代整修使用至今。可以说,在世界各国最早兴建的坝都是不用胶凝材料,而只用当地粘土、沙土、砂砾、砂石料等材料建成的土石坝。只有在胶凝材料(如粘米面、石灰、水泥等)出现后才用它砌筑浆砌石,作为土石坝的防渗体,以及早期重力坝、拱坝、支墩坝的坝体。所以说,土石坝是世界各国历史上最为悠久的一种坝型。正因为如此,土石坝发展至今,类型也最多。

4.1.1 土石坝的类型

土石坝按其施工方法可分为:碾压式土石坝、冲填式土石坝、水中填土坝和定向爆破堆石坝等。其中,冲填式土石坝是利用水力开采和运输的;水中填土坝则在坝址处修筑围梗灌水、填土,使土料在水中崩解压密。这两种坝型都是靠水的渗流带动颗粒向下运动而压密的,压实性能远不如机械碾压,而且排水固结很慢,孔隙水压力很大,只适用于坝坡较缓的低坝。定向爆破利用抛石冲击力的压实性能也不如振动碾压机械。土石坝的建筑实践表明,应用最为广泛、质量最好的是碾压式土石坝。

按照土料在坝身内的配置和防渗体所用的材料种类及其所在的位置(如图4-1所示),碾压式土石坝又归纳分为以下几种主要的类型:

(1) 均质坝。一般由沙壤土一种土料组成,同时起防渗和支承作用。

(2) 土质心墙坝。由相对不透水或弱透水土料构成中央防渗体,其上下游两侧以透水砂砾土石料组成坝壳,对心墙起保护支承作用。

(3) 土质斜墙坝。由相对不透水或弱透水土料构成上游防渗体,而以透水砂砾土石料作为下游支撑体。

(4) 土质斜心墙坝。由相对不透水或弱透水土料构成防渗体,其下部为斜墙、上部为心墙,在它们的上下游两侧以透水土石料组成坝壳,支撑和保护防渗体。

(5) 人工材料心墙坝。中央防渗体由沥青混凝土或混凝土、钢筋混凝土等人工材料构成,坝壳由透水或半透水砂砾土石料或者再加上块石等组成。

(6) 人工材料面板坝。上游防渗面板由钢筋混凝土、沥青混凝土、塑料膜或土工膜等材料构成,其支撑体由透水或半透水砂砾土石料或者加上块石等组成。

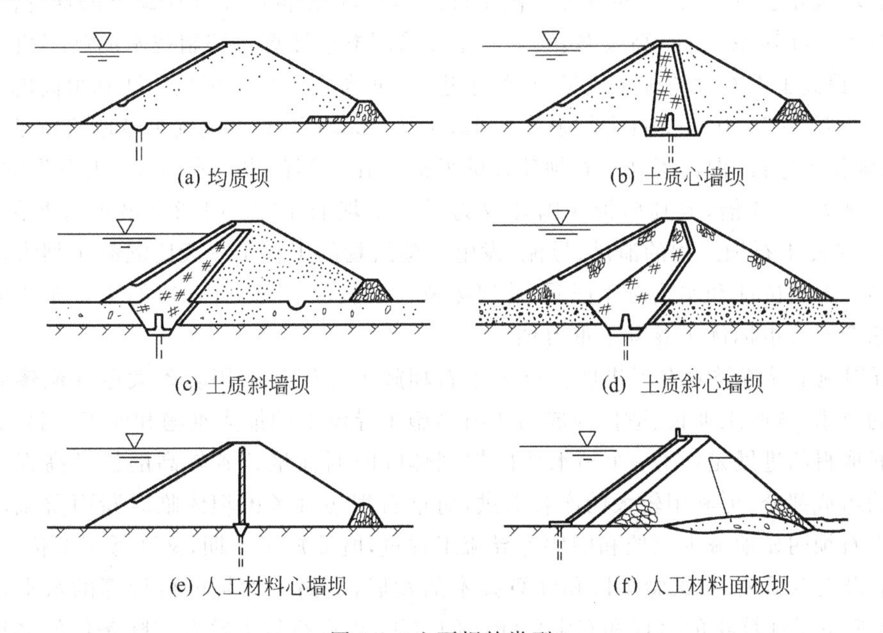

图 4-1　土石坝的类型

4.1.2　土石坝的新发展及其特点

近代的土石坝筑坝技术自 20 世纪 60 年代以后得到很大的新发展,例如:深覆盖层的垂直防渗处理,施工导流技术的发展,大型振动碾的出现并促成了一批面板堆石坝和高土石坝的建设。在世界上一些国家已建的大坝中,土石坝所占的比例:法国 70%,巴西 75%,美国 87%,加拿大 90%,韩国 95%,瑞典 98%。我国坝高在 15m 以上的大坝约为 1.9 万座,其中土石坝占 93%左右。据统计,世界上兴建的百米以上高坝中,土石坝的比例已达到 75%以上。世界上目前最高的土石坝是塔吉克斯坦的罗贡坝,高 335m;加拿大和美国为北水南调工程拟建的两座高土石坝,坝高分别为 464m

和476m。

土石坝得以广泛应用和发展的主要原因如下：

(1) 可以就地、就近取材，节省大量水泥、木材和钢材，减少工地的外线运输量。最近几十年来，由于土石坝科研、设计和施工技术的发展，几乎所有的土石料和开挖渣料都可利用上坝。一般情况下，溢洪道、隧洞、坝基和厂房地基等开挖的石渣，可根据岩性和粒径等特点，填筑在坝体断面适当的部位，并针对不同的土、砂、石料采用合理的坝体结构、压实标准和设计参数，正确选用压实机械和施工参数。近来，心墙料趋向于采用弹性模量较高的冰碛土、砾质土料等。砾质土料可以提高心墙的竖向承压强度，减少心墙与坝壳间的不均匀沉降，避免心墙水平裂缝和纵向裂缝的发生。

(2) 能适应各种不同的地形、地质和气候条件。对于覆盖层很深或渗漏严重等坝基的防渗处理技术以及其他一些不良坝基的处理方法已趋于成熟，经过处理后均可建土石坝。砂砾石或堆石体等大体积材料的填筑几乎不受雨季、寒冷等气候条件的影响，这是混凝土坝所缺乏的优越性。

(3) 近年来大功率、多功能、高效率、配套成龙并采用电子计算机控制技术的施工机械，组合成循环流水作业线，提高了土石坝的施工质量，加快了进度，使高土石坝上坝强度达到很高的水平，例如月上坝强度达200万～450万m^3；日上坝强度达12.5万～23.1万m^3，这就明显地缩短了工期，提前效益，并大大地降低了造价，促进了高土石坝建设的发展。在同等的设计条件下，土石坝的坝体方量虽比混凝土重力坝大4～6倍，但其单价在国外仅为混凝土坝的1/15～1/20(最近有些国家还下降到1/30～1/70)；虽然土石坝工程的泄洪、导流、发电等建筑物的工程量一般比混凝土坝大，但地基处理工程量小得多。方案论证和实践对比证明，若河床覆盖层较深、岸边有合适的垭口布置溢洪道，则土石坝工程的综合经济指标优于混凝土重力坝。

(4) 土石坝施工导流技术有了进展。过去土石坝施工导流常采用多条大型导流隧洞，以满足导流洪水流量的要求，从而工期长、造价高成为土石坝施工导流上的最大难题和弱点。目前土石坝工程施工导流方面取得的进展是：在一个枯水期内把坝体临时断面抢筑到较高的拦洪高程，或修建高围堰兼作坝体的组成部分，可利用较大的库容滞洪，对堆石坝还可考虑坝体临时断面溢流，从而比以往其他类型的土石坝明显地减少洞挖和围堰等导流工程量，既缩短了工期，又降低了造价。

(5) 由于岩土力学理论、试验手段和计算技术的发展，提高了大坝分析计算的水平，加快了设计进度；由于大型电子计算机的出现和有限单元法的应用，可进行较为符合实际条件的多种复杂计算，进一步保障了大坝设计的安全可靠性。

(6) 高边坡、地下工程结构、高速水流消能防冲等土石坝配套工程设计和施工技术的综合发展，对加速土石坝的建设和推广也起了重要的促进作用。

(7) 土石坝适应高烈度地震的能力强，按现代技术精心设计、严格施工的土石坝，安全可靠，经地震后一般不出现大的破坏，虽然个别的砂砾石坝壳有裂缝或滑动，但只要防渗体还能正常工作，就不影响大坝继续运行，震后也易于修复。

由于土石坝的历史悠久，已积累了丰富的经验，再加上最近几十年来新的筑坝理论和施工技术的高速发展，使土石坝具有许多独特的优越性，成为世界坝工建设中应用最广泛、发展最快的一种坝型。

当然，土石坝并非十全十美。在洪水流量较大、两岸很窄很陡的河流，土石坝工程的导流、泄洪问题比混凝土坝难以解决，在施工和运行期都冒着较大的风险。在我国西南部地区的大江大河筑坝也存在这一问题，而坝址地质条件又较好，建混凝土坝具有较大的优越性，这是我国为什么土石坝在低坝中占比例很多，而在高坝中占比例很少的第一个主要原因。第二个原因是，过去对防渗体土料的选择，主要局限于粘性较大的细粒土，且施工要求偏严，单价较高。第三，缺乏大容量、高功效的施工机械，国产机械无论在质量还是性能方面，与世界先进水平相比，均有差距，现场的维护保养和施工组织管理水平也不高。当今，随着气象、水文预报工作水平的提高，随着施工机械，施工技术和导流技术的发展(如坝体临时断面漫洪导流，高围堰导流等)，已经建成天生桥一级面板堆石坝(坝高 178m)、小浪底粘土斜心墙堆石坝(坝高 154m)等一些高土石坝，正在建造水布垭混凝土面板堆石坝(高 233m)，它将成为世界同类坝型的最高坝。

随着我国能源和水利建设事业的发展，大型水利水电工程将日益增多，而水力资源丰富的黄河上游、长江中上游干支流、红水河以及我国西部地区等需要建坝的地点，大都处于交通不便、地质条件复杂的地区，自然条件相对恶劣，施工困难多，修建土石坝具有较强的适应性。因此，我国十分重视因地制宜，积极推广和发展高土石坝的建设。

4.1.3 土石坝设计的基本要求

(1) 坝坡和坝基应有足够的稳定性，这是大坝安全的基本保证。国内外土石坝的失事，约有 1/4 是由滑坡造成的，足见保持坝坡稳定的重要性。在施工期、稳定渗流期、水库水位降落期以及地震作用时，坝体荷载和土石料的抗剪强度指标都将发生变化，应分别进行核算以保持坝坡和坝基的稳定。

(2) 应设置良好的防渗和排水设施以控制渗流量和渗流破坏。土石坝挡水后，在坝体内形成渗流，饱和区内土石料承受上浮力，减轻了抵抗滑动的有效重量；浸水以后土石料的抗剪强度指标将明显减小；渗流力可能对坝坡形成不利作用；渗流从坝坡、坝基或河岸逸出时可能引起管涌、流土等渗流破坏。设置防渗和排水设施可以控制渗流范围，改变渗流方向，降低浸润线，减小坝体和坝基的漏水量，减小渗流的逸出坡降，增加坝坡、坝基和河岸的抗滑和抗渗稳定。

(3) 根据坝址现场和料场条件选择好筑坝土石料的种类、坝的结构形式以及各种土石料在坝体内的配置，根据土石料的物理、力学性质选择好坝体各部分的填筑压实标准，达到技术和经济的合理性。

(4) 泄洪建筑物具有足够的泄洪能力，坝顶在洪水位以上要有足够的安全超高，绝对不允许洪水漫顶。土石坝因洪水漫顶而垮坝的约占土石坝垮坝总数的 1/4～1/3，古代占大半数。故土石坝的校核洪水标准都高于同一等级的混凝土坝，除了对校核洪水应有足够宣泄能力的正常泄水建筑物之外，一级建筑物的土石坝还应对可能发生的特大或最大洪水设置非常溢洪道等应急的保坝设施。

(5) 采取适当的构造措施，使坝运用可靠和耐久。在库水变化范围内，上游坝面应有坚固的砌石护坡和碎石垫层，防止波浪冲击和淘刷；在粘土防渗体尤其是粘土斜墙的上游一侧应有足够厚度的砂砾石防护壳，保护坝内粘性土料，防止夏季日晒、冬季冻胀或干缩等引起裂缝。下游坝坡应能防止雨水的冲刷破坏作用。对压缩性大的土料应采取工程措施减少沉降变形和不均匀沉降，避免裂缝形成和扩展。

(6) 在下游坝面设置竖直观测孔。这是在下游坝面随时量测坝内浸润线、分析渗透是否出现异常、保证大坝安全和正常运行所不可缺少的安全监测设计。

4.2 土石坝的基本剖面、构造及筑坝土石料

学习要点

掌握土石坝的剖面设计和各种筑坝材料的基本要求。

土石坝的基本剖面是根据坝高和坝的等级，坝型和筑坝材料特性，坝基情况以及施工、运行条件等，参照现有工程的实践经验初步拟定，然后通过渗流和稳定分析检验，最终确定合理的剖面形状。

4.2.1 土石坝的基本剖面

1. 坝顶高程和坝顶宽度

根据我国《碾压式土石坝设计规范》SL 274—2001[28]，坝顶在水库静水位以上的超高 d 按下面式(4-1)计算(见图 4-2)：

$$d = h_a + e + A \tag{4-1}$$

式中：h_a——最大波浪在坝坡上的爬高，m；

e——最大风浪引起的坝前水位壅高，m；

A——安全加高，m，根据坝的级别按表 4-1 采用。

表 4-1 土坝的安全加高 A(m)

坝的级别		1	2	3	4、5
设计		1.50	1.00	0.70	0.50
校核	山区、丘陵区	0.70	0.50	0.40	0.30
	平原、滨海区	1.00	0.70	0.50	0.30

式(4-1)中 h_a 和 e 的计算式很多，大多是经验和半经验性的，适用于一定的具体条件。可按我国最近发布的碾压式土石坝设计新规范 SL 274—2001[28] 推荐的方法和公式计算 e 和 h_a。

风浪引起的坝前水位壅高

$$e = KV^2 D\cos\beta/(2gH_m) \tag{4-2}$$

式中：K——综合摩阻系数，一般取值范围$(1.5\sim5)\times10^{-6}$，计算时可取3.6×10^{-6}；

V——设计风速，m/s，取值参见 2.2 节；

D——吹程，m，取值参见 2.2 节；

H_m——库水平均水深，m，一般$H_m>15$m，e远小于h_a的计算误差，故H_m的误差影响很小；

β——风向与坝轴线法线方向的夹角，因e很小，风向难定，为安全和方便起见，取$\beta=0$。

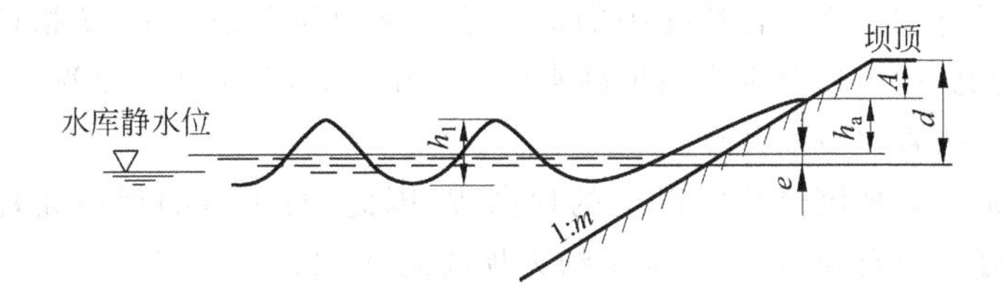

图 4-2　坝顶超高示意图

新规范在附录 A 中提出，设计波浪爬高值应根据工程等级确定，1～3 级坝采用累计频率为 1%的爬高值，h_a取平均爬坡高度h_{am}的 2.23 倍；4～5 级坝采用累计频率为 5%的爬高值，h_a取平均爬高h_{am}的 2.23 倍。需用相应的浪高h通过以下各式计算波浪爬高值。

(1) 当上游坝坡参数$m=1.5\sim5.0$时

$$h_{am}=K_{\Delta}K_w[h_mL_m/(1+m^2)]^{1/2} \tag{4-3}$$

(2) 当$m\leqslant1.25$时

$$h_{am}=K_{\Delta}K_wR_0h_m \tag{4-4}$$

上二式中：h、L——分别为平均浪高和平均波长，单位均为 m，计算公式同 2.2 节，在正常运用条件下，1～2 级坝设计风速取多年平均年最大风速的 1.5～2.0 倍，3～5 级坝设计风速取多年平均年最大风速的 1.5 倍；在非常运用时，都取多年平均年最大风速；

K_{Δ}——坝坡糙率渗透性系数，按护坡类型由表 4-2 查得；

K_w——经验系数，按表 4-3 查得；

R_0——无风情况下，平均波高$h_m=1$m 时，光滑不透水护面($K_{\Delta}=1$)的爬高值，见表 4-4。

表 4-2　糙率渗透性系数

护面类型	光滑不透水(如沥青混凝土)	混凝土或混凝土板	草皮	砌石
K_{Δ}	1.00	0.90	0.85～0.90	0.75～0.80

表 4-3　经验系数 K_w

$V/(gH)^{1/2}$	≤1	1.5	2	2.5	3	3.5	4	≥5
K_w	1.00	1.02	1.08	1.16	1.22	1.25	1.28	1.30

注：V——计算风速，m/s；H——坝迎水面前水深，m；g——重力加速度，$g=9.81\text{m/s}^2$。

表 4-4 R_0 值

上游坝坡参数 m	0	0.5	1.0	1.25
R_0	1.24	1.45	2.20	2.50

(3) 当 $1.25<m<1.5$ 时，可由 $m=1.25$ 和 $m=1.5$ 的计算值按内插法求得。

坝顶高程取正常运行和非常运行情况中的最大值。坝顶设防浪墙时，d 指墙顶在静水位以上的超高，但在正常运行情况下，坝顶至少应高出静水位 0.5m 以上，非常运行情况坝顶不得低于静水位。波浪在防浪墙上的爬高按直立坡面计算。

设计的坝顶高程是指大坝沉降稳定以后的顶高程，因此，竣工时的坝顶高程应预留足够的沉降量。一般施工质量良好的土石坝，坝体沉降量约为坝高的 0.2%～0.4%。

地震区的土石坝，坝顶高程应在正常运行情况的超高上附加地震涌浪高度。根据设计地震烈度和坝前水深情况，附加的地震涌浪高度可取为 0.5～1.5m。设计地震烈度为 8 或 9 度时，尚应考虑坝和地基在地震作用下的附加沉降量。

坝顶宽度应根据构造、施工、运行、交通、抗震和人防等方面的要求综合研究后确定。坝顶宽度必须考虑心墙或斜墙顶部及反滤层布置的需要。在寒冷地区，坝顶还须有足够的厚度以保护粘性土料防渗体免受冻害。如无特殊要求，高坝的坝顶宽度可选用 10～15m，中低坝可选用 5～10m。

2. 坝坡

坝坡坡度对坝体稳定以及工程量的大小均起重要作用。土石坝坝坡与筑坝材料的内摩擦角 φ 和粘聚力 c 关系较大，坝坡的选择一般遵循以下规律：

(1) 上游坝坡长期处于饱和状态，c、φ 值较小，库水位快速下降易带动滑坡，故上游坝坡常用 1∶2.5～1∶3.5，比下游坝坡(常用 1∶2.0～1∶3.0)明显减缓。但面板堆石坝的这种差别较小，上下游坝坡约在 1∶1.4～1∶1.7 范围内选择。

(2) 土质斜墙的 φ 值明显小于砂砾石，所以斜墙坝的上游坝坡常用 1∶2.5～1∶3.5，一般比心墙坝的上游坝坡缓，后者常用 1∶2.25～1∶3.25。而心墙坝，特别是厚心墙坝的下游坝坡，因其稳定性受心墙土料特性的影响，一般比斜墙坝的下游坝坡缓。

(3) 粘性土料的稳定坝坡随高度加大而变缓，近似为一滑弧面，所以粘性土料斜墙坝或均质坝的上游坝坡，常沿高度分成数段，每段 10～30m，从上而下逐段放缓，相邻坡率差值取 0.25 或 0.5。砂土和堆石的静载稳定坝坡为一平面，可采用均一坡率，但为节省填筑量和增加抗震稳定性，砂土和石料坝坡也常做成变坡形式。

(4) 由粉土、砂、轻壤土修建的均质坝，透水性较大，c、φ 值较小，为减小渗流坡降并增加抗滑稳定性，均质坝的坝坡一般比其他土石坝缓，平均约为 1∶3(中低坝)。

人工材料面板坝，坝体若采用块石料分层碾压时，上游坝坡坡度一般采用 1∶1.4～1∶1.6，良好堆石的下游坝坡可为 1∶1.3～1∶1.4；坝体如为卵砾石，坝坡放缓至 1∶1.7～1∶2.0，砂砾石则为 1∶2.0～1∶2.2；坝高超过 100m 时，宜采用较缓值或再适当放缓。人工材料心墙坝，均可参照上述数值选用,上下游可采用同一坡率。

土石坝下游坝坡常沿高程每隔 10～30m 设置一条马道,一般设在坡度变化处,其宽度为 1.5～2.0m,用以拦截雨水,防止冲刷坝面,并有利于坝坡稳定,也便于工作人员观测和检修;也可做成"之"字形很宽的马道,供汽车上坝运料之用。上游水下部位的坝坡是否做马道,无统一规定,取决于施工和运行的需要。

4.2.2　土石坝的构造及筑坝材料

1. 坝体防渗结构

1) 土质防渗体

所谓土质防渗体,是指这部分土体比坝壳其他部分更不透水,它的作用是防渗以及控制坝体内浸润线的位置,并保持渗流稳定。土质防渗体的主要结构形式为心墙、斜墙和斜心墙(参见图 4-1)。在以往较高的土石坝中,多采用土质心墙坝,但它不便于施工,心墙的填筑碾压受气候条件制约而影响两侧坝壳的施工进度乃至整个工期;此外在竣工后,当下部分土质心墙继续沉降时,上部分心墙容易受两侧坝壳的拱效应夹持而出现水平裂缝。斜墙坝较好地克服心墙坝的上述缺点,但如果坝体沉降量较大,容易使斜墙开裂,故以往土质斜墙坝一般适用于中低坝,随着大型振动碾压设备的发展和应用,将来土质斜墙坝的高度也可能有些突破。土质斜心墙坝的下部分防渗体做成斜墙的形式,对施工干扰较少;坝体两侧的拱效应不像心墙坝那么大,下部中间坝体多数为砂砾石或砾石、块石等材料,后期沉降量比土质心墙的沉降量小得多,与斜墙连接的上部分土质心墙[参见图 4-1(d)]不易被夹持架空,所以也不像土质心墙那样容易出现水平裂缝;另外,斜心墙下部的斜墙离上游坝面比斜墙坝的斜墙远,因而上游坝坡可比斜墙坝陡或采用心墙坝的坝坡。可以说,土质斜心墙坝综合斜墙坝和心墙坝的优点,克服各自的缺点,目前在土质防渗体的高土石坝中逐渐增多。

(1) 土质防渗体的设计要求

土质防渗体的厚度,决定于土料的容许坡降,它等于作用水头 H 与防渗体厚度 T 的比值。我国土石坝设计规范 SL 274—2001 仍规定心墙的 J 不宜大于 4,斜墙的 J 不宜大于 5,具体数据与防渗土料的性质有关。防渗体顶部的水平宽度需要考虑机械化施工的要求,不应小于 3m,自上而下逐渐加厚。

规范还规定,防渗体顶部在正常蓄水位或设计洪水位以上的超高,斜墙应高出 0.8～0.6m,心墙应高出 0.6～0.3m;在非常运用情况下均不低于该工况下的最高静水位。若防浪墙与防渗体紧密结合且不透水、稳定、坚固,则防渗体顶高程可不受此限制,但不得低于正常运用的静水位,并应预留竣工后的沉降起高值,坝顶及防浪墙顶高程仍同前面基本剖面中所述的规定。

在土石坝中,土质防渗体是应用最为广泛的防渗结构,可用作防渗体的土料范围很广,在选用时应考虑材料的性能、与坝址的距离、开采量等因素。材料性能应满足:

① 防渗性。渗透系数宜小于 1×10^{-5} cm/s,均质坝或较低的坝宜小于 1×10^{-4} cm/s。

② 抗剪强度。为满足抗剪强度要求，应避免采用浸水后膨胀、软化较大的粘土。斜墙防渗体的强度影响坝坡坡率，比心墙有更高的要求，以节省坝体工程量。

③ 压缩性。与坝壳料的压缩性相差不宜过大，浸水后的压缩性变化也不宜过大，避免采用压实后仍具有湿陷性的黄土，以免蓄水后坝体产生过大的沉降。

④ 抗渗稳定性。要求：级配较好[详见后面第⑥条]，有较高的抗渗流变形能力；有一定塑性，以适应变形，避免出现裂缝；一旦发生裂缝后应有较高的抗冲蚀能力。

⑤ 含水量。最好接近最优含水量，以便于压实。含水量过高或过低，需要翻晒或加水，增加施工复杂性，延长工期和增加造价。若为降低孔隙水压力，则将含水量控制在最优含水量以下 0.5%～1%；但对于粘性土，若含水量适度，则压实后易出现裂缝，故高坝防渗体顶部有时采用塑性较大和未充分压实的粘性土，并需及时覆盖。

⑥ 颗粒级配。小于 0.005mm 的粘粒含量不宜大于 40%，一般以 30%以下为宜，因为粘粒含量大，土料压实性能差，而且对含水量比较敏感。此外，还应避免采用开挖、压实困难的干硬粘土和冻土。土料中所含最大粒径不应超过铺土厚度的 2/3，也不宜大于 150mm，以免影响压实。颗粒级配良好，级配曲线平缓连续，不均匀系数不小于 5。

⑦ 膨胀量及体缩值。胀缩土吸水膨胀、失水收缩比较剧烈，易出现滑坡、地裂、剥落等现象，应有限制地用于低坝。应避免采用塑性指数大于 20 和流限大于 40%的冲积粘土。红土的天然含水量高，压实干容重低，但其强度较高，防渗性较好，若压缩性不太大，可用来筑坝。不过，由于其粘粒含量过高，天然含水量常高出最优含水量很多，施工不便。对这样一些特殊类型的土，要加强研究，并采取适当的工程措施。

⑧ 可溶盐、有机质含量。应符合规范要求，有机质含量小于 2%，水溶盐含量小于 3%。

对以上的要求应结合料场的实际情况进行综合考虑、比较和选择，因为土料的某些性质是互有矛盾的。例如，在压实功能大体上相近的条件下，土料粘粒含量愈高，防渗性能愈好，可塑性愈好，但其排水性愈差，内水压力愈大，强度和压实性能愈低，施工困难增多。这就有一个权衡和优选问题。

从 20 世纪 60 年代起国外逐步采用砾石土、风化砾石土作为防渗体材料，并在合理解决其不均匀性、防渗性、可塑性等方面取得一些经验，促进了高土石坝建设的发展。

砾石土或称含砾粘性土，是一种含有相当多粗砾土(粒径大于 5mm)，也含有一定数量细粒土(粒径小于 5mm)的混合料。粗砾起骨架作用，细粒土充填于其孔隙中。粗粒含量 p_e 小于某一值 p_{e1}(平均约为 30%)时，粗砾间的孔隙完全为细粒所充填；当 p_e 大于某一值 p_{e2}(约为 65%～80%)后，粗粒开始架空，其中的细粒无法压实，透水性明显增加。故规范 SL 274—2001 规定，应控制砾石土中粗粒含量在 50%以内，0.075mm 以下的颗粒含量不应小于 15%，最大粒径不超过铺层厚度的 2/3，也不大于 150mm。

砾石土与普通粘性土相比，压缩性较低、沉降量较小，而且粗颗粒含量越多，就越明显，但其可塑性就越低，抗裂能力和适应坝体变形能力越差。设计时要根据应力分析结果，将坝体顶部靠近两岸的部位，坝体与陡岸岩质边坡连接的部位等容易产生拉应力的区域以及与基岩的接合面处改用可塑性较大的细粒粘性土，并控制其含水量稍大于最优含水量，以利结合，同时更好地适应不均匀沉降。

实践证明，级配优良的砾石土，压实性好，抗剪强度高，沉降量小，压缩性低，便于施工，是一种优良的防渗体材料。如，日本在20世纪60年代初用砾石土建成了御母衣和牧尾两座高土石坝以后，百米以上的高土石坝就有了很大发展；前苏联的努列克坝，最初选择黄土作为防渗料，经过研究认为，由于坝很高，黄土沉陷量较大，且颗粒细而均匀，一旦发生裂缝，抗冲蚀能力差，最后决定选用砾石土作防渗体。世界范围内用砾石土修建的一些著名大坝还有：美国的奥洛维尔坝，坝高235m；加拿大的迈卡坝，坝高245m；日本的高濑坝，坝高176m；瑞士的郭兴能坝，坝高155m等。将风化岩、软岩开挖碾压后，破碎为砾石土，用作防渗体，也建成了不少高坝，如：美国的新美浓坝，坝高190.5m；我国的鲁布革坝，坝高103m等。

（2）土质防渗体的填筑标准

我国《碾压式土石坝设计规范》SL 274—2001对黏性土的填筑密度作了如下规定：

① 对不含砾或少量砾的黏性土料，以干密度作为设计指标，按击实试验的最大干密度乘以压实度求得。对于1、2级坝和高坝的压实度应为98%～100%，对3级中、低坝及3级以下的中坝压实度应为96%～98%；

② 设计地震烈度为8度、9度的地区，应取上述规定的大值；

③ 有特殊用途和性质特殊的土料的压实度宜另行确定。

土石料的压实程度受击实功能的控制，同时又随含水量而变化。在一定的压实功能条件下达到最佳压实效果的含水量称为最优含水量。填土所能达到的干容重与击实功能和含水量的关系如图4-3所示。最优含水量多在塑限附近。黏性土的填筑含水量一般控制在最优含水量附近。冬季气温在零度以下筑坝时，为了使土料在填筑过程中不易冻结，填筑含水量可略低于塑限。当要求填土具有良好的塑性时，可略大于最优含水量；当要求填土具有高密度时，则可略小于最优含水量。砾石土的全级配含水量与细料含水量之间呈直线关系，所以，施工时可根据细料的含水量来控制全料的含水量。

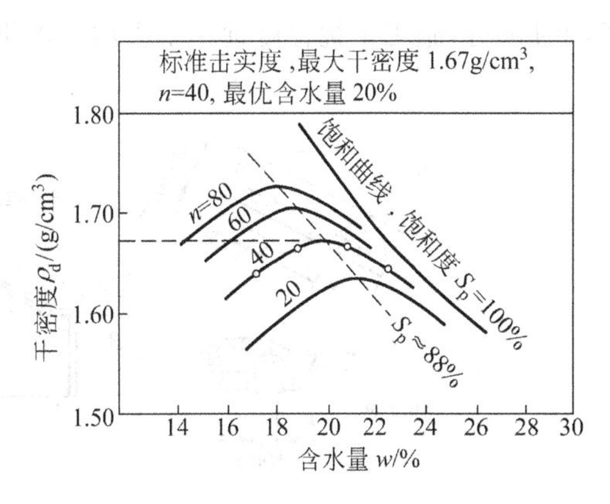

图4-3　黏性土的击实曲线

（3）土质防渗体的保护

土质防渗体顶部以及上游侧均应设置保护层，以防止冰冻和干裂。保护层厚度（包括上游护坡的垫层在内）应不小于该地区的冻结或干燥深度。斜墙上游保护层应分层碾压填筑，达到和坝体相同的标准，其外坡坡度应按稳定计算确定，使保护层不致沿斜墙面或连同斜墙一起滑动。

土质防渗体与坝壳之间、截水槽与坝基透水层之间，以及下游渗流逸出处，都必须设置反滤层。防渗体下游侧的反滤层是使裂缝在渗流作用下能够自愈的有效措施之一，当冲刷后的土粒一旦被反滤所截留，即可促使裂缝自行愈合。在控制渗流稳定的工程措施中，除了渗径长度（即防渗体的厚度）外，反滤层已起着愈来愈重要的作用。

土质防渗体与坝基和岸坡连接的要求，见4.7节。

2）沥青混凝土防渗墙

沥青混凝土具有较好的塑性和柔性，渗透系数约为 10^{-7}～10^{-10}cm/s，所以防渗和适应变形的能力均较好，产生裂缝时，有一定的自行愈合的功能，而且施工受气候的影响也小，故适于用作土石坝的防渗体材料。20 世纪 60 年代以来，应用沥青混凝土作防渗体的土石坝发展较快，世界各国已建 200 多座。奥地利的欧申立克沥青混凝土斜墙堆石坝，坝高 106m。我国陕西石砭峪沥青混凝土斜墙定向爆破堆石坝，坝高 82.5m。

沥青混凝土防渗体可作成斜墙或心墙，如图 4-4 所示。斜墙铺筑在垫层上，垫层一般为厚约 1～3m 的碎石或砾石，其上铺有 3～4cm 厚的沥青碎石层作为斜墙的基垫。垫层的作用是调节坝体变形。斜墙本身由密实的沥青混凝土防渗层组成，厚 15～20cm 左右，分层铺压，每一铺层厚 3～6cm 左右。在防渗层的迎水面涂一层沥青玛蹄脂保护层，可减缓沥青混凝土的老化，增强防渗效果。由于保护层表面光滑，尚可减轻结冰引起的冻害。斜墙与地基防渗结构连接的周边要作成能适应变形和错动的柔性结构。按铺筑施工的要求，沥青混凝土斜墙的上游坝坡不应陡于 1∶1.6～1∶1.7。

沥青混凝土心墙可作成竖直的或倾斜的。对于中低坝，其底部厚度可采用坝高的 1/60 到 1/40，但不小于 40cm；顶部厚度可以减小，但不小于 30cm。如采用埋块石的沥青混凝土心墙，其最小厚度不宜小于 50cm。心墙两侧与堆石体之间各设一定厚度的过渡层，如施工安排得当，可与两侧填筑碾压同时进行，施工干扰程度远小于土质心墙坝。沥青心墙受日照、气候影响很小，老化程度比沥青斜

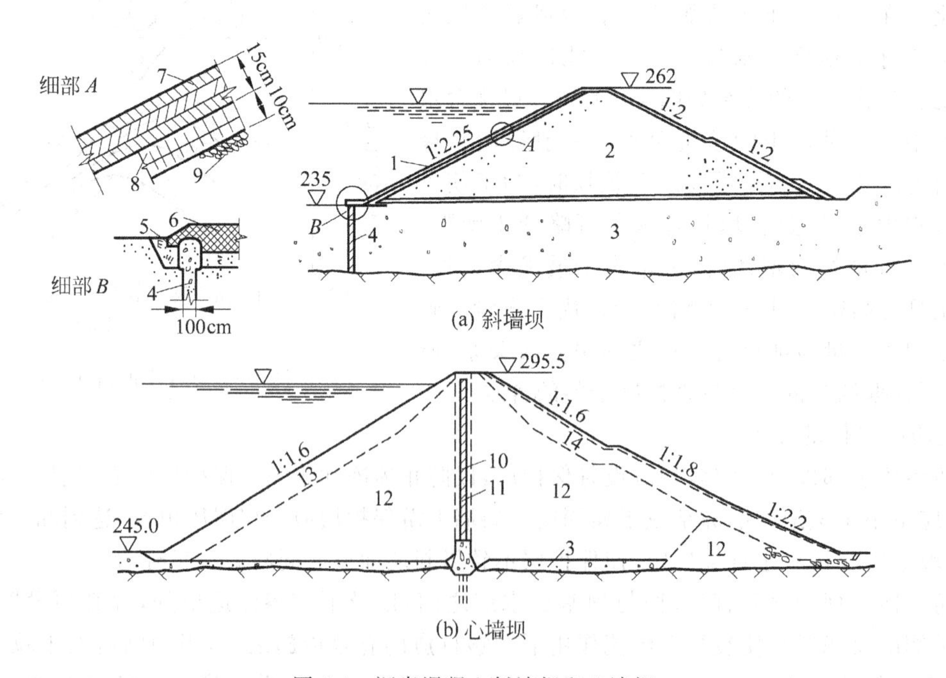

图 4-4　沥青混凝土斜墙坝和心墙坝

1—沥青混凝土斜墙；2—砂砾石坝体；3—砂砾河床；4—混凝土防渗墙；5—回填粘土；6、7—致密沥青混凝土；8—整平层；9—碎石垫层；10—沥青混凝土心墙；11—过渡层；12—堆石体；13—抛石护坡；14—砾石土

墙轻得多。但心墙检修较困难，心墙与基岩连接处设观测廊道，用以观测心墙的渗水情况。心墙与地基防渗结构的连接部分也应作成柔性结构。

用作防渗体的沥青混凝土，要求具有良好的密度、热稳定性、水稳定性、防渗性、可挠性、和易性和足够的强度。现代常用的沥青混凝土配合比为：沥青 7%～10%，碎石 40%～45%，砂 27%～35%，填充料 17%～20%等。这种材料在温度 50℃以下，内摩擦角大于 30°，凝聚力大于 0.05MPa。沥青混凝土的粘着性和稳定性随龄期增长而改善，不透水性则没有影响，而塑性和柔性逐年有所减小。实践证明，经常处于水下的沥青混凝土老化很慢，当发生老化时，土石坝已基本沉降完毕。如果是斜墙坝，检修沥青斜墙也并不困难。

已建成的沥青混凝土堆石坝大多数为斜墙面板式，它有三大优势：(1)沥青斜墙可集中在气候合适的季节施工，其余坝体材料可全天候施工，不受斜墙制约，干扰很少，施工速度快，工期短；(2)沥青斜墙便于检修；(3)面板受水压作用，有利于稳定，且可代替护坡块石。沥青斜墙坝坡多为 1∶1.7，少数为 1∶1.5～1∶1.6。

3）土工膜防渗材料

土工膜产品按其原材料分为：高分子聚合物土工膜、沥青土工膜以及由沥青和聚合物复合制成的土工膜。聚合物薄膜所用的聚合物有合成橡胶和塑料两类。合成橡胶薄膜可用尼龙丝布加筋，抗老化及各种力学性能都较好，但价格比塑料薄膜贵。水利工程上常用的塑料薄膜主要是聚氯乙烯和聚乙烯制品，此外，还有各种组合型土工膜。如，聚氯乙烯薄膜两侧用丙纶编织布覆盖，以提高其强度，或是两侧用土工织物覆盖以提高其与垫层的摩擦系数。土工膜具有重量轻、整体性好、产品规格化、强度高、耐腐蚀性强、储运方便、施工简易、节省投资等优点，渗透系数一般在 10^{-8}cm/s 以下。它早期用于渠道防渗，20 世纪 60 年代后用于土石坝，在前苏联和法国等欧洲国家应用较多。前苏联曾在 150 多座土石坝中使用土工膜防渗，效果良好。1984 年西班牙建成的波扎第洛斯拉莫斯堆石坝，坝高 97m，使用土工膜防渗运行良好，现已加高到 134m。20 世纪 80 年代以后，我国开始将土工膜应用于一些中、小型工程，并取得了一些经验。

土工膜防渗体可以铺设在上游面，并以土、砂或砂砾料作垫层，再在其上加盖重和护坡。坝坡坡度受垫层和土工膜间的摩擦系数所控制，一般比较平缓，用料较多，但铺设和检修更新则比较方便。也可将土工膜直立铺设于坝体中部，此时坝坡坡度可不受其影响，薄膜也不易损坏，但以后的维修更新不便，可用于围堰等临时工程，在永久工程中多用于斜墙坝。在土工膜防渗体设计施工中，要注意许多细部构造问题，以保证其防渗效果。如：尽量采用组合式土工膜，膜厚不宜小于 0.5mm；作好底部和周边与不透水地基或岸坡的结合，一般采用锚固槽的连接方式；铺设时应保持松弛状态，以避免高应力造成的破坏；注意薄膜的粘接或焊接工艺，以保证连接质量；做好垫层设计，可采用土、砂、砂砾石、沥青混凝土、无砂混凝土等作为垫层材料；整个结构设计应相互协调，以取得更好的经济效果。

土工膜的老化和使用寿命问题为工程界所关注。大量室内和现场试验研究表明，薄膜埋设于土石坝内，与温度、紫外线、大气等老化因素基本隔绝，加上抗老化添加剂的应用，老化并不严重。从试验室加速老化试验的结果推算，埋在坝内的聚乙烯薄膜可使用 100 年。前苏联有关规程规定其使用年限为 50 年。欧美国家也有类似经验。

4）混凝土防渗结构

混凝土本身的防渗效果很好，曾用作心墙或斜墙防渗结构，这样构成的土石坝又称为刚性心墙坝或刚性斜墙坝。但由于混凝土刚性很大，适应变形的能力较差，在早期的土石坝碾压密实性不够，建成后或蓄水后坝体变形量很大，混凝土防渗结构容易开裂，漏水严重，容易把细小颗粒冲走而垮坝。所以，混凝土防渗结构的土石坝坝体大多数采用堆石材料筑坝，很少采用砂砾石材料。由于混凝土心墙施工干扰很大，建成后不便于检修，一般也很少采用，而较多地作为堆石坝上游坝面的防渗体，故后来把这种堆石坝称为混凝土面板堆石坝。自从20世纪60年代以后，逐渐较多地采用大型振动碾等施工设备，使混凝土面板堆石坝越来越显出较大的优越性，在当今土石坝设计中成为首选的或起码应首先考虑的坝型。有关这些内容及混凝土防渗结构将在后面专门叙述。

2．坝壳料

坝壳料主要用来保持坝体的稳定，应具有比较高的强度。下游坝壳的水下部位以及上游坝壳的水位变动区内则要求具有良好的排水性能。砂、砾石、卵石、漂石、碎石等无粘性土料以及料场开采的石料和由枢纽建筑物中开挖的石渣料，均可用作坝壳材料，但应根据其性质配置于坝壳的不同部位。在上游库水位以下或下游浸润线以下的坝壳料应级配良好，含泥量和粉细沙量很少，尽量采用大摩擦角的材料，具有较大的抗滑性能。含泥量或均匀粉细砂较多的材料等一般只能用于坝壳的干燥区，如应用于水下部位则应进行论证并采取必要的工程措施以避免发生不利的渗透变形、滑动和振动液化。

随着土石坝堆石体施工机械的改进，施工方法已由抛填改为薄层碾压，从而提高了碾压效率，降低了碾压费用；碾压的密实度高，沉降和扭曲变形都较小。为此，对堆石料的石质、尺寸、级配、细料含量等要求均大大放宽，并有可能采用风化岩、软岩等劣质石料作为坝壳料。风化岩和软岩堆石料虽细料含量较多，但粒间接触点相应增多，压实后，其压缩性并不很大。有的坝软岩压实后的摩擦角 φ' 达到40°～49°，与坚硬岩石相差不大。所以，用风化岩和软岩建成的堆石坝坡也可以做得较陡。

应用风化岩、软岩筑坝时应注意的几个问题。应按石料质量分区使用，将坝壳由内向外分成几个区，质量差的、粒径小的石料放在内侧，质量好的、粒径大的石料放在外侧，这样可扩大材料的使用范围。现场和试验室观测表明，堆石距表面的深度超过0.5m时，遭受风化的影响便很小，设计时应在堆石料表面铺一层1～1.5m厚的新鲜岩石保护层，以防止内部继续风化。堆石中细料含量宜适当控制，以保持必要的透水性和压实密度，如细料含量较多难以自由排水，则应将其填筑在下游坝壳的干燥区，在其周围应包一层排水过渡层。还应防止细料过分集中，形成软弱面，影响坝体稳定和不均匀沉降。如岩石的软化系数较低，则应研究浸水后的抗剪强度降低和湿陷问题。

对砂砾石和砂的压实标准按相对密度确定，要求不低于0.70(砂)～0.75(砂砾石)。地震区要求浸润线以上不低于0.75，浸润线以下按设计烈度大小，不低于0.75～0.85。砂砾料的粗料含量小于50%时，应保证细料的相对密度满足以上要求，并按此要求换算出不同粗料含量的填筑密度值。

混凝土面板堆石坝的主堆石区，要求具有较高的压实密度，以免影响面板的变形，下游堆石区可和土质心墙坝的坝壳同等看待。对土质心墙坝的坝壳堆石，一般采用10t的振动平碾，铺料厚度约

100cm，碾压 4～8 遍。对于软岩堆石料，则适当减小铺料厚度，充分加水，必要时增加碾压遍数。下游坝壳的堆石密度可适当放宽。

3. 反滤层和过渡层

反滤层的作用是滤土排水，防止在渗流逸出处遭受管涌、流土等渗流变形的破坏以及不同土层界面处的接触冲刷。对下游侧具有承压水的土层，还可起压重作用。在土质防渗体与坝壳或坝基透水层之间，以及渗流逸出处或进入排水处，都必须设置反滤层。在坝壳内各土层之间，坝壳与透水坝基的接触部位均应尽量满足反滤原则。过渡层的作用是避免在刚度相差较大的两种土料之间产生急剧变化的变形和应力。反滤层可以起过渡层的作用，而过渡层却不一定能满足反滤要求。在分区坝的防渗体与坝壳之间，根据需要与土料情况可以只设置反滤层，也可同时设置反滤层和过渡层。

反滤层按其工作条件可以划分为两种类型（见图 4-5）：(1) Ⅰ型反滤，反滤层位于被保护土的下部，渗流方向主要由上向下，如斜墙后的反滤层；(2) Ⅱ型反滤，反滤层位于被保护土的上部，渗流方向主要由下向上，如位于地基渗流逸出处的反滤层。渗流方向水平而反滤层成垂直向的形式，属过渡型，如减压井、竖式排水等的反滤层。Ⅰ型反滤要承受自重和渗流压力的双重作用，其防止渗流变形的条件更为不利。

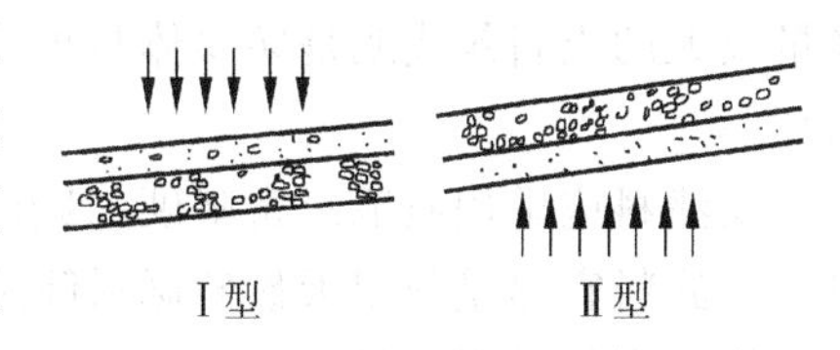

图 4-5　反滤层的类型

合理的反滤层设计要满足两个互相矛盾的要求：(1)反滤料必须具有足够小的孔隙，以防止被保护层土粒冲入孔隙或通过孔隙而被冲走，使被保护土层不发生管涌等有害的渗流变形。(2)反滤料透水性大于被保护土，能通畅地排除渗透水流，同时不致被细粒土淤塞而失效。

反滤层一般由 1～3 层级配均匀，耐风化的砂、砾、卵石或碎石构成，每层粒径随渗流方向而增大。水平反滤层的最小厚度为 0.3m，铅直或倾斜反滤层的最小厚度为 0.5m。采用推土机平料时，最小水平宽度不宜小于 3.0m。反滤层的级配、厚度和层数宜通过分析比较，选择最合理的方案。对于 1、2 级坝还应经过试验论证。反滤层应有足够的尺寸以适应可能发生的不均匀变形，同时避免与周围土层混掺。

碾压式土石坝设计规范规定，对于与被保护土相邻的第一层反滤料，建议按下述准则选用

$$D_{15}/d_{85} \leqslant 4 \sim 5 \tag{4-5}$$

$$D_{15}/d_{15} \geqslant 5 \tag{4-6}$$

上二式中：D_{15}——反滤料的特征粒径，小于该粒径的材料占总重的 15%；

d_{85}——被保护土的控制粒径，小于该粒径的土占总重的 85%；

d_{15}——被保护土的特征粒径，小于该粒径的土占总重的 15%。

选择第二层反滤料时采用以上相同的准则，只是应以第一层反滤料作为被保护土，其余类推。对于不均匀系数 η 较大的被保护土，可取 $\eta \leqslant 5 \sim 8$ 细粒部分的 d_{85}、d_{15} 作为计算粒径。对于不连续级配的土，则应取级配曲线平段以下（一般是 1～5mm 粒径）粒组的 d_{85}、d_{15} 作为计算粒径。选择不均匀系数 $\eta > 5 \sim 8$ 的砂砾石作为反滤料的第一层时，应取 5mm 以下细粒部分的 D_{15} 作为计算粒径，并要求

大于5mm的砾石含量不超过60%。其他情况都应通过试验确定。

当被保护土为粘性土时，按《碾压式土石坝设计规范》SL 274—2001附录B.0.5条规定作反滤层设计。

现代土石坝设计中防渗体的反滤层大多只用一层，有时两层，较少用三层。罗贡、努列克、奥洛维尔、石头河等高坝，设两层反滤，第一层反滤料多为天然的或只经一次筛选的天然砂和小砾石，不均匀系数限制在50以下；第二层实际上是向堆石的过渡层，直接使用各种组成的天然砂卵石料，有些工程还去掉大粒径石块。防渗体上游侧的反滤都采用单层同时起过渡层的作用，所用材料与防渗体下游第二反滤层(即过渡层)相同。反滤料在加工、运输和填筑期间要防止发生颗粒离析，在填筑过程中应尽量与坝平起。反滤料还应有压实控制标准，保证在水库蓄水后不致因其变形导致心墙或斜墙出现裂缝。

地震区、峡谷地区的高坝，在防渗体与岩石岸坡或混凝土建筑物连接处，当防渗体由塑性较低、沉降量较大的土料筑成或是防渗体与坝壳的刚度相差悬殊时，均应将防渗体两侧的反滤层或过渡层适当加厚。

反滤料应采用质地致密坚硬，具有高度抗水性和抗风化能力的材料，风化料一般不能用作反滤料。反滤料宜尽量利用天然砂砾料筛选，当缺乏天然砂砾料时，亦可人工轧制，但应选用抗水性和抗风化能力强的母岩材料。

目前有些土石坝工程已将土工织物应用于排水反滤系统。土工织物的渗透系数一般为10^{-3}～10^{-4}cm/s，与面板堆石坝对垫层料的要求相近。土工织物滤层的设计准则一般采用织物孔径准则和渗透准则。许多研究者和设计单位也提出了不同形式的准则，可供参考。

4. 坝体排水

坝体排水的作用是：控制和引导渗流，降低浸润线，加速孔隙水压力消散，以增强坝的稳定，并保护下游坝坡免遭冻胀破坏。

坝体排水有以下几种常用的形式：

1) 棱体排水

又称滤水坝趾，它是在下游坝脚处用块石堆成的棱体，如图4-6(a)所示。棱体顶宽不小于1.0m，顶面超出下游最高水位的高度，应大于波浪爬高，且不小于下列数值：对1、2级坝不小于1.0m，对3～5级坝不小于0.5m，而且还应保证浸润线位于下游坝坡面的冻层以下。棱体内坡根据施工条件决定，一般为1∶1.0～1∶1.5，外坡取为1∶1.5～1∶2.0。棱体与坝体以及土质地基之间均应设置反滤层。在棱体上游坡脚处应尽量避免出现锐角。

棱体排水是一种可靠的、被广泛采用的排水设施。它可以降低浸润线，防止坝坡冻胀，保护下游坝脚不受尾水淘刷且有支持坝体增加稳定性的作用。但石料用量大，费用较高，与坝体施工有干扰，检修也较困难。

2) 贴坡排水

又称表面排水，它是用一层或两层堆石或砌石加反滤层直接铺设在下游坝坡表面，不伸入坝体的

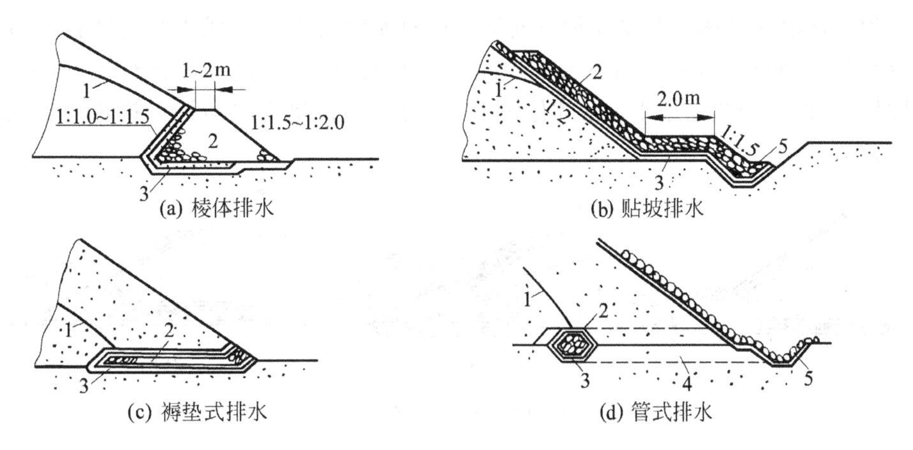

图 4-6　排水类型

1—浸润线；2—排水；3—反滤层；4—横向排水带或排水管；5—排水沟

排水设施，如图 4-6(b)所示。排水顶部需高出浸润线逸出点，对 1、2 级坝不小于 2.0m，对 3～5 级坝不小于 1.5m。排水的厚度应大于当地的冰冻深度。排水底脚处应设置排水沟或排水体，并具有足够的深度，以便在水面结冰后，下部保持足够的排水断面。

这种形式的排水构造简单，用料省，施工方便，易于检修。但不能降低浸润线，且易因冰冻而失效。常用于下游无水的中小型均质坝或是浸润线位置较低的中坝。

3) 坝内排水

包括褥垫排水层、网状排水带、排水管、竖式排水体等。

褥垫排水是沿坝基面平铺的由块石组成的水平排水层、外包反滤层，如图 4-6(c)所示。伸入坝体内的深度一般不超过坝底宽的 1/4～1/3(对于粘性土均质坝可适当取较大值)，块石层厚约 0.4～0.5m，并通过渗流计算检验其排水能力。这种排水倾向下游的纵坡取为 0.005～0.01。当下游无水时，它能有效地降低浸润线，有助于坝基排水，加速软粘土地基的固结。这种排水的主要缺点是对不均匀沉降的适应性差，易断裂，且难以检修，当下游水位高过排水设备时，降低浸润线的效果将显著降低。

网状排水由纵向(平行坝轴线)和横向排水带组成。纵向排水带的厚度和宽度根据渗流计算确定，横向排水的带宽不小于 0.5m，间距可在 30～100m 范围内选用，其坡度不宜超过 1%，或由不产生接触冲刷的条件确定。当渗流量大，所需排水带尺寸过大时，可敷设排水管，如图 4-6(d)所示。管径通过计算确定，但不小于 20cm，管内流速控制在 0.2～1.0m/s 范围内。管的坡度不大于 5%，并埋入反滤料中。排水管的管壁上有孔或留有缝隙，以收集渗水，其孔径或缝宽按反滤料的粒径计算确定。

对于均质坝，为有效地降低坝体浸润线，在坝内还可设置竖式排水，顶部可伸到坝面附近，厚度由施工条件确定，但不小于 1.0m，底部用水平排水带或褥垫排水将渗水引出坝外；也可在不同高程处设置坝内水平排水层，其位置、层数和厚度可根据计算确定，但其厚度不宜小于 30cm。伸入坝体内的长度一般不超过各层坝宽的 1/3。

在实际工程中常根据具体情况将几种不同形式的排水组合在一起成为综合式排水，以兼取各种形式的优点，如图 4-7 所示。例如：当下游高水位持续时间不长时，为了节省石料，可考虑在正常水位以上用贴坡排水，以下用棱体排水；在其他情况，还可采用褥垫排水与棱体排水组合或贴坡、棱体与褥垫排水组合的形式等。

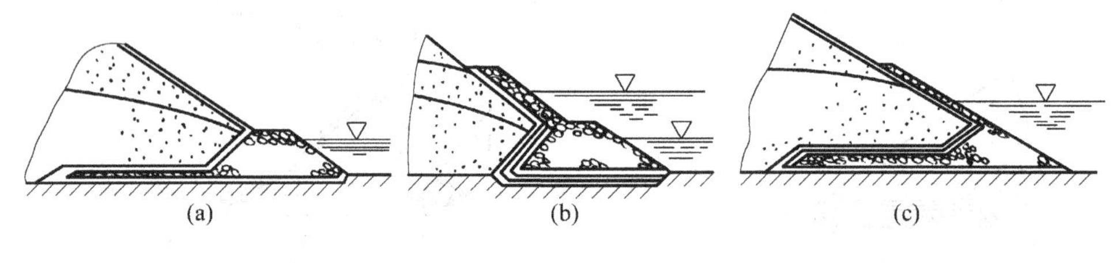

图 4-7　综合式排水

排水设施应具有充分的排水能力，以保证自由地向下游排出全部渗水；同时，能有效地控制渗流，避免坝体和坝基发生渗流破坏。此外，还要便于观测和检修。

5. 坝顶和护坡

坝顶可采用碎石、单层砌石、沥青或混凝土路面。如有公路交通要求，还应满足公路路面的有关规定。

坝顶上游侧常设防浪墙。防浪墙应坚固而不透水，可用浆砌石或钢筋混凝土筑成，墙底应和坝体中的防渗体紧密连接(图 4-8)。为了排除雨水，坝顶面应向两侧或一侧倾斜，作成 1.5%～3%的坡度。

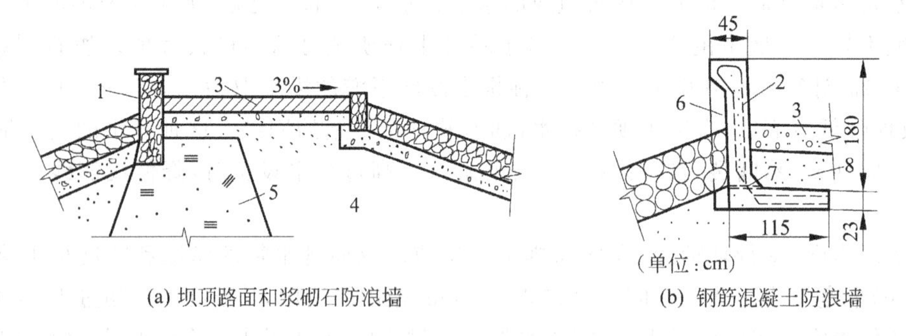

图 4-8　坝顶构造

1—浆砌石防浪墙；2—钢筋混凝土防浪墙；3—坝顶路面；4—砂砾坝壳；5—心墙；6—方柱；7—排水管；8—回填土

上游护坡的常用形式为砌石或堆石，对波浪压力较大的坝段和部位，应加大护坡厚度。砌石、堆石护坡下应按反滤原则设置碎石或砾石垫层，当坝壳料与护坡连接符合反滤要求时可以免设。当库内风浪较大，干砌石护坡有可能遭到损坏时，可在砌石护坡上用水泥砂浆或细骨料混凝土灌缝将石块连成整体以提高抗冲能力。也可采用沥青混凝土、混凝土或钢筋混凝土护坡，这种护坡既可就地浇筑,也可预制。浆砌石和混凝土类型的护坡均应设置排水孔或保留必要的缝隙,以消除水库水位降落或其他原因产生的自坝体内向上游对护坡水压力的不利影响。护坡范围应自坝顶起延伸至水库最低水位以下一定距离,一般为 2.5m。对 4 级以下的坝,可适当减少到最低水位以下 1.5～2.0m。当最低水位不确定时则应护至坝底。为防止或减轻波浪、雨水、冰层和漂流物等对护坡的破坏,水位变化区应采用浆砌或砂浆勾缝,其下可采用干砌。

土石坝下游坝面除排水棱体外需全部护砌。通常采用干砌石,碎石或砾石护坡,厚约 0.3m。对气候适宜地区的粘性土均质坝也可以采用草皮护坡,草皮厚约 0.05～0.10m。若坝坡为砂性土,需在草皮下先铺一层厚 0.2～0.3m 的腐殖土,然后再铺草皮。为避免雨水漫流冲刷坝坡坡面,除砌石或堆石坝坡外,应设坝面排水系统,如图 4-9(c)所示。坝轴向排水沟一般设于马道内侧、顺坡向排水沟间隔为 50～100m。排水沟采用混凝土或浆砌石砌筑。

位于严寒地区的粘性土坝坡,应设防冻垫层,其厚度不得小于当地的冻结深度。

各种护坡在马道、坝脚及护坡末端,均需设置基座。

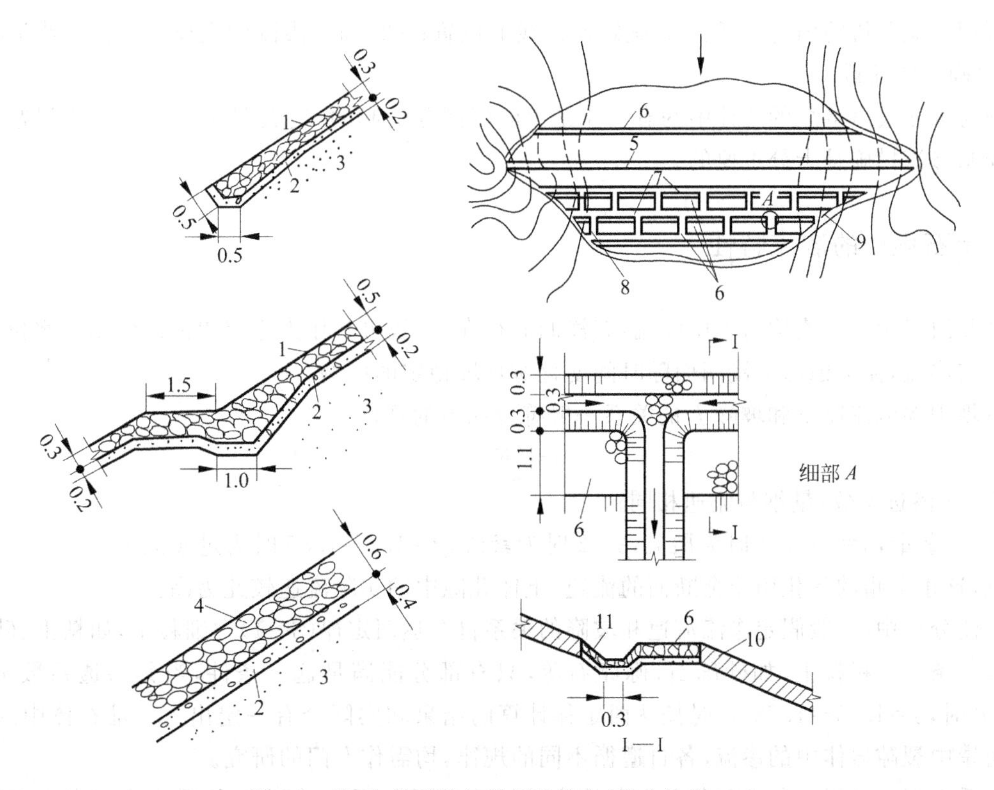

图 4-9 砌石、堆石护坡及坝坡排水(尺寸单位: m)

1—干砌石; 2—垫层; 3—坝体; 4—堆石; 5—坝顶; 6—马道; 7—纵向排水沟; 8—横向排水沟; 9—岸坡排水沟; 10—草皮护坡; 11—浆砌石排水沟

4.3 土石坝的渗流分析

学习要点

求渗流流速、坡降、渗流量、浸润线位置，以分析渗透稳定性和坝坡稳定性。

土石坝渗流分析的目的在于：(1)对初选土石坝的形式与尺寸进行检验，确定对坝坡稳定有重要影响的浸润线和渗流作用力，为核算坝坡稳定提供依据；(2)进行坝体防渗布置与土料配置，根据坝体内部的渗流参数与渗流逸出坡降，检验土体的渗流稳定，防止发生管涌和流土，在此基础上确定坝体及坝基中防渗体的尺寸和排水设施的容量和尺寸；(3)确定通过坝和河岸的渗流水量损失并设计排水系统的容量。

土石坝渗流分析的内容包括：(1)确定浸润线的位置；(2)确定渗流的主要参数——渗流流速与坡降；(3)确定渗流量。

在坝与水库失事事故的统计中约有1/4是由渗流问题引起的，这表明深入研究渗流问题和设计有效的控制渗流措施是十分重要的。

4.3.1 土石坝中的渗流特性

坝体和河岸中的渗流均为无压渗流，有浸润面存在，一般可看作为稳定渗流。但水库水位急降则产生不稳定渗流，需考虑渗流浸润面随时间变化对坝坡稳定的影响。

土石坝中渗流流速 v 和坡降 J 的关系一般符合如下的规律

$$v = KJ^{1/\beta} \tag{4-7}$$

式中：K——渗透系数，量纲与流速相同；

β——参量，$\beta=1\sim1.1$ 时为层流，$\beta=2$ 时为紊流，$\beta=1.1\sim1.85$ 时为过渡流态。

注意，这里 v 指的是化引至全断面的流速，土体孔隙中的实际流速较此为高。

在渗流分析中，一般假定渗流流速和坡降的关系符合达西定律($\beta=1$)。细粒土，如粘土、砂等，基本满足这一条件。粗粒土，如砂砾石、砾卵石等，只有部分能满足这一条件，当其渗透系数 K 达到 $1\sim10$m/d 时，$\beta=1.05\sim1.72$，这时按达西定律计算的结果和实际会有一定出入。堆石体中的渗流，坝基和河岸中裂隙岩体中的渗流，各自遵循不同的规律，均需作专门的研究。

在均质土坝中可假定各点和各个方向的渗透系数 K 是相同的，但在不均质土中应考虑空间各点渗透系数的变化，并且考虑各个方向渗透的不均匀性 $K_x \neq K_y \neq K_z$。粘性土由于团粒结构的变化以及化学管涌等因素的影响，渗透系数还可能随时间而变化。一般说来，土体中的渗流取决于孔隙大小的变化，从而取决于土石坝中的应力和变形状态，对高坝而言，渗流分析和应力分析是有耦合影响的。

我国碾压土石坝设计规范 SL 274—2001 规定，对于1级、2级坝和高坝应采用数值法计算确定渗流场的各种渗流因素。

对于宽阔河谷中的土石坝，一般采用二维渗流分析就可满足要求。对狭窄河谷中的高坝则需进行三维渗流分析。由于三维分析的工作量很大，有时也可选择一些有代表性的剖面进行二维分析，然后对计算结果作适当调整。

4.3.2 渗流分析的基本方程和主要分析方法

根据达西定律和连续条件

$$v_x = -K_x \frac{\partial H}{\partial x}; \quad v_y = -K_y \frac{\partial H}{\partial y} \tag{4-8}$$

$$\frac{\partial v_x}{\partial x} + \frac{\partial v_y}{\partial y} = 0 \tag{4-9}$$

可得二维渗流方程

$$K_x \frac{\partial^2 H}{\partial x^2} + K_y \frac{\partial^2 H}{\partial y^2} = 0 \tag{4-10}$$

上三式中：v_x、v_y——x 向和 y 向的渗流流速；

K_x、K_y——x 向和 y 向的渗透系数，假设 K_x 和 K_y 不随坐标而变化；

H——渗流场中某一点的渗压水头，m。

筑坝过程中土石料分层压实，水平向和竖直向的渗透系数 K_x 和 K_y 实际上是不相同的，有的情况 K_x 和 K_y 的差别可达10倍以上，这时应考虑两个方向渗透不均匀性的影响。将式(4-10)进行如下的坐标变换

$$X = x\sqrt{\frac{K_y}{K_x}}, \quad Y = y \tag{4-11}$$

则在变换后的坐标系 XY 中

$$\frac{\partial^2 H}{\partial X^2} + \frac{\partial^2 H}{\partial Y^2} = 0 \tag{4-12}$$

由于 H 符合拉普拉斯方程，可使计算得到很大程度的简化，渗流流速仍如式(4-8)所示的形式，但需将 K_x 和 K_y 代之以 $K=(K_xK_y)^{1/2}$，最后再将 XY 坐标系中的计算结果按式(4-11)转换回 xy 坐标系。

图4-10所示为均质土坝在各向同性和各向异性渗流场中的流网变化图，其中，(a)为 $K_x=K_y$ 时的流网；(b)为 $K_x=16K_y$ 时按式(4-11)变换后在 XY 坐标系中的流网；(c)为由(b)转换回 xy 坐标系后的流网。从中可见，当 K_x 大于 K_y 较多时，致使浸润线抬高，渗流从下游坝坡逸出，表明此时水平排水作用显著减小，在工程设计中需要改用竖直排水。前苏联建造的奥尔多-托柯伊坝(坝体为冲积堆土料)，也有类似情况，不得不在坝体内灌注粘土-水泥浆防渗心墙。

渗流分析的主要方法有四种：流体力学法，水力学法，流网(图解)法，试验法。

流体力学法就是求解二维拉普拉斯方程(4-10)或类似的三维拉普拉斯方程理论解，例如在二维渗流区内任一点的势函数 H 应满足方程(4-10)，不透水边界及浸润线均为流线，在其上的势函数对边界

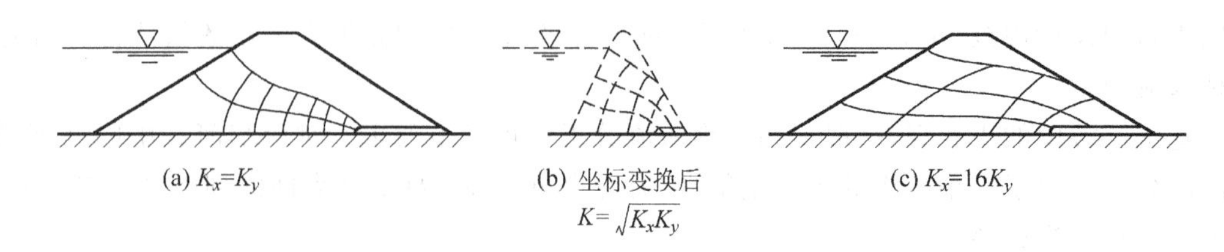

图 4-10 均质土坝在各向同性和各向异性渗流介质中的流网

外法向的偏导数为零，上下游坝坡均为等势线。求得势函数 H 后，再求渗透流速、渗流量和渗压等。但由于边界条件复杂，坝内分区材料多，一般很难求得理论解，而采用差分法或有限元法计算势函数 H 的近似值。差分法或有限元法已有很多书籍介绍，因篇幅太多，不在此重述，可参看有关书籍。

水力学方法和流网法比较简单而实用，具有一定的精度，用得较多，这里将重点扼要地叙述。

1. 水力学方法

水力学方法可用来近似确定浸润线的位置，计算渗流流量、平均流速和坡降。水力学方法的基本假定是：渗流为缓变流动，等势线和流线均缓慢变化，渗流区可用矩形断面的渗流场模拟（参见图 4-11），用达西定律导出渗流量 q 和渗流水深 y 的计算公式为

$$q = K\frac{H_1^2 - H_2^2}{2L} \tag{4-13}$$

$$y = \sqrt{H_1^2 - (H_1^2 - H_2^2)x/L} \tag{4-14}$$

上二式中：H_1、H_2——上、下游水深；

L——渗流区长度；

x——计算点至上游起始截面的距离。

式(4-14)即为浸润线方程。

1）不透水地基上的土坝渗流计算

（1）均质土坝的渗流计算

① 下游坝趾无排水的情况

将土坝剖面分为：上游库水位以下的三角形、下游浸润线以下的三角形和中间共三段(如图 4-12 所示)。

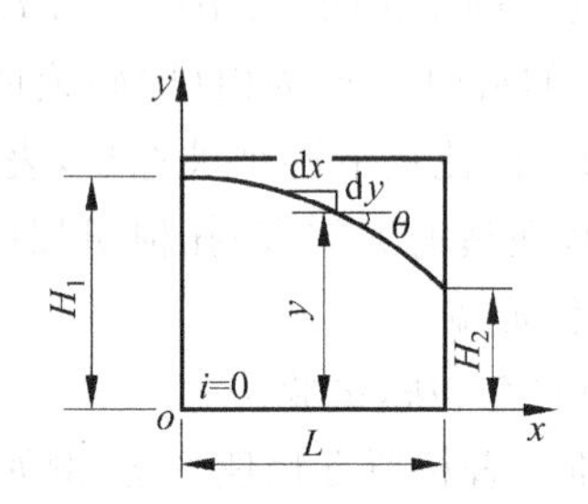

图 4-11 不透水地基矩形土体的计算简图

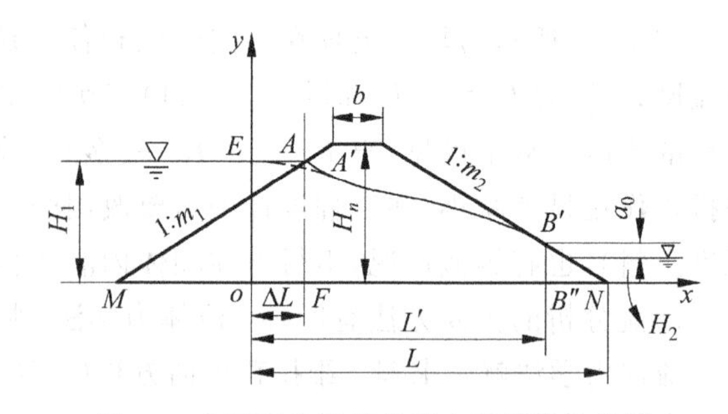

图 4-12 不透水地基均质土坝的计算简图

根据电拟试验结果，上游三角形坝体可用一等效的矩形体代替，宽度为

$$\Delta L=\lambda H_1=\frac{m_1}{1+2m_1}H_1 \tag{4-15}$$

式中：m_1——上游坝坡系数。

把上游三角形和中间段合并成一段 $EoB''B'$（参见图4-12），设渗透系数为 K，根据达西定律，通过各竖直截面的渗透流量为

$$q_1=\frac{K}{2x}(H_1^2-y^2) \tag{4-16}$$

逸出点 B' 的坐标 $x=L'$，$y=a_0+H_2$，代入(4-16)得

$$q_1=K\frac{H_1^2-(a_0+H_2)^2}{2L'} \tag{4-17}$$

式中：a_0——浸润线逸出点在下游水面以上的高度；

H_2——下游水深。

下游三角形 $B'B''N$ 的渗流可分为下游水位以上和以下两个区分析，其渗流流态很复杂，渗流量近似为

$$q_2=\frac{Ka_0}{m_2}\left(1+\ln\frac{a_0+H_2}{a_0}\right) \tag{4-18}$$

根据水流连续条件，$q_1=q_2=q$，联立以上两式或用试算法求得 a_0 和 q 值。先设 a_0，计算 q_1 和 q_2，若 $q_1>q_2$，需加大 a_0，否则减小 a_0，再试算，直到 $q_1=q_2$ 或误差很小为止。

上游坝面附近的浸润线还需作适当修正，自水面线与坝面交点 A 作与坝面正交的平滑曲线，并使曲线下游端与计算所求得的浸润线相切于 A' 点。

② 下游坝脚有贴坡式排水的情况

当下游坡脚设贴坡式排水时，因它基本上不影响坝体浸润线的位置，浸润线的计算方法与不设排水的情况相同。因所算得的浸润线在下游坝面的出口往往很高，所以贴坡式排水也需要设置得很高，以防止渗流将坝体细小颗粒带走而发生管涌破坏。

(2) 心墙土坝的渗流计算

一般将心墙简化为等厚的矩形断面，如图4-13所示，其厚度取顶部和底部厚度的平均值 $\delta=(\delta_1+\delta_2)/2$。心墙上游的坝壳因渗流的流速很小，其浸润线与库水面相近。设心墙下游在反滤层中的浸润线高度为 h，心墙的渗透系数为 K_c，则心墙段的渗流量为

$$q=\frac{K_c(H_1^2-h^2)}{2\delta} \tag{4-19}$$

若下游坝脚有堆石排水，可近似地将下游水面与堆石内坡的交点 A 作为浸润线逸出点，设坝壳的渗透系数为 K，则下游坝壳段的渗流量为

$$q=\frac{K(h^2-H_2^2)}{2L} \tag{4-20}$$

联立上述两式，可解得 h 和 q。下游坝壳的浸润线方程为

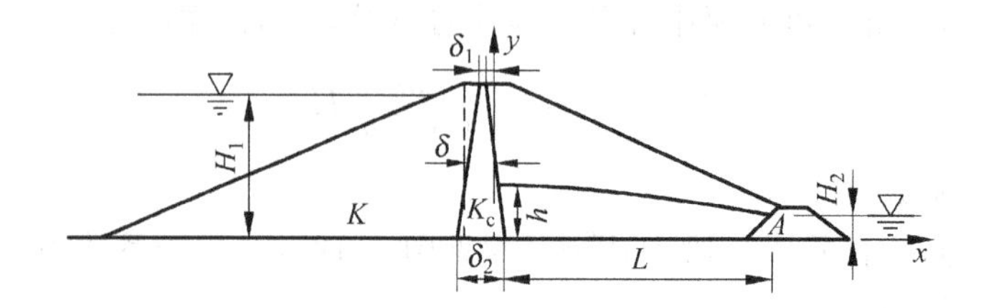

图 4-13 心墙土坝的浸润线计算简图

$$x=\frac{K(h^2-y^2)}{2q} \tag{4-21}$$

(3) 斜墙土坝的渗流计算(图 4-14)

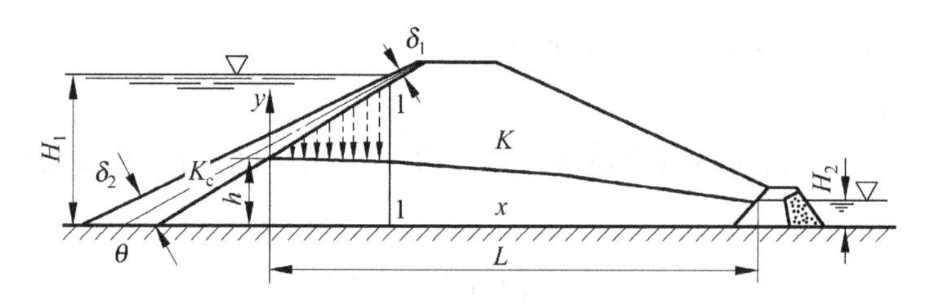

图 4-14 斜墙土坝的浸润线计算简图

设斜墙的渗透系数为 K_c,也将斜墙简化为等厚斜墙,其厚度为 $\delta=(\delta_1+\delta_2)/2$。设在反滤层处的浸润线高度为 h,在此以上的斜墙渗流量为 q_1,斜墙上部的水头损失取平均值 $(H_1-h)/2$,则

$$q_1=\frac{K_c(H_1-h)^2}{2\delta\sin\theta} \tag{4-22}$$

式中:θ——斜墙中心轴与水平面的夹角。

斜墙下部的水头损失为 H_1-h,其单宽渗流量为

$$q_2=\frac{K_c(H_1-h)h}{\delta\sin\theta} \tag{4-23}$$

上、下部之和即为总的单宽渗流量

$$q=\frac{K_c(H_1^2-h^2)}{2\delta\sin\theta} \tag{4-24}$$

设斜墙下游坝壳的渗透系数为 K,其单宽渗流量近似为

$$q=\frac{K(h^2-H_2^2)}{2L} \tag{4-25}$$

联立式(4-24)、式(4-25),可求得 h 和 q。下游坝壳的浸润线方程为

$$x=\frac{K(h^2-y^2)}{2q} \tag{4-26}$$

2) 透水地基上的土坝渗流计算

透水地基一般指砂砾石覆盖层等渗透系数较大的地基。若透水地基较浅,一般在防渗体部位将

此透水地基挖除，代之以粘土或其他防渗材料。如果地基回填的防渗材料与坝体的防渗材料相同，这种土石坝的浸润线计算方法同上；如果材料不相同，则将不同材料防渗体的单宽渗流量叠加作为总的单宽渗流量，列出总单宽渗流量相等的平衡方程，联立求解所待求的未知量。

对于透水地基较深的情况，在早期的土石坝工程，基本上采用水平铺盖的办法增加渗径，以满足渗透稳定的要求。设坝壳和地基的渗透系数分别为 K 和 K_0。当铺盖及坝体防渗结构的渗透系数比 K 和 K_0 小很多时，可认为几乎是不透水的，图 4-15 所示的竖线 AB 的上游和下游的单宽渗流量分别为

$$q_{上} = \frac{K_0(H_1 - h)T}{n_1(L_B + m_1 h)} \tag{4-27}$$

$$q_{下} = \frac{K(h^2 - H_2^2)}{2L} + \frac{K_0(h - H_2)T}{L + 0.44T} \tag{4-28}$$

式中：T——透水地基的厚度；

m_1——粘土斜墙下游反滤层的边坡系数；

n_1——考虑进口流线弯曲影响的渗径修正系数，如表 4-5 所列。

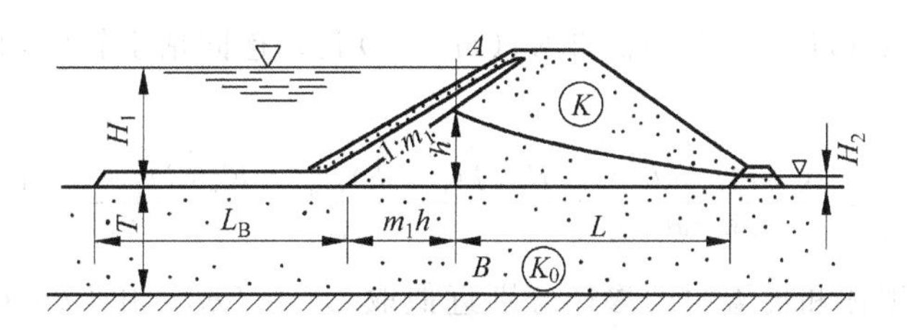

图 4-15 有铺盖土石坝的渗流计算

表 4-5 渗径修正系数 n_1

$(L_B + m_1 h)/T$	20	5	4	3	2	1
n_1	1.025	1.09	1.115	1.15	1.22	1.435

联立式(4-27)、式(4-28)，用试算法可求得 h 和 q。

当铺盖及坝体防渗结构与坝壳和地基的渗透系数相差不多时，应考虑铺盖和坝体防渗结构的渗流量，水力学方法需要复杂的计算，而且精度较差，宜用有限元渗流计算。

当地基漏水很严重时，铺盖的防渗效果和水库的蓄水效益很差。我国自从 20 世纪 60 年代成功地采用混凝土防渗墙技术以后，基本上或很少采用铺盖的办法了，自此以后，在较深的覆盖层上建造的土石坝，河床坝基的防渗处理大多数采用混凝土防渗墙，应重点掌握这类土石坝渗流计算的方法。为了说明这种土石坝渗流计算的水力学方法，这里以粘土斜墙坝作为例子。

仍设斜墙的渗透系数为 K_c，也将斜墙简化为等厚，厚度为 $\delta=(\delta_1+\delta_2)/2$，斜墙内坡脚至下游水位在排水棱体上游坡交点的水平距离为 L，砂石坝体浸润线在上游高度为 h，见图 4-16。

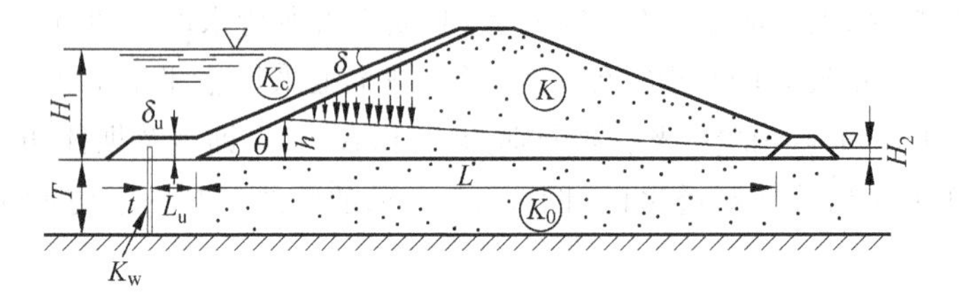

图 4-16 带有混凝土防渗墙的斜墙坝渗流计算

为避免或减小斜墙可能向上游的滑移（如在库水位骤降或空库的情况下）对混凝土防渗墙的影响，也为了减少施工干扰、加快施工进度，混凝土防渗墙不直接做在粘土斜墙的坡脚处，而需要向上游平移某一长度，需要有一段水平的粘土防渗体，以便做好防渗衔接，如图 4-16 所示。设自防渗墙向下游的粘土水平段长度为 L_u，其厚度为 δ_u，渗透系数同粘土斜墙的渗透系数 K_c；又设混凝土防渗墙的渗透系数为 K_w，其厚度为 t，河床覆盖层的厚度为 T；根据达西定律，通过粘土水平段和混凝土防渗墙的单宽渗流量分别为 $K_c(H_1-h)L_u/\delta_u$ 和 $K_w(H_1-h)T/t$，连同粘土斜墙，通过防渗体总的单宽渗流量为

$$q_1=\frac{K_c(H_1^2-h^2)}{2\delta\sin\theta}+\frac{K_c(H_1-h)L_u}{\delta_u}+\frac{K_w(H_1-h)T}{t} \tag{4-29}$$

设下游水深为 H_2，砂石坝体和覆盖层的渗径分别近似取 $L-0.5m_1h$ 和 $L_u+L+0.44T$，它们的渗透系数分别为 K 和 K_0，单宽砂石坝体和覆盖层总的渗流量为

$$q_2=\frac{K(h^2-H_2^2)}{2(L-0.5m_1h)}+\frac{K_0(h-H_2)T}{L_u+L+0.44T} \tag{4-30}$$

因 $q_1=q_2=q$，联立这两式求解或试算法可解得 h 和 q。

对于粘土心墙坝在覆盖层透水地基设置混凝土防渗墙的情况，可将 $\theta=90°$、$m_1=0$ 和 $L_u=0$ 代入上述两式，仍可解得 h 和 q。

2. 流网法

流网法是一种图解法。对于坝内不同材料接合处和复杂边界形状、边界条件的情况，水力学方法难以得出精确解；而流网法可较方便地绘制流网图，求得任一点的渗压、渗流坡降、渗流流速和断面渗流量，其精度尚能满足设计要求。

绘制流网时，可应用流网的一些基本特性（参见图 4-17）：①等势线和流线互相正交；②流网各个网格的长宽比保持为常数时，则相邻等势线间的水头差相等，各相邻流线间通过的渗流量相等；③上游水位下的坝坡和库底以及下游水位下的坝坡和库底均为等势线，总水头等于坝上、下游的水位差；④坝下不透水层面为一流线；⑤浸润线为一流线，线上各点的水头等于该点的 y 坐标；⑥渗流在下游坝坡上的逸出段与浸润线一样，其压力等于大气压，各点水头也随几何坐标 y 而变化；⑦在两种渗透系数不同的土层交界面上[参见图 4-17(b)]，流线间的夹角成如下的关系

$$\frac{\tan\alpha_1}{\tan\alpha_2}=\frac{K_1}{K_2} \tag{4-31}$$

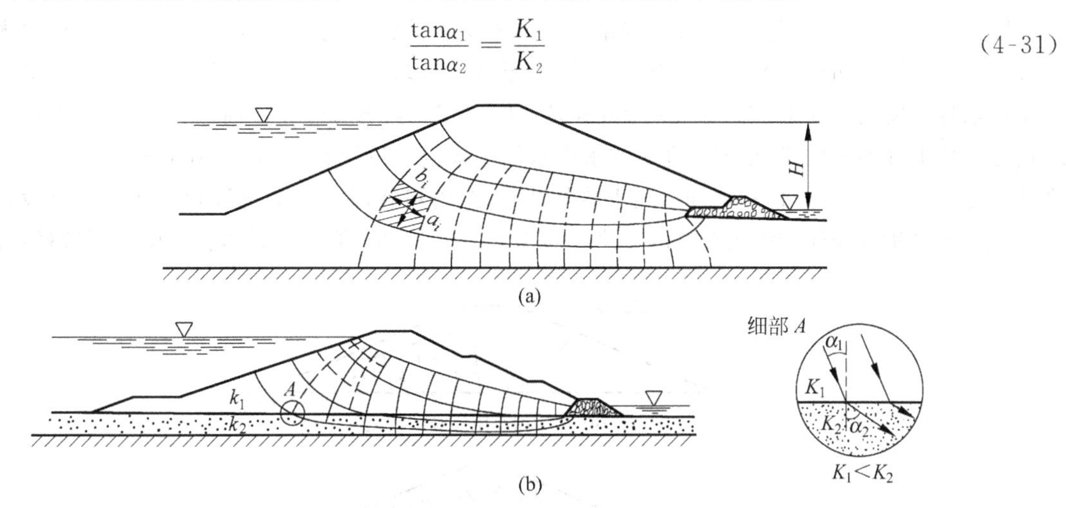

图 4-17　流网特性图

设上、下游的总水头 H 被等势线分割成 m 个分格，各分格的水头差 ΔH 相同；渗流边界内的区域被流线分割成 n 个分格，各分格通过的渗流量相同，则各网格流线和等势线的边长保持相同的比例。如：某计算点所在网格 i 的流线和等势线的平均边长分别为 a_i 和 b_i，则该网格内渗流的平均水力坡降 J 和平均流速 v 以及通过全断面的单宽渗流量 q 分别为

$$J_i=\frac{H}{a_i m},\quad v_i=KJ_i=K\frac{H}{a_i m},\quad q=KH\frac{b_i}{a_i}\frac{n}{m} \tag{4-32}$$

如为正方形网格，则式中 $a_i=b_i$。

图 4-18 是几种不同类型的土坝流网图，可供参考。

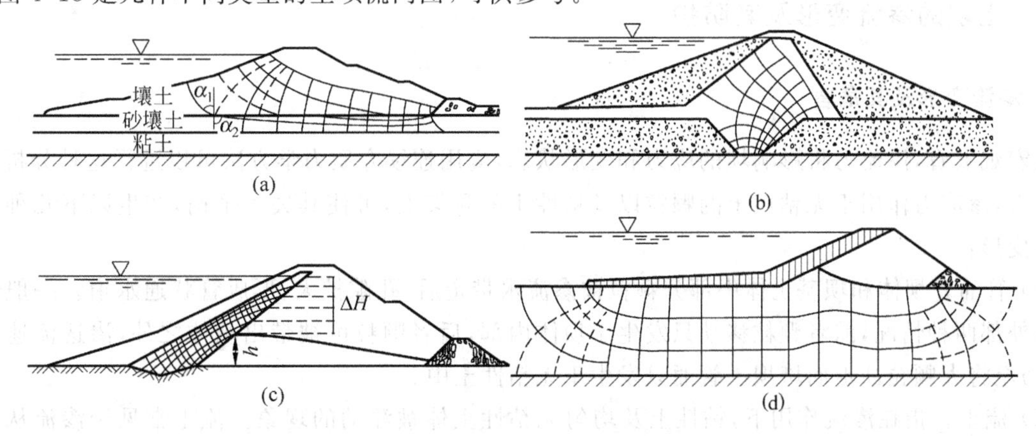

图 4-18　几种不同类型土坝的流网图

当水库水位以较快速度下降时，浸润线来不及相应降低，在渗流水头作用下，坝体内一部分孔隙水将从上游坝坡渗出，影响上游坝坡的稳定。此时渗流成为不稳定渗流，渗流参数随时间而变化。这种情况一般采用近似方法处理。有的文献根据坝身土体渗透系数 K 与库水位下降速度 v 的比值大小，将渗流分为急降与缓降两种请况。令 c 为一参数，对于透水性较强的砂性土，当 $K\approx10^{-3}\text{cm/s}$ 时，取 $c=5$；对于透水性较弱的粘性土，当 $K\approx10^{-6}\text{cm/s}$ 时，取 $c=12$。当 $K/v<0.1c$ 时，属于急降情况，可假设浸润线仍为水位下降前的位置，根据下降后的水库水位按稳定渗流绘制流网[如图 4-19(b)所示]，核算上游坝坡稳定。当 $K/v=(0.1\sim60)c$ 时，属于缓降情况，此时可将库水下降过程划分成若干时段，分别按稳定渗流近似分析浸润线和渗流参数的变化。而当 $K/v>60c$ 时，则可不计水位下降对坝坡稳定的影响。

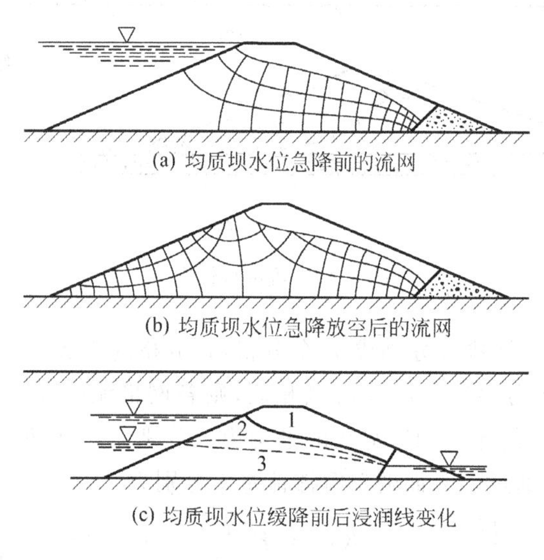

图 4-19 库水位下降时渗流情况的变化

4.3.3 土坝的渗流变形及其防护

1. 渗流变形及其危害

从宏观上看，渗流力将影响坝的应力和变形状态，应用连续介质力学方法可以进行这种分析。从微观上看，渗流力作用于无粘性土的颗粒以及粘性土的骨架上，可使其失去平衡，产生以下几种形式的渗流变形：

(1) 管涌。坝体和坝基土体中部分颗粒被渗流水带走后，孔隙扩大，形成管状通水道。一般分为内部与外部两种情况，前者颗粒移动只发生于坝体内部，后者颗粒可被带出坝体之外，渗透流速越来越大，乃至将大颗粒冲走而垮坝。管涌只发生于无粘性土中。

(2) 流土。指在渗流作用下，粘性土及均匀无粘性土体被浮动的现象。流土常见于渗流从坝下游逸出处。

(3) 接触冲刷。指细粒土(砂土或粘土)与粗粒土交界面上,细粒土被渗流水冲动发生破坏的现象。此时渗流方向与交界面平行。

(4) 剥离。指粘性土与粗粒土接触面上,由于渗流作用使土颗粒与整体结构分离的现象。剥离可发生于粘性土与反滤层交界面处。

(5) 化学管涌。指土体中的盐类被渗流水溶解带走的现象。

以上前两种渗流破坏较为常见。土石坝的防渗设计在于选择好筑坝土料以及坝的防渗结构形式、过渡区和排水反滤等,防止渗流变形对坝的危害。防渗体用以控制渗流,减小逸出坡降和渗流量。过渡区用以实现心墙或斜墙等防渗体与坝壳土料的可靠连接,并防止渗流变形。反滤则是实现坝体、坝基与排水的连接,防止管涌及流土。防渗设施构成防止渗流变形的第一道防线,但不易做到完全有效,所以必须同某种形式的反滤和排水设施相结合,以增加第二道防线,并保护第一道防线。

2. 渗流变形的防护标准

为保持坝的渗流稳定,应查明坝体与坝基内的管涌土、易渗流变形土及其范围,确定使其发生渗流变形的临界坡降、相应的容许坡降以及不致造成危害的可被渗流水带走的细粒土的百分比。进行渗流稳定性的评价,主要依靠实验找出必要的规律。不同研究者给出的计算公式很多,读者可参考有关的设计手册。这里列出前苏联水工科学研究院 ВНИИГ 给出的判断管涌、流土的公式供参考。

(1) 管涌。取决于土的颗粒组成和渗流坡降。土体中渗流通过的最大孔隙 d_0(cm)可按式(4-33)确定。

$$d_0 = 0.455(1+0.057)\eta^{1/6}\frac{n}{1-n}d_{17} \tag{4-33}$$

式中:d_{17}——级配曲线中含量少于17%的土粒最大粒径,cm;

η——不均匀系数;

n——孔隙率,即单位土中孔隙所占的百分比。

可被渗流水带走的最大土粒粒径为 $d_c=0.77d_0$,如土的颗粒组成中只有不到3%~5%的土粒粒径小于 d_c,则这种土可看作非管涌土。

能将粒径 d_c 的土粒带走的渗流临界坡降 J_c 为

$$\left.\begin{aligned} J_c &= \varphi_0 d_c\sqrt{ng/(\nu K)} \\ \varphi_0 &= 0.6\left(\frac{\gamma_s}{\gamma_0}-1\right)[0.82-1.8n+0.0062(\eta-5)]\sin\left(30^\circ+\frac{\theta}{8}\right) \end{aligned}\right\} \tag{4-34}$$

式中:ν——水的动粘滞系数,m^2/s;

θ——渗流水流向与重力之间的夹角;

γ_s、γ_0——分别为土粒容重和水容重;

K——渗透系数。

(2) 流土。分无粘性土与粘性土两种情况。如果含量3%以下的细粒土的粒径 d_3 与粗粒土的平均粒径 D_a(以下用 D 表示粗粒土或反滤料的代表粒径,以 d 表示细粒土或被保护土的代表粒径)成

立如下关系，则在交界面上不可能发生无粘性土的流土

$$\left.\begin{aligned} &D_a/d_3 \leqslant 5.4 \\ &D_a = 0.455\eta^{1/6}\frac{n}{1-n}D_{17} \end{aligned}\right\} \tag{4-35}$$

当不均匀系数 $\eta \leqslant 10$ 时，下游无压重的无粘性的临界逸出坡降为

$$J_c = (1-n)(\gamma_s/\gamma_0 - 1) + 0.5n \tag{4-36}$$

对粘性土又分为完整型和有裂缝型两种情况。塑性指数 $I_p \geqslant 5$ 的完好粘性土，设有反滤时，不发生流土的容许渗流坡降为

$$J_a = \frac{1}{\varphi}\left(\frac{0.34}{D_0^2} - 1\right) \tag{4-37}$$

式中：D_0——反滤料中渗流通过的最大孔隙，cm，按式(4-33)计算；

φ——系数，如表 4-6 所示。

表 4-6　φ 与 D_0 的关系

D_0(cm)	…	0.1	0.2	0.3	0.4	0.5	0.55	0.583
φ	…	0.50	0.46	0.42	0.32	0.18	0.08	0

对有裂缝的粘土，为了不使裂缝扩大，粘性土粒能在其中淤填，对反滤料的要求是

$$\frac{D_{17}}{d_{90}} \leqslant \frac{26.5(1-n)}{n\eta^{1/6}} \tag{4-38}$$

式中：n、η——反滤料的孔隙率和不均匀系数。

4.4　土石坝的稳定分析

学习要点

1. 土石坝的稳定分析主要是指坝坡的稳定分析，它关系到大坝安全程度和大坝的工程量。
2. 应重点掌握毕肖普(Bishop)法或简化的毕肖普法。

4.4.1　稳定分析方法

稳定分析是确定坝的设计剖面和评价坝体安全的主要依据。稳定分析的可靠程度对坝的经济性和安全性具有重要影响。土是一种具有强非线性性质的材料，目前，人们对土坡失稳破坏机理的研究

还不够充分，工程上采用的土坡稳定分析方法，主要是建立在极限平衡理论基础之上的。

极限平衡理论的一个基本假设，就是把土看作理想塑性材料，达到极限平衡状态时，土体将沿某一破裂面产生剪切破坏而失稳。《碾压式土石坝设计规范》SL 274—2001 规定：土石坝的稳定分析应采用刚体极限平衡法。

在20世纪，一些学者和研究人员提出过不同的稳定分析方法，以确定土体中具有最小安全系数的可能滑动面的位置和形状。现主要简述如下。

1. 简单条分法——瑞典圆弧法

这一方法于1916年首先由瑞典彼得森提出，故常简称为瑞典圆弧法。该法假定土坡失稳破坏可简化为一平面应变问题，破坏滑动面为一圆弧面(如图4-20所示)，将面上作用力相对于圆心形成的阻滑力矩与滑动力矩的比值定义为土坡的稳定安全系数。计算时将可能滑动面以上的土体划分成若干铅直土条，略去土条间相互作用力的影响，可以计算出作用于土条底面上的法向力和阻滑力。

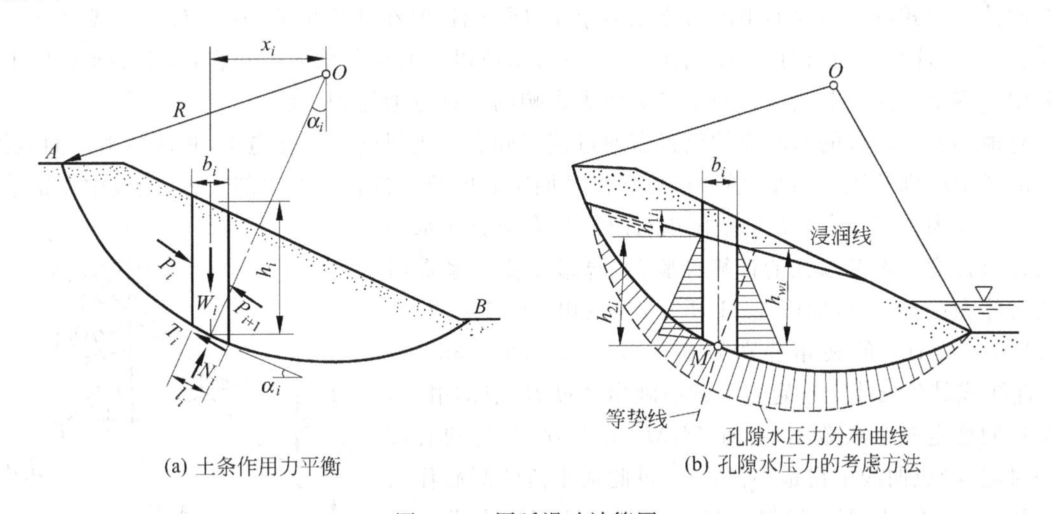

(a) 土条作用力平衡　　(b) 孔隙水压力的考虑方法

图4-20 圆弧滑动计算图

简单条分法可进行有效应力分析，也可进行总应力分析。有效应力分析稳定安全系数 K_c 的计算公式如下

$$K_c=\frac{\sum\left[c'_i l_i+(W_i\cos\alpha_i-u_i l_i)\tan\phi'_i\right]}{\sum W_i\sin\alpha_i} \tag{4-39}$$

式中：i——下标，代表土条编号；

W_i——第 i 土条重量；

u_i——第 i 土条孔隙水压力；

l_i、α_i——分别为第 i 土条底滑裂面的长度和坡角，坡角以倾向滑动方向为正；

c'_i、ϕ'_i——第 i 土条底滑裂面的有效抗剪强度指标。

若进行总应力分析，则略去式(4-39)中含 u 的项，将 c'、ϕ'换成总应力强度指标。

当土坡中有渗流水存在时，应计入渗流对稳定的影响。此时，在计算土条重量 W_i 时，对浸润线以下的部分取饱和容重，浸润线以上的部分取湿容重，u 取为土条底部沿滑动面上的渗流水压力，按等势线求出。假设土条两侧的渗流水压力基本上平衡，则稳定安全系数的计算公式为

$$K_c = \frac{\sum c'_i l_i + \sum b_i(\gamma h_{1i} + \gamma_m h_{2i} - \gamma_0 h_{wi}/\cos^2\alpha_i)\cos\alpha_i \tan\phi'_i}{\sum b_i(\gamma h_{1i} + \gamma_m h_{2i})\sin\alpha_i} \tag{4-40}$$

式中：γ、γ_m——土的湿容重和饱和容重；

γ_0——水容重；

h_{1i}、h_{2i}——土条在浸润线以上和以下的高度；

h_{wi}——土条底部中点的渗流水头，作用方向与土条滑动面相正交；

b_i——土条宽。

有的计算公式将式(4-40)中的渗流压力 $\gamma_0 h_{wi}$ 项取消，但在计算抗滑力时，对浸润线以下的土条采用浮容重，在计算滑动力时，将浸润线以下、下游水位以上的土条采用饱和容重，下游水位以下的土条仍采用浮容重。这是对式(4-40)中渗流压力影响的一种近似处理方法。

具有最小安全系数的滑动面的位置需通过试算确定。土料的粘聚性愈强，相应的滑动面愈深，无粘性土的滑动面则较浅。初步试算时，可将滑动面圆心的位置选在坝坡中部上方、坡线中点铅垂线与法线之间半径为(1/2～3/4)L 的范围内，此处，L 为坝坡在水平面上的投影长度。参考以往的计算经验，试算最小安全系数滑动面的具体做法是：(1)如图 4-21 所示，先找出 M_1、M_2 两点，M_2B_1、M_2A 与 AB_1 的夹角分别为 $\beta_1=25°\sim26°$、$\beta_2=35°$，在 M_1M_2 连线或其延长线上选定若干圆心画出经过 B_1 点的滑弧，求各圆弧的稳定安全系数 K_i 标在 M_1M_2 的上方，并与圆心位置一一对应，绘成曲线求得最小值；(2)过此最小值的圆心作与 M_1M_2 垂直的直线 N_1N_1，类似上述方法可在 N_1N_1 上求得过 B_1 点的滑弧的最小安全系数；(3)同上述(1)、(2)两步，求得滑出点为 B_2、B_3 等滑弧的最小安全系数一一对应地标于各 B_i 点的上方，连成曲线求得最小值，即为此坝坡总的最小安全系数。

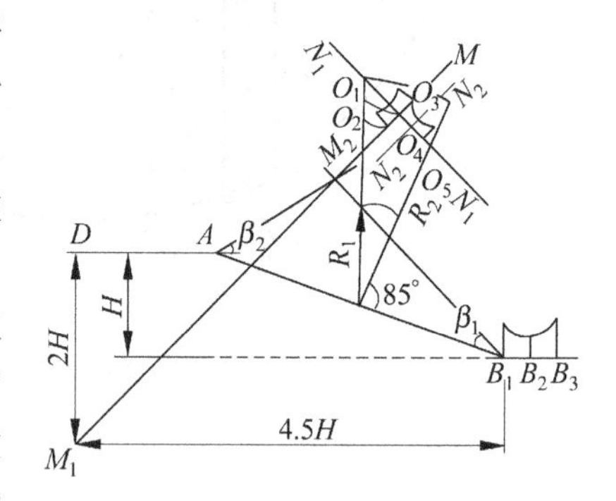

图 4-21　最小安全系数的圆心位置

瑞典圆弧法或简单条分法，没有考虑土条间的相互作用力，也没有考虑剪切破坏过程中孔隙水压力变化的影响，当外水位较低、孔隙水压力较大、某些土条底坡角 α_i 较大时，有效应力可能小于零，使计算结果有些不合理，这是此方法的主要缺点之一。

2. 毕肖普(Bishop)法和简化的毕肖普法

简单条分法不满足每一土条力的平衡条件，一般使计算出的安全系数偏低。毕肖普法作了

改进，近似考虑土条间相互作用力的影响，计算简图如图4-22所示。图中 E_i 和 X_i 分别表示土条间的法向和切向力；W_i 为土条自重，在浸润线上、下分别按湿容重和饱和容重计算；Q_i 为水平地震力，V_i 为竖向地震力，Q_i 到滑弧圆心的竖向距离为 e_i，在圆心之下为正；N_i 和 T_i 分别为土条底部的总法向力和总切向力，$N'_i=N_i-u_il_i$ 为土条底部的有效法向压力，其余符号如图4-22所示。

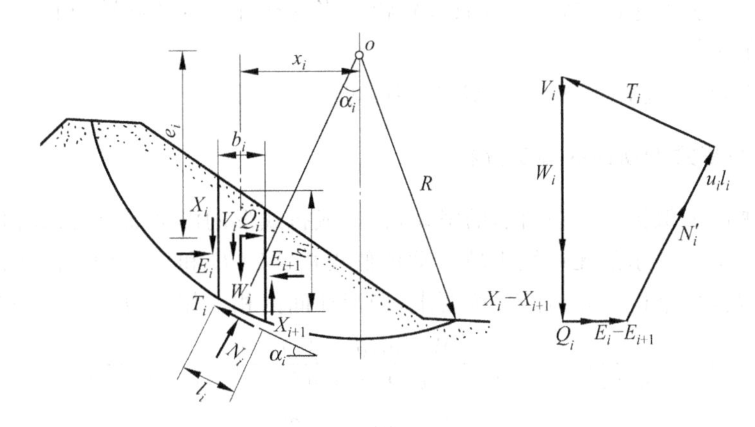

图4-22 毕肖普法滑弧计算简图

根据摩尔-库仑条件，条块底面的剪力应有

$$T_i=\frac{1}{K_c}[c'_il_i+(N_i-u_il_i)\tan\phi'_i] \tag{4-41}$$

将各条块作用力对滑弧圆心取矩并累计求和，因各条块间的相互作用力 E_i、X_i 大小相等，方向相反，故按极限平衡条件得

$$\sum(W_i\pm V_i)R\sin\alpha_i-\sum T_iR+\sum Q_ie_i=0 \tag{4-42}$$

将式(4-41)代入式(4-42)，得出

$$K_c=R\sum[c'_il_i+(N_i-u_il_i)\tan\phi'_i]\Big/\Big[\sum(W_i\pm V_i)R\sin\alpha_i+\sum Q_ie_i\Big] \tag{4-43}$$

由图4-22所示的一个条块作用力平衡条件，并利用式(4-41)的 T_i 代入求得 $N_i-u_il_i$，再代入式(4-43)，经整理得 n 个条块总滑弧体的抗滑稳定安全系数：

$$K_c=\frac{\sum_{i=1}^{n}\{[(W_i\pm V_i-u_ib_i+X_i-X_{i+1})\tan\phi'_i+c'_ib_i]\sec\alpha_i/(1+\tan\alpha_i\tan\phi'_i/K_c)\}}{\sum_{i=1}^{n}[(W_i\pm V_i)\sin\alpha_i]+\sum_{i=1}^{n}[Q_ie_i/R]} \tag{4-44}$$

上述毕肖普法需要试算 K_c 和很多条块的 X_i、X_{i+1} 是很繁琐的，这是它的缺点。

如果土条分得很细，可假定土条两侧的切向力相等，即 $X_i=X_{i+1}$，则计算大为简化，故称为简化的毕肖普法，其滑弧体的抗滑稳定安全系数为

$$K_c = \frac{\sum_{i=1}^{n}\{[(W_i \pm V_i - u_i b_i)\tan\phi'_i + c'_i b_i]\sec\alpha_i/(1+\tan\alpha_i\tan\phi'_i/K_c)\}}{\sum_{i=1}^{n}[(W_i \pm V_i)\sin\alpha_i] + \sum_{i=1}^{n}[Q_i e_i/R]} \tag{4-45}$$

许多计算表明，其结果与精确解很接近，故简化的毕肖普法比毕肖普法用得较多。

上式两端均含 K_c，仍需迭代求解，一般收敛较快。当选择好一定的旋转中心时，此法也可推广应用于非圆弧滑动面的土体。

对于非地震情况，将上述各式中的 V_i、Q_i 置零即可。

3. 折线滑动面与复式滑动面的稳定分析

无粘性土的坝坡以及保护层连同斜墙的滑动，常形成折线形的滑动面，可假设滑动体由若干楔形体组成，例如：图 4-23(a)所示的无粘性土坡滑动体假设由 $BCED$ 和 ABD 两个楔形体组成(这是最简单的计算情况)，根据各个楔形体力的平衡要求，楔形体间的相互作用力 P 应分别满足下列条件

$$P = \frac{W_1\sin(\theta - \phi'_1)}{\sin(\phi'_2 - \delta)\sin(\theta - \phi'_1) + \cos(\theta - \phi'_1)\cos(\phi'_2 - \delta)}$$

$$P = \frac{W_2\sin(\phi'_3 - \beta)}{\cos(\phi'_2 - \delta)\cos(\phi'_3 - \beta) - \sin(\phi'_2 - \delta)\sin(\phi'_3 - \beta)}$$

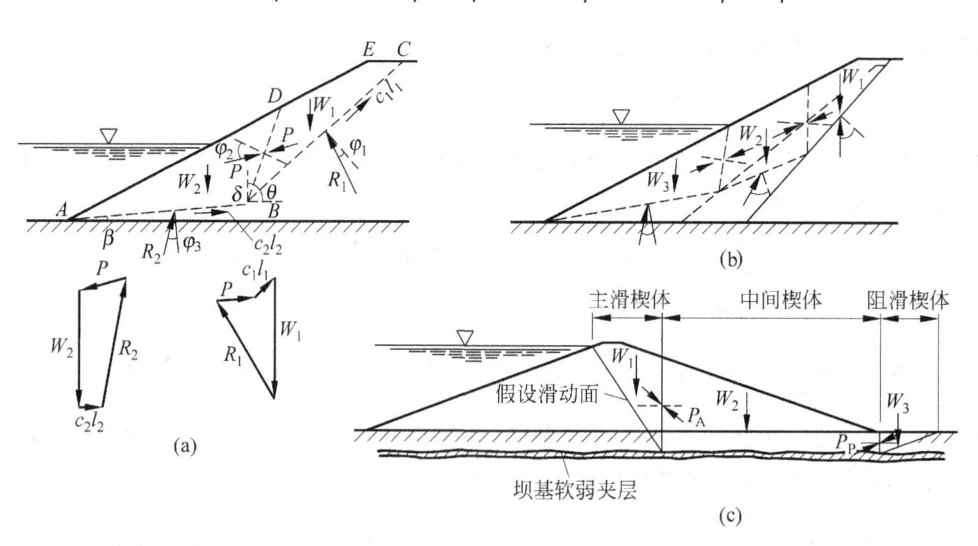

图 4-23 折线滑动面与复式滑动面

因两侧的 P 值应相等，从以上两式消去 P 得

$$\frac{W_1}{W_2}\cot(\phi'_3 - \beta) - \cot(\theta - \phi'_1) - \left(1 + \frac{W_1}{W_2}\right)\tan(\phi'_2 - \delta) = 0 \tag{4-46}$$

$$\phi'_1 = \arctan(\tan\phi_1/K_c),$$

$$\phi'_2 = \arctan(\tan\phi_2/K_c),$$

$$\phi'_3 = \arctan(\tan\phi_3/K_c),$$

式中：ϕ_1、ϕ_2、ϕ_3——由实验测出的抗剪强度参数。

由于滑动面与水平面的交角 β、θ 以及楔形体间交界面与竖直面的夹度 δ 等均为可变量，故式(4-46)需通过优化理论或数学规划法求解，简单问题亦可试算求解，找出最小的安全系数 K_c。求解时水位也应看作为一变量。

斜墙与保护层的稳定分析也可采用楔形滑动体方法。滑动面取为保护层与斜墙的交界面或是斜墙与坝体的交界面，因为两种土料接触面上的强度往往较低。稳定分析中视情况可将滑动体划分为三个楔形块或更多的楔形块，如图4-23(b)所示，但其基本计算原理是相同的。在相邻两种材料接触面上的抗剪强度应取这两种材料中的较小者，可根据两种材料抗剪强度相等时的法向应力 σ_c，在接触面上找到法向应力 $\sigma=\sigma_c$ 的 H 点(参见图4-24)，因 H 点以上的接触面上 $\sigma<\sigma_c$，故用非黏性土料的 ϕ 值(参见图4-25)，H 点以下因 $\sigma>\sigma_c$，故用黏性土料的 ϕ' 值和 c' 值。

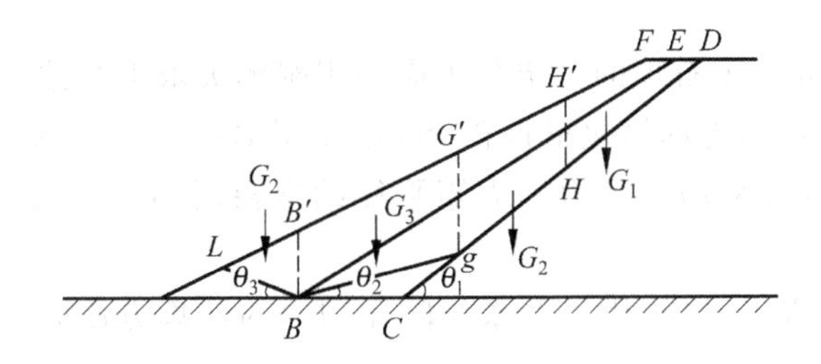

图 4-24 斜墙和保护层滑动的稳定计算图

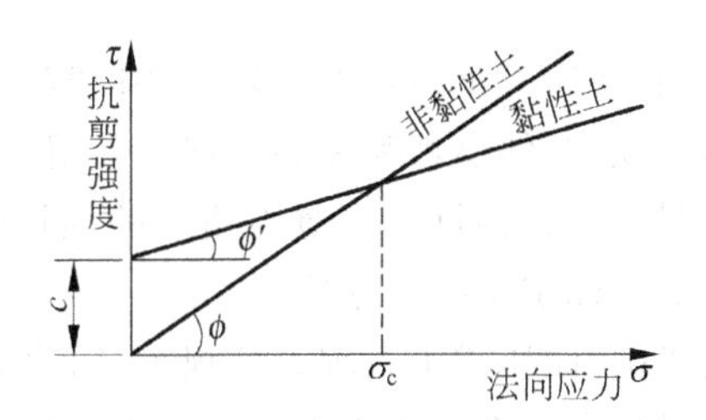

图 4-25 土料抗剪强度与法向应力的关系

当坝基中含有软弱夹层或软弱带时，常形成复式滑动面[图4-23(c)]。这时可以采用划分为楔形滑动块的方法，或是采用具有一定旋转中心的条分法进行稳定分析。

上述楔形滑动体的稳定分析方法可能不满足各个楔形块自身的力矩平衡条件，在某些情况下得出不合理的计算结果。这时，可修改滑动块的几何形状，增加滑动块的数目，或引入各块交界面上作用力的位置作为变量使之满足各分块的力矩平衡条件等加以改善。总之，稳定分析方法中人为的假定愈少，愈能严格地满足力和力矩的平衡条件，则计算结果也将愈接近实际。

4. 刚体极限平衡稳定分析方法综述

在最近20多年来，许多学者对稳定分析方法作了大量与深入的研究，从理论上加以完善并从计算方法上加以改进，使稳定分析方法有了很大的发展。

以极限平衡理论为基础的稳定分析方法，属于超静定问题，未知量的数目超过可能建立的方程数。为使问题可解，需要引入一些人为的假设，不同的假设形成不同的方法，同时也得到不同精度的计算结果。研究者们所作的努力是尽量使计算结果趋于合理。

一些研究者还对条间力的作用位置以及安全系数沿滑动面的变化规律等作出假定，提出了各种计算方法。总之，没有一种极限平衡的稳定分析方法是绝对准确的，或多或少都引入了关于条间力的一些假定，以满足一定的平衡要求。计算结果表明：如果滑动弧的前部不过分陡峭，则满足力矩平衡的简化毕肖普法也能给出良好的结果；不满足平衡条件的简单条分法则准确性较差，计算的抗滑稳定安全系数比简化毕肖普法约偏低 10%～40%。

为了搜索具有最小安全系数的危险滑动面的位置，发展了各种优化方法。此外，还发展了变分法技术，根据泛函的极值条件求解危险滑动面的形状和位置，求解滑动面上的法向应力分布。在稳定分析方法方面，除了极限平衡方法之外，还发展了极限分析方法，求得稳定安全系数的上、下限；同时，也发展了各种离散化的计算模型，如刚性块体有限元方法，非连续变形分析方法(DDA)等。读者可参阅有关文献。

一些研究者还探讨了稳定分析方法实际应用的有效性问题。土坡稳定分析一般按二维问题处理，实际上滑动体的侧面效应有时也不容忽视，宜按三维分析。

4.4.2 碾压式土石坝稳定分析标准

我国《碾压式土石坝设计规范》SL 274—2001 规定：土石坝的稳定分析应采用刚体极限平衡法；对于均质坝、厚斜墙坝和厚心墙坝宜采用计及条块间作用力的简化毕肖普(Simplified Bishop)法；对于有软弱夹层、薄斜墙坝、薄心墙坝的坝坡稳定分析，可采用满足力和力矩平衡的摩根斯顿-普赖斯(Morgenstern-Price)等方法。

按我国《碾压式土石坝设计规范》SL 274—2001 规定，当采用计及条块间作用力的计算方法时，坝坡抗滑稳定安全系数应不小于表 4-7 所列的数值。

表 4-7　土石坝坝坡抗滑稳定允许的最小安全系数

坝的级别	1	2	3	4、5
正常运用条件	1.50	1.35	1.30	1.25
非常运用条件Ⅰ	1.30	1.25	1.20	1.15
非常运用条件Ⅱ	1.20	1.15	1.15	1.10

注：正常运用条件是指：①水库水位处于正常蓄水位(或设计洪水位)与死水位之间各种水位下的稳定渗流期；②在上述水位范围内库水位经常性的正常降落；③抽水蓄能电站库水位的经常性变化和降落。
非常运用条件Ⅰ是指：①施工期；②校核洪水位下可能形成的稳定渗流情况；③库水位的非常快速降落。
非常运用条件Ⅱ是指：正常运用条件遇地震。

施工期(包括竣工时)的竣工剖面、施工拦洪剖面以及边施工、边蓄水过程的临时蓄水剖面一般都较小或单薄。这种工况粘性土坝坡和防渗体在填筑过程中产生的孔隙水压力一般来不及消散，故需考虑孔隙水压力对坝坡稳定不利的影响。在强震区这种工况还要与设计地震作用的 1/2 相组合。

稳定渗流期、上游为正常蓄水位或设计洪水位，下游分别为相应水位时下游坝坡的稳定。此时，地震作用只与正常蓄水位工况相组合。

水库自某一稳定的运行蓄水位快速降落至死水位、防汛水位或其他低水位过程中，需要考虑不稳定渗流所形成的孔隙水压力对上游坝坡稳定的影响。

新规范还规定，当采用不计及条块间作用力的瑞典圆弧法计算坝坡抗滑稳定安全系数时，对于1级坝正常运用条件最小安全系数应不小于1.30，其余情况应比表4-7相应的数值减小8%；在采用滑楔法作稳定计算时，若假定滑楔之间相互作用力为水平方向，所要求的安全系数亦同此规定的办法降低，若假定滑楔之间相互作用力平行于坡面和底滑面的平均坡度方向，则所要求的安全系数同表4-7的规定。

在以往的计算中，抗滑力往往取得偏小，滑动力往往取得偏大，材料的抗剪强度一般取低值，在施工后随时间逐渐压实固结，抗剪强度提高，实际安全系数将随时间而有所增加。

土坡失稳是一渐近破坏过程，在稳定分析中还应结合实际情况加强判断。土坡失稳时，破坏面上剪应力的分布也是很不均匀的，首先在某些点上达到和超过土的抗剪强度，大多数粘性土达到极限抗剪强度以后，随着应变增大，强度下降，这就使滑动面上所能发挥的平均抗剪强度比极限抗剪强度要低，对某些超固结粘土来说，尤为明显。所以，在土坡稳定分析中，土料特性的研究和抗剪强度指标的选择与分析方法的研究具有同样的重要性。

4.4.3 抗剪强度指标的测定和选择

1. 粘性土的抗剪强度

粘性土一般通过室内试验测定工程设计所需用的抗剪强度参数 c、ϕ。在三轴仪上可进行以下三种代表性的试验：

(1) 不固结不排水剪，代号UU。试样在剪切前不固结，在剪切过程中保持含水量不变。

(2) 固结不排水剪，代号CU。剪切前将试样固结，然后在不排水条件下剪切。

(3) 固结排水剪，代号CD。试样先进行固结，然后在排水条件下缓慢剪切，使孔隙水压力得以充分消散。

不排水剪在试验前和试验中含水量不变，保持试样原来的有效应力不变，可模拟地基固结速率慢于坝体填筑速率的施工状况，试验条件接近坝体竣工时的情况。这种试验通常用来测定坝体或坝基中非饱和土样的总强度指标 c_u、ϕ_u。如果坝基在施工过程中会浸水饱和，则应对试样浸水饱和。

固结不排水剪的试样只在剪切时产生孔隙水压力，而且可以准确测定，因此，可用来确定总强度指标 c_{cu}、ϕ_{cu}，也可用以确定有效强度指标 c'、ϕ'。

排水剪试样在试验过程的任一阶段都不发生孔隙水压力，其总应力总是等于有效应力。实际应用中可以认为排水剪的强度指标 c_d、ϕ_d 与固结不排水剪的有效强度指标 c'、ϕ' 基本一致。因为排水剪费时太长，所以其指标常用 c'、ϕ' 代替。但要注意到，固结不排水剪在剪切过程中试样的体积保持不变，而排水剪在剪切过程中试样体积一般要发生变化，二者是有差别的，只是这种差别目前还没有有效的修正办法。

直剪仪结构简单，操作方便，国内外在使用中积累了不少经验，有时也可用来测定抗剪强度指标。应用直剪仪可进行慢剪(代号S)、固结快剪(代号R)和快剪(代号Q)等三种试验。直剪仪的缺点是不能有效地控制排水，并且其剪切面积随剪切位移的增加而减少。我国土石坝设计规范规定，对3级以下的中低坝可用直剪仪的慢剪试验测定有效强度指标，其结果与三轴仪的排水剪测值相近。对透水性很强的土用直剪仪进行的快剪和固结快剪试验得不出有意义的结果。所以，规范规定，只对渗透系数小于10^{-7}cm/s或压缩系数小于0.2/MPa的土才用直剪仪的快剪或固结快剪试验测定3级以下中低坝的总强度指标，其数值与三轴仪的不排水剪或固结不排水剪结果相近。

2. 无粘性土的抗剪强度

无粘性土的透水性强，其抗剪强度取决于有效法向应力与内摩擦角，一般通过排水剪确定强度指标。对土石坝应按现场填筑的密实度与含水量制备试样，在浸润线以下采用饱和土的抗剪强度，在浸润线以上则采用湿土的抗剪强度。但核算水位降落期的稳定时，位于稳定渗流浸润线以下，降落水位浸润线以上的土体，也常偏保守地采用饱和土的抗剪强度指标。

3. 抗剪强度指标的选择

在各种计算工况下，土的抗剪强度指标应按规范要求加以选用，参见表4-8。表中符号S_t代表饱和度；K代表渗透系数。制备试样时，坝体部分采用填筑时的含水量和填筑密度，地基部分采用原状土。对工况B和C中浸润线以下部位的试样要预先饱和。

表4-8 土的抗剪强度指标选择

<table>
<tr><th>计算工况</th><th>计算方法</th><th colspan="2">土的种类</th><th>使用仪器</th><th>试验方法</th><th>强度参数</th></tr>
<tr><td rowspan="8">A(施工期)</td><td rowspan="6">有效应力法</td><td colspan="2" rowspan="2">无粘性土</td><td>直剪仪</td><td>S</td><td rowspan="6">c'、ϕ'</td></tr>
<tr><td>三轴仪</td><td>CD</td></tr>
<tr><td rowspan="4">粘性土</td><td rowspan="2">S_t<80%</td><td>直剪仪</td><td>S</td></tr>
<tr><td>三轴仪</td><td>UU*</td></tr>
<tr><td rowspan="2">S_t>80%</td><td>直剪仪</td><td>S</td></tr>
<tr><td>三轴仪</td><td>CU*</td></tr>
<tr><td rowspan="2">总应力法</td><td rowspan="2">粘性土</td><td>$K<10^{-7}$cm/s</td><td>直剪仪</td><td>Q</td><td rowspan="2">c_u、ϕ_u</td></tr>
<tr><td>任意K</td><td>三轴仪</td><td>UU</td></tr>
<tr><td rowspan="4">B(稳定渗流期)、C(水位降落期)</td><td rowspan="4">有效应力法</td><td colspan="2" rowspan="2">无粘性土</td><td>直剪仪</td><td>S</td><td rowspan="4">c'、ϕ'</td></tr>
<tr><td>三轴仪</td><td>CD</td></tr>
<tr><td colspan="2" rowspan="2">粘性土</td><td>直剪仪</td><td>S</td></tr>
<tr><td>三轴仪</td><td>CU*</td></tr>
<tr><td rowspan="2">C(水位降落期)</td><td rowspan="2">总应力法</td><td rowspan="2">粘性土</td><td>$K<10^{-7}$cm/s</td><td>直剪仪</td><td>R</td><td rowspan="2">c_{cu}、ϕ_{cu}</td></tr>
<tr><td>任意K</td><td>三轴仪</td><td>CU*</td></tr>
</table>

* 同时测定孔隙水压力。

下面对抗剪强度指标的选用作一些说明。

(1) 粘性土

对于粘性土在施工期与竣工时，按不排水剪或快剪测定的指标c_u、ϕ_u进行总应力分析将与实际情况比较接近。但是，坝体在施工期间一般都会在某种程度上得到固结，特别是较高的土坝，孔隙水压力会部分消散，按总应力分析将偏于保守。如通过实测或分析对施工过程中坝体中的孔隙水压力与固结的发展情况有所估计，则可以应用指标 c'、ϕ' 或 c_d、ϕ_d 进行有效应力分析。坝体或坝基中某点在施工期的起始孔隙水压力可通过不排水剪在相应的剪应力水平下测定。还要注意到在不排水剪试验中，对超固结土，当施加的荷载较小时，在剪切过程中会因剪胀而产生负的孔隙水压力，相应提高了有效抗剪强度，而目前对负孔隙水压力在现场能保持多长时间尚不能确切了解，为慎重起见，在总应力分析中常采用 CD 和 UU 的最小强度包线，如在 UU 试验中测定试样的孔隙水压力得到有效强度指标，也可用 CU 试验代替 CD 试验的强度指标。

对稳定渗流期，由于孔隙水压力可以根据渗流分析比较准确地确定，所以，采用有效应力强度指标进行有效应力分析具有良好的精度。但是，实际情况表明，对高塑性粘性土，在剪切过程中产生的孔隙水压力可能要占较大的比重，并有可能高于稳定渗流期的孔隙水压力。为了计入剪切过程中孔隙水压力变化的影响，可采用(CD＋CU)/2 强度包线的指标进行有效应力分析，甚至进一步加大 CU 包线指标的比重，但在小应力区则采用 CD 强度包线，不计负孔隙水压力的影响，以偏于安全。

水库水位降落期，由于水位降落后渗流的孔隙水压力基本上可以确定，所以也适于进行有效应力分析。此时，可采用 CD—CU 的最小强度包线确定抗剪强度指标，以消除负孔隙水压力的影响；如需考虑剪切过程的孔隙水压力变化，根据实际情况，也可采用最小的(CD＋CU)/2 与 CU 的强度指标。在中小型工程中，有时也用总应力分析法。

对于重要工程，粘性土抗剪强度指标的选择，还应注意填土的各向异性、应力历史以及蠕变等其他因素的影响。

(2) 非粘性土

对于非粘性土，三轴试验成果表明，对碾压堆石、砂砾石等粗粒无粘性土，内摩擦角随法向应力增加而减小，呈现明显的非线性现象。当前不少工程技术人员都在探讨研究非线性强度包线的影响。非线性强度包线有指数函数和对数函数两种模式，如式(4-47)、式(4-48)所示。

$$\tau = Ap_a(\sigma/p_a)^b \tag{4-47}$$

$$\phi = \phi_0 - \Delta\phi\lg(\sigma_3/p_a) \tag{4-48}$$

式中：τ——土的抗剪强度；

σ——土体滑动面上的法向应力；

p_a——大气压力；

ϕ——土的内摩擦角；

σ_3——土体中的小主应力；

A、b、ϕ_0、$\Delta\phi$——与土的性质有关的试验参数。

实际应用时可将坝体按应力大小分区，随应力的变化采用不同的抗剪强度指标。

目前应用非线性强度包线的经验不多，如何与现行稳定分析方法和安全系数配套有待于积累更多的资料。我国规范建议首先在1级高坝和混凝土面板堆石坝粗粒料的稳定分析中试行。

4.5 土石坝的应力应变分析

学习要点

土石坝的应力应变分析一般超出弹性分析范围，而且很复杂，远超出大学本科的要求，本节仅要求学生对此有一初步大致的了解。

土石坝应力应变分析的目的是：(1)分析土石坝在承载时的内力传递情况；(2)计算坝体的位移和沉降；(3)分析可能的滑动破坏过程；(4)研究坝体发生裂缝以及防渗体遭受水力劈裂的可能性；(5)分析坝体发生塑性流动的可能性。

应力分析首先需要选择好描述土的应力-应变关系的模型或称本构模型。目前研究得较深入的是以连续介质力学为基础的弹塑性本构模型。20 世纪 60 年代以来，许多研究者提出了一系列计算模型，这些模型在一定的条件下成功地描述了土的特性，但应用于工程设计仍有一定困难，主要是计算复杂，应用的参数较多，通过试验确定这些参数比较困难，更重要的则是缺乏足够数量的实际工程检验。因此土的本构模型还有待进一步发展完善。

在土石坝的应力分析中，目前应用较广泛的是邓肯-张(Duncan and Chang)模型。这是双曲线型非线性弹性模型，由康德纳(Kondner)于 1963 年提出，后经邓肯-张加以改进，根据三轴试验的应力-应变关系曲线整理得出的，主要反映了轴对称条件下土的应力-应变特性。这种模型比较简单，所需要的参数也比较容易获取，计算刚度矩阵方便，同时又能近似地反映土石材料的非线性特性。

邓肯-张模型是近似的本构关系，它不适于描述土的残余变形特性，不能反映土的剪胀性。应在深入了解其适用条件的基础上，参考现有工程经验选择计算参数，使之更好地反映现场条件下土的特性。我国沈珠江院士提出的三维弹塑性模型和高莲士教授提出的非线形解耦 K-G 模型，对上述问题做了深入的研究，与邓肯-张模型相比，具有较大的优越性。

对于高土石坝来说，土的非线性问题显得更为突出。图 4-26 为前苏联 300m 高的努列克坝一个设计剖面应力和变形的分析成果。坝体中央为土质心墙防渗体，坝壳料为砾卵石，均采用水平分层填筑，库水位分期上升。计算时采用平面有限元法结合局部变分法进行分析。

心墙的竖直位移一般比坝壳部分大[图 4-26(a)]，这是因为心墙土料的压缩性比较大，同时水库水压力主要由心墙承受之故。最大竖直位移发生在下部 $H/3$ 处(H 为坝高)。一般计算的土石坝最大竖直位移多发生在(1/2～1/3)H 范围内，原型观测结果也基本上证实了这一点。努列克坝址河谷比较狭窄，宽高比 $L/H\leqslant 2.5$，三维分析结果，最大竖直位移的点略高于 $H/3$，但低于 $H/2$。

水平位移的最大值发生在心墙上游面[图 4-26(b)]，并且沿坝高大体上均匀分布。沿心墙轴线的水平位移约占竖直位移的 75%～80%甚至 100%。

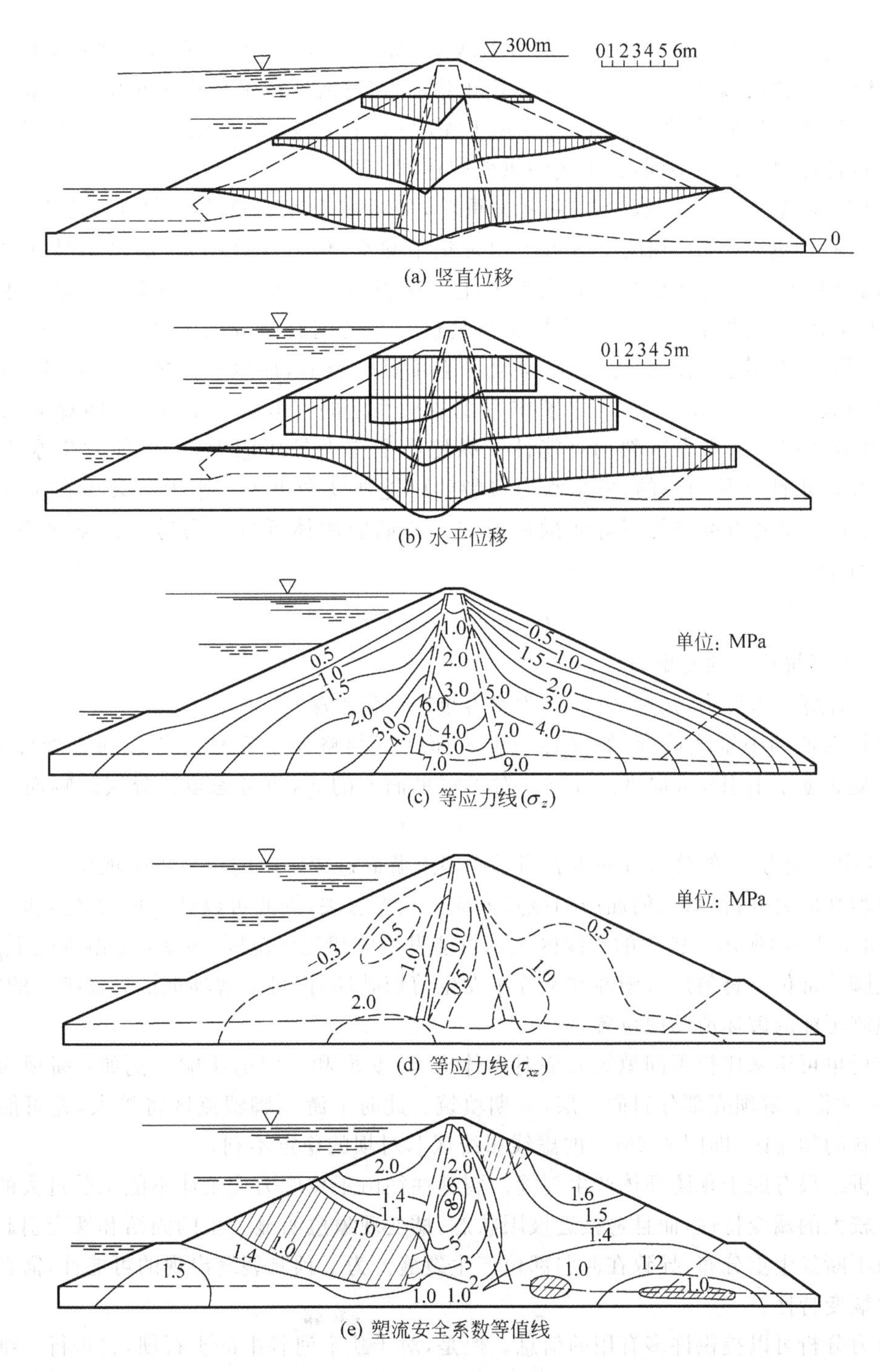

(a) 竖直位移

(b) 水平位移

(c) 等应力线(σ_z)

(d) 等应力线(τ_{xz})

(e) 塑流安全系数等值线

图 4-26　努列克心墙坝建造过程的应力和变形状态

具有比较重要意义的是竖向应力 σ_z 的等值线图[图 4-26(c)]。由于心墙和坝壳土料变形性质的不同,在坝体内形成“拱”效应,使心墙部位显著卸载,而在过渡区内形成应力集中。拱效应可使心墙中的竖向应力较之 $\gamma_s h$(γ_s 为填土容重；h 为填土深度)减小很多,甚至达到 60%,随心墙厚度以及心墙和坝壳土料特性的差异而不同,在本例中拱效应达到 25%。

心墙的应力状态对于防止水力劈裂至关重要,但目前对水力劈裂现象还缺乏比较深入的认识。在一些土石坝的事故中,坝的下游坡上出现集中漏水,值得注意的是,漏水不是在水库满蓄后立即发生,而是延迟几小时甚至几天后突然发生。这表明在水库水位上升以前,防渗体内并没有大的裂缝,但是在一定的条件下,水库水压力可使已存在的闭合裂缝张开或是产生新的裂缝,故称之为“水力劈裂”。尽管初始时裂缝很窄,甚至是看不见的裂缝,库水依然能够侵入其中,使裂缝加宽或形成新的裂缝。从设计观点看,如果作用在某平面上的有效应力趋于零,即总应力小于或等于水压力,就应考虑产生水力劈裂的可能性。纵使小主应力是压应力,也可能发生水力劈裂。若土料的变形和透水性不是均一的,发生水力劈裂的可能性就会更大。水力劈裂可在水库初次蓄水时出现,或者由于连续的不均匀沉降而随后发展。心墙防渗体抵抗水力劈裂的安全系数 K_f 可参考式(4-49)计算。

$$K_f = (\sigma_z + c_p)/p_w \tag{4-49}$$

式中：c_p——土抵抗拉裂的凝聚力；

p_w——计算点水压力,$p_w = \gamma_0 h_z$(γ_0 为水容重；h_z 为水深)。

计算可针对心墙中轴线进行,如按心墙上游面计算则略偏于安全。考虑到心墙外有过渡区,对裂缝有一定的愈合作用,可取 $K_f \geqslant 1.1$。对于水平面上的 c_p,应考虑填筑分层影响而将其值适当降低。

图 4-26 中剪应力 τ_{xz} 的分布进一步表明了心墙上游面过渡区内的应力集中现象。

根据弹塑性应力分析,材料的屈服和该点的应力状态有关,据此可以计算坝内各点抵抗塑流的安全系数,如图 4-26(e)所示。图中的影线区表示可能发生的塑流区范围,包括：上游坝壳下部,心墙底部和下游坝脚等部位。材料进入塑性并不等于发生剪切破坏,但可了解坝抵抗失稳破坏的安全储备,并可据此预测可能的破坏滑动面位置。

应力分析也可用来比较不同填筑方法对坝体应力、变形和稳定的影响。例如：高坝为满足提前蓄水的需要,常将下游坝壳部分斜向分层,分期填筑。此时下游坝脚塑流区将扩大,并可能在下游坝壳顶部出现新的塑流区[即图 4-26(e)的虚线影线区],对坝的稳定不利。

应力分析结果有助于预防坝体产生裂缝。裂缝往往由于拉应力或土体不能承受过大的变形而引起。土具有较大的蠕变特性,而且愈接近极限状态,蠕变现象愈明显。土的固结和蠕变引起很大的变形并使应力不断发生重分布,导致在薄弱部位产生裂缝。为了预测裂缝出现的可能性,需在应力分析中考虑土的蠕变特性。

二维应力分析可以提供许多有用的信息。但是,对于狭窄河谷中的土石坝,宜进行三维分析。

4.6　土石坝的沉降与裂缝分析

学习要点

掌握坝体沉降分析方法；学会对土石坝体各种裂缝原因分析和处理方法。

4.6.1　沉降分析

1. 坝体压缩变形量

土体被压缩产生沉降。对于粘性土可用压缩曲线进行沉降分析。计算时沿坝高分层，荷载逐级施加，根据每层荷载的变化和相应孔隙水压力的变化可以求得有效应力的变化，依据压缩曲线即可确定第 i 层孔隙比 e_i 的变化 Δe_i，据此即可求得各层的压缩量。总的沉降量为

$$S_c = \sum_i \frac{\Delta e_i}{1+e_i} h_i \tag{4-50}$$

式中：h_i——第 i 层的分层厚度。

孔隙比用常用对数表示为 $e \sim \lg\sigma'$ 的关系，在比较大的应力范围内经试验拟合为直线，其斜率称为压缩指数 C_c。若第 i 层中心在填筑和竣工时的有效应力分别为 P_{i1} 和 P_{i2}，则

$$\Delta e_i = C_c(\lg P_{i2} - \lg P_{i1})$$

对于非粘性土(砂、砾石等)坝体，沿高度分层，各层高度为 h_i，总沉降量近似为

$$S_s = \sum_i \frac{P_i}{E_i} h_i \tag{4-51}$$

式中：P_i—由填筑后的坝重引起第 i 层中心点的竖向应力，MPa；

E_i—第 i 层在筑坝过程中的平均变形模量，MPa。

上述公式没有考虑土的蠕变作用产生的沉降。粘土防渗体的沉降可在运行期延续较长时间，应考虑粘土的蠕变作用。非粘性土的沉降主要在荷载施加后短期内发生。

若在坝轴线最大坝高部位自下而上含有粘性和非粘性两种材料，则分别计算再求和，即

$$S_d = S_c + S_s \tag{4-52}$$

2. 地基压缩变形量

坝顶的沉降量除了计算坝体本身的压缩变形之外，还应考虑地基的压缩变形。由于地基各种土层的厚度和性质等资料往往是近似的，分布不均，难以作精确的计算，故可按如下近似的方法计算。

在计算地基压缩变形时，假定：(1)在筑坝前由于地基本身自重引起的压缩变形早已完成，在筑

坝后增加的变形量应由坝体的压重产生；(2)地基土料在压缩时不发生侧向膨胀；(3)坝体重力自上、下游坝坡脚竖直向下按45°扩散(如图4-27所示)，在每个水平断面上按三角形分布，其顶点与坝体自重合力作用线重合。

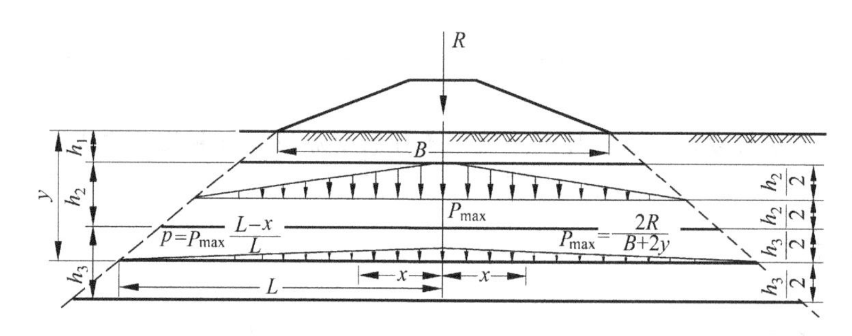

图 4-27 坝基竖向应力分布及沉降量计算

设坝体自重的合力为 R，坝底宽为 B，地基内，某一计算土层中心(1/2高度处)至坝底面的竖向距离为 y_i，在 y_i 深度处的最大竖向压应力为

$$P_{i\max} = 2R/(B + 2y_i) \tag{4-53}$$

在第 i 层与 $P_{\max}$ 距离为 x 处的竖向压应力为

$$P_i = P_{i\max}(L_i - x)/L_i \tag{4-54}$$

将 $P_{i\max}$ 和 P_i 代入式(4-50)至式(4-52)，可求得坝基面各点在坝体自重作用下的沉降量，记作 S_f。

坝顶或坝面各点总的沉降量应为

$$S = S_d + S_f \tag{4-55}$$

由于各种参数资料可能与实际有误差，勘测数据有限，再加上计算方法是很粗略的，故所算得的沉降量可能与实际有较大的偏差，在有条件时应作有限元应力应变分析，将算得结果进行比较和判断。当然有限元方法计算沉降量是否准确，也仍然取决于参数资料和计算模式的正确与否。

据以往工程实践的观测结果表明：一般土石坝在筑坝后的坝顶沉降量，若为坝高的1%以下，则坝体不发生裂缝；若超过坝高的3%，则多数坝体发生裂缝。可见，提高沉降计算的精确性，对于提高土石坝是否出现裂缝的预测和施工期坝顶的超高的准确性，具有重要的意义。

4.6.2 土石坝的裂缝控制

由于设计、施工不当等诸多方面的原因，土石坝中常常出现裂缝，而在渗流等因素的作用下，裂缝将进一步发展，威胁大坝的安全。自20世纪60年代以来，土石坝的裂缝控制受到普遍的重视，在国际范围内展开了一系列的研究。目前，裂缝的分析计算和裂缝的控制技术虽然有了很大的发展，但仍不够完善。研究和解决坝的抗裂问题，主要还是依靠半经验和半理论性的方法。

1. 裂缝的类型和成因

土石坝在建造和运行过程中一般都要发生较大的变形。在不利的地形和坝基土质条件下，可能产生局部过大的变形和应力。当变形和应力超过坝体材料的承受能力时就将产生裂缝。不利的变形是在土石坝中产生裂缝的主要原因。

变形裂缝按其形态可以区分为以下几种(见图 4-28)。

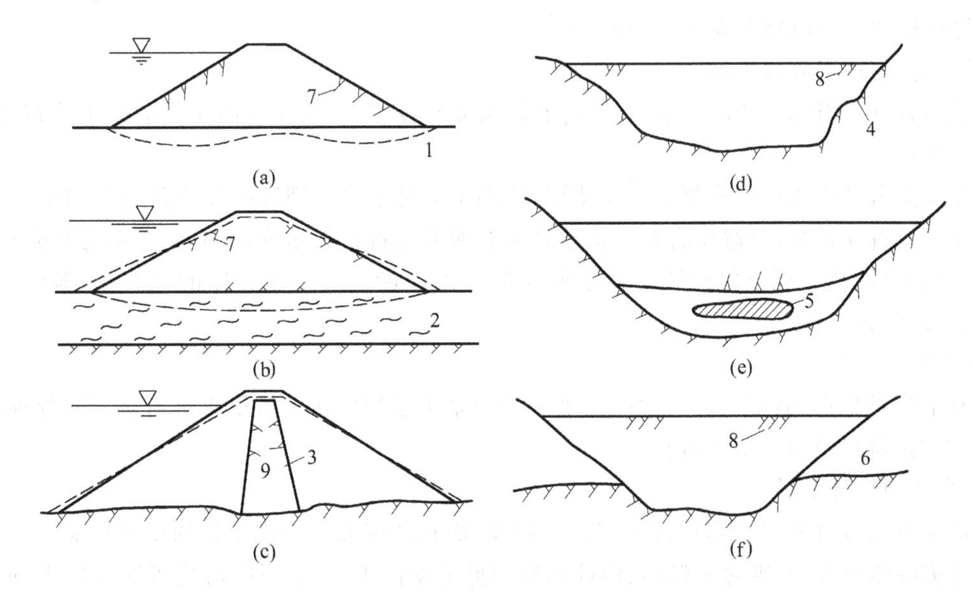

图 4-28　土石坝的裂缝

1—湿陷性黄土地基；2—高压缩性地基；3—压缩性大的粘土心墙；4—岸坡陡峻或突然变坡；5—地基内含有局部压缩性土层；6—两岸有湿陷性黄土；7—纵缝；8—横缝；9—水平缝

(1) 纵缝。走向大体上与坝轴线平行，多数发生在坝顶和坝坡中部。在心墙坝和多种土质坝中，由于心墙土料的固结比较缓慢，坝壳土料的沉降速度比心墙快，坝壳和心墙之间发生应力传递，在坝顶部出现拉应力区导致裂缝。这种裂缝多发生在接近竣工时，竣工初期，或初次蓄水等坝壳沉降变形较大的时候。裂缝形成后，应力释放，达到新的平衡，使其不再继续发展。土质斜墙坝的坝壳土料，如压实不足，沉降变形大，上部和下部沉降不均，都可使斜墙断裂，形成纵向裂缝。在高压缩性地基上也易形成坝坡面和坝内部的纵向裂缝。

(2) 横缝。走向与坝轴线垂直，多发生在两岸坝肩附近。当岸坡比较陡峻，或是岸坡地形突然变化时，都易发生这种裂缝。横缝常贯穿坝的防渗体，并在渗流作用下继续发展，因而危害极大。

(3) 内部裂缝。主要由坝体和坝基的不均匀沉降而引起。这是一种坝内裂缝，在坝体表面很难发现，它可能发展成为集中的渗流通道，危害性也很大。在粘土心墙坝中，坝壳沉降速度快，较早达到稳定，而心墙由于固结速度慢，还在继续沉降，坝壳将对心墙产生拱效应，使心墙中的竖向压应力减小，甚至可能由压应力转变为拉应力，从而产生内部水平裂缝。

地震区土石坝震害的主要形态是出现纵缝和横缝，这也是一种变形裂缝。此外，由于水力劈裂作用也可以产生裂缝。由于干缩和冻融作用产生的裂缝多发生于坝体表面，深度不大，危害性较小，且易于防治。

2. 裂缝的防治措施

1）改善坝体结构或平面布置

（1）将坝轴线布置成略凸向上游的拱形。

（2）根据需要适当放缓坝坡。

（3）采用具有适当厚度的斜心墙，在预计有较大差异变形处，以及与两岸或混凝土建筑物连接处将心墙适当加厚。

（4）在渗流出口处敷设足够厚度的反滤层，特别是对易于出现裂缝的部位要适当加厚。

（5）进行土料分区时，要避免将粒径相差悬殊的两种土料相邻布置，在粘土心墙与坝壳粗料之间设置较宽的过渡区，使不同土料间的变形特性逐步变化，上游面宜铺设较厚的堆石区，斜墙与下游坝壳之间也宜设置过渡层。

2）重视坝基处理

对不利的岸坡地形、软弱、高压缩性、易液化的坝基土层均应按下节要求进行必要的处理，以避免过大的不均匀沉降以及水力劈裂冲蚀。

3）适当选用坝身土料

土料的选择与设计不仅要考虑强度与渗透性能，而且还应充分重视土料的变形性能。

（1）对防渗体而言，砂砾含量较高、塑性指数较低的粘性土，充分压实后其压缩性较小，但适应变形的能力较低；相反，粘粒含量多、塑性指数高的粘性土，则适应变形的能力强而压缩性较高。故宜针对不同类型的防渗体，以及防渗体的不同部位，选用不同的土料。斜墙对不均匀变形比较敏感，对土料适应变形的能力要求较高，而由于所承受的荷载较小，对土料压缩性的要求则可以适当放宽。心墙的中上部对土料的要求与斜墙类似。但心墙的中下部承受的荷载较大，而不均匀变形的可能性较小，故对变形的要求可适当降低，对土料压缩性的要求则较高。

（2）对坝壳料，在浸润线以下不宜采用粉细砂以及粘性土或易软化变细的风化料，宜采用粒粗质坚、易于压实的砂砾、卵石、堆石，尽量减少其中细粒及泥质含量。

（3）对过渡区及渗流入口处宜填筑自动淤填土料。

（4）对可能的裂缝冲刷区宜采用抗冲刷性能好的优良反滤料。

4）采用合宜的施工措施和运行方式

（1）压实含水量对土的变形性能具有一定的影响。压实含水量稍高于最优含水量的粘性土，压实后主体压缩性较大，而适应变形的性能较好；反之，压实含水量略低于最优含水量的压实土体，其压缩性较低而适应变形的能力则较差。在坝体中、下部宜提高压实度，减小压缩性；河槽坝段中、上部的压实度也宜比两岸坝段稍高；两岸坝肩等易开裂区的防渗体宜填筑柔性较大，适应变形能力较强的塑性土。

(2) 心墙、斜墙上部，或易于开裂的部位，其填筑速率可适当放缓，以使下部坝体有比较充分的时间达到预期的沉降量。

(3) 当上游坝壳料易于湿陷时，宜边填筑边蓄水。

(4) 设有竖直心墙的土坝，其心墙、过渡段和坝壳三者上升的高度不宜相差悬殊。斜墙坝的下游坝壳则宜提前填筑，使沉降早日完成。

(5) 在施工间歇期要妥善保护坝面，防止干缩、冻融裂缝的发生，一旦发现裂缝，应及时处理。

(6) 运行期，特别是初次蓄水时，水位的升降速度不宜过快，以免坝体各部位的变形来不及调整，互不协调，产生高应力，同时避免出现水力劈裂。

3. 裂缝处理

对裂缝要查明性状，分析原因，根据其危害程度，分别采取不同的处理措施：

(1) 对表面裂缝，先用砂土填塞，再以低塑性粘性土封填、夯实。对深度不大的裂缝，也可将裂缝部位的土体挖除，回填含水量稍高于最优含水量的土料，分层夯实。

(2) 对深部裂缝，可进行灌浆处理，用低塑性粘性土或在其中加少量中、细砂等做灌浆材料自流或适当加压灌注，但要防止水力劈裂。对高的薄心墙及斜墙坝不宜采用高压灌浆。

(3) 对严重的裂缝，可在坝内做混凝土防渗墙(参见 4.7 节)。此法效果好，但施工时间长，造价高，在蓄水情况下施工，有较大风险，选用时要慎重，在施工时应适当降低蓄水位。

国内外一些土石坝，在裂缝控制方面收到了良好效果。迈卡、努列克、奥洛维尔等近代高坝自竣工以来，尚无开裂报道。我国 20 世纪 50 年代修建的南湾、大伙房等坝，运行以来未见明显裂缝。

4.7　土石坝的地基处理

学习要点

掌握防渗体与坝基连接的要求和土石坝砂砾石地基的处理方法。

土石坝底面积大，坝基应力较小，坝身具有一定适应变形的能力，坝身断面分区和材料的选择也具有灵活性，所以，土石坝对天然地基的强度和变形要求，以及处理措施所达到的标准等，都可以略低于混凝土坝。但是，土石坝坝基的承载力、强度、变形和抗渗能力等条件一般远不如混凝土坝，所以，对坝基处理的要求丝毫也不能放松。据国外资料统计，土石坝失事约有 40%是由于地基问题引起的，可见坝基处理的重要性。坝基处理技术近年来业已取得了很大的进展，从国内外坝工建设的成就来看，很多地质条件不良的坝基，经过适当处理以后，都成功地修建了高土石坝。如：加拿大在深 120m 的覆盖层上采用混凝土防渗墙，修建了高 107m 的马尼克 3 号坝；埃及则在厚 225m 的河床冲积层上，采用水泥粘土灌浆帷幕，修建了高111m的阿斯旺坝；我国在深厚覆盖层上的防渗技术也已进入国际先进行列，至20世纪80年代末，据不完全统计，世界上已建防渗墙深度超过40m的53道土石坝中，我国占23道，占43.4%，其中铜街子防渗墙的深度达70m左右，小浪底防渗墙的深度达80m左右。坝基处理的范围包括河床和两岸岸坡。处理的主要要求是：(1)控制渗流，减小渗流坡降，避免管涌等有害的渗流变形，控制渗流量；(2)保持坝体和坝基的静力和动力稳定，不产生过大的有害变形，不发生明显的不均匀沉降，竣工后，坝基和坝体的总沉降量一般不宜大于坝高的1%；(3)在保证大坝安全运行的条件下节省投资。

4.7.1 岩基处理

岩基处理技术可参见混凝土坝的有关内容，但处理要求则应考虑土石坝的特点。

当岩基上的覆盖层较薄时，只需将防渗体坐落在岩基上形成截水槽，隔断渗流即可；但对较高的土石坝，从防渗和稳定安全考虑，有时要挖除较大部分的覆盖层，将防渗体和透水坝壳都建在岩基上。如：努列克坝将心墙部位厚20m的覆盖层挖除；奥洛维尔坝将厚18m的坝基覆盖层全部挖除，斜心墙和透水坝壳均建在基岩上。

防渗体与基岩的接触面要求结合紧密。表层强风化、裂隙密集的岩石应予挖除，将坝建在具有足够强度和整体性好并在渗流作用下不致产生严重溶蚀的岩层上。坝基表面应开挖平整，不应有台阶，岸坡基岩面不陡于1：0.5，否则应有专门论证，并采取相应的措施。对于基岩表面附近的裂隙，可通过灌浆、喷水泥砂浆或浇筑混凝土进行处理，防止表层裂隙渗水直接冲刷坝体。过去国内外很多土石坝常在基岩面上浇筑混凝土垫座或建混凝土齿墙。近代的建坝趋势则是将防渗体直接填筑在岩面上，认为混凝土垫座和齿墙作用不明显，受力条件不好，容易产生裂缝，而且对填土碾压有干扰，不宜采用，但对基岩表面要进行严格的处理，防渗体底部岩面要进行固结灌浆，并按坝基岩体的具体情况，对基岩面附近的防渗体适当增加厚度(如增至1.5～2倍，在斜墙与岸坡基岩连接处，将岸边斜墙折向下游至坝轴线位置附近)，以保持结合面具有足够的渗径长度。

基岩内部防渗处理的主要设施是帷幕灌浆，用以提高其不透水性、强度和完整性，减小渗流坡降，减少渗漏损失。很多高坝出于安全考虑，利用廊道或平洞对全坝进行深孔帷幕灌浆；近年来不少人对此提出不同看法，认为土石坝坝基渗流控制，除了在断层裂缝和岩溶发育等不良地段确有必要进行灌浆外，应根据每座坝的具体条件进行技术经济论证，确定是否需要帷幕灌浆以及灌浆的范围和要求。有一些高土石坝通过论证大大减少了帷幕灌浆的工作量。低坝通常不灌或只做简易的灌浆。

对断层破碎带等不良地质构造，即使高土石坝，也不需过多地考虑承载力和不均匀沉降问题，而应着眼于了解其中填充物的性质和紧密程度以及两侧围岩的岩性，研究其抗渗稳定性和抗溶蚀的性能。要做好防渗体下部顺河断层的防渗处理。处理方法可采用水泥或化学材料灌浆、混凝土塞、混凝土防渗墙，或加宽心墙，加设防渗铺盖，做好排水反滤等，用以阻截渗流，防止管涌和溶蚀。

对岩溶地区的处理参见2.10.5节。

4.7.2 砂砾石坝基处理

常见的砂砾石坝基，其河床段上部多为近代冲积的透水砾石层，具有明显的成层结构特性。在这种坝基上即使建造高土石坝，其地基承载力一般也是足够的，而且压缩性不大。如坝基土层中夹有松散砂层、淤泥层、软粘土层，则应考虑其抗剪强度与变形特性，在地震区还应考虑可能发生的振动液化造成坝基和坝体失稳的危险。为此，需进行专门的分析研究，必要时，可采取挖除、排水预压、振冲加固等措施。在砂砾石地基上建坝的主要问题是进行渗流控制，解决方法是做好防渗和排水，如：(1)垂直防渗设施，包括：粘性土截水槽、混凝土防渗墙、灌浆帷幕等；(2)上游水平防渗铺盖；(3)下游排水设施，包括：水平排水层、排水沟、减压井、透水盖重等。这些设施可以单独使用，也可以综合使用。

各种垂直防渗设施能比较可靠而有效地截断坝基渗透水流，解决坝基渗流控制问题。在技术条件可能而又经济合理时，应优先采用。在下列情况下宜尽可能采用：(1)坝基砂砾石层渗流稳定性差，采用铺盖及排水减压设施仍不能保证坝与地基的渗流稳定时；(2)坝基水平成层显著，具有强透水渗漏带，上游铺盖不能有效地控制渗流时；(3)坝基砂砾石层厚度不大，不难采用垂直防渗设施解决渗流控制问题时；(4)水库不容许有大量渗漏损失时。垂直防渗设施的形式可以参照以下原则选用：(1)砂砾石层深度在10～15m以内，或不超过20m时，宜明挖截水槽回填粘土，对临时性工程则可采用泥浆槽防渗墙；(2)砂砾石层深度在60～70m以内的，可采用混凝土防渗墙；(3)砂砾石层更深上述设施难以选用时，可采用灌浆帷幕，或在深层采用灌浆帷幕，上层采用明挖，回填粘土截水槽或混凝土防渗墙。不论采取何种形式，均宜将全部透水层截断，悬挂式的竖直防渗设施，防渗效果较差。

1. 粘性土截水槽

当坝基砂砾石层不太深厚时，截水槽是最为常用而又稳妥可靠的防渗设施。一般布置在大坝防渗体的底部(均质坝则多设在靠上游1/3至1/2坝底宽处)，横贯整个河床并延伸到两岸。槽身开挖断面呈梯形，切断砂砾石层直达基岩，岩面经处理后回填粘性土料，槽下游侧按级配要求铺设反滤料，槽底宽应根据回填土料的容许渗流坡降、与基岩接触面抗渗流冲刷的容许坡降以及施工条件确定。截水槽上部与坝的防渗体连成整体，下部与基岩紧密结合，形成一个完整的防渗体系。我国在20世纪60年代前建成的大坝曾广为应用。截水槽的最大开挖深度一般不超过20m。国外高土石坝截水槽的开挖深度有的较大，如：美国马蒙斯湖坝、加拿大迈卡坝和土耳其的凯班坝等最大挖深达40余米，加拿大下诺赫坝最大挖深达82m。

2. 混凝土防渗墙

深厚砂砾石地基采用混凝土防渗墙是比较有效和经济的防渗设施(见图4-29)。一般做法是用冲击钻分段建造槽形孔，以泥浆固壁，然后在槽孔内用水下浇注混凝土的方法浇筑成墙，墙底嵌入弱风化基岩，深度不小于0.5～1.0m，墙顶插入防渗体内的深度应大于1/10坝高，并不得少于2m。墙厚在0.6～1.3m范围内选用，一般0.8m左右。

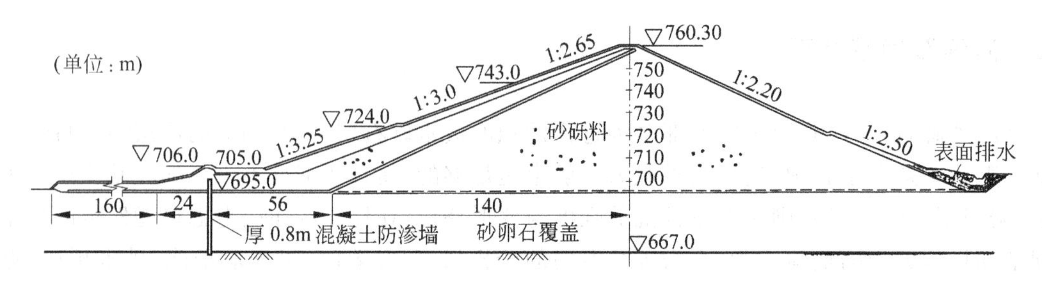

图 4-29　采用混凝土防渗墙的土石坝剖面图

从 20 世纪 60 年代起，混凝土防渗墙得到了比较广泛的应用，国外挖槽浇筑墙身的最大深度已达到 80m 左右。70 年代末建成的加拿大马尼克 3 号坝，河床覆盖层最深 130.4m，建两道混凝土防渗墙，各厚 0.61m，中心距 3.2m，墙深 131m（墙身上部用抓斗建造槽孔，52m 以下采用连锁管柱）。我国已建混凝土防渗墙 60 余座，积累了不少施工经验，并发展了反循环回转新型冲击钻机、液压抓斗挖槽等技术，在砂卵石层中纯钻工效（70m 以内）平均达到 0.85m/h。进入国际先进行列。黄河小浪底水库，采用双排防渗墙，单排墙厚 1.2m。防渗墙设计存在的问题是：(1)墙的受力条件比较复杂，目前关于支承和地基反力的计算假定和参数取值与实际情况不完全相符，计算成果和观测成果有时出入较大；(2)对墙身材料及其抗渗性和耐久性的研究还不够。为了适应在深厚覆盖层上建设高土石坝需要，我国正在开展墙体应力场、位移场以及高强度、低弹模、适应较大变形的墙体材料的研究。

混凝土防渗墙的施工技术较易掌握，对各种地层适应性强，造价较低，所以在砂砾石层地基防渗处理中日益得到广泛的应用。

3. 灌浆帷幕

近年来在砂砾石冲积层中采用水泥粘土灌浆建造防渗帷幕已取得了成功的经验。法国的谢尔蓬松坝[图 4-30(a)]，高 129m，砂砾石冲积层地基，1957 年建成灌浆帷幕，深约 110m，顶部厚度 35m，底部厚度 15m，钻孔 19 排，中间 4 排直达基岩，边孔深度逐步变浅，渗流坡降 3.5～8。埃及阿斯旺心墙坝，坝高 111m，砂砾石冲积层厚 225m，采用灌浆帷幕、与心墙相连接的铺盖以及下游减压井等综合处理措施，帷幕最大深度 170m，达到第三纪不透水层（未达基岩），在坝基内设有测压管 180 个，实测帷幕承担水头已达设计值的 96.6%，防渗效果显著，帷幕渗流坡降 3.5～5。

帷幕设计的主要内容在于，根据容许的渗流坡降 J 确定帷幕的厚度 T。我国土石坝设计规范建议的容许坡降值为 $J \leqslant 3 \sim 4$，对深度较大的多排帷幕，可以沿深度采用不同的厚度，按容许坡降确定的厚度 T 是指帷幕顶部的最大厚度。多排帷幕灌浆孔要求按梅花形排列，根据帷幕厚度和孔距可以确定灌浆孔的排数。孔、排距需通过现场试验确定，初步可选为 2～3m。水泥粘土浆的最优配比一般由试验确定，水泥含量按重量应占水泥和粘土总量的 20%～50%，灌浆压力也应通过现场试验确定。

20 世纪 80 年代后，我国发展了高压定向喷射灌浆技术，其原理是：将 30～50MPa 的高压水和 0.7～0.8MPa 的压缩空气输到喷嘴，喷嘴直径 2～3mm，造成流速为 100～200m/s 的射流，切割地层

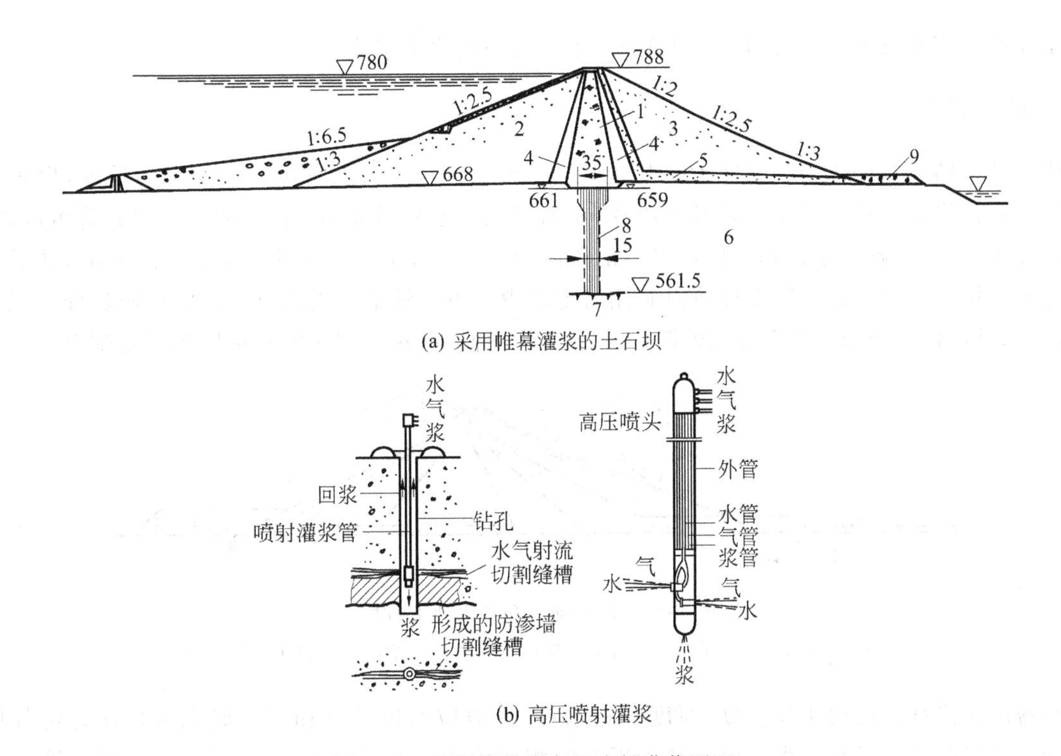

(a) 采用帷幕灌浆的土石坝

(b) 高压喷射灌浆

图 4-30　帷幕灌浆和高压喷射灌浆原理

1—心墙；2—上游坝壳；3—下游坝壳；4—过渡层；5—排水；
6—砂砾石坝基；7—基岩；8—灌浆帷幕；9—盖重

形成缝槽。同时由 1.0MPa 左右的压力把水泥浆由另一钢管输送到另一喷嘴以充填上述缝槽并渗入缝壁砂砾石地层中，凝结后形成防渗板墙。施工时，在事先形成的泥浆护壁钻孔中，将高压喷头自下而上逐渐提升即可形成全孔高的防渗板墙，这种喷射板墙的渗透系数为 $10^{-5}\sim10^{-6}$ cm/s，抗压强度为 6.0～20.0MPa，容许渗流坡降突破规范限制，达到 80～100，施工效率较高，有一定发展前途。

水泥粘土灌浆的优点是：既可以处理较深的砂砾石层，也可以处理局部不便于用其他防渗方法施工的地层，还可以作为其他防渗结构的补强措施。其缺点是：工艺较复杂，费用偏高，地表需加压重，否则灌浆质量达不到要求。更主要的问题是对地层的适应性差，即这种灌浆方法是否宜于采用，取决于地层的可灌性。地层土料的颗粒级配、渗透系数、地下水流速等都会影响到浆液渗入和凝结的难易，控制着灌浆效果的好坏和费用的高低。我国土石坝设计规范建议采用可灌比值 M 来评价砂砾石坝基的可灌性。

$$M=\frac{D_{15}}{d_{85}} \tag{4-56}$$

式中：D_{15}——受灌地层土料的特征粒径，mm，小于该粒径的土重占总土重的 15%；

d_{85}——灌浆材料的控制粒径，mm，小于该粒径的重量占总重的 85%。

根据反滤原理，一般认为：$M<5$，不可灌；$M=5\sim10$，可灌性差；$M>10$，可灌水泥粘土浆；$M>15$，可灌水泥浆。当粒状材料浆液可灌性不好时，可考虑采用化学浆液。

4. 防渗铺盖

用粘性土料修筑铺盖与坝身防渗体相连接（见图 4-31），并向上游延伸至要求的长度，也是土石坝常用的防渗设施。铺盖的作用是延长渗径，从而使坝基渗漏损失和渗流坡降减小至容许范围以内。当坝基覆盖层深厚，缺乏采用垂直防渗设施的条件或其造价昂贵难以实现时，适于采用铺盖防渗。当上游有天然铺盖或坝前淤积物较厚可以利用时更值得考虑。铺盖不能像垂直防渗设施那样可以完全截阻渗流，其防渗效果有一定限度，故多在中、小工程中使用，对高坝多和其他防渗设施配合使用。

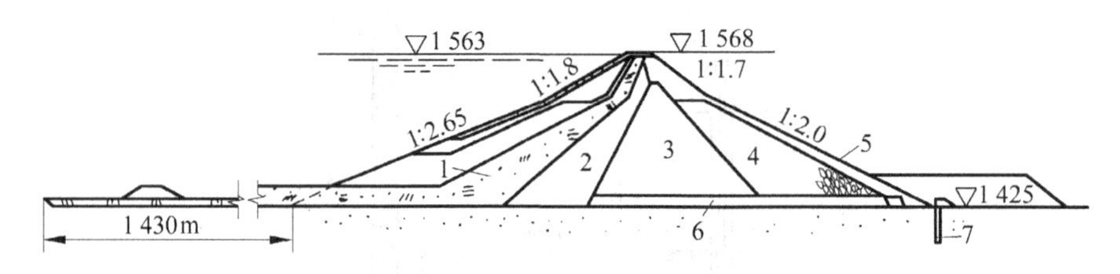

图 4-31 设置铺盖和排水的土石坝

1—斜墙与铺盖；2—过渡区；3—中心坝体；4—堆石；5—护坡；6—排水；7—减压井

铺盖的防渗性能取决于其长度、厚度和近水性，一般应通过计算和试验研究来合理确定各项参数。铺盖土料的渗透系数至少应比地基砂砾石的相应值小 100 倍以上，最好达 1 000 倍。铺盖长度超过 6～8 倍水头以后，防渗效果增长缓慢。铺盖前缘的最小厚度不宜小于 0.5～1.0m，末端与心墙或斜墙连接处的厚度按容许坡降确定。由于天然冲积层大多数不是很均匀的，单纯依靠铺盖难以完全达到预期的效果，因而常和下游坝基的排水减压设施同时使用，以便有效地控制渗流，保证坝的稳定。

5. 下游排水减压设施

设置排水的目的是为了减小渗透压力，降低浸润线，有利于稳定。排水有水平排水与竖向排水两种形式（见图4-31）。水平褥垫排水的设计详见 4.2 节及图 4-6 和图 4-7。坝后反滤盖重由透水材料做成，用以平衡坝基扬压力，其长度和高度根据计算确定，通常从坝脚处向下游延伸[图 4-30(a)]，与坝基土层之间按要求设置反滤层。

对于成层结构的砂砾石地基，单纯采用水平防渗设施，常常不能有效地降低渗透压力，特别是当下游坝基有较不透水的土层覆盖时，在其下卧的砂砾石层中可能产生较大的扬压力，导致管涌、流土以及下游沼泽化。这种情况即使采用垂直防渗设施，如果防渗效果不够彻底，也有类似情况发生。此时，可采用排水沟或减压井。当下游侧表层土较薄时，可开挖排水沟深入下部透水层，沟底及边坡设反滤层，表面用块石砌护或做成暗管式。当表层土较厚或坝基深部有强透水层时，刚采用减压井较为有效。减压井深入坝基透水层中，井径、井距、井深、出口水位通过计算确定，使其能有效地排除渗水，降低扬压力。井径一般大于 15cm。井贯入强透水层中不应少于其厚度的 25%，一般采用 50%～

70%,但100%效果最好。出口高程宜尽量降低,但应高于排水沟底面。井周设置反滤层。减压井的缺点是加大了坝基渗水量。减压井与其他防渗排水设施共同使用时,应统一考虑,权衡利弊。

4.7.3 细砂、软粘土和湿陷性黄土坝基处理

1. 细砂等易液化土坝基

坝基中的细砂等地震时易液化的土料对坝的稳定性危害很大。关于液化的判别标准参见4.10节。对判定可能液化的土层,应尽可能挖除后换填好土。当挖除比较困难或很不经济时,可首先考虑采取人工加密措施,使之达到与设计地震烈度相适应的密实状态,然后采取加盖重、加强排水等附加防护设施。

在易液化土层的人工加密措施中,对浅层土可以进行表面振动加密,对深层土则以振冲、强夯等方法较为经济和有效。振冲法是依靠振动和水冲使砂土加密,并可在振冲孔中填入粗粒料形成砂石桩。强夯法是利用几十吨的重锤反复多次夯击地面,夯击产生的应力和振动通过波的传播影响到地层深处,可使不同深度的地层得到不同程度的加固。

2. 软粘土坝基

软弱粘性土抗剪强度低,压缩性高,在这种地基上筑坝,会遇到下列问题:(1)天然地基承载力很低,高度超过3~6m的坝就足以使地基发生局部破坏;(2)土的透水性很小,排水固结速率缓慢,地基强度增长不快,沉降变形持续时间很长,在建筑物竣工后仍将发生较大的沉降,地基长期处于软弱状态;(3)由于灵敏度较高,在施工中不宜采用振动或挤压措施,否则易扰动土的结构,使土的强度迅速降低造成局部破坏和较大变形。

软粘土地基一般不宜用作坝基,仅在采取有效处理措施后,才可修建高度不大的坝。我国在软土地基上筑坝也取得了一定的经验,如:杜湖土坝,坝高17.5m,采用砂井处理办法;溪口土坝,坝高23m,采用镇压层方法。国外在软土地基上建坝的实例有委内瑞拉的古里坝,坝高90m,地基为高压缩性残积土,采取了部分挖除、预浸水、设戗台、加强反滤等措施。

对软粘土,尽可能将其挖除。当厚度较大或分布较广,难以挖除时,可以通过排水固结或其他化学、物理方法,以提高地基土的抗剪强度,改善土的变形特性。常用的方法是:利用砂井加速排水,使大部分沉降在施工期内完成,并调整施工进度,结合坝脚镇压层,使地基土强度的增长与填土重量的增长相适应,以保持地基稳定。砂井直径约30~40cm,井距与井径之比为6~8,按梅花形布置,砂井顶面铺设厚约1m的砂垫层。杜湖土坝(图4-32)坝基表层有11~13m厚的淤泥质粘土层,抗剪强度只有0.015MPa,采用砂井加固后,随坝体增高,坝基强度增长较快,当大坝填筑到14m高度时,坝基土的抗剪强度已增至0.05MPa,满足稳定要求。建在软粘土地基上的坝,宜尽量减小坝基中的剪应力,防渗体填筑的含水量宜略高于最优含水量,以适应较大的不均匀沉降。

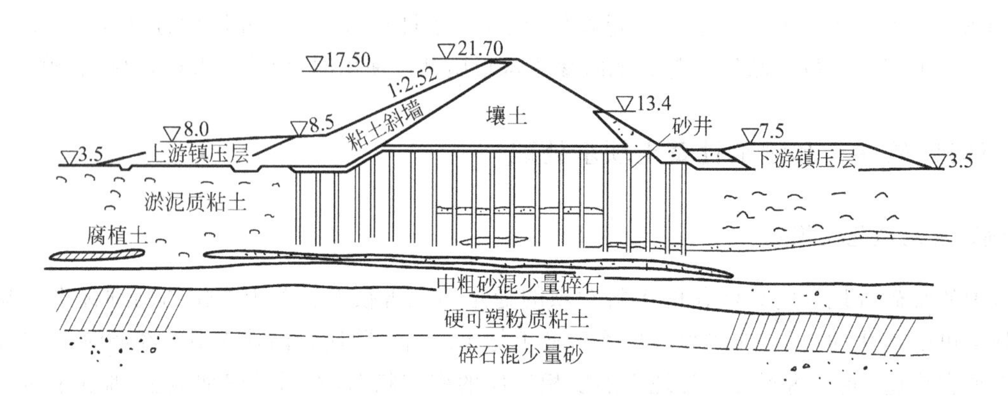

图 4-32 浙江杜湖土坝沙井加固地基示意图

3. 湿陷性黄土坝基

湿陷性黄土地基的主要危害是浸水后产生过大的不均匀沉降，造成坝体裂缝。这种地基也不宜建坝，只有经过充分论证和处理后才可建低坝。一般处理措施是挖除、翻压或通过强夯以消除其湿陷性。

4.8 土石坝的抗震设计

学习要点

用拟静力法对土石坝作坝坡稳定分析。

在国内外发生的多次大地震中都有为数不少的土石坝遭受到不同程度的震害，但也有的坝经受住了强震的考验。对地震区的土石坝进行抗震设计并对其安全性做出评价具有十分重要的意义。近年来，由于土动力学、计算分析和实验技术方面所取得的巨大进步，人们对地震作用下土的动力性质已有了比较深入的了解，在土石坝地震动力反应计算以及抗震稳定分析方法的研究方面也都获得了比较大的进步。但是，应用这些成果对土石坝在强震作用下的安全性做出正确的估价，在很大程度上仍然需要依靠分析和判断。可以说，土石坝的抗震分析目前正处在一个变革的时代。一方面，传统的分析方法，即将地震作用以等效静力加于可能滑动体上计算其稳定安全系数的方法，在评价土石坝的抗震能力方面所出现的矛盾日益增多。另一方面，新的分析方法，以计算土石坝在地震时的永久变形为基础的方法正在发展，力求更好地反映土石坝在地震过程中的实际表现，并考虑土的非线性变形特性及其强度在地震过程产生变化的影响。但是，新的分析方法还不够成熟，定量化仍有一定困难，付诸工程实践仍有一定距离。这就形成了当前两种方法并存的局面。

4.8.1 土石坝的地震震害

中国、日本、美国等地震活动较频繁的国家，在过去所发生的多次强烈地震中都有大量土石坝处于地震影响区，这些坝在地震中的表现，对抗震设计可以提供有益的参考。

20世纪60年代以来，在我国所发生的十多次强震中，有数以百计的土石坝遭受震害。按通海、海城和唐山地震中所调查的180余座土石坝来看，遭受震害的比例占30%～40%，其中，较严重者达8%。典型实例有唐山地震中的陡河和密云水库土坝。位于9度区的陡河水库土坝，坝高22m，震后出现遍布全坝的100多条宽大的纵、横向裂缝，坝体发生大幅度沉降和位移，最大一条纵缝的坍陷宽度达2.2m，坝顶最大沉降量1.64m，最大水平位移0.66m。位于6度区的密云水库白河主坝，坝高66m，震后上游坝坡砂砾石保护层大规模坍滑，滑坡范围长达900m，坍滑量15万m^3。

日本在新潟、十胜近海和宫城县近海等几次强震中，也各有数以百计的土坝遭受震害，但多是早期修建的、坝高在10～20m以下的小坝。

美国在1971年圣费尔南多地震中，发生了下圣费尔南多冲填坝的大规模坍滑事故，主要是由坝体饱和砂土的液化所引起。1989年加州洛马-普里达地震中，距震中80km范围内有111座土坝，其中，30余座有轻微至中等以下震害，2座遭受中等程度震害。距震中11km的奥斯屈埃坝，坝高56.4m，出现了比较严重的纵、横裂缝，靠近坝顶的一条纵向大裂缝，宽达0.3m，坝顶沉降0.74m。

从土石坝的震害情况来看，遭受震害的坝主要是中、低高度以下的坝。设计和建造良好的大坝，有的经受了强烈振动而无明显震害。但大坝经受强震考验的实例尚不多。根据震害分析，可以得到以下几点启示：

(1) 处于饱和状态下的砂土坝壳的抗震稳定值得重视。斜墙坝的保护层和心墙坝的上游砂土坝壳，如果粉细沙较多、级配不良或压实度差，地震时由于饱和砂土中孔隙水压力上升而发生液化，有可能失稳而滑坡，应检验其抗液化的能力。

(2) 地基的抗震稳定十分重要。地基不良可以使土石坝在地震时发生严重震害，包括：地基液化，地基中软弱夹层的沉降和滑动，以及地基中渗水、管涌对坝所造成的危害。

(3) 地震时坝体的裂缝和变形对坝的安全造成的威胁需要注意。不论是砂性或是粘性土筑成的坝，在地震作用下产生裂缝是常见的震害。裂缝削弱了坝的整体性，许多裂缝常成为滑坡的先兆，裂缝可成为渗水的通道，特别是对易于发生管涌、侵蚀的土体危害更大。强震可使坝体发生坝顶沉陷和水平位移等永久变形，只有将变形控制在一定的范围内，才不致对坝的安全造成较大影响。所以，防止坝的地震裂缝以及预计坝在地震时的变形等方面的研究都应予重视。

4.8.2 土的动力特性

土的动力特性和静力特性相似，也受到诸如围压、应变幅度、密实度、含水量以及受力条件、应力状态等因素的影响，同时和加载历史、颗粒结构和级配、时间效应等密切相关。此外，土的动力特性又有其本身的特点，它主要受以下两种因素的影响：

(1) 加载速率的影响。地震作用为短时荷载，土的性质和长期加载时相比，有所变化。

(2) 循环加载的影响。在地震等循环荷载作用下，土的强度也将发生变化，饱和砂土由于地震作用可导致孔隙水压力上升，而使抗剪强度降低，饱和松砂甚至可能发生液化破坏。软弱粘土由于地震产生的循环剪切作用可使强度降低。循环荷载作用对土产生的影响和振动次数有关，一般称为振次效应。

土是具有强烈非线性特性的材料，表征土的动力特性的有关参数，如：剪切模量 G、阻尼比 ζ 等都是应变幅度的函数。小规模的地震动，应变在 10^{-4} 以下，土表现为弹性性质，例如：现场测定弹性波速时，其应变幅度约为 10^{-6}，强震时，土的应变幅度超过 10^{-4}，土工建筑物将产生永久性变形，表现为出现裂缝和不均匀沉降等，此时土进入弹塑性阶段。在循环荷载作用下，土的应力-应变关系表现出明显的滞回特性，即振动中产生能量损耗，应变幅度增大，能量损耗也增加。应变幅度增大超过 10^{-2} 或 10^{-1} 以后，地基土和土工建筑物将不能保持原形而发生破坏。

饱和无粘性土的振动液化，是土的动强度中最主要的问题。1964 年美国阿拉斯加和日本新潟地震时，砂土地基液化造成的大量破坏引起了工程界的广泛重视。现在普遍认识到地震动引起的无粘性土振动液化的基本原因是循环剪切作用产生残余孔隙水压力积累的结果。孔隙水压力上升导致有效应力下降，土骨架由于应力释放而回弹。孔隙水压力的增长和土颗粒滑移产生的体积缩减与土结构回弹的相互作用有关。对于松砂，剪应力循环作用的次数达到一定数量以后，有效应力趋于零，全部应力由土骨架转移到水，土的抗剪强度和抵抗变形的能力，几乎完全丧失，而且变形的增长具有突发性质，土转化为液化状态。在工程实践和研究中，为了便于应用和进行比较，通常采用两种液化破坏标准：一种是孔隙水压力标准，将残余孔隙水压力达到所施加的围压大小时称为“初始液化”。另一种是变形标准，根据建筑物的重要程度、变形的抵抗能力和震害经验选择某一双振幅应变值作为液化破坏标准，例如：5%应变、10%应变等。根据所选定的应变幅值不同，各种砂土的抗液化强度可有较大的差别。选择合适的液化破坏标准，是一个有待深入研究的问题。

土的抗液化能力和土的颗粒级配、相对密度、透水性、土的结构、初始应力状态(有效上覆压力、初始剪应力)及动荷载特性(振动幅度及变化规律、振动持续时间)等许多因素有关。

4.8.3 土石坝的抗震稳定分析

对土石坝进行抗震稳定评价，目前常采用以下两种方法：

(1) 传统的分析方法。基于极限平衡理论，将地震力作为等效静力来计算坝坡的抗滑稳定安全系数以衡量坝的抗震安全性。这种方法计算简单，可以给出明确的安全系数，并且有了比较长期的应用经验。对于用粘性土筑成的土坝、堆石坝等，当材料强度在地震过程中不发生明显变化、地震强度不大的情况下，具有一定的适用性。这种方法的不足之处是，不能说明地震中一些土石坝的破坏现象，安全系数并不完全反映土石坝在地震中的安全或损伤程度。

(2) 新发展的分析方法。选择地震永久变形作为衡量土石坝抗震稳定性的标准，因为土石坝的震害程度和地震产生的变形大小密切相关。和传统方法不同的是，认为动态稳定和静态稳定有很大差别，即，设土体在某一瞬间因地震作用失稳，发生滑移变形，由于地震加速度的大小和方向经常发生变化，滑移变形不会持续发展。所以，只要地震过程中产生的累计变形在一定限度以内，土料强度没有很大的降低，就不会影响震后正常使用，那么这种变形可以认为是容许的。只有变形超过容许范围，才认为土石坝在地震中失稳。但是，合理地确定变形的控制标准，提高变形分析的可靠性等方面还有许多问题有待解决，这是这种方法在应用中的困难所在。对于高烈度区的土石坝以及坝体或坝基中存在可液化土料的情况，我国以及美国等国的设计标准均要求进行变形分析，以便对土石坝的抗震稳定作出综合评价。

我国《水工建筑物抗震设计规范》DL 5073—1997 规定，采用分项系数极限状态的设计方法进行坝坡稳定分析。地震作用效应采用拟静力法按式(2-15)计算各质点地震惯性力。式中质点 i 的动态分布系数 α_i 采用图 4-33 所示的数值。图中 α_m 在设计烈度为 7、8、9 度时，分别取 3.0、2.5 和 2.0；H 为坝高，若 $H \leqslant 40$m，则按图 4-33(a)计算 α_i，否则按图 4-33(b)计算。

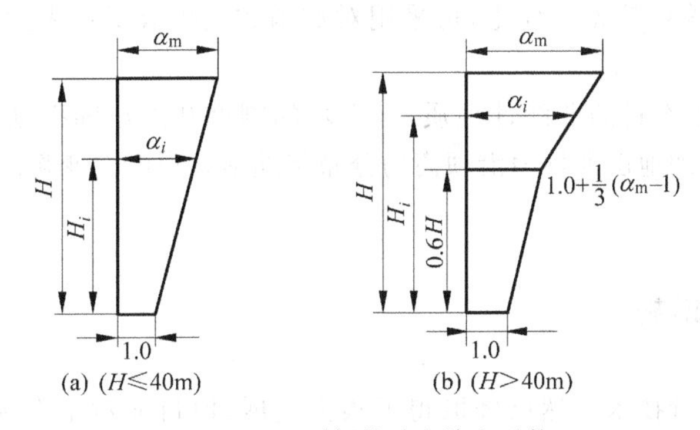

图 4-33　土石坝的动力放大系数

按此规范以及后来我国发布的《碾压式土石坝设计规范》SL 274—2001 规定，对于均质坝、厚心墙和厚斜墙坝可采用瑞典圆弧法；对于薄心墙、薄斜墙坝以及地基中含有软弱夹层的情况建议采用具有折线滑动面的滑动楔体法。对于 1、2 级土石坝或高坝还宜同时采用简化的毕肖普法。

按我国碾压式土石坝设计新规范，在用拟静力法和瑞典圆弧法对土石坝进行坝坡稳定分析时，滑弧体的抗滑稳定安全系数按下式计算：

$$K = \frac{\sum\{[(W \pm V)\cos\alpha - ub\sec\alpha - Q\sin\alpha]\tan\phi' + c'b\sec\alpha\}}{\sum[(W \pm V)\sin\alpha + M_c/R]} \tag{4-57}$$

式中：W——土条重量(浸润线以上用湿容重，坝坡外水位以下用浮容重，在坝坡外水位以上至浸润线之间的土条，在计算滑动力时用饱和容重，在计算抗滑力时用浮容重)；

Q、V——分别为水平和垂直地震惯性力(水平向坡外为正，垂直向下为正)；

c'、ϕ'——土条底面有效应力抗剪强度指标；

u——作用于土条底面的孔隙水压力；

R——圆弧半径；

b——土条的宽度；

α——土条底面中心的切向与水平向的夹角；

M_c——水平地震惯性力对圆心的力矩。

上述各量的含义可参见4.4节及图4-20和图4-22，该节中的式(4-45)就是用拟静力法和简化的毕肖普法计算土石坝坝坡的抗滑稳定安全系数，这里不再重复。

按式(4-45)算得的最小安全系数应满足该节中表4-7的要求；若用式(4-57)计算，可比表4-7规定的数值降低8%。

对于设计烈度为8、9度的1、2级土石坝或70m以上高度的土石坝，以及地基中存在可液化土时，均应同时用有限元法对坝体和坝基进行动力分析，用动力试验确定坝体和坝基土料的动力强度。在无动力抗剪强度测值时，对于粘性土和紧密的砂砾等非液化土，宜采用静态有效抗剪强度指标；对于堆石、砂砾石等粗粒无粘性土，可采用对数函数或指数函数表达的非线性静态抗剪强度指标。

值得指出的是，由于土石料的非线性性质，土石坝的刚度和阻尼随振动强度的大小而改变。从而，坝的动力放大系数，亦即地震惯性力沿坝高的分布将随地震烈度而变化。这一点已为许多实际观测资料所证实。

4.8.4 土石坝的抗震措施

土石坝的抗震安全评价技术虽然已经取得了很大进展，但目前对土石坝的一些主要现象，如裂缝、沉降变形、渗漏等，还难以通过计算分析准确地预测和控制。由于砂砾石等非粘性土在受拉时易被拉开，是不连续的，按连续体计算不能反映实际情况。这就需要在震害经验总结的基础上采取有效的抗震措施加以防护。实践经验表明，有的工程由于抗震措施得当，在提高坝的抗震能力，避免或减轻震害方面效果比较显著。因而，抗震措施的研究成为土石坝抗震设计的重要内容之一。

根据国内外一些有关工程的经验，土石坝的平面布置、坝型选择、筑坝土料和坝的结构、剖面设计等许多方面都对坝的抗震能力产生一定的影响。以下一些行之有效的工程措施可供借鉴。

(1) 坝轴线采用直线或略微突向上游弯曲，避免转折。坝体各部分的刚性不宜变化太大。高烈度地震区不宜选用刚性心墙或斜墙坝。土质心墙或斜墙防渗体与坝壳土料间宜设置过渡层或较厚的反滤层。在高烈度区应适当加大防渗体厚度，特别是地震时易发生裂缝的坝体顶部、坝体与河岸或混凝土建筑物等的连接部位。

(2) 尽量选择抗震性能和抗渗稳定性较好的土料筑坝。如选用级配良好的砂砾石或堆石等，不宜用均匀的中砂、细砂和粉沙筑坝。要求地震时土料的抗剪强度不发生显著变化，并且具有较好的抗裂和抗冲蚀性能。对坝基中的可液化土料应采取必要的处理措施。适当提高压实标准，要特别注重坝体与河岸或其他建筑物连接部分的压实质量。

(3) 位于设计烈度为8、9度区的土石坝，应适当加高和加宽坝顶并放缓上部坝坡。为调整土质心墙、斜墙防渗体与坝壳之间的应力，使之平稳过渡，避免不连续变形可能形成的裂缝，宜设置较厚的过渡层和反滤层。此外，降低坝体内浸润线的位置将有利于提高坝的抗震能力。建于地震区的1、2级土石坝，不得在坝下埋设输水管。

(4) 对于坝基中可能液化的土层或淤泥、淤泥质土、软粘土等土层，应尽量挖除。若埋藏较深，厚度大，不易挖除，则应采取沙井减压、爆破密实、上下游压重等人工密实的措施；也可在可能液化的土层周边或在坝下某一范围内挖槽回填块石封堵，以防止液化或减轻液化的程度；应适当加高和加宽坝顶并放缓坝坡，一方面可增加压重，另一方面当坝基发生液化时，能保证坝坡的稳定，或者当大坝沉降量很大时，保证坝顶仍能高于库水位。

4.9 堆石坝

学习要点

混凝土面板堆石坝有很大优越性，已被认为土石坝中的首选坝型，为本章重要内容之一。

堆石坝是以堆石体作为支承，而以土、混凝土、沥青混凝土等材料作为防渗体的一种坝型。随着筑坝经验的积累和新型施工机械的应用，这种坝的设计和施工技术以及坝的结构形式，都得到了不断的发展，其发展过程大体上经历了三个阶段。

(1) 自19世纪中叶至1940年前后为初期阶段。堆石的施工主要以抛填为主，辅以高压水枪冲实。堆石体的密实度差，沉降和水平位移量都较大，施工期的沉降量可达坝高的5%，竣工后沉降量仍有坝高的1%～2%，给堆石体的防渗结构造成困难。这时期采用的钢筋混凝土面板，由于堆石体过大的变形导致较严重的裂缝和渗漏，一些坝多年不能正常运用。有的坝采用木面板和钢面板，在适应堆石体的变形方面虽有所改善，但处在水位变动区的木料易于腐烂，钢板则易于锈蚀，都不能使问题得到较满意的解决。故在比较长的一段时期内，堆石坝的发展处于停滞状态。

(2) 1940年前后至1965年为过渡阶段。由于土力学、土工试验技术与碾压设备的进步，采用土质防渗体的心墙堆石坝和斜墙堆石坝有了比较大的发展。良好施工的土质防渗体可以适应堆石体较大的变形而保持其防渗性能。这一时期200～300m级高土石坝的建设促进了高效率重型碾压机具的发展，特别是大型振动碾的出现及其应用于堆石的压实，使堆石填筑质量大大提高，可容许使用过去认为质量较差的石料填筑坝体，从而在安全和经济方面均使堆石坝的竞争能力得以提高，使堆石坝获得了新生。

(3) 1965年至今是钢筋混凝土面板堆石坝的发展阶段。面板堆石坝采用振动碾薄层碾压填筑，堆石体压缩性小，面板的防渗效果得以保证，加上面板结构在设计、施工上的改进，使这种坝具有运行性能和抗震性能好，快速施工，经济效益高等优点，在我国以及许多国家已成为优先考虑的坝型。至

2003年底我国已建和在建混凝土面板堆石坝超过110座，其中31座坝高超过100m，已建成的天生桥一级电站，坝高178m，正在建设中的水布垭面板堆石坝，坝高233m，是目前世界同类坝最高的。

面板坝在国内外的迅速发展，有其技术上和经济上的许多优势和特点，概述如下。

(1) 结构特点

水压力作用于上游面板，全部堆石体都可以发挥作用来保持坝的稳定。堆石紧密度大，抗剪强度高，坝坡可以做得较陡，不仅可节约坝体填筑量，而且坝底宽小，导流洞、发电引水洞、泄洪洞等输水建筑物和泄水建筑物的长度比其他土坝相应减小，进一步减少了工程量，缩短了工期。

由于堆石体孔隙大，浸润线较低，地震时孔隙水压力上升和材料强度降低都很小，坝的抗震性能较好。

(2) 施工特点

根据坝体各部分的受力情况，堆石体可以分区，对各区的石料和压实度可有不同的要求，石料可以更为充分合理地应用，并可加快施工，降低造价。

面板下的垫层和过渡层具有半透水性和反滤作用。上游坝体的一部分也可兼作围堰，施工期即使未来得及浇筑面板也可以直接挡水或短时过水，不影响坝的安全。这就大大简化了施工导流和度汛的工程设施，有利于加速施工进度，降低临时工程的费用。

堆石体的施工受雨季和严寒等气候条件的干扰很少，可以比较均衡正常地进行施工。面板混凝土可安排在少雨、气温适宜的季节浇筑。

(3) 运行和维修特点

碾压堆石体的沉降变形量很小，根据一些坝的实测结果推断，高110m的塞沙那坝，其100年后的坝顶沉降量仅为16cm，为坝高的0.15%。混凝土面板比较容易检查和维修。

4.9.1 混凝土面板堆石坝

面板堆石坝有两大主要组成部分(图4-34)：(1)堆石体；(2)钢筋混凝土面板和趾板。

1. 大坝剖面与堆石体设计

根据其受力情况和在坝体中所发挥的功能，又可划分为：垫层区②，过渡区3A，主堆石区3B和次堆石区3C。

1) 坝顶及坝坡

面板坝普遍在其顶部设置L形的钢筋混凝土防浪墙，以利于节省坝体堆石量，墙高4～6m。防浪墙与面板间要保证良好的止水连接，其底面与坝顶连接处的堆石宽度不宜小于9m，以便浇筑面板时有足够的工作场地进行滑模设备的操作，坝顶填筑堆石后的宽度约为5m，但还应满足交通需要。对于中坝和高坝，上述两值还应增加5～10m左右。

已建的面板坝，大多数未作稳定分析。上、下游坝坡坡度参照类似工程确定，一般多采用1∶1.3～1∶1.4。由于碾压堆石的内摩擦角大于45°，所以，采用1∶1.3～1∶1.4的坡度具有足够的安全度。如果

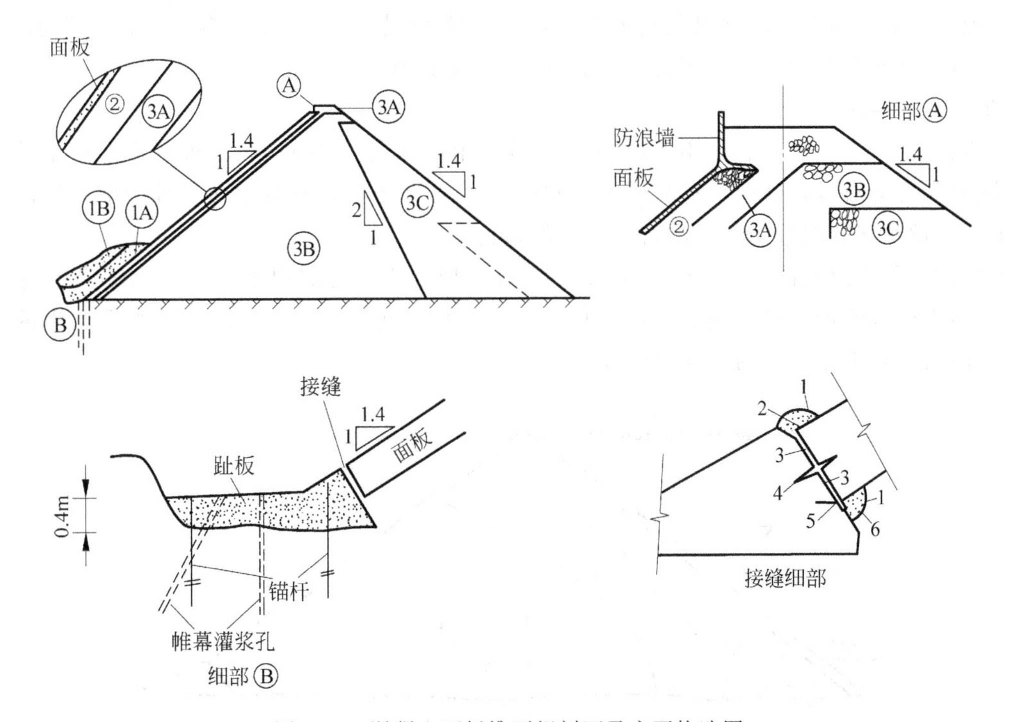

图 4-34 混凝土面板堆石坝剖面及主要构造图

1—聚氯乙烯条带；2—沥青马蹄脂填料；3—可压缩填料；4—聚氯乙烯止水；5—止水铜片；6—沥青砂填料

面板坝部分或全部建在覆盖层上，或是坝基中存在不利的节理和软弱面时，则需根据具体情况放缓坝坡。采用软岩筑坝，或是下游堆石体采用任意料时，也宜放缓坝坡。堆石在高应力状态下抗剪强度有所降低，对于高堆石坝坝坡应通过计算检验其稳定性。

希德建议在高烈度地震区按滑移变形量 0.3～0.6m 来控制坝坡坡度。由于地震时坝顶附近的振动加速度显著放大，有的研究者建议在高烈度区将坝上部 1/4 坝高范围内的坝坡放缓，例如：9 度区内上部放缓至 1∶1.8，而在下部 3/4 坝高范围内放缓至 1∶1.5，并在坝顶部 1/10 坝高范围内填筑含粘粒的砾石土，面板下的垫层采用水泥或碾压混凝土(图 4-35)。

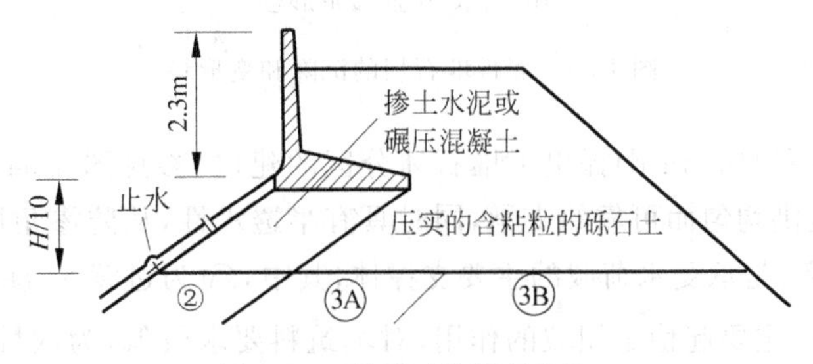

图 4-35 强震区的坝顶构造

面板坝上游坡采用均一坡度以利面板施工，下游坡如无特殊要求，也可不设马道。若两岸地形较陡，可在下游坝面布置“之”字形上坝公路，比在岸边修建上坝公路经济。

2）堆石体材料分区

堆石体在自重、水压等荷载作用下，各部分的应力和变形性态不同，对面板工作所产生的影响也不相同，因此各部分对材料性质、级配、压实度和施工工艺的要求也各不相同。进行堆石体的材料分区有利于更合理和充分地利用开采的石料并降低造价。

面板坝的变形规律如图4-36所示，在水库蓄水前，坝轴线下游的坝体已完成总沉降量的90%以上，而靠近面板附近的坝体仅完成总沉降量的25%～70%。愈靠近上游坡脚，蓄水后产生的沉降变形愈大，因而对面板工作产生的影响也愈大。

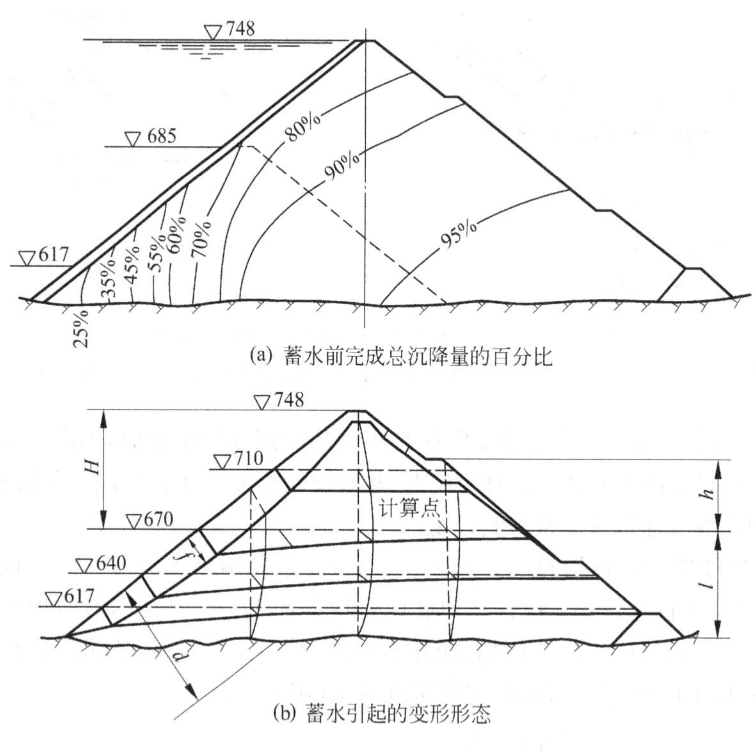

图4-36 面板堆石坝的沉降和变形量

库克(Cooke)和谢拉德(Sherard)提出了堆石体分区的建议(参见图4-34)：②区为垫层区，直接位于面板下部，为面板提供均匀而可靠的支承，同时具有半透水性，从防渗角度出发可发挥第二道防线的作用；③区为堆石区，是承受水荷载的主要支撑体，其中，3A为过渡区，3B为主堆石区，3C远离面板，基本上不承受水荷载，主要起稳定坝坡的作用，对填筑料要求较低，为次堆石区，在下游坡表面还需设置耐风化、坚硬的大块石护面；①区为防渗铺盖区，用防渗土料碾压填筑或水下抛填，其作用是覆盖周边缝及高程较低处的面板，当周边缝张开或面板出现裂缝时，能自动淤堵恢复防渗性能，可填充任意料，对ⒶA区起保护作用。有些坝不设①区，运行情况也很好。设置①区造价增加不多，对加强防渗却十分有利。在多泥沙河流上，可利用天然淤积物来形成①区。

3）垫层区

垫层的首要作用是平整上游坡面，避免面板出现应力集中，故要求垫层料的粒径不能过大，而且含有适量的细料。其次，能将水荷载引起的变形减至最小限度，以改善面板的受力条件，为此，垫层料应级配良好，细料足以填满粗料间的孔隙，以便压实到很高的密度，并具有较高的变形模量。第三，能发挥一定的防渗作用，在面板浇筑前可用来临时挡水度汛，当面板或接缝产生渗漏时起限制作用，以维持大坝的防渗稳定性，这就要求垫层料中应含足够数量的5mm以下的细料，以满足半透水性要求。但应注意，细粒含量不宜过高，渗透系数不宜过小，一般以$10^{-3}\sim10^{-4}$cm/s左右为宜。细粒含量多，抗剪强度和变形模量都将显著降低。渗透系数小，填筑压实受含水量影响大，增加施工困难，同时在严寒地区，易受冻胀引起面板破坏。

垫层区应选用质地新鲜、坚硬且具有较好耐久性的石料，可以是经过加工的开采石料，或天然砂砾石料，也可由两者混合掺配而成。垫层料的级配多参照条件相近的工程选用，最大粒径80～100mm，小于0.075mm的含量宜小于8%，小于5mm的含量占30%～50%。

垫层区的水平宽度一般在3m左右，这是采用自卸汽车直接卸料，推土机铺料，平整等施工工艺所要求的最小宽度。对于坝高在百米以下的面板坝，倾向于采用上下等宽的垫层。

垫层与岸坡基岩的连接处可适当加宽。

由于垫层的重要性，应采用较高的填筑标准，设计孔隙率15%～20%，施工合格率90%。垫层施工的铺筑厚度，一般采用主堆石区铺层厚度之半，以便与堆石体平起。先用100kN振动碾平面碾压4～6遍，再用振动碾沿斜坡坡面碾压。斜坡碾压时，利用布置在填筑坝顶的索吊牵引振动碾上下往返运行，先无振碾压2～3遍，然后采用上行时振动，下行时不振动的方法压4～8遍。

4）堆石区

对堆石体石料的要求是：具有低压缩性、高抗剪强度、较好的透水性和耐久性。由于筑坝技术的发展和重型设备的使用，由抗压强度30～40MPa的岩石所修建的面板坝，其压缩性并不比用抗压强度更高的硬岩所建的面板坝大，而钻眼爆破采石所需费用反而较低。采用质地坚硬的岩石筑坝，由于颗粒棱角尖锐，不易破碎到理想级配，难以达到规定的压实度，而且造成振动碾和汽车轮胎的大量磨损。

为了获得低压缩性和高抗剪强度，坝料应有适宜的级配。实际上，任何一种堆石，如果其最大粒径不大于铺层厚度，小于5mm的细料含量低于20%，小于0.075mm的颗粒含量低于5%的连续级配料，均适宜用来填筑堆石体。在堆石体中应控制细料的含量。细料可以填充块石间的孔隙，避免架空，使填筑体达到密实稳定，还能将堆石体中岩块之间的接触力减至最小，避免进一步破碎。努列克、罗贡等工程的试验资料表明，细料含量为15%～35%时，堆石体具有比较大的抗剪强度，而以含量25%时为最大。但细料含量不宜过多，否则内摩擦角和变形模量均明显下降，对稳定和变形不利。

工程中多采用压缩模量作为表征堆石体压缩变形的性质指标，但各工程采用的标准并不统一。比较常用的有自重荷载模量E_v与水荷载模量E_w两项指标，前者表示施工期堆石的压缩模量，后者表示水库蓄水后库水荷载通过混凝土面板作用于堆石体产生的压缩模量。

$$\left.\begin{aligned} E_{v} &= \frac{0.001\gamma_R ht}{s} \quad (\text{MPa}) \\ E_{w} &= \frac{0.001\gamma_0 Hd}{f} \quad (\text{MPa}) \end{aligned}\right\} \tag{4-58}$$

上二式中：γ_R、γ_0——填筑堆石容重和水容重，kN/m^3；

h——计算点以上填筑堆石的高度，m；

t——计算点以下堆石体的厚度，m；

s——实测沉降量，m；

H——面板最大挠度处的水深，m；

d——面板最大挠度处垂直于面板方向的堆石体厚度，m；

f——水荷载作用下面板的最大挠度，m。

已建工程的压缩模量可在很大范围内变化。例如：若干工程其 E_v 值的变化范围约为 27～225MPa，与岩石的抗压强度、孔隙比等许多因素有关；E_w 值可达 E_v 值的 3 倍，与小主应力 σ_3 的影响有关。主堆石区硬岩的铺筑层厚度一般为 80～100cm，少数为 60cm，软岩层厚较薄，也可达到与硬岩接近的压缩模量。砂砾石层厚一般较薄，60cm 左右，但能达到比堆石高得多的压缩模量，例如，奥洛维尔坝 E_v＝365MPa，班奈特坝 E_v＝551～689MPa。

堆石体③A、③B、③C各区之间应满足渗流和压缩模量逐步变化的原则。过渡区③A的作用是保证垫层区材料不会被冲刷到主堆石的大孔隙中去，要求孔隙率控制在 18%～22%，③A区的宽度可以与垫层区等宽。③B区为堆石的主体，可参照有关经验确定其填筑标准如表 4-9 所示。

表 4-9　③B区主堆石体填筑标准

坝高 H(m)	设计孔隙率(%)	施工合格率(%)
＜70	25～27	70～80
70～100	24～26	70～80
100～160	23～25	70～80

当河谷岸坡陡于 1∶0.5 或是坝很高时，为减小堆石体的变形，需适当提高填筑标准。③C区主要起稳定和排水作用，孔隙率控制为 23%～28%，施工合格率 70%～80%。砂砾料的压实孔隙率应比一般土石坝的要求高，例如 15%左右。当有必要进行堆石体的稳定计算时，应注意到堆石在高应力条件下抗剪强度包线为曲线，随着应力增大，摩擦角趋于减小。

2. 面板及防渗结构设计

面板、趾板、趾板地基的灌浆帷幕、周边缝和面板间的接缝止水等构成面板坝的防渗体系，如图 4-37 所示。面板沿坝轴线方向用垂直伸缩缝分段浇筑，除邻近岸坡地形变化剧烈处以及高坝分期蓄水可设水平伸缩缝，以减少面板所受的扭曲应力外，一般不设水平伸缩缝。面板在河岸处的起始板

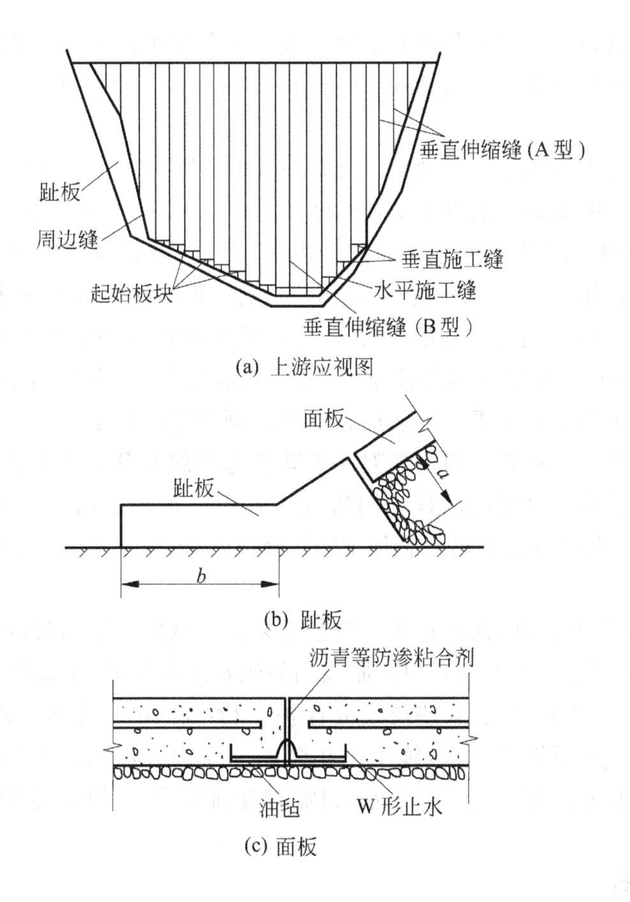

图 4-37　面板与趾板的布置和结构

块，形状不规则，一般和其上的主板间布置水平施工缝。

1）趾板

趾板是面板的底座，其作用是保证面板与河床及岸坡间的不透水连接，同时也作为坝基帷幕灌浆的盖板和滑模施工的起始工作面。

趾板的截面形状和布置如图 4-37 所示，根据地形条件布置成一系列折线段的组合，其最终定线需在施工过程中完成。趾板沿顺河向的宽度 b 不宜小于 3m，此外还取决于作用水头 H 和基岩性质，要求水力坡降 $J(=H/b)$不超过容许值，对新鲜或微风化基岩可用 20～25；弱风化基岩可用 10；强风化和破碎基岩可用 5；有的面板坝趾板建在河床冲积层上，$J=2\sim3$。趾板的横河向宽度大致为 6m(岸坡段)～18m(河床段)。趾板厚度大致与面板下端等厚。对高坝，厚度宜适当增加。在趾板与面板的连接处应使最大坝高处面板下的堆石厚度 a 不小于 0.8～1.0m。

趾板配置钢筋，每向配筋率 0.2%～0.3%，单层敷设，净保护层厚度 10～15cm。另设插筋，以加强与地基的连接，并可用作钢筋的架立筋。

趾板地基应按要求进行固结灌浆与帷幕灌浆。在强风化岩地段可设置截水齿墙有的坝在趾板下游地基表面喷射混凝土形成铺盖以延长渗径,从而节约了地基处理的工程量。

2）面板

面板是防渗的主体,对质量有较高的要求。面板设置垂直缝(图 4-37),间距一般取为 12～18m。面板分缝有利于适应坝体变形,同时也有利于减轻温度应力和便于施工。位于面板中部的垂直缝上边缘,一般受挤压作用,称为 B 缝,而靠近岸坡的垂直缝上边缘,则由于坝的变形而受到拉伸作用,称为 A 缝。A 缝和 B 缝对止水的要求有所不同。观测资料表明,在水荷载作用下,面板上表面大部分区域受压,仅在坝顶和岸坡处出现拉应力,在周边缝处张开,故在此处面板加厚,以便增设止水。

面板一般采用 C20～C25 强度等级的混凝土,采用双向配筋,每向配筋率 0.3%～0.5%,靠近坝肩和岸边的受拉区采用配筋率的上限。配筋的目的是限制裂缝的扩展。

面板接缝设计主要是止水布置。周边缝对面板防渗起关键作用。水库蓄水后随着面板的变形,周边缝将产生三维复杂位移。已建的面板坝周边缝多采用三道止水(图 4-34),底部的铜片止水,用沥青砂填充料保护,上部止水用沥青玛琋脂加 PVC(聚氯乙烯)膜覆盖,中部再加一道 PVC 止水,缝间用可压缩性填料填充。

实践表明,只要施工质量良好,两道止水的防渗效果并不减低。墨西哥的阿瓜密尔帕坝采用一种自愈性的止水装置,将上部止水中的沥青玛琋脂改用粉煤灰或粉细砂,上面用透水的土工织物和开孔的金属罩保护,保证粉细砂不致流失,在垫层反滤保护下粉细砂可自动充填裂缝,效果良好。B 型垂直伸缩缝一般在底部设一道紫铜片止水,施工时在缝面上涂刷一层沥青等防渗粘合剂,A 型垂直缝在靠近表面再增加一道止水。施工缝不设止水,只需对缝面凿毛,并使钢筋连续通过缝面。

4.9.2 其他形式堆石坝

其他形式堆石坝主要有:以沥青混凝土作为防渗体的堆石坝和定向爆破堆石坝。

沥青混凝土斜墙和心墙的结构已在 4.2 节中作过阐述(图 4-4)。沥青混凝土斜墙坝具有与混凝土面板坝相似的特点,又可称为沥青混凝土面板坝。在已建的以沥青混凝土作为防渗体的堆石坝中,以斜墙面板坝的数量居多。

定向爆破筑坝是在地形、地质条件适当的河谷的一岸或两岸布置炸药室,使爆破产生的岩块大部分抛掷到预定的位置堆积成坝,拦截河道。采用这种方法筑坝,一次爆破可得石方数万、数十万甚至上百万立方米,从而可节约大量人力、物力和财力。但爆破对山体的破坏作用较大,使岩体内的裂缝加宽,有时可形成绕坝渗流通道,并可使隧洞、溢洪道周围的地质条件以及岸坡的稳定条件恶化。此外,爆破后填平补齐、整修清理的工作量仍然很大,坝基处理与防渗体施工均有一定困难,坝体密实度不如分层填筑、用振动碾碾压施工的堆石坝,建坝后由于主堆石体的沉降变形可能过大而导致面板严重开裂。这种坝型在 20 世纪 40 年代以前采用较多,但因主堆石体的沉降变形过大、面板开裂较多、裂缝很宽,而严重影响正常运行,曾经有一段时期很少采用。自从大功率振动碾问世、应用和发展后,当今的堆石坝已很少采用定向爆破堆积筑坝的办法了。

4.10 土石坝的坝型选择

学习要点

混凝土面板堆石坝和粘土斜心墙土石坝有很大优越性，各适用于不同的条件，宜优先考虑。

坝型选择是土石坝设计中需要首先解决的一个重要问题，因为它关系到整个枢纽的工程量、投资和工期。坝高、筑坝材料、地形、地质、气候、施工和运行条件等都是影响坝型选择的主要因素。

均质坝、土质防渗体的心墙坝和斜墙坝，可以适应任意的地形、地质条件，对筑坝土料的要求逐渐放宽，既可以采用先进的施工机械进行建造，在条件不具备时，也可以采用比较简单的施工机械修筑，因而对我国大量的中小型工程是值得优先考虑的坝型。

均质坝坝体材料单一，施工方便，当坝址附近有数量足够的适宜土料时可以选用。这种坝所用土料的渗透系数较小，施工期坝体内会产生孔隙水压力，土料的抗剪强度较低，所以，坝坡较缓，工程量大。一般只适用于中、低坝。但近年来也有向高坝发展的趋势，特别是在具有较大内摩擦角的含粘性的砂质和砾质土的情况下，由于在坝的中部设置竖向和水平排水，可以大大降低坝体内的浸润线，并减少孔隙水压力。20 世纪 60 年代后在巴西等地已建成许多高 60～80m 的均质坝，委内瑞拉古里坝的土坝段，坝高 100m，也是采用的均质坝。

土质心墙和斜墙，便于与坝基内的垂直和水平防渗体系相连接，心墙和斜墙坝可以在深厚的覆盖层上修建。这种坝型不仅适宜于建低坝，也适宜于建高坝。斜墙坝的砂砾石或堆石坝壳可以超前于防渗体进行填筑，而且不受气候条件限制，也不依赖于地基灌浆施工的进度，施工干扰小。但斜墙坝由于抗剪强度较低的防渗体位于上游面，故上游坝坡较缓，坝的工程量相对较大。斜墙对坝体的沉降变形也较为敏感，与陡峻河岸的连接较困难，故高坝中斜墙坝所占的比例较心墙坝为小。高度超过 100m 的斜墙坝，绝大多数采用内斜墙，即斜墙坡度变陡，斜墙上游还填筑一部分坝壳。例如巴基斯坦高 148m 的塔贝拉坝等。

心墙坝的防渗体位于坝体中央，适应变形的条件较好，特别是当两岸坝肩很陡时，较斜墙坝优越。目前世界上已建的高 200～300m 级的土石坝几乎都是心墙坝。碾压技术的进步和采用砾石土作为防渗体为建造高心墙坝创造了条件。但心墙在施工时宜与两侧坝壳平起上升，施工干扰大，受气候条件的影响也大，在雨季或寒冷季节难以进行心墙施工，严重地影响两侧砂砾石或堆石体坝壳的施工；如果先对坝壳作临时断面的填筑和碾压，中间空缺很大的断面，待心墙施工时再与心墙平起填筑碾压，这样与先填筑的坝壳多出两条纵缝（上、下游每侧各 1 条），但旧坝壳在此处坝坡有相当厚的部位是难以压实的，需要削至实坡才能填筑碾压新坝壳，不仅浪费很多劳动力，而且即使如此做得很好，也不如一次填筑碾压、不分临时施工纵缝的质量好，这是心墙坝的一大缺点。另外，心墙土料的压缩性较坝壳料高，当下部心墙继续向下压缩变形时，上部心墙却被上、下游两侧高弹模砂砾石或堆石体具有拱效应的坝壳所夹持，向下沉降量远远小于下部心墙，因而容易产生水平裂缝或较大的竖向拉应力，严重地影响大坝的安全。

为了解决心墙坝和斜墙坝的上述问题，近来很多高土石坝逐渐采用斜心墙或内斜墙坝[参见图 4-1(d)]，既避免了因坝体沉降过大而引起斜墙开裂的问题，又有利于克服拱效应和改善坝顶附近心墙的受力条件，防渗体下游一侧的坝壳仍有较大的断面可在雨季和冬季大面积铺填和碾压，避免出现空缺、两次施工的削坡等问题，只要施工安排合适，坝顶附近的心墙是可以避免在雨季或冬季施工的。

近年来发展的混凝土面板堆石坝具有很多突出的优点：堆石体抗剪强度高，浸润线低，抗震稳定性好，坝坡比以往其他土石坝陡得多，不仅坝体工程量明显地减小，而且导流洞也明显地减短，即使混凝土面板未来得及浇筑，反滤料和垫层也可短时挡水，堆石体还可临时过水，故上游部分坝体可兼作围堰，拦洪度汛简单，堆石体可常年施工，进度快，工期明显地缩短，工程收效快，投资也明显地节省。这种坝型对岩基的要求低于混凝土坝，很有竞争力。在目前我国土地资源很紧缺的情况下，用混凝土面板代替粘土防渗体，对节省大量的土地资源做出重要的贡献，这种坝型尤其对开发我国西南、西北高山峡谷河流丰富的水力资源具有重要意义。故各级领导部门都指出，在具有大型振动碾等设备的条件下，混凝土面板堆石坝是重点首选的坝型之一。我国在建的水布垭混凝土面板堆石坝的坝高为 233m，是目前世界上最高的面板堆石坝。目前正研究在覆盖层上兴建高面板堆石坝的问题，并已着手进行在 24m 厚的第四纪覆盖层上兴建高达 160m 的滩坑面板堆石坝的设计和研究工作。

应用沥青混凝土作防渗体的土石坝，采用土工薄膜防渗的土石坝等，在各种具体条件下，都有一定的应用和发展前景。

在覆盖层很深、当地土石料很多的情况下，一般兴建土石坝，但又如果两岸地形很高很陡，开挖和建造溢洪道的工程量很大，那么较低的土石坝也可考虑建成为坝上溢流形式的。图 4-38 和图 4-39 为已建的两种不同形式的过水土石坝。

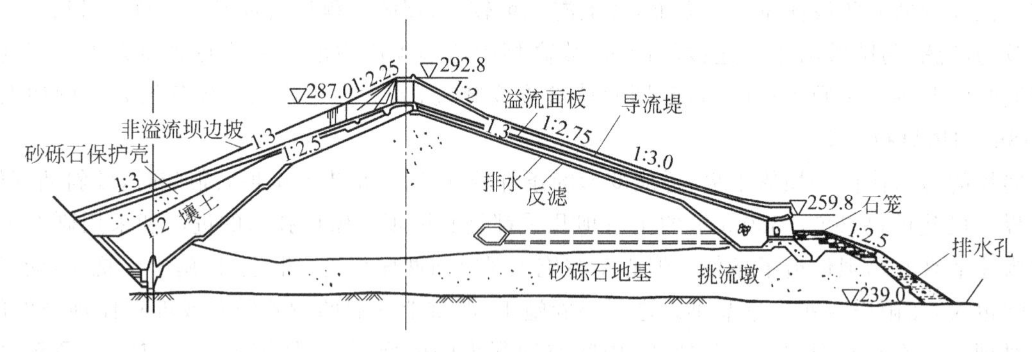

图 4-38　王家园过水土坝

但是，当土石坝较高时，坝上过水应慎重，高速水流的振动会加速土石坝的沉降变形，高速水流可能经过结构的接缝进入坝内将土颗粒带走而引起垮坝。所以，一般土石坝不许坝身溢流，需要在土石坝一定距离之外的岸边另外单独设置足够的泄洪建筑物。关于这部分内容将在下一章叙述，故本章

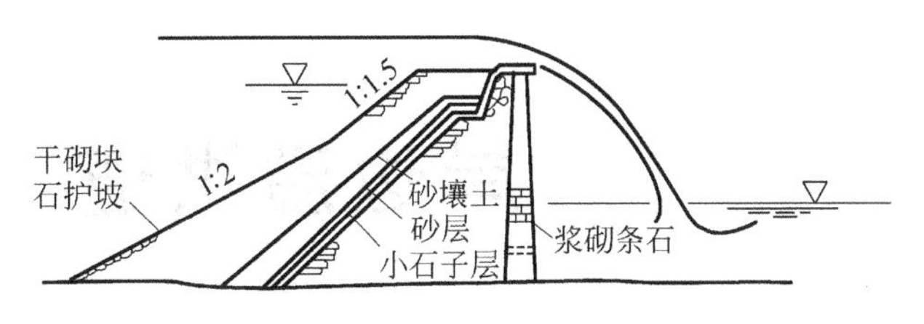

图4-39 照谷型过水土石坝

没有专门一节介绍坝身泄水建筑物。这并不说明泄洪建筑物不重要，而且恰恰相反，正因为土石坝坝顶不能过水，才需要在岸边建造有足够泄洪能力的建筑物。

我国河南省有几座土石坝在1975年8月因连续几天暴雨洪水很大，其中一座溢洪道泄洪能力过小，加上在需要泄洪时闸门打不开，后来即使打开也太晚了，使库水漫过坝顶冲垮大坝，更大得多的洪水冲毁下游一些土石坝，连环累计作用造成惨重的损失。

古今中外，土石坝因洪水漫顶而垮坝的不胜枚举，约占土石坝垮坝总数的1/4～1/3，古代因洪水漫顶的原因造成垮坝的占大半数，近代少一些。据统计，美国至1900年修建了高于15m的土坝约70座，在竣工后10年内失事的约占8%，其中半数是由于洪水漫顶而造成的。所以，我们必须牢记上述这些教训，重视土石坝岸边溢洪道的设计，使其具有足够的泄洪能力，并保证能正常、安全地泄洪运行。

思考题

1. 土石坝与其他坝型相比有哪些优点和缺点？
2. 土石坝的类型有哪些？各有哪些构造特点和组成？
3. 土石坝的构造对各种材料有哪些要求？
4. 为什么要对土石坝作渗流分析？土石坝的渗流分析方法有哪些？
5. 土石坝的稳定分析方法有哪些？
6. 为什么要对土石坝作应力分析？土石坝的应力分析方法与重力坝有什么不同之处？
7. 怎样计算土石坝的沉降量？
8. 土石坝的裂缝有哪些类型？如何防治和处理？
9. 土石坝的地基需要做哪些处理？
10. 如何用拟静力法对土石坝做坝坡稳定分析？
11. 土石坝的抗震措施有哪些？
12. 混凝土面板堆石坝的构造组成有哪些？它与一般土石坝相比有哪些优越性？为什么？
13. 在各种具体条件下，如何选择合适的土石坝坝型？
14. 土石坝容易出现哪些事故？如何预防？

第5章 岸边溢洪道

学习要点

岸边溢洪道是土石坝不可缺少的泄洪建筑物，本章重点是正槽式溢洪道，其次是侧槽式溢洪道。

对于土石坝或坝体泄洪能力受到限制的混凝土坝来说，常常设置岸边溢洪道泄洪，防止洪水漫溢坝顶，保证大坝及其他建筑物的安全。

溢洪道除了应具备足够的泄流能力外，还要保证其在工作期间的自身安全和下泄水流与原河道水流获得妥善的衔接。若干坝的失事，往往是由于溢洪道泄流能力设计不足或运用不当而引起的。所以安全泄洪是水利枢纽设计中的重要问题，应充分掌握和认真分析气象、水文、泥沙、地形、地质、地震、建筑材料、生态与环境、坝址上下游规划要求等基本资料，并认真考虑施工和运行条件。

岸边溢洪道形式有正槽式溢洪道、侧槽式溢洪道、井式溢洪道和虹吸式溢洪道等。在实际工程中，一般依据两岸地形和地质条件选用。其中，正槽式溢洪道较多，也较典型，本章以其作为侧重点，对于其他形式的溢洪道只做简要介绍。

5.1 正槽式溢洪道

正槽式溢洪道通常由引水渠、溢流堰（控制段）、泄槽、出口消能段及尾水渠等部分组成。其中，溢流堰、泄槽及出口消能段是溢洪道的主体。因堰上水流顺着泄槽纵向下泄，故称为正槽式溢洪道（见图5-1）。

5.1.1 引水渠

由于地形、地质条件限制，需在溢流堰前开挖引水渠，将库水平顺地引向溢流堰，当引水渠较短时，可做成喇叭口，见图5-2。

为了提高溢洪道的泄流能力，引水渠中的水流应平顺、均匀，并在合理开挖的前提下减小渠中水流流速，以减轻冲刷和减少水头损失。流速应大于悬移质不淤流速，

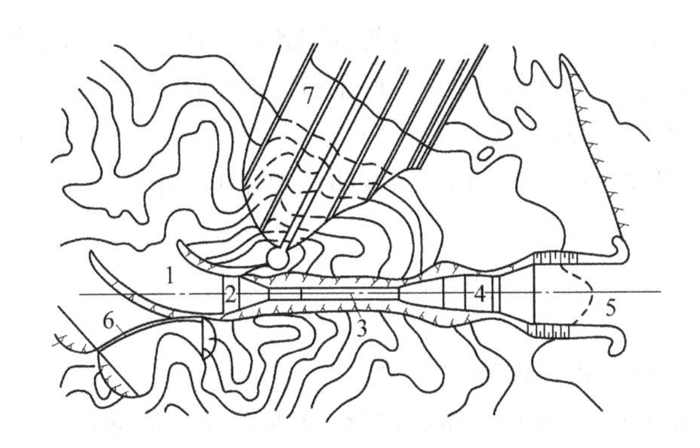

图 5-1　正槽式溢洪道平面布置图

1—引水渠；2—溢流堰；3—泄槽；4—出口消能段；5—尾水渠；6—非常溢洪道；7—土石坝

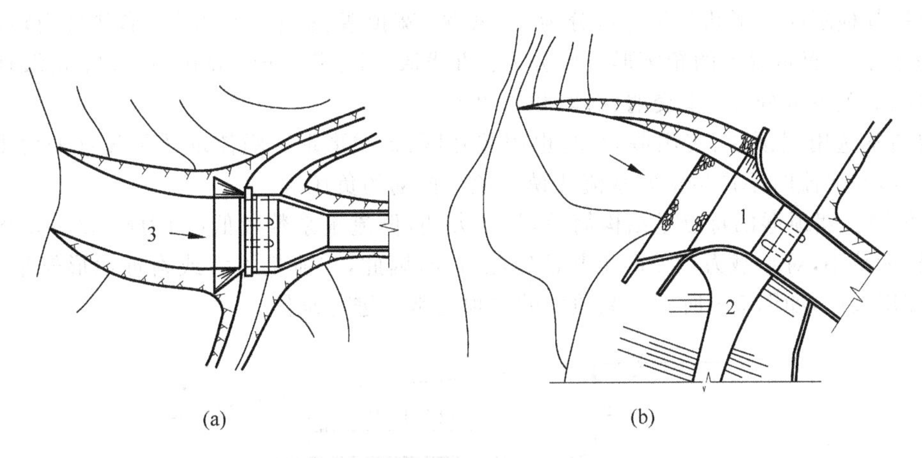

图 5-2　岸边溢洪道引水渠的形式

1—喇叭口；2—土石坝；3—引水渠

小于渠道的不冲流速，一般不大于 4m/s。若岸边岩体山高坡陡，为了减少土石方开挖，也可采用较大的流速，如碧口水电站的岸边溢洪道，经技术经济比较，引水渠选用设计流速为 5.8m/s。

渠底高程宜比堰顶高程低些，因为在一定的堰顶水头下，行近水深大，流量系数也较大，泄放相同流量所需的堰顶长度要小。因此，在满足水流条件和渠底容许流速的限度内，如何确定引水渠的水深和宽度，需要经过方案比较后才能确定。

引水渠在平面布置上应力求平顺，避免断面突然变化和水流流向的急剧转变。通常把溢流堰两侧的边墩向上游延伸构成导水墙或渐变段(参见图 5-2)，这样水流能平稳、均匀地流向溢流堰，防止在引水渠中因发生漩涡或横向水流而影响泄流能力。当堰紧靠水库时，导水墙在平面上常呈喇叭口状，也起保护岸坡或上游坝坡的作用。引水渠在平面上如需转弯时，其轴线的转弯半径不宜小于 4 倍渠底宽度，弯道至溢流堰宜有适当长度的直线段。

引水渠应根据地质情况、渠线长短、流速大小等条件确定是否需要砌护。岩基较好的引水渠可不做砌护，但应开挖整齐，边坡为 1∶0.1～1∶0.3。对长的引水渠，则要考虑糙率的影响，以免过多地降低泄流能力。在较差的岩基或土基上，应进行砌护，尤其在靠近堰前区段，因流速较大，为防止冲刷和减少水头损失，可用混凝土板或浆砌石护面，边坡约为 1∶0.5～1∶1.0。在土基上采用梯形护坡衬砌，边坡一般为 1∶1.5～1∶2.5，砌护厚度一般为 0.3m。当有防渗要求时，需用混凝土衬护。

5.1.2 溢流堰控制段

溢流堰控制段包括溢流堰及两侧连接建筑物。

溢流堰是控制溢洪道泄流能力的关键部位，必须合理选择溢流堰段的形式和尺寸。

1. 溢流堰的形式

溢流堰按其横断面的形状与尺寸可分为：薄壁堰、宽顶堰、实用堰（堰断面形状可为矩形、梯形或曲线形）；按其在平面布置上的轮廓形状可分为：直线堰、折线堰、曲线堰和环形堰；按堰轴线与上游来水方向的相对关系可分为：正交堰、斜堰和侧堰等。

溢流堰通常选用宽顶堰、实用堰，有时也用驼峰堰、折线形堰。溢流堰体形设计的要求是：尽量增大流量系数，在泄流时不产生空穴水流或诱发危险振动的负压等。

（1）宽顶堰。宽顶堰的特点是结构简单，施工方便，但流量系数较低（约为 0.32～0.385）。由于宽顶堰堰矮，荷载小，对承载力较差的土基适应能力强，因此，在泄量不大或附近地形较平缓的中、小型工程中，应用较广，如图 5-3 所示。宽顶堰的堰顶通常需进行砌护。

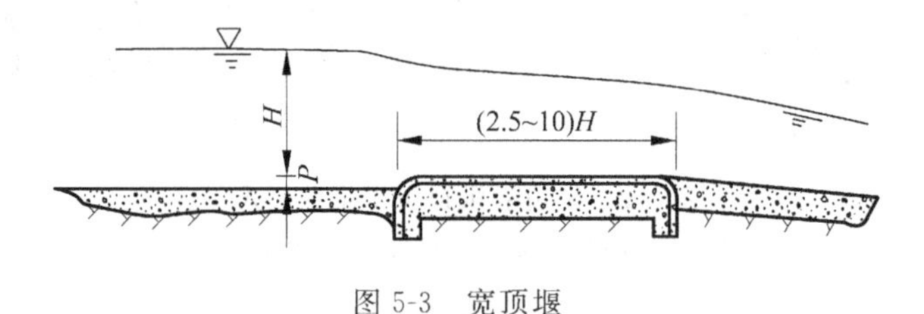

图 5-3 宽顶堰

对于中、小型工程，尤其是小型工程，若基岩有足够的抗冲刷能力，也可以不加砌护，但应考虑开挖后岩石表面不平整对流量系数的影响。

（2）实用堰。实用堰的优点是：可以减小闸门的高度；如果不设闸门，利用实用堰可提高蓄水位；流量系数比宽顶堰大，在相同泄流量条件下，需要的溢流前缘较短，工程量相对较小。大、中型水库，特别是岸坡较陡时，多采用这种形式，如图 5-4 所示。实用堰的缺点是施工较复杂，施工技术条件较差的工程很少采用。

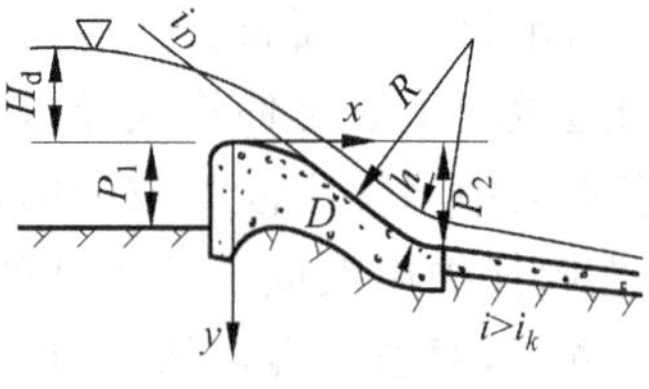

溢洪道中的实用堰一般都较低矮，其流量系数在溢流重力坝与宽顶堰之间。为了提高泄流能力，应当合理选用堰高、设计定型水头和堰流曲线并保证堰流曲线具有足够的长度。

图 5-4 实用堰

堰面曲线有真空和非真空两种形式，它对泄流能力影响很大。

通常多采用非真空型堰面曲线。国内外对非真空堰流曲线形式都做过系统的研究，建议的堰流曲线形式很多。我国最常采用的是 WES 标准剖面堰(参考 2.11 节的有关内容和示意图)、克-奥型剖面堰和幂次曲线剖面堰。上述实用剖面堰的特征参数可从《水力学》或有关手册中查到。对于重要工程，则应进行水工模型试验。

2. 溢流孔口尺寸的拟定

溢洪道的溢流孔口尺寸，主要是指溢流堰堰顶高程和溢流前沿长度，其设计方法与溢流重力坝相同。这里需要指出的是，由于溢洪道出口一般离坝脚较远，在同样的地质条件下，其单宽流量可比溢流重力坝所采用的数值更大些。

为了减小闸门的高度，可在溢流孔口设置胸墙。有时为了提高汛期限制水位，需要在洪峰之前的较低水位时也能提前宣泄较大的洪水，而将溢洪道挖得很深，因而需设置胸墙以减小闸门的高度。其缺点是在高水位时的泄洪超载能力不如开敞式溢洪道大，而且因开挖较深，结构复杂，应慎重考虑。

溢洪道泄洪能力的计算，溢流堰顶是否安设闸门，以及闸墩(包括边墩)、胸墙、底板、工作桥、交通桥、防渗、排水等设计，均与溢流重力坝相类似，可参阅第 2 章。

5.1.3　泄槽

泄槽一般位于挖方地段，设计时要根据地形、地质、水流条件与经济等因素合理确定其形式和尺寸。由于泄槽内的水流处于急流状态，高速水流带来的一些特殊问题，如冲击波、水流掺气、空蚀和脉动压力等作用问题，均应认真考虑并采取相应的措施。

1. 泄槽的平面布置及纵、横剖面

泄槽的平面布置形式很多，应因地制宜加以确定。泄槽在平面上宜尽可能采用直线、等宽、对称布置，这样可使水流平顺、结构简单、施工方便。但在实际工程中，由于地形、地质等原因，或从减少开挖和有利消能等方面考虑，常设置收缩段、扩散段或弯曲段。图 5-1 所示的泄槽是常见的一种平面布置形式，溢流堰下游先接收缩段，再接等宽泄槽，最后接出口扩散段。设置收缩段的目的在于节省泄槽土石方开挖量和衬砌工程量；而设出口扩散段的目的则在于减小出口单宽流量，有利于下游消能和减轻水流对下游河道的冲刷。

泄槽纵剖面设计主要是决定纵坡。泄槽纵坡必须保证泄槽中的水位不影响溢流堰自由泄流和在槽中不发生水跃，使水流始终处于急流状态。因此，泄槽纵坡 i 必须大于临界坡度 i_c；在这种情况下，泄槽起点的水深等于临界水深 h_k。矩形泄槽的 i_c 和 h_k 值如下：

$$i_c = \frac{g}{\alpha C^2}\frac{L}{B} \tag{5-1}$$

$$h_c = \sqrt[3]{\alpha q^2/g} \tag{5-2}$$

上二式中：C——谢才系数，$C=R^{1/6}/n$，其中 R 为水力半径(m)，n 为粗糙系数，对于混凝土 $n=0.014\sim0.016$；

g——重力加速度，$g=9.81\text{m/s}^2$；

α——流速分布系数，取 $\alpha=1.0$；

L——泄槽横断面的湿周，m；

B——水面宽度，m；

q——单宽流量，m^2/s。

为了减小工程量，泄槽沿程可随地形、地质变坡，但变坡次数不宜过多，而且在两种坡度连接处，要用平滑曲线连接，以免在变坡处发生水流脱离边壁引起负压或空蚀。当坡度由缓变陡时，应采用竖向射流抛物线来连接；当坡度由陡变缓时，需用反弧连接，反弧半径一般可按 $6<R/h<12$ 选定(h 为水深)，流速大时宜选用较大值。变坡位置应尽量与泄槽在平面上的变化错开，尤其不要在扩散段变坡。刘家峡水电站的右岸溢洪道，其泄槽纵坡由 6 个坡段组成，改变达 5 次之多，1969 年断续过水总时数 324h，最大过流量 2 350m^3/s，最大流速约 30m/s，经检查，泄槽破坏比较严重的有 3 处，都发生在泄槽底坡由陡变缓处，底板被掀走，地基被冲刷，最深达 13m。实践证明，泄槽变坡处易遭动水压力破坏，设计时应予重视。常用的纵坡为 1%～5%，有时可达 10%～15%，在坚硬的岩基上可以更陡一些，实践中有用到 1∶1 的。从地质条件讲，为保证泄槽正常运行，应将其建在新鲜岩石上，如不得已需要建在较差的地基上，则应进行必要的地基处理和采用可靠的结构措施。

泄槽的横剖面，在岩基上接近矩形，以使水流分布均匀，有利于下游消能；在土基上则采用梯形。但边坡不宜太缓，以防止水流外溢和影响流态，一般为 1∶1～1∶2。

2. 收缩段、扩散段和弯曲段设计

在急流中，由于边墙改变方向，水流受到扰动，就会引起冲击波。冲击波的波动范围可能延伸很远，使水流沿横剖面分布不均，从而增加边墙高度，并给泄槽工作及出口消能带来不利的影响。由于前面提到的各种原因，实际工程中的泄槽，往往设有收缩段、扩散段或弯曲段。因此产生冲击波是不可避免的，设计的任务就在于使冲击波的影响减到最小。

(1) 收缩段

合理的收缩段应当是引起的冲击波的高度最小和对收缩段以下泄槽中的水流扰动减至最小。

工程中常见的收缩段是在平面上呈对称收缩的。根据冲击波理论：冲击波的最大波高决定于侧墙偏转角，偏转角大，最大波高也增大；对长度相同的收缩段，反曲线边墙的冲击波比直线边墙高，从产生波高大小的观点看，宜采用直线边墙收缩段，可在转角处局部修圆。

在图 5-5(a)所示的直线边墙收缩段中，由于边墙向内偏转 θ 角，急流受边墙阻碍，迫使水流从收缩边墙起点 A 和 A' 开始沿边墙转向，发生水面局部壅高的正扰动，壅高的扰动线在 B 点交汇后传播至 C' 和 C 再发生反射。在收缩段末端 D 和 D' 因边墙向外偏转，水流失去依托而发生水面局部跌落的负扰动，其扰动线也向下游传播，如图中虚线所示。由于这些作用叠加的结果，将使下游流态更为复杂。

合理的收缩角和收缩段长度，应该使冲击波仅在收缩段范围内发展，使 C、C' 分别与 D、D' 重合，如图 5-5(b)所示，即正扰动的反射和负扰动的反射同时在同一点发生，两者互相抵消，其结果是 CC' 剖面以下的下泄水流被导向与边墙平行，扰动减至最小。

有关冲击波后的水深 h_2 与流速 v_2 的计算，可参考我国《溢洪道设计规范》SL 253—2000 附录 A 所建议的方法、公式和计算图表。

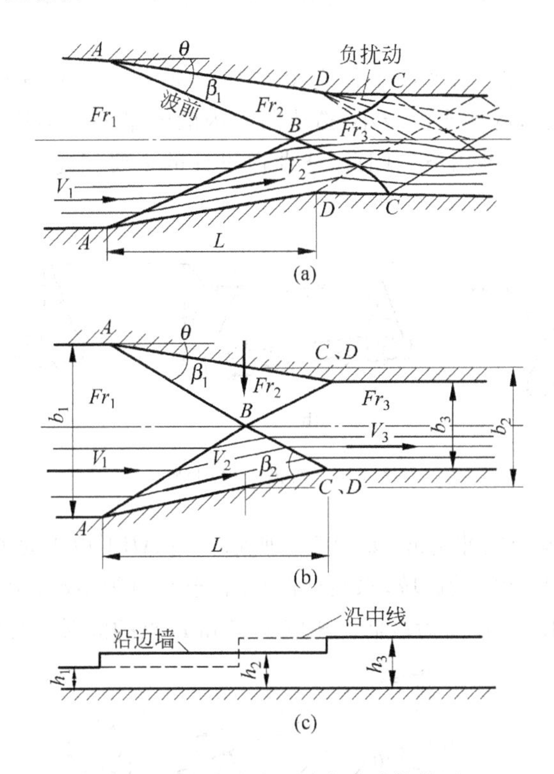

图 5-5　直线收缩段冲击波计算简图

用类似上述的方法和公式，可由 h_2、b_2、v_2、θ 和 β_2 值试算 h_3、b_3、v_3，同样必须使 $Fr_3>1$，$b_1/b_3=(h_3/h_1)^{3/2}Fr_3/Fr_1$。若 Fr_3 不满足要求，则调整 b_3，重新计算，直到满足为止。求得 b_3 后根据几何条件即可计算收缩段长度 L：

$$L=0.5(b_1-b_3)/\tan\theta \tag{5-3}$$

(2) 扩散段

扩散段除了应当满足上面提到的两点外，还必须保证水流扩散时不发生脱离边墙的现象。目前对扩散段冲击波的研究还很不成熟，解决问题的最好办法是通过模型试验，找出良好的边墙体形。在初步设计时，可根据急流边墙不发生分离的条件来确定扩散角 φ：

$$\tan\varphi\leqslant\frac{1}{KFr} \tag{5-4}$$

式中：K——经验系数，一般取 3.0；

Fr——扩散段起、止断面的平均佛汝德数($Fr=v/\sqrt{gh}$),其中,v 为扩散段起、止断面的平均流速(m/s),h 为扩散段起、止断面的平均水深(m)。

在扩散段,佛汝德数 Fr 沿程变化,扩散角也应是沿程变化的,但实际设计时往往采用由式(5-4)求得的单一扩散角。工程经验和试验资料表明,边墙为直线的扩散角 φ 在6°以下具有较好的流态。

(3) 弯曲段

泄槽弯曲段通常采用圆弧曲线,弯曲半径应大于10倍槽宽。弯曲段水流流态复杂,不仅因受离心力作用,导致外侧水深加大,内侧水深减小,造成断面内的流量分布不均,见图5-6(a),而且由于边墙转折迫使水流改变方向,产生冲击波。因此,弯曲段设计的主要问题在于使断面内的流量分布趋近均匀,消除或抑制冲击波。

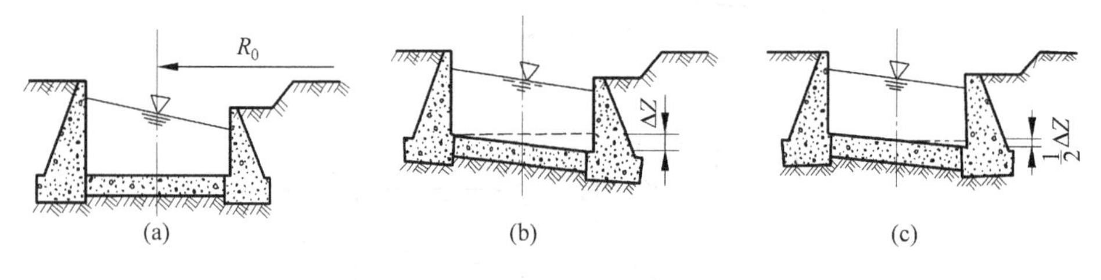

图5-6 弯道上的泄槽

当急流一进入弯曲段,就产生冲击波,如图5-7所示。在 ABA' 以上是水流未受边墙影响的区域;在 ABC 范围内,是只受外边墙影响的区域,水面沿程升高,至 C 点为最高;在 $A'BD$ 范围内,是只受内边墙影响的区域,水面沿程降低,至 D 点为最低。相应于 C 和 D 点的圆弧中心角可由式(5-5)确定。

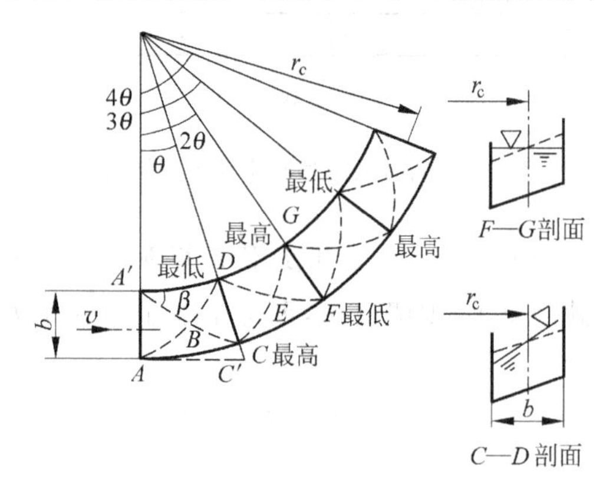

图5-7 等宽泄槽弯曲段的冲击波

$$\theta=\arctan\frac{b}{\left(r_c+\frac{b}{2}\right)\tan\beta} \tag{5-5}$$

$$\beta=\arcsin\frac{1}{Fr} \tag{5-6}$$

上二式中：b——泄槽宽度，m；

r_c——泄槽弯曲段中线的曲率半径，m；

β——波角；

Fr——佛汝德数。

在 CBD 以后，因不断发生波的反射、干涉与传播，形成了一系列互相交错的冲击波。对于外边墙，在圆弧中心角 3θ、5θ、…各点为水面最高点；而 2θ、4θ、…各点为水面最低点。内边墙发生最高、最低的水面点位置与外边墙的相反。

已知 β 和 θ，弯曲段横断面内、外侧的水深可按式(5-7)计算：

$$h=\frac{v^2}{g}\sin^2\left(\beta+\frac{\theta}{2}\right)\quad (\mathrm{m}) \tag{5-7}$$

式中：v——弯曲段入口处的平均流速，m/s。

用式(5-7)计算外侧水深时 θ 取正值，计算内侧水深时 θ 取负值。

弯曲段的水力设计方法很多，大体可分为两类。第一类是施加侧向力，即采取工程措施，向弯曲段水流施加作用力，使它与水流所受的离心力相平衡，以达到消除干扰的目的。渠底超高法、弯曲导流墙法等方法都属于这一类。第二类是干扰处理法，即在曲线的起点和终点，引入与原来的干扰大小相等但相位相反的反扰动，来消除原来扰动的影响。复曲线段法、螺旋线过渡段法和斜槛法就是基于这个原理而提出的。

渠底超高法是在弯曲段的横剖面上，将外侧渠底抬高，造成一个横向坡度，如图 5-6(b)所示。利用重力沿横向坡度产生的分力，与弯曲段水体的离心力相平衡，以调整横剖面上的流量分布，使之均匀，改善流态，减小冲击波和保持弯曲段水面的稳定性。泄槽弯曲段外侧相对内侧的槽底超高值，可用一个由离心力方程导出的公式来表达

$$\Delta Z=C\frac{v^2 b}{g r_c}\quad (\mathrm{m}) \tag{5-8}$$

式中：v——弯曲段起始断面的平均流速，m/s；

b——泄槽直段的水面宽，m；

g——重力加速度，$\mathrm{m/s^2}$；

r_c——弯曲段中心线的曲率半径，m；

C——取决于水流弗劳德数、泄槽断面及弯道几何形状的系数。按溢洪道设计新规范，对于急流、矩形断面和简单圆弧的弯曲段，$C=2.0$；带有缓和曲线过渡段的矩形断面取 $C=1.0$。

为了保持泄槽中线的原底部高程不变，以利于施工，常将内侧渠底较中线高程下降$\frac{1}{2}\Delta Z$，而外侧渠底则抬高$\frac{1}{2}\Delta Z$，如图 5-6(c)所示。

弯曲段的渠底超高和上、下游直线段的底面横坡应有缓和曲线的渐变过渡连接，不应做成突变的，一般做成平面转弯扇形抬高面。

综上所述，收缩段、扩散段及弯曲段的水力设计是相当繁复的。由于水流条件复杂，有许多问题

在理论上还不够成熟，不能建立确定的解析关系。上面给出的计算式是在引入若干假定，经过简化后得出的，因而是近似的。对于重要工程还应通过模型试验进行选型和确定尺寸。

3. 掺气减蚀

水流沿泄槽下泄，流速沿程增大，水深沿程减小，即水流的空化数沿程递减，经过一段流程之后，就会产生水流空化现象。空化水流到达高压区，因空泡溃灭而使泄槽壁遭受空蚀破坏。在第2章已提到的抗空蚀措施有：掺气减蚀、优化体形、控制溢流表面的不平整度和采用抗空蚀材料等。

工程实践表明，临近固体边壁水流掺气，有利于减蚀和免蚀。掺气减蚀的机理很复杂，水流掺气可以使过水边界上的局部负压消除或减轻，有助于制止空蚀的发生，空穴内含有一定量空气成为含气型空穴，溃灭时破坏力较弱；过水边界附近水流掺气，气泡对空穴溃灭时的破坏力起一定的缓冲气垫作用。试验证明，掺气水流中空气含量为1.5%～2.5%时，混凝土试件的空蚀就可大大减轻，有关掺气效果的资料指出，当空气含量为6%～7%时，就可免于空蚀破坏。我国《溢洪道设计规范》SL 253—2000在附录A中规定：在掺气槽保护范围内，近壁处的掺气浓度不得低于3%～4%。附录A还建议：水流掺气后不平整度控制标准可适当放宽；当流速为35～42m/s、近壁掺气浓度为3%～4%时，垂直突体高度不超过30mm；近壁掺气浓度为1%～2%时，垂直突体高度不超过15mm，对于高度超过15mm的突体，应将其迎水面削成斜坡，斜坡坡度可按图5-8选用。

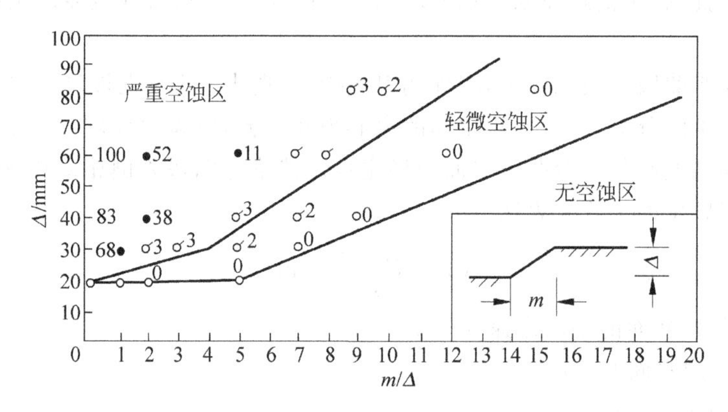

图5-8 低掺气浓度(1%～2%)水流不平整度控制标准

(注：图中测点右上角数字为空蚀深度，以mm计)

掺气设施主要包括两个部分：一是借助于低挑坎、跌坎或掺气槽，在射流下面形成一个掺气空间的装置；一是通气系统，为射流下面的掺气空间补给空气。掺气装置的主要类型有掺气槽式、挑坎式、跌坎式、挑坎与掺气槽联合式、跌坎与掺气槽联合式(见图5-9)，此外还有突扩式和分流墩式等。挑坎与掺气槽联合式的水流流态通常较跌坎式和突扩式为好。

在掺气装置中，通过改变坎的形式和尺寸，可以改变射流下面掺气空间的范围，从而达到控制空气和水混合浓度的目的。挑坎高度通常为0.1～0.2m，挑角为5°～7°，挑坎斜面坡度为1/10左右，不宜过陡。跌坎高度一般多在0.6～2.75m。

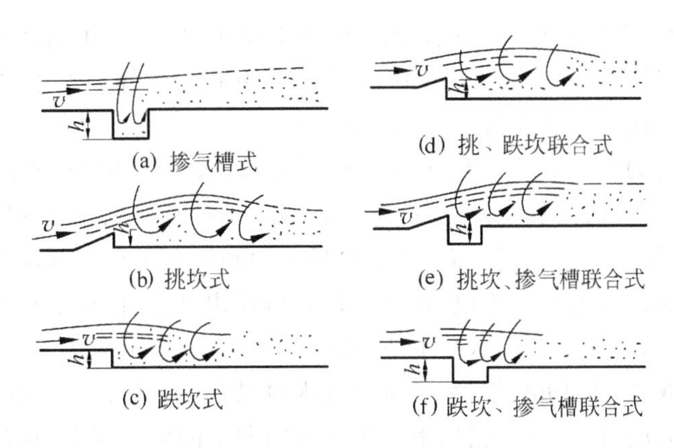

图5-9　掺气装置的主要类型

向掺气空间补给空气，可由下泄水流形成的流体动力减压作用，促使空气自动进入掺气空间。如果掺气空间不直接与大气相通，则必须设置通气管，通气管可埋设在边墙中。通气量取决于射流拖曳掺气空间空气的能力。当通气孔有足够的尺寸能充分供气使掺气空间中的负压为5kPa左右时，底部通气设施的单宽通气量约为9～10$m^3/(s\cdot m)$。通气系统有各种类型，如：墩后空间进气，两侧通气槽进气，两侧墙埋管通至挑坎(或跌坎)底部通气孔进气，两侧及底板折流(挑坎)进气，两侧及底板突扩(跌坎)进气等。它们中无论哪种类型都必须在泄洪运行中保持空气畅通、不积水、不为泥沙所堵塞。

在掺气装置的掺气空腔范围内，以掺气空腔末端的水流含气量为最高，水流的含气浓度不应大于45%。掺气水流的含气浓度沿流程逐渐减少，直线段与凹曲线段每米减少约为0.15%～0.2%，凸曲线段每米减少约为0.5%～0.6%。第一个掺气装置设在空蚀破坏危险区的开端。第二个设在近壁水流空气含量下降到3%～4%处，其后以此类推。对掺气装置所能保护的长度到目前还没有明确的标准，但根据已有的工程资料认为，设计良好的掺气装置可保护的长度约为50～100m。

4. 泄槽边墙高度的确定

泄槽边墙高度根据水深并考虑冲击波、弯道及水流掺气的影响，再加一定的超高来确定。计算水深为宣泄最大流量时的槽内水深，可参考2.11节中的试算方法计算掺气前后槽内的水深。

当泄槽水流表面流速达到10m/s左右时，即将发生水流掺气现象而使水深增加。掺气程度与流速、水深、边界糙率以及进口形状等因素有关，掺气后水深可按式(2-87)进行估算。

如果泄槽中设有掺气装置，还应考虑近壁水流掺气而引起的水深增加值。冲击波、弯道对水深的影响，可参考本节前面所述的方法确定。

边墙一般应比掺气后的水面超高0.5～1.5m。

5. 泄槽的衬砌

为了保护槽底不受冲刷和岩石不受风化，防止高速水流钻入岩石缝隙，将岩石掀起，泄槽一般都需进行衬砌。对泄槽衬砌的要求是：衬砌材料能抵抗水流冲刷，在各种荷载作用下能够保持稳定；

表面光滑平整，不致引起不利的负压和空蚀；做好底板下排水，以减小作用在底板上的扬压力；做好接缝止水，隔绝高速水流侵入底板下面，避免因脉动压力引起的破坏；要考虑温度变化对衬砌的影响，此外，在寒冷地区对衬砌材料还应有一定的抗冻要求。

作用在泄槽底板上的力有：底板自重，水压力（包括时均水压力和脉动水压力），水流的拖曳力和扬压力等。其中，脉动压力在时间和空间上都在不断变化，是具有随机性质的脉动量。当泄槽底板接缝止水失效时，高速水流将浸入到底板下面，此时底板表面和底面都存在脉动压力。

由于表面和底面的脉动压力不同相位，在某一瞬时可能出现表面脉动压力最小而底面脉动压力最大的情况，其合成就是由脉动压力引起的瞬时最大上举力，这个上举力有可能导致底板失稳而破坏。刘家峡右岸溢洪道底板，于 1969 年 10 月运行过水时破坏，究其原因主要是由于底板止水不良，横缝下游有垂直水流流向的升坎，导致底板下产生巨大的向上的脉动压力引起的。此外，也与排水设计不当，扬压力上升有关。

影响泄槽衬砌可靠性的因素是多方面的，而且不易确切计算。因此，衬砌设计应着重分析不同的地基、气候、水流和施工条件，选用不同的衬砌形式，并采取相应的构造措施。

(1) 岩基泄槽的衬砌

岩基上泄槽的衬砌可以用混凝土、水泥浆砌条石或块石，以及石灰浆砌块石水泥浆勾缝等形式。

石灰浆砌块石水泥浆勾缝，适用于流速小于 10m/s 的小型水库溢洪道。

水泥浆砌条石或块石，适用于流速小于 15m/s 的中、小型水库溢洪道。但对抗冲能力较强的坚硬岩石，如果砌得光滑平整，做好接缝止水和底部排水，也可以承受 20m/s 左右的流速。例如：福建石壁水库溢洪道，采用浆砌块石衬砌，建成后经受了 20m/s 过水流速的考验。衬砌厚度一般为 30～60cm。

对于大、中型工程，由于泄槽中流速较高，一般多采用混凝土衬砌。混凝土衬砌厚度不宜小于 30cm。为防止产生温度裂缝，需要设置横缝（垂直于水流方向）和纵缝（平行于水流流向，见图 5-10）。由于岩基的约束力较大，分缝距离不宜太大，一般约为 10～15m（当衬砌厚度较小、温度变化较大时，取小值）。衬砌接缝有平接缝、搭接缝和键槽缝几种形式。横缝比纵缝要求高，横缝一般做成搭接缝，在良好的岩基上有时也可用键槽缝。

施工时要做到接缝处衬砌表面平整，特别要防止下游块底板高出上游块底板。国外有的小坝工程，在高流速处将紧靠横缝下游块底板的边缘降低 12.7mm，并以 1∶12 或更缓的斜坡升高至原底板高程，收到了减小脉动压力和防止空蚀破坏的效果，可供设计参考。做好接缝止水是底板防冲的一项重要措施。止水效果好，就可隔绝水流侵入底部，从理论上讲，没有向上的脉动压力，底板就不会失稳。对于纵缝，可适当降低要求，一般可用平接形式，但缝内也要做好止水。

衬砌的纵缝和横缝下面都应设置排水设施，且需相互连通，以便将渗水集中到纵向排水内，然后排入下游。排水通常的做法是：在岩基上开挖、并用块石砌筑形成沟槽，沟槽尺寸视渗水大小而定，一般约为 0.2m×0.2m～0.3m×0.3m，沟内填不易风化的碎石或砾石，上面用水泥袋盖好，再浇混凝土，防止浇筑振捣混凝土时流入水泥浆堵塞排水沟。为了防止排水管被堵塞，纵向排水管至少应有两排，以保证排水通畅。

在岩基上应注意将表面风化破碎的岩石挖除。为了使衬砌与基岩紧密结合，增强衬砌稳定，常用

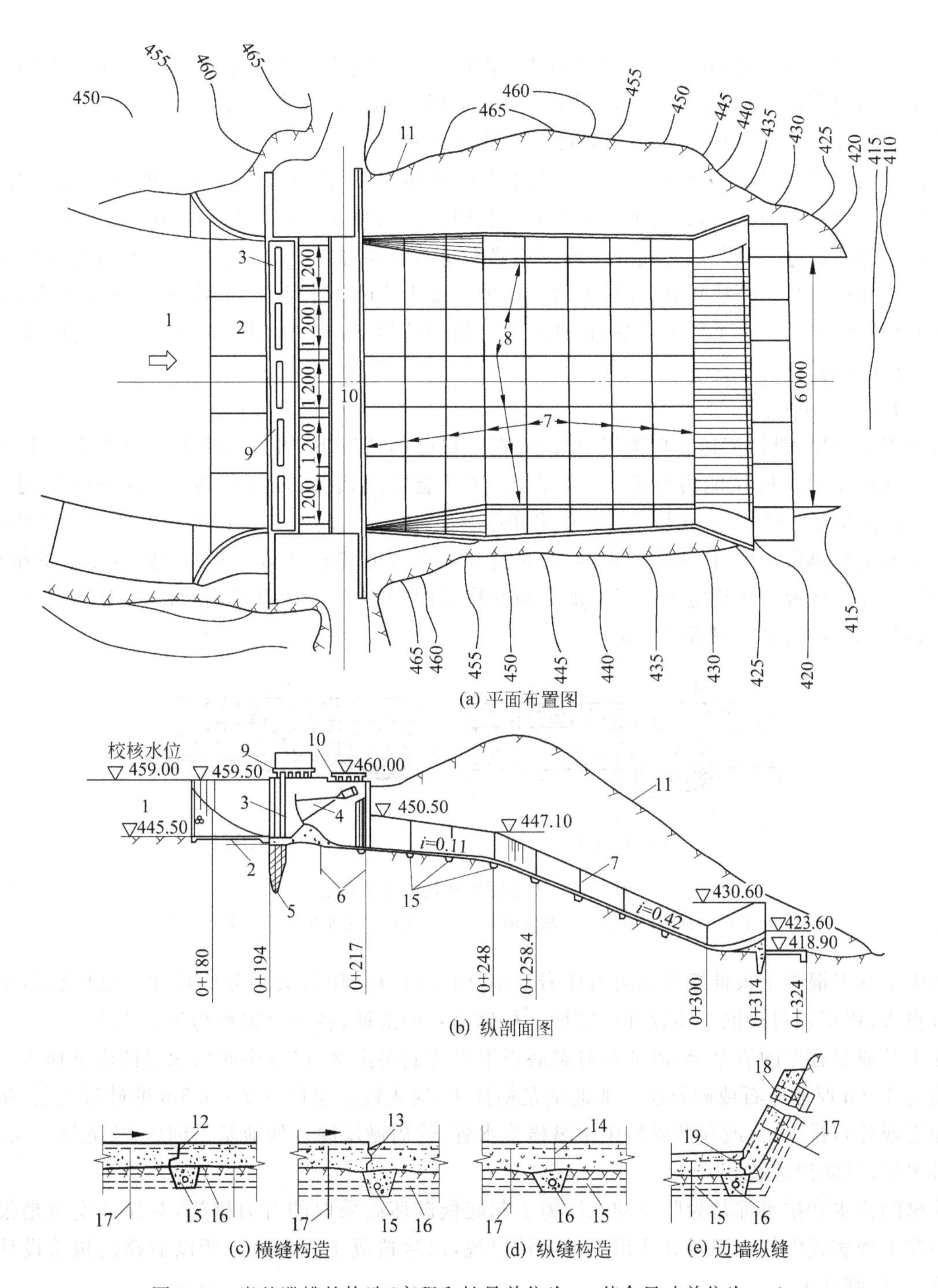

(a) 平面布置图

(b) 纵剖面图

(c) 横缝构造　(d) 纵缝构造　(e) 边墙纵缝

图 5-10　岩基泄槽的构造(高程和桩号单位为 m,其余尺寸单位为 cm)

1—引水渠；2—混凝土护底；3—检修门槽；4—工作闸门；5—帷幕；6—排水孔；7—横缝；8—纵缝；9—工作桥；10—交通桥；11—开挖线；12—搭接缝；13—键槽缝；14—平接缝；15—横向排水管；16—纵向排水管；17—锚筋；18—通气孔；19—边墙缝

锚筋将二者连在一起。锚筋的直径、间距和插入深度与岩石性质和节理有关，一般每平方米的衬砌范围约需 1cm^2 的锚筋。锚筋直径 d 不宜太小，通常采用 25mm 或更大，间距约 1.5～3.0m，插入深度大致为 40～60d。对于较差的岩石，应通过现场试验确定。

泄槽的两侧边墙，如基岩良好，尽量做成垂直的或陡于 1：0.25，因为缓边坡对水的流态不好。边墙一般多采用衬砌的形式，其构造与底板基本相同。衬砌厚度一般不小于 30cm，以便浇筑，且需用钢筋锚固。边墙横缝一般与底板横缝一致。边墙本身不设纵缝，但多在与边墙接近的底板上设置纵缝，见图 5-10(e)。当岩石比较软弱时，需将边墙做成重力式的挡土墙。边墙同样应做好排水，并与底板下横向排水管连通。为了排水通畅，在排水管靠近边墙顶部的一端应设置通气孔。边墙顶部应设置马道，以利交通。

(2) 土基泄槽的衬砌

若覆盖层较厚、泄槽流速和单宽流量较小，在不得已的情况下，可考虑将泄槽建在土基上。但由于土基抗脉冲振动和抗拉能力较差，沉降量大，又不能采用锚筋，需用厚度较大(一般用到 0.7～1.0m)的钢筋混凝土衬砌，横缝和纵缝必须采用搭接的形式(见图 5-11)，以保证接缝处的平整，有时还在下块的上游侧做齿墙，嵌入地基内，以防止衬砌底板沿地基面滑动。齿墙应配置足够的钢筋，以保证强度。如果底板不够稳定或为了增加底板的稳定性，可在地基中设置锚筋桩，使底板与地基紧密接合，利用土的重力，增加底板的稳定性。

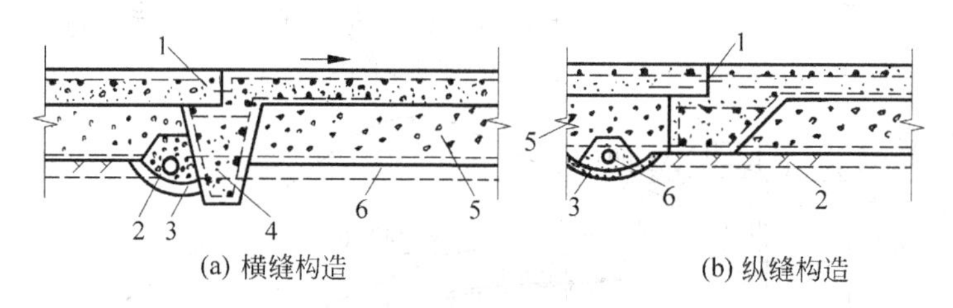

图 5-11 土基泄槽底板的接缝构造

1—止水；2—横向排水管；3—灰浆垫座；4—齿墙；5—透水垫层；6—纵向排水管

由于土基对混凝土板伸缩的约束力比岩基小，因此可以采用较大的分块尺寸。纵横缝间距可用 15m 或更大，以增加衬砌的整体性和稳定性。衬砌需双向配筋，各向含钢率约为 0.1%。

在土基或是很差的岩基上，需要在衬砌底板下设置面层排水，以减小底板承受的渗透压力。排水可采用约 30cm 厚的卵石或碎石层。如地基是粘性土，应先铺一层厚 0.2～0.5m 的砂砾垫层，垫层上再铺卵石或碎石排水层，或在砂砾层中做纵横排水管，管周做反滤。如地基是细砂，应先铺一层粗砂，再做排水层，以防渗透破坏。

泄槽的止水和排水都是为防止动水压力引起底板破坏而采取的有力措施，对保证安全是很重要的。但在工程实践中往往因对其认识不足而被忽视，以致造成工程事故。所以泄槽的构造设计必须认真搞好，仔细施工。

5.1.4　出口消能段及尾水渠

溢洪道宣泄洪水，一般是单宽流量大，流速高，能量集中。若消能措施考虑不当，高速水流与下游河道的正常水流不能妥善衔接，下游河床和岸坡就会遭受冲刷，甚至危及大坝和溢洪道自身的安全。

溢洪道出口的消能方式与溢流重力坝基本相同。有关出口消能设计可参考2.11节重力坝泄水建筑物中的有关内容。

在较好的岩基上，一般多采用挑流消能。挑坎所受的荷载，主要是水流的离心力、水重、扬压力、脉动压力、混凝土自重等。根据这些作用力，可对挑坎进行强度验算。为了保证挑坎的稳定，常在挑坎的末端做一道深齿墙，见图5-12。齿墙深度应根据冲刷坑的形状和尺寸决定，一般可达5～8m。如冲坑再深，齿墙还应加深。挑坎的左右两侧也应做齿墙插入两岸。

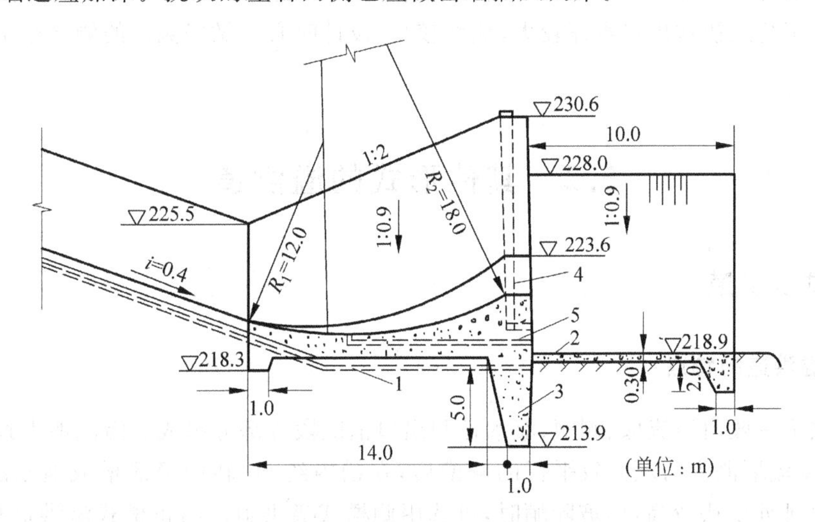

图5-12　溢洪道差动式挑流坎布置图

1—纵向排水；2—护坦；3—混凝土齿槽；4—ϕ50cm通气孔；5—ϕ10cm排水管

为了加强挑坎的稳定，常用锚筋将挑坎与基岩锚固连成一体。为了防止小流量水舌不能挑射时产生贴壁冲刷，挑坎下游常做一段短护坦。为了避免在挑流水舌的下面形成真空，产生对水流的吸力，减小挑射距离，应采取通气措施，如图5-12所示的通气孔或扩大尾水渠的开挖宽度，以使空气自然流通。

在土基或破碎软弱岩基上的溢洪道，一般采用底流消能。但对泄量较小的，也可考虑采用挑流消能，如：山西省境内就在软基上建造了不少采用挑流消能的溢洪道，最大泄量达1 055m^3/s，最大单宽泄流量为25$m^3/(s \cdot m)$。与采用消力池相比，挑流消能可节省工程量20%～60%，节省投资25%～50%。

随着高坝建设的增多，挑流消能发展迅速，新型消能工不断出现。其特点是：通过不同形式的消能工，强迫能量集中的水流沿纵向、横向和竖向扩散和水股间互相冲击，促进紊动掺气，扩大射流入水面积，减小和均化河床单位面积上的冲击荷载，以减轻冲刷。

窄缝式挑坎因泄洪消能采用收缩式布置且收缩得很窄而得名，它与等宽挑坎的水流特性有明显不同，它的挑角很小，侧墙收缩使水流在出口处水深加大，水舌出射角由底部向表面渐次加大，底部约为$-5°\sim0°$，表面可达45°左右。和等宽挑坎相比，水舌内缘挑距减小，外缘挑距加大，挑射高度增加，这样就造成水流收缩后沿竖向扩散，纵向拉开，空中扩散面积增大，减少了对河床单位面积上的冲击动能，同时由于水舌掺气和入水时大量掺气，水舌进入水垫后气泡上升，改变了水舌射入下游后的潜水深度和相应流态，从而大大减轻了对下游的冲刷。在设计窄缝式挑坎时，当收缩前水流弗劳德数为4.5～10时，收缩比(B_1/B)可在0.4～0.15范围内选取(B_1为泄槽收缩后宽度，B为泄槽收缩前宽度)，挑角一般取0°，收缩段长度$L\geqslant3B$较为适宜。侧墙在平面上可以布置成直线、折线或圆弧曲线等。侧墙高度要通过冲击波计算求出的水面线来确定。采用窄缝式挑坎的工程实例很多，且运用效果良好。但由于窄缝式挑坎出口水深较大，侧墙较高，设计时必须做好侧墙的侧向稳定和振动等方面的分析。

5.2 其他形式的溢洪道

5.2.1 侧槽式溢洪道

1. 侧槽式溢洪道的特点

侧槽式溢洪道一般由溢流堰、侧槽、泄水道和出口消能段等部分组成。溢流堰大致沿河岸等高线布置，水流经过溢流堰泄入与堰大致平行的侧槽后，在槽内约90°转向经泄槽或泄水隧洞流入下游，见图5-13。当坝址处山头较高，岸坡陡峭时，可选用侧槽式溢洪道。与正槽式溢洪道相比较，可减少开挖量，能在开挖量增加不多的情况下，适当加大溢流堰的长度，从而提高堰顶高程，增加兴利库容；或使堰顶降低，减少淹没损失，非溢流坝的高度也可适当降低。

侧槽式溢洪道的水流条件比较复杂，过堰水流进入侧槽后，形成横向旋滚，同时侧槽内沿流程流量不断增加，旋滚强度也不断变化，水流紊动和撞击都很强烈，水面极不平稳。而侧槽又多是在坝头山坡上劈山开挖的深槽，其运行情况直接关系到大坝的安全。因此，侧槽多建在完整坚实的岩基上，且要有质量较好的衬砌。除泄量较小者外，不宜在土基上修建侧槽式溢洪道。

侧槽式溢洪道的溢流堰多采用实用堰，堰顶上可设闸门，也可不设。泄水道可以是泄槽，也可以是无压隧洞，视地形、地质条件而定。如果施工时用隧洞导流，则可将泄水隧洞与导流隧洞相结合。侧槽式溢洪道与正槽式溢洪道的主要区别在于侧槽部分，所以，下面只讨论侧槽设计，其他部分的设计可参照正槽式溢洪道进行。

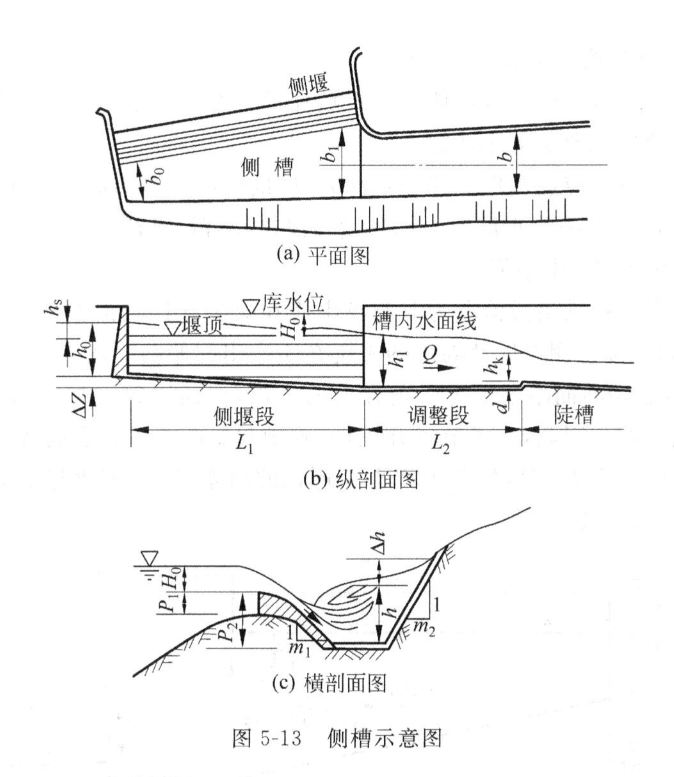

(a) 平面图

(b) 纵剖面图

(c) 横剖面图

图 5-13 侧槽示意图

2. 侧槽设计

根据侧槽侧向进水和沿程流量不断增加等水流特点,侧槽设计应满足以下条件:

(1) 泄流量沿侧槽均匀增加;

(2) 由于过堰水流转向约 90°,大部分能量消耗于侧槽内水体间的旋滚撞击,认为侧槽中水流的顺槽速度完全取决于侧槽的水面坡降,故槽底应有一定的坡度;

(3) 为了使水流稳定,侧槽中的水流应处于缓流状态;

(4) 侧槽中的水面高程要保证溢流堰为自由出流,因为淹没出流不但影响泄流能力,而且由试验得知,当淹没到一定程度后,侧槽出口流量分布不均,容易在泄水道内造成折冲水流。

由于岸坡陡峭,窄深断面要比宽浅断面节省开挖量,且窄深断面容易使侧向进流与槽内水流混合,水面较为平稳。因此,在工程实践中,多将侧槽做成窄而深的梯形断面。靠岸一侧的边坡在满足水流和边坡稳定的条件下,以较陡为宜,一般采用 1∶0.3～1∶0.5; 对于靠溢流堰一侧,溢流曲线下部的直线段坡度(即侧槽边坡),一般可采用 1∶0.5。根据模型试验,过水后侧槽水面较高,一般没有负压出现。

为了适应流量沿程不断增加的特点,侧槽断面自上而下逐渐变宽。起始断面底宽 b_0 与末端断面底宽 b_1 之比值即 b_0/b_1,对侧槽的工程量影响很大。一般讲 b_0/b_1 值小,侧槽的开挖量较省,但槽底要挖得较深,调整段的工程量也相应增加。因此,经济的值应根据地形、地质等具体条件比较确定,通常采用 1～1/4，并应当满足开挖设备和施工的要求。

由于侧槽中水流处于缓流状态，因而侧槽的纵坡比较平缓，一般小于 0.1，实用上可采用 0.01～0.05，具体数值可根据地形和泄量大小选定。

为了减少侧槽的开挖量，应使侧槽末端的水深 h_1 尽量接近经济的槽末水深。当侧槽与泄槽直接相连时，h_1 一般选用该断面的临界水深 h_k；如侧槽与泄槽间有调整段，建议采用 $h_1=(1.2\sim1.5)h_k$，当 b_0/b_1 较小时，用大值，反之，用小值。

侧槽的底部高程，需要按满足溢流堰为非淹没出流和减少开挖量的要求来确定。由于侧槽内的水面为一降落曲线，因此，确定侧槽底部高程的关键在于定出起始断面的水面高程。根据国内外一些试验资料分析认为：当起始断面附近虽有一定程度的淹没，但尚不致对整个溢流堰的泄量有较大影响时，仍可认为是非淹没的。因此，为了节省开挖量，侧槽起始断面的槽底高程可适当提高，而允许该处堰顶有一定的淹没度 σ_k（即 h_s/H，H 为库水面至堰顶的高差，h_s 为侧槽起始水面至堰顶的高差，见图 5-14），一般可取 $\sigma_k\leqslant0.5$ 左右。

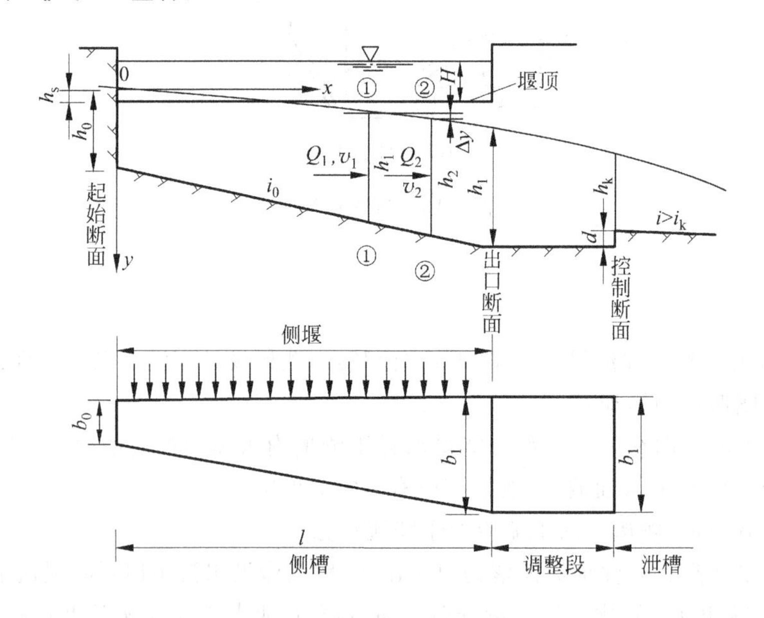

图 5-14 侧槽水面线计算简图

为了调整侧槽内的水流，改善泄槽内的水流流态，水流控制断面一般选在侧槽末端，有调整段时则应选在调整段末端。调整段的作用是使尚未分布均匀的水流，在此段得到调整后，能够较平顺地流入泄槽。水工模型试验表明，这样可使泄槽内的冲击波和折冲水流明显减小。调整段一般采用平底梯形断面，其长度可按地形条件决定，以不小于 $2h_k$ 为宜（h_k 为侧槽末端的临界水深）。由缩窄槽宽的收缩段或用调整段末端底坎适当壅高水位，使水流在控制断面形成临界流，而后泄入泄槽或斜井和隧洞。

根据以上要求，在初步拟定侧槽断面和布置后，即可进行侧槽的水力计算。水力计算的目的在于根据溢流堰、侧槽(包括调整段)和泄槽三者之间的水面衔接关系,定出侧槽的水面曲线和相应的槽底高程。由于侧槽内的水流情况十分复杂,要准确计算水面曲线是困难的,只能做近似计算,利用动量原理推导出的水面曲线差分公式逐段推求,计算简图如图5-14所示。

有关侧槽分段长度Δx所对应上、下游两计算断面的水位差Δy,可参考我国溢洪道设计新规范SL 253—2000的附录A。

5.2.2 井式溢洪道

当两岸很高且陡峭,开挖建造上述两种形式溢洪道的工程量很大,离岸边不远处又有适宜的地形和良好的地质条件布置环形溢流喇叭口时,可以采用井式溢洪道。它通常由溢流喇叭口、渐变段、竖井、弯段、泄水隧洞和出口消能段等部分组成,前五部分如图5-15所示。

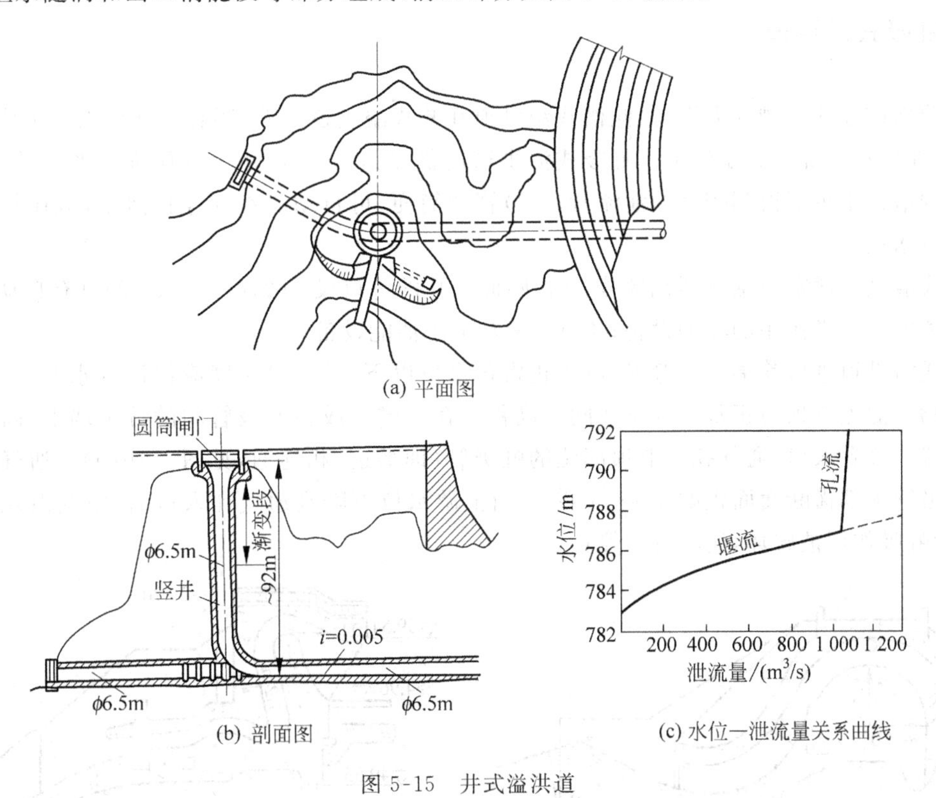

图5-15 井式溢洪道

溢流喇叭口的断面形式有实用堰和平顶堰两种,前者较后者的流量系数大。在两种溢流堰上都可以布置闸墩,安设平面或弧形闸门。在实用堰上,由于周径较小,为了避免设置闸墩,有时可采用漂浮式的环形闸门,溢流时闸门下降到堰体以内的环形门室,但在多泥沙河道上,门室易被堵塞。在堰顶设置闸墩或导水墙可起导流和阻止发生立轴漩涡的作用。

因竖井流态很不稳定,国内外正在深入研究漩涡式竖井溢洪道,水流在蜗室内呈旋转运动,在离心力作用下水流紧贴井壁,对井壁产生附加压力,同时沿竖井轴线形成气核,这样就减小了空蚀的危险,水流在蜗室内通过紊动、剪切以及掺气消除大量能量。在法国和意大利已建成 20 余座漩涡式竖井溢洪道,最大落差达 142m,但泄流量都不大。

无论是井式溢洪道还是漩涡式竖井溢洪道,当水位上升至某一高度后,堰流即转变为孔流,水位上升很多而泄洪流量增加很小,其超泄能力远远小于正流式溢洪道和侧槽式溢洪道;当宣泄小流量,井内的水流连续性遭到破坏时,水流很不稳定,容易产生振动和空蚀。虽然漩涡式竖井溢洪道有较大的改进,但施工建造工艺很复杂。适宜建造井式溢洪道的地形地质条件是很少的,即使两岸山高坡陡,也可将完成任务的导流洞改装为泄洪洞(当水头较大时,可将进口做成“龙抬头”类型或侧槽式进口),而不采用或很少采用井式溢洪道。

5.2.3 虹吸式溢洪道

除了前面讲述的正槽式溢洪道、侧槽式溢洪道和井式溢洪道之外,还有一种可以与坝体结合在一起,也可建在岸边的虹吸式溢洪道。虹吸式溢洪道的优点是:(1)利用大气压强所产生的虹吸作用,能在较小的堰顶水头下得到较大的泄流量;(2)管理简便,可自动泄水和停止泄水,能比较灵敏地自动调节上游水位。

虹吸式溢洪道通常包括下列几部分:(1)断面变化的进口段;(2)虹吸管;(3)具有自动加速发生虹吸作用和停止虹吸作用的辅助设备;(4)泄槽及下游消能设备。

虹吸式溢洪道进口前端设有遮檐,位于正常蓄水位以下,其淹没深度应保证进水时,不致挟入空气和漂浮物。溢流堰顶与正常蓄水位在同一高程。在遮檐上或在虹吸管间的分水墙上,高于正常蓄水位处设置通气孔入口,通气孔与堰顶部位的虹吸管(即喉道)相连通,见图 5-16(a)。通气孔断面面积约为虹吸管顶部横断面面积的 2%～10%。当上游水位下降到通气孔入口后,空气由入口通到喉道,虹吸管虹吸作用被破坏,泄流自动停止。

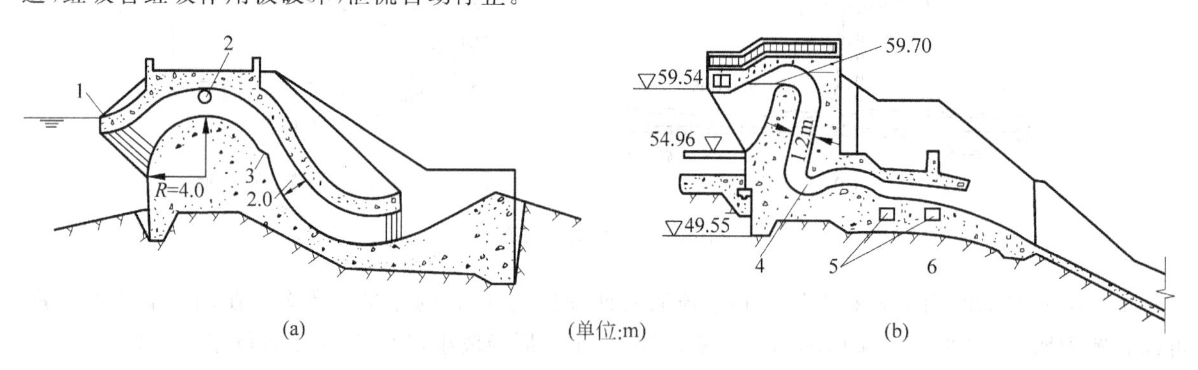

图 5-16 虹吸式溢洪道

1—遮檐;2—通气孔;3—挑流坎;4—弯曲段;5—排污孔;6—岩基

当上游水位超过溢流堰顶后，为了自动提前形成虹吸作用，可在管内设挑流坎等辅助设备。挑流坎的作用是使小流量时的水帘封闭虹吸管的上部并将其中的空气带走，管内很快减压使虹吸作用自动发生。虹吸管喉道的真空值不允许超过7.5～8m水柱高，否则可能破坏水流的连续性。虹吸管在没有形成虹吸作用前，泄流量按堰流计算，一旦虹吸作用形成，即应按管流计算。

为了有利于下游消能，常将虹吸管进口布置在不同高程上，高差约5～10m，以使各虹吸管依次投入工作。虹吸式溢洪道的缺点是：(1)结构较复杂；(2)管内不便检修；(3)进口易被污物或冰块堵塞；(4)真空度较大时，易引起混凝土空蚀；(5)超泄能力较小等。一般多用于水位变化不大和需要随时进行调节的水库、发电和灌溉的渠道上，作为泄水及放水之用。

5.3　非常泄洪设施

泄水建筑物选用的洪水设计标准，应当根据有关规范确定。当校核洪水与设计洪水相差较大时，应当考虑设置非常泄洪设施。目前常用的非常泄洪设施有：非常溢洪道和破副坝泄洪。在设计非常泄洪设施时，应注意以下几个问题：

(1) 非常泄洪设施运行机会很少，设计所用的安全系数可适当降低；

(2) 枢纽总的最大下泄量不得超过天然来水最大流量；

(3) 对泄洪通道和下游可能发生的情况，要预先做出安排，确保能及时启用生效；

(4) 规模大或具有两个以上的非常泄洪设施，一般应考虑能分别先后启用，以控制下泄流量；

(5) 非常泄洪设施应尽量设置在地质条件较好的地段，要做到既能保证预期的泄洪效果，又不致造成变相垮坝。

5.3.1　非常溢洪道

非常溢洪道用于宣泄超过设计情况的洪水，其启用条件应根据工程等级、枢纽布置、坝型、洪水特性及标准、库容特性及其对下游的影响等因素确定。

非常溢洪道宜选在库岸有通往天然河道的垭口处或平缓的岸坡上。我国溢洪道设计新规范SL 253—2000规定，正常溢洪道与非常溢洪道宜分开布置，如集中布置需经充分论证。非常溢洪道的溢流堰顶高程要比正常溢洪道的稍高，一般不设闸门。由于非常溢洪道的运用概率很低，结构可以做得简单些，有的只做溢流堰和泄槽；在较好的岩体中开挖泄槽，可不做混凝土衬砌；在宣泄超过设计标准的洪水时，可允许消能防冲设施发生局部损坏。有时为了增加保坝情况下的泄流量，可将堰顶高程降低；或为了多蓄水兴利，常在堰顶筑土埝，土埝顶应高于最高洪水位，要求土埝在正常情况下不失事，在非常情况下能及时破开。

自溃式非常溢洪道按溃决方式可分为漫顶自溃和引冲自溃两种形式，分别如图5-17和图5-18所示。它们是在混凝土底板或较完好的岩基上加设自溃堤。堤体可因地制宜用非粘性的砂料、砂砾或碎石填筑，平时可以挡水，当水位超过一定高程时，又能迅速将其冲溃行洪。因其结构简单、造价低和施工方便而常被采用，如大伙房、鸭河口和南山等水库采用的非常溢洪道。自溃式非常溢洪道的缺点是：控制过水口门形成和口门形成的时间尚缺少有效措施，溃堤泄洪后，调蓄库容减小，可能影响来年的综合效益。为了减小这种损失，可用隔墩将自溃坝按不同高程分成数段，例如故意使中间坝段的砂砾石坝顶高程做得较低，可先漫顶或先引水自溃，但自溃后留下的混凝土溢流堰顶高程较高(见图 5-18)，待洪水位下降后仍能保持较高的蓄水位；如若洪水位继续上涨，相邻的几个坝段也可依次自溃，它们的砂砾石坝顶高程依次递增，而遗留的混凝土堰顶高程则依次递减。

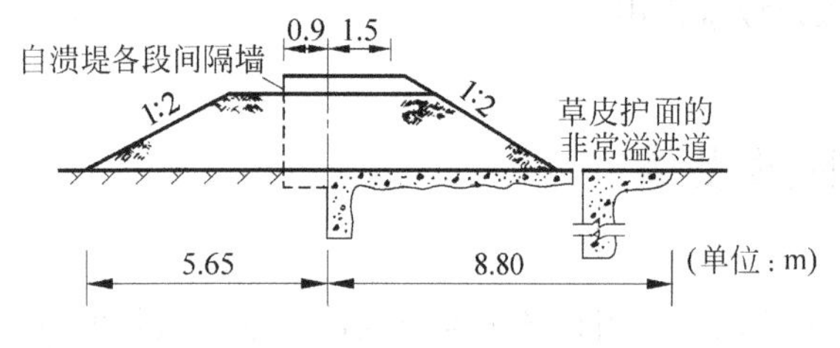

图 5-17　漫顶自溃式非常溢洪道剖面图

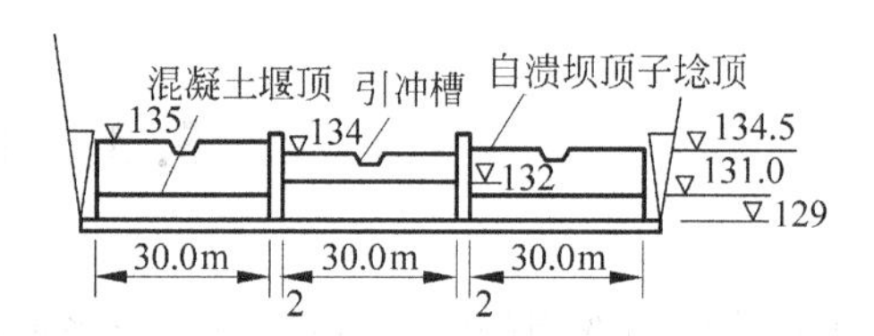

图 5-18　引冲自溃堤上游立视图

5.3.2　破副坝泄洪

若水库没有开挖非常溢洪道的适宜条件，而有适于破开的副坝，则可考虑破副坝的应急措施，其启用条件与非常溢洪道相同或相似，也可采用爆破方式溃决，如图 5-19 所示。

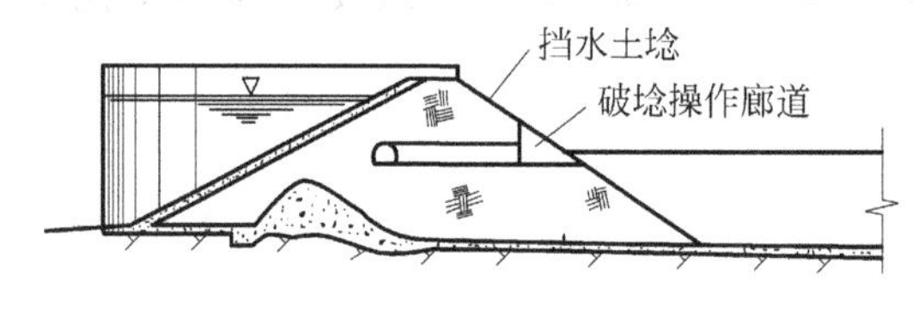

图 5-19　爆破副坝剖面图

被破的副坝位置，应综合考虑地形、地质条件、副坝高度、对下游的影响、损失情况和汛后副坝恢复工作量等因素慎重选定。最好选在山坳里，与主坝间有小山头隔开。这样副坝溃决时不会危及主坝。

破副坝时，应控制决口下泄流量，使下泄流量的总和(包括副坝决口流量及其他泄洪建筑物的流量)不超过最大入库流量，使水库保持某一滞洪能力，发挥防洪效益；待洪峰过后，在总下泄流量等于或大于入库流量以后，库水位下降至副坝决口底高程不致太低。如副坝较长，除用裹头控制决口宽度外，也可预做中墩，将副坝分成数段，遇到不同频率的洪水，可分段泄洪，宜控制岩基面或混凝土护板高程较高的分段先溃决，其余类推，尽量使泄洪后具有较高的库水位。

应当指出，由于非常泄洪设施的运用次数很少，至今经过实际运用考验的还不多，尚缺乏实践经验。因而目前在设计中对如何确定合理的非常洪水标准、非常泄洪设施的启用条件、各种设施的可靠性以及建立健全指挥系统等，尚有待进一步研究解决。

5.4 岸边溢洪道的布置和形式选择

岸边溢洪道的布置和形式应根据水库水文、坝址地形、地质、水流条件、枢纽布置、施工、管理条件以及造价等因素，通过技术经济综合比较以后确定。下面介绍地形条件、地质条件、枢纽总体布置和运用管理、施工条件对溢洪道布置和形式选择的影响。

5.4.1 地形条件

地形条件对溢洪道开挖方量影响很大。若坝址附近有较宽的垭口，其底高程接近水库正常蓄水位，其下游山沟能使下泄洪水很快回归河槽，则适合建造正槽式溢洪道。如果岸边平缓或有阶状台地，也宜采用正槽式溢洪道。

如果两岸山高坡陡，溢洪道布置在一岸开挖方量太大时，可考虑将其分设在两岸。也可考虑采用侧槽式溢洪道，因为它的溢流堰可沿岸边等高线布置，溢流前沿长而泄槽较窄，开挖方量较少。还可采用通过隧洞泄洪的侧槽式溢洪道或井式溢洪道。井式溢洪道的入口，应设在水库岸边易于开挖成平台处，以保持四周进水通畅。有时受地形限制，可将其入口布置成半圆形的溢流堰，下接隧洞。洞中水流可为有压流亦可为无压流。

5.4.2 地质条件

布置溢洪道时，必须考虑当水库蓄满以后，在其近处岸坡的稳定性，防止因山坡塌滑造成堵塞；要避免把溢洪道布置在大断层和滑坡体等地质条件很差的地段。

在岩基上，可以修筑各种形式的溢洪道。如果山坡覆盖层不厚，应将溢洪道布置在岩基上。若岩石表层风化严重或有软弱夹层，或当挖方过深会引起塌方，以及为削缓陡峻岸坡而增加开挖方量时，可考虑采用通过隧洞泄水的溢洪道。

在非岩基上，可修筑正槽式溢洪道，当泄槽线路的坡降较陡时，可以考虑采用多级跌水。

5.4.3 枢纽总体布置和运用管理

从枢纽总体布置方面考虑，溢洪道进口与土坝坝体之间宜有适当距离，以免泄洪时由于进口附近的横向水流冲刷上游坝坡。由于条件限制，必须与大坝紧接时，则应修建混凝土导水墙将两者隔开，并应加强邻近坝坡的保护和做好防渗连接。溢洪道的溢流堰应靠近水库，以缩短引水渠的长度，减少水头损失。要特别注意溢洪道下游出口的布置，出口距坝脚及其他建筑物应有一定的距离，以免水流或回流冲刷影响建筑物的安全。水位波动不应影响水电站或通航建筑物等的正常运行。

从宣泄洪水方面来看，当上游水位超出正常蓄水位后，正槽式溢洪道随着堰顶水头的增加，泄流量增加较快($Q\propto H^{3/2}$)。侧槽式溢洪道，如其下接泄槽或无压隧洞，其泄水性能与正槽式溢洪道相似。而井式溢洪道和虹吸式溢洪道的工作情况则不同，它们的泄流能力，随着水头增加而泄流量增加缓慢($Q\propto H^{1/2}$)，与堰流相比，泄放同一流量，将使库水位壅高，从而加大了坝高和淹没损失。所以，这类溢洪道不宜用在设计洪水和校核洪水相差较大的枢纽中。

从出口消能、宣泄漂浮物和养护维修方面考虑，也以正槽式溢洪道最为方便。

从管理方便、反应灵敏方面考虑，虹吸式溢洪道较好，它宜于用在需要随时调节和库水位变化不大的水利枢纽中。

在设计洪水和校核洪水相差较大的枢纽中，可以考虑设置非常溢洪道。为了使自溃泄洪后库水位不致太低，宜采用分段自溃泄洪的方式，每段遗留混凝土溢流堰的堰顶高程应按自溃顺序依次递减。非常溢洪道使用次数很少，建筑物的设计标准可适当降低，以达到降低枢纽总造价的目的。

5.4.4 施工条件

溢洪道布置在离枢纽主体工程较远处，施工方便、干扰少，但不易集中管理。在靠近主坝岸边修筑溢洪道，与坝身施工可能有干扰，但可以利用开挖溢洪道的土、石料填筑坝体。在施工布置时应仔细考虑出渣路线及堆渣场所，要做到相互协调，避免干扰。

井式溢洪道的开挖、衬砌比较复杂，需要熟练技工和大量的施工机械，而且工期较长。

思　考　题

1. 正槽式溢洪道有哪些组成？各起什么作用？
2. 对弯道上的泄槽应注意哪些问题？
3. 对高流速溢洪道应采取哪些减蚀措施和哪些消能措施？
4. 岸边溢洪道有哪些形式？各应用于什么情况？

第6章 水工隧洞

学习要点

水工隧洞的工作任务、特点、布置、选线、选洞型、衬砌、减蚀和消能是本章的重点。

6.1 概述

6.1.1 水工隧洞的类型

为满足水利水电工程各项任务而设置的隧洞称为水工隧洞，其功用是：

(1) 配合溢洪道宣泄洪水，有时也作为主要泄洪建筑物。

(2) 引水发电，或为灌溉、供水和航运输水。

(3) 排放水库泥沙，延长使用年限，有利于水电站等的正常运行。

(4) 放空水库，用于人防或检修建筑物。

(5) 在水利枢纽施工期用来导流。

按上述功用，水工隧洞可分为泄洪隧洞、引水发电隧洞和尾水隧洞，灌溉和供水隧洞、放空和排沙隧洞、施工导流隧洞等。按隧洞内的水流状态，又可分为有压隧洞和无压隧洞。从水库引水发电的隧洞一般是有压的；灌溉渠道上的输水隧洞常是无压的，有的干渠及干渠上的隧洞还可兼用于通航；其余各类隧洞根据需要可以是有压的，也可以是无压的。在同一条隧洞中可以设计成前段是有压的而后段是无压的。但在同一洞段内，除了流速较低的临时性导流隧洞外，应避免出现时而有压时而无压的明满流交替流态，以防引起振动、空蚀和对泄流能力的不利影响。

在设计水工隧洞时，应该根据枢纽的规划任务，按照一洞多用的原则，尽量设计为多用途的隧洞，以降低工程造价，如导流洞在完成导流任务后可以改装成泄洪洞和排沙洞等。

有压隧洞和无压隧洞在工程布置、水力计算、受力情况及运行条件等方面差别较大，对于一个具体工程，究竟采用有压隧洞还是无压隧洞，应根据工程的任务、地质、地形及水头大小等条件提出不同的方案，通过技术经济比较后选定。

6.1.2 水工隧洞的工作特点

1. 水力特点

枢纽中的泄水隧洞，除少数表孔进口外，大多数是深式进口。深式泄水隧洞的泄流能力与作用水头 H 的1/2次方成正比，当 H 增大时，泄流量增加较慢，不如表孔超泄能力强，因表孔泄量与堰顶以上水头的3/2次方成正比。但深式进口位置较低，能提前泄水，从而提高水库的利用率，减轻下游的防洪负担，故常用来配合溢洪道宣泄洪水。泄水隧洞所承受的水头较高、流速较大，如果体形设计不当或施工存在缺陷，可能引起空化而导致空蚀；水流脉动会引起闸门等建筑物的振动；出口单宽流量大、能量集中会造成下游冲刷。为此应采取适宜的措施防止空蚀和冲刷。

2. 结构特点

隧洞为地下结构，开挖后破坏了原来岩体内的应力平衡，引起应力重分布，导致围岩产生变形甚至崩塌，为此，常需设置临时支护和永久性衬砌，以承受围岩压力。承受较大内水压力的隧洞，要求围岩具有足够的厚度和进行必要的衬砌，否则一旦衬砌破坏，内水外渗，将危害岩坡稳定及附近建筑物的正常运行。很大的外水压力也可使埋藏式压力钢管失稳。故应做好勘探工作，使隧洞尽量避开不利的地质和水文地质地段。

3. 施工特点

隧洞一般是断面小，洞线长，从开挖、衬砌到灌浆，工序多，干扰大，施工条件较差，工期一般较长。导流隧洞的施工进度往往控制总工期，采用新的施工方法，改善施工条件，确定衬砌方式，合理安排衬砌时间，加快施工进度和提高施工质量是隧洞工程建设中值得研究的重要课题。

6.1.3 水工隧洞的组成

水工隧洞主要包括下列三个部分：

(1) 进口段。位于隧洞进口部位，包括拦污栅、进水喇叭口、闸门室及渐变段等，用以控制水流。

(2) 洞身段。用以输送水流，断面比较固定或变化不大。

(3) 出口段。用以连接消能设施。无压泄水隧洞因工作闸门布置在洞身段的上游，出口段一般不再设置闸门；压力泄水隧洞的出口一般设有渐变段及工作闸门室。

1949年以来，我国修建了大量的水工隧洞，其中，甘肃“引大入秦”工程的盘道岭隧洞长

15 723m，引水发电的渔子溪一级电站隧洞长 8 429m，目前已建的水工隧洞中，断面最大的是二滩水电站的导流隧洞为 17.5m×23m。

随着我国水利水电建设事业的发展，水工隧洞将日趋增多，规模将不断加大。近年来，水工隧洞在设计理论、施工方法和建筑结构方面有了新的发展。但由于隧洞属地下结构，影响其工作状态的因素很多且复杂多变，一些作用力的计算及设计理论都还存在某些不尽符合实际的假定，所有这些均有待在实践考验的基础上进一步完善和提高。

各种水工隧洞虽任务不同，工作条件有所差异，但设计方法基本相同。本章侧重讲述泄水隧洞的布置、结构形式、构造和衬砌计算方法等。

6.2 水工隧洞的布置及线路选择

6.2.1 水工隧洞总体布置及线路选择

1. 水工隧洞总体布置

水工隧洞总体布置的工作有：

(1) 根据枢纽的任务、建筑物的特性和相互关系、过水流量、地形、地质、施工、运行等条件对建筑物进行总体规划与综合研究，并经技术经济比较确定水工隧洞的布置。如果枢纽中同时采用岸边溢洪道和泄水隧洞，两岸地形和地质条件合适，一般宜分别布置于两岸，以便施工和运行。

(2) 根据地形、地质及水流条件，选定进口位置及进口结构形式，确定隧洞的闸门布置。

(3) 确定洞身纵坡及洞身断面形状和尺寸。

(4) 根据地形、地质、尾水位等条件及建筑物之间的相互关系选定出口位置、高程及消能方式。

2. 线路选择

水工隧洞的线路选择是设计中的关键，它关系到隧洞的造价、施工难易、工程进度、运行可靠性等方面。因此，应该在勘测工作的基础上，考虑各种因素和我国《水工隧洞设计规范》SL 279—2002[35]的要求，拟定不同方案，进行技术经济比较后选定。选择洞线应满足以下的原则和要求：

(1) 隧洞的线路应尽量避开不利的地质构造、围岩可能不稳定及地下水位高、渗水量丰富的地段，以减小作用于衬砌上的围岩压力和外水压力。洞线要与岩层、构造断裂面及主要软弱带走向宜有较大的交角，对整体块状结构的岩体及厚层并胶结紧密、岩石坚硬完整的岩体，其夹角不宜小于 30°；对薄层岩体，特别是层间结合疏松的陡倾角薄岩层，其夹角不宜小于 45°。在高地应力地区，应使洞线与最大水平地应力方向尽量一致，以减小隧洞的侧向围岩压力。隧洞的进、出口在开挖过程中容易塌方且易受地震破坏，应选在岩石比较坚固完整的地段，避开有严重的顺坡卸荷裂隙、滑坡或危岩地带。

(2) 洞线在平面上应力求短直，这样既可减小工程费用，方便施工，且有良好的水流条件。若因地形、地质、枢纽布置等原因必须转弯时，应以曲线相连，转角不宜大于60°。若流速小于20m/s，无压隧洞弯道曲率半径不宜小于5倍洞径或洞宽，有压隧洞不宜小于3倍洞径或洞宽；对于流速大于20m/s的情况，按我国水工隧洞设计新规范，无压隧洞不应设置弯道，有压隧洞的弯曲半径和转角宜通过试验确定。

实际情况表明：当流速大于20m/s时，有压隧洞即使转弯半径大于5倍洞宽，由弯道引起的压力分布仍不均匀，有的影响到弯道末端10倍洞宽以外，甚至到出口流速仍分布不均；高流速的无压隧洞，弯道会引起强烈的水面倾斜和冲击波，水流流态更为不利，有极少数的无压泄洪洞不能避免弯道，虽然采用了复曲线布置(如石头河、石砭峪水库泄洪洞)，在一定程度上减小了冲击波的影响，但弯道两侧的水面差仍高达4～6m，流速分布不均的范围也较长。

上述各种允许弯道的首尾直线段长度不宜小于5倍洞径或洞宽。

泄水隧洞的进口位置和地形应使进口水流顺畅，避免形成串通性或间歇性漩涡；出口位置和地形应使水流与下游河道平顺衔接，并与土石坝坡脚及其他建筑物保持一定距离，以防冲刷和影响枢纽的正常运行。

(3) 隧洞应有一定的埋藏深度，它与围岩地质条件、隧洞断面形状、施工成洞条件、内外水压力、支护衬砌形式、围岩渗透特性和工程造价等因素有关。有压隧洞洞身的垂直和侧向围岩厚度(不包括覆盖层)，当围岩较完整无不利结构面、采用混凝土或钢筋混凝土衬砌时，可按不小于0.4倍内压力水头控制；无衬砌或采用锚喷衬砌时，可按不小于1.0倍内压力水头控制。此外，上述厚度还应保证围岩不发生渗透失稳和水力劈裂。

(4) 隧洞的纵坡，应根据运用要求、上下游衔接、施工和检修等因素综合分析比较以后确定。无压隧洞的纵坡应大于临界坡度。有压隧洞的纵坡主要取决于进口高程和出口高程，要求全线洞顶在最不利的条件下保持不小于2m的压力水头。隧洞不宜采用平坡或反坡，因其不利于检修排水。为便于施工期的运输及检修时排除积水，有轨运输的底坡一般为3‰～5‰，但不应大于10‰；无轨运输的坡度一般为3‰～20‰，最大不宜超过30‰。

(5) 对于长隧洞，选择洞线时还应注意利用地形、地质条件，布置一些施工支洞、斜井、竖井，以便增加工作面，有利于改善施工条件，加快施工进度。

6.2.2 闸门在隧洞中的布置

泄水隧洞一般要设置两道闸门，一道是工作闸门，用来调节流量和封闭孔口，能在动水中启闭，经常使用；一道是检修闸门，设置在进口，在检修工作闸门或隧洞时用来挡水。当隧洞出口低于下游水位时，出口处还需设置叠梁检修门。大中型隧洞的深式进水口常要求检修闸门能在动水中关闭，静水中开启，以满足发生事故时的需要，所以也称事故检修门。

工作闸门可设在进口紧挨在检修门下游不远之处，一般用于无压隧洞。按照进口与水面的相对位置分为表孔溢流式和深水进口式两种。前者的进口布置与岸边溢洪道相似，只是用隧洞代替了泄槽(如图6-1所示)。我国采用这种布置形式修建的有毛家村、流溪河、冯家山等无压泄洪洞。国外很多泄洪洞也采用了这种布置。表孔进口虽有较大的超泄能力，但其泄流能力受到隧洞断面的限制。此种隧洞大多为龙抬头的布置形式，常与施工导流隧洞相结合，以达到一洞多用的目的。

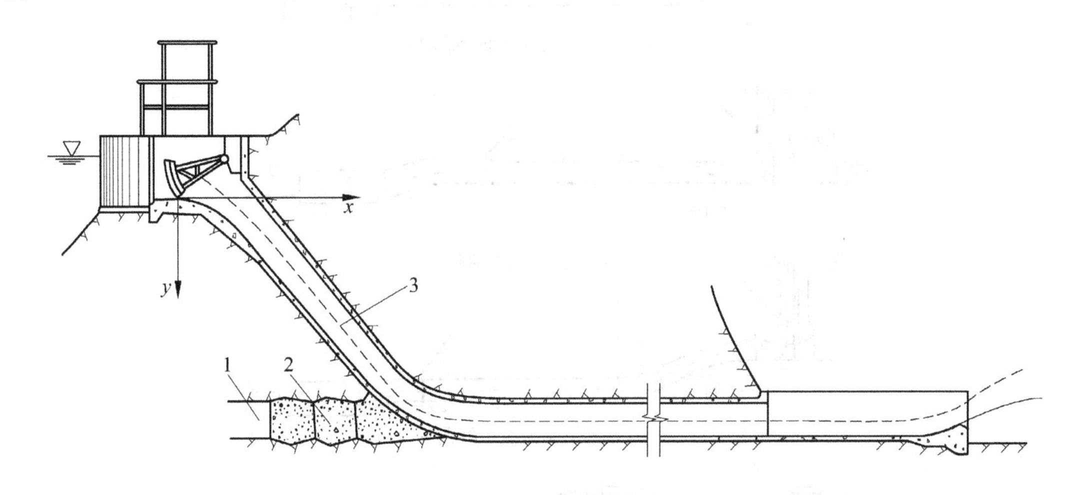

图6-1　表孔溢流式泄洪洞纵断面图

1—导流洞；2—混凝土堵头；3—水面线

对于工作闸门设在进口的深式无压泄水隧洞[如图6-2(c)、(d)所示]，为保证洞内为无压流态，门后洞顶应高出洞内水面一定高度，并需向闸门后通气。

工作闸门布置在出口[图6-2(a)、(b)]的隧洞为有压隧洞。这种布置的优点是：泄流时洞内流态平稳；门后通气条件好，便于部分开启；工作闸门的控制结构也较简单，安装、管理和维修方便；隧洞线路布置适应性强。但洞内经常承受较大的内水压力，一旦衬砌漏水，对岩坡及土石坝等建筑物的稳定将产生不利影响。实际工程中，常在进口设事故检修门，平时也可用以挡水，以免洞内长时间承受较大的内水压力。

工作闸门布置在洞内，这种情况，门前为有压洞段，门后为无压洞段[如图6-2(e)所示]。近年来有不少泄洪洞采用了这种布置，如：三门峡泄洪洞、碧口左岸泄洪洞、新丰江泄洪洞等。采用这种布置的主要原因是：洞内比出口处的地质条件好，将工作闸门室布置在洞内可以利用较强的岩体承受闸门传来的水推力，但对施工、管理和维修不便。

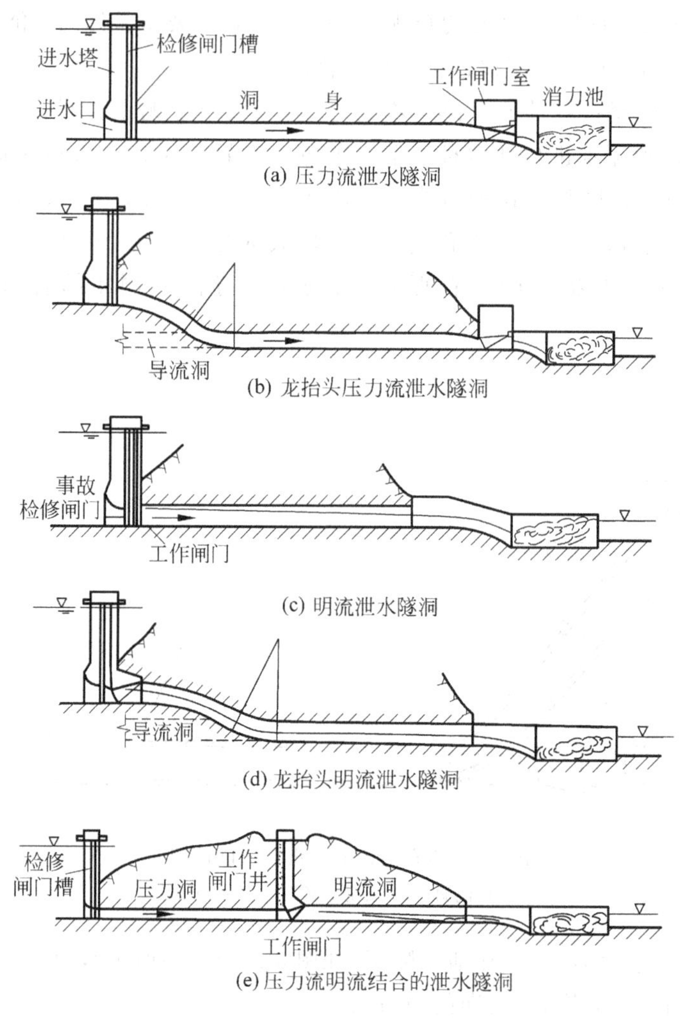

(a) 压力流泄水隧洞

(b) 龙抬头压力流泄水隧洞

(c) 明流泄水隧洞

(d) 龙抬头明流泄水隧洞

(e) 压力流明流结合的泄水隧洞

图 6-2 进口深水式泄洪洞纵断面图

6.2.3 多用途隧洞的布置

一洞多用或临时任务与永久任务相结合的隧洞布置，不仅可以解决由于枢纽中单项工程过多给布置上带来的困难，还可减小工程量，降低造价。但也必须妥善解决由于不同任务结合所带来的一些矛盾问题。

1. 泄洪洞与导流洞合一布置

在峡谷河段筑坝，一般采用隧洞导流。在导流任务完成后，将临时性的导流隧洞封堵改建为永久泄洪隧洞，可减小泄洪洞工程量，节约投资。导流洞可以改建为龙抬头式的无压泄洪洞，也可改建为有压泄洪洞。前者如刘家峡、碧口、石头河、毛家村等泄洪洞；后者有响洪甸、南水、冯家山右岸泄洪洞等。

由于导流洞高程较低，而泄洪洞进口可以较高，为了降低进口结构造价，减小作用在闸门上的水压力，改善闸门的运行条件和解决淤堵问题，常在导流洞的上方另设进口，布置成龙抬头的形式，如刘家峡、毛家村等泄洪洞。当两洞进口之间的岩体厚度较薄或岩石较差时，应尽量将泄洪洞在平面上布置成直线，而将导流洞进口段偏转一个角度，这样可使运行期泄水时的水流具有较好的流态，而短期使用的导流隧洞由于流速较低，设置弯道不致对水流性态产生大的影响，例如：刘家峡导流洞进口段偏转 32°，碧口导流洞进口段偏转 14°。

龙抬头式的泄洪洞大多数是无压隧洞，在进口之后用抛物线段、斜坡段及反弧段与较低的洞身相连接，如图 6-1 所示。

表孔进口后的抛物线段相当于溢流堰面的曲线段。深孔短管型进水口后的抛物线段底板曲线应符合射流曲线并有一定的安全值，以便闸门在不同开度时均能保持一定的正压。

斜坡段是抛物线段与反弧段之间的连接部分，起平稳水流的作用。表孔进口水流较平稳，斜坡段与水平面的夹角可达 50°以上，以加长永久泄洪隧洞和临时导流隧洞的结合段，节省工程量。深式进口的流速较大，流态复杂，一般宜采用较缓的坡度以改善反弧段的流态，坡比约在 1∶1.5～1∶3.0 之间。

反弧段是水流的转向部分，一般采用圆弧曲线。由于离心力的作用，流态复杂，压力变化大，脉动强烈，反弧半径不宜过小，根据已建工程的统计资料，可采用该处流速水头的 0.8 倍或半径 $R=(0.3\sim0.7)Z$，Z 为最高水位与反弧最低点的高差。

由导流洞改建为龙抬头式无压泄洪洞，常因导流洞宽度较大，需要设扩散段以解决泄洪洞与导流洞的衔接。扩散段应设在水流比较均匀平稳的部位，以防恶化流态。根据一些泄洪洞扩散段的统计资料，当流速大于 20m/s 时，边墙扩散比在 1∶10～1∶30 范围内，相应的扩散角约为 2°～6°，一般要求边墙扩散角小于 7°。碧口右岸泄洪洞，是由 8m 扩散到 13m，分为两段，一段设在进口后的抛物线段上，另一段设在反弧下切点下游 48m 之后，其边墙扩散比均为 1∶20。扩散段边墙两端宜用圆弧曲线连接，对改善压力分布和平稳流态是有利的，它优于折线连接。

龙抬头式泄洪洞，一般水头高、流速大，反弧及其下游易遭空蚀破坏。为了避免空蚀，应做好体形设计，控制施工质量，限制不平整度，并选用适当的掺气减蚀措施等(见 6.6 节)。

2. 泄洪洞与发电洞合一布置

在一定条件下，泄洪洞与发电洞合一布置，具有工程量小，工程进度快，布置紧凑，管理集中等优点。但存在两个主要问题：(1)洞内岔尖附近水流流态复杂，容易产生不利的负压和空蚀破坏；(2)泄洪时影响发电能力。

泄洪洞与发电洞合一，可有两种布置形式：一是主洞(直洞)泄洪、支洞(岔洞)发电；二是主洞发电、支洞泄洪。根据试验研究，采用主洞泄洪、支洞发电的布置形式，洞内流态较好，岔尖附近的负压相对较小，发电支洞回流强度弱，范围也小，但在泄洪时发电损失较多。

分岔角的大小与水力条件及岔尖处的施工和结构强度有关。分岔角度越小，流态越好，岔尖处水流分离区小，水头损失也小。但过小的分岔角将使岔尖过窄，洞间岩壁单薄，对结构强度及施工都是不利的。我国水工隧洞设计新规范建议，分岔角宜为 45°～60°。

在分岔部位，水流边界突然变化，由于水流的惯性作用，必然引起一定范围内水流紊乱，流态复杂。因此,发电隧洞在分岔后的长度宜大于自身洞径的10倍。

为提高洞内及岔尖部位的压力,减免空蚀,应结合枢纽中泄水建筑物的布置、水库运行要求和水轮发电机组的特性,通过水工模型试验以确定主洞与支洞的合理布局(分岔位置、洞径比例、分岔角度、主支洞连接曲线等)以及泄洪洞出口面积收缩比值。收缩泄洪洞出口面积或减小泄洪洞闸门开度是一种很有效的措施。如体形设计合理,若主洞泄洪,应控制泄洪洞出口面积与洞身面积的收缩比$\eta \leqslant 0.85$;若支洞泄洪,则取$\eta \leqslant 0.7$。

对于泄洪量大、泄洪时间长、经常使用的泄洪洞或重要的水电站,不宜采用这种布置。

3. 其他任务隧洞的合一布置

发电与灌溉隧洞合一布置,发电后的尾水可用于灌溉。由于发电要求经常供水,而灌溉用水是季节性的,因而这种布置的主要问题是发电与用水的矛盾。

有时也可将泄洪与排沙隧洞合一布置。由于排沙洞的进口高程较低,施工期还可结合导流,导流完成后便于改建为泄洪排沙洞。但对于高水头情况,在设计中需要认真研究高流速含砂水流的冲蚀、磨损及消能问题。

6.3 进 口 段

6.3.1 进水口的形式和计算要点

进水口的布置及结构形式,可分为塔式、岸塔式、斜坡式和竖井式等。

1. 塔式进水口

塔式进水口是独立于隧洞首部而不依靠岩坡的框架塔式[图6-3(a)]或封闭塔式[图6-3(b)],塔底装设闸门。一般在塔顶设操纵平台和启闭机室,有的工程在塔内设油压启闭机。封闭式塔身的水平断面一般为矩形,也有圆形或多边形的。大、中型泄水隧洞多采用矩形横断面的钢筋混凝土结构。塔式进水口常用于岸坡岩石较差,覆盖层较厚,不宜采用靠岸进水口的情况。其缺点是:受地震、冰、风和浪的影响大,稳定性相对较差,需要较长的工作桥与库岸或坝顶相连接。框架式结构材料用量少,比封闭式经济,但只能在低水位时进行检修,而且泄水时门槽进水,流态不好,容易引起空蚀,故在大型工程中较少采用。

塔身的结构计算,主要是抗倾、抗滑稳定的计算,可沿有代表性的不同高程截取单位高度的塔身按封闭式框架计算水平应力,同时还应把塔身作为悬臂结构计算其铅直应力。框架式则属于立体框架结构,设计时可按整体或简化为平面框架计算应力。

2. 岸塔式进水口

岸塔式进水口是靠在开挖后洞脸岩坡上直立的或倾斜的进水塔(图6-4)。岸塔式的稳定性较塔

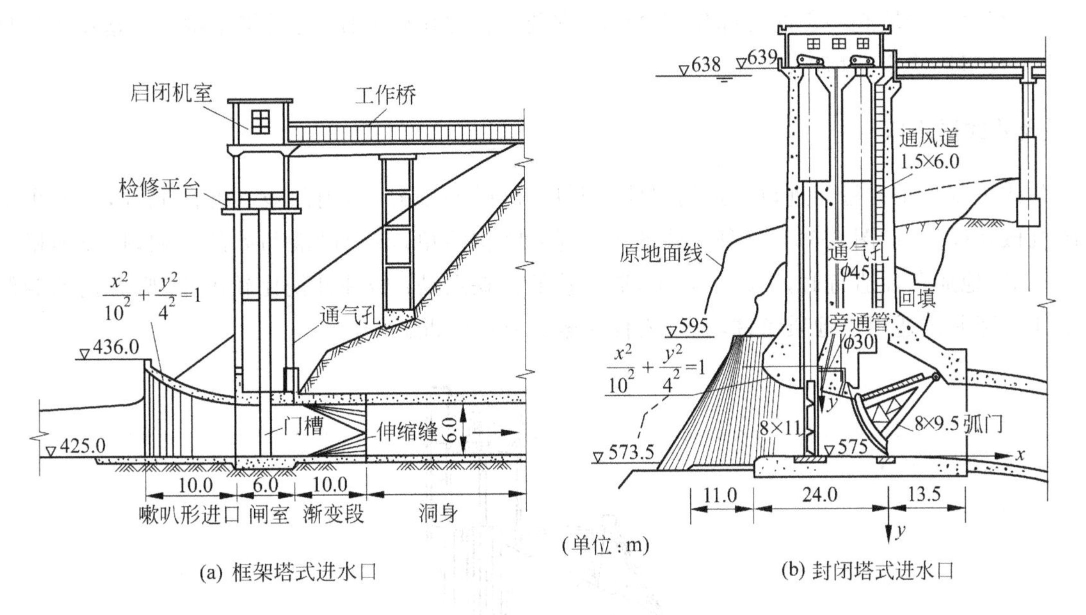

(a) 框架塔式进水口　　(b) 封闭塔式进水口

图 6-3　塔式进水口

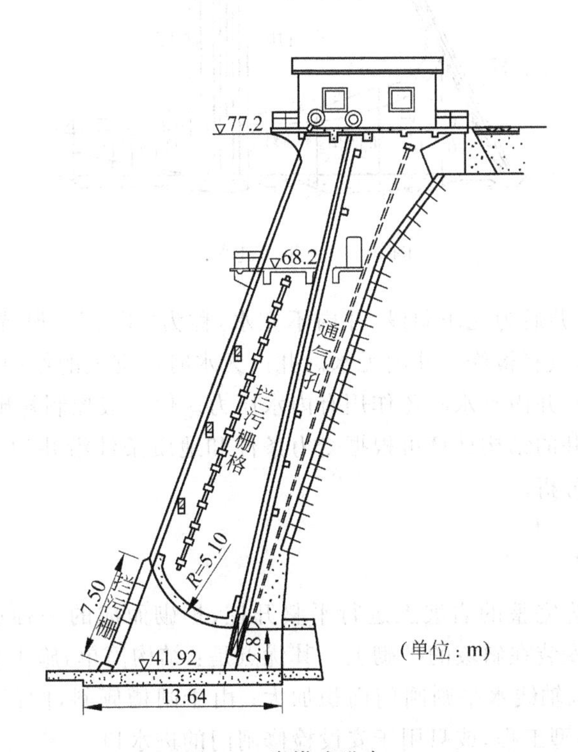

图 6-4　岸塔式进水口

式为好，甚至可对岩坡起一定的支撑作用，施工、安装工作也比较方便，无需接岸桥梁。适用于岸坡较陡，岩体比较坚固稳定的情况。

3. 竖井式进水口

竖井式进水口是在隧洞进口附近的岩体中开挖竖井，井壁衬砌，闸门设在井的底部，井的顶部布置启闭机械及操纵室(图 6-5)。这种形式的优点是：结构简单，不受风浪和冰的影响，抗震和稳定性好。当地形、地质条件适宜时，工程量较小，造价较低。缺点是：竖井开挖比较困难，竖井前的隧洞段检修不便。竖井式适用于地质条件较好、岩体比较完整的情况。

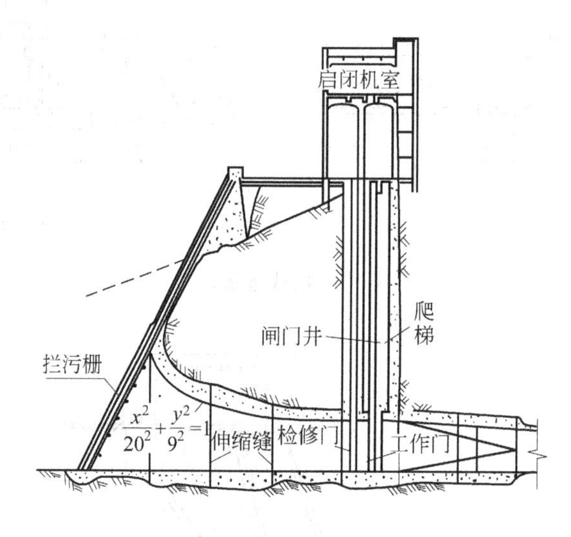

图 6-5 竖井式进水口

设置弧形闸门的竖井，井后为无压洞段，井内不充水，称为“干井”；设置平面闸门有压隧洞的竖井，井内有水，称为“湿井”，只有检修时井内无水。井内无水时衬砌上的作用力有：外水压力、侧向围岩压力、温度和地震作用等，井内有水时还作用有内水压力。但一般控制衬砌设计的条件是施工或检修时井内无水的情况。竖井的结构计算可根据受力条件和地质条件沿井的不同高程截取断面，按单位高度的封闭式框架进行分析。

4. 斜坡式进水口

斜坡式进水口是在较为完整的岩坡上进行平整开挖、护砌而成的一种进水口(如图 6-6 所示)。闸门和拦污栅的轨道直接安装在斜坡的护砌上。其优点是：结构简单，施工、安装方便，稳定性好，工程量小。缺点是：如进口洞轴线水平则闸门面积加大；由于闸槽倾斜，闸门不易靠自重下降。斜坡式进水口一般只用于中、小型工程，或只用于安设检修闸门的进水口。

以上是几种基本的进水口形式，实际工程中常根据地形、地质、布置、施工等具体条件组合采用。

例如：三门峡 1 号泄洪排沙洞的进口下半部为井式、上半部为塔式，如图 6-7 所示；碧口左岸泄洪洞进水口为下部靠岸的塔式进水口，如图 6-8 所示。

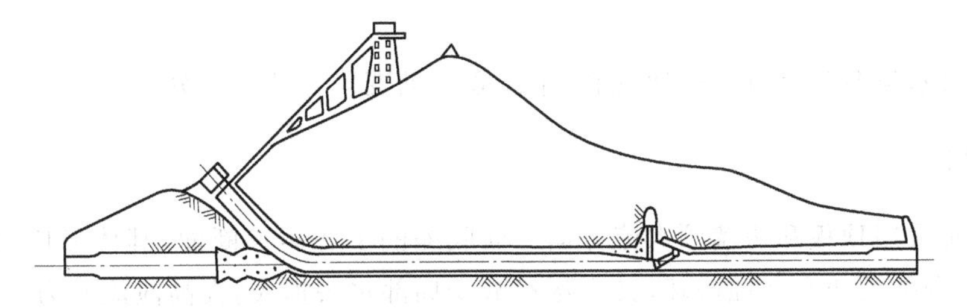

图 6-6　梅山水库泄洪洞纵断面简图

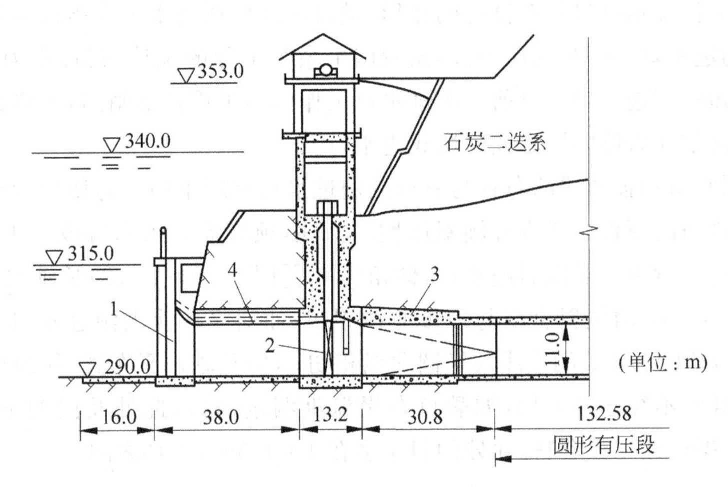

图 6-7　三门峡 1 号泄洪排沙洞的进口简图

1—叠梁门槽；2—事故检修门；3—渐变段；4—平压管

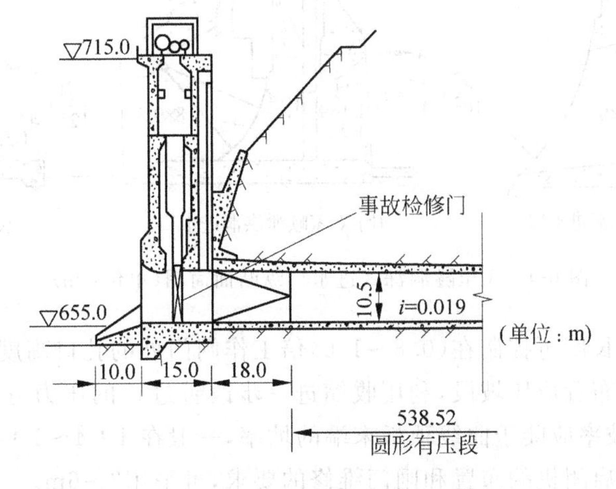

图 6-8　碧口左岸泄洪洞的进口简图

6.3.2 进口段的组成部分

进口段包括进水喇叭口、闸门室、通气孔、平压管和渐变段等几个部分。

1. 进水喇叭口

隧洞进水口常采用顶板和边墙顺水流方向三面收缩的平底矩形断面，其体形应符合孔口泄流形态，既避免产生不利的负压和空蚀破坏，又应尽量减少局部水头损失，提高泄流能力。

喇叭口的顶板和边墙常采用椭圆曲线。

对于重要工程，为保证喇叭口具有良好的体形，进口曲线应通过水工模型试验确定。

深式无压隧洞的进水口为一短的压力段，据我国十余个工程的统计，其长度为1.5～2.5倍闸门处的孔口高度，属于短管型进水口。目前这类进水口工作门多采用弧形闸门，为将其支铰处的推力传给山体，一般采用下部依靠岩体的塔式或岸塔式进水口。

无压隧洞进水喇叭口顶板曲线的布置与有压隧洞进水口有所不同。为使短管型进水口具有良好的压力分布，检修门槽前的顶板曲线应有倾斜压坡。为此，顶板曲线可布置成如下三种形式：(1)椭圆长轴倾斜布置，如乌江渡左岸泄洪洞进水口，仰角为12°[图6-9(a)]；(2)长轴水平布置，但在检修闸门槽之前以不缓于1∶10的倾斜直线与顶板曲线相切，如刘家峡泄洪洞进水口[图6-9(b)]，在检修门槽上游1.169m处以1∶5.2的直线与椭圆曲线相切；(3)长轴水平布置，使顶板曲线在检修门槽上游边缘处的切线斜率不缓于1∶10，如碧口右岸泄洪洞进水口，此处及门槽下游直线段斜率为1∶5.2[图6-9(c)]。据已建工程资料，此处的斜率多在1∶4.5～1∶10之间。

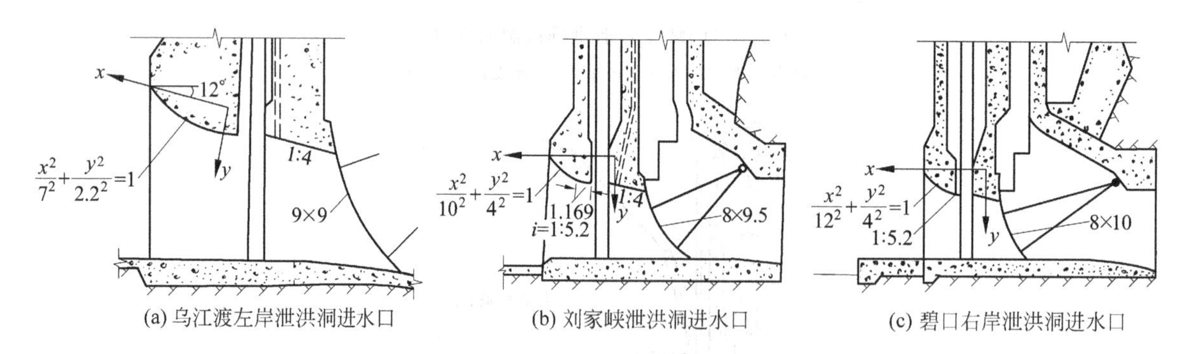

(a) 乌江渡左岸泄洪洞进水口　(b) 刘家峡泄洪洞进水口　(c) 碧口右岸泄洪洞进水口

图6-9 无压隧洞深式进水口纵断面简图(单位：m)

检修门槽前的入口段长度可控制在(0.8～1.0)倍工作闸门处的孔口高度范围内。检修闸门槽与工作闸门之间的顶板也应布置成压坡段，利用收缩进一步改善进口的压力分布和水流流态。压坡段为等宽矩形断面，顶板的坡率应陡于曲线顶板末端的坡率，一般在1∶4～1∶6之间，多数采用1∶4。压坡段的长度应满足塔顶启闭机的布置和闸门维修的要求，可采用3～6m。

对于双孔的短管型进水口，中墩及两侧收缩会引起明流洞内不利的冲击波，近年来已很少采用。若必须采用双孔进水口，为了消除明流洞内冲击波的影响，可采用红山水库泄洪洞的进水口布置形式（图6-10），在闸门后加一段压板并延伸到闸墩下游，形成有压收缩段，试验证明，明流段水面平稳，效果良好。

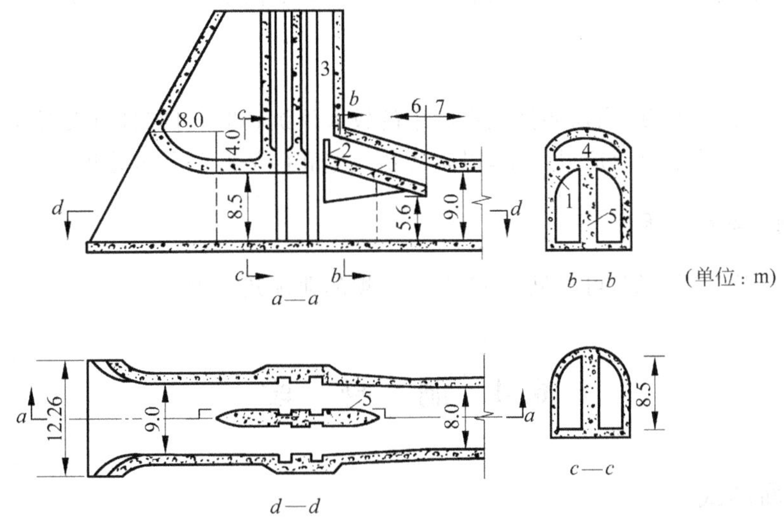

图6-10 红山水库泄洪洞双孔进水口压板布置图

1—压板；2—挡水板；3—通气井；4—通气道；5—中墩

2. 通气孔

在泄水隧洞的进水口或中部闸门之后应设通气孔，其作用是：(1)工作闸门在各级开度情况下承担补气任务，补气可以降低门后负压，稳定流态，避免建筑物发生振动和空蚀，减小作用在闸门上的下拖力和附加水压力；(2)检修时在下放检修闸门之后放空洞内水流过程中用以补气；(3)检修完成后，需要向检修闸门和工作闸门之间充水，以便平压开启检修闸门，此时，通气孔用以排气。所以，通气孔在泄水隧洞的正常泄流、放空和充水过程中，承担补气和排气任务，对改善流态，避免运行事故起着重要的作用。

对于较短的无压隧洞，可参照重力坝无压孔的设计，用式(2-103)计算通气孔直径。

对于较长的高水头大型无压隧洞，通气孔的直径为

$$d = 2\sqrt{\frac{A_a}{\pi}\left[\frac{V_w}{[V_a]} - \frac{21.2A_a}{\varphi_a B V_w}\left(\frac{g}{L}\right)^{1/2}\right]} \tag{6-1}$$

式中：A_a——工作闸门下游的隧洞（或管道）水面以上的断面面积，m^2；

φ_a——通气孔的风速系数，可取0.6；

B——闸门处的孔口宽度，m；

V_w——闸门孔口处的水流流速，m/s；

$[V_a]$——通气孔允许风速，m/s，一般不超过 40～45m/s；

L——闸门后隧洞的长度，m；

g——重力加速度，m/s^2。

通气孔的风速很大，其进口必须与闸门启闭机室分开，以保证工作人员和设备的安全。

3. 拦污栅

泄水隧洞一般不设拦污栅，当需要拦截水库中的较大浮沉物时，可在进口设置固定的栅梁或粗拦污栅。引水发电的有压隧洞进口应设细栅，以防污物阻塞和破坏阀门及水轮机叶片。

4. 渐变段、闸门室及平压管

渐变段、闸门室及平压管等，可参见 2.11 节重力坝的泄水建筑物。

6.4 洞 身 段

6.4.1 洞身断面形式

洞身断面形式取决于水流流态、地质条件、施工条件及运行要求等。

1. 无压隧洞的断面形式

无压隧洞多采用圆拱直墙形(城门洞形)断面[图 6-11(a)、(b)]。由于其顶部为圆拱，适于承受铅直围岩压力，且便于开挖和衬砌，在国内得到广泛采用。城门洞形断面的顶拱中心角多在 90°～180°之间。当需要加大拱端推力时，其中心角也可小于 90°。较大跨度的泄水隧洞其顶拱中心角常采用 90°～120°。断面的高宽比一般为 1～1.5。当水平地应力大于铅直地应力时可采用小于 1 的高宽比。如围岩条件较差，为了减小或消除作用在边墙上的侧向围岩压力，也可以采用马蹄形断面[图 6-11(c)]。当围岩条件差，外水压力较大时，可采用圆形断面[图 6-11(d)]。

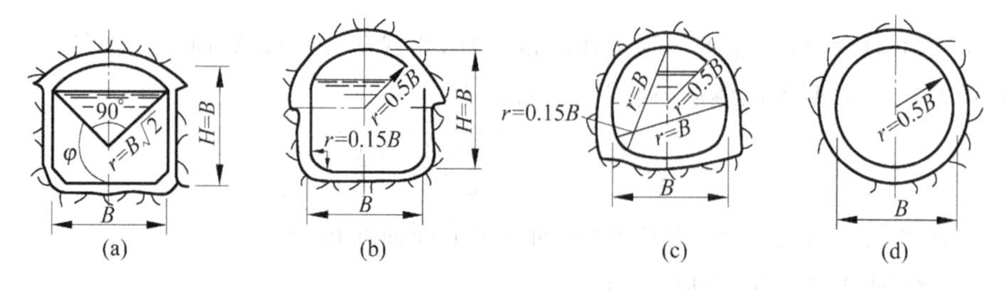

图 6-11 水工隧洞断面形式及衬砌类型

2. 有压隧洞的断面形式

有压隧洞一般均采用圆形断面[图6-11(d)]，原因是圆形断面的水流条件和受力条件都较为有利。当围岩条件较好，内水压力不大时，为便于施工，也可采用城门洞形或马蹄形断面。

6.4.2　洞身断面尺寸

洞身断面尺寸应根据运用要求、泄流量、作用水头及纵剖面布置，通过水力计算确定，有时还要进行水工模型试验验证。有压隧洞水力计算的主要任务是核算泄流能力及沿程压坡线。对于无压隧洞主要是计算其泄流能力及洞内水面线，当洞内的水流流速大于15～20m/s时，还应研究由于高速水流引起的掺气、冲击波及空蚀等问题。

有压隧洞泄流能力按管流计算，计算式同式(2-100)和式(2-101)。

洞内的压坡线，可根据能量方程分段推求。为了保证洞内水流处于有压状态，如前所述，洞顶应有2m以上的压力余幅。对于高流速的有压泄水隧洞，压力余幅应高达10m左右。

无压隧洞的泄流能力，对于表孔溢流式进口，按堰流计算；对于深式短管型进口，泄流能力决定于进口压力段，仍用式(2-100)计算，但流速系数μ应随进口段的局部水头损失而定，一般在0.9左右，A_c则为工作闸门处的孔口面积，H为库水位与工作闸门处孔口中心的高差。工作闸门之后的无压洞陡坡段，可用能量方程分段求出水面曲线。为了保证洞内为稳定的明流状态，水面以上应有一定的净空。当流速较低，通气良好时，要求净空不小于洞身断面面积的15%，其高度不小于40cm；对于流速较高的无压隧洞，还应考虑掺气和冲击波的影响，在掺气水面以上的净空面积一般为洞身断面面积的15%～25%。对于城门洞形断面，水面线和冲击波波峰应限制在直墙范围之内。对于较长的、锚喷衬砌或不衬砌的隧洞，上述数值应适当增加。

在确定隧洞断面尺寸时，还应考虑洞内施工和检查维修等方面的需要，圆形断面的内径不宜小于1.8m，非圆形断面的高度不宜小于1.8m，宽度不宜小于1.5m。

6.4.3　洞身衬砌

1. 衬砌的作用

为了保证水工隧洞安全有效地运行，通常需要对隧洞进行衬砌。衬砌的作用是：(1)限制围岩变形，保证围岩稳定；(2)承受围岩压力、内水压力和外水压力等荷载；(3)防止渗漏；(4)保护岩石免受水流、空气、温度、干湿变化等的冲蚀破坏作用；(5)减小表面糙率。

2. 衬砌的类型

洞身段的衬砌主要有以下几种类型：

(1) 平整衬砌。亦称护面或抹平衬砌，它不承受作用力，只起减小隧洞表面糙率，防止渗漏和保护岩石不受风化的作用。对于无压隧洞，如岩石不易风化，可只衬护过水部分。

平整衬砌适用于围岩条件较好，能自行稳定，且水头、流速较低的情况。根据隧洞的开挖情况，平整衬砌可采用混凝土、浆砌石或喷混凝土。

(2) 单层衬砌。由混凝土、钢筋混凝土或浆砌石等做成，适用于中等地质条件，断面较大、水头及流速较高的情况。根据工程经验，混凝土及钢筋混凝土的厚度，一般约为洞径或洞宽的 1/8～1/12，且不小于 25cm(单层钢筋时)或 30cm(双层钢筋时)，由衬砌计算最终确定。

(3) 组合式衬砌。其形式有：①内层为钢板，外层为混凝土或钢筋混凝土；②边墙和底板为浆砌石，顶拱为混凝土；③顶拱、边墙锚喷后再进行混凝土或钢筋混凝土衬砌。

在软弱破碎的岩体中开挖隧洞，因其自稳能力差，容易发生塌方，先用锚喷支护，再作混凝土或钢筋混凝土衬砌。对于地应力很大的围岩，也先用锚喷支护，待围岩变形稳定后，再进行钢筋混凝土衬砌，可避开围岩对钢筋混凝土衬砌的挤压变形破坏作用。

选择洞身衬砌类型，应根据隧洞的任务、地质条件、断面尺寸、受力状态、施工条件等因素，通过综合分析比较后才能确定。

在有压圆形隧洞中，一般以采用混凝土、钢筋混凝土单层衬砌最为普遍。当内水压力较大，围岩条件较差，钢筋混凝土衬砌不能满足要求或不经济时，可采用内层为钢板的组合式双层衬砌。当内水压力较大时，也可研究采用预应力衬砌或钢板加预应力混凝土衬砌。

无压泄洪隧洞，一般流量较大，流速也较高，常采用城门洞形断面、整体钢筋混凝土衬砌。近年来有些工程采用了喷混凝土或加钢筋网喷混凝土与混凝土或钢筋混凝土的组合式衬砌。

无压隧洞不受内水压力水流作用，有利于山坡尤其是出口山坡的稳定。缺点是：过流边界水压力小，流速大的部位会因体形设计不当或施工质量不良而发生空蚀；工作闸门不如置于出口那样易于安装、检查和维修。

配合光面爆破，锚喷是一种经济、快速的衬砌形式。当围岩坚硬、完整、裂隙少、稳定性好且不易风化时，对于流速低、流量较小的引水发电隧洞或导流隧洞，可以不加衬砌。但不衬砌隧洞的糙率大，泄放同样流量要增加开挖断面。因此，是否采用不衬砌隧洞，应该经过技术经济比较之后确定。

3. 衬砌分缝

混凝土及钢筋混凝土衬砌是分段分块浇筑的。为防止混凝土干缩和温度应力产生裂缝，在相邻分段间设有环向伸缩缝，沿洞线的浇筑分段长度应根据浇筑能力和温度收缩等因素分析决定，一般可采用 6～12m。无压隧洞的伸缩缝，如无防渗要求，可做成平缝或设键槽，不设止水，分布钢筋也不穿过接缝[见图 6-12(a)]；对有压隧洞和有防渗要求的无压隧洞，则需在缝中设止水[图 6-12(b)]。纵向施工缝应设在拉、剪应力较小的部位，对于圆形隧洞常设在与中心铅直线夹角 45°处[图 6-12(c)]；对于城门洞形隧洞，为便于施工可设在顶拱、边墙、底板交界附近。纵向施工缝需要凿毛处理，受力钢筋应穿过纵缝，有时增设插筋以加强整体性，缝内可设键槽，必要时设止水。

隧洞穿过断层破碎带或软弱带，衬砌需要加厚。当破碎带较宽，为防止因不均匀沉降而开裂，在

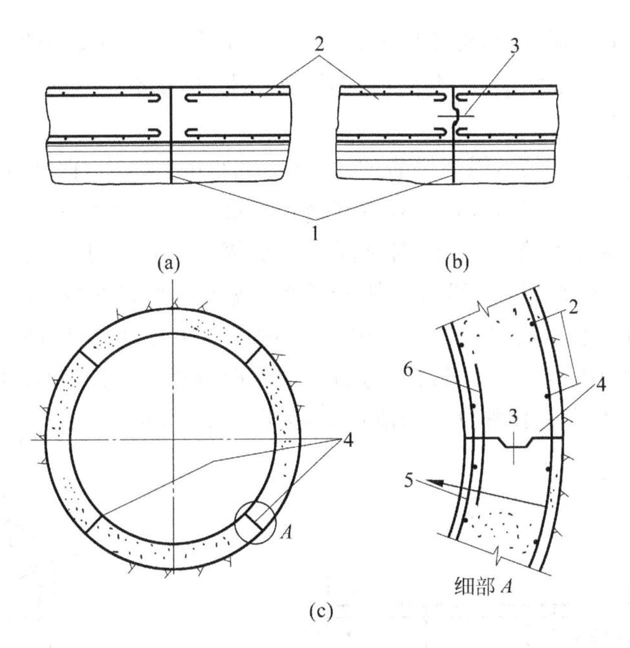

图 6-12 环向伸缩缝和纵向施工缝

1—环向伸缩缝；2—分布钢筋；3—止水片；4—纵向施工缝；5—受力筋；6—插筋

衬砌厚度突变处，应设沉降缝(图 6-13)。此外，在进口闸门室与渐变段、渐变段与洞身交接处以及衬砌的形式、厚度改变，可能产生相对位移的部位，也需要设置环向沉降缝。沉降缝的缝面不凿毛，分布钢筋也不穿过，但缝内应填 1～2cm 厚的沥青油毡或其他填料。对有压隧洞及有防渗要求的无压隧洞，还应在缝内设止水。

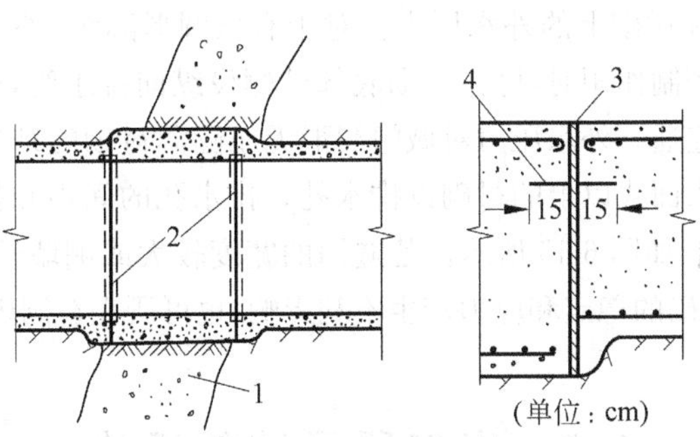

图 6-13 沉降缝

1—断层破碎带；2—沉降缝；3—沥青油毡厚 1～2cm；4—止水片或止水带

4. 灌浆

隧洞灌浆分为回填接触灌浆和固结灌浆两种。

回填接触灌浆是为了充填衬砌与围岩之间的空隙，使之结合紧密，共同受力，以发挥围岩的弹性抗力作用，并减少渗漏。砌筑顶拱时，可预留灌浆管，待衬砌完成后，通过预埋管进行灌浆(图 6-14)。回填灌浆范围，一般在顶拱中心角 90°～120°以内，孔距和排距为 2～6m，灌浆孔应深入围岩 5cm 以上，灌浆压力为 0.2～0.3MPa。

固结灌浆的目的在于加固围岩，提高围岩的整体性，减小围岩压力，保证围岩的弹性抗力，减小渗漏。对围岩是否需要进行固结灌浆，应通过技术经济比较确定。固结灌浆孔一般深入岩石 2～5m，有时可达 10m，或为隧洞半径的 1 倍左右，根据对围岩的加固和防渗要求而定。固结灌浆孔排距 2～4m，每排不宜少于 6 孔，对称布置，相邻断面错开排列，按逐步加密法灌浆。固结灌浆压力一般为 0.4～1.0MPa 或更大，对于有压隧洞可用 1.0～2.0 倍的内水压力，但不应超过衬砌和围岩允许的承受能力。固结灌浆应在回填灌浆 7～14d 之后进行。灌浆时应加强观测，以防洞壁发生变形破坏。

回填接触灌浆孔和固结灌浆孔常分排间隔排列，如图 6-14 所示。

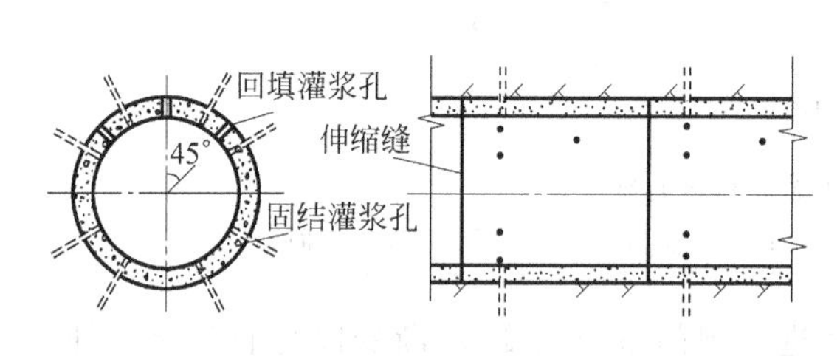

图 6-14　灌浆孔布置图

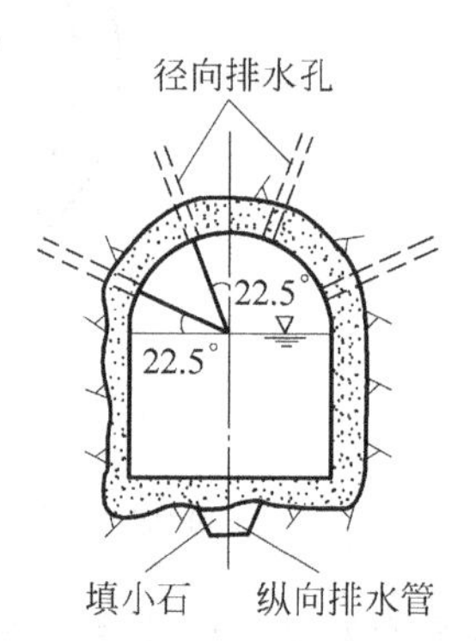

图 6-15　无压隧洞排水布置

5. 排水

设置排水，可以降低作用在衬砌上的外水压力。对于有压圆形隧洞，外水压力一般不控制衬砌设计。当外水位很高，对衬砌设计起控制作用时，可在衬砌底部外侧设纵向排水管，通至下游。必要时，还可增设环向排水槽，并与纵向排水相连通。外水压力对城门洞形无压隧洞衬砌的结构应力影响很大，可在洞底设纵向排水管通至下游，在洞内水面线以上的衬砌设排水孔。排水孔的间距和排距一般为 2～4m，深入岩石 2～4m，将地下水直接引入洞内，如图 6-15 所示。若隧洞的宽度较大或侧墙较高，而且洞内不经常过水，为减小隧洞放空后外水压力对衬砌的稳定和应力产生不利影响，也可研究在洞内水面线以下设置排水孔。

6.5 出口段及消能设施

6.5.1 出口段的结构布置

有压隧洞出口，绝大多数设有工作闸门，布置启闭机室，闸门前设有渐变段，将洞身从圆形断面渐变为闸门处的矩形孔口，出口之后即为消能设施。

有压泄水隧洞由于自由出流水重的作用，主流下跌，在出口段一定长度范围内洞顶会出现负压。有的圆形隧洞，出口段没有收缩，洞顶负压范围很大，如：陡河双挢水库输水洞，试验中负压段长度达14.4倍洞径。因此，出口断面应该收缩，如沿程边界无显著变化，出口面积与洞身面积的收缩比可采用0.85～0.9；如断面变化较多，水流条件较差时，可减小为0.8～0.85。渐变段底部如有反坡或末端顶部布置平段，也会引起负压，如：云南渔洞水库有压隧洞，原方案出口渐变段长10m，由直径4.5m的圆洞，四面按1∶20的坡比收缩为断面3.5m×3.5m的方形，再加2m长的平段[如图6-16(a)所示]，洞顶负压达14m水柱；取消2m平段后[如图6-16(b)所示]，洞顶负压减至1.93m水柱；后将渐变段改为顶侧三面收缩，底部水平，出口断面增大到3.9m×3.9m[如图6-16(c)所示]，虽收缩比由0.77加大为0.956，洞顶反而均为正压。有的研究资料也得到了同样的结论，即出口渐变段以顶板、侧墙三面收缩、底板水平，下接一段没有突扩的水平渠槽为好；若洞身为圆洞，直径为D，建议出口断面选用高、宽均为$0.867D$的正方形，虽收缩比已达0.957，出口洞顶仍有$0.22D$水柱的正压。考虑水力条件及闸门结构，出口断面应采用正方形或接近正方形。

无压隧洞因工作门已布置在上游段，其出口段仅需加固洞脸，并与消能设施的两侧边墙相衔接。

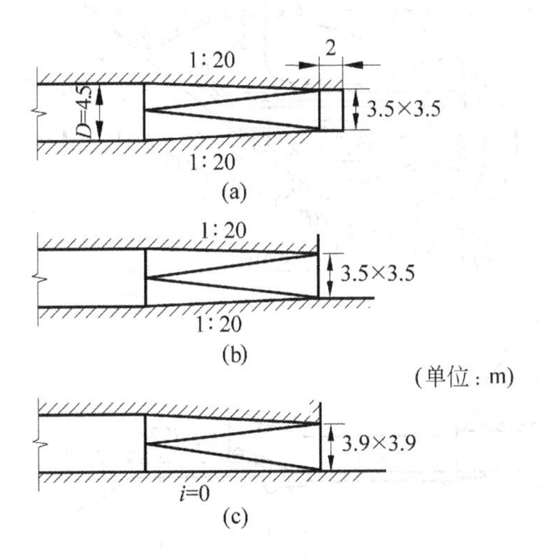

图 6-16　渔洞水库有压洞出口渐变段体形

6.5.2　消能设施

泄水隧洞大多采用挑流消能，其次是底流消能。近年来国内也在研究和采用新型消能工，如窄缝挑流消能及洞内突扩消能等。

泄水隧洞出口的消能方式和岸边溢洪道相似，只是隧洞出口宽度小，单宽流量大，能量集中，故常在出口后设置扩散段，以扩散水流，减小单宽流量。

1. 挑流消能

当出口高程高于或接近于下游水位，且地形、地质条件允许时，采用扩散式挑流消能比较经济合理，国内外泄洪、排沙隧洞广泛采用这种消能方式。当隧洞轴线与河道水流交角较小时，可采用三门峡泄洪排沙洞出口段斜切挑流鼻坎的消能形式(图 6-17)，靠河床一侧鼻坎较低，使挑射主流偏向河床，以减轻对岸边的冲刷。挑流消能也可采用收缩式窄缝挑坎，其消能原理类似于 2.11 节图 2-69 所示的宽尾墩的消能原理。窄缝挑坎特别适用于岸坡陡峻、河谷狭窄的情况。陕西省石砭峪水库泄洪洞采用了窄缝挑坎(图 6-18)，根据试验，在设计及校核泄流情况下，水舌的纵向入水长度相应达到 52m 和 71m，冲刷深度不仅小于等宽挑坎，也小于横向扩散挑坎的冲刷深度。西班牙阿尔门德拉的两条并列泄水隧洞，出口后为 1∶5 的陡坡段，末端也采用了窄缝挑坎。

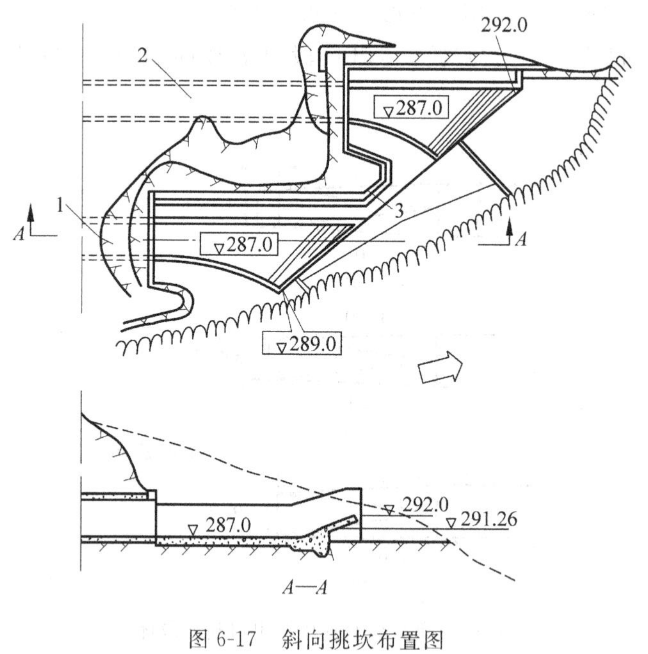

图 6-17 斜向挑坎布置图

1—Ⅰ号隧洞；2—Ⅱ号隧洞；3—排水沟

试验研究表明，收缩式窄缝挑坎的合宜收缩比 b/B(b 为挑坎末端宽度，B 为始端宽度)及长宽比 L/B(L 为收缩挑坎的长度)与弗劳德数 Fr 有关。深式泄水孔或隧洞，出口宽度小，单宽流量较大，当 b/B 较小而 L/B 较大时，不仅挑流水舌扩散不好，甚至在收缩段内产生强制水跃；适宜的 b/B 在 0.35～0.5，L/B 在 0.75～1.5 范围内。石砭峪泄洪洞窄缝挑坎 $Fr=2.87\sim3.81$，$b/B=0.385$，$L/B=0.913$。对实际工程，在选择挑坎尺寸时，应通过水工模型试验来确定，要求冲击波交汇于挑坎出口附近并能获得良好的扩散水舌。

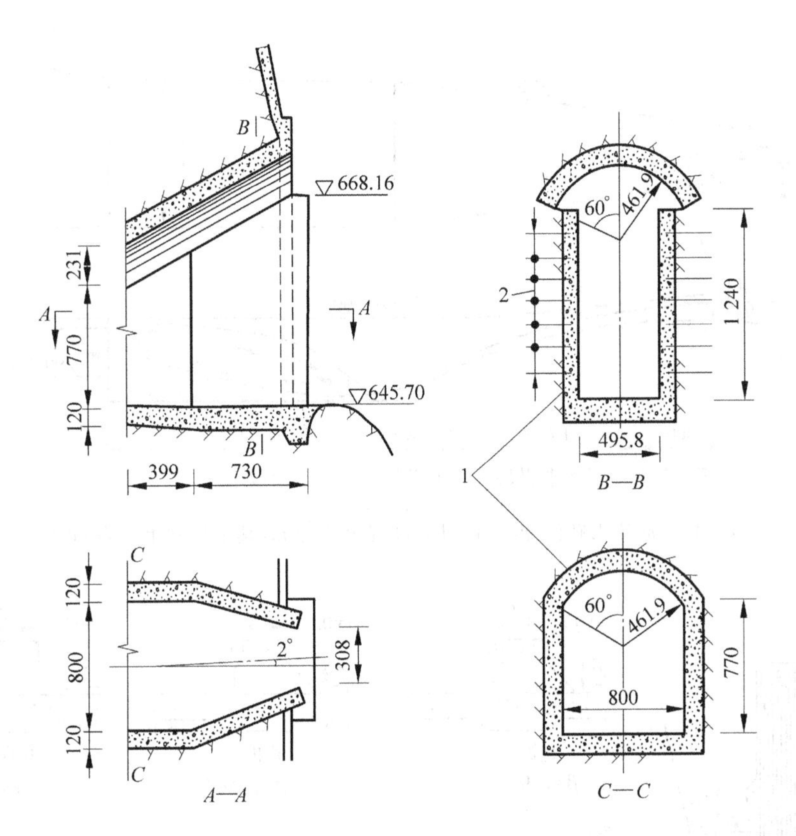

图 6-18　窄缝挑坎布置简图(高程单位为 m,其余尺寸单位为 cm)

1—钢筋混凝土衬砌；2—锚筋

2. 底流消能

当出口高程接近于下游水位时,也可采用扩散后的底流水跃消能(图 6-19)。水流由隧洞出口经水平扩散段(有的不设水平段),再经曲线扩散段、斜坡段继续横向扩散后进入消力池。因水流横向扩散,单宽流量减小,消力池的长度和深度可相应减小。底流水跃消能比较充分、平稳,对下游水面的波动影响范围小；但开挖量大,施工时间较长,材料用量多,造价也高。

3. 孔板消能(洞中突扩消能)

为了防止高速水流引起的空蚀及高速含砂水流的磨损破坏,可在有压隧洞中分段设置孔板,造成孔板出流突然扩散,与其周围水体之间形成大量漩涡、掺混而消能。称此消能方式为孔板消能或洞中突扩消能。黄河小浪底水利枢纽设计中将导流洞改建为压力泄洪洞,采用多级孔板消能方案,在直径为 14.5m 的洞中布置了五级孔径为 10m 的孔板,孔板的间距为 $3D=43.5$m(如图 6-20 所示)。由模型试验得知,水流通过孔板突扩消能,可将 140m 的水头削减 80%,洞壁最大流速仅为 10m/s 左右。为防止孔板附近的水流发生空化并增大消能效果,可在孔板上游角隅处设置消涡环。

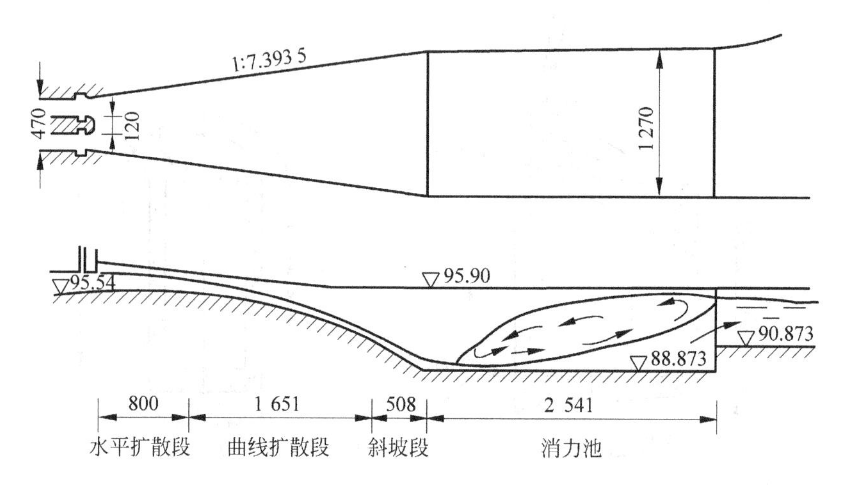

图 6-19 底流水跃消能布置简图(高程单位为 m,其余尺寸单位为 cm)

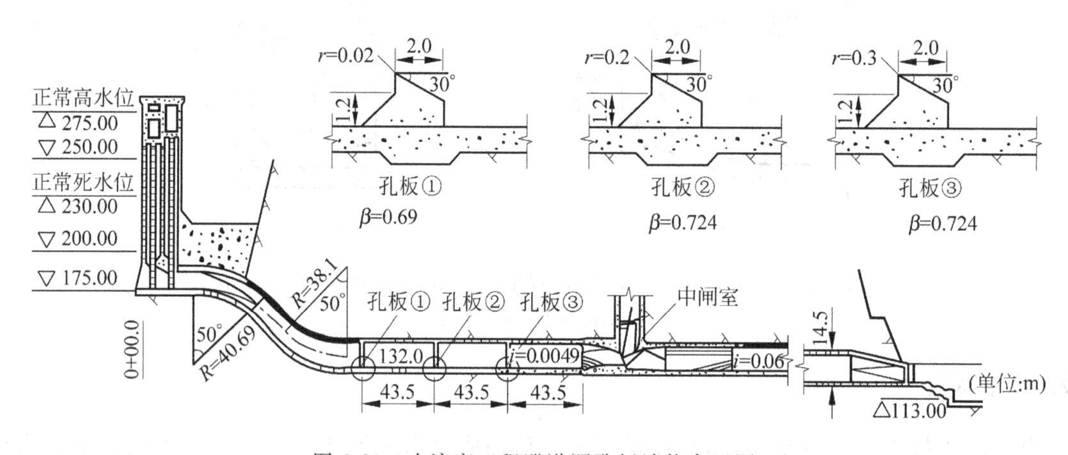

图 6-20 小浪底工程泄洪洞孔板消能布置图

6.6 高流速泄水隧洞的空蚀及减蚀措施

6.6.1 脉动压力、空化与空蚀

洞内水流当流速超过 30m/s 时,对衬砌表面产生较大的脉动压力,其负峰值会降低瞬时压强促使水流发生空化,另外,还可能引起建筑物的振动。

高流速的泄水隧洞常因空蚀而遭受破坏。美国胡佛坝泄洪洞,直径 15.3m,流速 46m/s,初期宣泄 380m^3/s,运行 4 个月之后,经泄放 1 070m^3/s 流量(设计流量为 5 500m^3/s)数小时,在龙抬头下部与导流洞结合的反弧段就遭到了严重的空蚀破坏(图 6-21),剥蚀坑长 35m,宽 9.2m,深 13.7m,冲去混凝土和基岩共 4 500m^3。其空蚀原因是衬砌表面施工放线不准确,混凝土存在突体、冷缝、蜂窝等缺陷。我国刘家峡水电站泄洪洞,城门洞形断面 13m×13.5m,在 1972 年运行中实际落差 105m,流速 38.5m/s,因残留钢筋头、突体等原因在龙抬头下部的反弧段及其下游整个洞宽范围内遭到空蚀,冲成长 24m、深 3.5m 的大坑。高流速的泄水隧洞由于体形不良、施工缺陷、运行不当发生空蚀破坏的事例很多,所以,在设计施工和运行中必须给以充分的重现。空蚀常发生在溢流面及挑流鼻坎附近,龙抬头的反弧段及其下游,有压段的岔洞、弯道部位,进、出口及门槽附近和消力墩上,以及表面存在着突体、错缝、错台和残留钢筋头等不平整的部位。

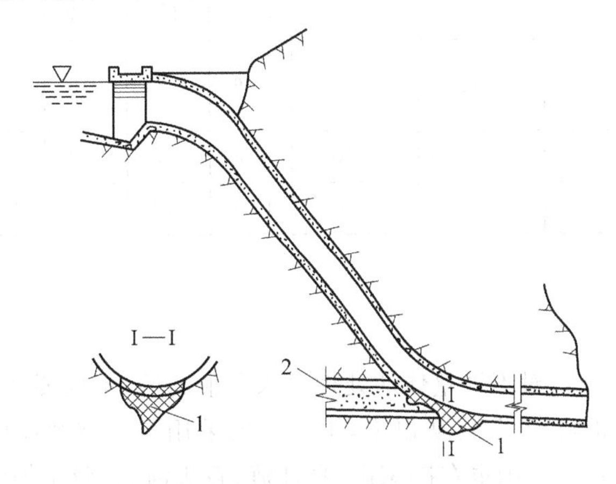

图 6-21 泄洪洞的空蚀破坏

1—空蚀破坏区;2—导流洞堵塞段

若按式(2-81)计算的空化数 σ 小于体形的初生空化数,则发生空蚀。刘家峡泄洪洞空蚀破坏时,反弧处的空化数仅为 0.125,而重演破坏时的减压试验测得残留钢筋头及 1∶15 升坎处的初生空化数分别为 0.75 和 0.53,故发生了空蚀破坏。设计中应使水流的最小空化数大于其初生空化数。

6.6.2 减蚀措施

1. 做好体形设计

为防止空蚀的发生和减轻空蚀破坏的程度,需对那些容易发生空蚀的部位,如进口、门槽、渐变段、弯道、龙抬头曲线段、岔洞及出口等,做好体形设计,在以前有关章节中已述及,这里不再重述。

2. 不平整度的控制要求

过流边界的不平整体,会使水流与边界分离,形成漩涡,发生空蚀。前面所讲的胡佛坝泄洪洞、刘家峡泄洪洞,还有不少高流速的泄水隧洞,常是由于模板错台、升坎、凹陷、残留钢筋头、管头、混凝土残渣等引起空蚀破坏。因此，在设计、施工中对不平整体给以限制是十分重要的。有些泄洪洞空蚀破坏后在修复时对施工质量、错台和突体的高度、磨坡等提出了严格的要求和控制，后来就没有发生问题或基本运行正常。

如何确定不平整度的允许值，至今尚无理论计算方法，各国要求也有差别。我国《水工隧洞设计规范》SL 279—2002 提出，按水流空化数要求进行控制和处理较为合理，具体见表 6-1。

表 6-1　表面不平整度控制和处理标准

水流空化数 σ		>1.7	1.7～0.61	0.6～0.36	0.35～0.31	0.30～0.21		0.20～0.16		0.15～0.10		<0.10
掺气设施		—	—	—	—	不设	设	不设	设	不设	设	修改设计
突体高度控制/mm		≤30	≤25	≤12	≤8	<6	<25	<3	<10	修改设计	<6	
磨成坡度	正面坡	不处理	1/5	1/10	1/15	1/30	1/5	1/50	1/8		1/10	
	侧面坡	不处理	1/4	1/5	1/10	1/20	1/4	1/30	1/5		1/8	

3. 掺气减蚀设施

当流速大于 35～40m/s 时，对不平整体的处理要求是很高的，不仅要花费很多人力物力，而且施工也不易达到要求。自 20 世纪 60 年代初以来，不少国家采用掺气减蚀设施，如：格兰峡泄洪洞、黄尾泄洪洞、麦加泄洪洞等工程。我国也在冯家山、乌江渡、石头河、石砭峪等泄洪洞中相继采用了掺气减蚀设施，其中，对冯家山、乌江渡等泄洪洞还进行过原型观测，证明掺气减蚀效果十分显著。

美国黄尾泄洪洞反弧末端与库水位落差 147.7m，洞径 9.75m，1967 年泄洪时多处遭到空蚀破坏，其中，最严重的一段是在龙抬头反弧段下游，坑长 14m，宽 5.95m，深 2.14m，穿入岩层。后在反弧起点上游 4.9m 处设一道掺气槽并将破坏部位回填修补，经 1969 年、1970 年两次过水原型观测，再未发生空蚀破坏。冯家山左岸泄洪洞是我国首先在隧洞中采用掺气设施的试点工程，该隧洞反弧处流速达 29.6m/s，在反弧上切点上游 6.4m 处设上掺气槽，在下切点处设 0.3m 高的掺气挑坎。后经三次放水进行原型观测，虽布置了一些人工突体，经声测，监听到突体下游已发生空穴，但事后检查，没有任何空蚀痕迹。

石头河泄洪洞最大泄流量为 850m^3/s，反弧末端的水头为 93.25m，最大流速为 40.6m/s，上掺气槽设于反弧起点前 9.37m 处，在反弧末端设下掺气槽。根据水工模型试验，在各级流量下，掺气槽均能充分供气，形成稳定的空腔，自 1981 年运行以来，效果良好。

向掺气设施所形成的水舌空腔中通入空气，由于射流底缘的紊动，空气不断被卷入水流，形成一个逐渐变厚的水气掺混带。含气水流也成了弹性的可压缩体，含大量空气的空泡在溃灭时传到边壁上的冲击力可大大地减小，达到减免空蚀的目的。根据试验，掺气量为 2%时，其空蚀破坏程度是不掺气情况的 1/10，而掺气量达到 7%～8%时，就足以消除空蚀。

我国《水工隧洞设计规范》SL 279—2002 规定，当水流空化数 σ 小于 0.30 时，应按下列原则设置掺气减蚀设施：(1)选用合理的掺气方式，并进行大比尺的模型试验论证；(2)近壁层掺气浓度应大于 4%；(3)掺气保护长度根据泄水曲线和掺气结构的形式确定，曲线段可采用 70～100m，直线段可采用 100～150m，对长泄水道应设置多极掺气减蚀设施。

掺气设施有掺气槽、挑坎、跌坎三种基本形式，以及由它们组合成的其他形式，如图 6-22 所示。

掺气设施一般都设在过流底面的边界上，这不仅可以防止底板的空蚀，也能对边墙起减蚀作用。两侧边墙设置挑坎或突扩掺气，会形成水翅，恶化流态。但突扩突跌掺气可与偏心铰弧形闸门的压紧止水门框相结合[图 6-22(e)]。如：东江水电站右岸二级放空洞两侧突扩 0.4m，底部跌坎 0.8m；努列克第三层导流洞偏心铰弧形门处两侧突扩 0.5m，底部跌坎 0.6m。

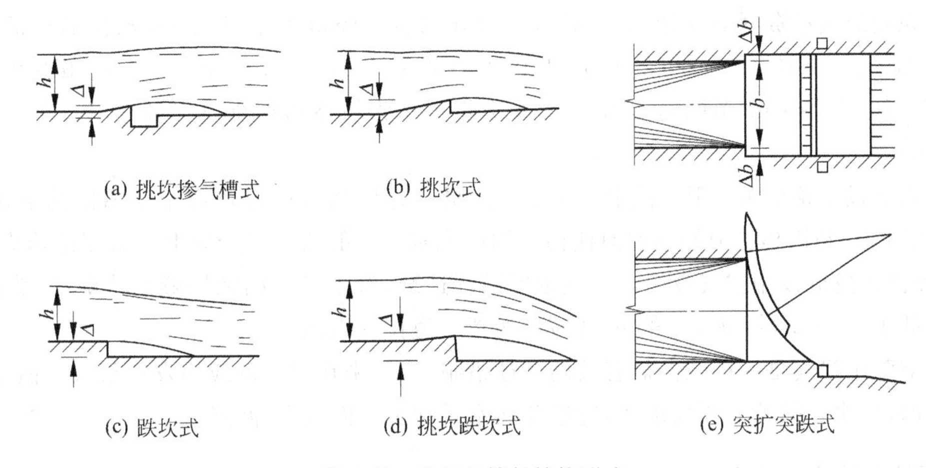

(a) 挑坎掺气槽式　(b) 挑坎式　(c) 跌坎式　(d) 挑坎跌坎式　(e) 突扩突跌式

图 6-22　常用的掺气结构形式

掺气槽和挑坎布置简单，施工方便，可用于改建工程或新建工程。黄尾泄洪洞修复时就采用了掺气槽，我国的冯家山、石头河、乌江渡等工程采用了掺气槽和挑坎。跌坎及突扩突跌式掺气设施一般只适用于新建工程。

掺气设施要起到减蚀作用，应当做到：(1)有足够的通气量；在设计运行的水头范围内能形成稳定的空腔，保证供气；(2)水流流态较平稳，不影响正常运行；(3)空腔内不出现较大的负压，一般负压不超过 0.5m 水柱。

挑坎单独使用或与掺气槽结合时，根据实际工程资料，其高度多在 5～85cm，有的资料认为高度为最大水深的 1/15～1/12 时较好，一般情况下单宽流量大时采用较高的挑坎。挑坎的挑角可取 5°～7°。挑坎愈高，坡度愈大，则通气量愈大，空腔也愈大，但对下游的水流条件不利，因而坎高和坡度均不宜过大。当挑坎与跌坎结合时，挑坎高度可采用 10～20cm。

掺气槽应通气顺畅，满足通气孔出口布置，常用梯形断面。冯家山泄洪洞的上掺气槽，底宽 0.9m，由两侧边墙内直径为 0.9m 的通气孔供气；石头河泄洪洞上、下掺气槽底宽均为 0.8m，由两侧边墙内 0.8m×0.8m 的通气孔供气。现有工程的跌坎高度在 0.6～2.75m 之间，也有更高的跌坎如加拿大的麦加泄洪洞反弧末端的跌坎高达 4.33m。突扩突跌掺气设施若与偏心铰弧形闸门门框相结合，侧向突扩还要满足压紧止水门框的要求。一般两侧各突扩 0.4～1.0m，也有达到 1.5m 的，大多数每边扩宽与孔宽之比在 0.06～0.16 范围内。据研究，为保证供气畅通并减小水翅高度，每边扩宽与孔宽之比以在 0.06～0.09 范围为好。

掺气跌坎的下游宜采用较大的坡度，以避免低水位时回水填满底部空腔，但也不能过陡，否则将产生较强的冲击波，恶化流态。因此，有人建议可在 1.5 倍空腔长度的范围内将坡度变陡，其后再接较缓的底坡。如石砭峪泄洪洞掺气跌坎高 95cm，在跌坎下游 30m 以内的底坡 $i=0.143$，在 30m 以外，$i=0.095$。

掺气设施的通气量因底部掺气或底侧同时掺气而异，也有些相应的计算式。根据冯家山、乌江渡等工程原型观测通气量资料的统计，对于底部掺气在水舌空腔负压小于 0.5m 水柱属正常供气的情况下，当单宽流量 $q_w=10\sim220\text{m}^3/(\text{s}\cdot\text{m})$时，通气系数 $\beta=q_a/q_w=0.7\sim0.045$。$q_w$ 虽变化幅度较大而 q_a 却在 $7\sim10\text{m}^3/(\text{s}\cdot\text{m})$范围内。因此，这个数据可作为粗略估算总通气量之用。通气孔中的风速应小于 40m/s。

掺气设施常设于龙抬头式泄水隧洞反弧起点上游一定距离或同时也设于反弧段的下切点处，但不能设在反弧上，以免因离心力的影响而使掺气槽内充水。一般认为当陡坡上的水流流速大于 35m/s 时，从安全经济出发应该用掺气设施。掺气浓度沿程递减，对于较长的无压隧洞或陡坡，为保证水流掺气浓度不低于 3%～5%，每 50～80m 就应该布置一道掺气设施。

向水舌空腔中掺气是一种经济而有效的减蚀措施，近年来在我国的应用发展很快。但应注意，掺气增加了水深，使水舌跌落区压强加大，应避免在水舌冲击区内设置伸缩缝。

4. 选用抗空蚀性能强的衬砌材料

抗空蚀性能较强的材料分述如下：

(1) 高强度等级混凝土是实际工程中普遍采用的一种抗空蚀材料，根据试验研究，抗蚀性能较好的混凝土其强度等级不宜低于 C30；

(2) 钢纤维混凝土是在混凝土中掺入一定数量长约几厘米的短钢丝，用以增强混凝大的抗裂性能，提高强度，改善材料的韧性和抗冲击能力，是近年来才研究使用的，目前已用于修补工程；

(3) 钢铁砂混凝土也是一种新材料，是用不同粒径和比例的钢铁砂和水泥、石子配合而成的混凝土，具有强度高、抗空蚀、耐磨损的特点，也已用于修补工程和防护高流速的边界表层；

(4) 钢板抗空蚀能力强而抗磨损性能较低，多用于门槽、岔洞及体形变化易于空蚀的部位；

(5) 环氧砂浆为表层抹护材料，由环氧树脂与砂子按一定要求拌和而成，具有较好的抗空蚀和抗磨性能，常用于修复混凝土表面的破坏部分，但因其有毒且价格较贵，不宜大面积使用；

(6) 高强度等级水泥石英砂浆的抗磨损能力次于环氧砂浆，可做护面，比较经济，施工简单，修补方便；

(7) 辉绿岩铸石板是以辉绿岩为原料在工厂制成的几十厘米见方的板块，用粘结材料将其粘砌在过水边界上以抵抗磨损，由于它具有较高的硬度指标，是较好的抗磨材料，但很难保证与混凝土粘结牢靠，易被水流冲走，且性脆易碎，易被水流中大粒径推移质击破。

6.7　洞室围岩的应力和稳定分析

6.7.1　岩体初始应力和洞室开挖后的应力

岩体在洞室开挖前的应力称为初始应力或地应力。地应力是瑞士地质学家海姆(Heim，A)首先提出的概念，后来金尼克(Динник，A. H)根据弹性理论分析指出，初始应力的铅直分量 σ_Z 基本上等于上覆岩体的重力，$\sigma_Z=\gamma_R Z$，γ_R 为岩体的容重，Z 为地表以下的深度；水平应力与铅直应力的比值 $\lambda=\sigma_X/\sigma_Z=\sigma_Y/\sigma_Z=\mu/(1-\mu)$，$\mu$ 为岩体的波松比(一般为 0.2～0.3)，λ 称为侧压力系数。在很深的地层中，$\mu=0.5$，$\lambda=1.0$。

初始应力场主要有：以自重作用为主的重力应力场和以构造运动为主的构造应力场。λ 较小说明构造应力较小，反之则说明构造应力较大。我国实测的资料表明：初始应力的竖向分力往往高于上覆岩体的重力，说明有构造应力的成分；如果水平应力很小，竖向应力很接近上覆岩体的重力，说明岩体的构造应力很小，反之，则构造应力很大；在地层深处，水平向应力接近于或小于竖向应力，即 $\lambda\approx1.0$、$\lambda\to1.0$ 或 $\lambda<1.0$，也有一部分的 $\lambda>1.2$，这主要是构造运动影响的结果。初始应力场可以通过一些测点的实测资料，建立有限元的数学模型，应用数理统计原理反演初始应力场的回归分析法来计算。关于这部分的内容，以及岩体的应力应变模式，已在岩体力学的许多书籍和论文中论述过，这里不再重复。

在洞室开挖时，出现自由边界，应力急剧变化，开挖单元不再存在，并在洞室边界上加上与原有应力相反的荷载。可用这样的荷载计算洞室开挖后围岩的变形和应力的变化，再叠加原有的初始应力，即为洞室开挖后围岩的总应力。

如果在洞室开挖前，岩体的初始压应力很大，一旦开挖，则在洞室边界上加上很大的张拉荷载，岩块会产生突发性脆性破裂、飞散，伴随着巨大的声响，形成“岩爆”现象，可能危及人身安全，影响施工。为避免或减轻这种影响，需在布置和设计隧洞之前，弄清初始地应力的大小和方向，尽量使洞轴线与岩体初始最大主压应力方向一致或夹角较小。

在岩体中开挖洞室，破坏了洞室周围岩体的原有应力平衡状态，引起围岩应力重分布。这种应力重分布与初始应力状态、洞室断面形状和尺寸，岩体结构和性质等因素有关。

这一应力重分布，在开挖洞室的周边上最为显著，距边界愈远影响愈小，经大量研究表明，在超过3倍洞径的远处，才可认为原有的地应力基本不变。设隧洞开挖前水平向地应力和竖向地应力大小都为 p(即侧向力系数 $\lambda=1$)，圆形隧洞开挖后，如果围岩仍处于弹性状态，洞边切向应力为 $\sigma_t=2p$，径向应力为 $\sigma_r=0$，它们应在应力圆包络线以内，满足 $p<(p+c\cot\phi)\sin\phi$，解得

$$p < c\cos\phi/(1-\sin\phi) \tag{6-2}$$

式中 ϕ、c 分别为岩体的内摩擦角和粘聚力。若 $p>c\cos\phi/(1-\sin\phi)$，则应采用弹塑性理论进行分析，

但围岩内部的$\sigma_r \neq 0$,需要另外的判别式。1938 年智利地质学家芬纳提出分析方法,虽然后人又做了补充和发展,但这个理论至今只限应用于开挖前水平向地应力和竖向地应力大小都为 p 的圆形隧洞。

这一理论假定：隧洞围岩为均匀、连续各向同性的弹塑性体；当大小主应力差值($\sigma_t - \sigma_r$)大于极限值时,围岩处于塑性状态；该极限值由围岩开始发生塑性破坏的应力圆包络线所确定,它满足岩石的塑性判别准则公式

$$\frac{\sigma_t + c\cot\phi}{\sigma_r + c\cot\phi} \geqslant \frac{1+\sin\phi}{1-\sin\phi} = \cot^2\left(45° - \frac{\phi}{2}\right) \tag{6-3}$$

若 σ_t 较大,σ_r 较小,满足上式,则处于塑性状态,否则为弹性状态。

设圆洞半径为 a,开挖前水平向地应力和竖向地应力大小都为 p,按塑性判别准则,以及塑性区与弹性区交界处的应力相等的条件,由塑性区平衡微分方程解得塑性区半径 R 为

$$R = a\left[\left(1+\frac{p}{c\cot\phi}\right)(1-\sin\phi)\right]^{\frac{1-\sin\phi}{2\sin\phi}} \tag{6-4}$$

塑性区内任一点 $r(a \leqslant r \leqslant R)$的径向和切向应力为

$$\left.\begin{aligned} \sigma_r &= c\cot\phi\left[\left(\frac{r}{a}\right)^{\frac{2\sin\phi}{1-\sin\phi}} - 1\right] \\ \sigma_t &= c\cot\phi\left[\frac{1+\sin\phi}{1-\sin\phi}\left(\frac{r}{a}\right)^{\frac{2\sin\phi}{1-\sin\phi}} - 1\right] \end{aligned}\right\} \tag{6-5}$$

圆形隧洞围岩塑性区和弹性区的径向和切向应力分布如图 6-23 所示。

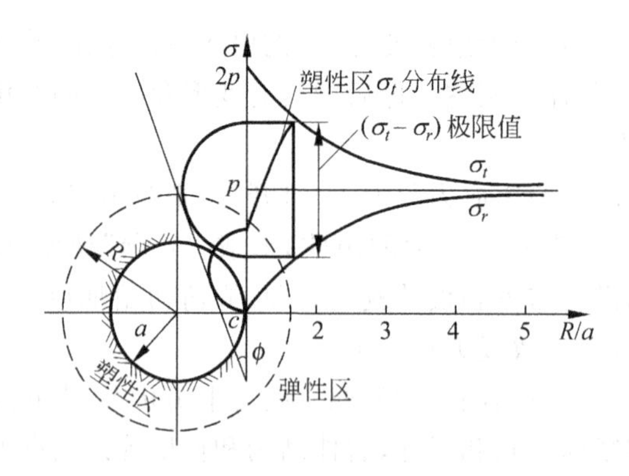

图 6-23　圆形隧洞弹塑性围岩的应力分布

对于椭圆形、正方形及一定宽高比的矩形洞室,以及其他结构复杂、非均匀等向的岩体,可利用有限元方法分析计算。

6.7.2　围岩稳定分析

隧洞开挖后，围岩出现塑性变形不一定造成失稳，因为在塑性变形过程中，岩块可能重新组成支承拱，以支承荷载。对于圆形洞室顶拱无支护力时的塑性区，卡柯(Caquot，A.)假定在此塑性区的外半径 R 仍按式(6-4)计算，在此处塑性区与弹性区分离，$\sigma_r=0$，由微分体平衡方程解得承载拱环中半径 r 处的径向应力为

$$\sigma_r = c\cot\phi\left[\left(\frac{r}{R}\right)^{\frac{2\sin\phi}{1-\sin\phi}}-1\right]+\frac{\gamma r(1-\sin\phi)}{3\sin\phi-1}\left[1-\left(\frac{r}{R}\right)^{\frac{3\sin\phi-1}{1-\sin\phi}}\right] \tag{6-6}$$

式中：γ——围岩的容重。

当 $r=a$ 时，由于在顶拱下表面的自由边界处本应 $\sigma_r=0$，如果由式(6-6)算得此处的 $\sigma_r>0$，表示洞顶需要支护力才能平衡，如果没有支护则顶拱围岩不稳定，σ_r 即为阻止岩体塌落所需要的支护力；相反，如果算得 $\sigma_r<0$，则表示洞顶是稳定的，此种情况只有 $c>0$ 时方有可能，因 $c=0$ 时，式(6-6)不会出现负值。

对于其他断面形状的隧洞，或者水平和竖向地应力不相等的情况，则需要用弹塑性有限元分析来判断围岩的稳定性。

当然，实际上由于岩体存在裂隙、层理面和断层等结构面的切割，岩体是不连续的，上述判断方法是基于岩体是连续的理想化的假定。如果在洞顶自由边界附近存在"人"字形的两组互相切割的结构面，而且结构面上的 c 值很小，不管式(6-6)算得的 σ_r 是多少，都可能出现失稳塌落，需按块体平衡法进行分析。

洞室围岩稳定与开挖时的应力重分布及围岩强度有关，而应力重分布状态则主要取决于初始应力的特征、洞室断面的形状和尺寸及岩体性质等因素。初始应力的大小和方向是地下洞室岩体变形与稳定程度决定性的因素。经验表明，若水平地应力很低，则围岩变形、失稳，具有自重塌滑的特征，而水平地应力较高则表现为强烈挤压、塑性变形或产生岩爆现象。在许多高地应力区，其最大主应力是水平向的，洞室轴线若和最大水平应力方向垂直，往往会产生严重的边墙变形和洞体失稳破坏。某矿区在上百例的塌方事故中，有 80%以上是由于洞轴线与最大水平应力接近垂直的缘故。因此，布置洞轴线时应尽量使之与最大水平应力相平行。当然也应使轴线与主要节理、断层等有较大的交角(大于 30°～40°)以利洞室的稳定。洞室的断面形状和尺寸对围岩的应力重分布有重要影响。当初始应力的铅直分量较大时，应采用高宽比较大的具有顶拱的断面；当水平初始应力较大时，宜采用高宽比较小近似扁椭圆的断面，这样可改善周边上的应力集中程度。

岩体结构及岩体特性对洞周应力也有重要影响，岩体中的节理使岩体成为不连续介质，节理产状的不同将引起洞周应力发生变化，而节理的抗剪强度很低且不能承受拉应力。因此，分析围岩稳定应综合考虑地应力状态、岩石的力学性质、岩体的结构和特性、洞线布置和洞室形状等，当然还有地下水情况、施工方法和支护方式等因素。

由于影响围岩稳定的因素很多，而且地质条件错综复杂，计算结果很难完全反映实际情况，目前

还不能完全依靠理论计算，尚需借助许多工程的实践经验，查阅《水工隧洞设计规范》SL 279—2002的围岩分类表等有关资料，或现场量测作出判断。在施工期主要是利用位移计、收敛计测量各点的位移和两点之间的相对位移，画出位移过程线。当位移量超过允许值，或位移曲线有突然变化时，都表明围岩将要失稳，据此确定支护时间或修正支护参数。利用现场位移观测资料，作为信息反馈，用有限元法进行反推分析，还可以求得围岩应力及岩体力学参数，更好地控制围岩稳定。

6.8 隧洞衬砌计算

为保证人身安全和结构正常运行，对不稳定的围岩需作衬砌；有时，虽然围岩稳定，但如果泄水或输水需要减小洞壁糙率，也需要衬砌。

衬砌结构计算的目的在于核算在设计规定的荷载组合下衬砌强度能否满足设计要求。计算之前可先按(1/8～1/12)的洞径或用工程类比法初拟衬砌厚度，经过计算再行修正。

在进行水工隧洞衬砌计算之前，需首先确定作用在隧洞衬砌上的荷载，并根据荷载特性，按不同的工作情况分别计算出衬砌中的内力。

6.8.1 荷载及其组合

衬砌上的作用力有：围岩压力、内水压力、外水压力、衬砌自重、灌浆压力、温度作用和地震力等。其中，内水压力、衬砌自重容易确定，而其他荷载通常需在一些假定的前提下作近似计算。

1. 围岩压力

围岩压力主要有铅直围岩压力和侧向围岩压力。一般岩体中，作用于衬砌上的主要是铅直向下的围岩压力，侧向围岩压力只在松软破碎或水平地应力较大的岩层中才需要考虑。

以前，曾采用普罗托基雅柯诺夫(Протодьяконов，M. M.)提出的塌落拱方法计算围岩压力。但普氏塌落拱法来源于散体理论，实践证明它不符合大部分岩体的特性。我国《水工隧洞设计规范》SL 279—2002在总结国内一些工程设计实践经验的基础上，提出以下8条规定：

(1) 稳定条件好，开挖后变形很快稳定的围岩，可不计围岩压力。

(2) 层状及碎裂散体结构的围岩，作用在衬砌上的围岩压力可按下式计算：

垂直方向均布围岩压力强度

$$q_v = (0.2 \sim 0.3)\gamma_r B \quad (\mathrm{kN/m^2}) \tag{6-7}$$

水平方向均布围岩压力强度

$$q_h = (0.05 \sim 0.10)\gamma_r H \quad (\mathrm{kN/m^2}) \tag{6-8}$$

式中：γ_r——岩体重度，$\mathrm{kN/m^3}$；

B、H——分别为隧洞的开挖宽度及高度，m。

(3) 不能形成稳定拱的浅埋隧洞,宜按洞室顶拱的上覆岩体重力作用计算围岩压力,再根据施工所采取的支护措施予以修正。

(4) 块状、中厚层至厚层状结构的围岩,可根据围岩中不稳定块体的作用力来确定围岩压力。

(5) 采取了支护或加固措施的围岩,根据其稳定状况,可不计或少计围岩压力。

(6) 采取掘进机开挖的围岩,可适当少计围岩压力。

(7) 具有流变或膨胀等特殊性质的围岩,可能对衬砌结构产生变形压力时,应对这种作用进行专门研究,并采取措施减小其对衬砌的不利作用。

(8) 地应力在衬砌上产生的作用应进行专门研究。

2. 内水压力及外水压力

内水压力是有压隧洞的重要荷载,其数值可由水力计算确定。对于有压的发电引水隧洞,其内水压力的控制值将是作用在衬砌上的全水头与水击压力增值之和。对于无压隧洞只要算出洞内水面线即可确定内水压力。

在有压隧洞的衬砌计算中常将内水压力分为均匀内水压力和无水头洞内满水压力两部分。均匀内水压力是由洞顶内壁以上水头 h 产生的,其值为 γh;无水头洞内满水压力是指洞内充满水,洞顶压力为零,洞底的压力等于 γd 时的水压力(d 为洞径或洞高)。

外水压力是作用在衬砌外缘的地下水压力,其数值取决于水库蓄水后的地下水位线,而这个水位线又与地形、地质、水文地质等条件以及防渗、排水等措施有关。如隧洞进、出口之间无防渗帷幕,则进口处应为水库的挡水位,出口处为零,其间近似认为是直线变化。若天然地下水位线较高时,应按天然地下水位线计算外水压力。考虑到地下水在渗流过程中受各种因素的影响,衬砌又与围岩紧贴,常将地下水位线以下的水柱高乘以折减系数 β 作为外水压力的计算值。根据我国《水工隧洞设计规范》SL 279—2002,β 值可参考地下水活动情况由表6-2选用。围岩裂隙发育时取较大值,否则取小值。在设计中有内水压力组合时取较小值,放空检修情况则取较大值。

表6-2 地下外水压力折减系数 β 值

级　别	1	2	3	4	5
地下水活动状态	洞壁干燥或潮湿	结构面有渗水或滴水	结构面大量滴水或流水	严重滴水,结构面有小量涌水	严重股状流水,断层等软弱带有大量涌水
建议的 β 值	0～0.20	0.10～0.40	0.25～0.60	0.4～0.80	0.65～1.0

还可将地下水通过围岩和衬砌的渗透作为体积力计算,以确定外水荷载对衬砌的影响。

3. 衬砌自重

衬砌自重是最容易计算而又较为精确的荷载,为节省篇幅,不必在此讨论各种计算方法所用的自重计算公式。这里只需说明一下,在用结构力学方法计算衬砌的内力时,为安全考虑,在计算自重所用到的衬砌厚度应包括 0.1～0.3m 的超挖回填在内，而在计算衬砌的内力时，只用衬砌的设计厚度（不包括超挖回填）。

4. 灌浆压力

在衬砌施工时，其顶部与围岩间难以填满而存在空隙，需要回填灌浆。回填灌浆分布在顶拱中心角 90°～120°范围内，灌浆压力一般为 0.2～0.3MPa。进行内力计算时，可按 90°范围均布的径向压力考虑。回填灌浆压力可能使衬砌顶部内缘产生拉应力，但它属施工情况的临时荷载，可在灌浆时采取措施，故在设计中一般不予考虑。

固结灌浆均匀分布于隧洞断面周围，一般灌浆压力为 0.3～1.0MPa，对于高水头的有压隧洞，还应根据内水压力确定。固结灌浆对衬砌的作用相当于外水压力，使衬砌受压，只是在压力很大时才有必要验算衬砌强度。

5. 温度和地震作用

隧洞衬砌施工时，混凝土的硬化、干缩以及运行期的水温、气温变化可在衬砌内产生温度应力。对于温度作用，一般是通过选择适宜的水泥、控制水灰比，降低浇筑温度，加强养护，做好分缝，适当配置温度钢筋等措施来解决，一般不必计算。当在寒冷地区有必要进行核算时，以往有一种方法是计算在温度变化下围岩和衬砌的径向变位，根据变形相容条件按弹性理论的厚壁管公式折算为等效内水压力。但温度场及其引起衬砌和围岩的变形是很复杂的，尤其是在寒流袭击、初次流过低温水等表面温度骤降的情况下，衬砌内与表面距离不同的各点的温度变化及温度应力是相差很大的，上述计算方法并未考虑这一因素；另外，衬砌的温度变形受到围岩的强烈约束，把衬砌当成与围岩约束条件无关的厚壁管来计算温度应力，与实际情况相差很大。较为精确的方法应该是有限单元法，它可以模仿计算施工及运行全过程的温度场和温度应力的变化以及温度应力的累计值，它还考虑到围岩构造、弹模和约束等条件的不均匀性和徐变性能。

隧洞洞身衬砌埋置于地下并与围岩紧密结合，受地震影响很小，设计中一般可不考虑。但当隧洞通过设计烈度高于 8 度（包括 8 度），特别是地基软弱、围岩破碎和节理发育的地区，则应进行抗震计算，参见《水工建筑物抗震设计规范》DL 5073—1997[3]。隧洞线路应尽量避开晚、近期活动性断裂，在设计烈度为 8、9 度地区，不宜在风化和裂隙发育的傍山岩体中修建大跨度的隧洞。对洞外进、出口建筑如进水塔等，应按规范进行抗震设计。对进、出口洞脸，应尽量避免高边坡开挖；无法避免时，应仔细分析开挖后的稳定性，必要时，应采取适宜的加固措施。

6. 荷载组合

作用在隧洞衬砌上的荷载有长期或经常作用的基本荷载和机遇较少不经常作用的特殊荷载。衬砌计算时应根据荷载特点及同时作用的可能性，按不同情况进行组合。

（1）正常荷载组合：设计条件下（正常蓄水位及调压井中产生最高涌浪时）的内水压力＋最低外水压力＋围岩压力（包括主动压力和弹性抗力）＋衬砌自重＋经常作用的低温水流引起的温度荷载。

(2) 施工、检修荷载组合：围岩压力＋衬砌自重＋可能出现的最大外水压力＋可能出现的最低气温(如冬天过堂风)引起的温度荷载。

(3) 特殊荷载组合Ⅰ：宣泄校核洪水时的内水压力＋围岩压力＋衬砌自重＋外水压力(按可能出现的最小值考虑)。

(4) 特殊荷载组合Ⅱ：即正常荷载组合(1)＋地震荷载。

以上(1)、(2)两种组合，是经常出现的或出现次数较多的，属于基本组合情况，用以设计衬砌的厚度、材料标号和配筋量等。(3)、(4)两种特殊组合，出现概率很小，用作校核。

在外水压力较难确定的情况下，为安全起见，在计算无压隧洞或内水压力相对较小的隧洞衬砌时，应取可能发生的较大的外水压力计算；在计算承受较大内水压力的隧洞衬砌时，应取可能发生的较小的外水压力计算。

6.8.2 衬砌的内力应力计算

目前采用的衬砌计算方法，大致分为两大类。第一大类是将衬砌与围岩分开，衬砌上承受各项有关荷载，考虑围岩的抗力作用，假定抗力分布后按结构力学中的超静定结构解算衬砌内力；近年来也有采用衬砌常微分方程边值问题数值解法，其电算程序可用于计算多种洞形，抗力分布不作假定而是在计算中经迭代求出，较前者合理。另一类方法是将衬砌与围岩作为整体进行计算，主要是有限元法。有限元法可模拟复杂的围岩地质构造及衬砌和岩体的弹塑性特性以及蠕变特性。在有限元法计算中有三种考虑：(1)将衬砌连同计算范围内的围岩分成若干层实体单元，衬砌厚度较薄，一般可分为2～5层，如果有锚索或锚杆，还加上杆单元，可考虑衬砌和围岩的弹塑性特性；(2)有人建议用梁单元模拟衬砌，可以得出衬砌的弯矩和剪力；(3)对于蠕变特性较大的围岩，需考虑蠕变对变形和应力的影响。

如果围岩较完整、坚固(如Ⅰ、Ⅱ类围岩)，衬砌与围岩结合紧密，衬砌之后对围岩做了回填灌浆和固结灌浆，那么衬砌和围岩可以连成整体，具有较大的刚度。在这种情况下，如果按结构力学方法计算，尽管考虑了围岩的弹性抗力作用，但衬砌单独的刚度比联合整体的刚度小得多，笔者曾做过配筋计算，其钢筋量比有限元方法大很多，似乎与实际相差较大。相比之下，有限元法比较精确且适应性较广，但计算工作量很大，往往需要大容量的计算机。

对于轴线较长的隧洞，为节省计算单元和机时，大多按平面问题进行计算；如果沿纵向岩性不均或断面不同，可选择一些有代表性的断面作平面有限元分析。

对于大型或重要的隧洞，或者围岩地质条件较差，应进行非线性有限元计算。

关于有限元在远处固定边界的范围，经大量计算表明，取围岩的计算厚度约为洞径或洞高的3倍，计算误差小于6%，远小于选取弹模、内摩擦系数、粘聚力等参数的误差，满足工程关于计算精度的要求。

近年来，国内外有些电算程序采用无穷元法，只需用很少的单元数目就可以达到无穷远处作为固定边界的目的，可节省很多存储量和机时。有些电算程序采用边界元法，也有类似的作用。但也应注意上述方法的计算条件，如果隧洞外围岩体并非很厚，或者岩层分布很不均一，或在隧洞附近有断层破碎带等切割周围岩体，都不宜采用边界元或无穷元方法。若围岩构造复杂，各向异性或各种性质不均匀，宜需划分很多的、具有不同弹模等性质的单元。

这里需指出的是，有些有限元方法在计算衬砌的应力和位移时考虑了岩体的容重，算得位移和应力都很大，这是不符合实际的。因为岩体重量的变形作用在很久很久以前已完成，并形成初始应力状态储存在岩体中，在隧洞开挖后，洞周边应力释放为零，相当于在遗留的洞周边加上与原始应力相反的荷载，形成新的位移场(向洞中心位移)和应力场。正确的算法大致需用三步：(1)先计算隧洞开挖前的岩体原始应力；(2)然后计算隧洞开挖后直至衬砌时围岩的应力释放和变形；(3)计算在衬砌自重、内外水压、温度荷载和地震荷载等作用下衬砌和围岩的应力。围岩的应力应为这三步应力之和。按第(3)步求得衬砌的应力分布可计算衬砌的内力，由此内力作配筋设计。

如果岩体的原始地应力很大，或者具有很强的蠕变性能，则应在开挖后等到洞周边的向心位移趋于稳定才能衬砌；如果岩体相当完整或仅有少量密闭裂隙，而且地应力和蠕变性能都很小，一般在全洞开挖后再按开挖顺序立模衬砌，围岩的变形也已趋于稳定，对衬砌的压力已很小，可不考虑其影响。

6.9 隧洞的锚喷支护

锚喷支护是锚杆支护与喷混凝土支护的总称，是配合新奥法 NATM(New Austrian Tunneling Method 的缩写)而逐渐发展起来的一项新型支护。根据不同的工程地质条件，可以单独或联合使用，还可在喷层中加设钢筋网。

这一方法具有许多优点，能及时支护或临时增加支护，施工灵活、速度快，而且能充分发挥围岩的自承作用，节省材料和劳力，降低造价等，故自 20 世纪 50 年代以来，在国内外的矿山坑道、铁路隧道和水利水电等地下工程中获得了广泛应用，直至成为永久性支护。国内采用锚喷支护较大的水工隧洞已有数十项，其中，1971 年建成的回龙山引水隧洞，断面为 11m×11.1m 的城门洞形，总长 646m，全部采用锚喷，至今运行良好；察尔森发电、泄洪、灌溉洞，洞径 6.7m，设计最大流速为 12m/s。在长达 9 680m 的引滦入津引水隧洞中锚喷段总长 5 000m，是当时国内采用锚喷支护最长的水工隧洞。

锚喷衬砌与传统的模浇混凝土或钢筋混凝土衬砌相比。前者喷层薄、柔性大，能与围岩紧密贴结，围岩承受内水压力的百分数很高。几个工程的水压试验表明，当围岩的变形模量 $E_R=(1\sim2)\times10^4$ MPa 时，围岩能承担 80%～90%的内水压力。但因喷层薄(一般为 5～10cm)，较容易渗漏，若岩面起伏较大，则明显地增加糙率系数和水头损失，并对高速水流及防冲蚀不利。

6.9.1 锚喷支护的工作原理与类型

锚喷支护不仅将个别容易散落的岩块拉住，而且通过一系列锚杆的拉紧作用，把围岩中被结构面切割的岩块集结起来，加上喷层混凝土与围岩紧贴，共同工作，形成较完整的自承拱或承重环(如图 6-25 所示)。为使围岩在与支护的共同变形中取得自身稳定并减小传到支护上的压力，要求支护既要有一定的刚度，又要有一定的柔性。

传统的混凝土模浇衬砌需远离放砲掌子面，加上立模、钢筋等工序繁多，在洞室开挖后，往往不能及时支护，并且要在回填接触灌浆后，才能与围岩紧贴，共同变形。如围岩条件较差，衬砌所承受的将是比较大的松散压力。甚至有些工程未来得及支护或衬砌，小小岩块的塌落会导致自承拱的破坏而发生大塌方。如果隧洞开挖后，能及时锚喷支护，与围岩共同形成自承拱，岩块不易松散塌落，将大大减少对支护的压力，支护与围岩能正常地联合发挥作用。

隧洞在开挖过程中，掌子面对其附近的围岩变形起约束作用(掌子面的空间效应)。根据空间线弹性有限元法对圆洞的分析，在掌子面前方1.5倍洞径范围内已有不同程度的变形，掌子面处产生的弹性变形 u 约为总弹性变形 u_0 的1/4，而在掌子面后方1倍洞径处已达 u_0 的9/10。空间效应影响到掌子面后方(1.5～2.0)倍洞径的距离，在这个范围内及时支护，就可与围岩联合作用，保证围岩的稳定。所以，对于需要支护才能稳定的围岩，通常在开挖后应立即支护。

锚喷支护有以下几种类型：

(1) 喷混凝土支护(图6-24)。洞室开挖后，及时喷射混凝土使其与围岩紧密贴结(加入早强剂可使混凝土很快凝固)，与结构面的摩擦力和凝聚力联合作用，可及时有效地限制围岩的变形发展，发挥围岩的自承能力，改善支护的受力条件。混凝土在喷射压力下，部分砂浆渗入围岩的节理、裂隙，可以重新胶结松动岩块，能起到加固围岩、堵塞渗水通道、填补缺陷的作用。

(2) 锚杆支护。根据洞室周围的地质条件和可能的破坏形式(局部性破坏或整体性破坏)，采用局部锚杆加固或系统锚杆加固，对节理发育的块状围岩，利用锚杆可将不稳定的岩块锚固于稳定的岩体上(图6-25)；对层状围岩，垂直于层面布置的锚杆起组合作用，可将岩层组合起来形成“组合梁”；对于软弱岩体通过系统布置的锚杆，可以加固节理、裂隙和软弱面，形成承重环，使围岩变形受到约束，达到围岩自承状态。

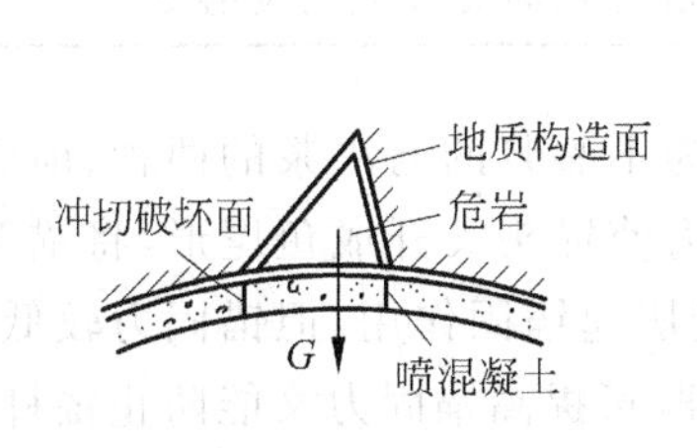

图6-24 喷混凝土的作用示意图

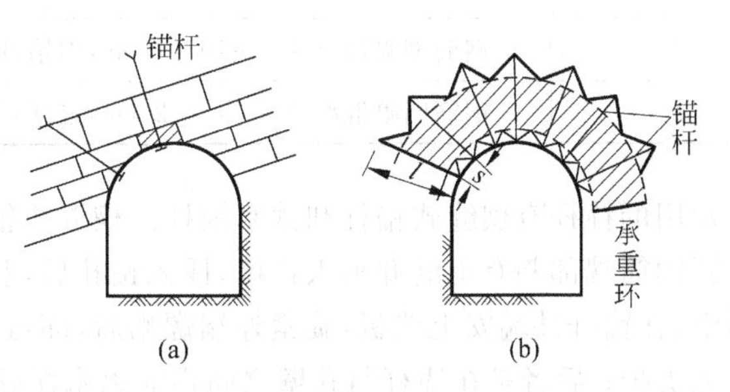

图6-25 锚杆支护的工作原理

(3) 喷混凝土锚杆联合支护。此种支护，一般按先锚后喷的次序进行。二者兼施可加固锚杆之间强度较低的不稳定岩块，达到稳定岩体、保证洞室安全运行的目的。

(4) 锚喷加钢筋网支护。对软弱、碎裂的围岩，如喷混凝土锚杆支护仍感不足时，可加设一层钢筋网，以改善围岩应力，使支护受力趋于均匀，提高喷层的整体性及强度，并可减少温度裂缝。

6.9.2 锚喷支护设计

1. 锚喷支护结构设计参数

虽然锚喷支护结构的设计参数(喷混凝土层厚度、锚杆长度及间距等)可以采用各种不同的理论及公式进行分析计算,但经验或工程类比法目前仍然是设计锚喷支护衬砌选定参数的主要方法。这是根据实际工程统计的大量资料,按围岩工程地质特征、稳定情况、洞室尺寸等总结出来的经验数据,可供设计采用。

我国国家标准《锚杆喷射混凝土技术规范》GB 50086—2001 中,按岩体结构由整体、块状、层状、碎裂到松散及稳定性由大跨度长期稳定到小跨度短时稳定,将围岩分为Ⅰ～Ⅴ类,据此可选定锚喷支护类型及参数(详见该规范)。这里仅提出毛洞跨度为 5～10m 的支护类型及参数,见表 6-3。

表 6-3 锚喷支护类型及参数表

围岩类别	支护类型及参数(毛洞跨度 5～10m)
Ⅰ	喷混凝土厚 δ=5cm
Ⅱ	①喷混凝土 δ=8～10cm ②喷混凝土 δ=5cm,加锚杆长 1.5～2.0m
Ⅲ	①喷混凝土 δ=12～15cm,必要时加钢筋网 ②喷混凝土 δ=8～10cm,加锚杆长 2～2.5m,必要时配钢筋网
Ⅳ	钢筋网喷混凝土 δ=10～15cm,加锚杆长 2～2.5m,必要时采用仰拱
Ⅴ	钢筋网喷混凝土 δ=15～20cm,锚杆长 2.0～3.0m,采用仰拱,必要时设钢架

常用的锚杆有楔缝式锚杆和砂浆锚杆。楔缝式锚杆又分为不灌浆的与灌浆的两种、前者是在较粗的圆钢筋端部割有中缝并夹入铁楔,插入钻孔后,利用冲击力使锚头叉开成鱼尾形,将锚头嵌固于岩石中,在锚杆外端安上垫板,旋紧外端螺帽后,即可使围岩受压起锚固作用,但锚固力较低,不宜作为永久支护;后者是在锚杆与孔壁之间再灌以水泥砂浆,这样既可提高锚固力又能防止锚杆生锈,常用于永久性支护。若锚杆用螺纹或月牙形钢筋,孔内灌入水泥砂浆,则锚杆内端可不用缝楔。砂浆锚杆无楔缝锚头,由于锚杆与孔壁之间填以水泥砂浆,凝固后牵制围岩的变形,这是一种构造简单、经济、使用广泛的锚杆。锚杆直径一般为 16～25mm,长 1.5～4.0m,围岩条件较好、洞径较小时采用较小值。锚杆的布置一般呈梅花形,方向应尽量垂直于围岩的层面和主节理面。系统锚杆的间距应不大于锚杆长度的 1/2,对不良围岩应不大于 1.25m。

喷混凝土应分层进行，每层3～8cm。在喷第一层之前应先喷一层约1cm厚，水灰比较小的水泥砂浆。喷混凝土层的总厚度一般为5～20cm。国外喷混凝土的抗压强度，一般可达30MPa。经调查国内喷混凝土的抗压强度，除个别工程外一般均可达到或接近20MPa，有的超过30MPa。采用525#普通硅酸盐水泥，配合比1：2：2(水泥：砂：石子)，水灰比小于0.55时，可达到上述要求。

当采用钢筋网喷混凝土时，一般纵向钢筋为6～10mm，环向钢筋为6～12mm，网格间距为20～30cm。钢筋网应在喷完一层混凝土之后随喷层起伏铺设，焊接于锚杆或专设的锚钉之上，保护层应不小于5cm。

在隧洞的进、出口部位和闸室前后2～3倍洞径或洞宽范围内，宜采用混凝土或钢筋混凝土衬砌。

喷混凝土中若加入1%～2%重量的钢纤维，与普通喷射的混凝土相比，其抗压强度能提高30%～60%，抗拉强度提高50%～80%，抗磨损耐力提高30%。这种钢纤维喷混凝土可用于要求强度较高的抗冲刷、易磨损部位。钢纤维的直径一般为0.3～0.4mm，长20～25mm。

2. 锚喷支护计算

(1) 锚杆

当锚杆只是用于加固局部危石时，可按危石的重量或需要加固的力来设计。当围岩存在松动圈或塌落拱时，锚杆的长度L和间距S可按式(6-9)确定。

$$L = L_1 + h + L_2, \quad S \leqslant \frac{L}{2} \tag{6-9}$$

式中：h——松动圈的厚度或塌落拱的高度；

L_1——锚固段的长度，可用20～30倍锚杆直径；

L_2——锚杆的外露长度，约为喷混凝土层厚度或10～15cm。

(2) 喷混凝土

喷混凝土是及时支护的最好措施，可作为临时支护或永久性衬砌。

喷混凝土层所承受的内水压力p可采用无限弹性介质中薄壁圆筒公式计算

$$p = [\sigma_B]\left[\frac{(r_i + \delta)E_R}{r_i(1 + \mu_R)E_B} + \frac{\delta}{r_i}\right] \tag{6-10}$$

式中：E_R——围岩的变形模量；

μ_R——围岩的泊松比；

E_B——喷混凝土的弹性模量；

r_i——喷混凝土层的内半径；

δ——喷混凝土层的厚度；

$[\sigma_B]$——喷混凝土的允许拉应力，$[\sigma_B]=\sigma_B/K$，σ_B为喷混凝土的抗拉强度，K为安全系数。对基本荷载组合，1级隧洞$K=2.1$，2、3级隧洞$K=1.8$；对特殊荷载组合，1级隧洞$K=1.8$，2、3级隧洞$K=1.6$。

6.9.3 水工隧洞锚喷衬砌设计中的几个问题

1. 锚喷衬砌的糙率

喷混凝土本身的糙率 $n=0.016\sim0.018$,但由于喷混凝土层较薄,不可能填平开挖后岩面的坑凹,起伏差较大,因而糙率较大。回龙山引水隧洞采用普通钻爆法开挖,实测喷混凝土层的糙率 $n=0.033$,喷混凝土和模浇混凝土底板的综合糙率 $n=0.029$。局部喷浆的柘溪导流洞糙率更大,$n=0.038$。太平哨引水隧洞采用光面爆破法开挖,平均起伏差较小,喷混凝土的糙率 $n=0.028$,综合糙率 $n=0.025$。一般在较平整的开挖面上喷混凝土可以做到糙率 $n=0.025$。糙率大,对发电引水隧洞将加大水头损失,即电能损失;对泄水隧洞则需加大洞径,增加开挖工程量。故锚喷衬砌的隧洞应采用光面爆破法开挖,控制起伏差小于 20cm,锚喷衬砌后的起伏差控制在 10~15cm 以内,考虑底板或底拱采用模浇混凝土,使其综合糙率 n 控制在 0.020~0.025 范围内。

2. 锚喷衬砌的允许流速

当水流流速较高时,可能因喷混凝土表面凸凹不平产生负压引起剥落及空蚀。究竟能采用多大的允许流速,马来西亚一个工程的导流洞,采用喷混凝土衬砌,实际流速可达到 13.4m/s,运行正常;丰满电站 2 号泄水洞在不衬砌段中的断层破碎带处采用锚喷衬砌,流速 13.5m/s,短期运行,未见破坏;南芬尾矿坝及星星哨水库泄洪洞,洞内最大流速 7m/s,经 10 年运行未见破坏;墨西哥奇科森水电站的两条导流洞,流速为 12m/s,运行两年后,其中一条只在洞底部被局部冲蚀。我国察尔森隧洞设计最大流速为 12m/s。锚喷衬砌施工质量的均匀性难以控制,不平整度大,不宜采用较大的流速。《水工隧洞设计规范》SL 279—2002 规定,锚喷衬砌的允许流速不宜大于 8m/s,但对导流隧洞经过论证,短时过水可以适当提高至 12m/s。

3. 锚喷衬砌的抗渗、防渗

锚喷衬砌的厚度较薄,水力梯度较大,喷混凝土易受溶出性侵蚀。因此,对水力梯度较大的锚喷衬砌隧洞,应按要求选定喷混凝土的抗渗标号并注意做好固结灌浆,以便发挥围岩的抗渗作用。

根据试验资料,喷混凝土层本身的防渗效果还是较好的,但由于大面积喷混凝土结合面较多,特别是喷混凝土与底拱浇注混凝土交界面的施工质量难以控制,常成为漏水的途径。如:察尔森锚喷衬砌试验洞充水时,在洞内不加压的情况下,12h 所剩水量不足 2/3;西洱河试验洞在水压为 0.45MPa 时,每千米漏水量达 $0.3m^3/s$。为减少渗水损失,必须保证施工质量,做好养护,防止喷混凝土开裂,减少新老喷层间的冷缝,严格处理喷混凝土与浇注混凝土之间的结合面。

此外,在进行有压隧洞锚喷衬砌设计时,还应考虑内水外渗对围岩强度、附近建筑物及山坡稳定的影响。

思　考　题

1. 水工隧洞有哪些工作特点？
2. 水工隧洞的布置和线路选择一般应考虑哪些因素？
3. 水工隧洞进口的形式有哪些？各适用于什么条件？
4. 有压隧洞和无压隧洞各用于什么情况？各有什么优缺点？它们的几个闸门一般布置在何处？
5. 水工隧洞的断面有哪些形式？各适用于有压隧洞还是无压隧洞？
6. 高速水流的水工隧洞需要采取哪些消能措施和减蚀措施？
7. 水工隧洞的衬砌类型有哪些？各适用于什么条件？
8. 水工隧洞的荷载主要有哪些？应如何取值计算衬砌的应力？
9. 锚喷支护起哪些作用？应注意哪些问题？

第7章 水闸

学习要点

水闸的工作任务、特点、闸基渗流和稳定计算、水闸的消能与防冲设计、闸室布置和结构计算是本章的重点。

7.1 概述

7.1.1 水闸的功能、分类和等级

水闸是一种利用闸门挡水和泄水的低水头水工建筑物，多建于河道、渠系及水库、湖泊岸边。关闭闸门，可以拦洪、挡潮、抬高水位以满足上游引水和通航的需要；开启闸门，可以泄洪、排涝、冲沙或根据下游用水需要调节流量。水闸在水利工程中的应用十分广泛。

我国修建水闸的历史可追溯到公元前6世纪的春秋时代，据《水经注》记载，在位于今安徽寿县城南的芍陂灌区中设置进水和供水用的5个水门（现在称为水闸）。新中国自成立至1991年，已建成水闸2.9万座，其中，大型水闸320座，促进了我国工农业生产的不断发展，给国民经济带来了很大的效益，并积累了丰富的工程经验。1988年建成的长江葛洲坝水利枢纽，其中的二江泄洪闸，共27孔，闸高33m，最大泄量达83 900m^3/s，位居全国之首，运行情况良好。现代的水闸建设，正在向形式多样化、结构轻型化、施工装配化、操作自动化和遥控化方向发展。目前世界上最高和规模最大的荷兰东斯海尔德挡潮闸，共63孔，闸高53m，闸身净长3 000m，连同两端的海堤，全长4 425m，被誉为海上长城。

水闸按其所承担的任务，可分为6种，如图7-1所示。

(1) 节制闸。建在渠道上或河道上（后者又称拦河闸），用于拦洪、调节水位以满足上游引水或航运的需要，控制下泄流量，保证下游河道安全或根据下游用水需要调节放水流量。

(2) 进水闸。建在河边、水库或湖泊的岸边，用来控制引水流量，以满足灌溉、发

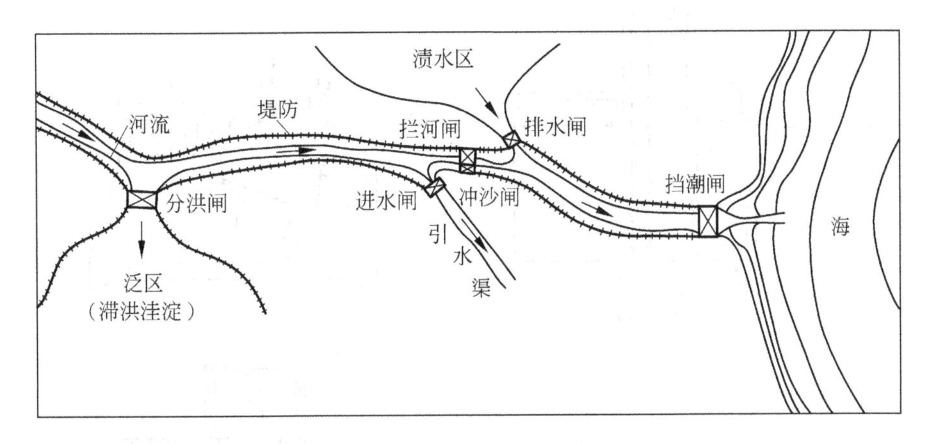

图 7-1 水闸分类示意图

电和供水的需要。进水闸又称取水闸或渠首闸。

(3) 分洪闸。常建于河道的一侧，用来将超过下游河道安全泄量的洪水泄入分洪区（蓄洪区或滞洪区）或分洪道。

(4) 排水闸。常建于江河沿岸，用来排除内河或低洼地区对农作物有害的渍水。当外河水位上涨时，可以关闸，防止外水倒灌。当洼地有蓄水、灌溉要求时，也可关门蓄水或从江河引水，具有双向挡水，有时还有双向过流的特点。

(5) 挡潮闸。建在入海河口附近，涨潮时关闸，防止海水倒灌，退潮时开闸泄水，具有双向挡水的特点。

(6) 冲沙闸（排沙闸）。建在多泥沙河流上，用于排除进水闸、节制闸前或渠系中沉积的泥沙，减少引水水流的含沙量，防止渠道和闸前河道淤积。冲沙闸常建在进水闸一侧的河道上与节制闸并排布置或设在引水渠内的进水闸旁。

此外还有为排除冰块、漂浮物等而设置的排冰闸、排污闸等。

水闸按闸室结构形式可分为开敞式、胸墙式及涵洞式等（见图 7-2），可适应各种需要。对有泄洪、过木、排冰或其他漂浮物要求的水闸，如：节制闸、分洪闸大都采用开敞式。胸墙式一般用于上游水位变幅较大、水闸净宽又为低水位过闸流量所控制、在高水位时尚需用闸门控制流量的水闸，如进水闸、排水闸、挡潮闸多用这种形式。涵洞式多用于穿堤取水或排水。

另外，按闸室底板的形状可划分为平底式和低堰式；按设计水头可划分为高水头水闸和低水头水闸；按过闸流量大小，水闸划分为大、中和小型。我国《水闸设计规范》SL 265—2001[39] 按过闸流量划分水闸规模和工程等别如表 7-1 所列，水闸枢纽建筑物的级别如表 7-2 所列。

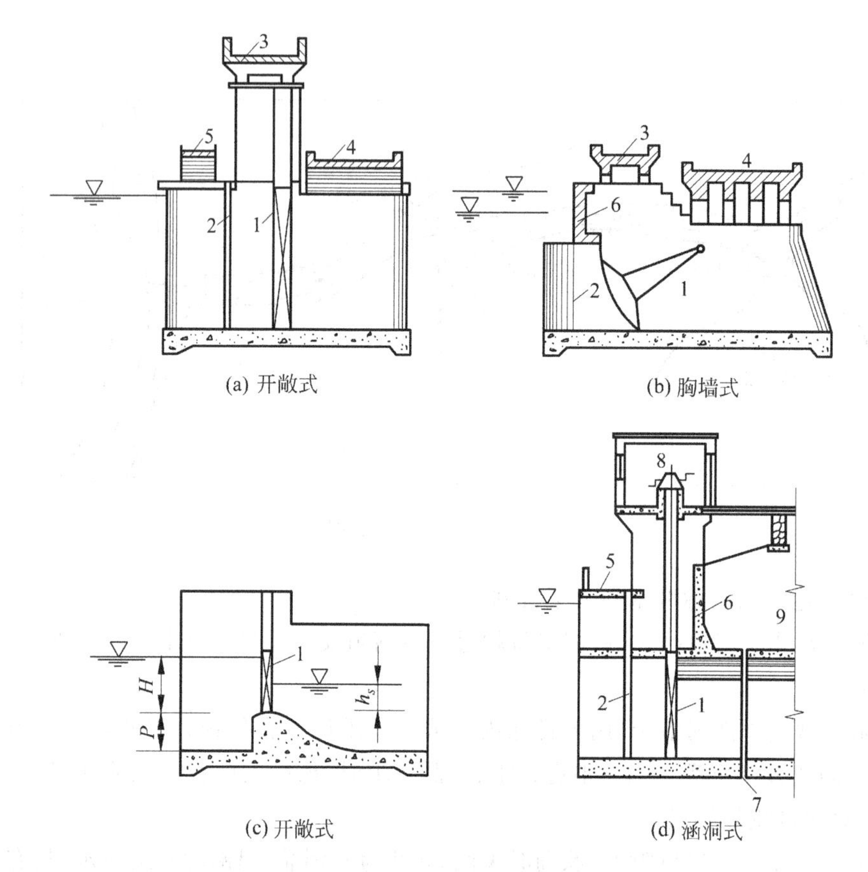

图 7-2 闸室结构形式

1—闸门；2—检修门槽；3—工作桥；4—交通桥；5—便桥；6—胸墙；7—沉降缝；8—启闭机室；9—回填土

表 7-1 水闸枢纽工程分等指标

工程等别	Ⅰ	Ⅱ	Ⅲ	Ⅳ	Ⅴ
规模	大(1)型	大(2)型	中型	小(1)型	小(2)型
最大过闸流量(m^3/s)	≥5 000	5 000～1 000	1 000～100	100～20	<20
保护对象的重要性	特别重要	重要	中等	一般	—

表 7-2 水闸枢纽建筑物级别划分

工程等别		Ⅰ	Ⅱ	Ⅲ	Ⅳ	Ⅴ
永久性建筑物级别	主要建筑物	1	2	3	4	5
	次要建筑物	3	3	4	5	5
临时性建筑物级别		4	4	5	5	—

注：主要建筑物和次要建筑物的注释同第 1 章表 1-2；临时性建筑物是指施工期临时建造的，完工后不使用。

7.1.2　水闸的组成部分

水闸一般由闸室、上游连接段和下游连接段三部分组成，如图 7-3 所示。

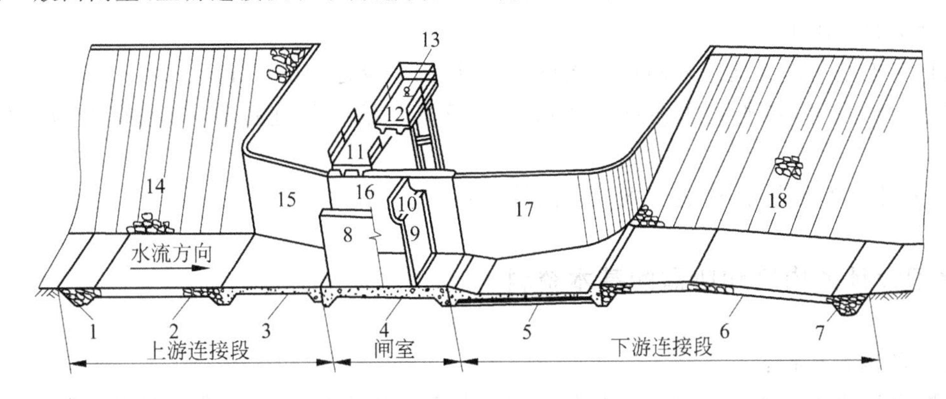

图 7-3　水闸的组成部分

1—上游防冲槽；2—上游护坡；3—铺盖；4—底板；5—护坦(消力池)；6—海漫；
7—下游防冲槽；8—闸墩；9—闸门；10—胸墙；11—交通桥；12—工作桥；
13—启闭机；14—上游护坡；15—上游翼墙；16—边墩；17—下游翼墙；18—下游护坡

闸室是水闸的主体和控制部分，它包括：闸门、闸墩、边墩(岸墙)、底板、胸墙、工作桥、交通桥、启闭机等。闸门用来挡水和控制过闸流量。闸墩用以分隔闸孔和支承闸门、胸墙、工作桥、交通桥。底板是闸室的基础，用以将闸室上部结构的重量及荷载传至地基，并兼有防渗和防冲的作用。工作桥和交通桥用来安装启闭设备、操作闸门和联系两岸交通。

上游连接段，包括：两岸的翼墙和护坡以及河床部分的铺盖，有时为保护河床免受冲刷加做防冲槽和护底。用以引导水流平顺地进入闸室，保护两岸及河床免遭冲刷，并与闸室等共同构成防渗地下轮廓，确保在渗透水流作用下两岸和闸基的抗渗稳定性。

下游连接段，包括：护坦、海漫、防冲槽以及两岸的翼墙和护坡等。用以消除过闸水流的剩余能量，引导出闸水流均匀扩散，调整流速分布和减缓流速，防止水流出闸后对下游的冲刷。

7.1.3　水闸的工作特点

大多数平原水闸建在土基上，与建在岩基上的岸边溢洪道相比具有以下不同的特点：

(1) 土基的压缩性大，承载能力低，可能产生较大的沉降或沉降差，造成闸室倾斜，止水破坏，闸底板断裂，甚至发生塑性破坏，引起水闸失事。

(2) 水闸泄流时，尽管流速不高，但水流仍具有一定的剩余能量，土基的抗冲能力较低，容易被冲刷。此外，由于闸下游水位变幅大，闸下出流可能形成远驱水跃、临界水跃直至淹没度较大的水跃。因此，消能防冲设施要在各种运用情况时都能满足设计要求。

（3）土基在渗透水流作用下，容易产生渗透变形，特别是粉、细砂地基，在闸后易出现翻砂冒水现象，严重时闸基和两岸会被掏空，在地震时细砂容易液化。上述情况容易引起水闸沉降、倾斜、断裂甚至倒坍。

基于上述特点，设计中需要解决好以下几个问题：

（1）选择适宜的闸址。

（2）选择与地基条件相适应的闸室结构形式，保证闸室及地基的稳定。

（3）做好防渗设计，特别是上游两岸连接建筑及其与铺盖的连接部分，要在空间上形成防渗整体。

（4）做好消能、防冲设计，避免出现危害性的冲刷。

7.1.4 水闸设计的内容和所需的基本资料

水闸设计的内容包括：

（1）根据水闸的任务和地形、地质、水文、施工、管理等因素选择闸址，进行枢纽布置；

（2）确定孔口形式和尺寸，选择两岸连接建筑的形式和尺寸，进行结构设计、地基处理设计和防渗、排水、消能、防冲设计；

（3）进行应力计算、稳定计算和沉降计算。经过上述设计工作，使水闸安全可靠、经济合理、技术先进、运用方便。

设计所需的基本资料有：河流规划，运用要求，地形、地质、水文、气象、泥沙、地震烈度，建筑材料，施工及交通运输条件等。

7.2 闸址选择和闸孔初步设计

学习要点

闸址选择和闸孔初步设计是水闸设计的第一步。

7.2.1 闸址选择

闸址选择关系到工程建设的成败和经济效益的发挥，是水闸设计中的一项重要内容。应当根据水闸承担的任务，综合考虑地形、地质条件和水文、施工等因素，通过技术经济比较，选定最佳方案。

壤土、中砂、粗砂和砂砾石适于作为水闸的地基。尽量避开淤泥质土和粉、细砂地基，必要时，应采取妥善的处理措施。

建闸后，过闸水流的形态是选择闸址时需要考虑的重要因素。要求做到：过闸水流平顺，流量分布均匀,不出现偏流和危害性冲刷或淤积。拦河闸宜选在河床稳定、水流顺直的河段上,闸的上、下游应有一定长度的平直段。在以拦河闸为主,兼有取水和通航要求的水利枢纽中,拦河闸可选在稳定的弯曲河段上,将进水闸和船闸分别设在凹岸和凸岸。无坝取水枢纽的进水闸应选在弯曲河段的凹岸顶点或稍偏下游,引水方向与河道主流方向间的夹角,最好在30°以内。分洪闸一般设在弯曲河段的凹岸或顺直河道的深槽一侧。位于排水渠道出口附近的排水闸应将闸址设在江河老堤的堤线上。冲沙闸大多布置在拦河闸与进水闸之间、紧靠拦河闸河槽最深的部位,有时也建在引水渠内的进水闸旁。

在河道上建造拦河闸,为解决施工导流问题,常将闸址选在弯曲河段的凸岸,利用原河道导流,裁弯取直,新开上、下游引水和泄水渠。新开渠道既要尽量缩短其长度,又要使其进、出口与原河道平顺衔接。

7.2.2 闸孔初步设计

闸孔设计包括:选择堰型、选定堰顶或底板顶面高程(以下简称底板高程)和单孔尺寸及闸室总宽度。

1. 堰型选择

常用的堰型有:宽顶堰[图7-2(a)、(b)]和低实用堰[图7-2(c)]。

宽顶堰是水闸中最常采用的一种形式。它有利于泄洪、冲沙、排污、排冰、通航,且泄流能力比较稳定,结构简单,施工方便,但自由泄流时流量系数较小,容易产生波状水跃。

低实用堰有梯形的、曲线形的和驼峰形的。实用堰自由泄流时流量系数较大,水流条件较好,选用适宜的堰面曲线可以消除波状水跃,但当下游水深超过堰上水头的0.6倍时,泄流能力将急剧降低,不如宽顶堰泄流时稳定,同时施工也较宽顶堰复杂。当上游水位较高,为限制过闸单宽流量,需要抬高堰顶高程时,常选用这种形式。

2. 闸底板高程的选定

底板高程与水闸承担的任务、泄流或引水流量、上下游水位及河床地质条件等因素有关。

闸底板应置于较为坚实的土层上,并应尽量利用天然地基。在地基强度能够满足要求的条件下,底板高程定得高些,闸室宽度大,两岸连接建筑相对较低。对于小型水闸,由于两岸连接建筑在整个工程量中所占比重较大,因而总的工程造价可能是经济的。在大、中型水闸中,由于闸室工程量所占比重较大,因而适当降低底板高程,常常是有利的。当然,底板高程也不能定得太低,否则,由于单宽流量加大,将会增加下游消能防冲的工程量,闸门高度增加,启闭设备容量也随之加大;另外,还可能给基坑开挖带来困难。

一般情况下,拦河闸和冲沙闸的底板顶面可与河底齐平;进水闸的底板顶面在满足引用设计流量的条件下,应尽可能高一些,以防止推移质泥沙进入渠道;分洪闸的底板顶面也应较河床稍高,排水闸则应尽量定得低些，以保证将渍水迅速降至计划高程，但要避免排水出口被泥沙淤塞；挡潮闸兼有排水闸作用时，其底板顶面也应尽量定低一些。

3. 闸顶高程的确定

闸顶高程在不同的情况下有不同的含义。在蓄水或挡水时，闸顶高程是指闸门顶高程，它不应低于正常蓄水位(或最高挡水位)加波浪计算高度[按式(2-6)计算]与安全超高之和。在泄洪时，如果闸门全开，闸顶高程应指交通桥(一般低于工作桥)的梁底高程；如果闸门部分开启，闸顶高程应指交通桥的梁底和闸门开启后的门顶两者中的较低者。按照我国《水闸设计规范》SL 265—2001，在泄洪时，闸顶高程不应低于设计洪水位(或校核洪水位)与相应安全超高值之和。此规范规定的上述各种安全超高值如表 7-3 所示。后者的安全加高已考虑浪高因素，此处不再加浪高。

根据此规范，闸顶高程的确定还应考虑下列因素：(1)软弱地基上闸基沉降的影响；(2)多泥沙河流上、下游河道变化引起水位升高或降低的影响；(3)在防洪(挡潮)堤上的水闸，其闸顶高程不得低于防洪(挡潮)堤顶(包括以后可能加高的堤顶)高程。

表 7-3　水闸安全超高的下限值(m)

运用情况		水闸级别			
		1	2	3	4,5
蓄水或挡水时	正常蓄水位	0.7	0.5	0.4	0.3
	最高挡水位	0.5	0.4	0.3	0.2
泄洪时	设计洪水位	1.5	1.0	0.7	0.5
	校核洪水位	1.0	0.7	0.5	0.4

4. 计算闸孔总净宽

1) 当水流呈堰流时

闸孔总净宽

$$L_0 = \frac{Q}{\sigma \varepsilon m \sqrt{2g} H_0^{3/2}} \quad (\mathrm{m}) \tag{7-1}$$

式中：Q——设计流量，m^3/s；

H_0——计入行近流速水头在内的堰顶水头，m；

σ、ε、m——淹没系数、侧收缩系数和流量系数，由《水闸设计规范》SL 265—2001 附录 A 查算；

g——重力加速度，m/s^2。

2) 当水流呈孔流时

闸孔总净宽

$$L_0=\frac{Q}{\sigma'\mu a\sqrt{2gH_0}}\quad(\mathrm{m})\tag{7-2}$$

式中：a——闸门开度或胸墙下孔口高度，m；

σ'、μ——宽顶堰上孔流的淹没系数和流速系数，由《水闸设计规范》SL 265—2001 附录 A 查得。

决定闸孔总净宽 L_0，还需选用适宜的最大过闸单宽流量。根据我国的经验，对粉砂、细砂地基，可选取 5～10$m^3/(s\cdot m)$；砂壤土地基，取 10～15$m^3/(s\cdot m)$；壤土地基，取 15～20$m^3/(s\cdot m)$；坚硬粘土地基，取 20～25$m^3/(s\cdot m)$。

过闸水位差的选用，关系到上游淹没和工程造价，例如：如过分壅高上游水位，将会增加上游河岸堤防的负担，使地下水位升高，加大下游消能防冲的工程量。设计中，应结合工程的具体情况来择定，一般设计过闸水位差选用 0.1～0.3m。

水闸的过水能力与上下游水位、底板高程和闸孔总净宽等是相互关联的，设计时，需要通过对不同方案进行技术经济比较后最终确定。

5. 确定闸室单孔宽度和闸室总宽度

闸室单孔宽度 l_0，根据闸门形式、启闭设备条件、闸孔的运用要求(如泄洪、排冰或漂浮物、过船等)和工程造价，并参照闸门系列综合比较选定。我国大、中型水闸的单孔宽度一般采用 8～12m。

闸孔孔数 $n=L_0/l_0$，设计中应取略大于计算要求值的整数，但总净宽不宜超过计算值的 3%～5%。

闸室总宽度 $L_1=nl_0+(n-1)d$，其中，d 为中墩厚度。

闸室总宽度拟定后，尚需考虑闸墩等的影响，进一步验算水闸的过水能力。

从过水能力和消能防冲两方面考虑，闸室总宽度应与河(渠)道宽度相适应。根据治理海河工程的经验，当河(渠)道宽 B 为 50～100m 时，两者的比值 η 应等于或大于 0.6～0.75；当 B 大于 200m 时，η 应等于或大于 0.85。

7.3 水闸的防渗、排水设计

学习要点

防渗与排水设计是水闸设计最重要的关键一步。

水闸建成后，由于上、下游水位差，在闸基及边墩和翼墙的背水一侧产生渗流。渗流对建筑物不利，主要表现为：①降低了闸室的抗滑稳定及两岸翼墙和边墩的侧向稳定性；②可能引起地基的渗透变形，严重的渗透变形会使地基受到破坏，甚至失事；③损失水量；④使地基内的可溶物质加速溶解。防渗、排水设计的任务在于拟定水闸的地下轮廓线和做好防渗、排水设施的构造设计。

7.3.1 水闸的防渗长度及地下轮廓的布置

1. 防渗长度的确定

图 7-4 为水闸的防渗布置示意图，其中，上游铺盖、板桩及底板都是相对不透水的，护坦上因设置排水孔，所以不阻水，在水头 H 作用下，闸基内的渗流，将从护坦上的排水孔等处逸出。不透水的铺盖、板桩及底板与地基的接触线，即是闸基渗流的第一根流线，称为地下轮廓线，其长度即为水闸的防渗长度。

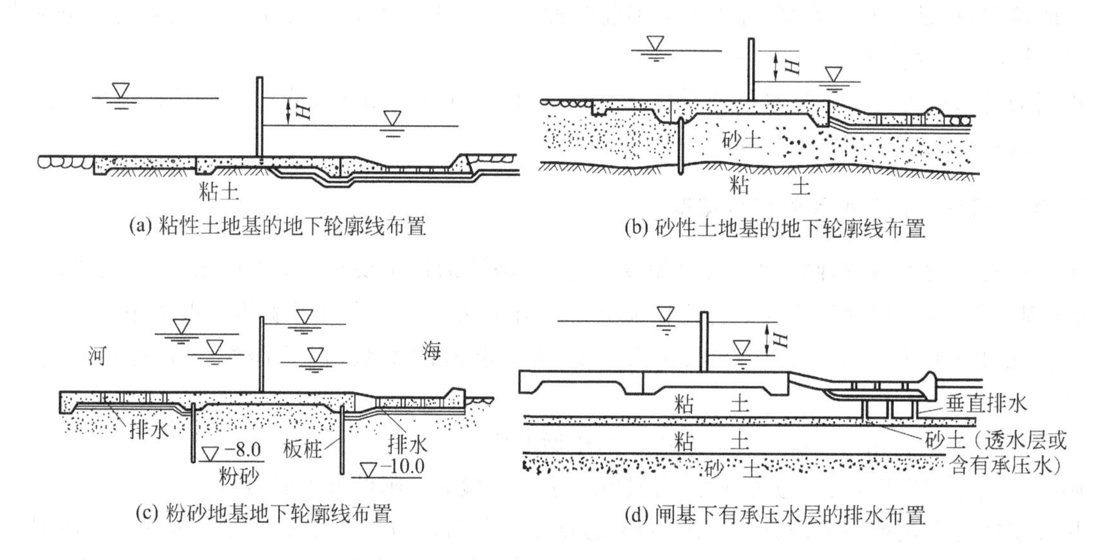

图 7-4 水闸各种闸基的地下轮廓

《水闸设计规范》SL 265—2001 规定，为保证水闸安全，所需的防渗长度可按式(7-3)拟定。

$$L \geqslant CH \tag{7-3}$$

式中：H——上、下游水位差，m；

C——渗径系数，依地基土的性质而定，见表 7-4。

表 7-4 允许渗径系数值

	粉砂	细砂	中砂	粗砂	中砾细砾	粗砾夹卵石	轻粉质砂壤土	轻砂壤土	壤土	粘土
有滤层	13～9	9～7	7～5	5～4	4～3	3～2.5	11～7	9～5	5～3	3～2
无滤层	—	—	—	—	—	—	—	—	7～4	4～3

2. 地下轮廓的布置

水闸的地下轮廓可依地基情况并参照条件相近的已建工程的实践经验进行布置。按照防渗与排水相结合的原则，在上游侧采用水平防渗（如铺盖）或垂直防渗（如：齿墙、板桩、混凝土防渗墙、灌浆帷幕等），延长渗径以减小作用在底板上的渗透压力，降低闸基渗流的平均坡降；在下游侧设置排水反滤设施，如，面层排水、排水孔、减压井与下游连通，使地基渗水尽快排出，防止在渗流出口附近发生渗透变形。

由于粘性土地基不易发生管涌破坏，底板与基土间的摩擦系数较小，在布置地下轮廓时，主要考虑的是如何降低作用在底板上的渗透压力，以提高闸室的抗滑稳定性。因打桩易破坏粘土的天然结构，在板桩与地基间造成集中渗流通道，故对粘性土地基一般不用板桩，宜在闸室上游设置较长的水平防渗[见图7-4(a)]，在闸底板下游段或消力池底板下布置排水设施。

当地基为砂性土时，因其与底板间的摩擦系数较大，而抵抗渗透变形的能力较差，渗透系数也较大，因此，在布置地下轮廓时应以防止渗透变形和减小渗漏为主。当砂层较薄，且下面有不透水层时，最好采用齿墙或板桩切断砂层，并在消力池下设排水，见图7-4(b)。对砂层很厚的地基，如为粗砂或砂砾，可采用铺盖与悬挂式板桩相结合，而将排水设施布置在消力池下面；如为细砂，可在铺盖上游端增设短板桩，以增加渗径，减小渗透坡降。对于粉砂地基，为了防止液化，大多采用封闭式布置，将闸基四周用板桩封闭起来，见图7-4(c)。

当弱透水地基内有承压水或透水层时，为了消减承压水对闸室稳定的不利影响，可在消力池底面设置深入该承压水或透水层的排水减压井，见图7-4(d)。

7.3.2 渗流计算

渗流计算的目的，在于求解渗流区域内的渗透压力、渗透坡降、渗透流速及渗流量。

闸基渗流属于有压渗流。在研究闸基渗流时，一般作平面问题考虑，假定地基均匀、各向同性，渗水不可压缩，并符合达西定律。在此情况下，闸基渗流规律满足拉普拉斯方程

$$\frac{\partial^2 h}{\partial x^2}+\frac{\partial^2 h}{\partial y^2}=0 \tag{7-4}$$

式中：h——渗透水流在某点的计算水头，是坐标的函数，称为水头函数。

对于简单的边界条件，可按流体力学方法得出理论解。但实际工程的边界条件很复杂，很难求得理论解，因而在实际工程中常采用一些近似而实用的方法，如：流网法；改进的阻力系数法；对于地下轮廓比较简单，地基又不复杂的中、小型工程，可考虑采用直线法；对于复杂地基宜采用电拟试验法或数值计算方法。因篇幅所限，这里仅叙述常用的前三种方法。

1. 流网法

闸基渗透流网的特点是：(1)流线与等势线正交；(2)流线与等势线组成近似正方形的网格；(3)闸基地下轮廓线和不透水边界分别是最上和最下的流线；(4)上、下游地基表面是两条边界等势线。

根据流网的特点，可以通过手绘或实验绘制流网。前者适用于均质地基上的水闸，虽需经反复多次修改，但仍属简单易行的方法，而且具有较高的精度。在开始绘制时，将闸基地下轮廓(作为第一根流线，如图 7-5 的折线 1-2-3-4-5-6-7-8-9)的长度划分为 n 份，每一份代表上下游水位差的 $1/n$，过每一分点(一般多选在板桩与底板或铺盖相交处和桩尖处)画等势线，这些等势线尽量与渗流方向垂直，一般需同时画出等势线和流线，边画边修改，使其相互正交，边长尽量相等。画出流网后，可根据流网计算水闸底板的渗压分布(如图 7-5 所示)，用它进一步计算水闸的抗滑稳定安全系数。

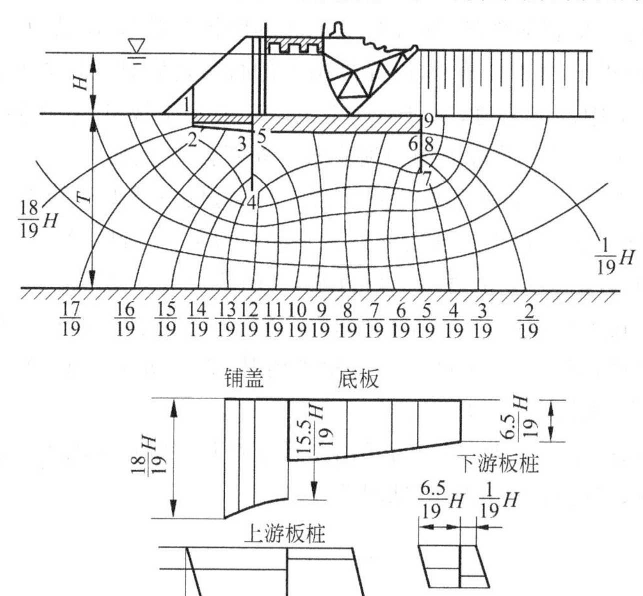

图 7-5 水闸闸基的渗透流网及渗压分布

2. 改进的阻力系数法

1) 基本原理

这是一种以流体力学解为基础的近似方法。对于复杂的地下轮廓，从板桩与底板或铺盖相交处和桩尖画等势线，将整个渗流区域分成几个典型流段。

根据达西定律，任一流段的单宽渗流量 q 为

$$q = k\frac{h_i}{l_i}T \quad 或 \quad h_i = \frac{l_i}{T}\frac{q}{k}$$

令 $l_i/T=\zeta_i$，则得

$$h_i = \zeta_i \frac{q}{k} \tag{7-5}$$

式中：q——单宽渗流量，$m^3/(s \cdot m)$；

k——地基土的渗透系数，m/s；

T——透水层深度，m；

l_i——渗流段内流线的平均长度，m；

h_i——渗流段的水头损失，m；

ζ_i——渗流段的阻力系数，只与渗流段的几何形状有关。

总水头 H 应为各段水头损失之和，即

$$H = \sum_{i=1}^{n} h_i = \sum_{i=1}^{n} \zeta_i \frac{q}{k} = \frac{q}{k} \sum_{i=1}^{n} \zeta_i \tag{7-6}$$

或

$$q = \frac{kH}{\sum_{i=1}^{n} \zeta_i}$$

将式(7-6)代入式(7-5)，可得各流段的水头损失为

$$h_i = \zeta_i \frac{H}{\sum_{i=1}^{n} \zeta_i} \tag{7-7}$$

这样，只要已知各个典型流段的阻力系数，即可算出任一流段的水头损失。将各段的水头损失由出口向上游依次叠加，即可求得各段分界线处的渗透压力以及其他渗流要素。

2）渗透压力的确定

按照我国《水闸设计规范》SL 265—2001，典型流段的阻力系数 ζ 如下。

(1) 进口段和出口段(如图 7-5 中的 1-2 与 7-8-9 两段)

$$\zeta_0 = 1.5\left(\frac{S}{T}\right)^{3/2} + 0.441 \tag{7-8}$$

式中：S——齿墙或板桩的竖直深度，m；

T——地基透水层深度，m。

(2) 内部垂直段(如图 7-5 中的 3-4、4-5 与 6-7 三段)

$$\zeta_v = \frac{2}{\pi}\ln\left\{\cot\left[\frac{\pi}{4}\left(1-\frac{S}{T}\right)\right]\right\} \tag{7-9}$$

(3) 内部水平段(如图 7-5 中的 2-3 与 5-6 两段)

$$\zeta_h = \frac{L_h - 0.7(S_1 + S_2)}{T} \tag{7-10}$$

式中：L_h——该水平段的长度，m；

S_1、S_2——该水平段的上、下游板桩(或齿墙)的竖直深度，m；

T——地基透水层深度，m。

当地基不透水层埋藏较深时，需将上述的 T 改用以下有效计算深度 T_e。

当 $L_0/S_0 \geqslant 5$ 时

$$T_e = 0.5L_0 \tag{7-11}$$

当 $L_0/S_0 < 5$ 时

$$T_e = \frac{5L_0}{1.6L_0/S_0 + 2} \tag{7-12}$$

式中：L_0、S_0——地下轮廓分别在水平面、垂直面上投影的长度。

若算出的 T_e 值小于地基的实际深度，应以 T_e 代替 T；若 T_e 值大于地基的实际深度 T，则应按地基实际深度 T 计算。

各分段的阻力系数确定后，按式(7-7)计算各段的水头损失 h_i，假设各分段内的水头损失按直线变化，依次叠加，即可给出闸基渗透压力分布。

由式(7-7)算得的进、出口水头损失比实际情况偏大。修正后的水头损失[39]（见图 7-6）为

$$h'_0 = \beta' h_0 \tag{7-13}$$

式中：$\beta' = 1.21 - \dfrac{1}{\left[12\left(\dfrac{T'}{T}\right)^2 + 2\right]\left(\dfrac{S'}{T} + 0.059\right)}$；

h_0——按式(7-7)计算出的水头损失，m；

β'——阻力修正系数，当 $\beta' > 1.0$ 时，取 $\beta' = 1.0$；

S'——底板埋深与其下的板桩入土深度之和，m；

T'——板桩上游侧底板下的地基透水层深度，m。

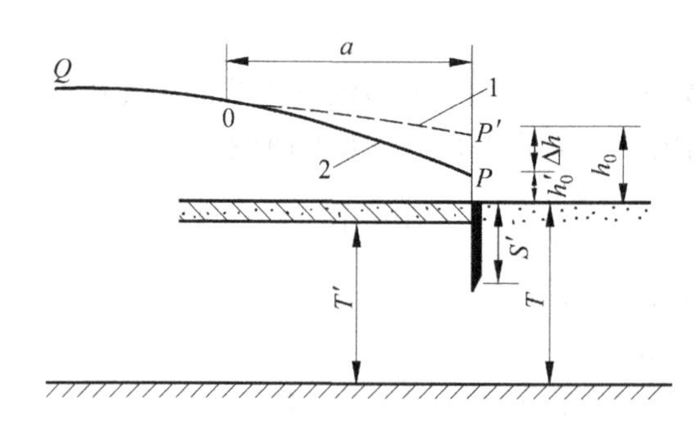

图 7-6 进出口水头损失的修正

1—修正前的水力坡降线；2—修正后的水力坡降线

修正后进、出口段水头损失将减小

$$\Delta h = h_0 - h'_0 = (1 - \beta')h_0$$

水力坡降呈急变形式的长度 a 可按式(7-14)计算。

$$a = \frac{\Delta h}{H} T \cdot \sum_{i=1}^{n} \zeta_i \tag{7-14}$$

图中的 QP' 为修正前的水力坡降线，根据 Δh 及 a 值，可分别定出 P 点及 O 点，QOP 的连线即为修正

后的水力坡降线。有关其他水头损失更详细的计算，可参阅我国《水闸设计规范》SL 265—2001。

3）逸出坡降的计算

用上述的S'和求得的h'_0计算出口处的逸出坡降

$$J=\frac{h'_0}{S'} \tag{7-15}$$

为保证闸基的抗渗稳定性，防止流土破坏，出口段渗透坡降应小于容许坡降值[J]（如表7-5所列）。

表7-5　出口段的容许坡降值

地基土质类别	粉砂	细砂	中砂	粗砂	中砾细砾	粗砾夹卵石	砂壤土	壤土	软粘土	坚硬粘土	极坚硬粘土
水平段容许坡降	0.05~0.07	0.07~0.10	0.10~0.13	0.13~0.17	0.17~0.22	0.22~0.28	0.15~0.25	0.25~0.35	0.30~0.40	0.40~0.50	0.50~0.60
出口段容许坡降	0.25~0.30	0.30~0.35	0.35~0.40	0.40~0.45	0.45~0.50	0.50~0.55	0.40~0.50	0.50~0.60	0.60~0.70	0.70~0.80	0.80~0.90

注：当渗流出口处有反滤层时，表列数值可加大30%。

对于非粘性土地基，当$4P_f(1-n)>1.0$时，为流土破坏；当$4P_f(1-n)<1.0$时，为管涌破坏，防止出口段管涌破坏的容许坡降值[J]，可按下式计算。

$$[J]=\frac{7d_5}{Kd_f}[4P_f(1-n)]^2 \tag{7-16}$$

$$d_f=1.3\sqrt{d_{15}d_{85}} \tag{7-17}$$

式中：d_f——闸基土的粗细颗粒分界粒径，mm；

P_f——小于d_f的土粒含量的百分数，%；

n——闸基土的孔隙率，%；

d_5、d_{15}、d_{85}——土粒粒径，闸基土颗粒级配曲线上小于该粒径土重所占百分比分别为5%、15%、85%；

K——防止管涌破坏的安全系数，可采用1.5~2.0。

3. 直线法

用渗径系数确定防渗长度的方法，实质上就是假定渗流沿地基轮廓的坡降相同，即水头损失按直线变化。当渗流水头H及防渗长度L已定，即可按直线比例求出地下轮廓各点的渗透压力，这种方法称为直线法。距离出口渗径为x的任一点的渗透压强h_x可由下式计算。

$$h_x=\frac{H}{L}x \tag{7-18}$$

直线法是勃莱于1910年根据许多修建在土基上成功的和失败的低水头闸坝的观测资料统计得出的。莱因于1934年根据对更多的实际工程资料分析后认为，水平渗径的消能效果仅为垂直渗径的

1/3。设水平和竖直渗径总长分别为 L_h 和 L_v，折算的有效渗径总长度改为 $L'=L_h/3+L_v$，各点至出口的渗径改为 x'，其中的水平段长度应除以 3，相应的渗透压强

$$h'_x=\frac{H}{L'}x' \tag{7-18$'$}$$

实际上，长度相同、形状各异的地下轮廓，逸出坡降的差别很大，沿地下轮廓的渗透压力并不是直线变化的，直线法比较粗略，但因计算简便，对于地下轮廓比较简单的中、小型工程，还是可以采用的。

7.3.3 防渗及排水设施

防渗设施是指构成地下轮廓的铺盖、板桩及齿墙，而排水设施则是指铺设在护坦、浆砌石海漫底部或闸底板下游段起导渗反滤作用的砂砾石层，并在适当部位设置排水孔。

1. 铺盖

铺盖主要用来延长渗径，应具有相对的不透水性，为适应地基变形，也要有一定的柔性。铺盖常用粘土、粘壤土或沥青混凝土做成，有时也可用钢筋混凝土作为铺盖材料。

1）粘土和粘壤土铺盖

铺盖的渗透系数应比地基土的渗透系数小 100 倍以上，最好达 1 000 倍。铺盖的长度应由地下轮廓设计方案比较确定，一般为闸上水头的 2～4 倍。铺盖的厚度可由 $\delta=\Delta H/J$ 确定，其中，ΔH 为铺盖顶、底面的水头差(m)；J 为材料的容许坡降，粘土为 4～8，壤土为 3～5。铺盖上游端的最小厚度由施工条件确定，一般为 0.5～0.75m。铺盖与底板连接处为一薄弱部位，通常是：在该处将铺盖加厚；将底板前端做成倾斜面，使粘土能借自重及其上的荷载与底板紧贴；在连接处

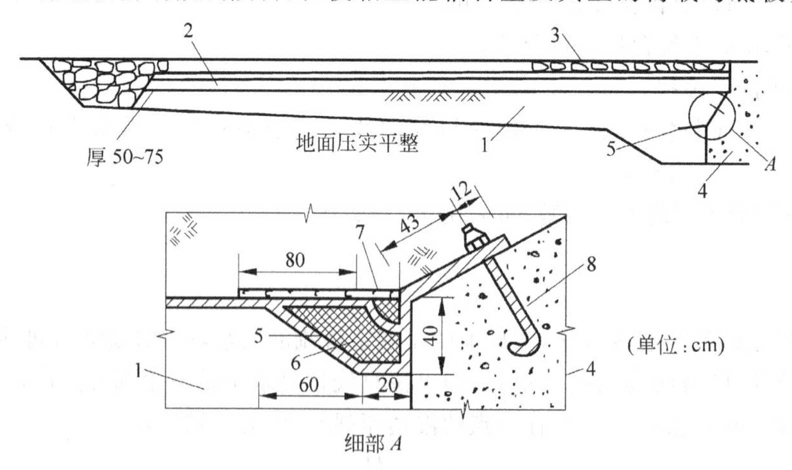

图 7-7 粘土铺盖的细部构造

1—粘土铺盖；2—垫层；3—浆砌石(或混凝土)保护层；4—闸室底板；5—沥青麻袋；6—沥青填料；7—木盖板；8—斜面上螺栓

铺设油毛毡等止水材料，一端用螺栓固定在斜面上，另一端埋入粘土中，见图7-7。为了防止铺盖在施工期遭受破坏和运行期间被水流冲刷，应在其表面铺砂层，然后在砂层上再铺设单层或双层块石护面。

2）沥青混凝土铺盖

在缺少适宜做铺盖的粘性土料的地区，可采用沥青混凝土铺盖。沥青混凝土的渗透系数较小，约为 $k=10^{-8}\sim10^{-9}$cm/s，且有柔性。沥青混凝土铺盖的厚度一般为5～10cm，在与闸室底板连接处应适当加厚，接缝多为搭接形式。为提高铺盖与底板间的粘结力，可在底板混凝土面先涂一层稀释的沥青乳胶，再涂一层较厚的纯沥青。沥青混凝土铺盖可以不分缝，但要分层浇筑和压实，各层的浇筑缝要错开。

3）钢筋混凝土铺盖

当缺少适宜的粘性土料或需要铺盖兼作阻滑板时，常采用钢筋混凝土铺盖。钢筋混凝土铺盖的厚度不宜小于0.4m，在与底板连接处应加厚至0.8～1.0m，并用沉降缝分开，在顺水流和垂直水流流向均应设沉降缝，间距不宜超过15～20m，在接缝处局部加厚，并设止水。钢筋混凝土铺盖内需双向配置构造钢筋，直径10mm、间距25～30cm。如利用铺盖兼作阻滑板，还须与闸室在接缝处配置铰接轴向受拉钢筋，见图7-8。接缝中的钢筋断面面积要适当加大，以防锈蚀。用作阻滑板的钢筋混凝土铺盖，在垂直水流流向仅有施工缝，不设沉降缝。

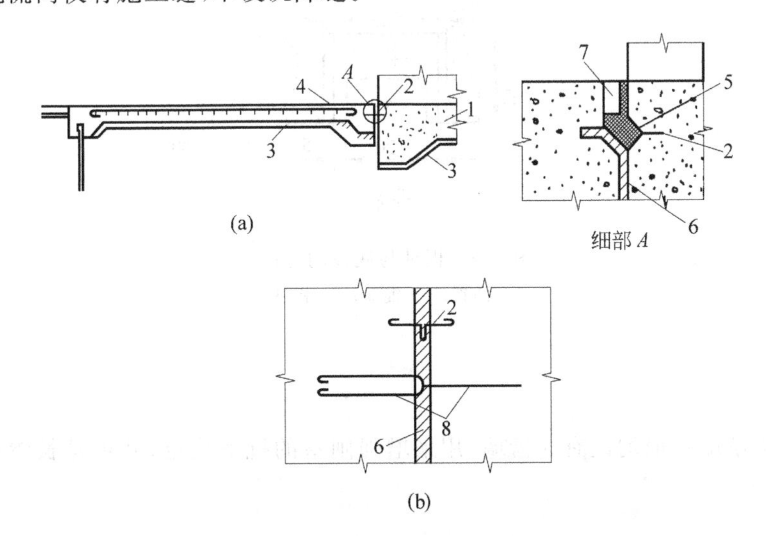

图7-8　钢筋混凝土铺盖

1—闸底板；2—止水片；3—混凝土垫层；4—钢筋混凝土铺盖；5—沥青马蹄脂；6—油毛毡两层；7—水泥砂浆；8—铰接钢筋

2. 板桩

板桩长度视地基透水层的厚度而定。当透水层较薄时，可用板桩截断，并插入不透水层至少

1.0m；若不透水层埋藏很深，则板桩的深度一般采用0.6～1.0倍水头。用作板桩的材料有木材、钢筋混凝土及钢材三种。木板桩厚约8～12cm，宽约20～30cm，一般长3～5m，最长8m，可用于砂土地基。但现在用得不多。钢筋混凝土板桩使用较多，一般在现场预制，厚约10～15cm，宽50～60cm，长度为12～15m，桩的两侧做成舌槽形，以便相互贴紧，可用于各种地基，包括砂砾石地基。钢板桩在我国较少采用。

板桩与闸室底板的连接形式有两种，一种是把板桩紧靠底板前缘，顶部嵌入粘土铺盖一定深度，见图7-9(a)；另一种是把板桩顶部嵌入底板底面特设的凹槽内，桩顶填塞可塑性较大的不透水材料，见图7-9(b)。前者适用于闸室沉降量较大，而板桩尖已插入坚实土层的情况，后者则适用于闸室沉降量小，而板桩桩尖未达到坚实土层的情况。

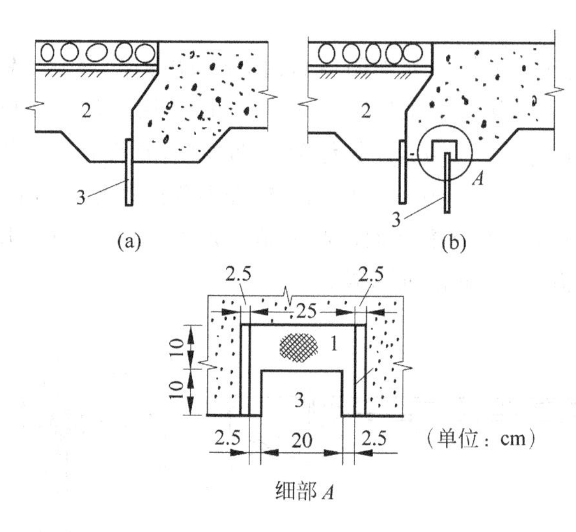

图7-9 板桩与底板的连接

1—沥青；2—铺盖；3—板桩

3. 齿墙

闸底板的上、下游端一般均设有浅齿墙，用来增强闸室的抗滑稳定，并可延长渗径。齿墙深一般在1.0m左右。

4. 其他防渗设施

近年来，垂直防渗设施在我国有较大进展，就地浇筑混凝土防渗墙、灌注式水泥砂浆帷幕以及用高压旋喷法构筑防渗墙等方法已成功地用于水闸建设，详细内容可参阅有关文献。

5. 排水及反滤层

排水一般采用粒径1～2cm的卵石、砾石或碎石平铺在护坦和浆砌石海漫的底部，或伸入底板下游齿墙稍前方，厚约0.2～0.3m。在排水与地基接触处（即渗流出口附近）容易发生渗透变形，应做好反滤层。有关反滤层的设计，参见第5章土石坝有关的内容。

7.4 水闸的消能、防冲设计

学习要点

消能与防冲设计是水闸安全运行的重要内容。

水闸泄水时，部分势能转为动能，流速增大，而土质河床抗冲能力低，所以，闸下冲刷是一个普遍的现象。

闸下发生冲刷的原因是多方面的，有设计不当造成的，有的则是由于运用管理不善产生的。为了防止对河床的有害冲刷，保证水闸的安全使用，首先要选用适宜的最大过闸单宽流量；其次是合理地进行平面布置，以利于水流扩散，避免或减轻回流的影响；第三是消除水流的多余能量和采取相应的消能、防冲设施，保护河床及岸坡；第四是拟定合理的运行方式，严格按规定操作运行。

7.4.1 过闸水流的特点

初始泄流时，闸下水深较浅，随着闸门开度的增大而逐渐加深，闸下出流由孔流到堰流，由自由出流到淹没出流都会发生，水流形态比较复杂。

1. 闸下易形成波状水跃

由于水闸上、下游水位差较小，相应的佛汝德数Fr较低（$Fr=v_c/\sqrt{gh_c}$，h_c为第一共轭水深，v_c为h_c处断面平均流速），容易发生波状水跃，在平底板的情况下更是如此。试验表明，当下游河床与底板顶面齐平时，在共轭水深比$h''/h_c\leqslant 2$，即当$1.0<Fr<1.7$时，就会出现波状水跃。此时无强烈的水跃旋滚，水面波动，消能效果差，具有较大的冲刷能力；另外，水流处于急流流态，不易向两侧扩散，致使两侧产生回流，缩小了过流的有效宽度，使局部单宽流量增大，加剧对河床及岸坡的冲刷，见图7-10。

2. 闸下容易出现折冲水流

拦河闸的宽度通常只占河床宽的一部分，水流过闸时先行收缩、出闸后再行扩散，如果布置或操作运行不当，出闸水流不能均匀扩散，即容易形成折冲水流。此时水流集中，左冲右撞，蜿蜒蛇行，淘刷河床及岸坡，并影响枢纽的正常运行，见图7-11。

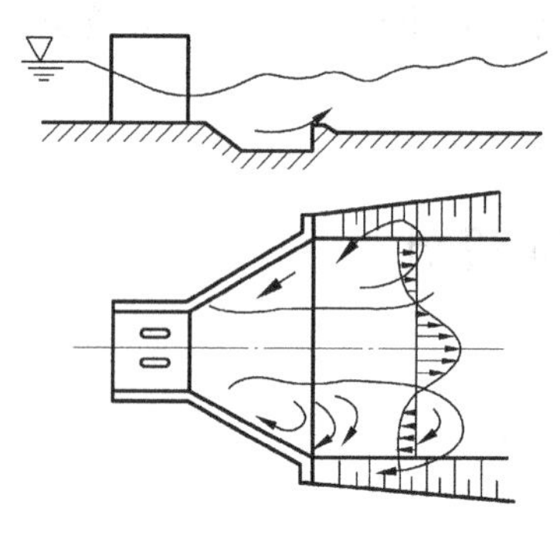

图 7-10 波状水跃示意图

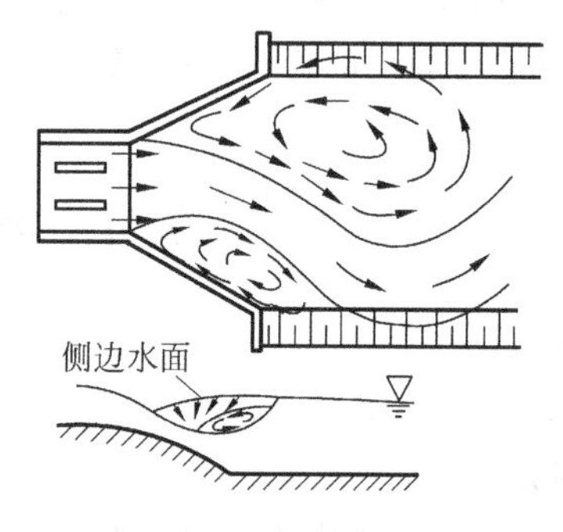

图 7-11 闸下折冲水流

7.4.2 底流消能工设计

平原地区的水闸，由于水头低，下游水位变幅大，一般都采用底流式消能。对于小型水闸，还可结合当地的自然条件(地质、河道含沙量等)，运行情况和经济条件，选用更为简易的消能方式。如：利用设在闸底板末端的格栅和梳齿板消能，以及在底板末端建足够深的齿墙，并在其下游侧河床铺石加糙，借以消除水流中的余能等。

1. 底流消能工的布置

底流消能如果下游淹没度过小，水跃不稳定，表面旋滚前后摆动；如果淹没度过大，较高流速的水舌潜入底层，表面旋滚的剪切、掺混作用减弱，消能效果反而减小。底流消能淹没度取 1.05～1.10 较为适宜。

当尾水深度不能满足要求时，可通过(1)降低护坦高程；(2)在护坦末端设消力坎；(3)既降低护坦高程又建消力坎等措施形成消力池，促使水流在池内产生一定淹没度的水跃，见图 7-12。有时还可在护坦上设消力墩等辅助消能工。

消力池的形式主要受跃后水深与实际尾水深相对关系的制约：一般当尾水深约略等于跃后水深时，宜采用辅助消能工或消力坎；当尾水深小于跃后水深 1.0～1.5m 时，宜采用降低护坦高程形成消力池；当尾水深小于跃后水深 1.5～3.0m 时，宜采用综合式消力池；当尾水深小于跃后水深 3.0m 以上时，应做一级消能和多级消能的方案比较，从中选择技术上可靠、经济上合理的方案。

消力池布置在闸室之后，池底与闸室底板之间，用 1∶3～1∶4 的斜坡连接。为防止产生波状水跃，可在闸室之后留一水平段，并在其末端设置一道小槛；为防止产生折冲水流，还可在消力池前端设置散流墩。

消力池末端一般布置尾槛，用以调整流速分布，减小出池水流的底部流速。图 7-13 为不同形式的尾槛，槛高为 $P=H/12\sim H/8$，H 为上下游水位差，其余尺寸为：$t=(1.1\sim1.5)P$，$b=2.5P$，$Z=(0.1\sim0.35)P$，可供选用时参考，最终应由水工模型试验来确定。当尾水较浅时，消能效果视尾槛的形式而异；当尾槛淹没较深时，则其功效无甚差异。

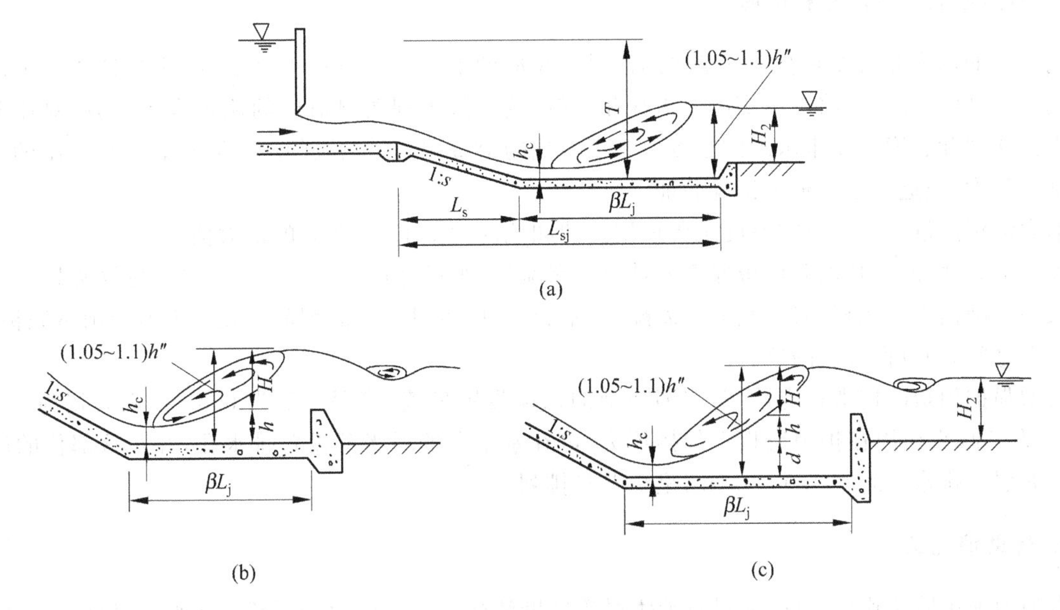

图 7-12　消力池的形式

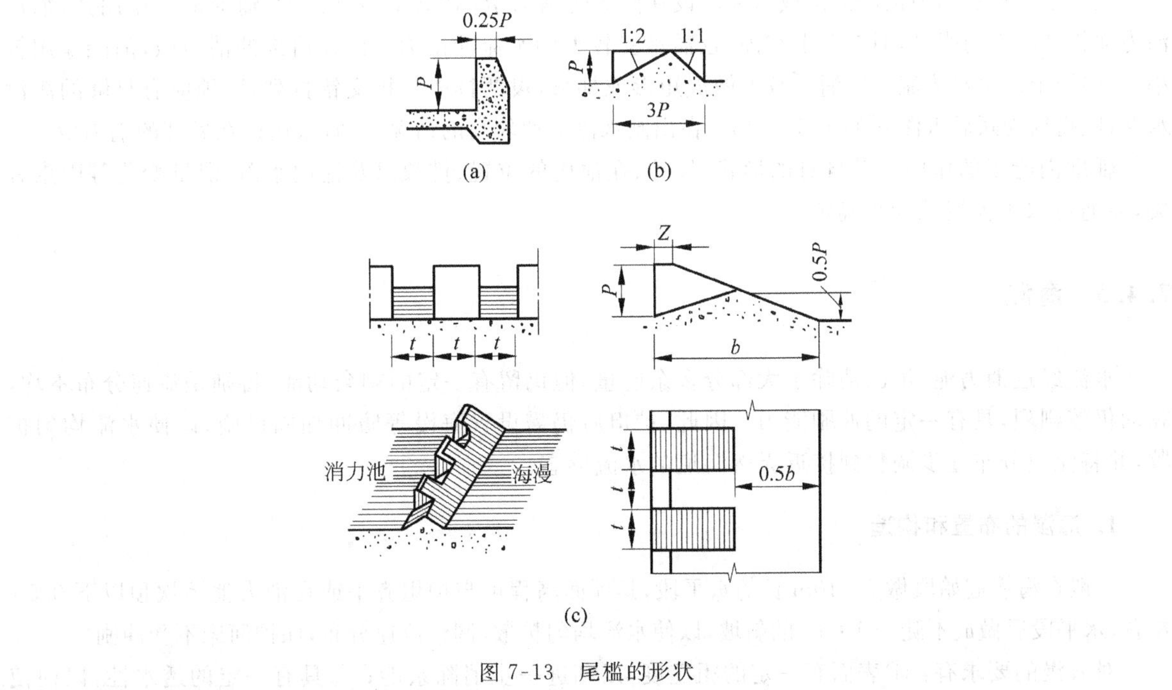

图 7-13　尾槛的形状

2. 消力池的主要尺寸和构造

消力池的深度和长度是在某一给定的流量和相应的下游水深条件下确定的，应当选择几个泄流量分别计算其跃后水深，将其与实际尾水深相比较，选取最不利情况对应的流量进行计算、对比并确定消力池深度和长度。要求水跃的起点位于消力池的上游端或斜坡段的坡脚附近。大型水闸的消力池深度和长度，应进行水工模型试验验证。

消力池钢筋混凝土底板的厚度主要根据抗冲和抗浮的要求，取两者的最大值。

关于消力池深度、长度和底板厚度的计算可参阅《水闸设计规范》SL 265—2001 的附录 B。

大型水闸消力池底板的顶、底面均需配筋，中、小型的可只在顶面配筋。在消力池与闸室底板、翼墙及海漫之间，均应设置沉降缝。

为增强护坦板的抗滑稳定性，常在消力池的末端设置齿墙，墙深一般为 0.8～1.5m，宽为 0.6～0.8m。为了减小作用在护坦底板上的扬压力，可在水平段的后半部设置排水孔，并在该部位的底面铺设反滤层。排水孔间距 1.0～3.0m，呈梅花状排列。

3. 辅助消能工

在消力池中除尾坎外，有时还设有消力墩等辅助消能工，用以使水流受阻，给水流以反力，在墩后形成涡流，加强水跃中的紊流扩散，从而达到稳定水跃，减小和缩短消力池深度和长度的作用。

消力墩可设在消力池的前部或后部。设在前部的消力墩，对急流的反力大，辅助消能作用强，缩短消力池长度的作用明显，但易发生空蚀，且需承受较大的水流冲击力。设在后部的消力墩，消能作用较小，主要用于改善水流流态。消力墩可做成矩形或梯形，设两排或三排交错排列，墩顶应有足够的淹没水深，墩高约为跃后水深 h'' 的 1/5～1/3。在出闸水流流速较高的情况下，宜采用设在后部的消力墩。

辅助消能工的作用与其自身的形状、尺寸、在池内的位置、排数以及池内水深、泄量变化等因素有关，应通过水工模型试验来确定。

7.4.3 海漫

水流经过消力池，虽已消除了大部分多余能量，但仍留有一定的剩余动能，特别是流速分布不均，脉动仍较剧烈，具有一定的冲刷能力。因此，护坦后仍需设置海漫等防冲加固设施，以使水流均匀扩散，并将流速分布逐步调整到接近天然河道的水流形态。

1. 海漫的布置和构造

一般在海漫起始段做 5～10m 长的水平段，其顶面高程可与护坦齐平或在消力池尾坎顶以下 0.5m 左右，水平段后做成不陡于 1∶10 的斜坡，以使水流均匀扩散，调整流速分布，保护河床不受冲刷。

对海漫的要求有：①表面有一定的粗糙度，以利进一步消除余能；②具有一定的透水性，以便使渗水自由排出，降低扬压力；③具有一定的柔性，以适应下游河床可能的冲刷变形。常用的海漫结构有以下几种。

(1) 干砌石海漫。一般由粒径大于30cm的块石砌成,厚度为0.4～0.6m,下面铺设碎石、粗砂垫层,厚10～15cm。干砌石海漫的抗冲流速为2.5～4.0m/s。为了加大其抗冲能力,可每隔6～10m设一浆砌石埂。干砌石常用在海漫后段。

(2) 浆砌石海漫。采用粒径大于30cm的块石,用水泥砂浆砌成0.4～0.6m厚的浆砌石面层,砌石内设排水孔,下面铺设反滤层或垫层。浆砌石海漫的抗冲流速可达3～6m/s,但柔性和透水性较差,一般用于海漫的前部约10m范围内。

(3) 混凝土板海漫。整个海漫由板块拼铺而成,每块板的边长2～5m,厚度为0.1～0.3m,板中有排水孔,下面铺设反滤层或垫层。混凝土板海漫的抗冲流速可达6～10m/s,但造价较高。有时为增加表面糙率,可采用斜面式或城垛式混凝土块体。铺设时应注意顺水流流向不宜有通缝。

(4) 钢筋混凝土板海漫。当出池水流的剩余能量较大时,可在尾槛下游5～10m范围内采用钢筋混凝土板海漫,板中有排水孔,下面铺设反滤层或垫层。

(5) 其他形式海漫。如铅丝石笼海漫,它具有很好的抗冲性,透水性和柔性。

2. 海漫长度

海漫长度应根据可能出现的最不利水位和流量的情况进行设计,它与消力池出口的单宽流量及水流扩散情况、上下游水位差、地质条件、尾水深度以及海漫本身的粗糙程度等因素有关。《水闸设计规范》SL 265—2001建议,当 $\sqrt{q_s\sqrt{H'}}=1\sim9$,且消能扩散良好时,用下式估算海漫长度

$$L_p = k_s\sqrt{q_s\sqrt{H'}} \quad (\mathrm{m}) \tag{7-19}$$

式中:q_s——消力池出口处的单宽流量,$\mathrm{m}^3/(\mathrm{s}\cdot\mathrm{m})$;

H'——上、下游水位差,m;

k_s——河床土质系数,当河床为粉砂、细砂时,取14～13;中砂、粗砂及粉质壤土,取12～11;粉质粘土,取10～9;坚硬粘土,取8～7。

7.4.4 防冲槽及末端加固

水流经过海漫后,尽管多余能量得到了进一步消除,流速分布接近河床水流的正常状态,但在海漫末端仍有冲刷现象。为保证安全和节省工程量,常在海漫末端设置防冲槽或采用其他加固设施。

1. 防冲槽

《水闸设计规范》SL 265—2001参照已建水闸工程的实践经验,建议防冲槽采用粒径大于30cm的石块回填,其断面为宽浅式梯形断面,上游坡率 $m_1=2\sim3$,下游坡率 $m_2=3$,其深度采用冲刷深度 t'',底宽 b 取2～3倍的深度,t''的计算式为

$$t'' = 1.1\frac{q_m}{[v_0]} - h_m \tag{7-20}$$

式中：q_m、h_m——海漫末端的单宽流量（m^2/s）和水深（m）；

$[v_0]$——河床土质允许的不冲流速，m/s。

2. 防冲墙

防冲墙有齿墙、板桩、沉井等形式。齿墙的深度一般为1～2m，适用于冲坑深度较小的工程。如果冲深较大，河床为粉、细砂时，以采用板桩、井柱或沉井较为安全可靠，此时应尽量缩短海漫长度，以减小工程量。

7.4.5 土工合成材料在水闸工程中的应用

土工合成材料具有重量轻、强度大、施工简便、节省劳力和造价低等优点，它不仅能用于防渗、排水、反滤和防护，还可用于土体加筋和隔离。

葛洲坝水利枢纽二江泄水闸，为降低作用在底板上的扬压力和保护地基内的软弱夹层，在闸基内设排水井，贴井壁采用直径60mm聚丙烯硬质塑料花管，套以环形聚氯脂软泡沫塑料，再包以有纺斜纹土工织物的柔性组合滤层，运行至今，工作正常，降压防渗效果良好。

有些工程在海漫或护坦底面用土工织物代替砂石料反滤层，均收到了良好效果。江苏江都扬水站西闸，由于超载运行（过闸流量超过设计值的2.65倍），流速加大，致使河道受严重冲刷（上游冲深6～7m，下游冲深2～3m）。为阻止冲刷继续扩展，曾考虑采用块石护砌方案，但因造价高和影响送水抗旱，后决定采用由聚丙烯编织布、聚氯乙烯绳网以及放置于其上面的混凝土块压重三种材料组成的软体沉排，沉放在预定需要防护的地段。从1980年整治后至今，沉排稳定，覆盖良好，上游落淤，下游不冲，有效地保护了河道。采用软体沉排不仅保证了施工期间扬水站不停止工作，而且工程费用较块石护砌方案节约了近90%。

7.5 闸室的布置和构造

7.5.1 底板

常用的闸室底板有水平底板和低实用堰底板两种类型，前者用的较多。当上游水位较高，而过闸单宽流量又受到限制时，可将堰顶抬高，做成低实用堰底板。

对多孔水闸，为适应地基不均匀沉降和减小底板内的温度应力，需要沿水流方向用横缝（温度沉降缝）将闸室分成若干段，每个闸段可为单孔、两孔或三孔，见图7-14。

横缝设在闸墩中间，闸墩与底板连在一起的，称为整体式底板。整体式底板闸孔两侧闸墩之间不会出现过大的不均匀沉降，对闸门启闭有利，用得较多。整体式底板常用实心结构；当地基承载力较差，如只有30～40kPa左右时，则需考虑采用刚度大、重量轻的箱式底板。

在坚硬、紧密或中等坚硬、紧密的地基上，单孔底板上设双缝，将底板与闸墩分开的，称为分离式底板，见图 7-14(c)。分离式底板闸室上部结构的重量将直接由闸墩或连同部分底板传给地基。底板厚度根据自身稳定的需要确定，可用混凝土或浆砌块石建造，节省材料和造价。当采用浆砌块石时，应在块石表面再浇一层厚约 15cm、强度等级为 C20 的混凝土或加筋混凝土，以使底板表面平整并具有良好的防冲性能。施工时，先建闸墩及浆砌块石底板，待沉降接近完成时，再浇表层混凝土。

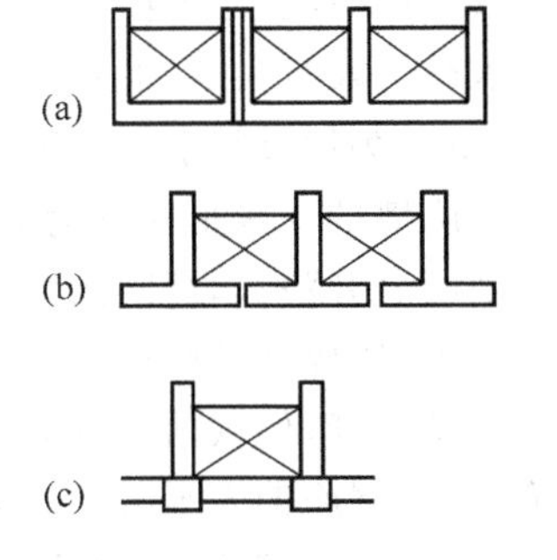

图 7-14　底板分缝布置

如地基较好，相邻闸墩之间不致出现不均匀沉降，还可将横缝设在闸孔底板中间，见图 7-14(b)。

底板顺水流方向的长度，取决于上部结构布置并满足结构强度和抗滑稳定要求，对砂砾石地基，取(1.5～2.0)H，H 为上、下游最大水位差；砂土和砂壤土地基，取(2.0～2.5)H；粘壤土地基，取(2.0～3.0)H；粘土地基，取(2.5～3.5)H。底板厚度必须满足强度和刚度的要求，大、中型水闸可取(1/5～1/8)l_0(l_0 为闸孔净宽)，一般不小于 0.6m，小型水闸不宜小于 0.4m。底板内布置钢筋较多，但最大含钢率不得超过 0.3%。底板混凝土应满足强度、抗渗、抗冻和环境等要求，混凝土强度等级常用 C20，水上或长期在水下的不小于 C15。

7.5.2　闸墩与闸门

闸墩材料多采用钢筋混凝土。如闸墩采用浆砌块石，为保证墩头的外形轮廓，并加快施工进度，多用预制构件作闸墩的永久模板。大、中型水闸因沉降缝常设在闸墩中间，故墩头多采用半圆形，这样不仅施工方便，而且也不易损坏，有时也采用流线形闸墩。

近年来，我国有些地区采用框架式闸墩。这种形式既可节约钢材，又可降低造价。

闸门形式的选择，应根据运用要求、闸孔跨度、启闭机容量、工程造价等条件比较确定。

闸门在闸室中的位置与闸室稳定、闸墩和地基应力以及上部结构的布置有关。平面闸门一般设在靠上游侧，有时为了充分利用水重，也可移向下游侧。弧形闸门为不使闸墩过长，需要靠上游侧布置。

平面闸门的门槽深度和宽度取决于闸门的大小和闸门的支承形式，检修门槽与工作门槽之间应留有 1.0～3.0m 净距，以便检修。

闸门不承受冰压力，应采用压缩空气、开凿冰沟或漂浮芦柴捆等方法消除或减小冰压力。

7.5.3　胸墙

胸墙一般做成钢筋混凝土板式或梁板式。板式胸墙适用于跨度小于 5.0m 的水闸，墙板可做成上薄下厚的楔形板[图 7-15(a)]。跨度大于 5.0m 的水闸多采用梁板式，由墙板、顶梁和底梁组成[图 7-15(b)]。当胸墙高度大于 5.0m，且跨度较大时，可增设中梁及竖梁构成肋形结构[图 7-15(c)]。

板式胸墙顶部厚度一般不小于20cm。梁板式的板厚一般不小于12cm；顶梁梁高约为胸墙跨度的1/12～1/15，梁宽常取40～80cm；底梁由于与闸门顶接触，要求有较大的刚度，梁高约为胸墙跨度的1/8，梁宽为60～120cm。为使过闸水流平顺，胸墙迎水面底缘应做成圆弧形。

胸墙的支承形式分为简支式和固接式两种。简支胸墙与闸墩分开浇筑，缝间涂沥青，也可将预制墙体插入闸墩预留槽内，做成活动胸墙。简支胸墙可避免在闸墩附近迎水面出现裂缝，但截面尺寸较大。固接式胸墙与闸墩同期浇筑，胸墙钢筋伸入闸墩内，形成刚性连接，可以增强闸室的整体性，截面较薄；但受温度变化和闸墩变位影响，容易在胸墙支点附近的迎水面产生裂缝。

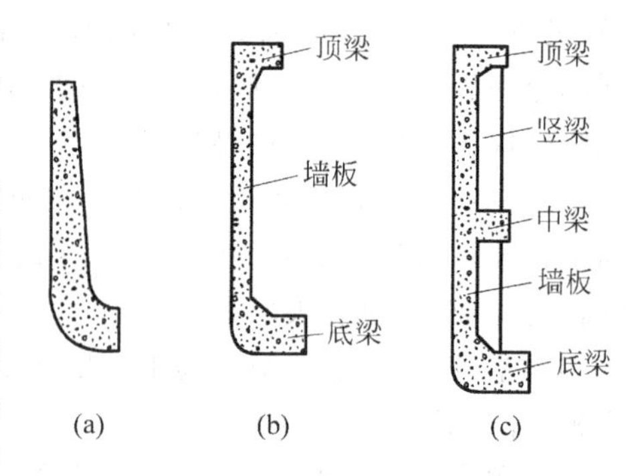

图7-15 钢筋混凝土胸墙的形式

7.5.4 交通桥及工作桥

当公路通过水闸时，需设公路桥。即使无公路通过，闸上也应建有供行人及拖拉机通行的交通桥。交通桥一般设在水闸下游一侧，可采用板式、梁板式或拱形结构。采用拱桥时要考虑荷载在拱脚产生的推力对闸墩和底板的影响。跨度小于3～6m的水闸常采用板式结构；跨度在6～20m的常采用T型梁结构，也可采用I字梁微弯板或空心板结构；跨度大于20m的则应采用预应力钢筋混凝土结构。交通桥多采用跨度20m以内的简支梁桥，其造价最低。

为了安装闸门启闭机和便于操作管理，需要在闸墩上设置工作桥。小型水闸的工作桥一般采用板式结构；大、中型水闸多采用装配式梁板结构。工作桥高度视闸门形式及闸孔水面线而定，对采用固定式启闭机的平面闸门闸墩，由于闸门开启后悬挂的需要，桥高应为门高的两倍再加足够的富裕高度，若采用活动式启闭机，桥高则可适当降低。若采用升卧式平面闸门，由于闸门全开后接近平卧位置，因而工作桥可以做得较低。

7.6 闸室稳定分析、沉降校核和地基处理

学习要点

稳定分析和沉降校核是水闸设计的重要依据。

7.6.1 闸室稳定分析

对于孔数较少而未分缝的小型水闸，可取整个闸室(包括边墩)作为验算单元；对于设置沉降缝的水闸，则应取两缝之间的闸室单元进行验算。

1. 荷载及其组合

水闸承受的主要荷载有：自重、水重、水平水压力、扬压力、泥沙压力、土压力、浪压力及地震力等。它们的计算方法和计算公式已在前面各章中做了叙述，仅后两项略有不同。

1）浪压力

按照《水闸设计规范》SL 265—2001，水闸上游的平均波高 h_m、平均波周期 T_m 和平均波周长 L_m 的计算公式同式(2-6)、式(2-7)和式(2-8)。所不同的是浪压力的计算：重力坝因坝前水深比波长大很多，浪压力按深水波计算；而水闸上游水深与波长相差很小，需首先判断是深水波还是浅水波，然后按不同的公式计算浪压力。

使波浪破碎的临界水深为

$$H_k = \frac{L_m}{4\pi}\ln\frac{L_m + 2\pi h_p}{L_m - 2\pi h_p} \tag{7-21}$$

式中：h_p——相应于波列累计频率 p 的波高，m，由表7-6查得。

表7-6 h_p/h_m 值

	水闸级别	1	2	3	4	5
	p(%)	1	2	5	10	20
h_m/H_m（H_m 为上游平均水深）	0.0	2.42	2.23	1.95	1.71	1.43
	0.1	2.26	2.09	1.87	1.65	1.41
	0.2	2.09	1.96	1.76	1.59	1.37
	0.3	1.93	1.82	1.66	1.52	1.34
	0.4	1.78	1.68	1.56	1.44	1.30
	0.5	1.63	1.56	1.46	1.37	1.25

(1) 当闸上游水深 $H \geqslant H_k$，$H \geqslant L_m/2$ 时，单宽浪压力按深水波计算，如下式：

$$P_l = \gamma L_m(h_p + h_z)/4 \quad (\text{kN/m}) \tag{7-22}$$

式中：γ——水容重，$\gamma = 9.81\text{kN/m}^3$；

h_z——波浪中心线超出计算水位的高度，按式(2-5)计算，式中 $h_l = h_p$，$L = L_m$。

(2) 当 $H_k < H < L_m/2$ 时，单宽浪压力按浅水波计算，如下式：

$$P_l = \gamma\{(h_p + h_z)[H + h_p\text{sech}(2\pi H/L_m)] + Hh_p\text{sech}(2\pi H/L_m)\}/2 \quad (\text{kN/m}) \tag{7-23}$$

(3) 当 $H < H_k$ 时，单宽浪压力按破碎波计算，如下式：

$$P_l = K_i\gamma(h_p + h_z)[(1.5 - 0.5\eta)(h_p + h_z) + (0.7 + \eta)H]/2 \quad (\text{kN/m}) \tag{7-24}$$

式中：η——闸室底面浪压力强度折减值，当 $H \leqslant 1.7(h_p + h_z)$ 时，取 $\eta = 0.6$；当 $H > 1.7(h_p + h_z)$ 时，取 $\eta = 0.5$；

K_i——闸前的河(渠)底坡影响系数，如表7-7所列，表中 i 为闸前平均底坡。

表 7-7 K_i 值

闸前平均底坡 i	1/10	1/20	1/30	1/40	1/50	1/60	1/80	≤1/100
K_i	1.89	1.61	1.48	1.41	1.36	1.33	1.29	1.25

2）地震力

可根据《水工建筑物抗震设计规范》DL 5073—1997，按拟静力法计算。

沿水闸高度作用于质点 i 的水平地震惯性力 P_i 可按式(7-25)计算。

$$P_i = K_H \xi \alpha_i W_i \tag{7-25}$$

式中：K_H——水平地震系数，当设计烈度为 7、8、9 度时，其相应值分别为 0.1、0.2、0.4；

ξ——作用效应折减系数，取 1/4；

W_i——集中在质点 i 的重量，kN；

α_i——沿闸墩及闸顶机架高度的动力放大系数，详见《水工建筑物抗震设计规范》DL 5073—1997 的表 8.1.3。

3）荷载组合

荷载组合分为基本组合和特殊组合。基本组合由同时出现的基本荷载组成。特殊组合由同时出现的基本荷载再加一种或几种特殊荷载组成。基本组合包括：正常蓄水位情况，设计洪水位情况和完建情况等。特殊组合包括：校核洪水位情况，地震情况、施工情况和检修情况等。关于基本组合与特殊组合的具体内容详见我国《水闸设计规范》SL 265—2001 的表 7.2.11 荷载组合表。

2. 闸室的稳定性及其安全指标

闸室的稳定性是指闸室在各种荷载作用下：①平均基底压力不大于地基的容许承载力；②不发生明显的倾斜；③不致沿地基面或深层滑动。

1）验算闸室基底压力

在闸室底面沿水流向和垂直水流向的中和轴分别设为 x、y 轴，基底最大和最小压应力为

$$\sigma_{\min}^{\max} = \frac{\sum W}{A} \pm \frac{x_{\max} \sum M_y}{I_y} \pm \frac{y_{\max} \sum M_x}{I_x} \quad (\text{kPa}) \tag{7-26}$$

式中：$\sum W$—— 铅直荷载的总和，kN；

A——闸室基底面的面积，m^2；

$\sum M_x$、$\sum M_y$ —— 作用在闸室的全部荷载分别对 x 轴和 y 轴的力矩，kN·m；

I_x、I_y——闸室底面分别对 x 轴和 y 轴的惯性矩，m^4。

对于结构布置及受力情况不对称的闸孔，如多孔闸的边闸孔或左右不对称的单闸孔，应按双向偏心受压公式计算闸室基底压应力。

闸室上、下游端地基反力的比值 $\eta=\sigma_{max}/\sigma_{min}$ 反映闸室两端基底反力相差越大，沉降差越大，闸室的倾斜度也越大。我国《水闸设计规范》SL 265—2001 规定，土基上闸室基底应力最大值与最小值之比的允许值如表 7-8 所列。

表 7-8 $\eta=\sigma_{max}/\sigma_{min}$ 的允许值

地基土质	荷载组合	
	基本组合	特殊组合
松软	1.50	2.00
中等坚实	2.00	2.50
坚实	2.50	3.00

2）验算闸室的抗滑稳定

按我国水闸设计新规范，水闸沿地基面的抗滑稳定，按式(7-27)或式(7-28)进行计算。

$$K_c = \frac{f\sum W}{\sum H} \tag{7-27}$$

式中：$\sum H$ ——作用在闸室底面以上全部水平荷载的总和，kN；

$\sum W$ ——作用在闸室底面以上全部荷载铅直分力的总和，kN；

f——底板与地基土间的摩擦系数。初步计算时，粘性土地基的 f 值取 0.20～0.45；壤土地基 0.25～0.40；砂壤土地基 0.35～0.40；砂土地基 0.40～0.50；砾石、卵石地基 0.50～0.55；岩基 0.55～0.70。上述各类地基中，较密实、较硬的取较大值。

若有条件测试地基的摩擦角和粘聚力，宜采用较为接近实际的式(7-28)计算

$$K_c = \frac{\tan\phi_0 \cdot \sum W + c_0 A}{\sum H} \tag{7-28}$$

式中：ϕ_0——底板与地基土间的摩擦角，粘性土地基的 ϕ_0 取室内饱和固结快剪试验 ϕ 值的 90%，砂性土地基的 ϕ_0 取 ϕ 值的 85%～90%，硬质岩基的 $\tan\phi_0=1.1\sim1.5$，软质岩基的 $\tan\phi_0=0.4\sim1.1$；

c_0——底板与地基土间的粘聚力(kPa)，粘性土地基的 c_0 取室内饱和固结快剪试验 c 值的 20%～30%，砂性土地基不计 c_0，硬质岩基的 $c_0=1.1\sim1.5$MPa，软质岩基的 $c_0=0.05\sim1.1$MPa。

若粘性土基的 $\tan\phi_0>0.45$，或砂性土基的 $\tan\phi_0>0.50$，应对 ϕ_0 和 c_0 进行论证。

安全系数应满足新规范规定的数值，见表 7-9。

当闸室沿基底面的抗滑稳定安全系数小于表 7-9 中的容许值时，可采取以下抗滑措施：

(1) 增加铺盖长度，或在不影响抗渗稳定的前提下，将排水设施向水闸底板靠近，以减小作用在底板上的渗透压力。

表 7-9 沿闸室基底面抗滑稳定安全系数 K_c 的容许值

荷载组合		土基水闸级别				岩基水闸按式(7-28)计算
		1	2	3	4,5	
基本组合		1.35	1.30	1.25	1.20	3.00
特殊组合	1. 施工情况、检修情况或校核洪水位的情况	1.20	1.15	1.10	1.05	2.50
	2. 基本组合+地震情况	1.10	1.05	1.05	1.00	2.30

(2) 利用上游钢筋混凝土铺盖作为阻滑板，但闸室本身的抗滑稳定安全系数仍应大于1.0。计算由阻滑板增加的抗滑力时，考虑到土体变形及钢筋拉长对阻滑板阻滑效果的影响，阻滑板效果应采用0.8的折减系数，即

$$S \approx 0.8f(W_1 + W_2 - U) \tag{7-29}$$

式中：S——阻滑板的抗滑力，kN；

W_1——阻滑板上的水重，kN；

W_2——阻滑板的自重，kN；

U——阻滑板底面的扬压力，kN；

f——阻滑板与地基土间的摩擦系数。

(3) 将闸门位置略向下游一侧移动，或将水闸底板向上游一侧加长，以便多利用一部分水重。

(4) 增加闸室底板的齿墙深度。

一般情况下，闸基面的法向压应力较小，不会发生深层滑动。但对建在土基上的个别大型水闸，当地基面的法向应力较大时，还需核算深层抗滑稳定性。

7.6.2 沉降校核

水闸竣工刚刚蓄水时，地基所受的压力最大，沉降也较大。过大的沉降，特别是不均匀沉降，将使地基破坏，闸室倾斜、开裂、止水破坏，影响水闸的正常运行。

地基沉降校核，一般采用分层总和法，每层厚度不宜超过2m，计算深度根据实践经验，通常计算到该处的附加竖向应力 $\sigma_z \leqslant (0.1 \sim 0.2)\sigma_s$（$\sigma_s$ 为土体自重应力）时为止，软土取小值。如果将计算土层分为 n 层，每层的沉降量为 S_i，则总的沉降量应为

$$S = \sum_{i=1}^{n} S_i = m \sum_{i=1}^{n} \frac{e_{1i} - e_{2i}}{1 + e_{1i}} h_i \tag{7-30}$$

式中：e_{1i}、e_{2i}——底板以下第 i 层土分别在平均自重应力、平均自重应力加平均附加应力作用下，由压缩曲线查得的相应孔隙比；

h_i——底板以下第 i 层土的厚度；

m——修正系数，m=1.0～1.6，软土地基取较大值。

从一些水闸的实测沉降资料分析，闸室两端的沉降差如果不超过闸室底宽的0.2%，尚不致妨碍闸室的正常运行。我国《水闸设计规范》SL 265—2001建议，天然土质地基最大沉降量不宜超过150mm，相邻部位的沉降差不宜超过50mm。

为了减小不均匀沉降，可采用以下措施：(1)尽量使相邻结构的重量不要相差太大；(2)重量大的结构先施工，使地基先行预压；(3)尽量使地基反力分布趋于均匀，其最大与最小值之比不超过规定的容许值等。

地基沉降与时间的关系比较复杂，它与土层的厚度、压缩性、渗透性、排水条件、附加应力以及土层的相对位置和建筑物的施工进度等因素有关，计算中尚难周密考虑，因而计算结果只能是近似的。对砂砾地基，由于压缩性小、渗透性强、压缩过程短，建筑物完工时地基沉降已基本稳定，故一般不考虑其沉降过程。而对粘性土地基，由于在施工过程中所完成的沉降量，一般仅为稳定沉降量的50%～60%，故需考虑地基的沉降过程。

7.6.3 地基处理

对建在土基上的水闸，为了保证其安全、正常地运行，有时需要对地基进行必要的处理，以满足上部结构的要求，或从上部结构及地基处理两个方面采取措施，使其相互适应，以满足稳定和沉降的要求。

根据工程实践，当粘性土地基的标准贯入击数大于5、砂性土地基的击数大于8时，可直接在天然地基上建闸，不需进行处理。如天然地基不能满足抗滑稳定和沉降方面的要求，则需进行适当的处理。常用的处理方法有以下几种。

1. 预压加固

在修建水闸之前，先在建闸范围内的软土地基表面加荷(如堆土、堆石)，对地基进行预压，待沉降基本稳定后，将荷重移去，再正式建闸。预压堆石高度，应使预压荷重约为1.5～2.0倍水闸荷载，但不能超过地基的承载能力。

堆土预压时，施工进度不能过快，以免地基发生滑动或将基土挤出地面。根据经验，堆土(石)施工需分层堆筑，每层高约1～2m，填筑后间歇10～15d，待地基沉降稳定后，再进行下一次堆筑。预压施工时间约为半年左右。

对含水量较大的粘性土地基，为了缩短预压施工时间，可在地基中设置砂井，以改善软土地基的排水条件，加快固结过程。砂井的直径为20～30cm，井距不小于3m，井深应穿过预压层。

2. 换土垫层

换土垫层是工程上广为采用的一种地基处理方法，适用于软弱粘性土，包括淤泥质土。当软土层位于基面附近，且厚度较薄时，可全部挖除；如软土层较厚不宜全部挖除，可采用换土垫层法处理，将基础下的表层软土挖除，换以砂砾土，水闸即建在新换的土基上。

砂砾层的主要作用是：(1)通过垫层的应力扩散作用，减小软土层所受的附加应力，提高地基的稳定性；(2)减小地基沉降量；(3)铺设在软粘土上的砂砾层，具有良好的排水作用，有利于软土地基加速固结。

垫层设计主要是确定垫层厚度、宽度及所用材料。垫层厚度 h 应由垫层底面的平均压力不大于地基容许承载力的原则确定。粉砂和细砂，因其容易"液化"，不宜作为垫层材料。垫层的传力扩散角，对压实的中壤土及含砾粘土，可取 20°～25°；对中砂、粗砂，取 30°～35°；砂砾石 35°～45°。垫层厚度过小，作用不明显；过大，基坑开挖困难，一般垫层厚度为 1.5～3.0m。垫层的底宽 B'，通常选用建筑物基底压力扩散至垫层底面的宽度再加 2～3m。

3. 桩基础

桩基础是一种较早使用的地基处理方法，一般采用钢筋混凝土桩。按其施工方法又可分为灌注桩和预制桩两类，前者在选用桩径和桩长时比较灵活，用的较多，桩径一般在 60cm 以上，中心距不小于 2.5 倍桩径，桩长根据需要确定。对桩径和桩长较小的桩基础，也可采用钢筋混凝土预制桩，桩径一般为 20～30cm，桩长不超过 12m，中心距为桩径的 3 倍。

水闸桩基一般采用摩擦桩，由桩周摩阻力和桩底支承力共同承担上部荷载。对需要进入承压水层的桩基础，不宜采用灌注桩。

4. 沉井基础

沉井基础与桩基础同属深基础，也是工程上广为采用的一种地基处理方法。但在水闸工程中，过去用得不多，直到 20 世纪 70 年代中期才开始采用。沉井可作为闸墩或岸墙的基础，用以解决地基承载力不足和沉降或沉降差过大；也可与防冲加固结合考虑，在闸室下或消力池末端设置较浅的沉井，以减少其后防冲设施的工程量。

过去，沉井都用钢筋混凝土，近来，也有采用少筋混凝土或浆砌石建造的。在平面上多呈矩形，长边不宜大于 30m，长宽比不宜大于 3，以便于均匀下沉。沉井分节浇筑高度，应根据地基条件、控制下沉速度及沉井的强度要求等因素确定。沉井深度取决于地基下卧坚实土层的埋置深度和相邻闸孔或岸墙的沉降计算；如兼作防冲设施还需考虑闸下可能的冲坑深度。为了保证沉井顺利下沉到设计标高，需要验算自重是否满足下沉要求，其下沉系数(沉井自重与井壁摩阻力之比)可采用 1.15～1.25。沉井是否需要封底，取决于沉井下卧土层的容许承载力。若容许承载力能满足要求，应尽量采用不封底沉井，因为沉井开挖较深，地下水影响较大，施工比较困难。不封底沉井内的回填土，应选用与井底土层渗透系数相近的土料，并且必须分层夯实，以防止渗透变形和过大的沉降，使闸底与回填土脱开。

当地基内存在承压水层且影响地基抗渗稳定性时，不宜采用沉井基础。

5. 振冲砂石桩

振冲法是近期发展起来的一种较好的地基处理方法。它是利用一个直径为 0.3～0.8m，长约 2m，下端设有喷水口的振冲器，先在土基内造孔，下管，然后，向上移动，边振动，边沿管向下填注砂石料形成砂石桩。桩径一般为0.6～0.8m,间距1.5～2.5m,呈梅花形或正方形布置。桩的深度根据设计要求和施工条件确定,一般为8～10m。振冲桩的砂石料宜有良好的级配,碎石最大粒径不宜大于5cm。振冲砂石桩适用于松砂或软弱的粘壤土地基。

6. 强夯法

它是由重锤夯实法发展起来的。用100～250kN重锤从10～20m高处自由落下,撞击土层,每分钟2或3次。该法适用于细砂、中砂和砂壤土等强透水的土层。在透水性差的粘性土地基上,如设置砂井,也可收到较好的效果。

7. 爆炸法

在松砂层厚度较大的地基上建闸,可采用爆炸振密法。先在地基内钻孔,孔距约5～6m,沿孔深每隔一定距离放置适量的炸药,利用爆炸力使松砂密实。该法对粗砂、中砂地基比较有效,而对细砂,尤其是粉砂地基,效果较差。爆炸振密深度一般不超过10m。

8. 高速旋喷法

旋喷法是用钻机以射水法钻进至设计高程,然后由安装在钻杆下端的特殊喷嘴把高压水、压缩空气和水泥浆或其他化学浆液高速喷出,搅动土体,同时钻杆边旋转边提升,使主体与浆液混合,形成桩柱,以达到加固地基的目的。

旋喷法可用来加固粘性土及砂性土地基,也可用作砂卵石层的防渗帷幕,适用范围较广。

7.7 闸室的结构计算

学习要点

闸室结构计算是水闸设计的主要内容之一。

闸室为一空间结构,它不仅要承受自重和各种外荷载,还要考虑闸室两侧的边荷载对闸室结构的影响,受力情况比较复杂,可用有限元法对两道沉降缝之间的一段闸室进行整体分析。但为简化计算,一般都将其分解为若干部件分别计算,并应当考虑它们之间的相互作用。

7.7.1 底板的结构计算

底板支承在地基上,因其平面尺寸远较厚度为大,可视为地基上的一块板。按照我国《水闸设计规范》SL 265—2001,对相对密度 $D_r>0.5$ 的地基,可采用弹性地基梁法。对于相对密度 $D_r\leqslant0.5$ 的非粘性土地基，因地基松软，底板刚度相对较大，变形容易得到调整，可采用地基反力沿水流向呈梯形直线分布、垂直水流向为分段矩形分布的反力直线分布法。对小型水闸，可用倒置梁法。

1. 弹性地基梁法

我国水闸设计新规范规定：用弹性地基梁法分析闸底板内力时，需要考虑可压缩土层厚度的影响。当压缩土层厚度 T 与计算段底板半长 $L/2$ 之比 $2T/L<0.25$ 时，可按基床系数法（文克尔假定）计算；当 $2T/L>2.0$ 时，可按半无限深的弹性地基梁法计算；当 $2T/L=0.25\sim2.0$ 时，可按有限深的弹性地基梁法计算。

底板连同闸墩在顺水流流向的刚度很大，可以忽略底板沿该方向的弯曲变形，假定地基反力呈直线分布。在垂直水流流向截取单宽板条及墩条，按弹性地基梁计算地基反力和底板内力。其计算步骤如下：

(1) 用偏心受压公式计算闸底纵向（顺水流流向）的地基反力。

(2) 计算板条及墩条上的不平衡剪力。以闸门为界，将底板分为上、下游两段，分别在两段的中央截取单宽板条及墩条进行分析，如图 7-16(a)所示。作用在板条及墩条上的力有：底板自重(q_1)、水重(q_2)、中墩重(G_1/b_i)及缝墩重(G_2/b_i)，中墩及缝墩重中包括其上部结构及设备自重在内，在底板的底面有扬压力(q_3)及地基反力(q_4)，见图 7-16(b)。

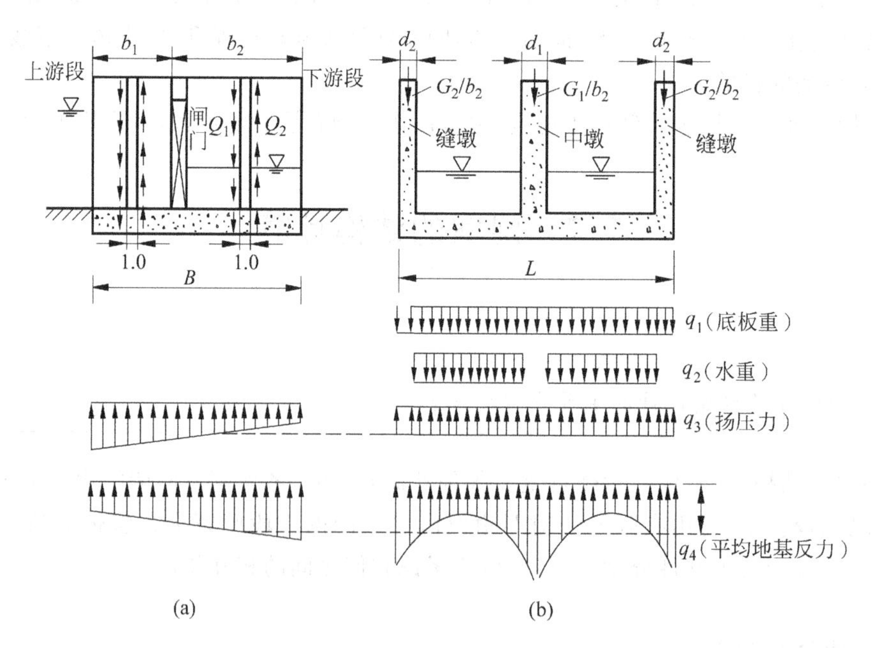

图 7-16　作用在单宽板条及墩条上的荷载及地基反力示意图

由于底板上的荷载在顺水流流向是有突变的，而地基反力是连续变化的，所以，作用在单宽板条及墩条上的力是不平衡的，即在板条及墩条的两侧必然作用有剪力 Q_1 及 Q_2，并由 Q_1 及 Q_2 的差值来维持板条及墩条上力的平衡，差值 $\Delta Q=Q_1-Q_2$，称为不平衡剪力。以下游段为例，根据板条及墩条上力的平衡条件，取 $\sum F_y=0$，则

$$\frac{G_1}{b_2}+2\frac{G_2}{b_2}+\Delta Q+(q_1+q'_2-q_3-q_4)L=0 \tag{7-31}$$

式中 $q'_2=q_2(L-2d_2-d_1)/L$，由式(7-31)可求出 ΔQ。式中假定 ΔQ 的方向向下，如算得结果为负值，则 ΔQ 的实际作用方向应向上。

(3) 确定不平衡剪力在闸墩和底板上的分配。不平衡剪力 ΔQ 应由闸墩及底板共同承担，各自承担的数值，可根据剪应力分布图面积按比例确定。为此，需要绘制计算板条及墩条截面上的剪应力分布图。对于简单的板条和墩条截面，可直接应用积分法求得，如图7-17所示。

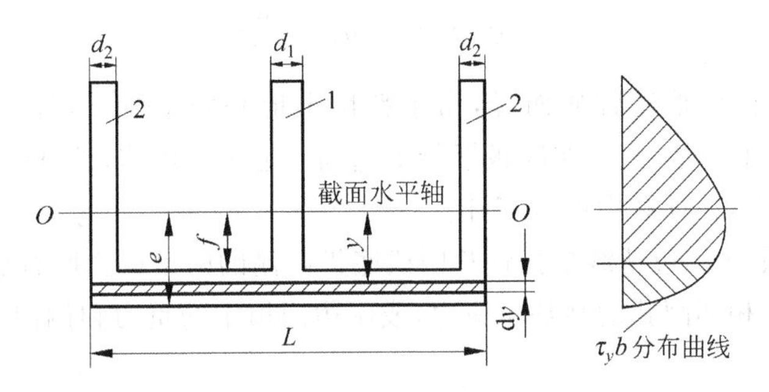

图7-17　不平衡剪力及其剪应力分布简图

1—中墩；2—边墩

截面上的剪应力 τ_y 为

$$\tau_y=\frac{\Delta Q}{bJ}S \quad (\text{kPa})$$

式中：ΔQ——不平衡剪力，kN；

J——截面惯性矩，m^4；

S——计算截面以下的面积对全截面形心轴的面积矩，m^3；

b——截面在 y 处的宽度，m，底板 $b=L$，闸墩 $b=d_1+2d_2$。

底板截面上的不平衡剪力 $\Delta Q_{板}$ 按下式计算。

$$\begin{aligned}\Delta Q_{板}&=\int_f^e\tau_y L\,dy=\int_f^e\frac{\Delta QS}{JL}L\,dy=\frac{\Delta Q}{J}\int_f^e S\,dy\\&=\frac{\Delta Q}{J}\int_f^e(e-y)L\left(y+\frac{e-y}{2}\right)dy\\&=\frac{\Delta QL}{2J}\left[\frac{2}{3}e^3-e^2f+\frac{1}{3}f^3\right]\end{aligned} \tag{7-32}$$

不平衡剪力的分配比例一般是：底板 $\Delta Q_{板}$ 约占10%～15%，闸墩 $\Delta Q_{墩}$（$=\Delta Q-\Delta Q_{板}$）约占85%～90%。

(4) 计算基础梁上的荷载。

① 将分配给闸墩上的不平衡剪力与闸墩及其上部结构的重量作为梁的集中力

中墩集中力

$$P_1 = \frac{G_1}{b_2} + \Delta Q_{墩}\left(\frac{d_1}{2d_2 + d_1}\right) \tag{7-33}$$

缝墩集中力

$$P_2 = \frac{G_2}{b_2} + \Delta Q_{墩}\left(\frac{d_2}{2d_2 + d_1}\right) \tag{7-34}$$

② 将分配给底板上的不平衡剪力化为均布荷载，并与底板自重、水重及扬压力等合并，作为梁的均布荷载，即

$$q = q_1 + q'_2 - q_3 + \frac{\Delta Q_{板}}{L} \tag{7-35}$$

底板自重 q_1 的取值，因地基性质而异，由于粘性土地基固结缓慢，计算中可采用底板自重的50%～100%；而对砂性土地基，因其在底板混凝土达到一定刚度以前，地基变形几乎全部完成，底板自重对地基变形影响不大，在计算中可以不计。

(5) 考虑边荷载的影响。边荷载是指计算闸段底板两侧的闸室或边墩背后回填土及岸墙等作用于计算闸段上的荷载，如相邻闸孔的闸基压应力，或岸边回填土的重力和侧向土压力及其对边墩底部所产生的弯矩等。

边荷载对底板内力的影响，与地基性质和施工程序有关，要准确考虑边荷载的影响是十分困难的。为安全考虑，我国《水闸设计规范》SL 265—2001 建议：如果边荷载使计算闸段底板内力增加，则应按 100%考虑；如果边荷载使计算闸段底板内力减小，对于砂性土地基只考虑减小 50%，对于粘性土地基则不考虑其减小。

(6) 计算地基反力及梁的内力。根据 $2T/L$ 判别所需采用的计算方法，利用弹性地基梁的数表计算地基反力和梁的内力，进而验算强度并进行配筋。

2. 反力直线分布法

反力直线分布法是假定地基反力为直线分布。其计算步骤是：

(1) 用偏心受压公式计算闸底沿水流向的地基反力分布；

(2) 确定单宽板条及墩条上的不平衡剪力；

(3) 将不平衡剪力在闸墩和底板上进行分配；

(4) 计算垂直于水流方向的荷载分布：将由式(7-33)和式(7-34)计算确定的中墩集中力 P_1 和缝墩集中力 P_2 化为局部均布荷载，其强度分别为 $p_1 = P_1/d_1$、$p_2 = P_2/d_2$，同时将底板承担的不平衡剪力化为均布荷载，则作用在底板底面的均布荷载 q 为

$$q = q_3 + q_4 - q_1 - q'_2 - \frac{\Delta Q_{板}}{L} \tag{7-36}$$

(5) 按静定结构计算底板内力。

3. 倒置梁法

倒置梁法假定地基反力沿闸室纵向(顺水流流向)呈直线分布,横向(垂直水流流向)为均匀分布,它是把闸墩当做底板的支座,把地基反力等总荷载作为均布荷载计算连续梁底板内力。

倒置梁法的缺点是:(1)没有考虑底板与地基间的变形相容条件,也没有考虑各闸墩的竖向变位可能相差较大的情况;(2)假设底板在横向的地基反力为均匀分布与实际情况不符;(3)闸墩处的支座反力与实际的铅直荷载也不相等。但此方法计算简便,多用于小型水闸。

4. 有限元法

上述三种方法都可用人工手算或查表计算,倒置梁法较粗糙简便,宜用于小型水闸,对于大型或重要的水闸宜用较为合理的弹性地基梁方法。当然,弹性地基梁方法仍有一些假定与实际有些差异。随着计算机和计算技术的发展,若有条件,应采用三维有限元方法计算,可以很好地符合实际结构和地基的变形条件,得出更接近于实际的结构应力和内力分布,可按此内力做出合理的配筋计算。据笔者的计算体会,按前面1或2两种方法的前3步求得单宽板条和墩条的荷载以后,改用平面有限元方法计算板条和闸墩的应力和内力,比按文克尔假定的基床系数法或其他方法计算的结果合理一些。

7.7.2 闸墩的结构计算

闸墩主要承受结构自重(包括上部结构与设备重)和水压力等荷载,在地震区,还需计入地震力。闸墩作为固接于底板的悬臂结构,可用材料力学方法进行分析。

1. 平面闸门闸墩

对于平面闸门闸墩,需要验算水平截面(主要是墩底)上的应力和门槽应力。

在运行期,当闸门关闭时,不分缝的中墩主要承受上、下游水压力和自重等荷载;对分缝的中墩和边墩,除上述荷载外,还将承受侧向水压力或土压力等荷载;不分缝的中墩,在一孔关闭,相邻闸孔闸门开启时,将受到侧向水压力和不平衡的闸门压力作用,如图7-18所示。

在检修期,一孔检修,相邻闸孔运行(闸门关闭或开启)时,闸墩也将承受侧向水压力,与分缝的中墩一样,需要验算在双向水平荷载作用下的应力。

1) 闸墩水平截面上的正应力和剪应力

闸墩水平截面上的正应力可按材料力学的偏心受压公式(7-37)计算。

$$\sigma = \frac{\sum W}{A} \pm \frac{\sum M_x}{I_x} y \pm \frac{\sum M_y}{I_y} x \quad (\text{kPa}) \tag{7-37}$$

式中:$\sum W$——计算截面以上竖向力的总和,kN;

A——计算截面的面积,m^2;

$\sum M_x$、$\sum M_y$——计算截面以上各力对截面形心轴 x 和 y 的力矩总和，kN·m；

I_x、I_y——计算截面对其形心轴 x 和 y 的惯性矩，m^4；

x、y——计算点至形心轴的投影坐标，m。

计算截面上顺水流流向和垂直水流流向的剪应力分别为

$$\left.\begin{aligned}\tau_x &= \frac{Q_x S_y}{I_y d}\\ \tau_y &= \frac{Q_y S_x}{I_x B}\end{aligned}\right\}\ \text{(kPa)} \tag{7-38}$$

式中：Q_x、Q_y——计算截面上顺水流流向和垂直水流流向的剪力，kN；

S_x、S_y——计算点以外的面积对形心轴 x 和 y 的面积矩，m^3；

d——闸墩厚度，m；

B——闸墩长度，m。

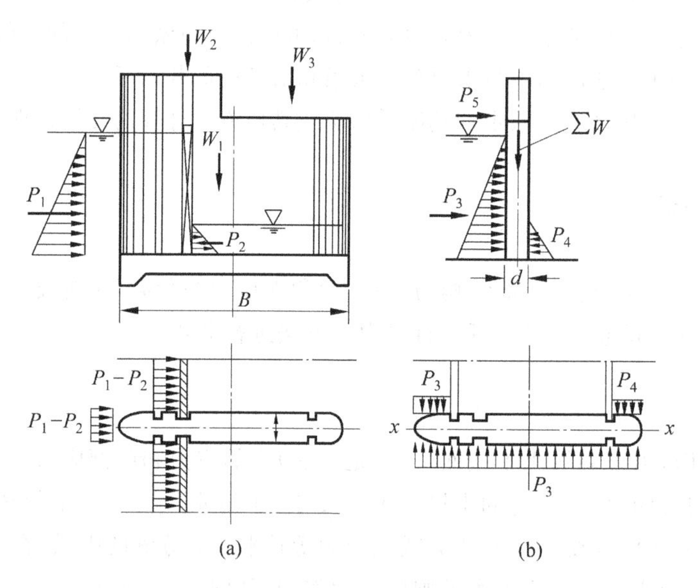

图 7-18　闸墩结构荷载示意图

对缝墩或一侧闸门开启另一侧闸门关闭的中墩，各水平力对水平截面形心还将产生扭矩 M_T，最大扭剪应力 $\tau_{T\max}$ 位于闸墩边缘 $x=0$、$y=\pm d/2$ 的位置，其方向平行于 x 轴，其大小为

$$\tau_{T\max} = \frac{3M_T}{Bd^2} \tag{7-39}$$

2）门槽应力计算

门槽承受闸门传来的水压力后将产生拉应力，故需对门槽颈部进行应力分析。如图 7-19 所示，取 1m 高闸墩作为计算单元。由左、右侧闸门传来的水压力为 P，在单元上、下水平截面上将产生剪力 $Q_上$ 和 $Q_下$，剪力差 $Q_下-Q_上$ 应等于 P。假设剪应力在上、下水平截面上呈均匀分布，并取门槽前

的闸墩作为脱离体，由力的平衡条件可求得此1m高门槽颈部所受的拉力 P_1 为

$$P_1 = (Q_{下} - Q_{上})\frac{A_1}{A} = P\frac{A_1}{A} \quad (\mathrm{kN}) \tag{7-40}$$

式中：A_1——门槽颈部上游部分闸墩的水平截面积，m^2；

A——闸墩的水平截面积，m^2。

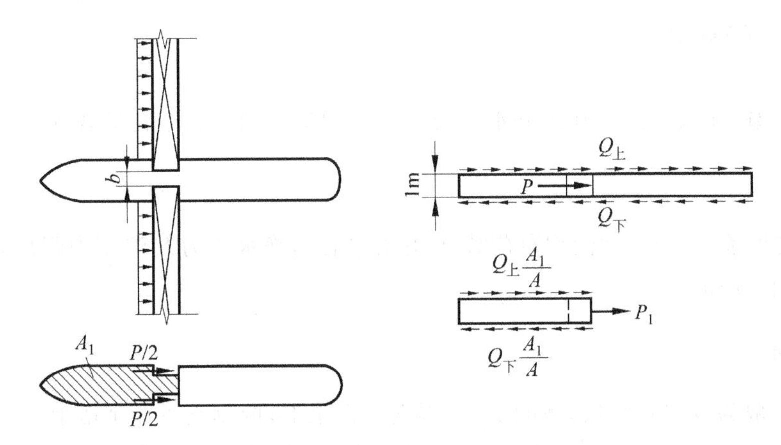

图7-19　闸墩在门槽附件的应力计算简图

从式(7-40)可以看出，门槽颈部所受拉力 P_1 与门槽的位置有关，门槽愈靠下游，P_1 愈大。1m高闸墩在颈部厚度为 b(m)的门槽颈部所产生的拉应力为

$$\sigma = P_1/b \tag{7-41}$$

当拉应力小于混凝土的容许拉应力时，可按构造配筋；否则，应按实际受力情况配筋。由于水压力是沿高度变化的，故应分段计算钢筋用量。

由于门槽承受的荷载是由滚轮或滑块传来的集中力，因而还应验算混凝土的局部承压强度或配以一定数量的构造钢筋。对于实体闸墩，除闸墩底部及门槽外，一般不会超过闸墩材料的容许应力，只需配置构造钢筋。

2. 弧形闸门闸墩

对弧形闸门的闸墩，除计算底部应力外，还应验算牛腿及其附近的应力。

弧形闸门的支承铰有两种布置形式：一种是在闸墩上直接布置铰座；一种是将铰座布置在伸出闸墩体外的牛腿上。后者，结构简单，制造、安装方便，应用较多。

牛腿轴线呈斜向布置，与闸门关闭时的门轴作用力方向接近，一般为1∶2.5～1∶3.5，宽度 b 不小于50～70cm，高度 h 不小于80～100cm，端部做成1∶1的斜坡。牛腿承受力矩、剪力和扭矩作用，可按短悬臂梁计算内力并据以配置钢筋和验算牛腿与闸墩的接触面积。

作用在弧形闸门上的水压力通过牛腿传递给闸墩，远离牛腿部位的闸墩应力仍可用前述方法计算，但牛腿附近的应力集中现象则需采用弹性理论进行分析。有人把闸墩当作底部固定的矩形板，用

有限元法，分别计算各种单位荷载作用下闸墩各点的应力，并编制了计算用表。三向偏光弹性试验结果表明：仅在牛腿前约2倍牛腿宽，1.5～2.5倍牛腿高范围内的主拉应力大于混凝土的容许应力，需要配置扇形方向的受力钢筋，将荷载传至闸墩上游和底部拉应力较小的部位，其余应力较小的部位可按构造配筋。对于大型闸墩的配筋需要进行深入研究。

7.7.3 胸墙的结构计算

胸墙承受的荷载，主要为静水压力和浪压力。计算图形应根据其结构形式和边界支承情况而定。

1. 板式胸墙

选取1m高的板条，板条上承受均布荷载 q（板条中心的静水压力及浪压力强度），按简支或固端梁计算内力，并进行配筋。

2. 梁板式胸墙

梁板式胸墙一般为双梁式结构，板的上、下端支承在梁上，两侧支承在闸墩上。

当板的长边与短边之比小于或等于2时，为双向板，可按承受三角形荷载的四边支承板计算内力。当板的长边与短边之比大于2时，为单向板，可以沿长边方向截取宽为1m的板条，进行内力计算与配筋。

顶梁与底梁可视为简支或固接在闸墩上的梁，其内力计算可参阅有关结构力学教程。

胸墙经常处于水下，必须严格限制裂缝开展的宽度。

7.7.4 工作桥与交通桥的结构计算

大、中型水闸的工作桥多采用钢筋混凝土或预应力钢筋混凝土装配式梁板结构，由主梁、次梁（横梁）、面板等部分组成。

作用在工作桥上的荷载主要有：自重、启闭机重、启门力以及面板上的活荷载。工作桥的面板、主梁和次梁，分别按其承受的荷载及边界支承条件用结构力学方法计算内力。

水闸闸顶的交通桥通常采用钢筋混凝土板桥或梁式桥单跨简支的形式。板桥适用于跨径较小的小型水闸，梁式桥多用于跨径较大（8～10m以上）的大、中型水闸。

7.8 水闸与两岸的连接建筑物

水闸与两岸或土坝等建筑物相接，必须设置连接建筑，包括：上、下游翼墙和边墩（或边墩和岸墙），有时还设有防渗刺墙。这些连接建筑物的主要作用是：

(1) 挡住两侧填土，维持土坝及两岸的稳定；

(2) 引导水流平顺进闸，使出闸水流均匀扩散，减少冲刷；

(3) 保护两岸或土坝边坡不受过闸水流的冲刷；

(4) 控制通过闸身两侧的渗流，防止与其相连的岸坡或土坝产生渗透变形；

(5) 在软弱地基上设有独立岸墙时，可以减少地基沉降对闸身应力的影响。

在水闸工程中，两岸连接建筑在整个工程中所占比重较大，有的可达工程总造价的15%～40%，闸孔愈少，所占比重愈大。因此，对连接建筑的形式选择和布置，应予以足够的重视。

7.8.1 连接建筑的形式和布置

1. 边墩和岸墙

建在较为坚实地基上、高度不大的水闸，可用边墩直接与两岸或土坝连接。此时，边墩即是挡土墙，承受迎水面的水压力、背水面的土压力和渗透压力，以及自重、扬压力等荷载。边墩与闸底板的连接，可以是整体式或分离式的，视地基条件而定。边墩可做成重力式、悬臂式或扶壁式，见图7-20。重力式墙可用浆砌石或混凝土建造。这种形式的优点是：结构简单，施工方便，缺点是耗用材料较多。扶壁式墙通常采用钢筋混凝土，用土石料回填于扶壁之间的空腔，代替重力式挡土墙中的大部分混凝土或浆砌石。

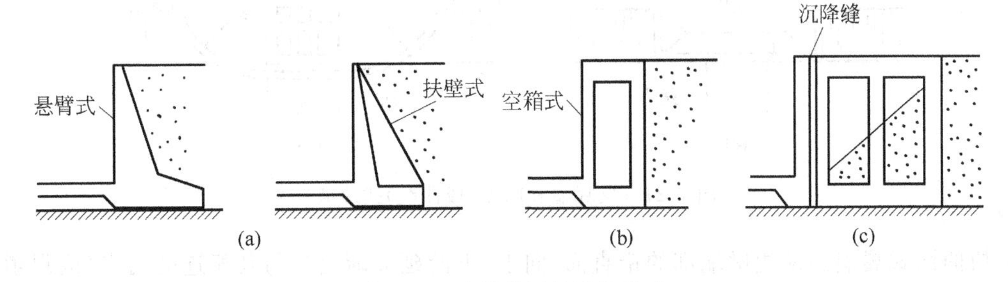

图7-20 边墩常用的结构形式

若闸身较高且地基软弱，如仍用边墩直接挡土，则由于边墩与闸身地基所受的荷载相差悬殊，可能产生较大的不均匀沉降，影响闸门启闭，在底板内引起较大的应力，甚至产生裂缝。可在边墩背面设置岸墙，边墩与岸墙之间用沉降缝分开(但应做好止水)，边墩只起支承闸门及上部结构的作用，而土压力则由岸墙承担。岸墙可做成悬臂式、扶壁式、空箱式。

如地基承载力过低，可保持河岸的原有坡度或将土堤修整成稳定边坡，用钢筋混凝土挡水墙连接边墩与河岸或土堤，边墩不挡土。

2. 翼墙

翼墙通常用于边墩的上、下游与河岸护坡相接，见图7-3的15和17。

上游翼墙除挡土外，最主要的作用是将上游来水平顺地导入闸室，其次是配合铺盖起防渗作用，因此，其平面布置要与上游进水条件和防渗设施相协调。顺水流流向的长度应满足水流条件的要求，一般为水闸水头的3～5倍。翼墙上游端插入岸坡，墙顶要超出最高水位至少0.5～1.0m。如铺盖前端设有板桩，还应将板桩顺翼墙底延伸到翼墙的上端。

下游翼墙除挡土外，其主要作用是引导出闸水流沿翼墙均匀扩散，避免在墙前出现回流漩涡等不利流态。翼墙的平均扩散角每侧宜采用7°～12°，其顺水流流向的投影长应大于或等于消力池长度，下游端部插入岸坡。墙顶一般要高出下游最高泄洪水位。为降低作用于边墩和岸墙上的渗透压力，可在墙上设排水孔，或在墙后底部设排水暗沟，将渗水导向下游。

根据地基条件，翼墙可做成重力式、悬臂式、扶臂式或空箱式等形式。在松软地基上，为减小边荷载对闸室底板的影响，在靠近边墩的一段，宜用空箱式。

常用的翼墙布置有以下几种形式：

(1) 反翼墙。如图7-21(a)所示，翼墙向上、下游延伸一定距离后，转弯90°插入河岸，向上游延伸至铺盖，以便与闸基防渗设施相接，可增加墙后渗径，但工程量较大。

(2) 圆弧式或曲线式翼墙。如图7-21(b)所示，翼墙从边墩开始，向上、下游用圆弧或1/4椭圆弧的铅直面与岸边连接。这种布置的优点是：水流条件好，适用于上、下游水位差及单宽流量较大的大、中型水闸。

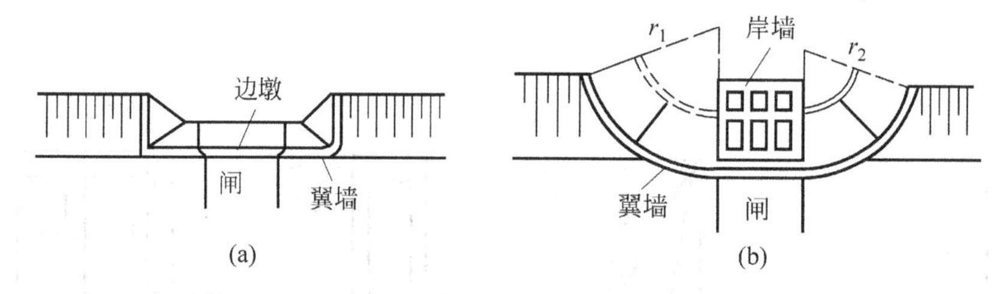

图7-21 反翼墙和圆弧(或曲线)式翼墙

(3) 扭曲面式翼墙。从边墩端部的铅直面，向上、下游延伸渐变为与其相连的河岸(或渠道)坡度为止，将翼墙做成扭曲面，见图7-22。其优点是：进、出闸水流平顺，工程量较省，但施工复杂。这种布置在渠系工程中应用最广。

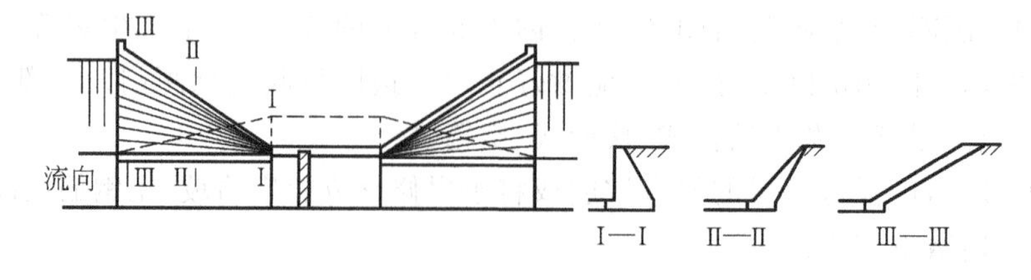

图7-22 扭曲式翼墙

3. 刺墙

当侧向防渗长度难以满足要求时，可在边墩后设置插入岸坡的防渗刺墙。有时为防止在填土与边墩、翼墙接触面间产生集中渗流，也可作一些短的刺墙。

刺墙应嵌入岸坡一定深度，伸入的长度可通过绕流计算确定。墙顶应高出由绕流计算求得的浸润面。刺墙一般用混凝土或浆砌石筑成，其厚度应满足强度要求。刺墙对防渗虽有一定的作用，但需将填土与刺墙接触紧密，增加用工，减慢施工进度，造价较高，应与其他方案进行比较。

7.8.2 侧向绕渗及防渗、排水设施

水闸上下游的翼墙之间因有水位差，会通过土堤发生绕渗。绕渗会增加渗漏损失，不利于翼墙、边墩或岸墙的结构强度和稳定，有可能使填土发生危害性的渗透变形和破坏。

绕渗是一个三维的无压渗流问题，可以用电比拟实验求得解答。当岸坡土质均一，透水层下有水平不透水层时，可将三维问题简化为二维问题，用解析法或有限元方法求得解答。

边墩及上游顺水流流向的翼墙相当于闸室的底板和铺盖，反翼墙及刺墙相当于板桩和齿墙，连接建筑的背面轮廓即为第一根流线，上、下游水边线为第一条和最后一条等势线。

用前面7.3节所述的闸基渗流的计算方法，即可求得的边墩及翼墙背水面的渗流水面线，估算作用在墩及墙上的渗透压力和渗流坡降。

上游翼墙及反翼墙正如闸底板上游的铺盖与板桩一样，在消减水头方面起着主要作用，而下游反翼墙和下游板桩一样会造成壅水，使边墩上的渗压加大，但可减小下游出口处的逸出坡降。为了避免填土与边墩、翼墙接触面间产生集中渗流，可将边墩与翼墙的背水面做成斜面，以便填土借自重紧压在墙背上。

两岸防渗布置必须与闸底地下轮廓线的布置相协调，要求上游翼墙与铺盖以及翼墙插入岸坡部分的防渗布置，在空间上连成一体。若铺盖长于翼墙，在岸坡上也应设铺盖，或在伸出翼墙范围的铺盖侧部加设垂直防渗设施，以保证铺盖的有效防渗长度，防止在空间上形成防渗漏洞。

在下游翼墙的墙身上设置排水设施，可以有效地降低边墩及翼墙后的渗透压力。排水设施多种多样，可根据墙后回填土的性质选用不同的形式，如：

(1) 排水孔。在稍高于地面的下游翼墙上，每隔2～4m留一个直径5～10cm的排水孔，以排除墙后的渗水。这种布置适用于透水性较强的砂性回填土。

(2) 连续排水垫层。在墙背上覆盖(或沿开挖边坡铺设)一层用透水材料做成的排水垫层，使渗水经排水孔排向下游。这种布置适用于透水性很差的粘性回填土。

7.8.3 连接建筑的破坏形式和稳定计算内容

边墩、岸墙和翼墙等连接建筑的稳定破坏形式有以下几种：

(1) 滑动破坏。在墙后填土压力的作用下，沿墙底向前滑动。

(2) 浅层地基的剪切破坏。当地基压力超过其容许承载力时,使浅层地基中某一曲面上的剪应力过大而破坏。

(3) 深层地基的剪切破坏。当地基内埋藏有较厚的软弱粘土层时,可能使墙身连同墙后填土沿某一曲面滑动。

(4) 下沉破坏。由于地基压力分布不均引起墙身过度前倾或后倾。

针对上述可能出现的破坏形式,稳定计算一般包括:①抗倾覆稳定;②抗滑稳定;③地基深层滑动;④地基承载力验算等。计算方法同前面各章节的相应内容。

7.9 其他闸型

7.9.1 灌注桩水闸

灌注桩水闸是用钻机造孔,泥浆固壁,水下灌注混凝土做成的一种桩基形式的水闸,见图7-23。其特点是:(1)底板以上的主要荷载借灌注桩传至地基深层,闸基不受表层地基承载能力的限制,可大大减小闸身的沉降量;(2)灌注桩嵌固于土体内,水平阻滑力较大,抗滑稳定性和抗震性能好;(3)可采用较大跨度的闸孔,以利于泄放大块冰凌、漂浮物和改善消能条件;(4)设备简单,减轻了地基处理的工作量。一般说来,灌注桩水闸可比普通底板水闸的造价降低1/3以上,可用于各种地基。

闸底板采用分离式结构,由灌注桩承台及中间底板两部分组成。承台厚度一般采用1~1.5m左右,长度、宽度随上部结构布置和灌注桩根数而定。桩与承台边的最小净距一般为0.3~1.0m。中间底板的主要作用是保护基土不受水流冲刷和构成地下防渗轮廓的一部分,其厚度主要取决于渗透压力。底板与承台间应分缝并设止水。闸孔净跨一般为10~12m。当跨度较大时,可将底板分成数块。闸身上部结构只须满足强度要求。闸墩断面尺寸可以尽量减小,有时还可做成框架式结构,见图7-23。

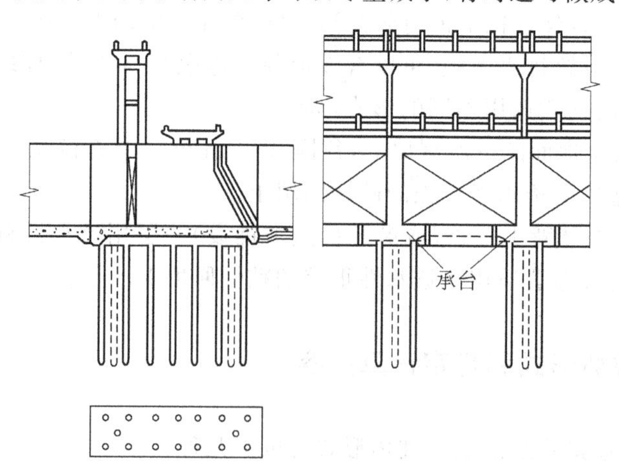

图7-23 灌注桩水闸

两岸连接部分，应尽可能减少边墩背水面的填土高度，因为过高的填土，将引起边墩两侧的沉降差，对灌注桩可能产生"负摩擦"，降低桩的承载能力；其次，地基沉降可能使承台底面与基土脱空，形成集中渗流通道，引起渗流破坏；最后，将增大边孔灌注桩的水平荷载，使桩内应力加大或增加桩的工程量。为此，可考虑采用刺墙或斜坡式无翼墙连接。

7.9.2 装配式水闸

装配式水闸除底板采用现浇外，其他可分成若干不同形式的预制构件进行装配。其优点是：(1)施工进度快，可缩短工期；(2)节省大量木材和劳动力，一般可节约木材 60%～80%、节省劳力 20%；(3)便于施工管理，提高工程质量，构件可在施工条件较好的工厂中预制，不受季节、气候影响，可常年施工，且构件在预制过程中，质量易于控制，造型准确、美观。

装配式水闸和现场浇筑的水闸，在设计方法上无甚差别，只是对构件的运输、吊装、接缝、整体性及防渗等方面需要进行专门设计。设计要求：(1)构件力求定型化、规格化、简单化，事先绘制构件安装大样图，保证施工快速而准确；(2)根据运输及吊装设备能力，确定单元构件的尺寸和重量；(3)构件在安装时要满足结合紧密、牢固、简单、美观的要求；(4)充分利用材料强度减轻自重；(5)混凝土强度等级，水上和长期在水下的一般构件可采用 C15，门槽、牛腿支座梁及桥梁等构件采用 C20 至 C30。

7.9.3 浮运水闸

浮运水闸是装配式水闸在施工方法上的又一发展，适用于修建沿海地区的挡潮闸。浮运水闸的施工程序是：先在适宜的场地预制并装配成整体闸室单元，用封口板将上、下游封闭，形成空箱；与此同时，清理闸基表层松软的砂层，基面用砾石保护，夯实、整平，以防潮流冲刷，并做好反滤设施，防止挡潮闸在运行中发生渗流破坏；然后，在涨潮期将空箱自动浮起，用拖船拖运至建闸地点，定位、向箱内填砂、沉放就位、填塞闸室单元间的横缝；最后，完建护坦、护坡和工作桥、交通桥等上部结构。浮运水闸的优点是：(1)可节约土方开挖和劳力；(2)不要求断流施工；(3)现场施工时间短；(4)对地基承载力的要求较低。设计浮运水闸需要考虑预制、浮运、沉放和竣工运用 4 个阶段的工作情况。各部件的结构尺寸和配筋，应按各阶段最不利的受力情况确定。单元长度一般为 15～25m。浮运水闸主要靠闸底板长度来满足防渗要求，而防渗设计的主要目的则是防止砂基的渗流破坏，故闸室与护坦的分缝可不设止水。护坦可采用预制混凝土箱格构件，内填卵石或块石，海漫采用抛石结构。

采用浮运水闸需要注意解决好以下几个方面的问题：(1)由于清基需在水下进行，基面平整度难以控制；(2)底板与护坦间没有连接，整体抗滑稳定和防渗性能较差；(3)水上作业多，需要有一定容量的拖船和其他水下施工设备。

7.9.4 橡胶坝水闸

橡胶坝水闸是以高强度合成纤维做胎(布)层,用合成橡胶粘合成袋,锚固在闸底板上,用水或气充胀挡水的水闸,见图7-24。橡胶水闸是本世纪50年代末,随着高分子合成材料的发展而出现的一种新型水工建筑物,并于1957年建成了世界上第一座橡胶坝水闸。实践表明,橡胶坝水闸具有结构简单、抗震性能好、可用于大跨度、施工期短、操作灵活、工程造价低等优点,因此,很快在许多国家得到了应用和发展。从1965年至1995年的30年时间,日本已建成2 500多座,我国建成了360余座。已建成的橡胶坝水闸高度一般为0.5～3.0m,少数为4～7m,在我国,最高的已达5.0m。橡胶坝水闸的缺点是:橡胶材料易老化,要经常维修,易磨损,不宜在多泥沙河道上修建。

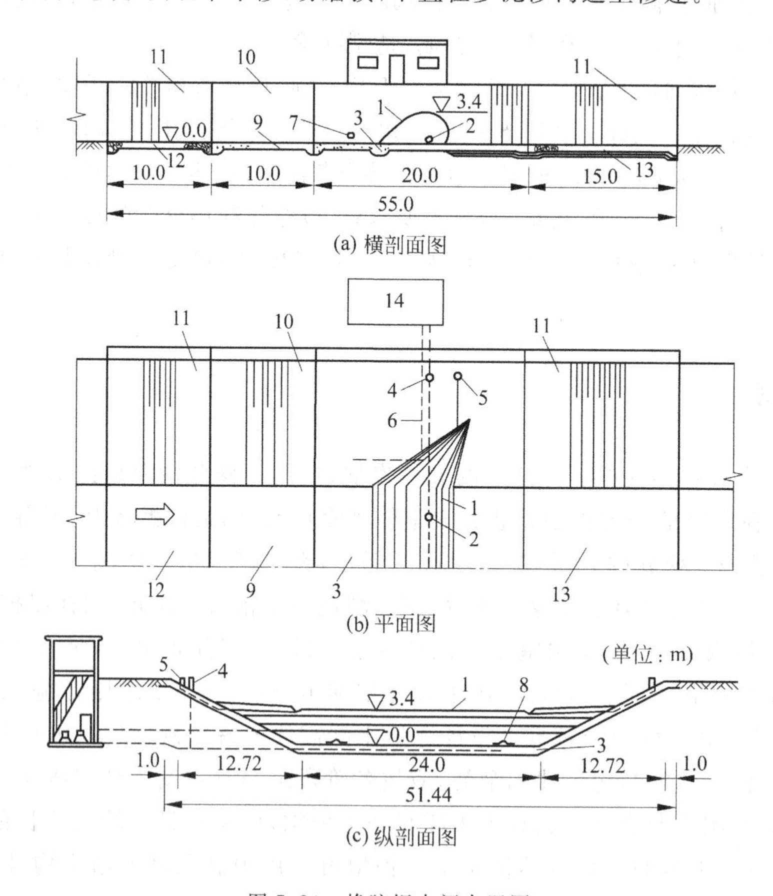

图7-24 橡胶坝水闸布置图

1—胶袋;2—进出水口;3—钢筋混凝土底版;4—溢流管;5—排气管;6—泵吸排水管;7—泵吸排水口;8—水帽;9—钢筋混凝土防渗板;10—混凝土板护坡;11,12—浆砌石;13—铅丝石笼;14—泵房

橡胶坝水闸由三部分组成：(1)土建部分，包括：底板、两岸连接建筑(岸墙)及护坡、上游防渗铺盖或截水墙，下游消力池、海漫等；(2)闸体(即橡胶坝胶袋)；(3)控制及观测系统，包括：充胀胶袋的充排设备、安全及观测装置。

橡胶坝水闸有单袋、多袋(以加高蓄水位)、单锚固和双锚固等形式。胶袋可用水或气充胀，前者用于经常溢流的闸袋，为防止充水冰冻也可以充气。

胶袋设计工作主要是：根据给定的挡水高度和挡水长度，拟定胶袋充水(气)所需的内水(气)压力，进而计算胶袋周长、充胀容积和袋壁拉力，并据以选定橡胶帆布的型号。计算方法可采用壳体理论或有限元法。随着高分子合成工业的发展，橡胶坝水闸有着广阔的发展前途。

7.9.5 水力自控翻板闸

闸门为平板门，可以是钢结构，也可采用钢筋混凝土结构，以单铰或多铰与固定的支墩相连接[参见图8-1(d)]。当上游水位超过门顶某一高度时，作用于闸门上的水压力的合力作用点上移至铰轴的上方，闸门即自动向下游返转，开启度随上游水位升高而增大，直到全开。当上游水位降至蓄水位以下，闸门自行关闭。这是我国创造的水力启闭自控翻板闸。

翻板门适用于高度为2～4m的小型水闸，其工作特点是：(1)由于门的高度较低，可以采用较大的跨度；(2)简化闸室结构，降低造价；(3)运行中，闸门淹没在水下，不利于排放漂浮物；(4)不设检修门，检修不便；(5)难于控制水位和流量，且在某一开度下，闸门随水流而振动。

内蒙古乌兰哈达引水枢纽的拦河闸共6孔，采用液压启闭翻板钢闸门，闸门可较平稳地停留在任意角度，容易控制水位，避免闸门振动，枢纽运行正常，收到了较好的经济效果。

思 考 题

1. 水闸按其功能考虑有哪些类型？水闸有哪些工作特点？
2. 选择水闸闸址应注意哪些问题？初步设计水闸孔口尺寸一般应考虑哪些因素？
3. 为什么对水闸作渗流分析？如何做好水闸的防渗设计和排水设计？
4. 水闸的构造组成有哪些？
5. 为什么对水闸作稳定分析和沉降校核？分别试述水闸稳定分析和沉降校核的方法。
6. 对水闸地基处理的内容有哪些？
7. 闸室结构计算的方法有哪些？各适用于什么范围？
8. 水闸与两岸连接的建筑物有哪些？
9. 其他闸型还有哪些？各适用于什么条件？各有什么特点？

第8章 闸　　门

学习要点

平面闸门和弧形闸门两大类最常用的闸门，应掌握其结构受力特点和应用条件。

8.1 概　　述

闸门安装于溢流坝、岸边溢洪道、泄水孔、水工隧洞和水闸等建筑物的孔口上，用以调节流量，控制上、下游水位，是水工建筑物的重要组成部分。

8.1.1 闸门的类型

闸门按其工作性质可分为：工作闸门、事故闸门和检修闸门。工作闸门承担上述各项主要任务，能在动水中启闭。事故闸门用在建筑物或设备出现事故时，在动水中关闭孔口，阻断水流，防止事故扩大；在事故排除后，向门后充水平压，在静水中开启，能在短时间内关闭孔口的则称为快速闸门。检修闸门用以短期挡水，以便检修建筑物、工作闸门及机械设备等，一般在静水中启闭。

闸门按门叶的材料可分为钢闸门、钢筋混凝土闸门、钢丝网水泥闸门、木闸门及铸铁闸门等。使用钢筋混凝土制造门叶，能节省钢材，但门体较重，仅在低水头的中、小型水闸上使用，或者用于作施工截流的一次性关闭孔口的闸门；木闸门在我国趋于不用或很少用；在我国目前最为常用的是钢闸门，但需作好钢材的防锈、防蚀保护。

闸门按结构形式和动作特征分为下列各种(见图8-1)：

(1) 叠梁门，将单个梁逐根放入门槽内挡水，用于检修闸门或小型涵闸的工作门。

(2) 平面闸门，应用最广，形式多样，本章即着重介绍这种类型的闸门。

(3) 转动式门，包括：舌瓣闸门、翻板闸门和盖板门(亦称拍门，多用于泵站出口)。

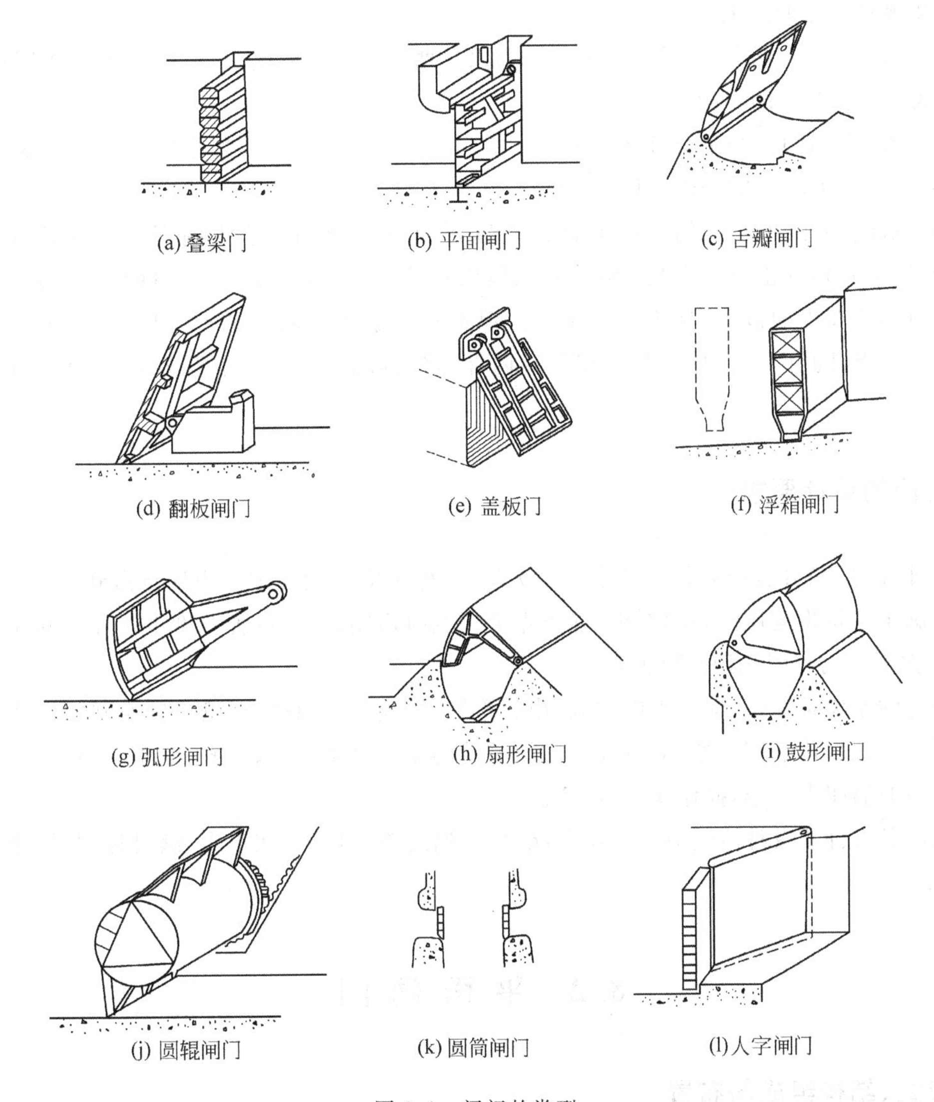

图 8-1　闸门的类型

(4) 浮箱闸门，形如空箱，在水中可以浮动。将门叶拖运到门框处后，向箱内充水，门即下沉就位，可用作检修门。

(5) 弧形闸门，启门时闸门绕支铰转动，广泛用于工作门。

(6) 扇形闸门，外形上近似弧形门，但它有封闭的顶板，并铰支在底板上。通过向门下空腔充水，可使闸门上升挡水，将水排出空腔，闸门即下降泄水，顶板形成溢流面的一部分。当支铰位于上游侧时称为鼓形门。

(7) 圆辊闸门，形如横卧圆管，可沿门槽内轨道滚动，滚到底即可封闭孔口。为了改善其水流条件，在底部和顶部往往加设檐板。

(8) 圆筒闸门，为一直立的圆筒，位于竖井内以封堵环列的一圈孔口，由于水压力作用均匀向心，合力为零，故启闭闸门时阻力很小。

(9) 人字闸门，由两扇绕垂直轴转动的大平板门组成，当闭门时，支撑呈“人”字形被水压紧，上下游平压时便于打开过船。人字闸门用于船闸。

溢流坝、水闸、溢洪道上的闸门一般露天布置，门顶露出水面，这类闸门称为露顶式闸门。露顶式闸门的门顶应超过正常蓄水位，并需考虑风浪壅高，再加安全超高。如用固定的胸墙封堵孔口的上部，则门顶在水面以下，称为潜孔闸门。泄水孔及水工隧洞中的深孔闸门，一般需布置在闸门井内，也属于潜孔闸门。而那种封闭在管道内部，将门叶、外壳、启闭机械组成一体的闸门，通常称为阀门。

8.1.2 闸门的设计要求

闸门是水工建筑物的活动部分，要求运用灵活，工作可靠。设计中应当注意做到：

(1) 能满足建筑物运用的各项要求，能根据需要及时启闭，能在各种开度下工作。对于在某些开度下不能正常工作的闸门选用时要慎重考虑。

(2) 闸门的水流条件好，即泄水能力大，出流平顺，避免引起门底、门槽空蚀及闸门振动。

(3) 闸门与孔口接触周边处，应有固定的与活动的止水设备，封水严密，漏水量小。

(4) 闸门的启闭力要小，操作简便、灵活。

(5) 闸门各部件的设计应适应工厂制造能力、交通运输条件、安装水平，满足运用、检修及养护等方面的要求。

8.2 平面闸门

8.2.1 形式、结构组成与布置

平面闸门按提升方式及提升后的位置划分为直升式和升卧式两种。

直升式平面闸门(图8-2)普遍用于工作门、事故门和检修门。它的优点是：(1)门叶结构简单，便于制造、安装和运输；(2)闸门可吊出孔口，便于检修和维护；(3)互换性好，各孔闸门可以互换，工作闸门可以作检修闸门用；(4)布置紧凑，所需闸墩长度或闸门井尺寸较小，闸墩受力条件好，配筋简便；(5)启闭设备构造简单，便于使用移动式启闭机。缺点是：(1)因有门槽，下泄水流产生低压漩涡，影响泄流能力，促使水流空化，门槽易被空蚀，在深孔闸门中尤其如此；(2)启闭力比弧形闸门大，需用起重量较大的启闭机；(3)露顶闸门泄水时，门底须高出最高水位，故工作桥排架较高，而高排架

易受地震损害。

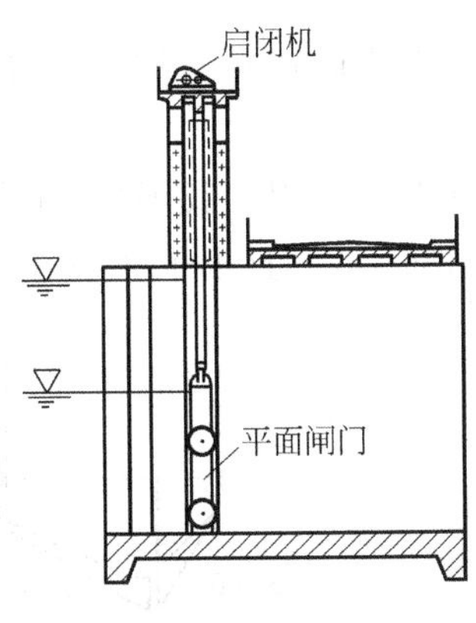

图 8-2 直升式平面闸门

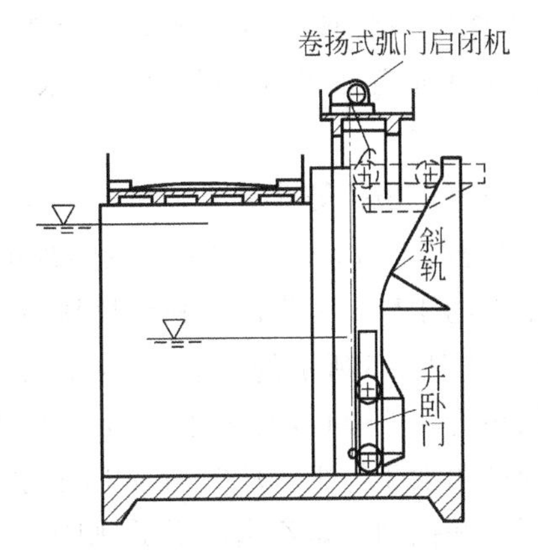

图 8-3 升卧式平面闸门

升卧式平面闸门(图 8-3)可以降低工作桥的排架高度,提高耐震性能。它的特点是:承受水压的主轮轨道自下而上分成直轨、弧轨和斜轨段,主轨对侧的反轨皆为直轨,闸门吊点位于门底(靠近下主梁)面板上游侧。当闸门开启时,向上提升一定高度后,上主轮走到弧轨段,下主轮将倒向反轨侧沿之滚动,闸门后倾,继续提升闸门,高出水面后,闸门处于平卧状态。升卧门存在的主要问题是:吊点在上游水体内,启闭机的动滑轮组和钢丝绳长期浸水容易锈蚀。

平面钢闸门的门叶由承重结构(包括:面板、梁系、竖向联结系或隔板、门背(纵向)联结系和支承边梁等),行走支承,止水装置和吊耳等组成。

平面钢闸门通常是单扇的。为了排泄漂浮物或冰凌而不多耗水量,并准确调控上游水位或为了降低工作桥高度,可采用上下双扉的平面闸门,见图 8-4。

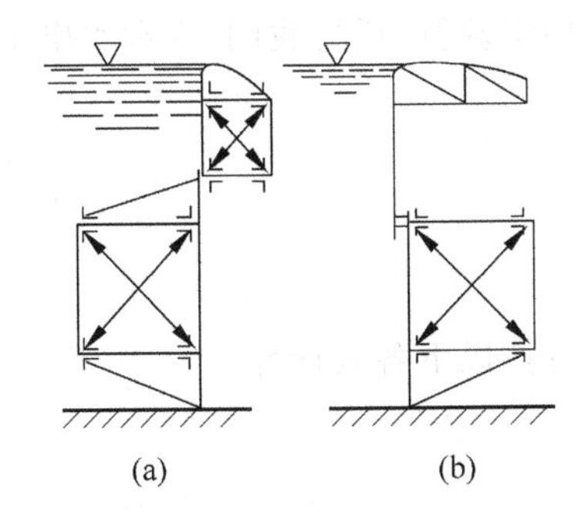

图 8-4 双扉的平面闸门示意图

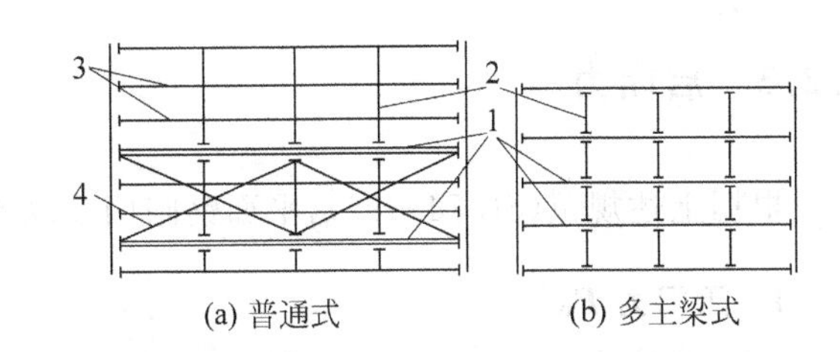

图 8-5 平面钢闸门的梁系布置形式

1—主梁;2—垂直次梁;3—水平次梁;4—横向连接系

平面钢闸门的梁系布置形式有普通式和多主梁式两种。

普通式如图 8-5(a)所示,主梁为两个水平梁,其余为垂直次梁和水平次梁。水压荷载由水平次梁传到垂直次梁，再由垂直次梁传到水平主梁。为增加闸门的整体刚度，还设置竖向连接系和横向连接系，一般次梁用型钢，主梁用板梁或桁架。

多主梁式布置如图 8-5(b)所示，水平梁全部为主梁，水压荷载通过垂直次梁直接传到水平主梁。

主梁位置一般按等荷载原则布置，全部主梁的截面相同，便于制造。根据我国《水利水电工程钢闸门设计规范》SL 74—95，顶横梁到门顶的悬臂长度小于门高的 0.45，并且小于 3.6m，以保证悬臂部分有足够的刚度。工作闸门和事故闸门的底主梁到底止水的距离，应满足图 8-6 所示的要求，即底主梁的上游翼缘与底止水连线的倾角为 45°～60°，宜采用 60°，底主梁的下游翼缘与底止水连线的倾角大于等于 30°，以保证门下水流不冲击主梁，门底不发生真空和振动。如若满足不了，则应采用补气措施。

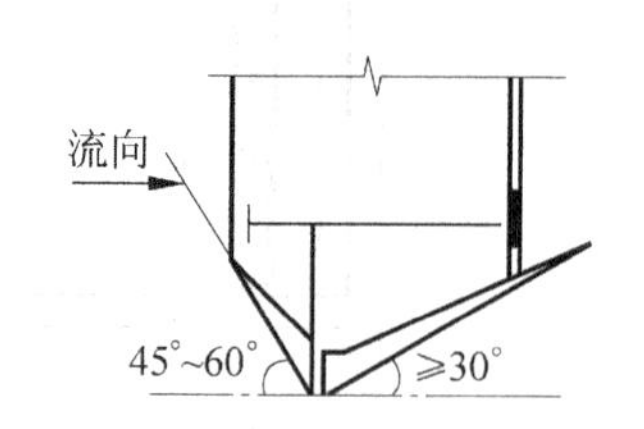

图 8-6　底主梁与底止水的位置

平面闸门的基本尺寸根据孔口尺寸决定。孔口尺寸应优先采用钢闸门设计规范中推荐的系列尺寸。

8.2.2　结构计算

目前平面钢闸门的结构计算，一般采用平面体系假定和允许应力方法。实际上，平面钢闸门是空间结构，近年来已开始对闸门进行空间体系分析，采用有限元方法计算，但还不多。

闸门的荷载有：闸门自重，静水压力，动水压力，泥沙压力，浪压力，风压力，启闭力等。按照我国《水利水电工程钢闸门设计规范》SL 74—95，在高水头作用下经常动水操作或经常局部开启的工作闸门，应考虑闸门各部件承受不同程度的动力荷载，其值为各部件承受的静荷载乘以不同的动力系数，其范围是 1.0～1.2(对于大型工程、水流条件复杂的重要工作闸门应作专门研究)。闸门的结构计算应按照实际可能发生的最不利的荷载组合，进行强度、刚度和稳定验算，详见我国《水利水电工程钢闸门设计规范》SL 74—95。

8.2.3　启闭力

根据上述规范(SL 74—95)，平面钢闸门在动水的启闭力可按以下各式计算。

1. 闭门力 F_W

$$F_W = n_T(T_{zd} + T_{zs}) - n_G G + P_t \tag{8-1}$$

式中：n_T——摩阻力的安全系数，一般取 1.2；

T_{zd}——支承摩阻力；

T_{zs}——止水摩阻力；

n_G——自重修正系数，计算闭门力时取0.9～1.0；

G——闸门自重；

P_t——上托力，与闸门底缘的形状有关。

计算结果，若 F_W 为负值，表示闸门能依靠自重关闭；当 F_W 为正值时，需要加压力闭门。如用油压启闭机或螺杆启闭机加压，应当按 F_W 验算加压杆的稳定性，如为卷扬式启闭机，则需改变闸门布置，利用水柱重(W_s)加压，或者设加重块(G_j)。

2. 启门力 F_Q

$$F_Q = n_T(T_{zd} + T_{zs}) + P_x + n'_G G + G_j + W_s \tag{8-2}$$

式中：P_x——下吸力，按新规范附录D计算；

n'_G——计算启门力用的自重修正系数，取1.0～1.1；

G_j——加重块重量；

W_s——作用于闸门上的水柱，它与闸门上下缘止水的位置有关。

其他符号同前一式的说明。

在静水中开启的闸门(如检修门)，不计 P_x，摩阻力 T_{zd} 和 T_{zs} 也很小。但考虑到下游工作门的止水漏水和观察平压不准，可按1～5m(深孔闸门)或小于1m(露顶闸门和电站尾水闸门)的水位差计算摩阻力。

8.2.4 启闭机

常用的启闭机有卷扬式、螺杆式、台车式、门式和液压式等。按启闭机是否能够移动，又可分为固定式及移动式。移动式启闭机多用于操作孔数多又不要求分步均匀开启的闸门，特别是检修门。对要求在短时间内全部开启或需施加闭门力的闸门，一般要一门一机。

启闭机的额定容量应与计算的启闭力相匹配，如稍小时，差额不得超过5%。

1. 卷扬式启闭机

卷扬启闭机常用固定式(图8-7)，我国有QPQ定型产品，它是由电动机带动减速箱、卷筒(又称绳鼓)，从而缠起或放出钢丝绳以带动闸门升降。卷扬启闭机启门力大(目前最大为6 000kN)，通过定、动滑轮组提高起吊力，可减小启闭机的功率和重量，比较经济。

启闭机可用单吊点或双吊点，根据门的大小和宽高比而定。当闸门较大、宽高比大于1时，一般用双吊点。吊具通过销轴与闸门的吊耳相连。

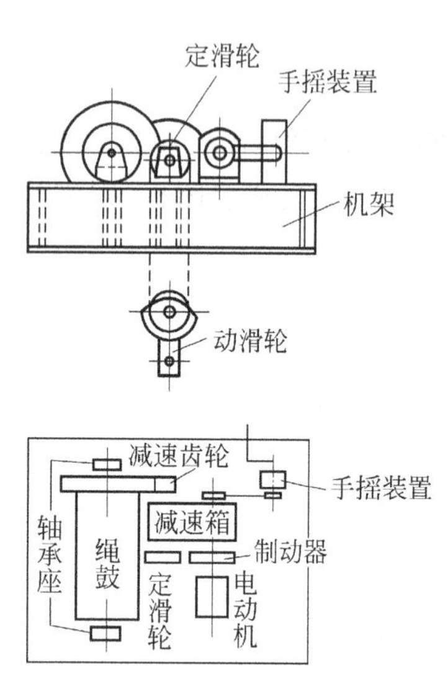

图 8-7 卷扬式启闭机

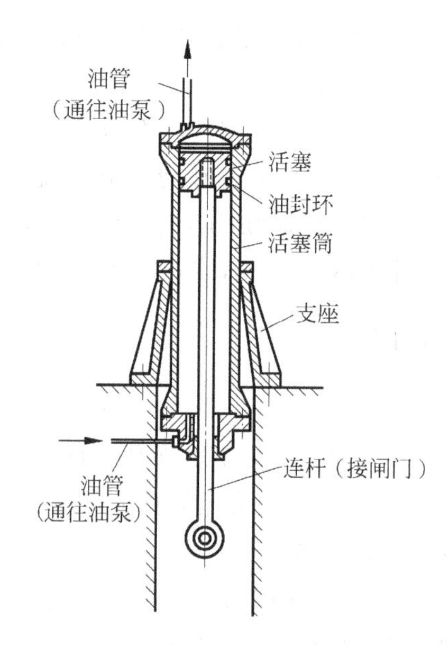

图 8-8 油压启闭机

升卧式闸门如采用卷扬式平面闸门启门机,则动滑轮组将浸于上游水体中,且闸门的吊耳座需伸出面板之外很远,才能布置动滑轮组,采用转向节可减小吊耳座尺寸,但钢丝绳略有扭曲,更易锈蚀。若取消滑轮组(习惯称之为卷扬式弧形闸门启闭机),可以避开动滑轮浸水和转向的问题,但启闭机功率增大,重量增加,工作桥造价也相应提高。

选用启闭机时,应注明型号、起门高度和吊点中心距以及是否要设手动装置等。吊点中心距应参照闸门构造选定。露顶闸门起门高度应提出水面以上 1~2m,快速(事故)闸门提到孔口以上 0.5~1m。

2. 螺杆式启闭机

螺杆式启闭机一般用于小型平面闸门,定型产品起重量多数为 3~100kN,最大达 750kN。

3. 液压启闭机

液压启闭机多以油为介质,通过液体传递压力推动活塞,牵引闸门升降。利用液体泵系统可以带动多个启闭机的活塞杆工作。它的优点是:动力小、启闭力大,机体(油缸与活塞杆)小、重量轻,并能集中操纵,易于实现遥控及自动化,操作平稳、安全,并对闸门有减震作用等。目前最大启闭力达 6 000kN。主要问题是长行程的油缸内圆镗磨加工受到厂商加工能力的限制。

油压启闭机的构造如图 8-8 所示。油缸以下的外露活塞杆套有防尘罩,以免活塞杆被污染、锈蚀,磨损密封圈而漏油。

8.2.5　吊耳和锁定

1. 吊耳

吊耳位于闸门的吊点处，与启闭机的吊具相匹配，承受闸门的全部启门力。

直升式平面闸门的吊耳一般设于竖向隔板或支承竖梁的顶部(图8-9)，并应尽可能在闸门重心的垂面内，以免悬吊时闸门歪斜。升卧式平面闸门的吊耳应布置在竖向隔板下部，面板的上游侧[图8-9(c)]。

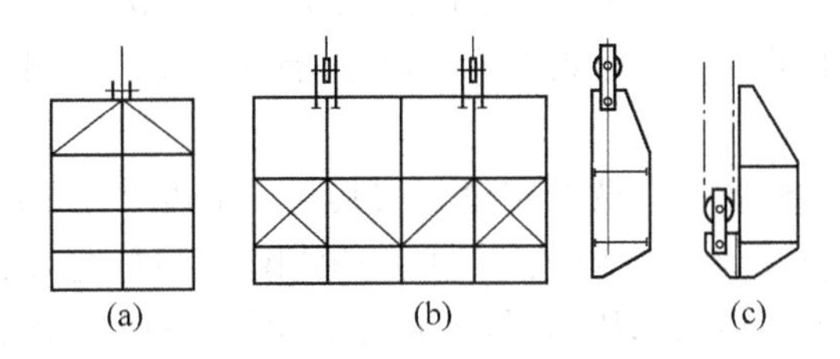

图8-9　吊耳的布置

吊耳的构造形式，根据吊耳所在位置以及启闭机的吊具类型而定。可在闸门顶梁上焊接吊耳板或直接在竖向隔板或竖向梁的腹板上镗出吊耳孔，同吊具的销轴(或称吊轴)相连接。对于升卧式闸门，为了减少吊耳座的悬臂尺寸，采用转向节使动滑轮的直径平面转过90°，与闸门面板相平行。

2. 锁定器

锁定器的作用是将开启的闸门固定在指定开度上，以解除启闭机的负荷或移走活动启闭机。

锁定器形式多样，图8-10(a)为翻转式悬臂锁定梁，图8-10(b)为平移式悬臂锁定梁，图8-10(c)为平移式简支锁定梁。利用这些锁定梁别住焊在闸门或吊杆上的牛腿，将闸门锁定就位。此外，在油压启闭机还可配置自动锁定器。

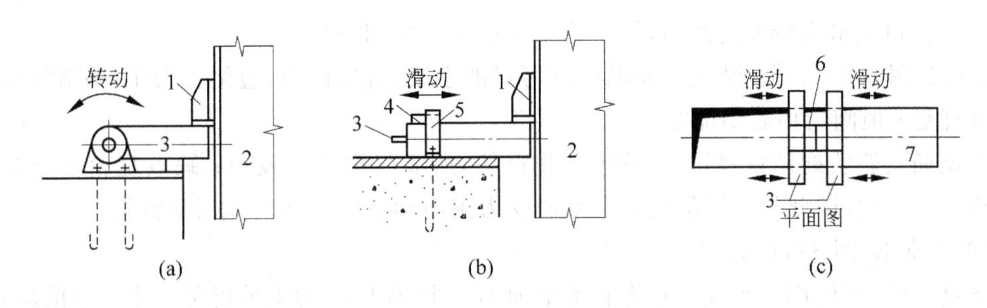

图8-10　锁定梁的形式

1—牛腿；2—闸门或吊杆；3—锁定梁；4—楔块；5—锁环；6—吊杆；7—门槽孔

8.2.6 行走支承

平面闸门的行走支承部件关系到闸门的安全顺利运行,要求它既能将闸门所承受的全部荷载传递给闸墩(墙),又要保证闸门沿门轨平顺地移动。为此,在闸门的边梁上除设有主要行走支承外,还需设有导向装置,如反轮、侧轮等辅助件,以防闸门升降时发生前后碰撞、歪斜、滑出或卡阻等故障。

1. 轮式支承

轮式支承应用广泛。其优点是:滚轮与轨道间的滚动摩擦系数小而稳定,启闭省力,运行安全可靠,缺点是:构造比较复杂,重量较大。轮式支承有定轮、台车和链轮三种形式。

1) 定轮式支承

定轮式支承一般在闸门两侧各布置两个定轮。按其与支承边梁连接的方式,还可分为:

① 悬臂式。用悬臂轴将滚轮装在双腹式边梁的外侧[图 8-11(a)],滚轮轴布置在两个主梁与边梁的结点之外。要求做到在承受最大水压力时,各轮受力相等,一般每个轮压可达 500~1 000kN。

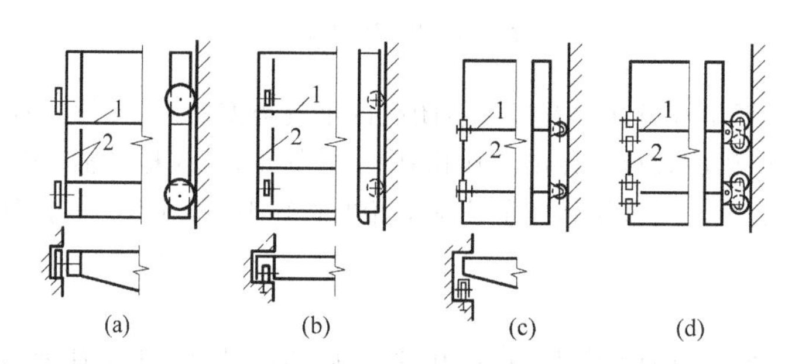

图 8-11 轮式支承的形式

1—主梁;2—支承边梁

② 简支式[图 8-11(b)]。滚轮以简支轴装在双腹板式边梁的腹板之间(错开主梁与边梁结点),简支式适用于孔口或水头较大的闸门,每个轮压可达 1 000~1 500kN。

③ 轮座式[图 8-11(c)]。装置主轮的轮座可对准主梁,直接传力,边梁受力小,构造简单,轮座易于调整是其优点;但闸门槽需要加宽。

悬臂轮比简支轮装配调整容易,主轮可兼作反轮,所需门槽尺寸较小;缺点是轮轴弯矩大、边梁受扭而腹板受力不均,因此轮压不能过大。双向受力闸门和升卧式闸门都用悬臂轮。

2) 台车式支承[图 8-11(d)]

当轮压过大时,可使用台车式支承将轮数增加到 8 个,而门叶的支承仍是 4 个。它的缺点是构造复杂,重量大。

3) 链轮式支承

它是由一串滚柱形成的环形链(履带),因滚柱多而均匀密布,单柱承压小,适用于大尺寸的深孔闸门，但要求滚柱加工精度很高，价钱昂贵。我国东江水电站的链轮式平面闸门尺寸为7.5m×9m，最大水头为100m。法国谢尔蓬松坝链轮闸门为6.2m×11.0m，水头达126m。

2. 滑道式支承

滑动支承应用较早，但因铸铁与钢板或木材之间的摩擦系数较高，只用于小型闸门。当低摩擦系数(0.05～0.13)的酚醛树脂胶木(压合胶木)出现后，因其构造简单、重量轻，安装制造容易，滑道式支承再度得到推广。胶木滑道的构造为了保证压合胶木的质量，制造时应注意布置成顺木纹端面受压，如图8-12所示。支承方钢的顶部呈圆弧形，表层为不锈钢，磨光至6∇光洁度，厚度不少于2～3mm。

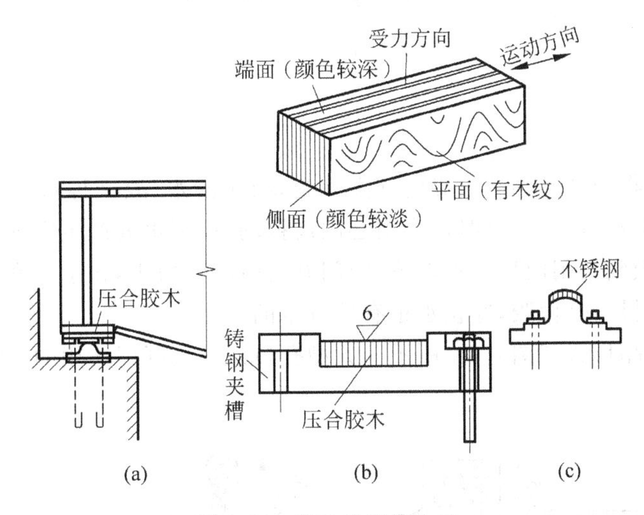

图8-12 胶木滑道的构造

但压合胶木性能还不太稳定，特别是在浑水中或干湿交替的环境中，摩擦系数会变大，运用可靠性尚待提高。目前在开发的新型滑道材料，如：各种高强度工程塑料，含油润滑树脂及低摩擦系数、耐腐蚀的陶瓷材料等，前景良好。

3. 侧向和反向导承

侧轮(或侧滑块)的作用是防止闸门主轮脱轨，或因起吊不均衡闸门歪斜而卡定在门槽内。为了减小侧轮在闸门歪斜时所受的力，上下两侧轮的距离应尽量加大。

反轮(或反滑块)布置在闸门的上游侧，防止闸门启闭时前后歪斜或碰撞，如用弹性支座将反轮抵紧在反轨上还可缓冲闸门振动。

图8-13为侧轮、反轮和侧止水布置示意图，其中：图8-13(a)侧滑块在闸门两端，反滑块在上游侧；图8-13(b)悬臂式侧轮及反滑块均在上游侧；图8-13(c)主轮起到反轮作用，侧轮在下游侧。

侧轮和反轮均应与相应轨道之间留有间隙，一般为10～20mm。

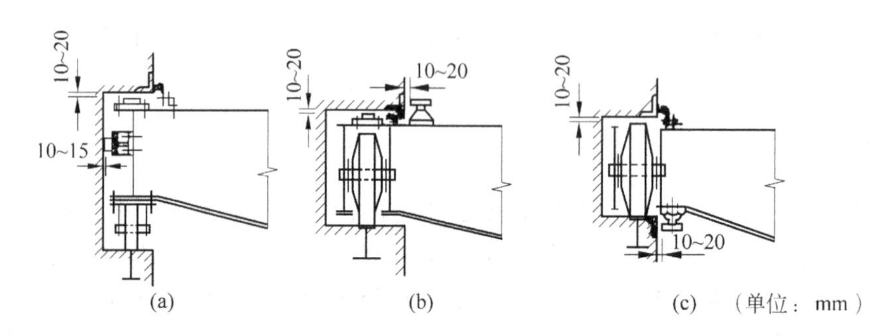

图 8-13 侧轮、反轮和侧止水布置简图

8.2.7 止水装置

止水装置的作用是将门叶与闸孔周界的间隙密封，阻止漏水，故又称水封。如果止水效果不好，闸门漏水严重，不仅损失水量，而且有时还会引起闸门振动，在漏水处产生空蚀破坏等。因此，在选择止水形式与布置时，要做到关闸门后止水严密，闸门开启时摩阻力小，止水件磨耗少、耐用、安装方便、更换容易。常用的止水材料是橡胶，底止水也有用方木的。

橡皮止水的定型产品形式如图 8-14 所示。大型孔口或深孔闸门所用的止水内部夹有帆布条带，如图中的虚线所示。

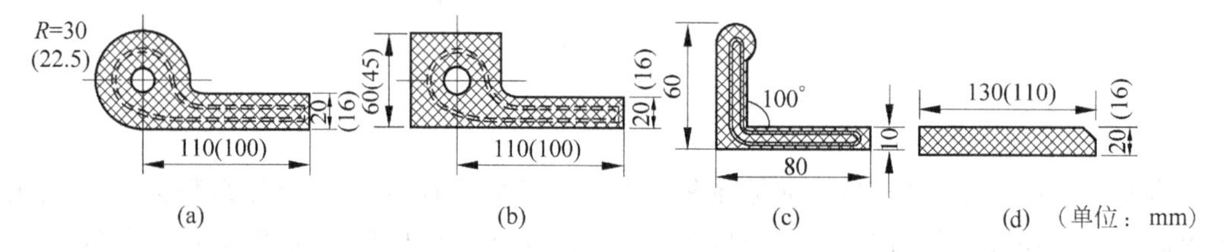

图 8-14 橡皮止水定型尺寸

露顶式平面闸门，一般将侧止水设在上游侧，门底设底止水。侧止水的构造见图 8-15(a)。当侧滑块或侧轮与轨道间的间隙较大时，宜将侧止水布置在门槽内，如图 8-13(b)所示，以防闸门侧移时，橡皮止水被挤压撕裂。

P 形止水的位置和方向随水流方向而定，应使其在水压力作用下紧附在止水座表面上。

钢闸门的底止水一般用条形橡皮，用压板固定在闸门底缘上，利用门重将其压紧在闸孔底槛上，如图 8-15(b)所示。其优点是：泄流条件好，闸门底缘所受的负压力小。

顶、侧、底止水的接合部是关键部位，处理不好最易漏水，应彻底封闭它们之间的缝隙，并使相邻的止水件变形能力相近。P 型止水转角连接件有定型产品，专供顶、侧止水连接用，如图 8-16 所示。钢闸门的条形底止水穿过面板与侧止水相接，在穿越处将面板割出豁口。

潜孔式闸门的侧止水宜设在门槽内，并应设顶止水。

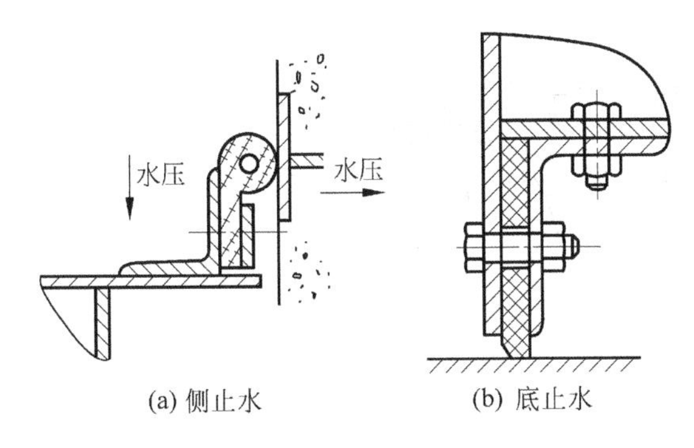

图 8-15　侧止水和底止水的细部构造

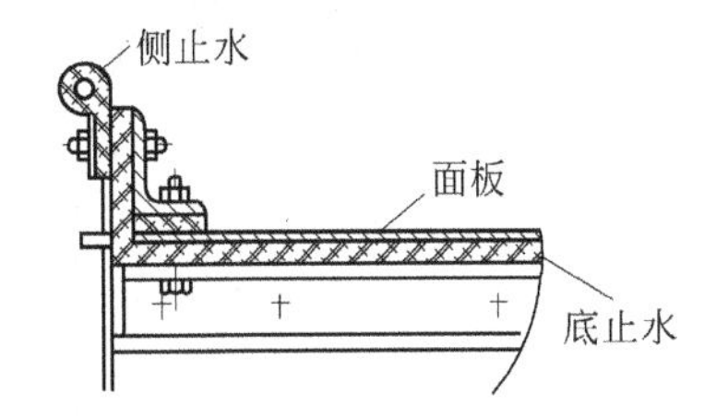

图 8-16　侧、底止水的连接

若水平顶止水和垂直侧止水都布置在闸门的下游侧，水平底止水布置在上游面板处，两端有水平连接段沿闸门边柱向下游转折与侧止水底端相连，则可利用闸门顶面上的水重 W 作为闭门力，但需增加启门力。若将底止水向下游移动，顶止水及侧止水都位于上游侧，则增加上浮力，可减小启门力，但需增加闭门力。

顶止水的构造如图 8-17 所示，其中：图 8-17(a)型适用于胸墙在下游侧；图 8-17(b)型适用于胸墙在上游侧。因闸门受水压变形后，与止水座的间隙加大，大跨度或高水头闸门可采用更为柔韧的图 8-17(c)型止水，止水可以转动产生较大位移，以适应闸门的挠曲变形。

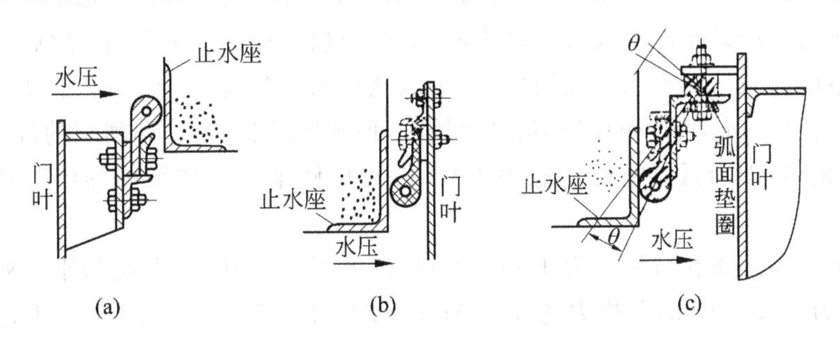

图 8-17　平面闸门的顶止水

8.2.8　反钩门——一种新型的平面闸门

近年来，隔河岩和三峡工程相继推广和应用在我国丹江口工程首次使用的一种新型平面闸门——反钩门(如图 8-18 所示)。这种闸门可位于进水喇叭口前面的上游坝面，或尾水管出口闸墩的下游面，不在闸墩内设置门槽。经实际应用已证明，它可避免以往门槽因流速较大引起的气蚀破坏。其缺点就是门的尺寸比以往平面闸门大一些，但可在静水中启闭，只需增加小量的启闭力。

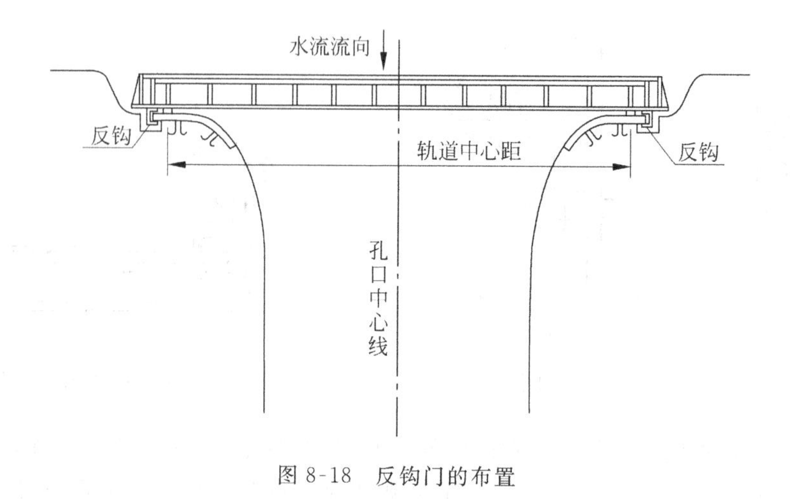

图 8-18 反钩门的布置

8.3 弧形闸门

弧形闸门也是一种常用的工作闸门。闸门挡水面为圆柱面,支承铰位于圆心,启闭时闸门绕支承铰转动。作用在闸门上的总水压力通过转动中心,对闸门启闭的阻力矩很小,故启门省力,从而可降低启闭机和工作桥的荷载。弧形门不设门槽,不影响孔口水流流态,不易产生空蚀破坏,局部开启条件好。与平面闸门比较,所需闸墩的高度及厚度较小,但闸墩较长,且受到闸门的推力作用,拉应力集中,需要配置大量钢筋,因为弧形闸门不能提出孔口,故检修维护不如平面闸门方便,也不能用作检修门。

葛洲坝水利枢纽泄洪闸孔口尺寸为 12m×24m,设上下两层闸门,上层为平面闸门,下层为弧形闸门,弧形门面积为 12m×12m,总推力达 38.8MN。水口水电站的弧形闸门尺寸为 15m×22.77m,总推力达 43.08MN。

8.3.1 总体布置

弧形钢闸门的承重结构由弧形面板、主梁、次梁、竖向联结系或隔板、起重桁架、支臂和支承铰组成,见图 8-19。

弧形闸门的支铰座一般布置在闸墩侧面的牛腿上。支承铰应尽量布置在过流时不受水流及漂浮物冲击的高程上。溢流坝上的露顶式弧形闸门,可将支承铰布置在(1/2～3/4)门高处,水闸的弧形闸门的支承铰可布置在(2/3～1)倍门高附近;潜孔闸门应更高些。

弧形闸门的弧面半径通常用 $R=(1.1\sim1.5)H$,H 为门高,潜孔闸门取用更大一些。

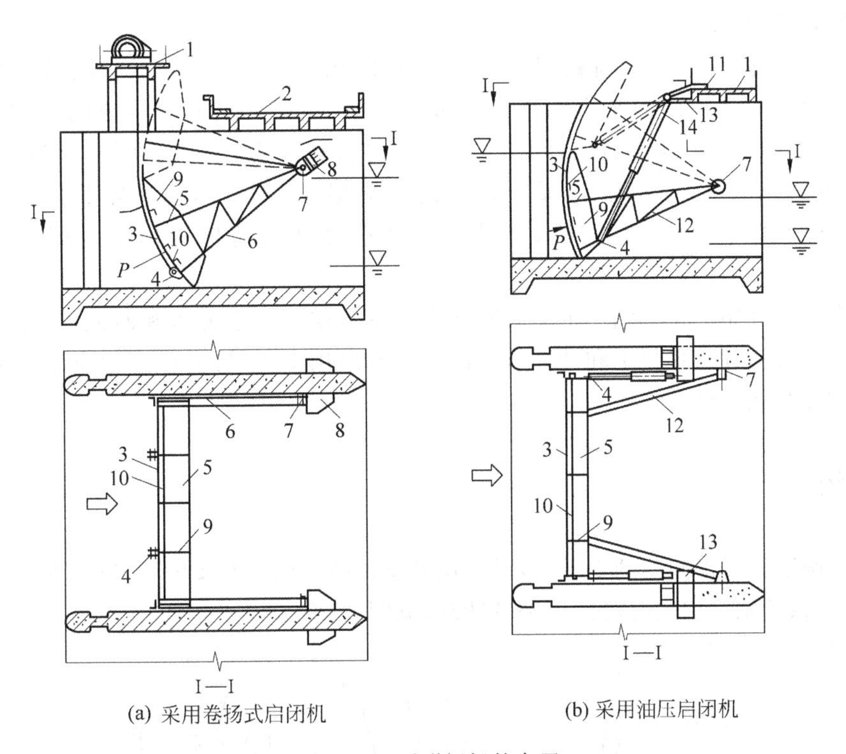

(a) 采用卷扬式启闭机　　(b) 采用油压启闭机

图 8-19　弧形闸门的布置

1—工作桥；2—公路桥；3—弧形门面板；4—吊耳；5—主梁；6—直支臂；7—支承铰；8—牛腿；9—竖向隔板；10—水平次梁；11—油管；12—斜支臂；13—检修平台；14—油缸

8.3.2　结构选型及结构计算

弧形闸门根据闸孔的宽高比可布置成主横梁式或主纵梁式结构。前者以水平横梁(或桁架)为主梁,适用于宽高比大的弧形门；后者以竖向纵梁为主梁,适用于宽高比小的弧形门。

主纵梁式弧形闸门由每侧的主纵梁和支臂组成两侧的主框架,支臂由两根支臂杆(或称肢柱、主柱)及系杆组成。主纵梁承接小横梁、小纵梁及面板等。

主横梁式弧形闸门通常采用两根主横梁,主横梁与两端的支臂杆刚接构成主框架。每侧的两根支臂杆及系杆组成支臂。主横梁承接小纵梁、小横梁、面板等。

按照支臂的布置可分为斜支臂、直支臂和主横梁带双悬臂的直支臂三种形式。

斜支臂式与直支臂式(图 8-19)相比,其优点为：主横梁带有双悬臂,跨度较小,内力矩小,因而用材省。缺点为：支承铰的侧推力较大且构造复杂,闸墩常需加厚。在溢流坝上,闸门的支铰位置较低,侧推力对闸墩影响较小,因此便于用斜支臂式闸门。

主横梁带双悬臂的直支臂式具有前二者的优点,构造合理,故在有条件将支承铰装在孔口中部时

(如深孔或水闸),可以采用。

弧形闸门承受的荷载种类及荷载组合与平面闸门相同,都需按最不利的荷载组合,进行强度、刚度和稳定验算。弧形闸门是由圆柱形面板与次梁、主梁和支臂等构成的三维空间结构,它们之间的连接也很复杂,要很精确地计算各部件的内力和应力是很困难的。我国《水利水电工程钢闸门设计规范》SL 74—95 认为,弧形闸门的纵向梁系和面板,可忽略其曲率影响,近似按直梁和平板进行验算。具体验算方法、计算公式和计算结果的控制标准,可详见该规范及其附录。

近年来已有学者开始对弧形闸门采用有限元方法进行空间体系分析和研究,但还不多。随着大型快速的电子计算机及其计算技术和计算软件的发展和应用推广,将会较多地应用较精确的方法对弧形闸门作结构计算和设计。

8.3.3 支承铰

支承铰连接闸墩与弧形闸门的支承端,其作用是支承弧形闸门和支臂,将闸门所受的水压力和部分门重传给闸墩,保持闸门启闭时能绕水平轴转动,见图 8-20。

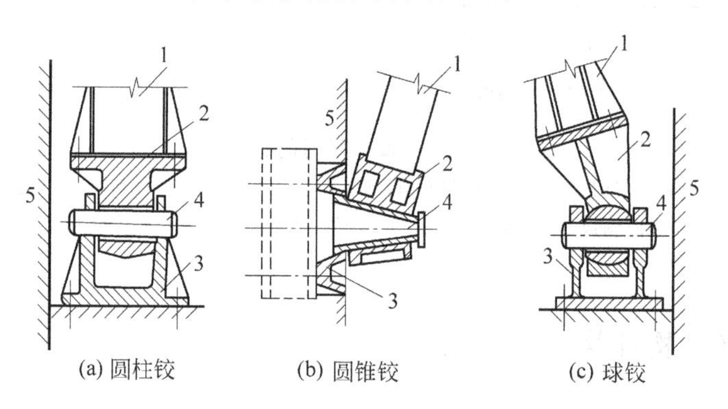

图 8-20 支承铰的形式

1—支臂；2—铰链；3—铰座；4—支承轴；5—闸墩

支承铰包括三部分：支承轴、活动铰链和固定铰座。铰链和铰座一般为铸钢件。

按照支承轴的形状,支承铰有以下三种形式：

(1) 圆柱铰。具有水平的圆柱形轴,构造简单,安全可靠,制造、安装容易,故跨度不大的表孔弧形闸门普遍采用这种形式；其缺点是当跨度较大时,难以保证闸门和牛腿都处于良好合理的受力状态。

(2) 圆锥铰。跨度较大的斜支臂弧形闸门,因主框架在支承铰处有很大的侧推力,宜采用直接埋设在闸墩侧面的铰座和圆锥形支承轴。其优点是轴的锥形承压面垂直于斜支臂,能承受较大的支臂压力,并能保持与锥形轴套的良好接触；缺点是支承铰处的固端弯矩需增加铰座(支承环)尺寸,造价高,锥形轴的埋设定位较复杂。

(3) 球形铰或双圆柱铰。铰链能作水平和垂直转动，以保证闸门主框架支点处为铰接。但因构造复杂，仅大跨度的弧形闸门才考虑采用。

8.3.4 启闭力

根据我国《水利水电工程钢闸门设计规范》SL 74—95，弧形闸门的启闭力如下。

1. 闭门力 F_W

$$F_W = \frac{1}{R_1}[1.2(T_{zd}r_0 + T_{zs}r_1) + P_t r_3 - n_G G r_2] \tag{8-3}$$

式中：T_{zd}、r_0——支承铰转动摩阻力及其对闸门转动中心的力臂；

T_{zs}、r_1——止水摩阻力及相应力臂；

P_t、r_3——上托力及相应力臂；

G、r_2——闸门自重及相应力臂；

n_G——自重修正系数，计算闭门力时取 0.9～1.0；

R_1——闭门力对闸门转动中心的力臂。

计算结果为正值时，需要加压力闭门；如为负值，表示闸门能依靠自重关闭。

2. 启门力 F_Q

$$F_Q = \frac{1}{R_2}[1.2(T_{zd}r_0 + T_{zs}r_1) + n'_G G r_2 + G_j R_1 + P_x r_4] \tag{8-4}$$

式中：R_2——启门力的力臂；

n'_G——计算启门力用的自重修正系数，取 1.0～1.1；

P_x——下吸力，按《水利水电工程钢闸门设计规范》SL 74—95 的附录 D 计算；

G_j、R_1——加重块重量及其对闸门转动中心的力臂；

r_4——下吸力相应的力臂。

其他符号同式(8-3)的说明。

弧形闸门在启闭过程中，各力的大小、作用点、方向和力臂随闸门开度而变，需要按过程逐步分析，得出启闭力变化过程线，按其峰值决定启闭机负荷。

8.3.5 启闭机、吊耳

弧形闸门可用卷扬式、螺杆式或油压启闭机。

定型生产的卷扬式弧形门启闭机，不采用滑轮组，钢丝绳直接以吊轴与弧形闸门的吊耳相连接。

螺杆式启闭机用于不能靠自重关闭，需要施加闭门力的小型闸门。

液压启闭机能对闸门施加闭门力，且有一定的减震作用。

布置螺杆式启闭机或油压启闭机时，为了适应闸门的旋转，可将螺杆两端或油缸顶端及活塞杆下端分别同工作桥（或闸墩）和闸门吊耳相铰接。此时，闸门吊耳相应地布置在支臂上，参见图 8-19(b)，或主纵梁、竖向隔板的顶部。

8.3.6 减轻启闭力的一些措施

(1) 合理选择门型。同一水头和孔口面积的闸门，采用不同的门型，所需的启闭力相差很大。如：水头 58m，孔口面积 36m²，若采用胶木滑道平面闸门，则启闭机容量约需 4 000kN；若采用弧形闸门，则启闭机容量仅需 700kN。可见合理选择门型是减轻启闭力的根本途径。

(2) 减小摩擦系数。采用摩擦系数很小的胶木滑道或陶瓷滑道等代替铸铁滑道，或者采用滚轮的滚动摩擦代替滑动摩擦，都可明显地减小支承摩擦力和启闭力。

(3) 改善底缘形状。底缘形状对水流的影响十分敏感，流线形的底缘，水流摩阻损失较小，底缘的上托力或下吸力均很小。

(4) 加强通气作用。当闸门部分开启时，门下高速水流往往使闸门底缘产生负压，甚至可能发生空穴现象，以至发生空蚀破坏，对闸门的工作条件很不利，会增加启闭力。若能保证充分通气，则门下水流流态稳定，可使门的下吸力减小 20%左右。

8.4 阀 门

8.4.1 高压平面滑动阀门

高压平面滑动阀门由铸钢或球墨铸铁制成，也有用钢材焊接和浇铸混合制造的。门叶上接液压启闭机（如图 8-21 所示），阀门关闭时，门叶停在中间的门框内，开启时门叶被提升到与门框连在一起的套壳中。门框前后有与之连在一起的一段钢管，便于与泄水管道联结。

阀门有矩形的和圆形的，因摩擦力很大，需用液压启闭机，一般由工厂定型整体出产。高压滑动阀门的优点是布置简单、工作可靠、止水严密漏水量少；但价格高，容易产生空蚀损害。梅山水电站泄水孔的滑动阀门尺寸为 2.25m×2.25m，水头 70m。世界上水头最高的为美国比佛滑动门（高 3.18m，宽 2m），水头达 285.9m。

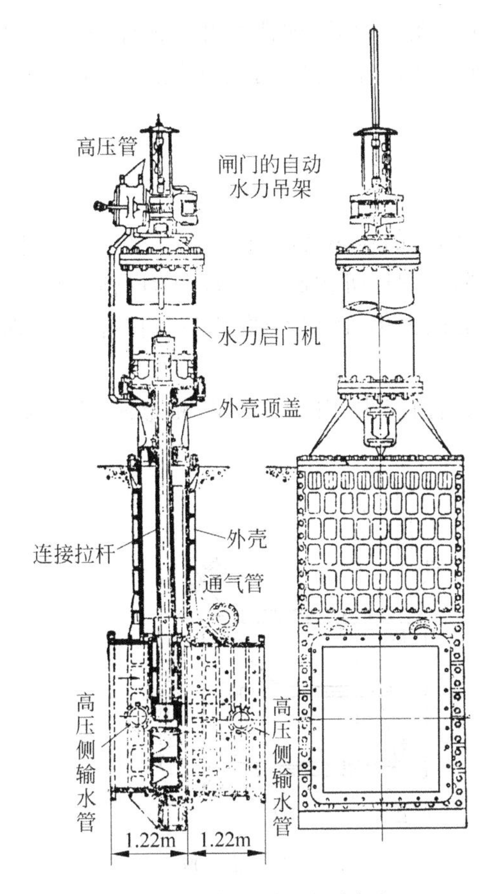

图 8-21　高压平面滑动阀门

8.4.2　蝴蝶阀

蝴蝶阀由圆筒形阀壳、圆盘形阀叶和操作机械组成。阀舌可以绕水平轴或垂直轴旋转。

蝴蝶阀只在全开位置时，流线才最平顺。局部开启时，阀叶背水面可能形成低压区，出现分离涡流（如图 8-22 所示）和真空，导致阀门振动和空蚀。

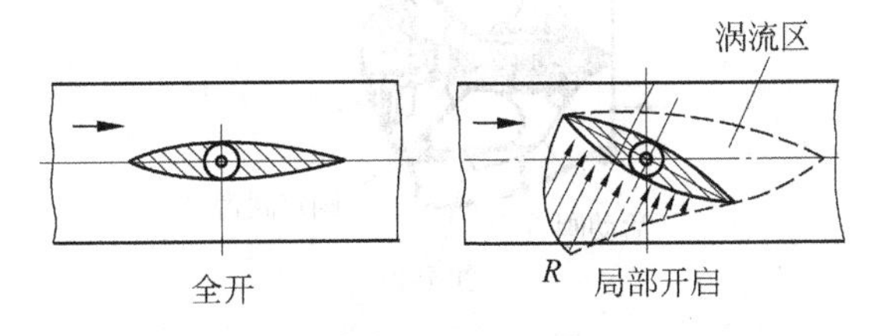

图 8-22　蝴蝶阀示意图

蝴蝶阀尽管在局部开启时水力条件较差，即使全开时的流量系数只有 0.6，小于其他阀门，但这种阀门布置紧凑，结构简便，操作轻便，启门迅速，是压力输水管道上用得最广泛的阀门。

8.4.3 锥形阀

锥形阀由圆筒形固定阀体及活动的钢阀套筒组成（图 8-23），直接装于管道出口处。阀体由 4～6 个肋片将一个角锥体固定在尾端，用螺杆机构操纵外套筒沿阀体移动，即可控制泄水流量。

锥形阀的优点是构造简单，启闭力小，操作方便，水流条件好，全开时流量系数达 0.85，但泄水时水流环形扩散射出，易于雾化。

广东枫树坝水电站放水管采用内套式（内套筒活动）锥形阀，直径 4.0m，设计水头 70m，使用情况良好，振动很小。

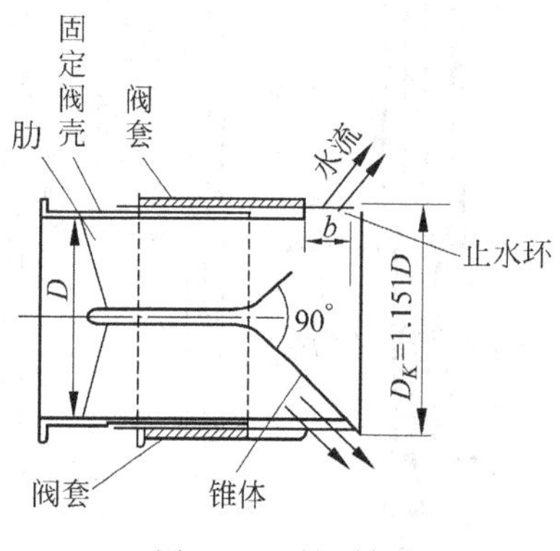

图 8-23 锥形阀

8.4.4 空注阀

如图 8-24 所示，迎水面的锥形阀舌是活动的，装在固定阀舌内，通过螺杆操纵活动阀舌前移，缩小环状过水断面以调节流量，直到阀舌紧抵阀壳内壁，孔口关闭。活动阀舌内有平压管与上游管道连

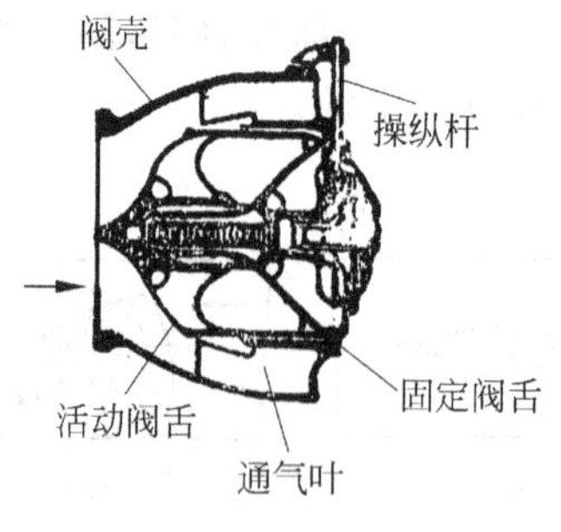

图 8-24 空注阀

通，以平衡阀舌外表水压力，减小启闭力。固定阀舌用通气叶固定于阀壳上。

空注阀全开时流量系数约为0.70。射出的水流为空心水柱，易于雾化，但可加设护罩阻止水流向四外喷射。佛子岭水库泄水管出口采用的空注阀，直径1.25m，水头50m。

思　考　题

1. 闸门按其形式和工作特征考虑有哪些类型？
2. 试述平面闸门的结构组成。
3. 平面闸门的行走支承有哪些？各适用于什么条件？
4. 怎样计算平面闸门的启闭力？
5. 试述平面闸门的止水装置和特点。
6. 试述弧形闸门的布置和结构受力特点。怎样计算弧形闸门的启闭力？
7. 弧形闸门的支承铰有哪些形式？各有哪些优缺点？

第9章 水利工程设计与管理

学习要点

水利工程设计与管理工作是使水利工程建设安全、经济和充分发挥效益的重要环节。

9.1 水利枢纽设计概述

9.1.1 设计阶段的划分

水利工程建设应当遵照国家规定的基本建设程序，即设计前期工作、编制设计文件、工程施工和竣工验收等阶段进行。

水利工程设计分为：可行性研究报告、初步设计、招标设计和施工图四个阶段（对重要的或技术条件复杂的大型工程，还要在初步设计与施工图之间，再增加一个技术设计阶段）。

以下简要介绍各个设计阶段的主要内容。

1. 可行性研究报告阶段

本阶段的主要任务是：论证拟建工程在技术上的可能性、经济上的合理性以及开发次序上的迫切性。研究报告包括以下内容：初拟主要水文参数，查清主要地质问题，选定工程地址；估算淹没补偿和对环境的影响；初定工程等别、建筑物级别，主要建筑物的形式、轮廓尺寸和枢纽布置方案，装机容量和机型，估算主要工程量，初拟施工导流方案、主体工程的施工方法、施工总体布置和总进度；估算工程总投资，进行经济分析和评价，阐明工程效益等。

2. 初步设计阶段

报告包括以下内容：确定拟建工程的等别和主要建筑物的级别，选定各种特征水位；选定坝（闸）址、输水线路、主要建筑物的形式、轮廓尺寸及枢纽布置，并对主要建筑物作应力和稳定分析；确定装机容量，选择机组型号和其他机电设备；确定施工导流方案及主体工程的施工方法、施工总体布置及总进度、对外交通和施工设施；提出建筑材料、劳动力和风、水、电的需要量；编制工程概算；论证对环境的影响及环境保护；进行经济分析，阐明工程效益等。

3. 招标设计阶段

在编制招标设计文件之前，要解决好初步设计阶段未能妥善解决的问题。招标文件由合同文件和工程文件两部分组成，前者包括：投标者须知和合同条款、合同格式和投标书格式等；后者包括技术规范和图纸。要做到投标者能根据图纸、技术规范和工程量表确定投标报价。

4. 施工图阶段

施工图一般包括：建筑物地基开挖图、地基处理图、建筑物结构图、钢筋混凝土结构的钢筋图、金属结构及机电设备的安装图等。在我国，施工图由业主委托的设计单位提供给施工单位。按照国际惯例，施工图应由施工单位或业主委托的咨询公司负责。

上述各个设计阶段的具体内容和深度，可以根据工程的具体情况进行适当的调整和增减。

9.1.2　设计所需的基本资料

在制订流域规划和编制设计文件之前，需要进行必要的勘测、试验和社会经济调查。由于设计阶段的不同，所需资料的广度和深度也各异，一般需要掌握的基本资料有：

(1) 自然地理。包括：工程所处的地理位置、行政区域、地形、地貌、土壤植被、主要山脉、河川水系、水资源开发利用现状及存在的问题等。

(2) 地质。包括：区域地质、库区和枢纽工程区的工程地质条件，如：地层、岩性、地质构造(包括各种构造面的产状和物理力学性质)、地震烈度、不良地质现象，水文地质情况，岩石(土)的物理力学性质，天然建筑材料的品种、分布、储量、开采条件，工程地质评价与结论。

(3) 水文。包括：水文站网布设、资料年限、径流、洪水、泥沙、冰情以及人类活动对水文的影响等。

(4) 气象。包括：降水、蒸发、气温、风向、风速、冰霜、冰冻深度等气象要素的特点，站网布设和资料年限。

(5) 社会经济。需要对社会经济现状及中长期发展规划进行全面了解，包括：人口、土地、种植品种和面积；工业产品、产量；工农业总产值；主要资源情况，如文物古迹，动力、交通、投资环境等。

(6) 作为设计依据的各种规程规范。

(7) 对环境的影响。正如第 1 章所述，水利工程的兴建，将使其周围环境发生明显的改变。在设计基本资料中，除了说明本工程为发展水电、减少燃煤的污染、对灌溉、供水、养殖、旅游等水利事业和解除洪涝灾害、保护下游生态起重要作用之外，还需说明本工程对淹没、滑坡、诱发地震、水库淤积、上游地下水位升高、耕地盐碱化、形成沼泽地带、孳生蚊虫和其他有害的微生物、水质变化、长期蓄水使下游河床地下水位降低、下泄清水对河床的冲刷以及建坝对鱼类繁育生长、通航和过木的影响等，并说明研究和解决这些问题的措施及其所增加的投资概算。

9.1.3 水利枢纽设计的主要内容

坝址(闸址)、坝型选择和枢纽布置是水利枢纽设计的重要内容。在选择坝址、坝型和枢纽布置时，主要是根据地质、地形、建筑材料及施工条件，初选几个坝型和坝轴线，经过论证，找出其中最有利的坝型和一两条比较有利的坝轴线，并进行枢纽布置和比较。此外，还需考虑建造投资、枢纽的运行条件、综合效益以及远景规划等综合指标，才能找出最优方案。

1. 坝址和坝型选择

1) 地质条件

地质条件是坝址(闸址)选择中的重要条件。拱坝和重力坝(低的溢流重力坝除外)需要建在较好的岩基上；土石坝对地质条件要求较低，岩基、土基均可；而水闸多是建在平原或小丘河道的土基上。在工程设计中则需通过勘探研究，将工程区的地质情况了解清楚，并作出正确评价，以便决定取舍或定出妥善的处理措施。

坝址选择中要注意以下几个方面的问题：①对断层破碎带、软弱夹层要查明其产状、宽度(厚度)、充填物和胶结情况，测出这些结构面的物理力学参数，并分析其对建筑物的应力和稳定的影响；②当软弱结构面的倾角小于地形坡角时，在地形上存在临空面，这种岸坡极易发生滑坡，应当注意；③对于岩溶地区，要掌握岩溶发育规律，特别要注意潜伏溶洞、暗河、溶沟和溶槽，必须查明岩溶对水库蓄水和对建筑物的影响；④对土石坝，应尽量避开细砂、软粘土、淤泥、分散性土和湿陷性黄土等地基，否则应考虑必要的工程加固措施及其增加的投资概算等。

2) 地形条件

若河谷很窄、两岸很高很陡而且岩体很好，宜建造拱坝，坝体工程量小；但如果坝身泄洪能力不够，则需要另外布置岸边溢洪道或泄水隧洞；如果布置不了坝后式厂房或只能布置在远处，则需要建造地下厂房。如果选用土石坝，除了上述两个问题需解决之外，还需对两坝头削坡，开挖工程量很大。对于两岸坡较缓的宽河谷，若覆盖层较薄、岩基较好，宜建造重力坝；若覆盖层较厚或岩基较差，宜建造土石坝，但应注意库区有无垭口可供布置岸边溢洪道。对于多泥沙及有漂木要求的河道，还应注意河流的水流形态，在选择坝址时，应当考虑如何防止泥沙和漂木进入取水建筑物。对于有通航要求的枢纽，还应注意通航建筑物与河道的连接。如果坝址位于河流的弯段，只要突岸岩体的地质条件允许，那么通航建筑物、泄水建筑物、水电站和导流洞等都宜布置在突岸一侧，这样不但可以减小工程量和缩短工期，而且还可以缩短航线、减小输水建筑物的水头损失，有利于运行，提高工程效益。

3) 施工条件

水工建筑物需要考虑的施工条件就是：建筑物的上、下游特别是下游应有较开阔的地形，可供布置施工场地，且距交通干线较近，可与永久电网连接，便于施工运输和施工用电。

4）建筑材料

坝址附近应有足够数量符合质量要求的天然建筑材料。对于料场分布、储量、埋置深度、开采条件以及施工期淹没等问题均应认真考虑。

5）综合效益

对不同坝址要综合考虑防洪、灌溉、发电、航运、旅游等各部门的经济效益。

6）其他

在选择坝址和坝型时，还应考虑利用主体建筑物开挖料直接上坝的可能性与合理性。例如：国外有的工程，尽管基岩坚硬、完整，适于修建拱坝或重力坝，但经论证比较，最终选用了混凝土面板堆石坝，理由是，后者利用主体建筑物开挖料直接上坝，可以缩短工期，降低造价。这种经验值得借鉴。

2. 枢纽布置的一般原则

枢纽中各个水工建筑物应合理布置，一般原则是：

(1) 施工方便，工期短，总造价低；

(2) 保证在任何工作条件下枢纽都能正常工作；

(3) 在满足建筑物强度和稳定的条件下，降低枢纽总造价和年运转费用；

(4) 枢纽中各建筑物布置紧凑，尽量将同一工种的建筑物布置在一起；

(5) 尽可能使部分建筑物早期投产，提前发挥效益(如提前蓄水，早期发电或灌溉)；

(6) 枢纽的外观应与周围环境相协调，在可能条件下注意美观。

枢纽中不同类型水工建筑物在布置上的要求，已分列在前面的各章内，此处不再赘述。下面简要说明与水电站厂房有关的布置原则：①要求电站进口前水流平顺，无漩涡及横向水流；②当溢流坝与厂房段并列布置时，应尽量将前者布置在河道深槽，以保证泄水顺畅；③为减少下泄水流对发电和航运的不利影响，常在溢流坝与其他建筑物之间设置导墙；④当河流含沙量大，坝前淤积严重时，应采取排沙措施，冲沙孔或排沙洞常布置在厂房进水口附近，其高程可根据运用要求来确定；⑤坝后式厂房应尽可能靠近坝体，以减小引水管路的工程量和水头损失。对河床式电站，由于泄水建筑物占据了主河槽，厂房多布置在岸边，但应防止由于泥沙淤积造成尾水壅高，降低发电水头；⑥当河床狭窄，不能并列布置溢流坝及厂房时，可以考虑采用坝内式、溢流式、挑越式、双排式或地下式等厂房布置形式，以简化枢纽布置，减少工程量，这样布置的缺点是，坝体及厂房结构比较复杂；⑦引水式电站的厂房位置主要取决于地形和地质条件，一般多布置在河道转弯段，以便利用河道天然落差，增加发电水头。

不同的坝轴线、不同的地形条件、不同的地质条件可以选用不同的坝型和枢纽布置，如：河谷狭窄，地质条件良好，覆盖层薄，适宜修建拱坝；河谷宽阔，地质条件较好，覆盖层薄宜选用重力坝，若施工单位具有相当的技术条件，应首先考虑碾压混凝土重力坝方案进行比较和挑选；若河谷宽阔、覆盖层很厚或地质条件较差，有垭口地形可建造溢洪道，且土石料储量丰富，适宜修建土石坝，尤其应首选面板堆石坝方案，它与一般的土石坝相比，具有较高的抗震和稳定性能，其工程量和导流风险都明显地减小，施工方便，工期短，投资省。

对于一项枢纽工程，往往需要将各种坝轴线、坝型和枢纽布置方案进行综合比较，才能得到最优方案。有些方案往往与枢纽的任务关系很大，如葛洲坝和三峡枢纽工程，决不会修建在很窄的河谷，因为它需要发电、航运，在遇到大洪水时，还需要安全泄洪，这么多的大建筑物不可能布置在窄河谷里，布置地下建筑物是很昂贵、不可取的。

3. 水利枢纽设计方案的选定

水利枢纽设计需要通过论证比较，选出最优方案。所谓最优方案，应当是技术上先进和可行，投资少，工期短，运行可靠，管理方便。分析比较的内容有：

(1) 主要工程量。如：土石方工程、混凝土和钢筋混凝土工程、金属结构、机电安装、帷幕灌浆、砌石工程等。

(2) 主要建筑材料用量。如：钢筋、钢材、水泥、砂石、木材、炸药等。

(3) 施工条件。包括：施工导流、施工场地布置、劳动力安排、施工工期、发电日期、施工难易程度、施工机械化水平等。

(4) 运行管理条件。如：发电、通航、泄洪等有无干扰，建筑物检查维修是否方便，闸门及启闭设备是否便于控制运用，对外交通是否便利等。

(5) 经济指标。计算工程总投资、总造价、枢纽年运转费用、电站单位千瓦投资、电能成本、灌溉单位面积投资及通航能力等综合利用效益，并应采用包括利息在内的“动态分析”方法进行分析。

上述各项，有些是可以定量计算的，有些则是无法定量的，因此，水利枢纽设计方案的选定是一项复杂而细致的工作，必须在充分掌握可靠资料的基础上，全面论证，具体分析，综合比较。

9.2 水利工程管理概述

9.2.1 水利工程管理工作的内容

水利工程建成后，必须通过有效地管理，才能实现预期的工程效益并验证原来规划、设计的正确性。水利工程管理的根本任务是：利用工程措施，对天然径流进行实时的时空再分配，即合理调度，以适应人类生产和生活的需求。水工建筑物管理的目的在于：保持建筑物和设备经常处于良好的技术状况，正确使用工程设施，调度水资源，充分发挥工程效益，防止工程事故。水工建筑物管理是水利工程管理的一部分。由于水工建筑物种类繁多，功能和作用又不尽相同，所处客观环境也不一样，所以管理具有综合性、整体性、随机性和复杂性的特点。根据国内外数十年现代管理之经验，大坝安全是管理工作的中心和重点。1991年，国务院颁布的《水库大坝安全管理条例》规定，“必须按照有关技术标准，对大坝进行安全监测和检查”，并指出：“大坝包括永久性挡水建筑物以及与其配合运用的泄洪、输水和过船建筑物等”。这里的“大坝”，实际上是指包括大坝在内的各种水工建筑物。在国际上，

“大坝”一词，有时也具有“水库”、“水利枢纽”、“拦河坝”等综合性含义。因此，这里所讨论的管理，实际上也可以理解为以大坝为中心的水利工程的“安全监测和检查”，属于水工建筑物的技术管理。其主要工作是：

（1）检查与观测。通过管理人员现场观察和仪器的测验，监视工程的状况和工作情况，掌握其变化规律，为正确管理运用提供科学依据；及时发现不正常迹象，采用正确措施，防止事故发生，保证工程安全运用；通过原型观测，对建筑物原设计的计算方法和计算数据进行验证；根据水质变化动态做出水质预报。检查观测的项目一般有：观察、变形观测、渗流观测、应力观测、混凝土建筑物温度观测、水工建筑物水流观测、冰情观测、水库泥沙观测、岸坡崩塌观测、库区浸没观测、水工建筑物抗震监测、隐患探测、河流观测以及观测资料的整编及分析等。

（2）养护修理。对水工建筑物、机电设备、管理设施以及其他附属工程等进行经常性养护，并定期检修，以保持工程完整，设备完好。养护修理一般可分为经常性的养护维修、岁修和抢修。

水工建筑物长期与水接触，需要承受水压力、渗透压力，有时还受侵蚀、腐蚀等化学作用；泄流时可能产生冲刷、空蚀和磨损；设计考虑不周或施工过程中对质量控制不严，在运行中可能出现问题；建筑物遭受特大洪水、地震等预想不到的情况而引起破坏等，所以需要对水工建筑物进行经常性养护，发现问题，及时修理。

水工建筑物养护和修理的基本要求是：严格执行各项规章制度，加强防护和事后的修整工作，以保证建筑物始终处于完好的工作状态。要本着“养重于修，修重于抢”的精神，做到小坏小修，不等大修；随坏随修，不等岁修。

（3）调度运用。制订调度运用方案，合理安排除害与兴利的关系，综合利用水资源，充分发挥工程效益，确保工程安全。调度运用要根据已批准的调度运用计划和运用指标，结合工程实际情况和管理经验，参照近期气象水文预报情况，进行优化调度。

（4）水利管理自动化系统的运用。主要项目有：大坝安全自动监控系统，防洪调度自动化系统，调度通信和警报系统，供水调度自动化系统。

（5）科学实验研究。针对已经投入运行的工程，为保证安全，提高社会经济效益，延长工程设施的使用年限，降低运行管理费用以及在水利工程中采用新技术、新材料、新工艺等方面进行试验研究。

（6）积累、分析、应用技术资料，建立技术档案。

现在，我国已颁布了《中华人民共和国水法》，国务院又颁布了大坝安全管理等一系列条例、规范，这是水工建筑物管理的依据。

9.2.2　水工建筑物安全监测

现在的坝工设计标准或规范，都是根据一些经典原理和总结过去经验的基础上制定的。人们对结构性态的认识，基本上也是从观测资料分析得来的。

大坝安全监测的主要作用反映在以下几方面：

（1）施工管理。主要是：①为大体积混凝土建筑物的温控和接缝灌浆提供依据，例如：施工缝灌浆时间的选择需要了解坝块温度和施工中缝的封闭状况；②掌握土石坝坝体固结和孔隙水压力的消散情况，以便合理安排施工进度等。

(2) 大坝运行。大坝一般是建成后蓄水，但也有的是边建边蓄水。蓄水过程对工程是最不利的时期。这期间必须对大坝的微观、宏观的各种性态进行监测，特别是变位和渗流量的测定更为重要。对于扬压力、应力、应变以及山岩变位、两岸渗流等的监测都是重要的。土石坝的浸润线、总渗水量；重力坝的扬压力变化，坝基附近情况；拱坝的拱端和拱冠应力沿高程变化、温度分布等等都需要特别注意。

(3) 科学研究。以分析研究为目标的监测，可根据坝型确定观测内容。例如：重力坝纵缝的作用，横缝灌浆情况下的应力状态；拱坝实际应力分布与计算值、实验值的比较；土石坝的应力应变观测等。这些工作实际上就是很难得的 1∶1 的原型试验，实测的结果可对原先所做的计算工作或小比尺的模型试验进行最有说服力的验证。正因为原型试验观测比模型试验和理论计算更接近于实际情况，所反映的因素更多，所观测的结果更重要，所以大坝安全观测的可靠性要求更高，观测仪器的布点就更要斟酌，甚至要重复配置。

水工建筑物安全监测包括现场检查和仪器监测两个部分。

1. 现场检查

现场检查或观察就是用直觉方法或简单的工具，从建筑物外观显示出来的不正常现象中分析判断建筑物内部可能发生问题的方法，是一种直接维护建筑物安全运行的措施。即使有较完善监测仪器设施的工程，现场检查也是保证建筑物安全运行不可替代的手段。因为建筑物的局部破坏现象(也许是大事故的先兆)，既不一定反映在所设观测点上，也不一定发生在所进行的观测时刻。

检查分为：经常检查、定期检查和特别检查。经常检查是一种经常性、巡回性的制度式检查，一般一个月 1～2 次；定期检查需要一定的组织形式，进行较全面的检查，如每年大汛前后的检查；特别检查是指发现建筑物有破坏、故障、对安全有疑虑时组织的专门性检查。

检查的内容包括：土工建筑物边坡或堤(坝)脚的裂缝、渗水、塌陷等现象，混凝土建筑物的坝顶、坝面、廊道、消能设施等处的裂缝、渗漏、表面脱落、侵蚀等现象。

应当指出，监测或检查都是非常重要的，特别是中、小型工程，主要靠经常性的观察与检查，发现问题，及时处理。

2. 仪器监测

1) 变形观测

变形观测包括：土工、混凝土建筑物的水平及铅垂位移观测，它是判断水工建筑物正常工作的基本条件，是一项很重要的观测项目。

(1) 水平位移观测

坝体表面的水平位移可用视准线法或三角网法施测，前者适用于坝轴线为直线、顶长不超过 600m 的坝，后者可用于任何坝型。

视准线法是在两岸稳固岸坡上便于观测处设置工作基点，在坝顶和坝坡上布置测点，利用工作基点间的视准线来测量各测点的水平位移。

三角网法是利用两个或三个已知坐标的点作为工作基点，通过对测点交会算出其坐标变化，从而确定其位移值。

较高混凝土坝坝体内部的水平位移可用正垂线法、倒垂线法或引张线法量测。

① 正垂线法是在坝内观测竖井或空腔的顶部一个固定点上悬挂一条带有重锤的不锈钢丝，当坝体变形时，钢丝仍保持铅直，可用以测量坝内不同高程测点间的相对位移。正垂线通常布置在最大坝高、地质条件较差以及设计计算的坝段内，一般大型工程不少于三条，中型工程不少于两条。

② 倒垂线法是将不锈钢丝锚固在坝体基岩深处，顶端自由，借液体对浮子的浮力将钢丝拉紧。因底部固定，故可测定各测点的绝对水平位移。

③ 引张线法是在坝内不同高程的廊道内，通过设在坝体外两岸稳固岩体上的工作基点，将不锈钢丝拉紧，以其作为基准线来测量各点的水平位移。

(2) 铅直位移(沉降)观测

各种坝型外部的铅直位移，均可采用精密水准仪测定。

对混凝土坝坝内的铅直位移，除精密视准法外，还可用精密连通管法量测。

土石坝的固结观测，实质上也是一种铅直位移观测。它是在坝体有代表性的断面(观测断面)内埋设横梁式固结管、深式标点组、电磁式沉降计或水管式沉降计，通过逐层测量各测点的高程变化计算固结量。土石坝的孔隙水压力观测应与固结观测配合布置，用于了解坝体的固结程度和孔隙水压力的分布及消散情况，以便合理安排施工进度，核算坝坡的稳定性。

2) 裂缝观测

混凝土建筑物的裂缝是随荷载环境的变化而开合的。观测方法是在测点处埋设金属标点或用测缝计进行。需要观测空间变化时，亦可埋设"三向标点"。裂缝长度、宽度、深度的测量可根据不同情况采用测缝计、设标点、千分表、探伤仪以至坑探、槽探或钻孔等方法。

当土石坝的裂缝宽度大于 5mm，或虽不足 5mm 但较长、较深或穿过坝轴线的，以及弧形裂缝、垂直错缝等都须进行观测。观测次数视裂缝发展情况而定。

3) 应力及温度观测

在混凝土建筑物内设置应力、应变和温度观测点能及时了解局部范围内的应力、温度及其变化情况。

应力(或应变)的离差比位移要小得多，作为安全监控指标比较容易把握，故常以此作为分级报警指标。应力属建筑物的微观性态，是建筑物的微观反映或局部现象的反映。变位或变形则属于综合现象的反映。埋设在坝体某一部位的仪器出现异常，总体不一定异常；总体异常，也不一定所有监测仪表都异常，但有的仪表一定会异常。我国大坝安全监测经验表明：应力、应变观测比位移观测更易于发现大坝异常的先兆。

应力、应变测量埋件有：应力或应变计，钢筋、钢板应力计，锚索测力器等都需要在施工期埋设在大坝内部，对施工干扰较大，且易损坏，更难进行维修与拆换，故应认真做好。应力、应变计等需用电缆接到集线箱，再使用二次仪表进行定期或巡回检测。在取得测量数据推算实际应力时，还应考虑温度、湿度以及化学作用、物理现象（如混凝土徐变）的影响。把这部分影响去掉才是实际的应力或应变，为此还需要同时进行温度等一系列同步测量，并安装相应的埋件。

在土石坝坝体内，或水闸的边墩、翼墙、底板等土与混凝土建筑物接触处，常需量测土压力，所用仪器为土压计。

4）渗流观测

据国内外统计，因渗流引起大坝出现事故或失事的约占40%。水工建筑物渗流观测的目的是，以水在建筑物中的渗流规律来判断建筑物的性态及其安全情况。

（1）土石坝的渗流观测

土石坝的渗流观测包括：浸润线、渗流量、坝体孔隙水压力、绕坝渗流等。

① 浸润线观测。实际上就是用测压管观测坝体内各测点的渗流水位。坝体观测断面上一些测点的瞬时水位连线就是浸润线。由于上、下游水位的变化，浸润线也随时空变化。所以，浸润线要经常观测，以监测大坝防渗，地基渗透稳定性等情况。测压管水位常用测深锤、电测水位计等测量。测压管用金属管或塑料管，由进水管段，导管和管口保护三部分组成。进水管段需渗水通畅、不堵塞，为此，在管壁上应钻有足够的进水孔，并在管的外壁包扎过滤层；导管用以将进水管段延伸到坝面，要求管壁不透水；管口保护用于防止雨水、地表水流入，避免石块等杂物掉入管内。测压管应在坝竣工后蓄水之前钻孔埋设。

② 渗流量观测。一般将渗水集中到排水沟（渠）中采用容积法、量水堰或测流（速）方法进行测量，最常用的是量水堰法。

③ 坝基、土石坝两岸或连接混凝土建筑物的土石坝坝体的绕流观测方法与上述基本相同。

土石坝的孔隙水压力观测应与固结观测的布点相配合，其观测方法很多，使用传感器和电学测量方法，有时能获得更好的效果，也易于遥测和数据采集和处理。

④ 渗水透明度观测。为了判断排水设施的工作情况，检验有无发生管涌的征兆，需对渗水进行透明度观测。

（2）混凝土建筑物的渗流观测

坝基扬压力观测多用测压管，也可采用差动电阻式渗压计。测点沿建筑物与地基接触面布置。坝体内部渗透压力可在分层施工缝上布置差动电阻式渗压计。与土石坝不同的是，渗压计等均需预先埋设在测点处。

混凝土建筑物的渗流量和绕坝渗流的观测方法与土坝相同。

5）水流观测

对于水位、流速、流向、流量、流态、水跃和水面线等项目，一般是用水文测验的方法进行测量，辅以摄影、目测、描绘和描述，参见《测流规范》。

对于由高速水流所引起的水工建筑物振动、空蚀、进气量、过水面压力分布等项目的观测部位、观测方法、观测设备等，参见《高速水流原型观测手册》。

9.2.3 大坝安全评价与监控

对大坝进行安全评价与监控是水工建筑物管理中的重要内容。评估大坝安全的方法较多，目前常用的是综合评价安全系数和风险分析等方法。

对大坝进行安全监控和提出监控指标是一个相当复杂的问题，有的指标可以定量，有的指标就难以定量，这些问题都需要进行研究。

1. 评价方法

大坝从开始施工至竣工及其在运行期间都在不断发生变化。这些变化主要与大坝本身和外部、环境等各种因素有关。因此，在评价其安全度时应当考虑这些因素和潜在危险因素以及事故发生后的严重性等。国际大坝委员会曾建议一个危险状况评价表（表 9-1），通过对大坝各种资料，包括：规划、设计、施工和运行监测等，进行不同层次的分析，然后凭借（专家）经验、推理判断，进行决策的综合评价。

表 9-1　危险状况评价表

风险指数	外部、环境条件（系数 $E=\frac{1}{5}\sum_{n=1}^{5}\alpha_i$）					大坝状况（系数 $F=\frac{1}{4}\sum_{n=6}^{9}\alpha_i$）				库容与经济情况（系数 $R=\frac{1}{2}\sum_{n=10}^{11}\alpha_i$）	
	地震	库岸滑坡	洪水高于设计洪水	水库管理形式	侵蚀，环境作用（气候，水）	结构质量	地基	泄洪设施	维修情况	水库蓄水容量（m^3）	下游设施
	α_1	α_2	α_3	α_4	α_5	α_6	α_7	α_8	α_9	α_{10}	α_{11}
1	最小或零，$a<0.05g$	最小或零	概率非常低（混凝土坝）	多年，年或季调节	非常弱	良	非常好	可靠	非常好	<10 万	非居住区无经济价值
2	弱，$0.05g<a<0.1g$	轻度	—	—	弱		好	—	好	10～100 万	隔离区农业
3	中，$0.1g<a<0.2g$	—	概率非常低（土石坝）	周调节	中等	合格	合格	—	满意	100～1 000 万	小城镇农业、手工业
4	强，$0.2g<a<0.4g$	—	—	日调节	强	—	—	—	—	1 000 万～10 亿	中等城镇小工业
5	非常强 $a>0.4g$	—	—	抽水蓄能	非常强	—	劣质	—	—	>10 亿	大城镇工业、核工业
6	—	大滑坡	高概率	—	—	不良	劣质或极差	容量不足，不能运行	不满意	—	

注：a 为基岩水平峰值地面加速度。

大坝危险状况与综合危险系数 α_R 成比例。$\alpha_R = EFR$，其中，系数 E、F、R 是根据表中的外部、环境条件、大坝状况、库容与经济情况的风险指数确定的。当 $\alpha_R \geqslant 6$ 时，应立即采取措施。该表已得到大多数发达国家的认可和使用，是一个宏观、多元评价方法，可供参考。

2. 监控方法

通过现场观测及数据处理得到大坝性态（如实测渗水量、位移、应力）的实测值 E_0，与监控模型求得的预测值 E_c 进行比较，若 $E_0 - E_c = R$ 小于容许值 t，属正常，否则，属①大坝性态异常，②荷载或结构条件变化，③观测系统不正常，此刻都需要采取措施或找出原因。这个过程的实现需要建立一整套观测与分析系统。这个系统能够在微机辅助下，实现大坝观测数据自动采集、处理、分析与计算，能对大坝性态正常与否作出初步判断和分级报警的观测。这种自动化的观测系统是保证大坝安全的重要手段，和人工观测系统相比，具有以下特点：①快速，及时，多样，反复比较；②可靠性大；③费用低。

3. 监控模型

在大坝安全监测中，用高效的自动化监测及实时分析评判系统代替现有的以人工监测为主的传统方法是一种必然趋势。从我国当前的实际情况来看，许多大坝管理单位正在积极地进行监测系统的自动化改造。这种自动化改造包括两个方面：首先是在硬件上，主要是采用一系列新型的、可靠耐用的自动化数据采集仪；其次是在软件上，主要是对大量的监测数据进行快速、准确的分析，能够对各种监测数据作出迅速反馈，评价大坝安全状况。所以对于现代大坝安全监测，最重要的是能够高效地处理实际监测值，这取决于软件开发中所选择的数据库访问技术。一个好的数据库访问技术不仅能提高工作效率，而且能提高数据库的安全性。

对大坝安全进行定量评估，在于建立安全评价的数学模型和大坝观测的数据库。在我国，应用分析软件包对原始观测数据库进行处理和计算已有先例。

1）数学模型

大坝安全监测可采集大量的观测资料，但如何显示大坝工作状态和对大坝安全性作定量评价，关键是如何建立安全评价的数学模型，利用这些数学模型对大坝及坝基敏感部位的观测数据进行计算分析，了解和判断大坝运行的工作状态，描述大坝性态的变化规律。目前我国多采用：统计模型、确定性模型和综合二者建立起来的混合模型。

（1）统计模型。是根据正常运行状态下某一效应量（如位移或应力）的实测数据通过统计分析建立起来的效应量与原因量之间相互关系的数学模型。只要原因量（如水位、温度）在运行变化范围内，则可预测今后相应关系的效应量。回归分析是建立统计数学模型的一种主要方法。统计模型建立后，将模型取得的解析值与实测值进行比较，即可获得大坝工作性态的有效信息。

统计模型是一种广泛使用的数学模型，适于进行多种大坝性态特征观测量的分析。某种荷载（如水库水位、坝体温度等称为原因量）作时于大坝上，必然引起大坝性态的一定变化（如位移、应力、渗流量等称为效应量）。根据长期观测资料，运用数理统计方法建立原因量和效应量之间的数学关系，通常采用逐步回归分析方法加以实现，其基本形式如式(9-1)所示

$$\delta(t)=f(l)+\phi(T_i)+\psi(t)+\varepsilon \tag{9-1}$$

式中：$\delta(t)$——在 t 时刻某测点的一种观测量，例如坝顶某点的水平位移；

$f(l)$——库水位 l 的某种函数；

$\phi(T_i)$——温度 T_i 的某种函数；

$\psi(t)$——大坝运行时间的某种函数，通常称为时间效应，或简称时效；

ε——残差，通常是随机变化的。

(2) 确定性模型。是以水工设计理论为基础，依据大坝的环境条件、受荷状况、结构特性、建筑物及坝基材料的物理力学参数演绎计算，并结合实测值的信息反馈，对计算假定和参数进行调整后建立起来的原因量与效应量之间的因果关系式。它代表大坝及坝基在正常运行状态下效应量的变化规律。使用这一模型可以预测以后某一时刻在某一环境和荷载条件(如水位、温度)下的某一效应量(如位移或应力)。当在同种条件下某一效应量的实测值与模型预报值之差，处于容许的范围之内时，则认为该部位处于正常状态，否则为不正常。一般可按三维有限元法分析计算。

确定性模型是以有限元等力学计算方法进行大坝结构分析为基础建立的数学模型，其基本形式与式(9-1)相似，但各项函数的来源不同，例如水位分量的函数可表达如式(9-2)。

$$f[l(t)]=x\delta_1[l(t)] \tag{9-2}$$

式中：x——调整系数；

$\delta_1[l(t)]$——描述水库水位引起的大坝特征值如位移变化的函数，它可用材料力学方法或有限元方法计算。

计算时采用的材料力学常数是假定的或试验测定的，和实际情况有出入，因此根据观测成果用最小二乘法校正调整系数 x，使确定性模型能更好地反映大坝实际性态的规律。为了考虑因素更全面，需要采用更多的调整参数。用同样方法处理温度分量及其他的原因量，即可获得完整描述大坝性态的确定性模型。

利用确定性模型进行大坝性态的预报将更为准确可靠，但建立模型的工作量和计算费用将高得多。直至20世纪80年代中期，还只建立了考虑线性应力应变关系的混凝土坝的位移和转动的确定性模型，考虑非线性应力应变关系(例如土石坝)，混凝土坝的应力、扬压力、渗流量的确定性模型还在研究中。

(3) 混合模型。是指温度分量的变化函数用统计模型建立、水位分量的变化函数用确定性模型建立的一种数学模型。因为温度对混凝土坝位移的影响十分显著，统计模型中的温度分量较为准确可靠，而用有限元方法计算温度位移的工作量大得多，为此采用混合模型代替确定性模型，既经济又实用。

统计模型、确定性模型和混合模型各有其适用范围，选用何种模型应根据效应量和实测资料的具体情况确定。从实用的观点来看，在施工和第一次蓄水阶段以采用确定性模型为宜，而在正常运行阶段，统计模型可以用于各种因变量的分析。到目前为止，确定性模型仅对混凝土坝的位移分析取得了较好的结果，但就大坝安全而论，位移不一定是最重要的，比如：渗流量就常常是衡量大坝安全状况的一个非常重要而敏感的效应量，但是至今还未能建立起比较理想的确定性模型，而只能利用统计模型。至于对复杂地基和土石坝变形，由于存在强非线性成分，更难以采用确定性模型。

反映大坝性态变化规律的数学模型建立后，还需要根据设计资料和运行条件确定大坝安全监控指标，编制程序，用电子计算机实现大坝安全监控。

2）数据库

为了更快更好地对观测资料进行整理和保存，并为数据处理做好充分的前期工作，对一个工程来说要求数据库和软件包具有广泛的适用性和针对性。一座混凝土坝的安全监测数据库系统，需要有一个仪器观测数据库(坝体变形、温度、接缝、基岩变形、应力及应变、扬压力等分库)和工程情况库(上、下游水位、气温及水温、闸门、发电站钢管等分库)。应用软件能够对大坝观测数据的各类数据库文件进行管理。

当前最为流行的连接数据库源的方法是 ODBC API(开放式数据库互联应用程序接口)，ODBC 是基于 C/C++的 API，如果要在 VB 中直接使用 ODBC API，需要有大量的函数原型说明，并且所涉及的都是较繁琐、低层次的编程工作，一般的 VB 程序中很少使用。ODBC 是一种较快的访问数据源的方法，但其缺点也十分明显，它依赖于 SQL 获取和更新数据，而 SQL 只适合于带有 SQL 解释器或编译器的客户/服务器和 Jet 数据库，对于电子表格、E-mail 消息和文件/目录系统之类的数据源，基于集的命令方式就难以实现。

图 9-1 所示为一个典型的大坝安全监测分析评判系统的功能流程图，从中可以看出，大坝监测数据分析的核心是几个功能模块：数据整编模块、建模分析模块、图形处理模块等。对一个具体的功能模块来说，给其一个确定的输入，必定有一个相应的输出，而这些输入/输出都可归纳为一组相关数据的集合。对于建模分析模块，其输入为某一个或是一系列测点(如水平位移)在某段时间内的数据集及环境量，经过建模分析(回归统计模型、确定性模型、混合模型等)，输出为对应测点的各个回归系数及复相关系数等。

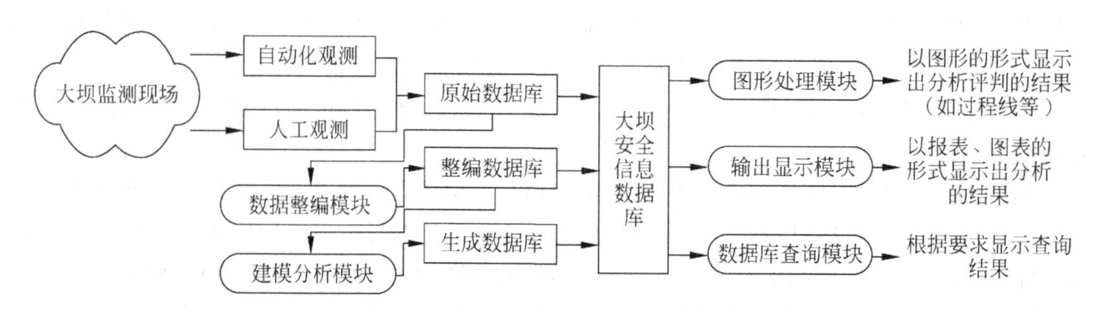

图 9-1 大坝安全监测分析系统流程图

9.2.4 大坝安全自动监控系统

大坝安全自动监控系统由在线监控系统和离线监控系统两部分组成。

1. 在线监控系统

在线监控系统由安装或埋设在大坝上的观测传感器、遥测集线箱和自动监控微机系统组成。

观测传感器埋设在大坝内部或安装在大坝和廊道的表面，是采集大坝和坝基有关点位特定观测量的仪器，例如温度计、应变计、测缝计、孔隙压力计等，以及挠度、转动、扬压力、漏水量等观测项目的遥测仪器。

遥测集线箱通常安装在观测传感器附近，是切换观测传感器实现巡回检测的观测设备。有一种类型的遥测集线箱还具有模数变换能力，如将观测传感器的电模拟量变换为数字量向微机系统传输。

自动安全监控微机系统安装在坝上或坝址附近观测室中，以微型电子计算机为核心，由专用接口联结不同类型传感器测量仪表和相应的外部设备，在检测管理软件和数据处理软件支持下，实现下述功能：

(1) 根据需要，可采取不同的测量方式，如单点测量、选点测量和系统巡回测量。

(2) 对观测数据进行检验和误差修正，发现异常值时进行报警。

(3) 将正常观测数据计算成各种观测项目的观测成果，按需要输出或存贮。

(4) 运用观测成果和已建立的数学模型，进行控制大坝安全特征值的预报。

(5) 将上述预报值和实测值比较，当二者的差值超过设定的安全监控指标时进行报警，以便进一步分析后采取相应措施。

(6) 当观测传感器失效或设备发生故障时，进行自动检查和诊断，显示故障位置，以便维修处理，恢复系统正常工作。

2. 离线监控系统

离线监控系统通常设置在观测资料分析中心或有关的管理机构内，主要由计算机、相应的外部设备和专用的数据管理软件组成。

离线处理在线监控系统的观测数据和观测成果用磁带、软盘或采用其他传输方式传送到主机进行离线处理。其工作内容有下述几方面：

(1) 检验、修正和管理观测资料及各项观测成果，存入数据库。

(2) 对长系列观测资料进行初步分析，研究观测量之间的相对性及长期变化趋势。

(3) 对长系列观测资料进行系统分析，建立安全监控数学模型，并定期进行校正。

(4) 用数学模型进行观测量预报，并进一步和实测资料比较分析。当大坝上设有在线监控系统时，这一步工作在在线监控系统上实现，此时，离线处理即作为复核程序。

(5) 根据管理机构的要求，输出规定的图形和报表。编制工程管理文件。

通过现场观测及数据处理得的大坝性态实测值 E_0(例如实测位移值)和通过监控模型求得的预测值 R_e 比较，如二者之差值小于允许偏差 t，表示大坝性态正常。如差值超出预定范围，可能有下列情况发生：

(1) 大坝性态异常。根据差值大小及大坝宏观状态变化(如裂缝、漏水)采取不同的应急措施，如降低水位、放空水库、维修加固等。

(2) 荷载或结构条件变化。如大坝承受超高水位，超高和超低温，或工程老化等，正常条件下的大坝性态数学模型已失去代表性，应进一步对大坝检查测试，并利用新条件下的观测资料重新校正数学模型的参数。

(3) 观测系统不正常。例如某些仪器失效，电缆或集线箱损坏，检测装置和微机系统产生故障等，应对观测系统进行检查维修。

在大坝性态正常的情况，也应定期地对数学模型的参数进行校正，同时根据工程勘测设计资料结合实际运行经验修正安全控制指标，使允许偏差 t 满足安全监控要求。

大坝安全监控自动化的发展趋向，是使大坝安全监控自动化技术更为全面、准确、可靠，例如研究应力、渗流的确定性模型，考虑材料的非线性应力应变关系的数学模型，研制考虑各种不安全因素的监控程序，研制更加优越的硬件系统等。在微型电子计算机辅助下，能够实现大坝观测数据自动采集、处理和分析计算，对大坝性态正常与否作出初步判断和分级报警的观测系统。这种自动化的观测系统是保证大坝安全的重要手段，和人工观测系统相比，具有以下特点：

(1) 能够快速及时地察觉大坝的异常性态，提高大坝安全监控的工作效率。自动化观测系统能够对大坝上埋设安装的各种观测传感器进行巡回检测，必要时可以反复进行，及时计算和分析比较，判断大坝性态是否异常。全部工作可在很短时间内完成，人工观测系统无法与之比拟。

(2) 观测成果准确可靠。自动化观测系统，能够对观测数据自动进行检验复测或修正误差。自动化观测系统工作过程中，很少人工操作，因之，可减少人为因素所引起的观测和计算误差。

(3) 管理费用降低。近些年，国内已有较多水电厂实现了内观、变形、渗流、环境等全面的监测自动化，测点数达几百点甚至上千点。自动化观测系统节省了观测和分析计算的人力，降低了工程管理费用。

9.2.5 安全监测的新发展和展望

20 世纪 90 年代初，美国的全球定位系统(GPS)投入了运行，90 年代中期，俄罗斯的 GLONASS 系统完成构建，从而为开创现代卫星定位技术打下了基础。就测绘领域而言，卫星定位技术的应用，不仅使测绘学科本身发生了根本性变革，而且对许多相关学科的发展也起着重要的推动作用。

为了进一步提高定位精度和扩大 GPS 技术的应用领域，广大科技工作者及测量人员多年来进行了不懈的努力和潜心研究，取得了可喜的成果。现有测量成果表明，GPS 平面定位的精度达到 ±1mm～±2mm，用于安全监测的相对定位精度可以达到 ±1mm。这不仅从根本上改变了人们对 GPS 技术应用初期的一些误解和不必要的疑虑，而且对进一步推广该技术在各领域的应用起着十分重要的作用。

通常，大坝安全监测、高边坡及滑坡监测的测点很多。针对此不足，目前已研制和开发了一机多天线的 GPS 监测系统，通过微波开关切换技术，经光纤传输，利用 1 台接收机测控多达 10 台以上的天线，从而大大降低了工程费用。一机多天线系统还十分有利于高边坡、滑坡体的监测。许多大坝的近坝区存在滑坡，为了找到稳定点作为基准，通常采用跨越宽阔水面的对岸观测，有些观测距离长达几千米，不仅观测精度很低，而且每次观测中设置棱镜及照准标志困难。造价低的 GPS 一机多天线系统对于解决高边坡及库区滑坡体的监测具有很好的应用潜力。

坝区及周边区域的地壳变形、构造和断层的变形、坝区附近地震的预测、水库蓄水对库区周围地层的影响等对大坝的安全监控有重要意义。因此,有必要建立较大范围的坝区安全监控网,进行定期或不定期的观测,可以根据需要加强对构造、断层、裂谷等不良地质条件活动情况的监测。大区域的GPS网,采用精密解算软件例如Gamit等,可以有效地克服大气电离层、对流层的误差,使基线向量的精度达到10^{-7}～10^{-8}。

现代的一些大坝,高达200多米,有的坝型为拱型或双曲拱型。为了加强变形较灵敏的坝顶部位的监测,通常是采用倒垂连接分段正垂线的方法进行。这里存在倒垂埋设深度的问题,不仅使倒垂钻孔有很大难度,造价十分高,而且,当垂线很长时,为了减小垂线本身的复位误差,要求浮体很大,从而进一步降低了垂线的灵敏度。可以估计,这种深度的倒垂,当考虑锚块本身的稳定性时,其观测精度不可能优于±1mm。此外,考虑正垂线测到坝顶的误差,将使整个监测系统的精度降得很低。在固定测站的GPS观测中,GPS相对测量的精度可达到或优于±1mm。因此,建立坝顶GPS观测系统对现代的高坝、曲线型大坝进行自动监控是有利的。

思　考　题

1. 水利枢纽设计的主要内容有哪些?
2. 水利枢纽管理工作的主要内容有哪些?
3. 为什么要对水工建筑物进行安全监测?
4. 水工建筑物安全监测的主要工作大致有哪些?目前有哪些新发展?

中英文专业词汇索引

（后面的数字表示所在的页码）

参 考 文 献

1 中华人民共和国水利部. 水利水电工程等级划分及洪水标准 SL 252—2000. 北京：中国水利水电出版社，2000

2 中华人民共和国电力工业部. 水工建筑物荷载设计规范 DL 5077—1997. 北京：中国电力出版社，1998

3 中华人民共和国电力工业部. 水工建筑物抗震设计规范 DL 5073—1997. 北京：中国电力出版社，1997；中华人民共和国水利部. 水工建筑物抗震设计规范 SL 203—97. 北京：中国水利水电出版社，1998

4 中华人民共和国国家经济贸易委员会. 电力行业标准 混凝土重力坝设计规范 DL 5108—1999. 北京：中国电力出版社，2000

5 中华人民共和国水利电力部. 混凝土重力坝设计规范 SDJ 21—78. 北京：水利电力出版社，1979

6 中华人民共和国水利电力部. 混凝土重力坝设计规范 SDJ 21—78(试行)的补充规定，(84)水电水规字第 131 号，1984 年 12 月 25 日

7 朱伯芳. 有限单元法原理和应用. 北京：水利电力出版社，1998 第 2 版

8 潘家铮. 重力坝设计. 北京：水利电力出版社，1987

9 曹楚生. 中国的坝工. 见：钱正英主编. 中国水利. 北京：水利电力出版社，1991

10 朱伯芳，黎展眉，张壁城. 结构优化设计原理与应用. 北京：水利电力出版社，1984

11 汪树玉. 优化方法及其在水工中的应用. 北京：水利电力出版社，1992

12 朱伯芳. 大体积混凝土温度应力与温度控制. 北京：中国电力出版社，1999

13 张光斗. 碾压混凝土筑坝新技术. 水力发电学报，1993(1)

14 中华人民共和国水利部. 水工碾压混凝土试验规程 SL 48—94. 北京：水利电力出版社，1994

15 中华人民共和国水利部. 水工混凝土结构设计规范 SL/T 191—96. 北京：中国水利水电出版社，1997

16 张光斗，王光纶. 水工建筑物(上册). 北京：水利电力出版社，1992

17 吴媚玲. 水工建筑物. 北京：清华大学出版社，1991

18 陈椿庭. 高坝大流量泄洪建筑物. 北京：水利电力出版社，1990

19 祈庆和. 水工建筑物. 第 3 版. 北京：中国水利水电出版社，1997

20 陆述远. 水工建筑物专题・复杂坝基和地下结构. 北京：水利电力出版社，1995

21 黄继汤. 空化与空蚀的原理及应用. 北京：清华大学出版社，1991

22 中华人民共和国水利部. 混凝土拱坝设计规范 SL 282—2003. 北京：中国水利水电出版社，2003

23 华东水利学院. 水工设计手册・5・混凝土坝. 北京：水利电力出版社，1987

24 潘家铮. 水工建筑物设计丛书・拱坝. 北京：水利电力出版社，1982

25 美国垦务局. 拱坝设计. 拱坝设计翻译组译，潘家铮校. 北京：水利电力出版社，1984

26 朱伯芳等. 拱坝的设计与研究. 北京：中国水利水电出版社，2002

27 李瓒，陈兴华等. 混凝土拱坝设计. 北京：中国电力出版社，2000

28 中华人民共和国水利部. 碾压式土石坝设计规范 SL 274—2001. 北京：中国水利水电出版社，2002

29 潘家铮. 建筑物的抗滑稳定和滑坡分析. 北京：水利出版社，1980

30 潘家铮主编. 水工建筑物设计丛书・土石坝. 北京：水利电力出版社，1992

31 M. M. 格里申. 水工建筑物・上卷. 水利水电科学研究院译. 北京：水利电力出版社，1987

32 蒋国澄，傅志安，凤家骥．混凝土面板坝工程．武汉：湖北科学技术出版社，1997
33 中华人民共和国水利部．混凝土面板堆石坝设计规范 SL 228—98．北京：中国水利水电出版社，1999
34 中华人民共和国水利部．溢洪道设计规范 SL 253—2000．北京：中国水利水电出版社，2000
35 中华人民共和国水利部．水工隧洞设计规范 SL 279—2002．北京：中国水利水电出版社，2003
36 潘家铮．水工建筑物设计丛书·水工隧洞和调压室衬砌．北京：水利电力出版社，1990
37 王思敬，杨志德，刘竹华．地下工程岩体稳定分析．北京：科学出版社，1984
38 孙钧，侯学渊．地下结构．北京：科学出版社，1987
39 中华人民共和国水利部．水闸设计规范 SL 265—2001．北京：中国水利水电出版社，2001
40 谈松曦．水闸设计．北京：水利电力出版社，1986
41 张世儒，夏维城．水闸．第2版．北京：水利电力出版社，1988
42 中华人民共和国水利部．水利水电工程钢闸门设计规范 SL 74—95．北京：中国水利水电出版社，1995
43 陈际明，刘润广．水工枢纽设计智能系统．中国水利水电技术发展与成就．北京：中国电力出版社，1997
44 杨真荣．CT技术研究与应用．中国水利水电技术发展与成就．北京：中国电力出版社，1997
45 国家质量技术监督局，中华人民共和国建设部．水利水电工程地质勘察规范 GB 50287—99．北京：中国计划出版社，1999